Quellensammlung zur Hydrographie und Meteorologie

Band I, 1

DEUTSCHE AKADEMIE DER WISSENSCHAFTEN ZU BERLIN
INSTITUT FÜR PHYSIKALISCHE HYDROGRAPHIE

Quellensammlung zur Hydrographie und Meteorologie
Band I

CURT WEIKINN

Quellentexte zur Witterungsgeschichte Europas von der Zeitwende bis zum Jahre 1850

Hydrographie · Teil 1
(Zeitwende – 1500)

AKADEMIE-VERLAG · BERLIN
1958

Erschienen im Akademie-Verlag GmbH, Berlin W 8, Mohrenstraße 39
Lizenz-Nr. 202 — 100/135/58
Satz, Druck und Bindung: IV/2/14 · VEB Werkdruck Gräfenhainichen · 784
Bestell- und Verlags-Nr. 3028/I/1
Printed in Germany
ES 18 E 3

VORWORT

Bereits im Jahre 1905 wurde auf der Internation. Meteorologen-Konferenz zu Innsbruck die Forderung erhoben, in den historischen Überlieferungen der verschiedenen Länder nach Aufzeichnungen über die anormalen meteorologischen Erscheinungen, wie z. B. Überschwemmungen, Dürren, strenge Winter usw. zu forschen.

Siehe E. Clouzot „Histoire et météorologie" in „Bulletin histor. et philolog. du Comité des travaux histor. et scientif."

Année 1906. Paris 1907. Seite 117—175.

Es heißt dort u. a.:

„La conférence internation. de Météorologie tenue à Innsbruck en septembre 1905 a „reconnu utile de rechercher dans les documents historiques des divers pays les renseignements sur les phénomènes météorologiques anormaux, tels que les inondations, les sécheresses, les hivers particulièrement rigoureux etc." Elle a „estimé que des travaux, de ce genre pourraient convenablement constituer le sujet d'un concours dans une des Académies."

Im folgenden Jahre, 1906, wurden auf der Hauptversammlung des Gesamtvereins der deutschen Geschichts- und Altertumsvereine zu Wien von Dr. A. Swarosky und Dr. Oswald Redlich Referate über eine systematische Sammlung der historischen Nachrichten über Elementarereignisse und physisch-geographische Verhältnisse gehalten. Die Versammlung vom 15. 9. 1906 beschloß, dem angeregten Plan näherzutreten und wählte zur Beratung der Angelegenheit einen Ausschuß, dem u. a. Dr. Eduard Brückner angehörte.

(Siehe Dr. E. Redlich „Historisch-geographische Probleme" in „Mitteilungen des Instituts für österreichische Geschichtsforschung" 1906 S. 545—559.)

Man gelangte also von verschiedenen Seiten her zur gleichen Erkenntnis über die große Bedeutung einer solchen Forschung.

Die im 18. und 19. Jahrhundert gedruckten zahlreichen Sammlungen verschiedener Naturereignisse sind zum größten Teil wertlos, da sie meist ohne Quellenangaben sind oder fehlerhafte Kompilationen früherer Jahrhunderte als Quelle benutzen.

Eine Ausnahme machen:

Karl Lamprecht „Deutsches Wirtschaftsleben im Mittelalter" Leipzig 1886.

(mit einer Chronik elementarer Ereignisse im Moselland S. 1537—1557).

Dr. Alwin Schultz „Das höfische Leben zur Zeit der Minnesänger" Leipzig 1889.

(Witterungsangaben aus Deutschland, Frankreich, Italien und England von 1100—1295. S. 127—140).

Fritz Curschmann „Hungersnöte im Mittelalter" Leipzig 1900.

(mit Witterungsangaben bis in das 14. Jahrhundert).

Auch Arnold Norlind „Einige Bemerkungen über das Klima der historischen Zeit usw.“ 53 Seiten, Lund u. Leipzig 1914

Lunds Univ. Årskrift. N. F. Afd. 1, Band 10)

entspricht bezüglich seiner Quellen wissenschaftlichen Voraussetzungen.

Der im Jahr 1904 erschienene

„Katalog bemerkenswerter Witterungsereignisse von den ältesten Zeiten bis zum Jahre 1800“

von Dr. R. Hennig

(Abhandlungen des Kgl. Preuß. Meteorolog. Instituts Berlin 1904) Band II Nr. 4

ist zu einem großen Teil wertlos, da er in den meisten Fällen nicht auf die Quellen zurückgeht, sondern Kompilationen benutzt, und auch sonst viele Fehler enthält. Der Verfasser weist aber in seinem Vorwort selbst auf die großen Mängel seines „Kataloges“ hin.

Als Ergebnis der Forschungen des „Gesamtvereins der deutschen Geschichts- und Altertumsvereine“ erschien dann im Jahre 1914 „Elementarereignisse im Gebiete Deutschlands“. Systematische Sammlung der Nachrichten über Elementarereignisse vom Beginn unserer Zeitrechnung bis zum Jahre 900.

Gesammelt und mit Erläuterungen versehen von Dr. Jakob Weiß. 92 Seiten. Wien 1914.

Einen wertvollen Beitrag zur Witterungsgeschichte West-Europas von dem belgischen Meteorologen E. Vanderlinden veröffentlichte 1924 die Kgl. Belgische Akademie.

„Chronique des événements météorolog. en Belgique jusqu'en 1834.“ Mémoire couronné par l'acad. roy. de Belgique. (Mém. publ. par l'acad. roy. de Belgique.) Tom. V. 1924. 329 Seiten. Brüssel 1924.

Eine weitere Arbeit publizierte 1928 der niederländische Meteorologe Dr. C. Easton-

„Les hivers dans l'Europe occidentale“. 210 Seiten. Leyden 1928.

Dieses Werk bringt aber leider auch zahlreiche Kompilationen als Quellen, besonders für die ältere Zeit, die wertlos sind.

Es wurden von mir in der Vorkriegszeit die alten Quellen systematisch nach brauchbarem Material durchgesehen.

In der Zeit nach dem Zusammenbruch stießen diese Arbeiten auf größere Schwierigkeiten, da viele der in Frage kommenden Werke der ehemaligen „Preußischen Staatsbibliothek“ durch Kriegseinwirkungen verlorengegangen sind.

In verschiedenen Fällen befindet sich kein weiteres Exemplar der in Verlust geratenen Bücher in deutschen Bibliotheken, so daß ich auf die Benutzung dieser Werke und die Auswertung ihres evtl. sehr wertvollen Materials notgedrungen verzichten mußte.

Reiche Fundgruben an brauchbarem Material bieten zahlreiche Stadt-Chroniken oder -Geschichten, soweit die betreffenden Nachrichten aus Aufzeichnungen der Stadt-Archive oder aus Tagebucheintragungen einzelner Bürger der betreffenden Städte stammen.

Auch die periodischen Publikationen lokaler historischer Vereine oder Gesellschaften liefern in dieser Hinsicht zahlreiche Beiträge.
Für das 16. Jahrhundert bieten dann die vielen Flugschriften und Flugblätter über außerordentliche Witterungserscheinungen eine reiche Auswahl teilweise ausführlicherer Darstellungen.

(Siehe die verschiedenen Veröffentlichungen von Dr. G. Hellmann.)

Von der Mitte des 16. Jahrhunderts an liegen bereits veröffentlichte regelmäßige Witterungsbeobachtungen für einen längeren Zeitraum vor, und zwar die Beobachtungen des Pfarrers Wolfgang Haller in und bei Zürich von 1545/46 und 1550—1576. (Siehe „Schweizer. meteorol. Beobachtungen" Band IX, X und Supplementband.)
Es folgen dann die Beobachtungen des Astronomen Tycho Brahe auf der Insel Hven (Schloß Uraniaborg) im Sund von 1582—1597, die im Jahre 1876 in Kopenhagen publiziert wurden.
Aus dem 17. Jahrhundert sind der Nachwelt regelmäßige oder ziemlich regelmäßige Witterungsbeobachtungen, die sich jeweils auf eine Reihe von Jahren erstrecken, aus mehreren europäischen Orten als Manuskript überliefert oder im Druck erschienen.
Hierzu gehören die Beobachtungsergebnisse des Landgrafen Hermann von Hessen von 1623—1646 in Kassel, die unter dem Pseudonym Uranophilus Cyriandrus 1651 gedruckt wurden, ferner die Beobachtungen von Johannes Kepler, von denen u. a. die der Jahre 1617—1629 in der Ausgabe seiner gesamten Werke v. Dr. Chr. Frisch 1858—1870 erschienen.
Das 18. Jahrhundert weist dann bereits eine große Anzahl von Beobachtungsreihen auf, die hier im Rahmen des Vorwortes nicht näher aufgeführt werden können.
Es ist nun beabsichtigt, zuerst die hydrographischen Erscheinungen (Überschwemmungen, Zu- und Aufgänge der Gewässer, sehr niedrige Wasserstände der Flüsse sowie die Sturmfluten und ihre Folgen) zur Veröffentlichung zu bringen.
Da ungefähr vom Jahre 1500 an das mir vorliegende Quellenmaterial in verstärktem Maße zunimmt, erschien es ratsam, den Zeitraum von der Zeitwende bis zu diesem Jahre in einem 1. Bande den interessierten Kreisen der Wissenschaft im Druck zur Verfügung zu stellen.
Ich möchte hoffen, daß ich auch der Wirtschaftsgeschichte mit meiner Arbeit ein möglichst einwandfreies Quellenmaterial geliefert habe, daß dieser für ihre Untersuchungen als Grundlage dienen kann.
Zum Schluß möchte ich ein Wort des aufrichtigen Dankes an den Vizepräsidenten Herrn Professor Dr. Ertel richten, durch dessen Bemühungen die Deutsche Akademie der Wissenschaften zu Berlin in dankenswerter Weise die Drucklegung meiner Arbeit übernommen hat.
Durch die Übertragung des Manuskripts auf die Maschine und bei der Ausfertigung des Quellenverzeichnisses sowie des geographischen Index hat Fräulein Fr. Benike sorgfältige und dankenswerte Mitarbeit geleistet.

Zeichenerklärung

° Auch diese Quelle berichtet über das betreffende Ereignis in ähnlicher oder verkürzter Form.

* Diese Nachricht stammt aus einer zuverlässigen darstellenden Publikation ohne Quellenangabe.

QUELLENTEXTE

Vor der Zeitwende 27 Tiber-Überschwemmung

Der Tiber trat über seine Ufer und überschwemmte alle Niederungen von Rom, so daß man daselbst auf Kähnen fahren konnte.

(„Cassius Dio's Römische Geschichte“. Buch LIII, Kap. 20, übersetzt von Dr. L. Tafel. S. 1069.)

23 Tiber-Überschwemmung

Auch trat der Tiber aus, riß die hölzernen Brücken weg und machte, daß man drei Tage lang in der Stadt auf Kähnen fuhr.

(„Cassius Dio's Römische Geschichte.“ Buch LIII, Kap. 33, übersetzt von Dr. L. Tafel. S. 1084.)

Nach der Zeitwende 5 Tiber-Überschwemmung

Auch nahm der Tiber die Brücken weg und setzte die Stadt 7 Tage lang unter Wasser.

(„Cassius Dio's Römische Geschichte.“ Buch LV, Kap. 22, übersetzt von Dr. L. Tafel. S. 1165.)

Winter 14/15 Ostalpen Vorzeitiger Verlust mit andauerndem heftigem Regen und Überschwemmung

Auxerat militum curas praematura hiems, imbribus continuis adeoque saevis, ut non egredi tentoria, congregari interse, vix tutari signa possent, quae turbine atque unda raptabantur.

(„Taciti annales“ I, 30. edit. R. Lange. S. 21.)

(Die Sorgen der Soldaten vergrößerte der früh eingetretene Winter mit so anhaltenden und heftigen Regengüssen, daß sie nicht aus den Zelten gehen und sich nicht miteinander versammeln konnten, kaum die Feldzeichen schützen konnten, die vom Sturm und der Flut ergriffen wurden.)

15 Tiber Andauernde Regengüsse Überschwemmung

Eodem anno continuis imbribus auctus Tiberis plana urbis stagnaverat; . . .

(„Taciti annales“ I, 76, edit. R. Lange. S. 50.)

(Im selben Jahre war der Tiber, durch die ununterbrochenen Regengüsse angestiegen, in den tieferen Gegenden der Stadt stehengeblieben.)

Weil der Tiber wieder ausbrach und einen großen Teil der Stadt überschwemmte, so daß man auf Nachen fahren mußte, . . .

(„Cassius Dio's Römische Geschichte.“ Buch VII, Kap. 14, übersetzt von Dr. L. Tafel. S. 1255.)

36 Tiber-Überschwemmung

Unter dem Konsulate des Sextus Papinius und Quintus Plautius überschwemmte der Tiber einen großen Teil der Stadt, so daß man auf Kähnen fahren mußte.

(„Cassius Dio's Römische Geschichte“. Buch LVIII, Kap. 26, übersetzt von Dr. L. Tafel. S. 1306.)

60 Engl. Kanal Meeresflut

Endlich überwogte der Ocean zwischen der Insel [Großbritannien] und Gallien [Frankreich] zur Zeit der Flut.

(„Cassius Dio's Römische Geschichte". Buch LXII, Kap. 1, übersetzt von Dr. L. Tafel.)

69 Tiber-Überschwemmung

... subita inundatione Tiberis, qui immenso auctu prorupto ponte sublicio ac strage obstantis molis refusus, non modo iacentia et plana urbis loca, sed secura eius modi casuum implevit: rapti e publico plerique, plures in tabernis et cubilibus intercepti.

(„Taciti histor." I, 86, edit. Ed. Wolff. S. 173.)

(... durch eine plötzliche Überschwemmung des Tibers, der bei außerordentlichem Ansteigen die Pfahlbrücke umriß und, vom widerstehenden Schutte gehemmt, nicht nur die niederen und flachen, sondern auch die vor derartigen Zufällen gesicherten Orte der Stadt unter Wasser setzte. Die meisten wurden auf den Straßen fortgeschwemmt, viele kamen in Hütten und Schlafkammern um).

70 Unterster Rhein Überschwemmung

...: Cerialis insulam Batavorum hostiliter populatus agros villasque Civilis intactas nota arte ducum sinebat, cum interim flexu autumni et crebris per aequinoctium imbribus superfusus amnis palustrem humilemque insulam in faciem stagni opplevit.

(„Taciti histor." V, 23, edit. G. Andresen. S. 261.)

(Cerialis verheerte die Insel der Bataver wie Feindesland, ließ aber die Ländereien und Häuser des Civilis nach einer bekannten Taktik der Heerführer unberührt. Inzwischen ging der Herbst zu Ende, wo der Strom durch starke Regengüsse übertrat und die sumpfige und niedrige Insel gleichsam in einen See verwandelte.)

97 Tiber-Überschwemmung

Eo tempore multo perniciosus quam *sub Nerva* [Nerva regierte von Ende 96 bis 27. 1. 98] Tiberis inundavit ...

(Sextus Aurelius Victor „Epitome de Caesaribus" 13, Kap. 12, hrsg. von F. Pichlmayr. S. 149)

(Zu dieser Zeit überschwemmte der Tiber um vieles gefährlicher als unter Nerva.)

ca. 111 Tiber, Teverone Starke Überschwemmung

Num istic quoque immite et turbidum caelum? hic adsiduae tempestates et crebra diluvia. Tiberis alveum excessit et demissioribus ripis alte superfunditur: quamquam fossa, quam providentissimus imperator fecit, exhaustus, premit valles, innatat campis, quaque planum solum, pro solo cernitur.
Anio, delicatissimus amnium ..., magna ex parte nemora, quibus inumbratur, et fregit et rapuit: subruit montes et decidentium mole pluribus locis clausus, dum amissum iter quaerit, impulit tecta ac se super ruinas eiecit etque extulit. viderunt quos excelsioribus terris illa tempestas deprehendit alibi divitum apparatus et gravem supellectilem, alibi instrumenta ruris, ibi boves, aratra, rectores, hic soluta et libera armenta atque inter haec arborum truncos aut villarum trabes varie lateque fluitantia. ac ne illa quidem malo vacaverunt, ad quae non ascendit amnis. nam pro amne imber adsiduus et deiecti nubibus turbines, proruta opera, quibus pre-

tiosa rura cinguntur, quassata atque etiam decussa monimenta. multi eius modi casibus debilitati, obruti, obtriti et aucta luctibus damna.

(„C. Plini Caecilii secundi epistolarum libri X", Liber VIII, Epistola 17. Recens. E. T. Merril. S. 218—219.)

(Ist bei Euch dort das Wetter auch so unfreundlich und stürmisch? Hier gibt es unaufhörlich Stürme und häufige Überschwemmungen. Der Tiber ist ausgetreten und strömt nun hoch über seine niedrigen Ufer hinweg. So viel Wasser auch der Kanal, den die weise Vorsorge des Kaisers herstellen ließ, abgelenkt hat, so bedeckt [der Tiber] doch die Täler, überschwemmt die Felder, und so weit der Boden eben ist, sieht man statt des Bodens nur ihn.
Der Anio [jetzt Teverone, Nebenfluß des Tiber], dieser so anmutige Fluß . . ., hat zum großen Teile die ihn umschattenden Haine niedergerissen und fortgeschwemmt. Er hat Berge unterwühlt, und indem er, durch den herabstürzenden Schutt an mehreren Orten gesperrt, seine verlorene Bahn sucht, Häuser umgestürzt und sich über ihre Trümmer erhoben und fortgewälzt. Die Bewohner höher gelegener Gegenden, welche diese Verheerung nicht traf, sahen hier die Kostbarkeiten und das prachtvolle Hausgerät der Reichen, dort Ackergeräte, hier Ochsen, Pflüge, Ackersleute, dort freies und ledig gewordenes Zugvieh, und dazwischen Baumstämme oder Gebälk von Landhäusern in buntem Gemische weithin treiben, Nicht einmal solche Orte, welche der Fluß nicht erreichte, blieben von dem Unglück frei.
Denn statt des Flusses war hier unaufhörlicher Platzregen und aus den Wolken herabstürzender Wirbelwind. Die Werke, mit denen die kostbaren Ländereien eingefaßt waren, wurden zerstört, Denkmäler erschüttert und auch zu Boden geworfen.
Viele Menschen wurden bei diesen Unglücksfällen verstümmelt, verschüttet, zerquetscht, und durch die Trauerfälle wurden die Schäden noch vermehrt.)

Winter 172/73
Mittl. Donau
Eisdecke

Die Römer besiegten die Jazygen . . . Sie verfolgten die Fliehenden vielmehr über den gefrorenen Donaustrom und kämpften dort wie auf dem festen Lande.

(„Cassius Dio's Römische Geschichte". Buch LXXI, Kap. 7, übersetzt von Dr. L. Tafel. S. 1644.)

Im vorgerückten
Sommer 254
Tiber-Überschwemmung

Licinius Valerianus . . .
Eius filium Gallienum senatus Caesarem creat, statimque Tiberis adulta aestate diluvii facie inundavit.

(„Sexti Aurelii Victoris liber de Caesaribus." XXXII. rec. F. Pichlmayr S. 108.)

(. . . und bald darauf im fortgeschrittenen Sommer überschwemmte der Tiber in der Art einer Sindflut.)

Frühling 354
Südfrankreich
Hochwasser der
Bergströme

Dumque ibi diu moratur, commeatus operiens, quorum translationem ex Aquitania verni imbres solito crebriores prohibebant auctique torrentes.

(„Ammiani Marcellini rerum gestarum etc." Liber XIV, 10,2. S. 28.)

(Valence.

Dort hielt er sich längere Zeit auf, um seine Zufuhr zu erwarten, deren Transport aus Aquitanien durch die Regengüsse, die besonders stark in diesem Frühjahr waren, und das Anschwellen der Bergströme gehemmt war.)

Winter 357/58 Maas Eisdecke

Mosa fluvius. Tunc pertimiscens sollertissimus Caesar, ne observata nocte inluni, barbari gelu vinctum amnem pervaderent, cotidie a sole in vesperam flexo, ad usque lucis principium, lusoriis navibus discurrere flumen ultro citroque milites ordinavit, ut crustis pruinarum diffractis, nullus ad erumpendi copiam facile perveniret.

(„Ammiani Marcellini rerum gestar. libri." XVII, 2, 2–3. S. 107.

(An der Maas.

Der Cäsar mußte befürchten, daß die Barbaren beim Eintreten der mondlosen Nächte den gefrorenen Fluß passierten, und ließ allnächtlich von Sonnenuntergang bis -aufgang den Fluß hin und her mit kleinen Schiffen befahren, so daß die Eisschollen nicht zusammenfrieren konnten, und ein Entweichen nicht so leicht möglich war.

Frühling 358 Untere Donau Überschwemmung

Aequinoctio itaque temporis verni confecto, imperator coacta militum valida manu ductu laetioris fortunae profectus, cum ad locum aptissimum pervenisset, flumen Histrum exundantem pruinarum iam resoluta congerie, super navium foros ponte contexto transgressus, . . .

(„Ammiani Marcellini rerum gestar. libri." XVII 12, 4. S. 125.)

Als daher die Frühlings-Tagundnachtgleiche vorüber war, brach der Kaiser mit einer starken Heeresabteilung unter günstigen Umständen auf. Als er an eine sehr günstige Stelle gelangte, war der Ister-Fluß [= untere Donau] infolge der geschmolzenen Schneemassen über seine Ufer getreten, und [der Kaiser] setzte vermittelst einer Schiffsbrücke über.)

21. Juli 365 Alle Küsten des Tyrrhenischen, Ionischen, Ägäischen und östlichen Mittelmeers

Beispiellose Flut mit starkem Sturm, Gewitter und schweren Regengüssen

Diem duodecim Kalendas Augustas, consule Valentiniano primum cum fratre, horrendi terrores, per omnem orbis ambitum grassati sunt subito, qualis nec fabulae nec veridicae nobis antiquitates exponunt. Paulo enim post lucis exortum, densitate praevia fulgorum acrius vibratorum tremefacta concutitur omnis terreni stabilitas ponderes, mareque dispulsum, retro fluctibus evolutis abscessit, ut retecta voragine profundorum, species natantium multiformes limo cernerentur haerentes, valliumque vastitates et montium tunc (ut opinari dabatur) suspicerent radios solis, quos primigenia rerum sub inmensis gurgitibus amendavit. Multis igitur navibus, velut arida humo conexis, et licenter per exiguas undarum reliquias, palantibus plurimis, ut pisces manibus colligerent et similia: marini fremitus velut gravati, repulsam versa vice consurgunt, perque vada ferventia insulis et continentis terrae porrectis spatiis violenter illisi, innumera quaedam in civitatibus, et ubi reperta sunt aedificia, conplanarunt: proinde ut elementorum furente discordia, involuta facies mundi, miraculorum species ostendebat. Relapsa enim aequorum magnitudo cum minime speraretur, milia multa necavit hominum et submersit, recurrentiumque aestuum incitata vertigine, quaedam naves postquam umentis substantiae consenuit tumor, pessumdatae visae sunt: exanimataque naufragiis corpora supina iacebant aut prona. Ingentes aliae naves extrusae rabidis flatibus, culminibus insedere tectorum, ut Alexandriae contigit: et ad secundum lapidem fere procul a littore contortae sunt aliquae, ut Laconicam prope Mothonen oppidum nos transeundo conspeximus diuturna carie fatiscentem.

(„Ammiani Marcellini rerum gestarum libri." XXVI, 10, 15–18. S. 418.)

(Es verbreiteten sich plötzlich am 21. Juli unter dem 1. Konsulat des Valentinians und seines Bruders die entsetzlichsten Schrecknisse über den ganzen Erdkreis, dergleichen man weder in den fabelhaften noch beglaubigten Geschichten der Vorzeit findet. Kurz nach Tagesanbruch nämlich begann plötzlich, nachdem die heftigsten Blitze und Donner Schlag auf Schlag vorangegangen, die ganze Erdfeste bis auf den Grund erschüttert zu beben, und das Meer trat mit aufgewühlten Wellen vom Ufer zurück, so daß man auf dem entblößten Abgrund die mannigfaltigsten Geschöpfe des Meeres in dem Schlamm liegen sah, und ganze Strecken von Berg und Tal, welche die erschaffende Natur in unermeßlichen Tiefen verborgen hatte, damals (wie man wohl glauben konnte), die Strahlen der Sonne zu sehen bekamen. Zahlreiche Schiffe standen, wie auf trockenem Grunde, nebeneinander, und eine Menge Menschen liefen ohne Scheu in dem geringen Überrest von Wasser herum, um Fische und ähnliches mit den Händen aufzulesen, als plötzlich die Meereswogen, wie im Zorn über diesen erzwungenen Rückzug, sich umgekehrt erhoben und durch die kochenden Untiefen über Inseln und ausgedehnte Strecken des Festlandes hereinbrachen und unzählige Gebäude in Städten und wo dergleichen standen, der Erde gleich machten, ganz wie wenn unter dem wütenden Kampf der Elemente das finstere Angesicht der Erde die wunderbarsten Erscheinungen zur Anschauung brächte. Die in einem Augenblick, da man es am wenigsten erwartete, zurückkehrende Meeresflut ertränkte viele Tausende von Menschen und bei dem ungestümen Rückzuge der wirbelnden Wogen waren, wie sich hernach zeigte, als die Aufregung des feuchten Elements sich gelegt hatte, eine Menge Fische zugrunde gegangen, und die Leichname der Schiffbrüchigen trieben, mit dem Gesicht auf- oder abwärts, auf der Oberfläche herum. Andere Schiffe von gewaltiger Größe waren von dem Sturm hinausgerissen worden und saßen jetzt auf der Höhe von Häusern, wie das namentlich zu Alexandrien geschah: einige wurden bis auf 200 Schritte vom Ufer landeinwärts geschleudert, wie wir selbst ein Lakonisches Fahrzeug nahe bei der Stadt Mothone im Vorbeigehen gesehen haben, das durch lange Fäulnis sich in Trümmer auflöste.)

Claudio regente urbem aeternam, Tiberis qui media intersecans monenia, cloacis 371 Tiber-Überschwemmung
et fluviis abundantibus multis, Tyrreno Mari miscetur, effusione imbrium exuberans nimia, et supra amnis speciem pansus, omnia paene contexit.

(„Ammiani Marcellini rerum gestarum libri etc." Liber XXIX 6, 17. S. 522.)

(Es geschah unter der Stadtpräfektur des Claudius, daß der Tiber, der, Rom mitten durchschneidend und durch Abzugskanäle und dem Zuströmen kleinerer Gewässer verstärkt, sich mit dem Tyrrhenischen Meer verbindet, durch heftige Regengüsse anschwoll und einem Flusse gar nicht mehr gleichend, die Gegend weit und breit bedeckte.)

376 Untere Donau Hochwasser

Atque per amnem longe omnoium difficillinum, imbriumque crebritate tunc auctum, ob densitatem nimiam contra ictus aquarum nitentes quidam, et natare conati, hausti sunt plures.

(„Ammiani Marcellini rerum gestarum etc.“ Liber XXXI 4, 5. S. 565.)

(Der Fluß, der so schon große Schwierigkeiten für die Überfahrt bietet, war damals durch die Häufigkeit der Regengüsse angeschwollen; daher sanken viele, die in den schwer beladenen Fahrzeugen der Strömung nicht Herr werden konnten.)

Februar 377 Rhein Eisdecke

Quibus avide Lentienses [= alamannischer Stamm] acceptis, ipsi quoque haec quasi vicini cernentes, ut sunt veloces et rapidi, conferti in praedatorios globos, Rhenum gelu pervium pruinis Februario mense . . .

(„Ammiani Marcellini rerum gestarum.“ Liber XXXI, 10, 4. S. 580.)

(Die Lentienser [= ein alamannischer Stamm] griffen das begierig auf, denn sie konnten sich ja auch als Grenzvolk betrachten; schnell faßten sie nach ihrer Art einen Ensrchluß, sammelten sich zu größeren Scharen und beschritten die Eisdecke des Rheins im Monat Feburar.)

Winter 401 Schwarzes Meer Starke Eisdecke

Maris Pontici superficies ita gelu frenata est, ut per triginta dies soluta tandem glacies instar montium per Propontidem superne portata decurreret.

(„Marcellini V. C. comitis chronicon.“ Mon. Germ. hist. Auct. antiquissimi. Tom. XI. S. 67.)

(Die Fläche des Pontischen Meeres [Schwarz. Meer] ist so vom Frost gebändigt worden, daß 30 Tage lang endlich das geschmolzene Eis, so groß wie Berge, von oben her durch die Propontis [Marmara-Meer] strömte.)

Eodem anno, mare instar crystalli ad XX. dies concretum est.

(„Chronicon Paschale“ I. S. 568 in „Corpus script. histor. Byzant.“)

(Im selben Jahre war das Schwarze Meer 20 Tage lang zugefroren.)

Rhone Eisdecke

Le froid fut si rigoureux que le 28. janvier le Rhône était gelé sur toute sa largeur, et que les voyageurs à pied et à cheval allaint sur la glace, sans courir, aucun risque, entre le Dauphiné et le Vivarais.

* (Maur. Villard „Météorolog. régionale“. S. 508. 48.) = 400

Post certum vero tempus instanti hiemali frigore amnemque Danubii solite congelato — nam istiusmodi fluvius ille congelascit, ut in silicis modum pedestrem vehat exercitum plaustraque et traculas vel quidquid vehiculi fuerit, nec cumbarum indigeat lintres — sic ergo cum gelatum Thiodimer Gothorum rex cernens pedesstrem ducit exercitum emensoque Danubio Suavis improvisus a tergo apparuit . . . 469 Donau in Ober-Ungarn Starke Eisdecke

(„Jordanis Getica" LV, 280. M. G. H. Auct. antiquissimi V, 1. S. 130.)

(Nach einiger Zeit, als die Winterkälte bevorstand und die Donau, wie gewöhnlich fest zugefroren war — denn ein derartiger Fluß gefriert so fest, daß er hart wie Stein ein ganzes Heer zu Fuß trägt und Wagen und Schlitten und alle mögliche Fuhrwerke, so daß man keiner Kähne bedarf —, da führte der Gothenkönig Thiudimir, als er sie so zugefroren sah, sein Heer zu Fuß darüber und erschien unerwartet im Rücken der Suaven [Schwaben].)

L'Ardèche et la Durance furent entièrement pris de glace. L'hiver fut très rigoureux. Frankreich Flüsse: Eisdecke

Le Rhone fut pris dans toute sa largeur. = 460

Le Var dto.

* (M. Villard „Méterolog. régionale". S. 508. 48.) = 462

Liep Friesland van de Noordzee geheel onder / 'er verdronken over de zes duizend menschen / en zeer vele beesten. 516 Friesland Sturmflut

(Okko van Scharl „Chronyk en waaragtige beschryvinge van Friesland etc.". S. 34.)

Stormde't uit den Noordwesten drie dagen lang duurende / met zulk een onophoudelyken wind / dat het gehele Land weder onder liep / eenen zeer grote schade dede / etc. 533 Friesland Sturmflut

(Okko van Scharl etc. „Chronyk en waaragtige beschryvinge van Friesland etc.". S. 35.)

Gravem eo anno et solito asperiorem hiemem fecit, ita ut torrentes concatiniti gelu pervium populis tamquam reliqua humus praeberet. Aves quoque rigore adfectae vel fame, absque ullo hominum dolo, cum magnae essent nives manu capiebantur. Winter 548 Frankreich Flüsse: Starke Eisdecke

(„Gregor. Turon. hist. Francor." Liber III, 37. M. G. H. Script. rer. Meroving. I. S. 139—140.)

(In diesem Jahre war ein strenger und ungewöhnlich rauher Winter, so daß die reißenden Flüsse fest zufroren und das Volk seinen Weg über sie wie über den festen Boden nehmen konnte. Auch die Vögel wurden von Kälte und Hunger matt und ließen sich von den Menschen ohne alle Mühe fangen, da tiefer Schnee lag.)

Leger fluvius maior ab anno superiore fuit, postquam ei Cares torrens adiunxit. 580 Loire: Hochwasser

(„Gregor. Turon. hist. Francor." Liber V, 51. M. G. H. Script. rer. Meroving. I. S. 233.)

(Der Loire-Fluß hatte vom vorigen Jahre her Hochwasser, nachdem sich der Bergstrom Cher mit ihm vereinigt hatte.)

September 580
Frankreich
Starke Überschwemmungen der Flüsse

Anno quinto Childeberthi regis Arvernorum regionem [Auvergne] diluvia magna praessirunt, ita ut per dies XII non cessaret a pluvia; tantaque inundatione Limane [Limagne, Allier] est infusum, ut multos, ne simentem iacerent, prohiberet. Flumina quoque Leger [Loire] Flavarisque, quem Elacrem [Allier] vocitant, vel reliqui torrentes decurrentes in eum ita intumuerunt, ut terminus, quos numquam excesserant, praeterirent. Quae grande de pecoribus excidium, de culturis detrimentum, de aedificiis fecere naufragium. Pari modo Rhodanus cum Arare [Saône] coniunctus, ripas excidens, grave damnum populis intulit, murus Lugdunensis civitatis aliqua ex parte subvertit. Quiescentibus vero pluviis, arbores denuo floruerunt; erat enim mensis Septembris.

(„Gregor. Turon. hist. Francor." Liber V, 33. Mon. Germ. histor. Script. rer. Merov. I. S. 225.)

(Im 5. Jahre der Regierung König Childeberts bedrängten große Überschwemmungen die Gegend der Arverner [Auvergne], weil es nämlich 12 Tage nicht zu regnen aufhörte, und die Limagne [bei Clermont] wurde von einer solchen Überschwemmung betroffen, daß sie viele an der Saat hinderte.
Die Flüsse Loire, Allier und die anderen Bergflüsse, die sich in die Loire ergießen, schwollen so an, daß sie weiter als je zuvor über ihre Ufer traten, großen Schaden unter den Viehherden, bedeutenden Verlust an bestellten Äckern und Verheerungen an den Gebäuden anrichteten. Auf gleiche Weise traten auch die Rhone mit der Saone aus ihren Ufern aus, richteten großen Schaden bei den Anwohnern an und unterwuschen zum Teil die Mauern von Lugdunum [Lyon]. Als aber die Regengüsse nachließen, fingen die Bäume von neuem an zu blühen; ea war nämlich der Monat September.)

Eut lieu le plus ancien débordement du Rhône dont les historiens nous aient transmis le souvenir. La plaine des Brotteaux, à Lyon, fut changée en un lac immense; les dégâts furent considérables; le Rhone et la Saone, qui formaient alors leur jonction au-dessus d'Ainay se réunirent au-dessus de la ville, vers Saint-Nizier, les eaux s'élevèrent à une telle hauteur qu'une grande partie des murailles de la ville fut emportée et de nombreux édifices détruits. Les eaux, après quatre jours de crue, semblaint enfin se retirer lorsque le ciel se couvrit des nouveau de nuages sombres et une pluie abondante vint encore en augmenter le volume . . .

* (M. Villard „météorol. régionale" S. 508.)

Oktober
Wallis, Italien
Überschwemmung der Flüsse

Eo anno Octobre ita in Vallensi territorio Rodanus exundavit, ut copias messium denegaret: et intra Italiam ita fluvii exundaverunt, ut damna agricolae paterentur.

(„Marii episcopi Aventicensis chronica." M. G. H. Auctor. antiquissimi. Tom. XI. S. 239.)

(In diesem Jahr im Oktober überschritt die Rhone im Gebiet des Wallis ihre Ufer so stark, daß sie die Ernteerträge beeinträchtigte; in Italien traten die Flüsse derartig aus ihrem Bett, daß die Landleute Schäden erlitten.

Aquae vero extra solitu invaluerunt; nam tantum inundatione Sygona [Seine] Matronaque [Marne] circa Parisius intulerunt, at inter civitatem et basilicam S. Laurentii naufragia saepe contingerent. 583 Nordfrankreich Überschwemmung, z. B. Seine und Marne

(„Gregor. Turon. hist. Francor." Liber VI, 25. Mon. German. hist. Scriptor. rer. Meroving. I. S. 265.)

(Die Gewässer schwollen ungewöhnlich an; nämlich die Seine und Marne brachten der Gegend von Paris eine solche Überschwemmung, daß zwischen der Stadt und der Kirche des heilig. Laurentius häufig Schiffbruch vorkam.)

Pelagius ... 585 Italien Überschwemmung der Flüsse

Cuius temporibus tantae pluviae fuerunt, ut omnes dicerent, quia aquae diluvii superundaverunt, et talis clades fuit, qualem a saeculo nullus meminit fuisse.

(„Sancti Abbonis abbatis Floriacensis excerptum de gestis Romanorum pontificum." LXV, edit. I.-P. Migne. Tom. 139. Spalte 554 „Patrologiae cursus compl.")

(Zu dessen Zeiten waren so große Regengüsse, wie alle sagten, weil die Gewässer wie eine Sündflut austraten, und solch ein Unglück war, daß sich niemand erinnern konnte, daß es in diesem Jahrhundert jemals vorgekommen wäre.)

° („Liber Pontificalis LXV, 1. M. G. H. „Gestorum pontific. Romanorum." Vol. I. S. 160.)

Eo anno nimia inundatio fluminum in Burgundia fuit, ut eorum terminus nimium transcenderint. Burgund Überschwemmung der Flüsse

(„Fredegar. chron." Liber IV, 5. Mon. Germ. histor. Auctor. antiquissimi XIII, 2. S. 125.)

(In demselben Jahre war eine sehr große Überschwemmung der Flüsse in Burgund, daß sie ihre Ufer sehr stark überschritten.)

Magnae hoc anno pluviae fuerunt, amnesque in tantum convaluerunt, ut plerumque naufragia evenirent. Ipsique litora excedentes, propinquas segetis ac prata operientes, graviter eliserunt fueruntque vernales aestivique mensis tam inrigui, ut hiems magis putaretur esse quam aestas. Frankreich Überschwemmungen der Flüsse

(„Gregor. Turon. hist. Francor." Liber VIII, 23. Mon. German. histor. Script. rer. Meroving. I. S. 340.)

(In diesem Jahre waren starke Regengüsse, und die Flüsse schwollen so gewaltig an, daß häufig Schiffbrüche auf ihnen vorkamen. Sie traten auch über die Ufer, überschwemmten die Saaten und Wiesen in der Nähe und richteten großen Schaden an, und die Frühlings- u. Sommermonate waren so feucht, daß man eher glaubte, es sei Winter als Sommer.)

Vindimia eo anno tenuis, aquae validae, pluviae inmensae, flumina quoque granditer adaucta fuerunt. 587 Frankreich Hochwasser der Flüsse

(„Gregor. Turon. hist. Francor." Liber IX, 5. Monum. German. histor. Script. rer. Merov. I. S. 360.)

(Die Weinernte war in jenem Jahr spärlich, große Gewässer, ungeheure Regengüsse, und die Flüsse schwollen gewaltig an.)

589 Tiber-Überschwemmung

Tiberis fluvius alveum suum egressus multa Romanae fecit exitia civitati, ita ut in via lata ad unam et semis staturam excresceret atque a porta sancti Petri usque ad pontem Molvium aquae se discentes coniungerent, mansit autem diebus VII, donec agentibus laetanias crebras civibus octavo demum die revertit. (Lib. pontif. 91,6.)

(„Bedae chronica" Mon. Germ. histor. Auctor. antiquissimi XIII, 2. S. 319.)

(Der aus seinen Ufern getretene Tiber-Fluß machte dem Römischen Staate viel Verderben, so daß er in der Via lata [in Rom] bis $1^1/_2$ Mannesgröße auswuchs und vom St. Peter-Tor bis zur Molvium-Brücke einen See bildete. (Die Überschwemmung blieb aber 7 Tage lang etc.)

[Mitte April] 589 Frankreich Überschwemmung der Flüsse

Eo anno post clausum pascha tam inmensa cum grandine pluvia fuit, ut infra duarum aut trium horarum spacium etiam per minores vallium meatur ingentia currere flumina viderentur.

(„Gregor. Turon. hist. Francor." Liber IX, 44. Mon. Germ. histor. Scriptor. rer. Meroving. I. S. 405.)

(In diesem Jahre ergoß sich nach Ostern [Ostersonntag 10. April, Schluß der Osterwoche 17. April] ein so gewaltiger Regen, mit Hagel vermischt, daß innerhalb von 2—3 Stunden sogar in den kleineren Flußtälern ungeheure Ströme zu fließen schienen.)

[Herbst] Frankreich Überschwemmung der Flüsse

Flumina vero ultra modum excreverunt, ita ut excedentes litoribus loca, quae numquam contingere consuetae fuerant, operirent, non minimum de sacionibus inferentes damnum.

(„Gregor. Turon. hist. Francor." Liber IX, 44. Mon. Germ. hist. Script. rer. Meroving. I. S. 405.)

(Die Flüsse schwollen ganz ungewöhnlich stark an, traten über die Ufer, überschwemmten Stellen, die sie sonst niemals erreicht hatten und fügten den Saaten einen nicht geringen Schaden zu.)

589 Herbst Tiber-Überschwemmung

Anno igitur quinto decimo Childeberthi regis diaconus noster ab urbe Roma sanctorum cum pigneribus veniens, sic retulit, quod anno superiore, mense nono tanta inundatio Tiberis fluvius Romam urbem obtexerit, ut aedes antiquae deruerunt, horrea etiam eclesiae subversa sint, in quibus nonnulla milia modiorum tritici periere.

(„Gregor. Turon. hist. Francor." Liber XI, 1. Monum. Germ. Histor. Scriptor. rer. Meroving. I. S. 406.)

(Im 15. Jahre König Childeberts [590] kam unser Diakon, den wir nach Rom gesandt hatten, von dort mit Reliquien der Heiligen zurück und erzählte, daß im 9. Monat des Jahres zuvor [589] der Tiberfluß ausgetreten sei und die Stadt

Rom dermaßen überschwemmt habe, daß Tempel aus dem Altertum einstürzten und die Vorratshäuser der Kirche zerstört wurden, in denen einige 1000 Scheffel Weizen zugrunde gingen.)

Eo tempore fuit aquae diluvium in finibus Veneciarum et Liguriae seu ceteris regionibus Italiae, quale post Noe tempore creditur non fuisse. Destructa sunt itinera, dissipatae viae, tantum tuncque Atesis fluvius [Etsch] excrevit, ut circa basilicam beati Zenonis martyris, quae extra Veronenis urbis [Verona] muros sita est, usque ad superiores fenestras aqua pertingeret, licet, sicut et beatus Gregorius post papa scripsit, in eadem basilicam aqua minime introierit. Urbis quoque eiusdem Veronensis muri ex parte aliqua eadem sunt inundatione subruti. Facta est autem haec inundatio sexto decimo Kalendas Novembris. Sed tantae coruscationes et tonitrua fuerunt, quantae fieri vix aestivo tempore solent. 17. Oktober Italien Überschwemmung der Flüsse

(„Pauli hitoria Langobardorum" Liber III, 23. M. G. H. Scriptores rer. Langobard. et Italicar. Saec. VI–IX. S. 104.)

(Zu der Zeit war in Venetien, Ligurien und andern Teilen Italiens eine Überschwemmung, wie sie nach Noahs Zeit nicht gewesen sein soll.
Zerstört wurden Straßen, verschüttet Wege, und der Fluß Etsch trat damals so weit aus, daß an der Kirche des heiligen Märtyrers Zeno, die außerhalb der Mauern der Stadt Verona liegt, das Wasser bis an die oberen Fenster reichte; in das Innere der Kirche jedoch drang, wie auch der heilige Gregorius, der spätere Papst, schrieb, das Wasser nicht im mindesten ein. Auch ein Teil der Mauern von Verona stürzte durch die Überschwemmung ein. Diese Überschwemmung ereignete sich am 17. Oktober. Aber die Blitze und Donner waren so groß, wie sie kaum zu sommerlicher Zeit zu sein pflegen.)

In hac diluvii effusione in tantum apud urbem Romam fluvius Tiberis excrevit, ut aquae eius super muros urbis influerent et maximas in ea regiones occuparent. 590 Tiber-Überschwemmung

(„Pauli historia Langobardorum." Liber III, 24. M. G. H. Scriptor. rer. Langobard. et Italic. Saec. VI–IX. S. 104.)

(Bei dieser Überschwemmung trat bei der Stadt Rom der Tiber so sehr aus, daß seine Wasser über die Mauern der Stadt liefen und einen sehr großen Teil der Stadt überfluteten.)

Erant enim pluviae validae, aquae inmensae, rigor intolerabilis, dissolutae luto viae, amnis litora excidentes. 590 [Herbst] Frankreich Hochwasser der Flüsse

(„Gregor. Turon. hist. Francor." Liber X, 19. Mon. Germ. histor. Scriptor. rer. Meroving. I. 2. 431.)

(Es waren nämlich sehr starke Regengüsse, die Gewässer sehr groß, die Kälte unerträglich, die Wege in Schlamm aufgelöst, die Strömung vernichtete die Ufer.)

Pluviae validae, tonitrua in autummo gravia, aquae autem nimium invaluerunt.

(„Gregor. Turon. hist. Francor" Liber X, 23. Mon. Germ. histor. Scriptor. rer. Meroving. I. S. 435.)

(Starke Regengüsse, heftige Donner im Herbst und die Wasser stiegen sehr hoch.)

591 Frankreich Überschwemmung der Flüsse

Foenum ab infusione pluviarum et inundatione amnium periit, . . .

(„Gregor. Turon. hist. Francor.“ Liber X, 30. Mon. Germ. histor. Scriptor. rer. Meroving. I. S. 442.)

(Das Heu verdarb durch starke Regengüsse und durch die Überschwemmung der Flüsse.)

Zwischen 607—615 Italien Überschwemmungen der Flüsse

Bonifacius [607–615].
Huius temporibus fames, pestilentiae et inundationes aquarum gravissimae fuerunt.

(„Liber Pontificalis LXVIII, 1.“ M. G. H. Gestorum pontific. Romanor. Vol. I. S. 165.)

° (Sancti Abbonis abbatis Floriacensis excerptum de gestis Romanorum pontificum.“ LXIX. in I.-P. Migne „Patrologiae etc.“ Tom. 139, Spalte 555.)

(Bonifatius [607—615]
Zu dessen Zeiten waren Hungersnöte, Seuchen und sehr schwere Überschwemmungen der Gewässer.)

608/09 Schwarzes Meer Eisdecke

Hoc vero anno hiems enormis efficitur ita ut maris mollicies in glaciei duriatiam verteretur.

(F. Eyssenhardt. „Historia miscella.“ Liber XIX, 60. S. 425.)

° („Theophanis vitas Anastasii biblioth. hist. tripertit.“ edit. Carol. de Boor. II. S. 183.)

(In diesem Jahre aber erwies sich der Winter so übermäßig groß, daß die Milde des Meeres in die Härte des Eises verwandelt wurde.)

618 Italien Überschwemmung der Flüsse

Eo tempore . . ., magnaque tunc fuit inundatio aquarum.

(„Pauli hist. Langobard.“ Liber IV, 45. M. G. H. Scriptor. rer. Langobard. et Italic. Saec. VI–IX. S. 135.)

(Auch eine große Überschwemmung der Gewässer ereignete sich zu dieser Zeit.)

711 Frankreich Überschwemmung der Flüsse

Aquae inundavernnt valde.

(„Chronicon Moissiacense.“ M. G. H. Scriptores. I. S. 289.)

(Die Gewässer traten sehr über ihre Ufer.)

Inundatio aquarum.

(„Annales Flaviniacenses.“ M. G. H. Scriptores. III. S. 150.)

(Überschwemmung der Gewässer.)

Westdeutschland Überschwemmung der Flüsse

Aquae inundaverunt valde; . . .

(„Annales Laureshamenses.“ I. M. G. H. Scriptores. I. S. 24.)

(„Annales Nazariani.“ M. G. H. Scriptores. I. S. 25.)

(Die Gewässer traten stark über ihre Ufer.)

Aquae inundaverunt valde . . . 711 Süddeutschland Überschwemmung der Flüsse

(„Annales Alamannici." M. G. H. Scriptores. I. S. 24.)

° („Annales Altahenses Maiores. Pars I. auctore Wolfherio Hildesheimensi." M. G. H. Scriptores. Kleine Ausgabe. Band 3. S. 1.)

° („Annales Petaviani. I." M. G. H. Scriptores. I. S. 7.)

(Die Gewässer traten sehr über ihre Ufer.)

Eodemque anno aquae inundaverunt valde.

(„Annales Mettenses priores." M. G. H. Scriptores. Kleine Ausgabe. Band 8. S. 18.) = 710

° („Annales Mosellani." M. G. H. Scriptores XVI. S. 494.)

(Die Gewässer traten sehr über ihre Ufer.)

Aquae inundaverunt. Mitteldeutschland Überschwemmung der Flüsse

(„Annales Quedlinburgenses." M. G. H. Scriptores III. S. 33.)

° („Chronicon universale bis 741." M. G. H. Scritpres. XIII. S. 17.)

° („Annales Weissenburgenses." M. G. H. Scriptores. Kleine Ausgabe. Band 20. S. 11.)

(Die Gewässer traten über ihre Ufer.)

Aque inundaverunt valde. Schweiz Überschwemmung der Flüsse

(„Annales Sangallenses maiores." M. G. H. Scriptores. I. S. 73.)

° („Heremi annales Einsiedlenses." M. G. H. Scriptores. III. S. 138.)

(Die Gewässer traten stark über ihre Ufer.)

Fluvius qui appellatur Tiberis, alveum suum egressus, sese per campestria dedit; intumit etiam inundatione aquarum multaram et per portam, quae Flaminia dicitur, ingressus est . . . 716 Tiber Überschwemmung

(Dr. J. Weiß „Elementarereignisse etc." S. 37 aus Vita S. Gregorii II pap. auctore Anastas. 1. Act. Sanct. Febr. 13 II 702.)

(Der Fluß, der Tiber genannt wird, trat aus seinem Bett und ergoß sich über die Felder; . . . und durch das Tor, das das Flaminische genannt wird, drang er [in die Stadt Rom] ein.)

His diebus ita Tiberis fluvius inundavit, ut alveum suum egressus multa Romanae fecerit exitia civitati, ita ut in Via lata ad unam et semis staturam excresceret atque a porta sancti Petri usque ad pontem Molvium aquae se descentes coniungerent.

(„Pauli histor. Langobard." Liber VI, 36. M. G. H. Scriptor. rer. Langobard. et Italic. Saec. VI–IX. S. 177.)

(In diesen Tagen schwoll der Tiberfluß so an, daß er aus seinem Bette trat und in der Stadt Rom viel Schaden anrichtete. Auf der Breiten Straße stand das Wasser anderthalb Manns hoch, und von dem St. Peters Tor bis zur Molvischen Brücke bestand ein See.)

716 Rom Überschwemmung

Romae inundatio aquarum nimia nimisque calamitosa facta est.

(„Chronica Sigeberti Gemblacensis." M. G. H. Scriptores VI. S. 329.) = 717.

(Die Überschwemmung der Gewässer zu Rom hat sehr großen Schaden angerichtet.)

His diebus Tyberis inundans multa edificia Romae subruit durans que VII dies

(„Chronica Frutolfi Michelsbergensis" sub Ekkehardi Uraugiensis nomine edita S. S. VI.)

(„Ortonis episcopi Frisingensis chronicon sive historia de duabus civitatibus" M. G. H. Scriptores. Kl. Ausg. Bd. 25a. S. 247.) = 717.

(In diesen Tagen riß bei einer Überschwemmung des Tibers dieser viele Gebäude in Rom ein, und dauerte diese Überschwemmung 7 Tage.)

Winter 763/64 Schwarzes Meer, Eisdecke

Tunc et ingens acerbumque adeo frigus exstitit, ut a ponti parte septentrionali prae frigore glacieque pelagus ad centum a littore milliaria lapidesceret, cuius glaciei crassities triginta cubitos aequabat. cumque larga deinceps nix supra glaciem hanc delapsa fuisset, ad alios viginti cubitos ea crassities excrevit. tandem Februario mense glacies diversa in fragmina divulsa uaque ad urbem ipsam et Abydum allata est. etc. etc.

(Mich. Glycas. „Corpus scriptor. hist. Byzantinae". edid. B. G. Niebur. Pars IV. S. 527.)

(Dann entstand eine solche ungeheure und scharfe Kälte, daß im nördl. Teil des Pontus [Schwarzes Meer] das Meer infolge der Kälte vom Ufer aus 100 Meilensteine weit steinhart gefror und die Eisstärke 30 Ellen (!) betrug. Als nun darauf starke Schneemassen auf das Eis fielen, wuchs die Stärke des Schnees zu weiteren 20 Ellen an. Als im Monat Februar das Eis in Stücke brach, trieben die Eisschollen bis zur Stadt [Konstantinopel] und Abydus [am Hellespont, Dardanellen]).

784 Frankreich Überschwemmung der Flüsse

. . .; necnon et inundatio aquarum valida fuit.

(„Chronicon Moissiacense". M. G. H. Scriptores. I. S. 297.)

Westdeutschland Überschwemmung der Flüsse

° (Annales Mosellani." M. G. H. Scriptores XVI. S. 497.)

° („Annalista Saxo." M. G. H. Scriptores. VI. S. 560.)

(Und es ereignete sich eine nicht minder kräftige Überschwemmung der Gewässer.)

Atque iugis pluviae cursus vehementer inundans.

Wesergebiet Überschwemmung

(Poetae Saxonis annales,,". M. G. H. Scriptores. I. S. 240.)

(und der beständige Regenfall, heftig überschwemmend.)

Rex venit ad Wisuram ..., propter nimias aquarum inundationes, quae tum subito ex iugitate pluviarum acciderant, transire non posse. Zu Anfang der besseren Jahreszeit 784 Wesergebiet Überschwemmung

(„Annales qui dicuntur Einhardi.“ M. G. H. Scriptores. Kleine Ausgabe. Bnnd 9, S. 67.)

(Der König kam an die Weser ..., wegen der übermäßigen Überschwemmungen der Gewässer, welche damals plötzlich infolge der anhaltenden Regengüsse eintraten, war ein Überschreiten nicht möglich.)

Iterum Carlus perrexit in Saxonia ..., nec non et inundatio aquarum valida fuit.

(„Annales Laureshamenses“ II. M. G. H. Scriptores. I. S. 32.)

(Wiederum eilte Karl nach Sachsen ..., und es war eine kräftige Überschwemmung der Gewässer.)

Tunc deinde domnus Carolus rex, ... usque quod pervenit ad Huculvi [oppidum Petershagen, olim Hockeleve] Ibi consilio inito, eo quod nimium inundaciones aquarum fuissent, ...

(„Annales Laurissenses.“ M. G. H. Scriptores. I. S. 166.)

(Darauf König Karl ... bis daß er nach Huculvi gelangte [Stadt Petershagen, ehemals Hockeleve]. Nach gefaßtem Entschlusse, weil eine sehr starke Überschwemmung der Gewässer eingetreten war ...)

° („Annales regni Francorum“ M. G. H. Scriptores. Kleine Ausgabe Band 9, S. 66.)

Cumque eum, ulterius progredi tam hiemalis temporis asperitas quam aquarum inundatio prohiberet, Aeresburgum castrum in hiberna concessit. Ende des Jahres 784 Wesergebiet Überschwemmung

(„Annales qui dicuntur Einhardi.“ M. G. H. Scriptores. Kleine Ausgabe. Band 9. S. 69.)

(Da jedoch die Strenge der Winterszeit sowie die bedeutende Überschwemmung ein weiteres Vorrücken unmöglich machten, begab er sich nach der Aeresburg ins Winterlager.)
[bei Petershagen, unterhalb Minden].

° („Annales Laurissenses.“ M. G. H. Scriptores. I. S. 166.)

° („Regionis chronicon.“ M. G. H. Scriptores. Kleine Ausgabe. 26. S. 54.)

° („Annalista Saxo.“ M. G. H. Scriptores. VI.)

° („Annales regni Francorum.“ [785.] M. G. H. Scriptores. Kleine Ausgabe. Band 9. S. 68.)

Ging'er eenen zeer hogen Watervloed over Friesland / zo dat'er veel Menschen en Beesten verdronken. 7. November 793 Friesland Sturmflut

(Okko van Scharl, Johannes Vlytarp und Andreas Cornelius Stavriensis „Chronyk en waaragtige beschryvinge van Friesland etc.“ S. 59.)

800 England Sturmflut

Quo anno inundatio maris ultra terminos suos profluxit, ...

(„Simeonis Dunelmensis historia de gestis regum Anglorum.“ in „Monum. histor. Britannica“. I, 2. S. 671.)

(„Symeonis monachi historia regum“. in „Rer. Britann. med. aev. scriptores“. 75. II. Vol. S. 63.)

° („Chronica magistri Rogeri de Houedene.“ in „Rer. Britannic. med. aev. scriptor.“ 51, Vol. I. S. 17.)

(In welchem Jahre das Meer über seine Ufer strömte.)

23. Dezember 800 England Sturmflut

Eodem tempore, decimo Kalendas Januarii, ventus ingens ab Affrica veniens suo flatu horrido urbes et arbores radicitus evulsit, mare ultra terminos suos exiens multam pecorem stragem in locis diversis fecit.

(„Flores historiarum“ in „Rer. Britann. med. aevi. scriptores. Bd. 95, Vol. I S. 406.)

° („Symeonis monachi historia regum.“ in „Rer. Britann. med. aev. scriptores.“ Bd. 75 Vol. II. S. 63.) 24. Dezember

(Zu derselben Zeit, ..., riß ein ungeheurer Wind, der von Afrika kam, durch sein schreckliches Wehen Städte um und entwurzelte Bäume, das Meer trat über seine Ufer und richtete unter dem Vieh viel Schaden an verschiedenen Orten an.)

° („Chronica magistri Rogeri de Houedene.“ in „Rer. Britannic. med. aev. scriptores.“ Bd. 51. Vol. I. S. 17.)

806 Friesland Sturmflut

op Sint Thomas avond / is't Zeewater over geheel Friesland gelopen / ... /'er verdronken omtrent vier hondert menschen.

(Okko van Scharl, Johannes Vlytarp und Andreas Cornelius Stavriensis. „Chronyk en waaragtige beschryvinge van Friesland etc.“ S. 62.)

Ende 809 Belgien Überschwemmung der Flüsse

Fuit inundatio aquarum talis, qualis antea nunquam in terra ista visa, et fuit 5. Kal. Jan. altissima. (28. Dezember.)

(„Annales s. Amandi.“ II M. G. H. Scriptores. I, S. 14.)

(Es ereignete sich eine solche Überschwemmung der Gewässer, wie sie vorher niemals in der dortigen Gegend gesehen worden ist.)

815 Rhein Überschwemmung

Rhenus fluvius alpinis imbribus auctus, ultra solitum exundavit.

(„Annales Einhardi.“ M. G. H. Scriptores. I, S. 202.)

(„Annales regni Francorum.“ M. G. H. Scriptores. Kleine Ausgabe. Band 9, S. 143.)

(Der Rhein durch Regengüsse in den Alpen angeschwollen, richtete eine ungewöhnliche Überschwemmung an.)

820 Westdeutschland Überschwemmung der Flüsse

In quibusdam vero locis de inundatione fluminum, aquis in plano stagnatibus, autumnalis satio ita impedita est, ut paenitus nihil frugum ante verni temperiem seminaretur.

(„Einhardi annales.“ M. G. H. I. Scriptores. S. 207.)

(„Annales regni Francorum.“ M. G. H. Scriptores. Kleine Ausgabe. Bd. 9, S. 157.)

(In einigen Gegenden aber war, da das Wasser von den ausgetretenen Flüssen noch in der Ebene stand, die Herbstaussaat so behindert, daß fast nichts von den Früchten vor der Frühlingszeit gesäet werden konnte.)

Autumnalis satio iugitate pluviarum in quibusdam locis impedita est, cui hiems in tantum prolixa successit et aspera, ut non solum minores rivi ac mediocres fluvii, verum ipsi maximi ac famosissimi amnes, Rhenus videlicet ac Danubius, Albisque ac Sequana, caeteraque per Galliam atque Germaniam oceanum petentia flumina, adeo solida glacie stringerentur, ut tricenis vel eo amplius diebus plaustra huc atque illuc commeantia velut pontibus iuncta sustinerent; cuius resolutio non modicum villis iuxta Rheni fluenta constitutis damnum intulit.

Winter 821/22
Frankreich-Deutschland
Flüsse: Eisdecke

(„Annales Einhardi." M. G. H. Scriptores. Bd. I, S. 208.)

(„Annales regni Francorum." M. G. H. Scriptores. Kleine Ausgabe. Bd. 9, S. 157.)

(Die Herbstsaat konnte wegen des anhaltenden Regenwetters in mehreren Gegenden nicht vorgenommen werden. Darauf folgte ein ungemein langer und strenger Winter, so daß nicht nur die kleineren und mittleren Flüsse, sondern selbst die größten und bedeutendsten, Rhein und Donau, Elbe und Seine und auch die übrigen dem Ozean zufließenden Ströme Galliens und Deutschlands mit einer so starken Eisdecke überzogen wurden, daß 30 Tage und noch länger Frachtwagen wie auf einer Brücke herüber und hinüber fahren konnten. Der Eisgang verursachte den am Rhein gelegenen Orten nicht geringen Schaden.)

Eodem anno aquae inundaverunt valde super terram.

834
Westdeutschland
Überschwemmung der Flüsse

(„Annales Xantenses." M. G. H. Scriptores. Kleine Ausgabe. Bd. 9a S. 9.)

(In demselben Jahre traten die Gewässer weit über das Land aus.)

. . ., Sequanae insolita exuberatione transire prohibitum; nam nimium ceterorum quoque fluminum inundatio et ultra alveos insueta progressio multis non parvum intulit impedimentum.

Frankreich
Überschwemmung der Flüsse

(„Annales Bertiniani." Pars I. M. G. H. Scriptores. Kleine Ausgabe. Bd. 4. S. 8.)

(Infolge eines außerordentlich großen Hochwassers der Seine war ein Übergang (über dieselbe) unmöglich gemacht; denn durch eine große Überschwemmung und ein ungewöhnliches Hochwasser wurde vielen ein beträchtlicher Schaden zugefügt.)

Praeterea die septimo Kalendas Januarii, die videlicet passionis beati Stephani protomartyris, tanta inundatio contra morem maritimorum aestuum per totam paene Frisiam occupavit, ut aggeribus arenarum illic copiosis, quos dunos vocitant, tam homines quam animalia caetera et domos, absumpserit; quorum

26. Dezember 838
Friesland
Sturmflut

838 26. Dezember

numerus diligentissime conprehensus duorum milium quadringentorum triginta septem relatus est.

(„Annales Bertiniani." Pars II. auctore Prudentio Trecensi episcopo. M. G. H. Scriptores. Kleine Ausgabe. Bd. 4, S. 18.)

(Am 26. Dezember stieg das Meer ganz Friesland entlang gegen allen gewöhnlichen und natürlichen Lauf der Dinge so sehr, daß das Wasser beinahe die Höhe der Sandhügel, Dünen genannt, erreichte und alles, Menschen, Tiere und Gebäude mit sich fortriß. Nach sehr genauer Zählung soll die Zahl derer, die umgekommen sind, sich auf 2437 belaufen haben.)

VII. Kal. Januariorum ingens venti turbo ortus est, ita ut fluctus maris valde inundabant supra terminos et litus, miserabiliter innumerabilem turmam humani generis in villis et vicis circumpositis simul cum edificiis consumpserunt.

(„Annales Xantenses." M. G. H. Scriptores. Kleine Ausgabe. Bd. 9a, S. 10.)

(Es erhub sich ein ungeheurer Wirbelwind, so daß die Fluten des Meeres weit austraten über die Grenzen und Ufer, eine unzählige Schar vom Menschengeschlecht in den herumliegenden Höfen und Weilern zugleich mit den Gebäuden kläglich wegrafften.)

September 841 Seine-Hochwasser

Insuper autem Sequana, mirabile dictu! dum nos nusquam eo in tempore infra duos menses pluvias esse novimus, repente aere sereno tumescere coepit ac sponte his in locis vada ubique prohibuit.

(„Nithardi histor." Liber III, Cap. 3. Scriptores rer. Germanicar. Kleine Ausgabe. Bd. 23, S. 32.)

(Überdies aber fing die Seine zu aller Verwunderung, während in dieser Zeit wohl 2 Monate lang kein Regen gefallen war, plötzlich bei heiterstem Himmel an stark zu steigen, so daß überall die Furten unwegsam wurden.)

846 Garigliano-Gebiet (Mittel-Italien) Überschwemmung

Tum subito inmanis facta est pluvia, coruscationes et tonitrua tam vehementia, ita siquidem ut etiam Carnellus fluvius ultra terminos excrescens redundaret, . . .

(„Chronicon Casinense." M. G. H. Scriptores III, S. 225/26.)

(Darauf trat unmäßiger Regen ein, so heftige Blitze und Donner, daß sogar der Fluß Carnellus über seine Ufer trat und Überschwemmung brachte.)

Mai 846 Yonne-Gebiet (Frankreich) Überschwemmung

Huius anni mense Maio tanta apud Altiodorum civitatem [Auxerre] inundatio pluviarum fluxit, ut parietes penetrans ipsas etiam cupas plenas vini in fluvium Icaunam detulerit.

(„Annales Bertiniani." Pars II. auctore Prudentio Trecensi episcopo. M. G. H. Scriptores. Kleine Ausgabe. Bd. 4, S. 34.)

(Im Monat Mai dieses Jahres trat infolge von Regengüssen eine solche Überschwemmung in der Stadt Altiodorum [Auxerre] ein, daß die Flut, durch die Mauern dringend, selbst die mit Wein gefüllten Fässer in die Icauna [Yonne] fortführte.)

Ipsis diebus gelu magno fluvius Sequana glacierumque densitate superveniente tegebatur, ita ut per eam quasi super pontem populus transiret.

Januar 849
Seine
Eisdecke

(„Fragmentum chronici Fontanellensis.“ M. G. H. Scriptores II. S. 302.)

(In diesen Tagen gerade wurde der Fluß Seine durch starken Frost und die Dichtigkeit der Eismassen so bedeckt, daß das Volk wie über eine Brücke darüber ging.)

Autumnale tempus imbribus inundantissimum fuit.

Herbst
Frankreich
Überschwemmung

(„Fragmentum chronici Fontanellensis.“ M. G. H. Scriptores. II, S. 302.)

(Die Herbstzeit hatte Regengüsse mit Überschwemmungen.)

. . ., et inundatio aquarum ipsa hieme humanum genus affligebat.

Winter 849/50
Westdeutschland
Überschwemmung der Flüsse

(„Annales Xantenses.“ M. G. H. Scriptores. Kleine Ausgabe. Bd. 9a, S. 17.)

(und eine Überschwemmung der Gewässer schlug in diesem Winter das Menschengeschlecht.)

Magna inundatio.

857
Süddeutschland
Überschwemmung

(„Excerpta Aventini ex annalibus Juvavensibus antiquis derivati.“ M. G. H. Scriptores. XXX, 2. Fasc. I. S. 744.)

(Große Überschwemmung.)

Inundatio nimia.

858
Wesergebiet
Überschwemmung

(„Annales Corbeienses.“ M. G. H. Scriptores. III, S. 3.)

(Sehr große Überschwemmung.)

Mense Maio in vico Leudico, in quo corpus sancti Landberti episcopi quiescit, tanta subito pluviarum inundatio effusa est, ut domos et muros lapideos seu quaecumque aedificia cum hominibus et omnibus quaecumque illic invenit usque ad ecclesiam memoriae sancti Landberti violenta eruptione in Mosam fluvium praecipitaverit.

Mai
Liège (Lüttich)
Überschwemmung

(„Annales Bertiniani Pars. II. auctore Prudentio Trecensi episcopo.“ M. G. H. Scriptores. Kleine Ausgabe. Bd. 4, S. 50.)

° („Notae Aureaevallenses.“ M. G. H. Scriptores. XVI. S. 682.)

° („La chronique Liégoise de 1402.“ edit. E. Bacha. S. 83.)

(Im Monat Mai trat in dem Orte Leudicum [Lüttich], wo der Körper des heil. Lambert ruht, plötzlich infolge von Regengüssen eine solche Überschwemmung ein, daß die steinernen Häuser und Mauern, überhaupt alle Gebäude, mit den Menschen und allem, was sich darin befand, und selbst die Kirche des heilig.

Lambert, durch die Gewalt der Fluten in den Fluß Mosa [Maas] fortgerissen wurden.)

30. Oktober 859
Tiber
Überschwemmung

... id est mense Octobri, die trigesima, indictione octava, fluvius qui appelatur Tiberis, alveum suum egressus est, et per campestria se dedit; intumuit etiam inundatione aquarum multarum, et ingressus est per posterulam, quae apellatur sanctae Agathae, in urbe Roma quam hora diei transcendit intera aliquibus locis, et ingressus est in ecclesiam beati Laurentii, quae appellatur Lucinae. Inde se extendit, et ingressus est in monasterium sancti Silvestri, ita ut ex gradibus qui ascendunt in basilicam beati Dionysii prae multitudine aquarum ne unus videretur, excepto uno qui superius erat. Et exinde expandit super plateam, quae vocatur Via Lata, et ingressus est in basilicam sanctae Dei genitricis Mariae, quae ibidem est: tantumque intumuit aqua, ut etiam portae ipsius ecclesiae non viderentur prae altitudine aquarum. Et inde ascendit per plateas et vicos usque ad clivum Argentarii. Exinde redundans ingressus est per porticum, quae est posita ante ecclesiam sancti Marci. Inde impetum faciens coepit decurrere in cloacam, quae est juxta monasterium sancti Laurentii martyris, quod vocatur Pallacini. Ab ipso die coepit et deinceps paulatim aqua se minuere, et fluvius post multo damno facto in suum alveum reversus est. Nam domos et muros evertit, agros desertavit, evellens segetes et eradicans arbusta.

(„Nicolai papae I. vita." in J.-P. Migne „Patrologiae etc.". Tom. 119, Spalte 756.)

(... im Monat Oktober, am 30. Tage, überschritt der Fluß, der Tiber genannt wird, sein Bett und ergoß sich in das Blachfeld; er schwoll auch durch die Überschwemmung vieler Gewässer an und strömte durch die Posterula, die nach der heiligen Agathe benannt wird, in die Stadt Rom zur Tageszeit an verschiedenen Orten ein, drang in die Kirche des seligen Laurentius, die Lucina genannt wird. Von dort breitete er sich aus und drang in das Kloster des heiligen Silvester ein, und zwar so hoch, daß von den Stufen, die zur Kapelle des seligen Dionysius hinaufführen, vor Wassermenge nicht eine zu sehen war, mit Ausnahme der obersten. Von dort breitete sich das Wasser über die Straße, die Via lata [Breite Straße] genannt wird, aus und drang in die Kapelle der heiligen Gottesmutter Mariä, die dort ist; so sehr stieg das Wasser, daß auch die Pforten dieser Kirche nicht zu sehen waren vor Wasserhöhe.

Darauf verbreitete sich das Wasser durch die Straßen und Dörfer bis zum Argentar-Hügel. Von da floß es durch die Säulenhalle, die vor die Kirche des heiligen Markus gesetzt ist. Dann begann es in die Kloaken zu strömen, die neben dem Kloster des heil. Märtyrers Laurentius liegen, und Pallacinische heißen.

Vom selben Tage an fing das Wasser an, sich ganz allmählich zu vermindern, und der Fluß kehrte, nachdem er großen Schaden verursacht hatte, in sein Bett zurück.

Er stürzte nämlich Häuser und Mauern um, verwüstete Äcker, schwemmte die Saaten fort und entwurzelte Baumanpflanzungen.)

Mare etiam Ionium glaciali rigore ita constrictum est, ut mercatores, qui numquam antea nisi vecti navigio, tunc in equis quoque et carpentis mercimonia ferentes Venetiam frequentarent. Winter 859/60 Adriatisches Meer Eisdecke

(„Annales Fuldenses. Pars II. auctore Ruodolfo." M. G. H. Scriptores. Kleine Ausgabe. Bd. 5, S. 54.)

° („Herimanni Augiensis chronicon." M. G. H. Scriptores. V, S. 105.)

(Selbst das Jonische [Adriatische] Meer war dergestalt zugefroren, daß die Kaufleute, die nie zuvor anders als in Schiffen hinfuhren, damals, die Waren auf Pferde und Wagen geladen, Venedig besuchten.)

Hiemps maxima etiam Ionium mare usque in Venetiam per glaciem equis meabile fecit.

(„Bernoldi chronicon." I. M. G. H. Scriptores. V, S. 420.)

(Der sehr starke Winter machte auch das Jonische Meer bis Venedig den Pferden auf dem Eise gangbar.)

Eo vero anno talis glacies apud Veneciam dicitur fuisse, qualis nec antea nec postea visa est.

(„Johannis diaconi chronicon Venetum." M. G. H. Scriptores. VII, S. 18.)

(In demselben Jahre soll solch ein Eis bei Venedig gewesen sein, wie es weder vorher noch nachher gesehen worden ist.)

Simili mode [siehe Überschwemmung v. 30. Oktober] in mense Decembrio, die vigesima septima; natali sancti Joannis evangelistae, indictione supra scripta, ingressus est alia vice fluvius ipse qui appellatur Tiberis, alveum suum egressus est ut supra in civitate Romana; omnia ut supra [30. Oktober]. 27. Dezember 859 Tiber Überschwemmung

(„Nicolai papae I. vita." in J.-P. Migne „Patrologiae etc.". Tom. 119, Spalte 756.)

(Auf ähnliche Weise [siehe Überschwemmung vom 30. Oktober 859], am 27. Dezember etc. ist derselbe Fluß, der Tiber genannt wird, über seine Ufer getreten wie oben [30. 10. 859] in der Stadt Rom.)

Nimia inundatione aquarum pagani sepe iam dicti aecclesiam undique vastantes per alveum Reni fluminis ad Sanctos [Xanten]. 864 [863] Xanten a/Rhein Rhein-Überschwemmung

(„Annales Xantenses." M. G. H. Scriptores. Kleine Ausgabe. Bd. 9a, S. 20.)

(Bei der ungeheuren Überschwemmung der Gewässer . . .)

Subitaneum diluvium et vehemens grando fruges assumpsit.

(„Annales Hildesheimenses." I. Pars, M. G. H. Scriptores. Kleine Ausgabe. Bd. 6, S. 18.) 865 Mitteldeutschland Überschwemmung

(Eine plötzliche Überschwemmung und ein heftiger Hagelschlag vernichteten die Früchte.)

° („Annales Quedlinburgenses." II. Pars. M. G. H. Scriptores. III, S. 48.)

865 Süddeutschland Überschwemmung

Subitum diluvium, grando frugibus nocuit.

(„Annales Altahenses maiores. Pars I. auctore Wolfherio Hildesheimensi." M. G. H. Scriptores. Kleine Ausgabe. Bd. 3, S. 6.)

(Plötzliche Überschwemmung, Hagel schadete den Früchten.)

868 Mitteldeutschland Überschwemmung der Flüsse

Eodem anno . . . fontes quoque et flumina propter nimiam imbrium inundationem crescendo intumuerunt et per diversa loca in frugibus et aedificiis damnum fecere non modicum.

(„Annales Fuldenses. Pars III. auctore Meginhardo." M. G. H. Scriptores. Kleine Ausgabe. Bd. 5, S. 67.)

(Auch die Quellen und Flüsse schwollen durch übergroße Regenmengen an und richteten in verschiedenen Orten an Früchten und Gebäuden nicht geringen Schaden an.)

Süddeutschland Überschwemmung

. . ., inundatio et illuvio magna facta, . . . est.

(„Herimanni Augiensis chronicon." M. G. H. Scriptores V, S. 106.)

(Eine große Überschwemmung und Morast trat ein.)

Nach 15. Februar 869 [868] Westdeutschland Überschwemmung der Flüsse

. . ., et XV. Kal. Martii, id est nocte sancta septuagesimae, stella cometes visa est ab aquilone et occidente, cui statim nimia tempestas ventorum et inmensa inundatio aquarum est subsecuta, in qua multi improvidi interierunt.

(„Annales Xantenses." M. G. H. Scriptores. Kleine Ausgabe Bd. 9a, S. 26.)

(15. Febr. Kometstern . . ., welchem sogleich ein ungeheurer Sturm und unermeßliche Überschwemmung gefolgt ist, bei der viele Unvorsichtige umkamen.)

Winter 872[—73] Belgien Überschwemmung der Flüsse

Hoc anno . . . hyems gravissima, aquarum inundatio, . . .

(„Annales Stabulenses." M. G. H. Scriptores XIII, S. 42.)

(Sehr schwerer Winter, Überschwemmung der Gewässer.)

Westdeutschland Überschwemmung der Flüsse

Eodem hiemis tempore insperatum diluvium nive madens repente inolevit, maxime in litoribus Rheni fluminis. Ex influentia aquarum multarum multitudo hominum cum aedificiis et frugibus innumerabilibus deperiit.

(„Annales Xantenses." M. G. H. Scriptores. Kleine Ausgabe. Bd. 9a, S. 32.)

(Zu derselben Winterzeit entstand plötzlich eine Überschwemmung durch Schneeschmelze, besonders an den Ufern des Rheins. Durch das Anschwellen vieler Gewässer ging eine Menge Menschen nebst Gebäuden und unzähligen Feldfrüchten zugrunde.)

873 Rhein-Weser-Gebiet Überschwemmung der Flüsse

Item inundatio nimia.

(„Annales Corbeienses." M. G. H. Scriptores III, S. 3.)

(Ebenfalls sehr große Überschwemmung.)

Hiems aspera nimis et solito prolixior; nix quoque inmensa a Kalendis Novembris usque in aequinoctium vernale sine intermissione cadens magnum hominibus fecit impedimentum silvas petere lignaque colligere. Unde accidit, ut non solum animalia, verum etiam homines plurimi frigore perirent. Sed et Rhenus et Moenus glaciali rigore constricti longo tempore se sub vestigiis incedentium calcabiles praebuerunt.

Winter 874 Westdeutschland Eisdecke

(„Annales Fuldenses III. Teil auctore Meginhardo." M. G. H. Scriptores. Kleine Ausgabe. Bd. 5, S. 81.)

(Der Winter sehr rauh und außergewöhnlich ausgedehnt; auch machte unermeßlicher Schnee, der von Anfang November bis zum Frühlings-Äquinoctium ohne Unterbrechung fiel, den Menschen viel Hindernis, die Wälder aufzusuchen und Holz zu sammeln. Daher ereignete es sich, daß nicht nur Tiere, sondern auch sehr viele Menschen durch Kälte umkamen.
Aber auch Rhein und Main waren von eisigem Frost gebunden und boten sich lange Zeit gangbar beim Tritte Darüberschreitender.)

Nam villa quaedam in pago Nitense (Nied, Nidda-Fluß) nomine Asgabrunno (Eschborn bei Rödelheim) a fluminibus et torentibus longe remota subitanea imbrium inundatione pene deleta est, et octuaginta octo homines utriusque sexus in ea deleti. Dum enim homines eiusdem loci V. Non. Jul. dormitum issent nihil mali suspicantes, tanta pluvia uno momento caelitus lapsa est, ut omnes arbores et vineas, quas tangebat in eadem villa, radicitus exstirparet, aedificia funditus everteret, iumenta et animalia cum omnibus, quae in domibus erant, perditioni traderet. Aecclesia quoque eiusdem villae cum suo altari ita deleta est, ut modo cernentibus nullum suae constructionis praebeat indicium . . .

3. Juli 875 Unter. Maingebiet Wolkenbruch. Überschwemmung

(„Annales Fuldenses." III. Teil. auctore Meginhardo. M. G. H. Scriptores. Kleine Ausgabe. Bd. 5, S. 84.)

° („Herimanni Augiensis chronicon." M. G. H. Scriptores V, S. 107.)

° („Annalista Saxo." M. G. H. Scriptores VI, S. 583.)

° („Chronica Sigeberti Gemblacensis." M. G. H. Scriptores VI, S. 342.)

° („Ekkehardi chronic. universale." I. M. G. H. Scriptores. VI, S. 173.)

(Nämlich ein Ort im Nitischen Gau mit Namen Asgabrunno [Eschborn bei Rödelheim], weit entfernt von Flüssen und Strömen, wurde durch eine plötzliche Überschwemmung infolge von Regengüssen beinahe vernichtet, und 88 Menschen beiderlei Geschlechts sind daselbst umgekommen. Denn während die Menschen dieses Orts am 5. Juli schlafen gegangen waren, ohne eine Ahnung des Übels, stürzte in einem Augenblick ein solcher Regen vom Himmel herab, daß er alle Bäume und Weinberge, die er in diesem Ort traf, vollständig entwurzelte, die Gebäude von Grund aus umwarf, Zugvieh und Tiere mit allem, was in den Häusern war, dem Verderben überlieferte. Auch die Kirche dieses Orts wurde mit ihrem Altar so vernichtet, daß denen, die sie noch sahen, kein Anzeichen ihres Baues blieb.)

Winter 880 Westdeutschland Rhein. Main Eisdecke

Hiems aspera et solito prolixior; nam Rhenus et Moenus fluvii glaciali rigore constricti longo tempore se calcabiles praebuerunt.

(„Annales Fuldenses III. Teil auctore Meginhardo." M. G. H. Scriptores. Kleine Ausgabe. Bd. 5, S. 94.)

(Ein rauher Winter und länger als gewöhnlich; Rhein und Main, infolge der Kälte zugefroren, gestatteten lange Zeit eine Betretung.)

Februar 886 Westdeutschland Überschwemmung

Mense Februario exercitus orientalium Francorum missus est contra Nordmannos in Galliam iuxta Parisios consistentes; qui in itinere propter imbrium inundationem et frigus imminens non modicum equorum suorum perpessi sunt damnum.

(„Annales Fuldenses III. Teil auctore Meginhardo." M. G. H. Scriptores. Kleine Ausgabe. Bd. 5, S. 104.)

(Im Februar wurde ein Heer der östl. Franken gegen die Normannen geschickt, die in Gallien bei Paris standen. Auf dem Wege erlitten sie durch Regenüberschwemmungen und einbrechende Kälte nicht geringen Verlust an Pferden.)

6. Februar Paris Seine-Überschwemmung

VIII. Idus Februarii contigit grave discrimen infra civitatem habitantibus. Nam ex gravissima inundatione fluminis minor pons [pons australis] discruptus est.

(„Annales Vedastini." M. G. H. Scriptores. Kleine Ausgabe. Bd. 9a, S. 59.)

(Es kamen die Einwohner der Stadt in höchste Gefahr. Durch die sehr schwere Überschwemmung des Flusses wurde nämlich die kleinere Brücke [südl. Brücke] zerstört.)

Mai, Juni, Juli Westdeutschland, Oberitalien. Rhein- u. Po-Überschwemmung

Mense vero Maio, Junio atque Julio tanta vis imbrium diu noctuque sine intermissione caelitus lapsa est, ut nullus aevi praesentis tantam aquarum habundantiam se vidisse fateatur. Unde flumina in diversis locis intumescentia frugibus variis extitere pernoxia. Nam Rhenus alveum suum egressus cuncta loca sibi contigua ab ortu suo usque ad introitum maris omnibus frugibus et lino et foeno evacuavit. Padus quoque in Italia similia fecisse perhibetur.

(„Annales Fuldenses III. Teil auctore Meginhardo." M. G. H. Scriptores. Kleine Ausgabe. Bd. 5, S. 105.)

(Im Monat Mai, Juni und Juli aber fiel vom Himmel eine solche Menge Regen, Tag und Nacht ohne Unterbrechung, daß keiner der gegenwärtigen Generation solch Übermaß von Wasser erlebt haben will. Hierdurch schwollen die Flüsse an verschiedenen Orten an und wurden mancherlei Feldfrüchten sehr schädlich. Denn der Rhein, aus seinem Bett ausgetreten, hat von seinem Ursprung an bis zum Eintritt in das Meer an den ihm anliegenden Orten die Feldfrüchte, Flachs und Heu fortgeführt. Auch der Po in Italien soll ähnliches angerichtet haben.)

Herbst Westdeutschland Süddeutschland Überschwemmung der Flüsse

Tempore autumni plus solitum inundationes aquarum excreverunt inestimate. Nam in Oriente erumpentibus per litus fluctibus villae inopimate circumdate subito feruntur, ita ut cum inhabitantibus viris, feminis, infantibus usque in abyssum deletae cernuntur. Inter Alpes vero talis rapacitas aquarum et collisio lapidum fuit, ut flexuras et vestigia viarum per divexa montis latera nullo modo prospici poterint. 886 Herbst

(„Annales Fuldenses Continuatio Ratisbonensis." M. G. H. Scriptores. Kleine Ausgabe. Bd. 5, S. 114/15.)

(Zur Herbstzeit wuchsen mehr als gewöhnlich und unerwartet die Gewässer an. Denn im O. wurden von den über die Ufer ausbrechenden Fluten unvermutet die umliegenden Dörfer fortgerissen, dergestalt, daß man sie mit den Einwohnern, Männern, Frauen und Kindern, bis zum Untergang vernichtet sieht. Innerhalb der Alpen war eine so reißende Strömung der Gewässer und Zusammenstoß von Steinen, daß man Biegungen und Spuren der Wege längs der abschüssigen Seiten des Gebirges auf keine Weise mehr wird erblicken können.)

Insolita inundatio autumni tempore facta, exundantibus aquis, plurimas villas evertit, et multis in montibus vias diruit, multaque mortalibus damna intulit.

(„Herimanni Augiens. chronicon." M. G. H. Scriptores. V, S. 109.)

(Eine ungewöhnliche Überschwemmung trat, in der Herbstzeit ein, als die Gewässer austraten, mehrere Landhäuser umstürzten, und in vielen Bergen die Wege zerstörten und den Menschen viel Schaden zufügten.)

Eodem vero tempore aquae diluvii in finibus Venetiarum fuerant, in tantum ut omnes ecclesias sive domos penetrarent. Gegend von Venedig Überschwemmung

(„Johannis diaconi chronicon Venetum." M. G. H. Scriptores. VII, S. 22.)

(Zu derselben Zeit war die Überschwemmung der Gewässer so groß, daß das Wasser in alle Kirchen und Häuser eindrang.)

. . ., inundationes aquarum plus solito excrevere , . . . 889 Deutschland Überschwemmung der Flüsse

(„Annales Fuldenses. Continuatio Ratisbonensis." M. G. H. Scriptores Kleine Ausgabe. Bd. 5, S. 117/18.)

(. . . ; Überschwemmungen der Gewässer traten, stärker als gewöhnlich, ein.)

Sed inter alia execrabile prodigium in regione Thuringorum visum est. Namque e celo aqua, non ut solet pluvia stillatim descendere, sed coacervatim quasi fluens torrens irruit, per tres villas uno momenti ictu evulsis aedificiis ter centum cadavera mortuorum inpulsione aquarum campo deiecta colligebantur. Thüringen Wolkenbrüche, Überschwemmungen

(„Annales Fuldenses. Continuatio Ratisbonensis." M. G. H. Scriptores. Kleine Ausgabe. Bd. 5, S. 118.)

(Aber unter anderen wurde ein schreckliches Wunderzeichen im Lande der Thüringer gesehen, Denn Wasser stürzte vom Himmel, nicht wie der Regen tropfenweise herabzufallen pflegt, sondern haufenweise, wie ein brausender Wildstrom, und in 3 Flecken wurden in einem Augenblick die Häuser auseinandergerissen, und 300 Leichname sammelte man, welche die Wasserflut im Felde fortgerafft hatte.)

° („Herimanni Augiens. chronicon." M. G. H. Scriptores. V, S. 110.)

889 Deutschland Überschwemmungen der Flüsse

. . . ., aquarum inundationibus, . . .

(„Herimanni Augiens. chronicon." M. G. H. Scriptores. V, S. 110.)

(. . . , infolge von Überschwemmungen der Gewässer, . . .)

896 Campanien (Italien) Überschwemmungen der Flüsse

Inter haec grabes valde iugesque fuere imbres; proinde Sabbatum [Sabbato] et Calor [Volturno] flumina ultra solitum intumuere, ita ut etiam super pontem Caloris fluvii undae influerent, quod nullam umquam fieri meminit aetas.

(„Catalog. regum Langobard. etc." Monum. German. histor. Scriptores. rer. Langobard. et Italicar. Saec. VI–IX, S. 497.)

(Währenddessen waren schwere und sehr anhaltende Regengüsse, daher schwollen die Flüsse Sabbatum [Sabbato] und Calor [Volturno] außergewöhnlich an, so daß die Wellen des Flusses Calor sogar über die Brücke flossen, ein Ereignis, dessen sich keine Altersstufe der Menschen erinnern konnte.)

Westdeutschland Überschwemmung der Flüsse

Inundatio nimia.

(„Annales Corbeienses." M. G. H. Scriptores III, S. 3.)

(Sehr große Überschwemmung.)

(Ca. Januar) 896 Ober-Italien Überschwemmungen der Flüsse

Igitur propter nimiam tempestatem aeris et immoderatam effusionem imbrium et ultra modum inundationibus aquarum omnis exercitus per divexa moncium cacumina impediti sunt, passim errando laboriose pervagatus.

(„Annales Fuldenses. Continuatio Ratisbonensis." M. G. H. Scriptores. Kleine Ausgabe. Bd. 5, S. 127.)

° („Herimanni Augiensis chronicon." M. G. H. Scriptores. V, S. 110.)

(Nun wurde wegen gewaltiger Luftstürme, unaufhörlicher Regengüsse und unmäßiger Überschwemmungen das ganze Heer auf verschiedenen Berggipfeln aufgehalten) usw.

942 Westdeutschland Überschwemmung der Flüsse

Sed cometas (Ende Oktober – Anfang Nov. 941) inundatio nimia . . . subsecuta est.

(„Widukindi monachi Corbeiensis rerum gestarum Saxonicarum libri tres." Liber II. Cap. 32. M. G. H. Scriptores. Kleine Ausgabe. Bd. 32, S. 79.)

(Den Kometen folgte eine sehr starke Überschwemmung.)

Inundatio nimia. 942 Westdeutschland Überschwemmung der Flüsse

(„Annales Corbeienses." M. G. H. Scriptores. III, S. 4.)

(Sehr große Überschwemmung.)

In illo anno universo non cessabant pluvia et aquas crescere, ita ut navigabat superficiem terrae, . . . 964 Salzburg Überschwemmung

(„Annales Salisburgenses." M. G. H. Scriptores. I, S. 89.)

(In jenem ganzen Jahre hörten die Regengüsse und die Wasser zu wachsen nicht auf, so daß man auf der Oberfläche der Erde mit Schiffen fuhr.)

Mira et inaudita inundatio pluviae . . . decima Kalendas Augusti accidit. (Codex 2) 23. Juli 966 Nordfrankreich Überschwemmung

(„Flodoardi annales." M. G. H. Scriptores. III, S. 407.)

(Eine außerordentliche und unerhörte Überschwemmung infolge von Regengüssen . . . trat am 23. Juli ein.)

Inundacio nimia. 968 Westdeutschland Überschwemmung der Flüsse

(„Annales Corbeienses." M. G. H. Scriptores. III, S. 5.)

(Eine sehr große Überschwemmung.)

Rheni ac Mosellae fluminum inundatio insolita. 987 Westdeutschland Rhein- u. Mosel-Überschwemmung

(„Annales Colonienses maiores anon." M. G. H. Scriptores. I, S. 98.)

(Ungewöhnliche Überschwemmung der Flüsse Rhein und Mosel.)

Aque quoque exundabant; . . . Mitteldeutschland Überschwemmung der Flüsse

(„Annales Hildesheimenses." M. G. H. Scriptores. Kleine Ausgabe. Bd. 6, S. 24.)

(Auch traten die Gewässer über ihre Ufer.)

Et in proxima hyeme aquae nimium inundaverunt

(„Annales Quedlinburgenses. II." M. G. H. Scriptores. III, S. 67.)

° („Annales Magdeburgenses." M. G. H. Scriptores XVI, S. 158.)

° („Annalista Saxo." M. G. H. Scriptores. VI, S. 634.)

(und im folgenden Winter waren große Überschwemmungen, und ein ungeheurer Wind warf viele Gebäude nieder.)

Inundatio aquarum frequens et ultra solitum ac diutina; . . . 988 England Überschwemmung der Flüsse

(„Annales monasterii de Waverleia." in „Rer. Britannic. med. aev. scriptor." Bd. 36, II, S. 168.)

(Häufige, ungewöhnlich starke und lange Überschwemmung der Gewässer.)

988 Belgien Überschwemmung der Flüsse

Inundatio aquarum frequens et ultra solitum ac diutina.

(„Chronica Sigeberti Gemblacensis." M. G. H. Scriptores. VI, S. 353.)

° („Chronica Alberici. Monachi trium fontium." M. G. H. Scriptores. XXIII, S. 774.)

Deutschland Überschwemmung der Flüsse

° („Ekkehardi chronic. universale." I. M. G. H. Scriptores. VI, S. 191.)

(Häufige, ungewöhnlich starke und lange Überschwemmung der Gewässer.)

1003 Frankreich Überschwemmung der Flüsse

. . . , pluviarumque inundatio extitit gravior, atque diversis in regionibus flumina suos ultra modum praeterierunt terminos. Prae ceteris vero Liger [Loire] in tantum suas praeteriit metas, ut cuncta circumcirca posita periculo mortis tremefaceret, valla penetrando, casas una cum hominibus eruendo, pontes firmos sepesque eradicando, boves cum bubulcis, ovilia cum ovibus et pueris demergendo, ita ut diluvium esse crederetur.

(„Annales Floriacenses." M. G. H. Scriptores. II, S. 255.)

(. . . , und die Überschwemmung infolge der Regengüsse wurde schlimmer, und in verschiedenen Gegenden überschritten die Flüsse ihre Ufer. Vor allem trat aber der Liger [Loire] so sehr aus seinem Bett, daß er alles ringsum gelegene durch die Todesgefahr zittern machte, über die Schutzwälle eindrang, Hütten zugleich mit den Menschen wegriß, feste Brücken und Zäune umriß, die Rinder mit den Kuhhirten, die Schafherden mit den Schafen und Knaben ertränkte, so daß man glaubte, es wäre die Sündflut.)

Loire Überschwemmung

Liger. Tanta vero tamque repentina ejus fuit profusio, ut agrarios laborantes, seu aquites iter agentes, subita involuerit ruina.

(M. Champion „Les inondations en France etc.". II. S. 199 aus „De Mirac. S. Bened". Lib. II. in d'Achery „Act. Sanct. Ord. S. Benedict". tom. II, S. 384.)

(So groß aber und so plötzlich war ihr Hochwasser, daß arbeitende Landleute oder ihres Weges ziehende Reiter in ihren unvorhergesehenen Verderb hineingerieten.)

1. Juni Belgien Überschwemmung der Flüsse

Et magna fuit inundatio aquarum Kal. Junii.

(„Annales Blandinienses." M. G. H. Scriptores. V, S. 25.)

(Und groß war die Überschwemmung der Gewässer am 1. Juni.)

1. August Belgien Überschwemmung der Flüsse

Item inundatio aquarum Kal. Aug.

(„Annales Blandinienses." M. G. H. Scriptores. V, S. 25.)

(Ebenfalls eine Überschwemmung der Gewässer am 1. August.)

Inundatio aquarum facta est Kal. Augusti.

(„Chronicon sancti Bavonis scriptum sub finem seculi XV." edid. J. J. de Smet „Rec. des chron. de Flandre." I, S. 537.)

(Eine Überschwemmung der Gewässer ereignete sich am 1. August.)

Subita et nostris temporibus insolita aquarum refusio facta est 3. Id. Junaarii, feria secunda, luna 10, multis damnum inferens, 7 diebus in sua rabie perstitit. 1009 11. Januar Mitteldeutschland Überschwemmung der Flüsse

(„Annales Quedlinburgenses. Contin.“ M. G. H. Scriptores. III, S. 79.)

° („Annalista Saxo.“ M. G. H. Scriptores. VI, S. 658.)

(Eine plötzliche und in unserer Zeit ungewöhnliche Überschwemmung ereignete sich am 11. Januar, einem Montag, welche vielen Schaden brachte und in ihrem Ungestüm 7 Tage anhielt.)

Im illo tempore inundante Danubio in Bawariis et stagnante Reno [ita] ineffabilis populi āc pecoris, edificiorum quoque et silvarum tali impetu erutarum multitudo periit, . . . 1012 Donau, Rhein Überschwemmung

(„Thietmari chronic.“ Liber VII, 23. (50). M. G. H. Scriptores. Kleine Ausgabe. Bd. 29, S. 182.)

(In jener Zeit trat die Donau in Bayern über ihre Ufer und der Rhein ebenfalls. So kam eine unzählbare Menge Menschen und Vieh um, und auch viele Gebäude und Wälder wurden durch die Gewalten der Fluten zerstört.)

° („Annalista Saxo.“ M. G. H. Scriptores. VI, S. 664.)

Hoc etiam anno commotio aeris cum tonitru et fulgure et inundantia pluviarum tanta facta est 4. Jd. Augusti ut biduo perseverans, perplurima damna perageret, domos multas cum suis utensilibus, nec non acervos frugum pessundaret; homines quoque periclitarentur. 10. August Mitteldeutschland Überschwemmung

(„Annales Quedlinburgenses. Continuat.“ M. G. H. Scriptores. III, S. 81.)

(Es traten ein Brausen der Luft mit Donner und Blitz und so große Regengüsse ein, daß sie großen Schaden anrichteten, und, da sie 2 Tage lang anhielten, viele Häuser mit ihrem Inventar sowie auch die aufgeschütteten Feldfrüchte vernichteten; selbst Menschen kamen in Gefahr.)

Sequenti igitur anno [im Jahr nach d. Tode d. Heilig. Cholomann, gestorben 1012] Danubius effreni licentia littorum curva itinera devagatus, pleraque edificia suis viribus eruta funditus ingurgitavit, et queque loca sibi contigua estuantis diluvii copiis inebriavit; atrium autem basilice, iuxta quam beati Cholomanni cadaver requievit, tanta diluvies replevit, ut medietas ecclesie vix appareret. 1013 Donau Überschwemmung

(„Passio S. Cholomanni.“ M. G. H. Scriptores. IV, S. 676.)

(Im folgenden Jahr stürzte die Donau, mit entfesselter Ungebundenheit aus ihrem Bett getreten und ausgebreitet, viele Gebäude mit ihren Kräften von Grund aus um und vernichtete manche Orte, die sie mit ihren schäumenden Wassermassen erreichte; auch den Vorhof der Basilika, neben welcher der Leichnam des seligen Cholomannus ruhte, füllte eine so große Wasserflut, daß die Mitte der Kirche kaum zu sehen war. [zu Melk, Österreich].

1013 Süddeutschland Überschwemmung der Flüsse

Subitum diluvium.

(„Anonymi breve chronicon Ratisponense ab anno Christi 471 ad annum 1343." in A. F. Oefele „Rer. Boicar scriptores nusquam antehac editi." Tom. I, S. 697.)

(Eine plötzliche Überschwemmung.)

Ingens eruptio aquarum.

(„Annales Altahenses maiores I. Teil. auct. Wolfherio Hildesheimensi." B. M. G. H. Scriptores. Kleine Ausgabe. Bd. 3, S. 17.)

° („Annales S. Emmerammi Ratisbonenses." M. G. H. Scriptores. XVII, S. 584.)

(Ungeheure Überschwemmung der Gewässer.)

15. Dezember Mitteldeutschland Überschwemmung der Flüsse

Eodem anno inundatio aquarum nimia facta est, multa damna ferens, 18. Cal. Januarii, luna nona, feria 3; . . .

(„Annales Quedlinburgens. Contin." M. G. H. Scriptores. III, S. 82.)

° („Annalista Saxo." M. G. H. Scriptores. VI, S. 665.)

° („Annales Magdeburgenses." M. G. H. Scriptores. XVI. S. 165.)

(Es ereignete sich eine sehr große Überschwemmung, welche viel Schaden anrichtete.)

1014 Griechenland (zwischen Euböa und Böothien) Meeresflut

Eodem anno fluctus marinus, quem Graeci Euripum, nos Ledonem vocamus, mirum in modum excrevit, quantum nulla hominum memoria potest attingere; ita ut villas ultra multa miliaria submergeret, et habitatores interceptos necaret.

(„Willelmi Malmesbiriensis monachi de gestis regum Anglorum libri V." Histor. novell. Libri III. edid. Will. Stubbs. Vol. I. Rer. Britann. med. aev. scriptores. Bd. 90, S. 213, Vol. I.)

(In demselben Jahre stiegen die Meeresfluten, die die Griechen Euripus, wir Ledo nennen, zu solcher erstaunlichen Höhe, wie sich kein Mensch erinnern konnte, so daß über viele 1000 Dörfer durch das Wasser vernichtet und die abgeschnittenen Einwohner getötet wurden.)

28.—29. Sept. 1014 England, Frankreich Belgien Große Sturmflut

Hoc anno ascendit mare in vigilia Sancti Michaelis in multis locis terrae superius quam unquam antea fecerat, et multas villas et innumerabilem populum submersit.

(„Annales monasterii de Waverleia." in „Rer. Britann. med. aev. scriptores." Bd. 36, II, S. 175.)

(In diesem Jahre stieg das Meer am Vorabend d. St. Michaelstages an vielen Orten der Erde höher an als jemals zuvor und ertränkte viele Dörfer und unzählige Menschen.)

° („Symeonis monachi historia regum." in Rer. Britann. med. aev. scriptores. Bd. 75, Vol. II, S. 147.)

° („Bartholomaei de Cotton monachi Norwicensis historia Anglicana." in „Rer. Britann. med. aev. scriptores." Bd. 16, S. 33.)

4. Cal. Octobris, luna sexta, magna maris inundatio ad vesperam, ubi innumerabiles perierunt. 1014

(„Annales Laubienses." M. G. H. Scriptores. IV, S. 18.)

(Eine große Meeresflut gegen Abend, wobei Unzählige umkamen.)

Hoc anno facta est magna inundatio maris ad vesperas IV. Kal. Octob.

(In diesem Jahre ereignete sich eine große Meeresflut.)

(„Annales Blandinienses." M. G. H. Scriptores. V, S. 25.)

° („Annales Formoselenses." M. G. H. Scriptores. V, S. 35.)

29. September 1014 Nordsee Sturmflut

Res miseranda nimiumque stupenda contigit in partibus occidentalium regionum 3. Cal. Octobris feria quarta Walachri et Flanderi. Horrenda nubes apparuerunt, quae per tres noctes, miro modo immobiles, minas intuentibus dederunt; tertia vero die tonitrui inauditus fragor adveniens, turbavit maria, ut terribiliter intumescerent, et incredibiliter crescendo nubibus inhaererent. Cumque gementes incolae repentinae calámitatis miseriam in tantae inundationis mole conspicerent, et sicut post mortem Juliani apostatae naves ad praerupta montium ponderent vel in antiquum chaos omnia redirent, timore mortis percussi, terga vertere coeperant; sed peccatis praepedientibus multa milia hominum rubito fluctibus interierunt, quia vultum Domini iratum effugere non potuerunt.

(„Annales Quedlinburgenses. Cont." M. G. H. Scriptores. III, S. 83.)

(Eine traurige und sehr staunenswerte Sache ereignete sich in d. westl. Ländergebieten in Walchern und Flandern am Mittwoch, 29. September. Es erschienen schreckliche Wolken, welche 3 Nächte lang wunderbarerweise ganz unbeweglich denen, die es sahen, Warnungen gaben; am dritten Tage aber erhob sich ein unerhörtes Tosen des Donners und wirbelte das Wasser auf, daß es schrecklich anschwoll und, in dem es unglaublich wuchs, an den Wolken hing. Als nun die seufzenden Einwohner das Elend des plötzlichen Unglücks an der Höhe der gewaltigen Überschwemmungen erkannten, und als, wie nach dem Tode des abtrünnigen Julian, Schiffe auf den Spitzen der Berge schwankten und alles in das alte Chaos zurückfiel, da fingen sie von Todesfurcht ergriffen an den Rücken zu kehren; aber von ihren Sünden behindert kamen viele 1000 Menschen plötzlich in den Fluten um, da sie dem zornigen Angesichte des Herrn nicht zu entfliehen vermochten.)

° („Annalista Saxo." M. G. H. Scriptores. VI, S. 666.)

11. Februar 1016 Mitteldeutschland Überschwemmung

3. Jd. Februarii, luna 30, sabatho collisiones nubium horrisonae, cum crebra corruscatione et imbrium nimietate, plurima subruunt aedificia.

(„Annales Quedlinburgenses." Cont. M. G. H. Scriptores. III, S. 84.)

(Es stießen die Wolken schrecklich tönend zusammen, und stürzten mit häufigen Blitzen und einem Übermaß von Regen sehr viele Häuser um.)

1020 Elbe, Weser Überschwemmung

Nam Albis ac Wisara fluvii insolita inundationis mole non solum alveos suos egressi, sed ab ipso imotenus fundo qua nescio immani ventorum violentia evulsi, oppida, rura, cuncta, circumiacentium late confinia terrarum, ipsis quoque collibus ac montibus, quos natura quadam prae ceteris sublimitate munierat, altius insurgendo, mersisse et quod his miserabilius ac omni incredibilius est auditui, villas integras. nequaquam soluta aedificiorum compagne, cum inibi degentibus de alia in aliam transvehendo ripam, eadem qua prius positione constituisse.

(„Annales Quedlinburgenses. Continuat." M. G. H. Scriptores. III, S. 85.)
° („Annales Magdeburgenses." M. G. H. Scriptores. XVI, S. 167.)
° („Annalista Saxo." M. G. H. Scriptores. VI, S. 674.)

(Denn die Flüsse Elbe und Weser traten nicht allein in ungewohnter Höhe der Fluten aus ihren Betten, sondern vom untersten Grunde vielleicht durch eine entsetzliche Windsbraut aufgestaut, sollen sie höher gestiegen sein, als selbst die Hügel und Berge, die die Natur vor den übrigen durch ihre Höhe gesichert hatte, und Stadt und Land und alle weit herumliegenden Landmarken ertränkt haben und – was noch wunderbarer als dies und jedem Ohr unglaublich erscheint – ganze Dörfer, ohne das Gefüge der Häuser zu lösen, mit den darin Lebenden von einem auf das andere Ufer geführt und in derselben Lage wie früher hingestellt haben.)

1029 England Sturmflut

Mare erupit et tot mala fecit, quod nullus antae nec vidit nec audivit.

(„Annales Prioratus de Wigornia." in „Rer. Britannicar. med. aev. scriptores." Bd. 36, IV, S. 371.)

(Das Meer brach hervor und machte so viele Leiden, wie es keiner vorher weder gesehen noch gehört hat.)

Flüsse Calore u. Sabato (Italien) Überschwemmung

Inundaverunt aquae fluminis Caloris et Sabbati.

(„Annales Beneventani". M. G. H. Scriptores III. S. 178.)

(Es traten die Wasser des Flusses Calore und Sabato über ihre Ufer.)

1035 Mosel-Gegend Überschwemmung der Flüsse

. . . ; hiemalium pluviarum enim inundantia, sed et fluminis secus civitatem decurrentis cerno tempore inaestimabilis superhabundantia diutina stacione et nimia sui limositate omnes fere segetes absorbuerat.

(„Gesta Treverorum." Cont. I, Kapitel 26. M. G. H. Scriptores. VIII, S. 180.)

(. . . . ; nämlich durch die Überschwemmung infolge der winterlichen Regengüsse, durch das Herabfließen des Flusses bei der Stadt in höchster Eile, durch die unberechenbare Überflutung von langer Dauer und zu große Schlammhaftigkeit wurden fast alle Saaten vernichtet.)

Tunc siquidem temporis, nimia aquarum inundantia increvit saeculis.

(„Ex miraculis Sancti Symeonis." M. G. H. Scriptores. VIII, S. 210.)

(Zu dieser Zeit damals nämlich, trat eine sehr große Überschwemmung auf lange Zeit ein, usw.)

La Loire ayant deux fois débordé de son lit, causa dans les environs des dommages trèsconsidérables.

1037 Loire Überschwemmungen

(„Fragmens de l'hist. des Français, de l'avénement de Hugues-Capet à la mort de Philippe." in „Collection des mémoires relatifs à l'histoire de France." Bd. 7, S. 36.)

Eodem tempore aquae longe lateque inundavere; unde multi per diversa loca interiere.

1040 Mitteldeutschland Überschwemmung der Flüsse

(„Annales Magdeburgenses." M. G. H. Scriptores. XVI, S. 172.)

(Zu derselben Zeit traten die Gewässer weit und breit über ihre Ufer; viele [Menschen] kamen an verschiedenen Orten dadurch ums Leben.)

Aquae inundantes multes extinguunt.

Süddeutschland Überschwemmung der Flüsse

(„Annales Ottenburani." II. M. G. H. Scriptores. V, S. 6.)

(Die Überschwemmung der Gewässer brachte viele ums Leben.)

Hoc etiam anno Isac [Eisack] fluvius iuxta Pozan [Bozen] nimium inundans miserandam stragem dedit, terram vinearum funditus usque ad saxa proluit et aliis iuxta iacentibus eandem ingessit et plerasque taliter inutiles reddidit, ex utraque parte alvei aedificiorum, iumentorum et agrorum maximam cladem fecit, Sed et Athesis fluvius apud Veronam tanta eluvie subito excrevit, ut domorum, iumentorum, hominum, agrorum partem vastando perdiderit, et vis diluvii homines, qui evaserant coegit ad aedificium, quod vocator Aerina [Arena Veronensis], confugere et, quamdiu aquae decrescerent illud incolere.

1041 Südtirol Oberitalien Überschwemmungen der Flüsse

(„Annales Altahenses maiores II. auctore monacho Altahensi." M. G. H. Scriptores. Kleine Ausgabe. Bd. 3, S. 28.)

(In demselben Jahre richtete der Fluß Eisack bei Bozen durch Übertreten seiner Ufer eine klägliche Verheerung an, wusch die Erde von Weinbergen bis auf den Felsengrund weg, führte sie anderen, danebenliegenden zu, machte die meisten derselben auf diese Weise unbrauchbar und richtete zu beiden Seiten des Flußbettes eine ungeheure Vernichtung der Gebäude, des Viehes und der Äcker an. Aber auch der Fluß Etsch wuchs plötzlich durch Überschwemmung bei Verona derart, daß ein Teil der Häuser, des Viehes, der Menschen und Äcker zugrunde ging; und die Höhe der Überschwemmung zwang die Menschen, welche entronnen waren, in das Haus, das man Aerina [Arena Veronensis] nennt, zu fliehen und in demselben zu wohnen, bis das Wasser abgeflossen war.)

Hoc anno facta est magna inundatio maris 4. Nonas Novemb.

2. Nov. 1042 Belgien Sturmflut

(„Annales Blandinienses." M. G. H. Scriptores. V, S. 26.)

(In diesem Jahre ereignete sich eine große Meeresflut am 2. Nov.)

1047
Skandinavien
Meer zwischen Dänemark und Norwegen. Eisdecke

. . . , quod hoc anno tanta ingruerent frigora, ut inter Norvegiam et Daniam lupi per glaciem discurrerent.

(„Annales Islandorum Regii.“ in J. Langebek „Scriptor. rer. Danicar.“ III, S. 43.)

(. . . , weil in diesem Jahre so große Kälte einfiel, daß zwischen Norwegen und Dänemark die Wölfe über das Eis liefen.)

Sommer 1051
Süddeutschland
Überschwemmung der Flüsse

Totum namque aestivum tempus, pluviis abundans, inmanes fecit prorumpere aquas. Qua de re plures tam hominum quam equorum summersi sunt.

(„Annales Altahenses maiores. II. auctore monacho Altahensi.“ M. G. H. Scriptores. Kleine Ausgabe. Bd. 3. S. 47.)

(Nämlich während der Sommerszeit traten infolge der Regengüsse die Gewässer außerordentlich über ihre Ufer. Hierdurch kamen sowohl zahlreiche Menschen als auch Pferde im Wasser um.)

28. September 1059
Elbtal nördlich von Dresden
Elbe-Überschwemmung
Tetschen (Elbe)
Elbe-Überschwemmung

Gewaltige Überschwemmung.

(M. Lilie „Chronik der Lößnitz. Ortschaften etc.“ S. 278.)

Elbe: Eine große Wasserflut schwemmte die alte Stadt Tetschen, die an der Südseite des Schloßfelsens lag, vollständig weg.

(E. Mander „Chronik von Bodenbach“. S. 166.)

Winter 1060
Deutschland
Überschwemmung der Flüsse

Mox secuta est aquarum talis effusio, qualis vix aut nunquam fertur in illo regno provenisse.

(„Annales Altahenses maiores. II. auctore monacho Altahensi.“ M. G. H. Scriptores. Kleine Ausgabe. Bd. 3, S. 55.)

(Bald folgte eine so große Überschwemmung der Gewässer, wie sie kaum oder niemals in jenem Reiche vorgekommen ist.)

2. Juni 1062
Belgien
Sturmflut

Inundatio maris, quarto nonas Junii, facta est.

(„Chronicon sancti Bavonis, scriptum sub finem seculi XV“ in J. J. de Smet „Recueil des chron. de Flandre.“ I. S. 551.)

(Eine Überschwemmung des Meeres trat am 2. Juni ein.)

1068
Nordfrankreich
Überschwemmung der Flüsse

Aquae inundaverunt.

(„Annales Laubienses. Continuatio.“ M. G. H. Scriptores. IV, S. 20.)

(Die Gewässer traten über ihre Ufer.)

Westdeutschland
Überschwemmung der Flüsse

Inundatio magna cum damno notabilis.

(„Anon. monach. annal. Corbeiens, succincti etc.“ in Chr. Fr. Paulinus „Rer. et antiquar. German. syntagma.“ S. 388.) = 1069

° („Annales Weissenburgenses“. M. G. H. Scriptores. Kleine Ausgabe. Band 20. S. 53.)

(Große Überschwemmung mit merklichem Schaden.)

Inundatio pluviarum. 1068 Süddeutschland Überschwemmung

(„Annales Augustani." M. G. H. Scriptores. III, S. 128.)

(Überschwemmung durch Regengüsse.)

Fluminibus glaciali rigore constrictis, imperator Heinricus terram Lutitianorum ingressus, . . . Winter 1069 Norddeutschland Eisdecke der Flüsse

(„Chronica Sigeberti Gemblacensis." in M. G. H. VI, S. 362.)

° („Chronicon sancti Bavonis etc." in J. J. de Smet „Recueil des chron. de Flandre." I. S. 560.)

(Da die Flüsse durch die Gewalt der Kälte zugefroren waren, drang Kaiser Heinrich [IV] in das Gebiet der Lausitzer ein.).

Frigus erat validissimum, et hiberna siccitate arebant omnia, in tantum ut flumina non superficietenus glacie constricta, sed tota preter solitum in glaciem conversa viderentur. Winter 1074 Westdeutschland Flüsse, starke Eisdecke

(„Lamperti Hersfeldensis annales." M. G. H. Scriptores. Kleine Ausgabe. Bd. 20. S. 176.)

(Die Kälte war sehr streng und durch die winterliche Dürre trocknete alles aus, und zwar so stark, daß die Flüsse nicht nur an der Oberfläche zufroren, sondern ungewöhnlicherweise völlig in Eis verwandelt zu sein schienen.)

Fluvium glacies pedestri itinere commeabilem fecerat. Ende Januar Werra Eisdecke

(„Lamperti Hersfeldensis annales." M. G. H. Scriptores. Kleine Ausgabe. Bd. 20, S. 176.)

(Das Eis des Flusses war zu Fuß passierbar.)

Anno Dominice Incarnationis 1076, gravissima hyems incubuit, adeo ut in Galliis Ararim [Saone], Rodanum [Rhone], Renum [Rhein], Ligerim [Loire], in Germania Albam [Elbe], Viselam [Weichsel] et Danubium [Donau], in Italia Eridanum [Po], permaximos fluvios, ut taceatur de minoribus, tanto gelu constringeret, quod mirantibus circumiacentibus incolis, quasi per solidam terram pervii fierent. Winter 1076/77 Frankreich, Deutschland, Oberitalien Flüsse, starke Eisdecke

(„Cantatorum sive chronicon Sancti Huberti." Cap. 37. in C. Hanquet „La chronique de Saint-Hubert etc." S. 98.)

(Es fiel ein sehr schwerer Winter ein, daß in Gallien die Saone, der Rhein, die Loire, in Deutschland die Elbe, die Weichsel und Donau, in Italien der Po, die meisten Flüsse, ganz zu schweigen von den kleineren, so von dem starken Froste in Eisfesseln gelegt wurden, daß die erstaunten Anwohner, wie auf sicherer Erde, darübergehen konnten.)

Tunc post illam longissimam et asperrimam hiemem, qua Galliarum maximi fluvii Rodanus, Ligeris et Rhenus, et Germaniae Alba, Viscla et Danubius, in Italia etiam Tiberis et rex fluviorum Eridanus, gelu et frigore concreti, navibus invii, hominibus equis, asinis et plaustris visi sunt similes terrae pervii . . .

(„Vita Theoderici abbatis Andaginensis." Cap. 26. M. G. H. Scriptores. XII, S. 52.)

(Nach dem sehr langen und strengen Winter, in dem die größten Flüsse Galliens: die Rhone, die Loire und der Rhein, und Deutschlands: die Elbe, die Weichsel und die Donau, in Italien auch der Tiber und der König der Flüsse: der Po, durch die Kälte zufroren, für Schiffe unbefahrbar, für die Menschen, Pferde, Esel und Lastwagen wie feste Erde gangbar, . . .)

Winter 1076/77 West-deutschland Flüsse, starke Eisdecke

Vis atque inclementia hyemis hoc anno adeo iugis solitoque asperior inhorruerat, ut a festivitate sancti Martini (11. Nov.) Rhenus fluvius glaciali frigore constrictus pene usque ad Kalendas Aprilis pedestri itinere transmeabilis maneret, et plerisque in locis vineta, exsiccatis frigore radicibus omnino arescerent.

(„Lamperti Hersfeldensis annales." M. G. H. Scriptores. Kleine Ausgabe. Bd. 20, S. 284.)

° („Annales Brunwilarenses." M. G. H. Scriptores. XVI, S. 725.)

(Die Stärke und Rauhheit des Winters war in diesem Jahre so anhaltend und mit so ungewöhnlicher Strenge eingefallen, daß von dem Feste des heilig. Martin (11. Nov.) an der Rheinstrom durch eisigen Frost gebunden, beinahe bis Anfang April für Fußgänger gangbar blieb, und an den meisten Orten die Weinreben, an den Wurzeln vor Kälte ausgedörrt, gänzlich zugrunde gingen.

Hiemps magna et nivosa ac nimis prolixa fuit. Nam a 6 Kal. decemb. [26. Nov.] omnia flumina glacie constricta sunt usque 14 Kal. april [19. März].

(„Annales Patherbrunnenses." edid. P. Scheffer-Boichorst. S. 97.)
° („Annales Yburgenses." M. G. H. Scriptores XVI. S. 437.)
° („Annales Brunwilarenses." M. G. Scriptores. I. S. 100.)
° („Annalista Saxo." M. G. H. Scriptores. VI, S. 711.)
° („Bertholdi annales." M. G. H. Scriptores. V, S. 287.)

(Ein großer und schneereicher und sehr reichlicher Winter. Denn vom 26. Nov. bis 19. März waren alle Flüsse zugefroren.)

1079 Fluß Calore in Unter-Italien Eisdecke

Gelavit flumen Calor ita, ut desuper homines calciati transirent absque periculo.

(„Annales Beneventani." M. G. H. Scriptores. III, S. 181.)

(Der Fluß Calore gefror so stark, daß Menschen darüber zu Fuß ohne Gefahr gingen.)

1080 (?) Süd-deutschland Über-schwemmung der Flüsse

Tanta irrupit aquarum inundacio, ut omnia semina in latere Danubii posita penitus delerentur.

(„Annales Bavarici." M. G. H. Scriptores. XXV, S. 637.)

(Eine so große Überschwemmung der Gewässer brach aus, daß alle an der Donau gelegenen Saatfelder beinahe vernichtet wurden.)

. . . ginck de zee uuijt haren termijn. 1083 Nordsee Sturmflut

(„Chron. van Nederlant van d. jaere 1027 tot d. j. 1525." in „Chron. de Brabant et de Flandre", edid. Charles Piot. S. 3.)

Nimia aquarum inundatio multis in locis damno et periculo fuit. 1086 Belgien große Überschwemmung der Flüsse

(„Sigeberti Chronica Gemblacensis." M. G. H. Scriptores. VI, S. 365.)
° („Chron. Alberici monach. trium fontium." M. G. H. Scriptores. XXIII, S. 800.)

(Eine sehr große Überschwemmung der Gewässer brachte vielerorts Schaden und Gefahr.)

Padus quoque fluvius Longobardiae ripas suas excedens multa castella, villas, immo circa iacentes regiones penitus submersit et inhabitabiles reddidit. Po Überschwemmung

(„Bernoldi chronicon." M. G. H. Scriptores. V, S. 443.) = 1085

(Auch der Fluß der Lombardei, der Po, überschritt seine Ufer, so daß viele Burgen, Dörfer, ja sogar die umliegenden Gegenden durch das Wasser gänzlich vernichtet und unbewohnbar wurden.)

In Italia tanta diluvies fuit, ut rupes liquore aquarum dissolutae, plures villas ruina sua exterminarent. Italien Überschwemmung

(„Chronica Sigeberti Gemblacensis." M. G. H. Scriptores. VI, S. 365.)
° („Chronicon Imperii." in „Historia monast. Wessofontani", edit. C. Leutner. II, S. 18.) = 1088

(In Italien war eine so große Überschwemmung, daß Felsen, durch die Wasserstrudel losgelöst, mehrere Dörfer vernichteten.)

. . . , et circa medium Januarii maxima omnium Germaniae fluminum inundatio fuit. Mitte Januar Westdeutschland Überschwemmung der Flüsse

(„Annales Brunwilarenses." M. G. H. Scriptores. XVI, S. 725.)

(. . . , und um Mitte Januar war eine sehr große Überschwemmung aller Flüsse Deutschlands.)

Inundatio maxima aquarum usque ad valvas ecclesie. 1089 Liège (Lüttich) Überschwemmung

(„Lamberti parvi annales." M. G. H. Scriptores. XVI, S. 647.)

(Eine sehr große Überschwemmung bis an die Flügeltüren der Kirche.)

Huius temporibus facta est magna inundatio aquarum usque ad walvas ecclesie sancti Jacobi in civitate Leodii.

(„Aegid. Aureaevallens. gesta episcop. Leodiensium." M. G. H. Scriptores. XXV, S. 91.)
° („Annales S. Jacobi Leodiensis minores." II. M. G. H. Scriptores. XVI, S. 639.)

(Zu diesen Zeiten trat eine große Überschwemmung der Gewässer ein, die bis an die Flügeltüren der Kirche d. heilig. Jakobus in der Stadt Lüttich reichte.)

1093 England Überschwemmung und Eisdecke der Flüsse

Eodem anno tanta erat pluviarum inundatio, quantam nemo se meminit praevidisse; deinde terra cum fluminibus maximis adeo induruit congelata, ut bigis et plaustris flumina transeuntibus pontes praebuerunt glaciales, qui spissitudinem molarem sunt transgressi. Resoluto tandem gelu, aquarum crustae superficiales conglomeratae molendina, cum pontibus et vivariis et domibus conterminis, dampnose nimis confregerunt.

(„Matthaei Parisiensis, monachi sancti Albani, histor. Anglor., sive, ut vulgo dicitur, hist. minor." edid. F. Madden in „Rer. Britannic. med. aevi scriptores." Bd. 44. Vol. I. S. 44.)

(Im selben Jahre war eine so große Überschwemmung, wie sich keiner erinnern konnte, vorher gesehen zu haben. Darauf war die Erde mit den größten Flüssen derart gefroren, daß die Flüsse den zweispännigen und den Lastwagen als Eisbrücken dienten, die, so fest wie Felsblöcke, überschritten werden konnten.
Als endlich der Frost nachließ, zerbrachen die Eisstücke, die sich an der Oberfläche zusammengeballt hatten, die Mühlen mit den benachbarten Brücken und Fischteichen und Häusern mit sehr großem Schaden.)

(Post) pluviarum maximas inundantiones, flumina etiam magna ita spisso et diutino gelu constructa sunt, quod hominibus et onustis bigis et plaustris facta sunt transmeabilia.

Tandem nix resoluta stiriis, et crustilis natantibus; vix pontem unum in magna patria reliquit integrum.

(„Flores historiarum." in „Rer. Britannic. med. aev. scriptores." Bd. 95. II, S. 25.)

° („Annales de Margan." in „Rer. Britannic. med. aev. scriptores." Bd. 36 I, S. 5.)

° („Annales Dorenses." M. G. H. Scriptores. XXVII, S. 521.)

(Nach sehr starken Überschwemmungen wurden die großen Flüsse durch den scharfen und langen Frost so hergerichtet, daß sie für Menschen und Lastwagen passierbar waren.
Als endlich der Schnee geschmolzen war, blieb durch die Eisgebilde und schwimmenden Eisstücke kaum eine Brücke im großen Vaterland unversehrt.)

Hoc anno tantum aquarum diluvium, tanta tempestas imbrium, quantum nullus meminerat; et accedente hyeme fluvii ita sunt congelati, ut essent pervii equitantibus et plaustra ducentibus; resolutoque gelu, impetu glacialium pontes effracti.

(„Annales monasterii de Bermundeseia." in „Rer. Britannicar. med aev. scriptores." Bd. 36, III, S. 428.)

° („Annales de Margan." in „Rer. Britann. med. aev. scriptores." Bd. 36, I, S. 5.)

(In diesem Jahre war eine so große Überschwemmung der Gewässer, so große Regen-Unwetter, wie sich keiner erinnern konnte; und als der Winter kam, sind die Flüsse so gefroren, daß sie den Reitern und Lastwagenführern gangbar waren;

als der Frost nachließ, wurden durch die Gewalt der Eisschollen die Brücken zerbrochen.)

Inundatio magna a pridie Idus Octobris usque ad Kal. Aprilis. 1094 Belgien Überschwemmung

(„Annales Blandinienses." M. G. H. Scriptores. V, S. 27.)

° („Chron. Alberici monach. trium font." M. G. H. Scriptores. XXIII, S. 803.)

(Große Überschwemmung vom 14. Oktober – 1. April.)

. . . , turbinibus, imbrium inundationibus diversisque cladibus nimium afflicta. Deutschland Überschwemmung

(„Ekkehardi chronic. universale." I. M. G. H. Scriptores. VI, S. 207.)

° („Annales Ottenburani." II. M. G. H. Scriptores. V, S. 8.)

° („Annal. Magdeburgenses." M. G. H. Scriptores. XVI. S. 178.)

° („Annalista Saxo." M. G. H. Scriptores. VI, S. 728.)

° („Chronicon Imperii." in „Historia monast. Wessofontani." edit C. Leutner. II, S. 19.)

(Durch Wirbelstürme, Überschwemmungen durch Regengüsse und verschiedene Unglücksfälle sehr schwere Heimsuchungen.)

Secutae sunt anno praecipue 1094to crebrae inundationes quae cuncta planiora incredibili vastitate perruperunt. Schweiz Überschwemmung

(R. Kuhn „Meteorol. Bemerkung, ausgezog. aus alt. Tagebüchern d. Klosters Einsiedeln". S. 112.)

(Es folgten hauptsächlich im Jahre 1094 häufige Überschwemmungen, die sich durch sämtliche flacheren Gegenden einen Weg bahnten und sie verwüsteten.)

. . . , et flumina creverunt magna et castella et vicos et homines necaverunt, maxime pedites. 1096 Westfrankreich Überschwemmungen der Flüsse

(„Chronicon sancti Maxentii Pictavensis". in P. Marchegay und E. Mabille „Chroniques des églises d'Anjou". S. 414.)

(, . . , und die Flüsse wuchsen stark an und vernichteten die Burgen und Dörfer und Menschen, besonders die Fußgänger.)

. . . , hiems vero lenis et pestilens fuit; imbrium et fluminum inundationes nimis increverunt. Winter 1097 Westdeutschland Überschwemmungen der Flüsse

(„Ekkehardi chronic. universale." I. M. G. H. Scriptores. VI. S. 209.)

° („Annalista Saxo." M. G. H. Scriptores. VI. S. 730.)

° („Chronicon Imperii" in „Historia monasterii Wessofontani", edit. C. Leutner II. S. 19.) Süddeutschland

° („Annales Stadenses". M. G. H. Scriptores. XVI. S. 317.) Nordwestdeutschland

(Der Winter aber war mild und ungesund, die Überschwemmungen der Flüsse durch Regengüsse nahmen sehr stark zu.)

Herbst 1097 Belgien Überschwemmung der Flüsse

Nimia aquarum inundatione autumnalis satio impeditur, . . .

(„Chronica Sigeberti Gemblacensis." M. G. H. Scriptores. VI. S. 367.)

(Durch die sehr große Überschwemmung der Gewässer wurde die Herbst-Aussaat behindert.)

Süddeutschland Überschwemmung der Flüsse

Autumnus pene totus pluviosus; inundatio pluviarum et fluminum castra et villas vicinas Alpibus subvertit.

(„Annales Augustani." M. G. H. Scriptores. III. S. 135.)

(Ein fast ganz regnerischer Herbst; die durch die Regengüsse eingetretene Überschwemmung der Flüsse zerstört Burgen und Dörfer in der Nachbarschaft der Alpen.)

11. Nov. 1099 Engl. Kanal Sturmflut

Hoc anno ad festum Sancti Martini ascendit mare valde, et fecit maius damnum, quam aliquis meminisse potuit, quod unquam ante fecerat, et fuit illo die luna prima.

(„Annales monasterii de Waverleia" in „Rer. Britann. med. aev. scriptores." Bd. 36, II. S. 208.)

(In diesem Jahre am Feste des heiligen Martinus stieg das Meer hoch hinauf und machte größeren Schaden, als sich irgend jemand erinnern konnte, jemals zuvor angerichtet zu haben, und war an jenem Tage der 1. Mond.)

Tertio non. Novembris mare littus egreditur, et villas et homines quamplures, boves et oves innumeras demersit.

(„Symeonis monachi historia regum." In „Rer. Britann. med. aev. scriptores." Bd. 75. Vol. II. S. 230.)

° („Annales Rotomagenses. Wigorniae Roffae Belli adaucti et continuati." In F. Liebermann „Ungedruckte Anglo-Normannische Geschichtsquellen." S. 47.)

° („Bartholomaei de Cotton monachi Norwicensis hist. Anglicana." In „Rer. Britann. med. aev. scriptores." Bd. 16. S. 55.)

(Am 11. Nov. überschritt das Meer seine Gestade und ertränkte unzählige Rinder und Schafe.)

Themse Sturmflut

Fluctus marinus per Tamesim flumen ascendens, villas multas cum hominibus mersit.

(„Annales de Margan" in „Rer. Britannic. med. aev. scriptores." Bd. 36, I. S. 6.)

° („Annales monasterii de Bernumdeseia" in „Rer. Britannicar. med. aev. scriptores." Bd. 36, III. S. 428.)

° („Annal. Angliae excerpta." Ex annalibus Saec. XIII. M. G. H. Scriptores. XVI. S. 483.)

(Die Meeresflut stieg den Fluß Themse hinauf und ertränkte viele Ansiedlungen mit den Menschen.)

. . . , nives et inundationes fluminum magne. 1105 Italien Überschwemmungen der Flüsse

(„Annales Beneventani." M. G. H. Scriptores. III. S. 183.)

(Große Schneefälle und Überschwemmungen der Flüsse.)

Facta est in eodem anno nimia inundatio fluctuum VIII, Kal. Februarii. England Überschwemmung der Flüsse

(„Annales de Margan" in „Rer. Britann. med. aev. Scriptores." Bd. 36, I. S. 8/9.)

(Es ereignete sich in diesem Jahre eine übermäßige Überschwemmung der Gewässer.)

Enfin, des pluies continuelles et peu ordinaires inondèrent la terre pendant près de trois ans. um 1109 Frankreich Überschwemmungen

(„Fragmens de l'hist. des Francais, de l'avénement de Hugues-Capet à la mort de Philippe" in „Collection des mémoires relatifs à l'hist. de France." Bd. 7, S. 57–58.

Decima luna mensis Februarii, quia grande inhorruerat frigus et omnes aque erant congelate valde. 14. Februar 1109 Böhmen Flüsse. Eisdecke

(„Cosmae Pragensis chronica Boemorum." Liber III, Cap. XXVI M. G. H. Scriptor. rer. Germanic. Nova series. Tom. II. S. 194.)

(Weil große Kälte eingefallen war und alle Gewässer fest gefroren waren.)

. . . mare, quod stratum erat glacie firmissima ob algorem hyemis, . . . Winter 1111 Ostsee Eisdecke

(Herm. Cornerus „Chronica novella" in J. G. Eccard „Corp. hist. med. aev." II. Sp. 654.)

(. . . das Meer, weil die Decke durch die Winterkälte von sehr festem Eise war.)

Hoc anno hiems extitit asperrima, ita ut omnes fere per Angliam pontes glacie frangerentur. Winter 1115 England Flüsse. Eisdecke

(„Symeonis monachi hist. reg." in „Rer. Britann. med. aev. scriptores." 75. Bd. Vol. II. S. 248.)

(In diesem Jahre zeigte sich der Winter so streng, daß in fast ganz England die Brücken durch das Eis zerstört wurden.)

° („Memoriale fratris Walteri de Coventria" edid. W. Stubbs in „Rer. Britann. med. aev. scriptores." Band 58, Vol. I, S. 134.)

° („Chronica magistri Rogeri de Houedene" in „Rerum Britannicar. med. aev. scriptores." Bd. 51, Vol. I, S. 169.)

Item Junio mense, 7. Idus ipsius mensis, circa horam nonam, nubes pluviae subito rupta a monte qui dicitur Roberti, subiectam sibi partem civitatis penitus oppressam pessumdedit, adeo ut multas domos dirueret, et immensam annonam perderet, . . . 7. Juni 1117 Lüttich (Liège) Wolkenbruch mit Überschwemmung

(„Anselmi Gemblacensis cont." M. G. H. Scriptores VI, S. 376.)

(Gleichfalls ruinierte am 7. Juni gegen die 9. Stunde ein plötzlicher Wolkenbruch auf dem Berge, der Roberti (?) heißt, den ihm zu Füßen liegenden Teil der Stadt

1117 völlig, und zwar so sehr, daß er viele Häuser zerstörte und eine unermeßlich große Getreidemenge vernichtete.)

Secuta est plaga diluvii,
Die quae est septima Junii.
Timuimus urbis excidium
Pro communi peccato omnium.
Pontes fregit et aedificia
Rivus noster, cui nomen Leggia;
Submersi sunt septem vel amplius.

(„Canonici Leodiensis chronicon rhythmicum.“ M. G. H. Scriptores. XII, S. 417.)

(Gefolgt ist die Katastrophe der Überschwemmung
am Tage, der der 7. Juni ist.
Wir haben den Untergang der Stadt gefürchtet
für die allgemeine Versündigung aller.
Die Brücken und Häuser brach
unser Fluß, der den Namen Leggia trägt;
ertrunken sind 7 oder mehr.)

1118 Europa Überschwemmung der Flüsse

Maxima inundatio aquarum in omni Europa fuit.

(„Annalista Saxo.“ M. G. H. Scriptores. VI, S. 755.)

(Eine sehr große Überschwemmung der Gewässer in ganz Europa.)

Maas Überschwemmung

Le fleuve de la Meuse, auprès d'une abbaye appelée Sustule, fut vu hors son lit comme suspendu dans les airs.

(„Chronique de Guillaume de Nangis“ in „Collect. des mémoir. relat. à l'hist. de France“, edid. Guizot. Band 13, S. 4.)

1118 Österreich, Deutschland Überschwemmung der Flüsse

Per plurimas partes mundi magna inundatio aquarum facta est.

(„Annales Mellicenses.“ M. G. H. Scriptores. IX, S. 501.)

(In vielen Teilen der Welt trat eine große Überschwemmung der Gewässer ein.)

° („Annales Scheftlarienses maiores.“ M. G. H. Scriptores. XVII, S. 336.)

° („Annal. Austriae contin. Claustreneoburgensis.“ I. M. G. H. Scriptores. IX, S. 612.)

° („Annales Admuntenses.“ M. G. H. Scriptores. IX, S. 578.)

Böhmen Überschwemmung der Flüsse

Inundatio aquarum fuit in omni terra.

(„Annales Bohemiae in „Font. rer. Bohemicar.“ T. II, S. 382.)

(Eine Überschwemmung der Gewässer ereignete sich im ganzen Lande.)

Eodem vero anno maxima inundacio fluminum fuit in Boemia. 1118

(„Annales Gradicenses et Opatovicenses.“ in „Font. rer. Bohemicar.“ T. II, S. 392.)

(Im selben Jahre aber trat eine sehr große Überschwemmung der Flüsse in Böhmen ein.)

Eodem anno inundacio aquarum in omni terra. Polen Überschwemmung der Flüsse

(„Annales Polonorum I.“ in H. Pertz „Annal. Poloniae.“ Kleine Ausgabe, Bd. 14. edid. Arndt und Roepell, S. 52.)

(Im selben Jahre ereignete sich eine Überschwemmung der Gewässer im ganzen Lande.)

Es hat sich die Elbe hefftig ergoßen / und da sie die Ufer überstiegen / und vieler Orthen sonderlich auch zu Dresden / aus- und in das flache Land getretten / hat sie großen Schaden gethan. September 1118 Dresden Elbe-Überschwemmung

(A. Weck, „Der etc. Residentz- u. Haupt-Festung Dresden. Beschreibung etc.“ S. 526.)

Sehr starke Überschwemmung. Elbtal bei Dresden Elbe-Überschwemmung

(M. Lilie, „Chronik der Lößnitz-Ortschaften etc.“ S. 279.)

. . . aquarum magnitudine agris villisque illata, vastitas est, mense Septemb. Meißen (Elbe) Elbe-Überschwemmung

(G. Fabricius, „Rer. Misnicar. libri VII.“ S. 92.)

(Infolge der Größe des Wassers wurden im Monat September Äcker und Dörfer verwüstet.)

Elbe: Große Flut. Großer Schaden. Strehla i/Sa. Elbe-Überschwemmung

(J. Kleber, „Chronik der Stadt Strehla etc.“ S. 142.)

Mense Septembri tanta fuit inundatio aquarum, quantam non reor fuisse post diluvium in orbe terrarum. Nam noster iste fluvius Wlitaua [Moldau] repente preceps erumpens de alveo, ah quot villas, quot in hoc suburbio domus, casas et ecclesias, suo impetu rapuit’ Aliis namque temporibus tametsi hoc raro evenit, ut unda alluens vix tabulata pontis tangeret, hec autem inundatio altius quam X ulnis super pontem excrevit. Prag und Umgebung Überschwemmung der Moldau

(„Cosmae Pragensis chronica Boemorum“ Liber III, Cap. XLIV. M. G. H. Scriptor. rer. Germanic. Nova series. Tom. II, S. 219.)

(Im Monat September war eine so große Überschwemmung, wie sie, glaube ich, seit der Sündflut auf der Erde nicht wieder vorgekommen ist. Denn unsere Wlitava [Moldau] überstieg plötzlich ihre Ufer und ach, wieviele Dörfer, wie viele Häuser, Hütten und Kirchen in der Umgebung der Stadt riß sie hinweg! In früheren Zeiten war es nämlich, wenn auch selten, daß das angeschwollene Wasser

1118 das Gebälke der Brücke berührte, bei dieser Überschwemmung aber stieg es 10 Ellen über die Brücke.)

° („Przibiconis, dicti Pulkavae chronicon etc." in „Gel. Dobner „Monum. hist. Boem." III, S. 154.)

Lombardei Überschwemmung

.... et in Lombardia dicitur fuisse multo maior inundacio.

(„Chronicon Joannis Marignolae Florentini" in Gel. Dobner „Monum. hist. Boem." II, S. 198.)

(... und in der Lombardei soll eine noch viel größere Überschwemmung gewesen sein.)

Winter 1119 Normandie Flüsse Überschwemmungen besonders Seine

En effect, dans l'hiver précédent, il était tombé des pluies excessives, et l'inondation des rivières avait extraordinairement envahi les habitations des hommes. Il en résulta que des Rouennais et les Parisiens, ainsi que d'autres habitans des villes et des campagnes virent des gouffres énormes que les fureurs de la Seine débordée creusèrent dans leurs demeures et les moissons.

(Orderic Vital „Histoire de Normandie" Livre XII in „Collect. des mémoir. relat. à l'hist. de France". edid. Guizot. Band 28, S. 299.)

Winter 1121/22 Mitteldeutschland Überschwemmung der Flüsse

Eiusdem anni hiemps ventosa nimis fuit ... et aquarum inundatio magna.

(„Annalista Saxo." M. G. H. Scriptores VI, S. 757.)

(Der Winter dieses Jahres war überaus stürmisch ... und brachte eine große Überschwemmung der Gewässer.)

Böhmen Überschwemmung

° („Cosmae Pragensis chronica Boemorum" Liber III, Cap. XLVII. M. G. H. Script. rer. German. Nova series. Tom. II, S. 220.)

Weihnachten 1121 Mitteldeutschland Westdeutschland Überschwemmung der Flüsse

In festo natalis Domini vehementes trubines ventorum innumera edificia et arbores a radicibus subruerunt, et inundatio aquarum ex ymbrium distillatione, supra quam cuiquam mortalium credibile sit, evenit; ...

(„Annales Hildesheimenses. IV. ex annalibus Patherbrunnensibus sumta." M. G. H. Scriptores. Kleine Ausgabe. Band 6, S. 65.)

(Am Weihnachtsfeste haben heftige Wirbelstürme unzählige Gebäude und Bäume mit den Wurzeln umgerissen, und durch die Regengüsse entstand eine Überschwemmung der Gewässer, die betr. der Zahl der Ertrunkenen das Glaubliche übersteigt.)

° („Annalista Saxo". M. G. H. Scriptores VI, S. 757.)
° („Annalista Saxo". M. G. H. Scriptores VI, S. 759.)
° („Annales Patherbrunnenses", edid. P. Scheffer-Boichorst. S. 140.)

1122 Nordwestfrankreich Überschwemmung

... ; et ita inundavit pluvia tota aestate ut dimidia pars annonae periret et fructuum et vini.

(P. Marchegay u. E. Mabille „Chroniques des églises d'Anjou". S. 430. „Chronicon sancti Maxentii Pictavensis".)

(... ; und so überschwemmte der Regen den ganzen Sommer, daß die Hälfte der Getreideernte, der Früchte und des Weines vernichtet wurde.)

Hoc anno hiemps asperrima fuit, adeo ut Renus glatie concretus, calcabilis meantibus extiterit. Winter 1124 Westdeutschland Rhein. Eisdecke

(„Annales Brunwilarenses.“ M. G. H. Scriptores. XVI, S. 726.)

(In diesem Jahre war der Winter sehr streng, so daß der zugefrorene Rhein passierbar war.)

° („Chronica regia Coloniensis.“ II. M. G. H. Kleine Ausgabe. Band 12, S. 62.

In multis vivariis pisces absorpti sub glacie perierunt; glacies enim adeo spissa erat et valida, ut vehicula onusta super eam ducerentur, et quasi super solum equitaretur. Winter 1125 Frankreich Flüsse, starke Eisdecke

(„Chronicon Guillelmi de Nangiaco“ (1113–1303) edid. H. Géraud in „Soc. de l'hist. de France“. Bd. 33, S. 14/15.)

(In vielen Fischteichen starben die Fische unter der Eisdecke; das Eis war nämlich so dick und stark, daß beladene Wagen darüber geführt wurden und man wie auf dem Erdboden darüber ritt.)

. . ., eodem anno inundacio aquarum maxima fuit. Polen Überschwemmung der Flüsse

(„Roznik Sedziwoja“ in A. Bielowski „Monum. Polon. histor.“ II, S. 874.)

(In demselben Jahre ereignete sich eine sehr starke Überschwemmung.)

Inundacio aquarum in omni terra.

(„Annales Cracocienses compilati.“ M. G. H. Scriptores. XIX, S. 589.)

(„Annales Cracovienses compilati“ Scriptor. rer. Germanicar. Kleine Ausgabe. Bd. 14, S. 37.)

(Überschwemmung der Gewässer im ganzen Lande.)

Apud Corbeiam Wisura, glacie quasi obice eam repellente, inundando totam urbis aream occupat, pavimentum ecclesiae preciosi martyris Viti more stagni contegit, set paulo post, opitulante eodem sancto, sine periculo ad solitum meatum redit. Preterea multis aliis in locis diversarum regionum magni terrores seu pericula ex nimia aquarum inundatione contigerunt. 1126 Corvay und andere Orte Weser-Überschwemmung

(„Chronica regia Coloniensis.“ II. M. G. H. Scriptores. Kleine Ausgabe Band 12, S. 63.)

(Bei Corvey überschwemmte die Weser, da das Eis sich entgegenstaute, die ganze Fläche der Stadt, bedeckte wie ein Teich den Fußboden der Kirche des teuren Märtyrers Veit, kehrte aber bald darauf durch den Schutz desselben Heiligen ohne Gefahr in ihren gewohnten Lauf zurück. Außerdem entstanden noch an vielen anderen Orten in verschiedenen Gegenden großer Schreck und Gefahr infolge der starken Überschwemmung der Gewässer.)

° („Annalista Saxo.“ M. G. H. Scriptores. VI, S. 763.)

° („Annales Patherbrunnenses“, edid. P. Scheffer-Boichorst. S. 147.)

1126 16. Februar Böhmen Überschwemmung und Eisgang der Flüsse

Inundacio aque et glacies multis rebus nocuit.

(„Annales Gradicenses et Opativicenses" in „Font. rer. Bohem". T. II, S. 393.)

(Die Überschwemmung des Gewässers und das Eis richteten vielfach Schaden an.)

inundatio aquae; glacies multis rebus nocuit.

(„Canonici Wissegradensis contin. Cosmae." M. G. H. Scriptores. IX, S. 132.)

(Eine Überschwemmung des Gewässers; das Eis tat vielfach Schaden.)

Um Rom Tiber-Überschwemmung

Eodem anno maxima inundacio aquarum facta est circa Romam in die S. Eleutherii Pape et martyris.

(„Chronicon Imperii" in „Historia monast. Wessofontani" edit. C. Leutner. II, S. 21.)

(Im selben Jahre ereignete sich eine sehr große Überschwemmung der Gewässer um Rom, am Tage des Papstes und Märtyrers S. Eleutherius.)

1127 Dezember

° („Burchardi praepositi Urspergensis chronicon." M. G. H. Scriptores. Kl. Ausg. Band 10a, S. 16.)

Po Starke Eisdecke

Eridanus, id est Padus, gelavit, ita quod homines transibant super glaciem cum caris et equitibus, . . .

(„Alberti Milioli liber de temporibus etc." M. G. H. Scriptores. XXXI, S. 445.) = 1126

(Der Eridanus, das ist der Po, fror so zu, daß ihn Menschen auf dem Eise mit Lastwagen und Pferden überschritten.)

Padus fluvius sic congelatus est, ut ab una ripa usque ad aliam milites super glaciem in equis transirent.

(„Annales Veronenses" (Ann. S. Tinitatis). M. G. H. Scriptores. XIX, S. 2.)

(Der Fluß Po war so stark zugefroren, daß die Soldaten mit ihren Pferden von einem Ufer zum anderen Ufer hinüberritten.)

° („Annales Bergomates breves." M. G. H. Scriptores. XXXI, S. 327.)

° („Annales Cremonenses." M. G. H. Scriptores. XXXI, S. 13.)

° („Johannis Codagnelli annales Placentini." M. G. H. Scriptores. Kleine Ausgabe. Bd. 13, S. 4.)

° („Sicardi episcopi Cremonensis cronica." M. G. H. Scriptores. XXXI, S. 163.)

1129 Belgien Überschwemmung der Flüsse

Cum intrante mense Januario gelu liqueretur, tanta inundatio nivis et pluviae fluvios et maria inflavit, ut sata proxima diluerent et excavarent, domos quoque vicinas subverterent, et quaequae in eis inventa perderent.

(„Anselmi Gemblacensis cont." M. G. H. Scriptores. VI, S. 381.)

(Als am Anfang des Monats Januar Tauwetter eintrat, schwollen die Flüsse und Meere so durch den Schnee und Regen an, daß sie die anliegenden Saaten ertränkten und aushöhlten, auch benachbarte Häuser umrissen und alles Inventar derselben verdarben.)

Magna inequalitas aeris et pluviarum inundatio per totum tempus messis subsecuta est.

Erntezeit 1133 Mitteldeutschland Überschwemmung der Flüsse

(„Annales Hildesheimenses. IV. ex annalibus Patherbrunnensibus sumta." M. G. H. Scriptores. Kleine Ausg. Bd. 6, S. 68.)

(Eine große Unbeständigkeit der Witterung und Überschwemmung infolge von Regengüssen folgte darauf die ganze Erntezeit hindurch.)

° („Annales Patherbrunnensis." edid. P. Scheffer-Boichorst, S. 159.)

° („Annalista Saxo." M. G. H. Scriptores. VI, S. 768.)

° („Chronica regia Coloniens." II. M. G. H. Scriptores. Kl. Ausg., S. 70.)

Westdeutschland Überschwemmung der Flüsse

Hyems instabilis, ita ut nunc gelaret, nunc vernalis more temporis terra resolveretur, adeo ut Albis fluvius bis glacie astringeretur bisque liquefieret. Flumen vero Wltawa, quod metropolitanas nostras urbes Pragam et Wissegrad alveo suo dividit, quater gelatum est, et quater glacies eius dissoluta est.

Winter 1134 Böhmen Flüsse mehrmals Eisdecke

(„Canonici Wissegradensis contin. Cosmae." M. G. H. Scriptores. IX, S. 141.)

(Ein unbeständiger Winter, so daß es bald gefror, bald wie im Frühling auftaute und die Elbe zweimal zufror und zweimal wieder aufging. Der Fluß Wltawa [Moldau] aber, der unsere Metropolitansitze Prag und Wissegrad durch ihr Bett scheidet, wurde viermal mit Eis überzogen und viermal schmolz es wieder.)

Kalendris Octobribus, in tempestae noctis silentio, motus magnus factus est in mari, ita ut litora sua preteriret, et tamen in se iterum resideret. Sequenti vero nocte primo crepusculo cum omni impetu terminos egrediens, omnia circumquaque, id est villas, castella, aecclesias, ita pessumdedit, ut tres comitatus, id est Walecras, et Wales, et Brebant, cum homine et pecore penitus exterminaret.

1134 1. Oktober Holland, Flandern. Sturmflut

(„Anselmi Gemblacensis cont." M. G. H. Scriptores VI, S. 384.)

(Am 1. Oktober, im nächtlichen Schweigen, fand eine große Bewegung des Meeres statt, so daß es seine Gestade überschritt und doch wieder zurücksank. In der folgenden Nacht aber, beim ersten Dämmern, überschritt es mit aller Gewalt die Küsten, richtete alles ringsherum, wie Dörfer, Burgen, Kirchen so zugrunde, daß es drei Grafschaften Walecras [Walcheren], Wales und Brebant, mit Mensch und Vieh, völlig auslöschte.)

° („Chronicon sanctis Bavonis etc." in J. J. de Smet „Recueil des chron. de Flandre" I, S. 582.)

1134 1. Oktober Holland. Flandern Sturmflut

Maxima inundatio aquarum in multis locis facta est Kalendis Octobr.

(„Annal. Egmundani.“ M. G. H. Scriptores XVI, S. 454.) = 1135

(Eine sehr starke Überschwemmung der Gewässer an vielen Orten fand am 1. Oktober statt.)

Aestus maris insolito motu terminos suos transgreditur, et tres comitatus Gualecras [Walcheren], Gulles [Goyland terra, in qua Naarden] et Zewanc [Zeevang terra, ob occidente Flevi] penitus exterminavit.

(„Annales Fossenses.“ M. G. H. Scriptores. IV, S. 30.)

(Die Wogen des Meeres überschritten mit ungewöhnlichem Toben ihre Gestade und vernichteten drei Grafschaften, Gualecras [Walcheren], Gulles (Gooiland, südöstlich von Amsterdam) und Zewanc [W. Küste der Zuydersee] vollständig.)

° („Annales Floreffienses.“ M. G. H. Scriptores XVI, S. 624.)

In Flandria mare noctu redundavit, et per 7 miliaria repente diffusum, basilicas et turres atque tuguria pariter operuit et innumera hominum milia utriusque sexus et ordinis et conditionis pari periculo absorbuit . . .

(„Ex Orderici Vitalis historia ecclesiastica.“ M. G. H. Scriptores. XXVI, S. 27.)

(In Flandern floß das Meer nachts über, und sich 7 Meilen weit plötzlich ergießend, begrub es Kapellen und Türme und Hütten und verschlang unzählige Tausende von Menschen jeden Geschlechts und Standes und Berufes usw.)

Magna inundatio maris 4. Non. Octob., feria 5. luna 12.

(„Annales Blandinienses.“ M. G. H. Script. V, S. 28.)

(Eine große Meeresflut.)

3. Januar 1135 N. Frankreich Überschwemmungen der Flüsse

Au bout de six jours, le zéphir étant venu à souffler, la neige se fondit, et il en résulta tout à coup une immense inondation. Les rivières s'enflèrent considérablement, franchirent les limites de leur lit, et causèrent aux hommes des dommages et des désagrémens considérables. Les eaux remplirent les maisons dans les villes et les bourgs qui se trouvaient à leur portée etc.

(Orderic Vital „Hitoire de Normandie“ Livre XIII. in „Collect. des mémoir. relat. à l'hist. de France“, edid. Guizot. Band 28, S. 451.)

9. August Normandie Überschwemmung

Au mois d'août, la veille de saint Laurent martyr, après nones, il s'éleva un violent tourbillon, qui fut suivi vers le soir de terribles coups de tonnerre avec une excessive inondation de pluie.

(Orderic Vital „Histoire de Normandie“ in „Collect. de mémoir. relat. à l'hist. de France.“ Band 28, S. 452. edid. Guizot.)

Ventus nimius quinto Kalendas novembris fuit qui turres multas diruit. Mare quoque [Anglicarum] terminos suos egressum partem Flandriae cum habitatoribus submersit. 1135 28. Oktober Nordfrankreich Flandern, Holland. Sturmflut

(„Chronicon Guillelmi de Mangiaco", edid. H. Géraud in „Soc. de l'hist. de France." Band 33, S. 26.)

(Ein sehr starker Wind herrschte am 28. Oktober, der viele Türme zerstörte. Auch das Englische Meer überschritt seine Ufer und ertränkte einen Teil von Flandern mit seinen Einwohnern.)

° („Sigeberti chron. auctarium Laudunense." M. G. H. Scriptores. VI, S. 446.)

Excessus maris magnam partem Flandrensis maritime vastavit.

(„Chronica monast. S. Bertini auctore Johanne Longo de Ipra." M. G. H. Scriptores. XXV, S. 799.)

(Eine Meeresflut verwüstete einen großen Teil der Küste Flanderns.)

° („Annales Laubienses Cont." M. G. H. Scriptores. IV, S. 22.)

° („Sigeberti chron. cont. Praemonstratensis." M. G. H. Scriptores. VI, S. 451.)

° („Annal. Egmundani." M. G. H. Scriptores. XVI, S. 453.)

Hoc eciam anno in regione australis marchionis plus solito facta Danubii inundacio, immo digna dei indignatio, XL villas cum rebus suis submersit. 1136 Überschwemmung der Donau

(„Annales Gradienses et Opatovicenses" in „Font. rer. Bohem." II, S. 395.)

(Auch in diesem Jahre fand in der südlichen Gegend der Mark eine ungewöhnliche Überschwemmung der Donau statt, ja, Gottes berechtigter Unwillen, vernichtete 40 Ortschaften mit allem Darin.)

Hoc anno hiems extitit asperrima, ita ut omnes fere per Angliam pontes glacie frangerentur. Winter 1137 England Starker Eisgang

(„Ex Florentii Wirgoniensis historia." M. G. H. Scriptores. V, S. 567.)

(In diesem Winter war so strenge Kälte, daß fast alle Brücken in England durch das Eis zerbrochen wurden.)

Fluvius aquae Athesis [Etsch] inundavit 3. Kal. Septembris. 30. August 1139 Verona Überschwemmung der Etsch

(„Annales Veronenses" (Ann. St. Trinitatis) M. G. H. Scriptores. XIX, S. 2.)

(Der Fluß Etsch trat am 30. August über seine Ufer.)

Winter 1141 oder 1142 Westdeutschland Große Überschwemmung der Kyll

Qui prope nos fluvius est Kylia nomine dictus
Teque Mosella petit, momenti tempore crevit,
Imbribus effusis tectis domibusque solutis,
Omne genus pecoris vel alitis intro repertum
Cumque viris pueros mulieres atque puellas
Pertulit absorptos famae maioris in amnem.

(Vers 230–235)

(„Gesta Alberonis archiepiscopi Trev. Gesta metrica auctore anonymo." M. G. H. Scriptores. VIII, S. 240.)

(Der nahe bei uns gelegene Fluß heißt Kylia [Kyll] und ergießt sich in die Mosel; er wuchs in kurzer Zeit und trug, nach Zerstörung der Dächer und Häuser durch die strömenden Regengüsse, alle Arten Vieh oder was er sonst darin fand, mit Männern, Knaben, Frauen und Mädchen fort, usw.)

1141 Elbtal bei Dresden Elbe-Überschwemmung

Überschwemmung der Elbe. Es rissen die Fluten viele Dörfer usw. fort.

(M. Lilie „Chronik der Lößnitz-Ortschaften etc." S. 279.)

Bodenbach (Elbe) Elbe-Überschwemmung

Elbe: Große Überschwemmung.

(E. Mander „Chronik von Bodenbach". S. 166 aus Hagecius S. 317.)

April Böhmen Überschwemmung der Flüsse

Eodem anno fuit inundatio aquarum in Boemia.

(„Monachi Sazavensis cont. Cosmae." M. G. H. Scriptores. IX, S. 157.)

(Im selben Jahre war eine Überschwemmung in Böhmen.)

15. April Moldau Überschwemmung

17. Kal. Maii inundatio fluminis Wltawa, quae fluit inter urbes Wissegrad et Pragam, nimia facta fuit, et vicinis rebus multum nocuit.

(„Canonici Wissegradensis contin. Cosmae." M. G. H. Scriptores. IX, S. 147.)

(... trat die Wltava [Moldau], die zwischen Wissegrad und Prag fließt, über ihre Ufer und brachte den Anliegern großen Schaden.)

6. Juli Ostflandern Überschwemmung durch Wolkenbruch

In octavis apostolorum Petri et Pauli hora sexta usque in vesperam tempestas gravissima grandinis invaluit talis, ut glandibus comparata aut similis aut maior esset ... Nubes triplici colore distincte apparuerunt, igneo, ceruleo et obscuro, atque horribili atque contrario motu vise sunt concurrere. Tanta denique fuit inundatio et turbatio aeris, ut mundi machina in occasu pendere et ruinam minitare videretur.

(„Balduini Ninovensis chronicon." M. G. H. Scriptores. XXV, S. 531.)

(Am achten Tage nach dem Tage Peter und Paul von der 6. Stunde bis in den Abend tobte ein sehr schweres Unwetter mit Hagel, der den Eicheln gleich oder ähnlich oder größer war ... Wolken von dreifacher Farbe unterschiedlich erschienen, feurig, wachsfarben und schwarz, und mit schrecklicher und entgegen gesetzter Bewegung, und sah man zusammenstoßen. So groß war schließlich die Überschwemmung und Lufterschütterung, daß es schien, als ob das Weltgetriebe im Fall schwanke und der Untergang drohe.)

Per Tamasim glaciatam. Winter 1141—42 Themse Eisdecke

(„Roberti de Monte cronica." M. G. H. Scriptores. VI, S. 495.)

(Themse gefroren.)

° („Chronicon Henrici Knighton, vel. Cnithon, monachi Leycestrensis" in „Rer. Britann. med. aev. scriptores." Bd. 92. Vol. I, S. 133.)

° („Annales monasterii de Oseneia" in „Rer. Britannic. med. aev. scriptores." Band 36, IV, S. 24.)

° („Chronicon vulgo dictum Thomae Wykes" in „Rer. Britannicar. med. aev. scriptores." Band 36, IV, S. 24.)

Hyemps asperrima et diutina; quam insecuta est tam insolita aquarum inundatio, ut flumina a suis alveis plus solito exeuntia pontes, domos cum familiis, castra proxima everterent, et secum tracta involverent. Winter 1142 Belgien Überschwemmung der Flüsse

(„Sigeberti chron. cont. Burburgensis." M. G. H. Scriptores. VI, S. 457.)

(Ein sehr rauher und langer Winter, dem eine so außergewöhnliche Überschwemmung der Gewässer gefolgt ist, daß die mehr als gewöhnlich über ihre Ufer getretenen Flüsse Brücken, Häuser mit den Hausgenossenschaften, die nächsten festen Plätze vernichteten und mit sich fortrissen.)

Hoc anno ex habundantia nivium facta est inundatio, que subruit villas et pontes. 1143 Nordfrankreich Überschwemmung der Flüsse

(„Annales Remenses et Colonienses." M. G. H. Scriptores XVI, S. 733.)

(In diesem Jahre trat infolge der großen Schneemassen [bei eintretendem Tauwetter] eine Überschwemmung ein, die Ortschaften und Brücken zerstörte.)

Que maximos cumulos erecta postquam liquescere cepit, tanta inundatio aquarum facta est, quanta hactenus nonquam apparuit. Pontes regali opere factos dissolvit, domos magnificas dissipavit, turres etiam, urbes et basilicas plurimas evertit. Gandavi in monasterio Sancti Bavonis per totum claustrum in tantum aqua prevaluit, ut ultra solitum alvei sui terminum plus viginti pedum spacio excresceret. Hec miserabilis clades sicut gravissima, sic etiam diuturna fuit. Belgien Überschwemmung der Flüsse

(„Balduini Ninovensis chronicon." M. G. H. Scriptores. XXV, S. 532.)

(Als der zu größten Hügeln aufgehäufte Schnee zu schmelzen begann, trat eine so große Überschwemmung der Gewässer ein, wie sie bisher noch nicht vorgekommen war. Die auf königliche Anordnung errichteten Brücken zerstörte sie, prächtige Häuser vernichtete sie, auch Türme, Städte und die meisten Kirchen stürzte sie um. In Gent im Kloster des Heiligen Bavo drang über den ganzen Schutzdamm so viel Wasser ein, daß es ganz ungewöhnlicherweise über 20 Fuß über seine gewöhnliche Höhe gewachsen war. Dieses traurige Unglück war so schwer wie auch langanhaltend.)

1143 Belgien Sturmflut

Inundantio maris maxima terrarum spacia occupavit, multis gravissime calamitatis causa fuit.

(„Balduini Ninovensis chronicon.“ M. G. H. Scriptores. XXV, S. 532.)

(Die Überschwemmung des Meeres nahm einen sehr großen Raum der Länder ein und war für viele die Ursache von schwerstem Schaden.)

Inundatio aquarum maxima.

(„Annales Blandinienses.“ M. G. H. Scriptores. V, S. 29.)

(Sehr große Überschwemmung der Gewässer.)

19. (?) Januar Belgien Sturmflut

Mare etiam in ipsa epdomada terminos suos transgrediens, plurimum terrarum summersit.

(„Sigeberti chron. cont. Burburgensis.“ M. G. H. Scriptores. VI, S. 457.)

(Das Meer überschritt in derselben Woche seine Ufer und ertränkte die meisten der Länder.)

Westdeutschland Überschwemmung

Tota aestate et autumpno pluviae inundabant.

(„Annales Patherbrunnenses“ edid. P. Scheffer-Boichorst. S. 170.)

(Im ganzen Sommer und Herbst Überschwemmungen infolge von Regengüssen.)

° („Chronica regia Coloniensis.“ II. M. G. H. Scriptores. Kleine Ausgabe. 12. Band, S. 79.

(Während des ganzen Sommers und Herbstes unerträgliche Regengüsse.)

1144 Nordfrankreich Überschwemmung

Continuum venti flatum et inundationem pluviae secuta est frugis sterilitas, vini autem multo maxima.

(„Laurentii de Leodio gesta episcop. Virdunensium et abbat S. Vitoni.“ M. G. H. Scriptores. X, S. 515.)

(Den anhaltenden Stürmen und der Überschwemmung infolge von Regengüssen folgte Unfruchtbarkeit der Feldfrucht, aber noch viel größere des Weins.)

26. Mai Erfurt Überschwemmung der Gera

Magna inundatio aquae fuit in Erphesfurt VII. Kal. Junii.

(„Annales S. Petri Erphesfurtenses antiqui.“ M. G. H. Scriptores. Kl. Ausg. Bd. 22, S. 18.)

(Eine große Überschwemmung des Gewässers war in Erfurt am 26. Mai.)

° („Erphurdianus antiquitatum Variloquus incerti auctoris“ edid. Dr. R. Thiele, S. 72.)

° („Annales S. Petri Erphesfurt. maiores.“ M. G. H. Scriptores. Kl. Ausg. Bd. 22, S. 55.)

° („Annales S. Petri Erphesfurtenses breves.“ M. G. H. Scriptor. Kl. Ausg. Bd. 22, S. 54.)

° („Chronici Ekkehardi continuatio brevis.“ M. G. H. Scriptores. Kl. Ausg. Bd 22, S. 70.)

° („Cronica S. Petri Erford. moderna.“ I. M. G. H. Scriptores. Kl. Ausgabe. Bd. 22, S. 176.)

... et e vestigio subsecuta terribilis aquarum inundatio e[o] tenus inaudita habitantes in terra conturbavit. 1144 1. Oktober England Überschwemmung der Flüsse

(„Annales Anglosaxonici breves auct. monarch. ecclesiae Christi Cantuariensis cum continuatione Latina" in F. Liebermann „Ungedruckte Anglo-Normannische Geschichtsquellen." S. 6.)

(Und es folgte augenblicklich eine schreckliche, bis dahin unerhörte Überschwemmung der Gewässer und brachte die Menschen im Lande außer Fassung.)

Renus fluvius alveum suum Coloniae egressus, inaudita antea magnitudine excrevit. 1146 Köln Rhein-Überschwemmung

(„Chronica regia Coloniensis". III. M. G. H. Scriptores. Kleine Ausgabe. Band 12, S. 81.

(Der Rhein trat in Köln aus seinem Bett und schwoll zu einer bisher unerhörten Höhe an.)

Nix magna, quam vehemens inundatio aquarum est secuta. 1147 Belgien Überschwemmung der Flüsse

(„Sigeberti chron. cont. Tornacensis." M. G. H. Scriptores. VI, S. 444.)

(Großer Schnee, dem eine heftige Überschwemmung der Gewässer folgte.)

Temperstates et tonitrua et inundatio nimia. 1149 Mitteldeutschland Überschwemmung

(„Annales Stederburgenses." M. G. H. Scriptores. XVI, S. 207.)

(Unwetter und Donnerschläge und eine sehr große Überschwemmung.)

Rivi quoque aquarum currentium molarem traxerunt spissitudinem, stagna quoque profunda, bipedalem; ... Tamisia quoque ita congelata est, ut bigis, summariis oneratis et equitibus audacter, quasi per stratam Londoniarum publicam transiretur. Winter 1149/50 England Eisdecke der Flüsse

(„Matthaei Parisiensis, monachi sancti Albani, histor. Anglor., sive, ut vulgo dicitur, hist. minor", edid. F. Madden in „Rer. Britannicar. med. aev. scriptores" Band 44, Vol. I, S. 287.)

(Die Flüsse und die laufenden Gewässer bekamen [eine Eisdecke] von Felsblockstärke, die Teiche, auch die tiefen, von 2 Fuß Dicke. Auch die Themse war so zugefroren, daß sie mit zweispännigen Wagen, bepackten Lasttieren und Pferden kühn, wie auf einer öffentlichen Straße Londons, überquert wurde.

° („Flores historiarum" in „Rer. Britannic. med. aev. scriptores." Bd. 95. II, S. 69.)

° („Annales monasterii de Bermundeseia" in „Rer. Britannic. med. aev. scriptores." Band 36, III, S. 438.)

° („Annales monasterii de Waverleia" in „Rer. Britannicar. med. aev· scriptor." Bd. 36, II, S. 233.)

° („Annales monasterii de Bermundeseia" in „Rer. Britannic. med. aev. scriptores." Bd. 36, III, S. 439.)

° („Radulphi de Coggeshall chronic. Anglicanum." in „Rer. Britannic. med. aev. scriptores." Bd. 66, S. 13.)

° („Annales monasterii de Wintonia" in „Rer. Britann. med. aev. scriptores." Bd. 36, II, S. 54.)

° („Chronicon Henrici Knighton, vel Cnithon, monachi Leycestrensis" in „Rer. Britann. med. aev. scriptores". Band 92, Vol. I, S. 135.)

° („Eulogium (historianum sive temporis)", edid. F. S. Haydon in „Rer. Britannic. med. aev. scriptores." Bd. 9, Vol. III, S. 68.)

° („Annales Colecestrenses" in F. Liebermann „Ungedruckte Anglo-Normannische Geschichtsquellen" S. 163.)

1150 Belgien Eisdecke an der Meeresküste

Hiemps solito asperior inhorruit, in tantum, ut in mari plus quam tribus a littore milibus super glatiem via preberetur, et tumescentes fluctus gelu solidati in similitudinem turrium cernerentur.

(„Sigeberti chron. cont. Tornacensis." M. G. H. Scriptores. VI, S. 444.)

(Es fiel ein so außergewöhnlich strenger Winter ein, so sehr, daß auf dem Meere über 3 Meilen vom Ufer aus über das Eis ein Weg war und die angeschwollenen Fluten vom Frost so fest gemacht wurden, daß sie Türmen ähnlich gesichtet wurden.)

Holland Eisdecke an der Meeresküste

Hiemps tam valida fuit, ut etiam maria quae frigori solent esse immunia glacie tenerentur.

(„Annal. Egmundani". M. G. H. Scriptores XVI, S. 456.)

(Der Winter war so kräftig, daß auch die Meere, die sonst von der Kälte verschont blieben, vom Eise gefesselt wurden.)

Westdeutschland Rhein Eisdecke

Renus calcabilis fuit.

(„Annales Brunwilarenses." M. G. H. Scriptores. XVI, S. 727.)

(Das Eis des Rheins wurde überschritten.)

Westdeutschland Überschwemmung der Flüsse bei Tauwetter

Hiems valida cum fame maxima et inundatione, ...

(„Annales Monasterienses." II. M. G. H. Scriptores III, S. 154.)

(Kräftiger Winter mit größtem Hunger und Überschwemmung.)

Zentraleuropa Überschwemmung der Flüsse

Hoc anno ignis et aqua per diversas mundi partes innumeras clades operantur.

(„Annales Colonienses maximi," M. G. H. Scriptores. XVII. S. 763.)

(In diesem Jahre richteten Feuer und Wasser in verschiedenen Teilen der Welt unzählige Schäden an.)

° („Annales Magdeburgenses." M. G. H. Scriptores. XVI, S. 190.)

Nach 23. Juni Mitteldeutschland Überschwemmung der Flüsse

A vigilia nativitatis sancti Johannis baptistae ... nimia inundatio aquarum, ...

(„Annales Magdeburgenses." M. G. H. Scriptores XVI, S. 190.)

(Vom Vorabend der Geburt des heilg. Johannis des Täufers an ... gewaltige Überschwemmungen, ...:)

° („Annales Pegavienses et Bosovienses." Contin. I. M. G. H. Scriptores. XVI, S. 258.)

Inundatio magna fluminum subito facta est 8. Kal. Julii. 1150 24. Juni Mitteldeutschland Überschwemmungen der Flüsse

(„Annales Palidenses." M. G. H. Scriptores. XVI, S. 84.)

(Eine große Überschwemmung der Gewässer trat plötzlich am 24. Juni ein.)

Fuerunt etiam inundationes imbrium magnarum. 1151 Nordfrankreich Überschwemmungen

(„Normaniae nova chronica 473–1378" etc. in „Mém. de la soc. d. antiq. de Normandie." 2. ser., Vol. 8, S. 11.)

(Es waren auch Überschwemmungen durch große Regengüsse.)

... medium Junium ... et abhinc usque ad sequentem annum frequentes inundaciones pluviarum fuerunt. Mitte Juni 1151—1152 Norddeutschland Überschwemmungen

(„Die chronica novella des Hermann Korner. Auszüge aus den lateinisch. Fassungen vor 1200." edid. J. Schwalm. S. 588.)

(... und von da an bis zum folgenden Jahre häufige Überschwemmungen infolge von Regengüssen.)

...; set pluviarum inundatione a festivitate sancti Johannis usque ad medium Augusti omnia vastante, vix ad maturitatem perduxit. Ende Juni bis Mitte August Belgien, Nordfrankreich Überschwemmungen

(„Sigeberti chron. auctarium Aquicinense." M. G. H. Scriptores VI, S. 396.)

(...; aber durch die Überschwemmung infolge von Regengüssen vom Geburtsfeste der heiligen Johannis an bis Mitte August wurde alles verwüstet und gelangte kaum zur Reife.)

° („Sigeberti chron. auctarium Affligemense." M. G. H. Scriptores VI, S. 400.)

° („Sigeberti chron. cont. Aquicinctina." M. G. H. Scriptores. VI, S. 406.)

In Adventu domini inundaverunt flumina ultra solitum, dejicientia pontes etiam lapideos et domos vicinas. Dezember Nordfrankreich Überschwemmungen der Flüsse

(„Chronica Roberti de Torigneo" in „Rer. Britann. med. aev. scriptores. Bd. 82, Vol. IV, S. 163.)

(Im Advent des Herrn überschwemmten die Flüsse außerordentlich und warfen auch steinerne Brücken und benachbarte Häuser um.)

Magna fluvium inundatio hyeme facta est.

(„Annales Laubienses. Cont." M. G. H. Scriptores. IV, S. 23.)

(Eine große Überschwemmung der Flüsse fand im Winter statt.)

Et eodem anno facta est inundatio aquarum maxima. 1152 Westdeutschland Überschwemmung der Flüsse

(„Annales Maurimonasterienses." M. G. H. Scriptores Kleine Ausgabe. Band 7, S. 105.)

(Und in demselben Jahre geschah eine große Überschwemmung der Gewässer.)

1152 Januar Rhein-Gegend Überschwemmung

In mense Januario magna inundacio aque fuit in partibus Reni, ...

(„Annales S. Petri Erphesfurt. maiores." M. G. H. Scriptores. Kl. Ausg. Bd. 22, S. 57.)

(Im Monat Januar war in den Rheinlanden eine bedeutende Überschwemmung.)

° („Annales S. Petri Erphesfurtenses breves." M. G. H. Scriptores. Kl. Ausg. Bd. 22, S. 56.)

° („Cronica S. Petri Erfordensis moderna I." M. G. H. Scriptores. Kl. Ausg. Band 22, S. 177.)

° („Chronici Ekkehardi continuatio brevis." M. G. H. Scriptores. Kl. Ausg. Bd. 22, S. 71.)

° („Annales Sancti Disibodi. Contin." M. G. H. Scriptores. XVII, S. 28.)

1154 Mitteldeutschland Überschwemmung der Flüsse

Eodem anno magna inundatio aquae fuit.

(„Annales S. Petri Erphesfurtens antiqui." M. G. H. Scriptores. Kl. Ausg. Bd. 22, S. 19.)

(Es war eine große Wasserflut.)

° („Annales S. Petri Erphesfurt. maiores." M. G. H. Scriptores. Kl. Ausg. Bd. 22, S. 57.)

Westdeutschland Überschwemmung der Flüsse

° („Cronica S. Petri Erfordensis mod. I." M. G. H. Scriptores. Kl. Ausg. Bd. 22, S. 178.)

° („Annales Sancti Disibodi. Continuatio." M. G. H. Scriptores. XVII, S. 28.)

1155 Mitteldeutschland Überschwemmung der Flüsse

Tempestas et pluvia maxima, adeo ut tempore messis fruges non solum in agris, verum etiam in horreis reconditae fluminum inundatione perirent.

(„Annales Stederburgenses." M. G. H. Scriptores. XVI, S. 207.)

(Unwetter und stärkster Regen, so daß zur Erntezeit nicht nur die Früchte auf den Feldern, sondern auch die in den Speichern aufbewahrten durch die Überschwemmung der Flüsse vernichtet wurden.)

Herbst Süddeutschland Überschwemmung

Post haec [August-Sept.] tanta pluviae subsequitur inundatio, ut avenaria messis in agris putrefacta secari non potuisset.

(„Annales Isingrimi maiores." M. G. H. Scriptores XVII, S. 313.)

(Hierauf [nach August-Sept.] folgte eine so große Überschwemmung durch Regen, daß der auf den Feldern verfaulte Hafer nicht geschnitten werden konnte.)

25. November Westdeutschland Überschwemmung der Flüsse

Inundatio aquarum insolita fuit 7. Kal. Decembris.

(„Chronica regia Coloniens." III. M. G. H. Scriptores. Kl. Ausgabe. Band 12, S. 92.)

(Eine ungewöhnliche Überschwemmung ereignete sich am 25. November.)

Inundatio Lovanii, quae rupit pontem lapideum. 1156 Liège Überschwemmung

(Jean Molanus „Histor. Lovaniensium.“ Liber XIV. edid. Ram. in „Collect. de chron. belges inédites.“ Bd. 9, S. 859.)

(Eine Überschwemmung zu Löwen, die die steinerne Brücke zerstörte.)

Circa hoc tempus inundatione Tyberis facta non modica, Rome in quadam insula einsdem fluminis, in ecclesiola antiqua, inventum est in quodam sarcofaco corpus beati Bartholomei etc. Tiber Überschwemmung

(„Roberti de Monte cronica.“ M. G. H. Scriptores. VI, S. 505.)

(Um diese Zeit fand eine ziemlich starke Überschwemmung des Tibers statt und fand man in Rom auf einer gewissen Insel in diesem Flusse, in einer alten kirchlichen Grotte in einem Sarkophag die Gebeine des selig. Bartholomäus.)

Facta est inundatio magna aquarum ex pluviis estate et hyeme, que sata et domos destruxit et multos submersit. Juni Belgien Überschwemmung der Flüsse

(„Annales Floreffienses.“ M. G. H. Scriptores. XVI, S. 624.)

(Es trat eine große Überschwemmung der Gewässer infolge der sommerlichen und winterlichen Regengüsse ein, wodurch Felder und Häuser vernichtet wurden und viele im Wasser umkamen.)

Inito mensis Junii maxima et eo tempore inaudita fluminum inundatio. Anfang Juni Nordfrankreich Überschwemmung der Flüsse

(„Annales Laubienses. Cont.“ M. G. H. Scriptores. IV, S. 23.)

(Zum Anfang des Juni trat eine sehr große und zu jener Zeit unerhörte Überschwemmung der Flüsse ein.)

Subsecuta est abundantia pluviae, quae coepit medio mense Augusti, quae impedivit et collectionem messium et subsequentem seminum sparsionem. Ex qua jugi inundatione pluviarum, quae diu duravit, multae turres et ecclesiae et antiquae maceriae in Normannia et Anglia corruerunt. Mitte August bis Herbst Normandie, England Überschwemmungen

(„Chronica Roberti de Torigneio“ in „Rer. Britann. med. aev. scriptores.“ 82. Bd., Vol. IV, S. 190.)

(Es folgte ein Übermaß an Regen, der Mitte August begann und das Einbringen der Ernte und die darauffolgende Aussaat behinderte. Durch diese anhaltende Überschwemmung infolge von Regengüssen, die lange dauerte, stürzten viele Türme und Kirchen und alte Mauern in der Normandie und England ein.)

° („Annales monasterii de Waverleia“ in „Rer. Britann. med. aev. scriptores.“ Bd. 36, II, S. 237.)

° („Eulogium historiarum sive temporis“, edid. F. S. Haydon in „Rer. Britannic. med. aev. scriptores.“ Bd. 9, Vol. III, S. 69.)

1158 Norddeutschland Überschwemmung der Flüsse

Aquarum quoque inundantia infinitam hominum multitudinem cum pecoribus suis extinxit.

(„Chronicon Alberti Stadensis“ 1608, S. 191a.)

(Auch eine Überschwemmung der Gewässer vernichtete eine unermeßliche Zahl von Menschen mit ihrem Vieh.)

Mitteldeutschland Überschwemmung der Flüsse

° („Annales Palidenses.“ M. G. H. Scriptores. XVI, S. 90.)

° („Annales Magdeburgenses.“ M. G. H. Scriptores. XVI, S. 191.)

° („Annales Pegavienses et Bosovienses.“ Cont. I. M. G. H. Scriptores. XVI, S. 259.)

1159 Westdeutschland Überschwemmung der Flüsse

Inundatio aquarum.

(„Annales S. Vincentii Mettensis.“ II. M. G. H. Scriptores III, S. 158.)

(Eine Überschwemmung der Gewässer.)

24. Juni bis 29. September Nordfrankreich Überschwemmung der Flüsse

Hoc anno inundatione pluviarum, quae a festo sancti Johannis Baptistae usque ad festum sancti Michaelis paene assidua facta est, Sequana et aliae aquae alveos ultra modum excedentes, magnum damnum genti circumpositae intulerunt.

(„Chronica Roberti de Torigneio. Contin. Beccensis“ in „Rer. Britann. med. aev. scriptores.“ 82. Bd., Vol. IV, S. 327.)

(In diesem Jahre ereignete sich eine Überschwemmung infolge von Regengüssen, die vom Feste des heiligen Johannes des Täufers [24. Juni] bis zum Feste des heiligen Michaels [29. Sept.] fast ununterbrochen anhielt; die Seine und andere Gewässer traten ganz ungewöhnlich stark über ihre Ufer und brachten der anliegenden Bevölkerung großen Schaden.)

1163 Mitteldeutschland Überschwemmungen der Flüsse

Fluvii inundantes pericula gravia hominibus et animalibus intulerunt.

(„Chronicon Montis Sereni.“ M. G. H. Scriptores. XXIII, S. 152.)

(Die Überschwemmung der Flüsse brachte den Menschen und Tieren schwere Gefahren.)

Elbe Überschwemmung

Albis fluuius ripam transgreditur, cum infinita agrorum strage.

(G. Fabricius „Rerum Misnicar. libri VII.“ S. 98.)

(Der Elbefluß trat über seine Ufer, mit unermeßlichem Schaden an den Äckern.)

Österreich Überschwemmung der Flüsse

Multa inundatio aquarum hoc anno facta est.

(„Ann. Mellicens. Contin. Cremifanensis.“ M. G. H. Scriptores. IX, S. 545.)

(Eine große Überschwemmung der Gewässer ereignete sich in diesem Jahre.)

Nimia aquarum inundacio Kal. Septembris ex ingenti ac repentino nimbo facta est, adeo ut plurime domus ac edificia cum habitatoribus ac iumentis omnique suppellectili quaarum impetu in preceps raperentur, multique hominum aqua necti [submersi] longiusque portati postea reperirentur.

1163 1. September Mittel-deutschland Über-schwemmung

(„Cronica S. Petri Erford. mod. I." M. G. H. Scriptores. Kl. Ausg. Band 22, S. 182.)

(Durch einen ungeheuren und plötzlichen Platzregen entstand eine außerordentliche Überschwemmung der Gewässer, so daß sehr viele Häuser und Gebäude mit den Einwohnern und Vieh und allem Hausrat umgerissen wurden und später viele Menschen gefunden wurden, die das Wasser ergriffen und fortgeschwemmt hatte.)

(„Annales S. Petri Erphesfurtens. antiqui." M. G. H. Scriptores. Kl. Ausg. Bd. 22, S. 20.) = 3. September

(„Annales S. Petri Erphesfurtens. maiores." M. G. H. Scriptores. Kl. Ausgabe. Bd. 22, S. 58.) = 3. September

Eodem anno in festivitate sancti Thomae apostoli maxima inundatio maris et fluctuum in multis locis facta est, adeo ut in quibusdam villis Holtlandiae quae mari nimis vicina est, nulla domus tuta remaneret, sed et domus et bargi quibus frumenta condebantur, violentia fluctuum abducerentur, et ingentes massae glaciei cum impetu vehementi sibi succedentes omnia mergerent, involverent et propellerent. In Fresia etiam superiori quae Saxoniae contermina est et vocatur Morsatia [in Frisia orientali] et in ipsa Saxonia tanta inundatio eodem tempore fuit, ut nullum edificium ecclesiarum vel domorum homines ab interitu defendere potuerit, sed omnes fluctibus involverentur cum omnibus rebus suis, exceptis his qui navigio vix effugere potuerunt.

21. Dezember Nordsee Sturmflut

(„Annales Egmundani." M. G. H. Scriptores. XVI, S. 463.)

(Im selben Jahre am Fest des heiligen Thomas des Apostels ereignete sich eine sehr große Meeresflut an vielen Stellen, so daß an zahlreichen Orten Hollands, die nahe am Meere liegen, kein Haus ungefährdet blieb, sondern Häuser und Scheuern, in denen Getreide aufgespeichert wurde, durch die Heftigkeit der Fluten weggerissen wurden und ungeheure Eismassen mit starker Gewalt alles versenkten und hinwegtrieben.

Auch im oberen Friesland, das an Sachsen angrenzt und Morsatia [in O. Friesland] genannt wird, und in Sachsen selbst war zu derselben Zeit eine so große Überschwemmung, daß kein Kirchengebäude oder Wohnhaus der Bevölkerung vor dem Untergang bewahrt werden konnte, sondern alle von den Fluten verschlungen wurden mit allem, was darin war, mit Ausnahme derer, die zu Schiff knapp entfliehen konnten.)

Exundatione maris in Flandria perierunt homines plusquam undecim milia.

1164 Flandern Sturmflut

(„Annales Laubienses. Cont." M. G. H. Scriptores. IV, S. 24.)

(Durch eine Meeresflut in Flandern kamen mehr als 11000 Menschen um.)

1164 Mitteldeutschland Überschwemmung der Flüsse

Inundacio occidentalium fluminum multa milia hominum et animancium interfecit et edificia destruxit.

(„Chronicon Montis Sereni.“ M. G. H. Scriptores. XXIII, S. 152.)

(Eine Überschwemmung der westlichen Flüsse vernichtete viele 1000 Menschen und Geschöpfe und zerstörte Gebäude.)

17. Februar Nordsee Sturmflut

Nova maris et fluctuum confusio exorta est mirabiles siquidem facte sunt elationes maris horrida vi ventorum et commotione aeris et instar montium elevaverunt flumina fluctus suos omnibus in circuitu nationibus interitum quasi in diluvio expectantibus. Per triduum enim aque de profundo abissi exagitate ibant et intumescebant, et omnia circa maritima flumina alveos suos pre inundatione excedentes, multas insulas cum hominibus et iumentis. Villis domibus edificiis substantiis ecclesiis et, quod dictu mirum, agris et domorum areis et cimiteriis cum soliditate alias transpositis, miserabiliter suffocaverunt. Eratque mirabile spectaculum inter misericordiam Dei et iudicium, cum per iudicium fieret interitus hominum et iumentorum et ad 20 miliaria secus ripas fluminum viderentur cadavera suffocatorum, et e converso per misericordiam lactentes in cunis ex alvis eriperentur, natantes multi in lignis edificiorum vel in vasculis constitui ventorum vi et fluctuum longe in alias regiones vivi deferrentur. Eratque in maxima miseria genitus et clamores videre et audire pereuntium. Hec clandestina plaga circa occidentem et aquilonem facta est 14. Kal. Marcii.

(„Annales Palidenses.“ M. G. H. Scriptores. XVI, S. 92/93.)

(Es entstand eine neue Unordnung des Meeres und der Wogen, und zwar bildeten sich durch die schreckliche Gewalt der Winde und Bewegung der Luft wunderbare Anschwellungen des Meeres, und die Flüsse erhoben ihre Fluten wie Berge, so daß alle Völkerschaften, die in der Nähe wohnten, ihren Untergang gleich wie bei einer Sintflut erwarteten. Nämlich 3 Tage lang stiegen die bis zur unergründlichen Tiefe aufgewühlten Wasser und schwollen an und alle Flüsse in den Küstengebieten traten infolge des Hochwassers über ihre Ufer, und viele Inseln mit Menschen und Vieh, Dörfern, Häusern, Gebäuden, Vorräten, Kirchen usw., die anderswohin versetzt wurden, wurden jammervoll ertränkt.
Es stand dieses sonderbare Schauspiel zwischen der Barmherzigkeit und dem Gerichte Gottes, da durch das Gericht der Untergang der Menschen und des Viehes geschah, und 20 Meilen weit von den Ufern der Flüsse die Leichen der Ertrunkenen gesehen wurden, und durch die Barmherzigkeit im Gegensatz dazu Säuglinge in ihren Wiegen aus den Flußbetten gerissen wurden und viele, die auf dem Holz der Häuser schwammen oder in Gefäßen sich befanden, durch die Gewalt der Winde und der Fluten lebend weit in andere Gegenden getrieben wurden. Es gehörte zum größten Jammer, die Angst und das Geschrei der Untergehenden zu sehen und zu hören. Dieses geheimnisvolle Unglück geschah am 17. Februar.)

. . ., in mense Februario, hoc est XIII. Kal. Martii, orta est tempestas maxima ventorum, procellae, fulgorum choruscatio et tonitrui fragor, quae passim multas edes aut incendit aut subruit, insuper tanta maris exundacio oborta est, quanta non est audita a diebus antiquis, quae involvit omnem terram maritimam Fresiae, Hathelen et omnem terram palustrem Albiae et Wisrae et omnium fluminum, qui descendunt in occeanum mare, et submersa sunt multa milia hominum et iumentorum, quorum non est numerus. 1164 17. Februar Nordsee Sturmflut

(„Helmoldi presbyteri Bozoviensis cronica Slavorum." Liber II. Cap. 97. M. G. H. Scriptores rerum Germanicarum. Kleine Ausgabe. Band 17a. 2. Aufl., S. 190/91.)

(. . ., im Monat Februar, nämlich am 17., erhob sich ein sehr großes Unwetter mit Sturm, Orkan, leuchtenden Blitzen und krachendem Donner, das an verschiedenen Orten viele Häuser anzündete oder umstürzte; dazu entstand eine solche Meeresflut, wie man seit alter Zeit nicht erlebt hatte. Diese überflutete die ganze Küste von Friesland, Hadeln und dem ganzen Marschland an der Elbe und Weser und an allen den Flüssen, die in den Ozean münden, und viele 1000 Menschen und eine unzählige Menge Vieh ertranken.)

In den Tiden ward grot Storm in deme Mere, de Watere stegen up ut van der Grunt ho alle ho Gebirge, dat alle, de darbi woneden, wanden alle erdrinken. Dre Dage al umbe hoven sic de Watere van den Afgrunde, unde doweden also, dat al de Watere, de in dat Mere gad, sic hoven ut irme Stade, unde verdrenkeden menich Elant mit Luden, mit dem Vee unde de Hus, Kirken unde Kirkhove de worden gevort an andere Jegende mit deme Erthrike. Dise Plage ging over de Westerlant unde de Nortland XIII. Kal. Martii. In Demselven Dage worden geslagen to Mekelenburch vile Kerstener Lude. Desselven Dages oc ward Blicsne ummate gruwelike Donreslage, unde bevede dat Ertrike, unde ludede, . . .

(„Chronic. Luneburgic. in J. G. Eccard" „Corpus histor. med. aevi." I, Sp. 1390.)

Set et fluctus maris in cumulos excrescentes, omnibus circa maritima commorantibus interitum minabantur. Ab aquilone vero ventus turbinis exurgens, cumulos aquarum conquassavit, omnia circa maritima flumina aquis redundare fecit, ex quibus innumerabiles insulae cum hominibus, iumentis, domibus, edificiis, substantiis, ecclesiis ecclesiarumque locis funditus erute sunt vel exstinctae. Homines vero numerum omnino excredentes aquis suffocati, frigore exanimati, littora fluminum cadaveribus repleverunt. Quidam etiam vel in lignis edificiorum vel in vasculis constituti, vi ventorum et fluctuum longe in alias regiones, terras vivi deiecti sunt; eratque maxima miseria gemitus et clamores audire et videre pereuntium. Hec clandestina miseria circa occidentem et aquilonem miserabiliter predicatur, facta 14. Kal. Martii. 17. Februar 1164 Nordsee Sturmflut

(„Annales Magdeburgenses." M. G. H. Scriptores. XVI, S. 192.)

(Aber auch die zu Hügeln anwachsende Flut des Meeres drohte allen an den Küsten wohnenden den Untergang. Ein von N. aber sich erhebender Wirbelwind zerschlug die Wasserberge und machte, daß das Wasser in allen Flüssen an der Küste zurückfloß, wodurch unzählige Inseln mit Menschen, Vieh, Häusern, Ge-

1164 17. Februar Nordsee Sturmflut

bäuden, Vorräten, Kirchen und Kirchorten von Grund aus weggerissen und vernichtet wurden usw. usw.).

Inequalitas aeris, turbo, fulgura terribilia, inundationes etiam maris et aliorum fluminum; maritima loca vel insulae periclitantur, homines et jumenta Ecclesiae et domus circa orientem et aquilonem perierunt IV. Kal. Mart.

(„Annales Pegavienses et Bosovienses." Contin. I. M. G. H. Scriptores. XVI, S. 260.)

(Die Veränderlichkeit der Luft, Wirbelwind, schreckliche Blitze, auch Überschwemmungen des Meeres und anderer Flüsse.
Orte am Meer oder Inseln waren bedroht, Menschen und Vieh, Kirchen und Häuser im Osten und Süden gingen unter am 17. Februar.)

Orta est tempestas maxima 14. Kal. Martii, et aqua involvit omnis fines Fresie, Hadelerie et terram palustrem Albie.

(„Annales Hamburgenses" in „Quellensammlung d. Gesellschaft f. Schleswig-Holstein. Lauenburg. Geschichte." 4. Bd., S. 415.)

(Am 17. Februar entstand ein sehr starkes Unwetter, und das Wasser drang in alle Gebiete Frieslands, des Landes Hadeln und der Marschen der Elbe ein.)

Occeanus limitem suum 12 pene miliariis 14. Kal. Octobris [Marcii] egressus, multa milia hominum diversi sexus et etatis maxime circa fluvium Wiseram submersit.

(„Annales Colonienses maximi" Rec. I. M. G. H. Scriptores. XVII, S. 778.)

(Der Ozean trat fast 12 Meilen weit über seine Ufer und verschlang viele 1000 Menschen verschiedenen Geschlechts und Alters, besondes in der Gegend des Weserflusses.)

° („Annales Colonienses maximi." Rec. II. M. G. H. Scriptores. XVII S. 778.)

° („Chronica regia Coloniensis." III. M. G. H. Scriptores. Kleine Ausgabe. Band 12, S. 114.)

° („Annales ab anonymo circa Albiam, ad annum usque 1265 conscripti" in J. Langebek „Scriptor. rer. Danicar." I, S. 204.)

XIII. Kalend. Martii orta est tempestas maxima et maris abundantia, et involvit aqua omnes fines maritimos Fresiae, Hadeleriae, et omnem terram palustrem Albiae et Wiserae, et submersa sunt multa millia hominum et iumentorum.

(„Chronicon Alberti Stadensis." 1608, S. 192b.)

(Am 17. Februar entstand ein sehr großes Unwetter und Austreten des Meeres, und bedeckte das Wasser alle Meeresgegenden von Friesland, Hadeln und die ganzen Marschländer der Elbe und Weser, und es wurden viele tausend Menschen und Vieh ertränkt.)

° („Annales Stederburgenses." M. G. H. Scriptores. XVI, S. 209.)

Fulgura et tonitrua terribiliter sevientia et crebra aquarum inundatio estivis messibus importuna, ... 1166 Mittel- deutschland Über- schwemmung der Flüsse

(„Anneles Magdeburgenses.“ M. G. H. Scriptores. XVI, S. 192.)

(Blitze und schrecklich wütender Donner und häufige, für die Sommerernte hinderliche Überschwemmung der Gewässer.)

...; et stagna coagulabantur; etiam lacus Fucini pene totus ita glacie coopertus fuit, ut super eum in altera parte homo transire posset. Winter 1167/68 Mittel- italien (Lago di Celano) Eisdecke

(„Annales Ceccanenses.“ M. G. H. Scriptores. XIX, S. 286.)

(..., und die stehenden Gewässer wurden fest; auch der Lacus Fucinus [Lago di Celano in Mittelitalien] wurde fast ganz so mit Eis bedeckt, daß in dem einen Teile ein Mensch darüber gehen konnte.)

Indictione prima, mense Januarii flumen Arni tam fortissime fuit glaciatum, quod copiosa multitudo virorum ac mulierum desuper securissime comeabant et milites audacter super glaciem equitabant et iuvenes ludos tabularum et scaccorum et certamina magna libere fecerunt. Carri quoque fiducialiter transiebant et quam plures homines a Carraria Gonduli usque ad ecclesiam beati Mathei apostoli desuper abierunt. Duravitque glacies a sexto Idus Januarii usque ad duodecim dies. Januar 1168 Fluß Arno (Italien) Eisdecke

(„Annales Pisani.“ M. G. H. Scriptores. XIX, S. 257.)

(Im Monat Januar fror der Fluß Arno sehr stark zu, so daß eine große Anzahl von Männern und Frauen darüber sehr sicher kamen und Soldaten kühn über das Eis ritten und Jünglinge Brettspiele usw. machten. Auch Karren zogen zuversichtlich darüber und noch mehr Menschen gingen von Carraria Gonduli bis zur Kirche zum seligen Apostel Mathäus.
Das Eis dauerte vom 8. Januar bis zum 12. Tage.)

Indictione prima, a temporibus antiquis non fuit visum tam deforme tempus nec tanta habundantia aque, quale fuit a medio Septembris usque ad pridie Idus Novembris. Fuerunt enim eo tempore novem maxime aque inundationes Sarni fluminis (Sarno), que maiorem partem ville de Putignano et arcus maximi pontis de Stagno destruxerunt, et eius magnas morellas lapideas inclinare fecerunt. Mitte September bis 12. November Mittelitalien Über- schwemmungen der Flüsse

(„Annales Pisani.“ M. G. H. Scriptores. XIX, S. 257.)

(Seit den ältesten Zeiten hatte man nicht so häßliches Wetter und ein solches Übermaß an Wasser erlebt, wie es von Mitte September bis zum 12. November war. Es ereigneten sich in dieser Zeit nämlich sehr starke Überschwemmungen des Flusses Sarno, die den größeren Teil des Ortes Putignano und die Bogen der größten Brücke von Stagno zerstörten und deren große steinerne Morellen zum Einsturz brachten.)

1170 Nordfrankreich Sturmflut

In quadragesima excessit mare limites suos, unde messes que prope illud seminate erant, in multis locis perierunt a fluctibus absorte.

(„Roberti de Monte cronica." M. G. H. Scriptores. VI, S. 518.)

(Es überschritt das Meer seine Ufer, wodurch das Getreide, das nahe dabei gesäet worden war, an vielen Orten von den Fluten vernichtet wurde.)

England Sturmflut

Eo anno circa aequinoctium vernale limites suos mare excedens messes quae prope erant absorbuit, ...

(„Eulogium historiarum sive temporis", edid. F. S. Haydon in „Rer. Britann. med. aev. scriptores." Bd. 9, Vol. III, S. 72.)

(In diesem Jahre gegen die Frühlingsäquinoctien überschritt das Meer seine Ufer und vernichtete die nahe gelegenen Saatfelder.)

September Süddeutschland Überschwemmung der Flüsse

... et ingens inundatio aquarum mense Septembri.

(„Buchardi praepositi Urspergensis chronicon." 2. Aufl. M. G. H. Scriptores. Kleine Ausg. Band 10a, S. 52.)

(... und eine ungeheure Überschwemmung der Gewässer im Monat September,)

° („Chronicon Imperii" in „Historia monast. Wessofontani", edit. C. Leutner II, S. 24.)

Um 1. November Nordsee Sturmflut

Eodem anno circa festum omnium sanctorum ventus maximus erat, quem inundatio maxima secuta est, adeo ut usque ad muros civitatis Traiectensis fluxerit mare et refluxerit, et piscis ille tantum marinus quem buollek vocant, circa muros eiusdem civitatis captus sit.

In Kinemaria etiam tantum inundatio illa ex inproviso desevit, ut submersis iumentis, vix mulieres et viri in trabibus domorum suarum vitam suam et parvulorum suorum conservaverint, et nisi quidam benigna compassione navibus dunensibus subvenissent periclitantibus, multi naufragio perissent.

(„Annales Egmundani." M. G. H. Scriptores. XVI, S. 467.)

(In demselben Jahre um das Fest Aller Heiligen war sehr heftiger Wind, dem eine sehr starke Überschwemmung folgte, so daß das Meer bis an die Mauern der Stadt Utrecht floß und zurückfloß und man den sehr großen Meerfisch, den man Buollek nennt, an den Mauern der Stadt fing.

In Kinemaria verwüstete jene Überschwemmung auch plötzlich so sehr, daß das Vieh ertrank und die Frauen und Männer auf den Dächern ihrer Häuser ihr Leben und das Leben ihrer Kinder kaum retteten, und wenn nicht durch eine gütige Vorkehrung man den Notleidenden mit Schiffen zu Hilfe gekommen wäre, viele ertrunken wären.)

° (W. Heda „Histor. episcopor. Ultrajectens." in J. de Beka u. W. Heda „De episcop. Ultrajectin". S. 173.)

° („Chronici Johannis de Beka in" J. de Beka u. W. Heda „De episcopis Ultrajectinis." S. 54.)

Mare vehementia ventorum limitibus suis excussum, 4. Nonas Novembris terram Fresonum circa Stavern magna ex parte submersit. 1170 2. November Friesland Sturmflut

(„Chronica regia Coloniensis" III. M. G. H. Scriptores. Kleine Ausgabe. Band 12, S. 120.)

(Das Meer, durch die Heftigkeit der Winde über seine Ufer getrieben, verschlang am 2. November das Land der Friesen in der Gegend von Stavern [am Zuydersee] zum großen Teile.)

Hoc anno a nativitate Domini post septem ebdomadas Danubius congelatus est. 1171 Donau Eisdecke

(„Annales Austriae. Contin. Claustroneoburg. III. M. G. H. Scriptores IX, S. 630.)

(In diesem Jahre war die Donau von Weihnachten an sieben Wochen lang gefroren.)

Ex continuis pluuiis non modica etia inundatio perdidit fruges, agros et uillas. Süddeutschland Überschwemmung

(Martin Hoffmann „Annal. Bambergens. episc. etc." in J. P. Ludewig. „Scriptor. rer. episc. Bamberg." I, S. 134.)

(Eine ziemlich große Überschwemmung infolge der anhaltenden Regengüsse vernichtete die Früchte, Äcker und Ansiedlungen.)

Inundatio magna hyemali glacie recedente facta est, ita ut aqua flueret super muros aliquos in castro Cremense. 1173 [Februar] Donau Überschwemmung

(„Annal. Austriae contin. Claustroneoburgensis." II. M. G. H. Scriptores IX. S. 616.)

(Es trat eine große Überschwemmung ein beim Tauen des winterlichen Eises, so daß das Wasser über einige Mauern der Burg Krems floß.)

Facta est alluvio magna fluminis Danubii hiemali algore concreta in civitate quae dicitur Chremis et in finibus eius, in qua multiplex hominum et pecorum pars interiit, set et domicilia humana in undoso impetu deciderunt.

(„Annal. Austriae contin. Claustroneoburgensis." II. M. G. H. Scriptores IX, S. 616.)

(Es geschah eine große Überschwemmung des Donauflusses beim Abgang der winterlichen Kälte in der Stadt, die Krems heißt, und im Bereich derselben, in der ein großer Teil der Menschen und des Viehes umkam und auch die menschlichen Wohnstätten durch den wogenden Ansturm vernichtet wurden.)

° („Annales Mellicenses. Contin. Cremifanensis." M. G. H. Scriptores. IX, S. 546.)

° („Paltrami seu Vatzonis chronic. Austriac." in G. Pez „Script. rer. Austriac." I, Sp. 707.)

Repente 6. Idus Mai 5. feria secuta est plaga maxima diluvii cum tanto impetu decurrens, qualem numquam Traiectensium aliquis viderit, et omnibus quae in agris repperit depopulatis plurimum civibus horrorem incussit, omnibus e contra nitentibus et frustra aggeres opponentibus eventumque novi exitii cum stupore et tremore expectantibus. Quod si tam diutinum quam impetuosum periculum 10. Mai Holland Sturmflut fuisset, civitas Traiectensis procul dubio non substitisset. Post triduum enim misericordia Domini manum suspendente, aquae diminutae sunt, et paulatim deficientes in alveum suum redierunt.

(„Annales Egmundani." M. G. H. Scriptores. XVI, S. 468.)

(Schnell folgte am Donnerstag, 10. Mai, die größte Plage durch eine Sintflut, die mit großer Gewalt heranrollte, wie sie niemals irgendein Utrechter gesehen hatte, und alles, was sie auf den Feldern antraf, verwüstete, den Bürgern einen sehr großen Schrecken einjagte, allem stattlichen feindlich war, so daß man vergeblich Dämme aufwarf und dem Ausgang des neuen Unheils mit Starrheit und Zittern entgegensah.

Da die Gefahr ebenso lange wie heftig bestand, so hätte die Stadt Utrecht ohne Zweifel nicht standgehalten. Nach drei Tagen nämlich erhob das Mitleid Gottes die Hand und die Gewässer verminderten sich und kehrten, allmählich fallend, in ihre Betten zurück.)

° („Chronic. Johannis de Beka" in J. de Beka u. W. Heda „De episcopis Ultrajectinis." S. 55.) = 11. Mai

1174 Loire Überschwemmung

Flumina Galliarum horribiliter creverunt, factumque divina virtute, ut infans, cum Ligeris impetu in cunis descendens, incolumis inveniretur.

(M. Champion „Les inondations en France etc." II, S. 201 aus „Brev. chronic. Uticens. Coenobii" in „Recueil des histor. etc." tom. XII, S. 774D.)

(Die Flüsse Frankreichs stiegen schrecklich an, und es geschah durch göttliche Gnade, daß ein Kind, das durch die starke Strömung der Loire in der Wiege flußabwärts trieb, unversehrt gefunden wurde.)

Belgien Überschwemmung der Flüsse

Hoc anno facta est inundatio aquarum . . .

(„Annales S. Jacobi Leodiensis Minores." II. M. G. H. Scriptores. XVI, S. 642.)

(In diesem Jahre fand eine Überschwemmung statt.)

Westdeutschland Überschwemmung der Gewässer

Inundationes aquarum.

(„Annales S. Vincentii Mettensis." II. M. G. H. Scriptoris III, S. 159.)

(Überschwemmungen der Gewässer.)

Inundatio Reni et fluviorum insolita et diutina.

(„Chronica regia Coloniens. III." M. G. H. Scriptores. Kleine Ausgabe. Band 12, S. 126.)

(Eine ungewöhnliche und lang anhaltende Überschwemmung des Rheins und seiner Nebenflüsse.)

Hoc anno a maio usque ad idus januarii imbrium tanta recidit copia ut omnes fruges perierint et tandem in initio decembris aquarum abundantia alveis fluminum suppletis, magnae multumque damnisae fuerunt inundationes, . . . Mai 1174—Mitte Januar 1175 Belgien Überschwemmungen der Flüsse

(„La chronique de Jean de Sivry" in „Annal. d. cercle archéol. de Mons. tome 24, S. 145/46.)

(In diesem Jahre fiel von Mai bis Mitte Januar eine solche Menge Regen, daß alle Früchte verdarben und schließlich Anfang Dezember das Übermaß des Wassers die Flüsse so auffüllte, daß große und sehr schadenbringende Überschwemmungen stattfanden, . . .)

Inundatio aquarum maxima. Pluvia iugis a festivitate sancti Johannis babtiste usque Kal. Junii [Julii]. 1174 24. Juni bis 1. Juli Überschwemmung der Flüsse

(„Lamberti parvi annales." M. G. H. Scriptores. XVI, S. 648.)

(Sehr große Überschwemmung der Gewässer. Ununterbrochener Regen vom Johannistage bis 1. Juli.)

Autumnali eciam tempore ex assiduitate imbrium et instancia ventorum facta est aquarum inundacio non modica. Herbst Mitteldeutschland Überschwemmung der Flüsse

(„Cronica S. Petri Erfordensis moderna." I. M. G. H. Scriptores. XXX,1 S. 371.)

(Cronica S. Petri Erfordensis moderna." I. M. G. H. Scriptores. Kl. Ausg. Bd. 22, S. 186.)

(Auch in der Herbstzeit geschah wegen beständigen Regen und anhaltender Winde eine nicht unbedeutende Überschwemmung der Gewässer.)

° („Erphurdianus antiquitatum variloquus incerti auctoris" edid. Dr. R. Thiele. S. 75.)

Hoc anno in mense Novembri tanta aquarum inundatio contigit, quantum nullus qui tunc viveret se vidisse vel audisse meminerit. Nam diluvii instar latitudinem camporum exundans, multa edificia diruit, caulas subvertit ovium, submersit villas, sata absorbuit; . . . November Nordfrankreich Überschwemmung der Flüsse

Anno milleno centeno septuageno et quarto quasi diluvium prorupit aquarum.

(„Roberti canonici S. Mariani Autissiodorensis chronicon." M. G. H. Scriptores. XXVI, S. 241.)

(In diesem Jahre ereignete sich im Monat November eine so große Überschwemmung der Gewässer, wie sich keiner der jetzt Lebenden erinnern konnte, gesehen oder gehört zu haben.

Denn die Überschwemmung, die so weit, wie die Felder breit waren, reichte, zerstörte viele Gebäude, stürzte die Schafhürden um, versenkte Ortschaften, vernichtete die Saaten, . . .

Im Jahre 1174 brach es wie eine Sintflut los.)

° („Chronicon Guillelmi de Nangiaco." (1113–1303) edid. H. Géraud. Soc. de l'hist. de France. Bd. 33, S. 66.)

1175 Nord-frankreich Über-schwemmung der Flüsse

Facta est tanta inundatio ut multi pontes corruerunt et edificia multa funditus everterentur. Plures etiam domus per violentiam aquarum desuper pontem Andegavensem corruerunt.

(„Petri Bechini Sergianae Contin. V" in L. Halphen „Recueil d'anna Angevines etc." S. 104.)

(Es ereignete sich eine so große Überschwemmung, daß viele Brücken einstürzten und viele Gebäude zugrunde gerichtet wurden. Mehrere Häuser stürzten auch durch die Heftigkeit der Gewässer aus der Höhe der Andegavischen Brücke [Angers] zusammen.)

. . . exundationes . . .

(„Rob. cannon. S. Marian. Aut. chron." M. G. H. Scriptores. XXVI, S. 241.)

(. . . Überschwemmungen . . .)

Um Weihnachten (Seine, Aisne u.a.) Überschwemmung

Magna circa nativitatem Domini fluminum redundantia, in tantum, ut Sequana, Axona et Hysa alveos suos egressi, sub una nocte magnum circumiacentibus damnum inferrent, multos etiam necarent.

(„Sigeberti chron. cont. Aquicinctina." M. G. H. Scriptores. VI, S. 415.)

(Um Weihnachten so starkes Hochwasser der Flüsse, daß die Seine, Aisne und Isère ihre Ufer überschritten, in einer Nacht den Anwohnern großen Schaden zufügten, auch viele ums Leben brachten.)

Dezember 1176 Ulvsund Eisdecke

J December 1176 frøs Skibe inde i Ulvsund de staerkeste brød Isen for de andre til man naaede aabent Vand.

(C. J. H. Speerschneider „Om Isforholdene i Danske Farvande etc." S. 61 aus Hans Olrik „Absalon" II, S. 12.)

September 1177 Oberitalien Überschwemmung

Mense vero Septembrio proximo fuit diluvium, quo maius non fuit a diebus Noe. Nam Ticinum operuit ab una costa ad aliam terram, ita quod multae arbores non apparebant. Lacus, qui dicitur Maior, crevit usque ad decemocto brachia in altum etc. operuit domos Lixiae. A Scrivia ibant navigio usque Placentiam.

(„Annales Mediolanenses. I. Libellus tristritiae et doloris." M. G. H. Scriptores. XVIII, S. 378.)

(Im nächsten Monat September aber war eine Überschwemmung, wie sie seit Noahs Zeiten nicht größer war. Der Ticino bedeckte nämlich [das Tal] von der einen Seitenwand bis zur anderen, so daß viele Bäume nicht zu sehen waren. Der See, der der Größere genannt wird, [Lago Maggiore] wuchs bis zu 18 Ellen Höhe und bedeckte die Häuser von Lesa. Von Scrivia fuhr man zu Schiff bis Placentia [Piavenza].

. . . , ita fuit in hieme maxima inundatio aquarum. Winter 1177/78 Nordfrankreich Überschwemmung der Flüsse

(„Chronica Roberti de Torigneio" in „Rer. Britann. med. aev. scriptores." 82. Band. Vol. IV, S. 275.)

(. . . , so war im Winter eine sehr große Überschwemmung.)

Fuit maximum diluvium. 1178 Oberitalien Überschwemmung

(„Annales Mediolanenses minores." M. G. H. Scriptores. XVIII, S. 396.)

(Es war eine sehr große Überschwemmung.)

Mare terminos suos egressum multos homines in Anglia, in Flandria, Frisia et Holandia submersit. Fluviales etiam aque excrescentes multos perire fecerunt. 7.—8. Januar England, Flandern, Friesland, Holland Sturmflut

(„Ex chronico universali anonymi Laudunensis." M. G. H. Scriptores. XXVI, S. 449.)

(Das Meer überschritt seine Ufer und ertränkte viele Menschen in England, Flandern, Friesland und Holland. Auch die Wasser der Flüsse wuchsen und ließen viele umkommen.)

Hoylanda submersa est, VII. idus Januarii inundatione maris solitum cursum diffusius excedente; unde infinita hominum et animalium multitudo aquis intercepta periit.

(„Memoriale fratris Walteri de Coventria", edid. W. Stubbs in „Rer. Britannic. med. aev. scriptores." Band 58, Vol. I, S. 309.)

(Holland wurde am 7. Januar durch ein ungewöhnlich ausgedehntes Überfließen des Meeres überschwemmt, wodurch eine unzählig große Menge von Menschen und Tieren im Wasser umkamen.)

Eodem anno factum est diluvium magnum in Holland, ruptis fossatis marinis, et diluit fere omnem substantiam illius provinciae, et homines multos submersit, VII. idus Januarii.

(„Chronica magistri Rogeri de Houidene" in „Rer. Britannicar. med. aev scriptores." Bd. 51, Vol. II, S. 148.) = 1177

(Im selben Jahre trat am 7. Januar in Holland eine große Flut ein, durchbrach die Meereskanäle, verschlang fast den ganzen Bestand jener Provinz und ertränkte viele Menschen.)

Eodem anno diluvium grande per Holandiam inundavit.

(„Chronica monasterii de Melsa, etc. auctore Thoma de Burton, etc." edid. E. A. Bond in „Rer. Britann. med. aev. scriptores." Band 43 Vol. I, S. 211.)

(Im selben Jahre setzte eine große Meeresflut Holland unter Wasser.)

Eodem sane anno . . . , oceanus, tanquam peccatis hominum irritatus, plus solito efferbuit, ruptisque in Hoilandia repagulis olim contra tempestivos undarum impetus praeparatis, eandem humilem planamque regionem septimo Idus Januarii violentus irrupit; jumenta fere omnia, hominum vero multitudinem necavit, reliquis ascensu vel arborum vel domorum aegre salvatis; et quasi post biduum furore satiato in semetipsum rediit. Cuius nimirum idcirco supra modum fuit, hominibus et iumentis exitialis irruptio, quia, tanquam fur eversor nocturnus adveniens, praevideri et praecaveri non potuit.

(„Wilhelmi Parvi, canon. de Novoburgo, Historia rer. Anglicar." Liber III in „Rer. Britann. med. aev. scriptores. Band 82, Vol. I, S. 204.) = 1. Januar 1175

(Doch im selben Jahre wallte der Ozean, gleichsam durch die Sünden der Menschen veranlaßt, ungewöhnlich auf, zerbrach die Schranken, die einst gegen den stürmischen Angriff der Wogen errichtet wurden, und drang in die niedrige und ebene Gegend am 7. Januar heftig ein.

Fast alles Vieh und vollends eine Menge der Menschen tötete er, die übrig gebliebenen retteten sich mit knapper Not, indem sie auf die Bäume und Häuser kletterten. Nach 2 Tagen kehrte er, nachdem er seine Wut gewissermaßen gestillt hatte, in sich selbst zurück. Natürlich war dessen Einbruch deshalb den Menschen und Tieren so unheilvoll, weil er gleichsam wie ein Schurke als nächtlicher Vernichter ankam und nicht vorausgesehen und nicht verhütet werden konnte.

Mare litus egreditur VII. idus Januarii, villas et homines quamplures, oves et boves innumeras demersit.

(„Chronica Johannis de Oxenedes" in „Rer. Britannic. med. aev. scriptores." Bd. 13, S. 68.) = 7. Januar 1181

(Das Meer überschritt am 7. Januar seine Ufer und vernichtete Dörfer und zahlreiche Menschen und unzählige Schafe und Rinder kamen um.)

In maririmis valla maxima de cespitibus constructa maris ab inundatione dirupta sunt, maxime versus Aquilonem. Incolae, pecudes et armenta pluribus in locis fluctibus involuta sunt aquilone flante, sexto idus Januarii.

(„Radulphus de Diceto Ymagines Historiarum" in „Rer. Britannicar. med. aev. scriptores." Band 68, Vol. I, S. 424.)

(Am Meere wurden die stärksten Dämme aus Wurzelstöcken von der Überschwemmung des Meeres zerbrochen, besonders gegen N. Die Einwohner und die Klein- und Großviehherden stürzten in vielen Orten in die Fluten hinein, bei Nordwind am 8. Januar.)

1178 Nordsee Sturmflut

Anno XXV. Henrici II. regis. Erupit mare in Hollande, et submersit homines, villas, pecora innumerabilia pridie id. Januarii.

(„Annales monasterii de Waverleia" in „Rer. Britannic. med. aev scriptores." Bd. 36, II, S. 241.) = 12. Januar

(Im 25. Jahre König Heinrich II. brach das Meer in Holland ein und vernichtete am 12. Januar Menschen, Dörfer und unzähliges Vieh.)

Circa finem Januarii mensis, cum gelu et nix liquarentur, inundatio fluminum per totas Gallias talis erupit, que sclusas vivariorum et structuras molendinorum rapido impetu secum ferret, domos everteret, multos etiam necaret. — Ende Januar Frankreich Überschwemmungen der Flüsse

(„Sigeberti chron. cont. Aquicinctina." M. G. H. Scriptores. VI, S. 417.)

(Gegen Ende des Monats Januar, als Eis und Schnee schmolzen, brach über ganz Frankreich eine solche Überschwemmung der Flüsse herein, daß sie die Fischteiche und Molenbauten infolge der stürmischen Gewalt mit sich führte, Häuser umstürzte und viele tötete.)

Proximus annus hiemis et nivis asperitate et multitudine fuit insignis, quibus sese exundantia flumina sata prope omnia corruperunt. — Winter 1179 Süddeutschland Überschwemmung der Flüsse

(Martin Hoffmann „Annal. Babenberg. episc." in J. P. Ludewig. „Scriptor. rer. episcop. Bamberg." Vol. I, Sp. 137.)

(Im nächsten Jahre war die Strenge des Winters und die Menge des Schnees außerordentlich, so daß die Überschwemmungen der Flüsse die Saatfelder fast alle vernichteten.)

Inundatio aquarum maxima fuit, et maxime aput urbem Cenomannensem, pontes et domos et molendina subvertens, et homines multos perimens. Hoc etiam accidit Andegavis, et in multis aliis locis. — 1179 Nordfrankreich, besonders bei Le Mans Überschwemmung

(„Roberti de Monte cronica." M. G. H. Scriptores. VI, S. 527.)

(Es trat eine sehr große Überschwemmung der Gewässer ein, besonders bei der Stadt Le Mans, und stürzte Brücken, Häuser und Mühlen um und brachte viele Menschen ums Leben. Dies ereignete sich auch in Angers und an vielen anderen Orten.)

Et maxima aquarum inundatio extitit. — Mittelitalien Überschwemmung der Flüsse

(„Annales Ceccanenses." M. G. H. Scriptores. XIX. S. 287.)

(Es ereignete sich eine sehr große Überschwemmung der Gewässer.)

Also ten jaere 1180 de zee, tusschen de plaetse daer tegen woordig de Stadt van Damme is, en Lammins-vliet, (nu Sluys genaemt) was doorgebroken, en de wateren van alle kanten soodanig waeren overgespoelt, dat de Stadt van Brugge rondom door se selve omringelt was, . . . — 1180 Brügge Sturmflut

(Charles Custis „Jaer-Boecken der stadt Brugge etc." I, S. 193.)

Hoc tempore maxima maris inundacio villam Brugis involvit; quam ob rem comes stancam contra mare fecit et super illa villam nomine Dam, . . .

(„Chron. monast. S. Bertini auctore Joh. Longo." M. G. H. Scriptores. XXV, S. 814.)

(Zu dieser Zeit drang eine sehr starke Meeresflut in den Ort Brügge ein; deshalb machte der Graf eine Befestigung gegen das Meer, namens Dam, . . .)

1180 Tiber Überschwemmung

Tiber fluvius nimium inundavit, et multas domus subvertit . . .

(„Annales Ceccanenses.“ M. G. H. Scriptores. XIX, S. 287.)

(Der Tiber-Fluß trat stark über seine Ufer und stürzte viele Häuser ein . . .)

22. September (Parma) N. Italien Überschwemmung der Flüsse

Flumen Taronis et Parme et Hencie [Enza fluvius] miscerunt se simul, et flumen Parme intravit in foveam et de muro rupit et de teralio [aggere] diruit et magna pars fovearum impleta fuit sequenti die post festum sancti Mathei.

(„Notae Parmenses.“ M. G. H. Scriptores. XVIII, S. 664.)

(Die Flüsse Taro und Parma und Enza vereinigten sich gleichzeitig, und der Fluß drang in die Fallgrube für Tiere ein und beschädigte die Mauer und zerstörte den Damm, und ein großer Teil der Fallgruben wurde angefüllt.)

ca. 1. Februar 1181 Mitteldeutschland Flüsse. Eisdecke

Tandem ipsis aquis hyamis esperitate constrictis.

(„Cosmidromius Gobelini Person“ edid. Dr. Max Jansen. S. 44.)

(Schließlich wurden die Gewässer durch die Strenge des Winters mit Eis bedeckt.)

19. Dezember Friesland Sturmflut

Waey het uit den Noordwesten drie dagen lang / met zulk een onophoudelyken wind / dat ten laatsten by het Stedeken Utgong de Zeedyken omtrent de middag in braken / zo dat het zoute water zeer hoog over het Land liep / . . .

(Okko van Scharl, Johannes Vlytarp und Andreas Cornelius Stavriensis. „Chronyk en waaragtige beschryvinge van Friesland etc.“ S. 102.)

1182 Österreich Mehrere Überschwemmungen

Inundationes variae.

(„Annales Mellicenses. Contin. Cremifanensis.“ M. G. H. Scriptores. IX, S. 546.)

(Verschiedene Überschwemmungen.)

1183 Holland Überschwemmung der Flüsse

Eruptio fluminum in plerisque locis fuit, et tanta inundatio pluviae, ut sata omnia interirent, maxime in episcopatu Traiectensi et Hollandensi comitatu, . . .

(„Annales Egmundani.“ M. G. H. Scriptores. XVI, S. 469.)

(An vielen Orten erfolgte ein Ausbruch der Flüsse und solche Überschwemmung durch den Regen, daß alle Saaten vernichtet wurden, besonders im Bischoftum Utrecht und der Grafschaft Holland.)

Österreich Überschwemmung der Flüsse

Inundacio aquarum nimia.

(„Annales Salisburgenses. Additamentum.“ Auctarium codicis Monacensis. M. G. H. Scriptores. XIII, S. 238.)

(Eine große Überschwemmung der Gewässer.)

Juli Belgien Überschwemmung der Flüsse

Mense Julio tanta aquarum eruptio ex imbrium collectione facta est, quod et villas et sata vastavit, domos subvertit, plurimos submersit.

(„Annales Floreffienses.“ M. G. H. Scriptores. XVI, S. 625.)

(Im Monat Juli ereignete sich ein so großer Ausbruch der Gewässer durch die vereinte Kraft der Regengüsse, daß er Dörfer und Saatfelder verwüstete, Häuser umriß, die meisten ertränkte.)

. . . , sed in mense Novembri maxima inundatio aquarum fuit. Nam aquae non solum pluviarum ministerio, sed per occultos etiam terre meatus erumpentes in tantum creverunt, quod fere omnem circa se positam planiciem cooperuerunt et maximum dampnum hominibus intulerunt.

November 1184 Westdeutschland Überschwemmung der Flüsse

(„Annales Marbacenses." M. G. H. Scriptores. Kleine Ausgabe. Band 7, S. 55.)

(. . . , aber im Monat November trat eine sehr starke Überschwemmung ein. Die Gewässer stiegen nicht allein infolge des Regens, sondern auch aus verborgenen Quellen hervorbrechend so hoch, daß sie fast die ganze herumliegende Ebene bedeckten und den Menschen sehr großen Schaden brachten.)

Inundatio aquarum.

1185 Westdeutschland Überschwemmung der Flüsse

(„Annales S. Vincentii Mettensis." M. G. H. Scriptores. III, S. 159.)

(Überschwemmung der Gewässer.)

was die erst wassergusin im dorff Wintherthur.

Winterthur Überschwemmung

(„Die Chronik des Laurencius Boßhart von Winterthur." edid. Kaspar Hauser. S. 1.)

In Aprili eruptiones rivulorum factae, quales ante nemo viderat; sed et in siccis locis iuxta fluenta maximarum inundationum ebulliciones apparuerunt.

April 1188 Westdeutschland Überschwemmung der Flüsse

(„Chronica regia Coloniensis." Contin. I. Scriptores rer. Germanicar. Kleine Ausgabe. Band 12, S. 140.)

(Im April traten die Bäche in einer Weise aus, wie es bisher niemand gesehen hatte; aber an trockenen Orten sprudelten die größten Wassermassen ganz wie Flüsse hervor.)

Tanta inundatio aquarum facta est mense Aprili in civitate Leodiensi, in ea parte que dicitur extra castrum, ut multos submergeret, et mortuorum corpore diluvium aquae de sepulchris erueret.

April 1189 Lüttich Überschwemmung

(„Lamberti parvi annales." M. G. H. Scriptores. XVI, S. 649.)

(Im Monat April fand in der Stadt Lüttich, und zwar in dem Teile, der „vor der Burg" genannt wird, eine so große Überschwemmung statt, daß die Wasserflut viele Menschen ertränkte und die Leichname aus den Gräbern riß.)

Omnis hic annus pluvia et crebris inundationibus plenus fuit.

1190 Westdeutschland Häufige Überschwemmungen der Flüsse

(„Chronica regia Coloniensis." Contin. I. M. G. H. Scriptores. Kleine Ausgabe. Band 12, S. 148.)

(Das ganze Jahr war ausgefüllt mit Regengüssen und häufigen Überschwemmungen.)

1193 England Häufige Überschwemmungen der Flüsse

. . . , inundationes aquarum ter seu quater in quolibet mense.

(„Radulphi de Coggeshall chronicon Anglicanum." in Rerum Britannic. med. aev. scriptores. Band 66 S. 60.)

(. . . , Überschwemmungen der Gewässer 3 oder 4 mal in jedem beliebigen Monat.)

Österreich Donau-Überschwemmungen

Danubius iam vice altera contra solitum morem inundans, vicina loca cum hominibus occupat.

(„Annal. Austriae contin. Claustroneoburgensis." II. M. G. H. Scriptores. IX, S. 619.)

(Die Donau überschwemmte gegen ihre Gewohnheit zweimal und ergriff Besitz von benachbarten Orten mit den Menschen.)

Norditalien Überschwemmung der Flüsse

Quorum tempore inundacio fluminum adeo crevit, quod omnia aggera in districtu Cremonensi diruit.

(„Annales Cremonenses." M. G. H. Scriptores. XXXI, S. 9.)

° („Annales Cremonenses." M. G. H. Scriptores. XVIII, S. 803.)

(Zu jener Zeit verstärkte sich das Hochwasser der Flüsse derartig, daß es alle Dämme im Distrikte Cremona zerstörte.)

1194 Donau Wiederholte Überschwemmungen

Danubius in Austria glaciali molestia versus Niwenburch ebullit, et meatum suum longius vagando relinquens, homines cum villis mergendo adnichilavit.

Inundationes tribus vicibus magnae et intolerabiles atque insolitae omnes pene regiones, villas et circumpositas domos demoliendo occupaverunt.

(„Annales Mellicenses. Contin. Cremifanensis." M. G. H. Scriptores. IX, S. 548.)

(Die Donau in Österreich brachte durch den Eisgang Neuenburg in Gefahr, verließ ihren gewöhnlichen Lauf und breitete sich weiter aus, vernichtete die Menschen mit den Dörfern. Die großen und unerträglichen Überschwemmungen dauerten 3mal abwechselnd ungewöhnlicherweise in fast allen Gegenden an und vernichteten die Dörfer und umliegenden Häuser.

° („Annales Austr. Contin. Claustroneoburgensis." II. M. G. H. Scriptores. IX. S. 619.)

1195 Frankreich Überschwemmungen

Eo anno, tanta intemperies aeris facta est inundantibus pluviis, quod segetes, antequam temporibus suis colligi possent, in ipsis spicis et folliculis germinaverunt.

(„Rigordi liber. Gesta Philippi Augusti." edid. H. F. Delaborde. I, S. 132.)

(In diesem Jahre war eine so große Unbeständigkeit der Witterung und Überschwemmungen infolge von Regengüssen, daß das Getreide, das vorzeitig geerntet werden konnte, auswuchs.)

Inundationes iterum diversae, et intemperies aeris totum pene orbem vexat. 1195 Österreich Überschwemmungen

(„Annales Mellicenses. Contin. Cremifanensis." M. G. H. Scriptores. IX, S. 549.)

(Wiederum verschiedene Überschwemmungen, und die Unbeständigkeit der Witterung quälte fast den ganzen Erdkreis.)

° („Annales Mellicenses. Contin. Mellicensis." M. G. H. Scriptores. IX, S. 506.)

° („Annales Mellicenses. Cont. Garstensis." M. G. H. Scriptores. IX, S. 594.)

Danubius fluvius maximus, tanquam ad ultionem agressus, adiacentia quaedam loca cum ingenti hominum exitio occupavit. Mitte Sommer Donau Überschwemmung

(„Wilhelmi Parvi, canon. de Novoburgo, historia rer. Anglicar." in „Rer. Britann. med. aev. scriptores." Band 82, Vol. II, S. 432.)

(Der Donau-Fluß war sehr groß, gleichsam wie zur Strafe über seine Ufer getreten und nahm Besitz von gewissen anliegenden Ortschaften mit einer ungeheuren Vernichtung von Menschen.)

... Austria ...
Danubius etiam in quadam parte terrae ejus plus solito inundans, inopinato eventu decem milia hominum submersit.

(„Radulphi de Coggeshall chronicon Anglicanum." in „Rerum Britannicarum med. aev. scriptores." Band 66, S. 65.)

(Die Donau überschwemmte auch in einem gewissen Teil des Landes außergewöhnlich stark und ertränkte unvorhergesehen 10000 Menschen.)

Facta est subita aquarum et fluminum inundatio, et pontes in multis locis diruti, et ville plures depresse. 1196 Frankreich Überschwemmungen der Flüsse

(„Guilelmi Armorici liber de gestis Philippi Augusti." edid. H. Fr. Delaborde. I, S. 199.)

(Es trat plötzlich eine Überschwemmung der Gewässer und Flüsse ein, die Brücken wurden an vielen Orten zerstört und mehrere Dörfer versenkt.)

Eodem anno mense Februario ingens aquarum exundatio contigit, et fluvii preter solitum alveos suos egressi, plurima detrimenta plurimis intulerunt. Februar Mittelfrankreich Überschwemmung der Flüsse

(„Roberti canon. S. Mariani Autissiodorensis chronicon." M. G. H. Scriptores. XXVI. S. 257.)

(Im selben Jahre im Monat Februar ereignete sich eine riesige Überschwemmung der Gewässer, die Flüsse überschritten ganz ungewöhnlich ihre Ufer und brachten den meisten sehr großen Schaden.)

1196 März Nord-frankreich Starke Überschwemmung der Flüsse

In martio subita et nimia aquarum et fluminum inundatio facta, pluribus in locis villas destruxit et in eis habitantes extinxit; pontes etiam Secanae, fluminis Galliae, plures confregit.

(„Chronicon Guillelmi de Nangiaco. 1113–1303." edid. H. Géraud, Soc. de l'hist. de France. Band 33, S. 105.)

(Im März geschah eine plötzliche und große Überschwemmung der Gewässer und Flüsse, zerstörte an den meisten Orten Ansiedlungen und brachte die Bewohner derselben ums Leben; auch von den Brücken der Seine, einem Flusse Galliens, zerbrachen mehrere.)

° („Rigordi liber. Gesta Philippi Augusti." edid. H. F. Delaborde. I. S. 134.)

° („Les gestes de Philippe Auguste." extraits des grands chroniques de France, dites de St. Denis. in „Recueil des histor. des Gaules et de la France." 17. Band, S. 382.)

Seine Überschwemmung

Circa dies istos aquarum inundatio subita, vehemens, et fluctibus procellosis involvens omnia circa Sequanam adjacentia tam lignea quam lapidea.

(Radulphus de Diceto „Ymagines Historiarum" in „Rer. Britannicar. med. aev. scriptores". Band 68, Vol. II, S. 142.)

(Gegen jene Tage ereignete sich eine plötzliche und heftige Überschwemmung der Gewässer und die stürmischen Fluten rissen alles fort, was an der Seine lag, sowohl das, was aus Holz war, als auch das aus Stein.)

24. Juli Belgien Überschwemmung

. . . propter imminentia pericula, et pluviarum inundationes, . . .

(„Reineri annales." M. G. H. Scriptores. XVI, S. 652.)

(. . . wegen der durch die Regengüsse drohenden Gefahren und Überschwemmungen, . . .)

1197 West-deutschland Überschwemmungen

Inundationes ex nivibus et pluviis . . .

(„Anonym. monach. annales Corbeiens. succincti." in Chr. Fr. Paulinus „Rer. et antiquit. German. syntagma." S. 399)

(Überschwemmungen infolge von Schnee- und Regenfällen.)

Febr.—März 1197 Österreich Überschwemmungen

Hoc anno in mense Februario et Martio turbines ventorum maximi et inundationes . . . efferbuerunt.

(„Annales Mellicenses. Contin. Cremifanensis". M. G. H. Scriptores. IX. S. 549.)

(In diesem Jahre waren in dem Monat Februar und im März sehr starke Wirbelstürme und Überschwemmungen brausten auf.)

1199 England Überschwemmung der Flüsse

Eodem anno exstitit in Anglia, et in finibus ejus, tanta aquarum inundatio, quod pontes et molendini et domus asportabantur. Ponte autem de Berwic (Berwick) asportato, . . .

(„Chronica magistri Rogeri de Houedene." in „Rer. Britannic. med. aev. scriptores." Band 51, Vol. IV, S. 97/98.)

(Im selben Jahre trat in England und an seinen Grenzen eine so große Überschwemmung der Gewässer ein, daß Brücken, Mühlen und Häuser weggetragen wurden. Die weggerissene Brücke aber von Berwick . . .)

Diluvium magnum. 1199 Island Überschwemmung

(„Annales Islandorum Regii." in J. Langebek. „Scriptores rer. Danicar." III, S. 71.)

(Große Überschwemmung.)

Pluviarum inundationes . . . , et dampna multa locis plurimus intulerunt. 1201 England Überschwemmungen

(„Matthaei Parisiensis, monachi sancti Albani, historia Anglorum, sive, ut vulgo dicitur, histor. minor," edid. F. Madden in „Rer. Britannicar. med. aev. scriptores." Band 44, Vol. II, S. 91.)

(Überschwemmungen durch Regengüsse brachten vielen Schaden an den meisten Orten.)

Subita et improvisa aquarum inundatio pluribus in locis per Angliam facta est, unde plures homines submersi sunt, et domus eversae, maxime apud Excestre et Sanctum Ivonem.

(Radulphus de Diceto „Ymagines Historiarum" in „Rer. Britannicar. med. aev. scriptores." Band 68, Vol. II, S. 173.)

(Es ereignete sich eine plötzliche und unvorhergesehene Überschwemmung der Gewässer an vielen Orten Englands, wodurch viele Menschen ertranken und Häuser umgestürzt wurden, besonders bei Exeter [Devon.] und Saint-Ives.)

Circa hunc annum magnae pluviae inundaverunt per totum mundum.

(„Eulogium [historiarum sive temporis]" edid. F. S. Haydon in „Rer. Britannic. med. aev. scriptores." Band 9, Vol. I, S. 421.) = 1202

(Um dieses Jahr waren Überschwemmungen infolge großer Regengüsse in der ganzen Welt.)

Pluviarum inundatio frequens a Pentecoste usque ad Nativitatem Sanctae Mariae continuata, non solum fruges et arborum fructus non sinivit maturescere, sed etiam fecit infoecundos. Pfingsten [Mitte Mai] bis 8. September England Überschwemmung

(„Annales de Margan." in „Rer. Britannicar. med. aev. scriptores." Bd. 36, I, S. 25.)

(Es trat häufig eine Überschwemmung infolge von Regengüssen ein, und zwar von Pfingsten [Mitte Mai] bis Maria Geburt [8. Sept.] anhaltend, die nicht nur die Reife der Feld- und Baumfrüchte behinderte, sondern sie auch unergiebig machte.)

° („Annales S. Edmundi." in F. Liebermann „Ungedruckte Anglo-Normannische Geschichtsquellen" S. 140.)

1201 8. Juli Waverley b/Farnham (England) Unwetter mit Überschwemmung

Tempestas exorta grandinis et pluviae, post octavas Sancti Johannis Baptistae, id est VIII. id. Julii, die decima, hora VI., luna IV, domos cum suis habitatoribus per loca, segetes, et foenum, et linum ex magna parte delevit. Abbatia vero de Waverleia, ex harum inundatione aquarum paene submersa, vehementer est periclitata.

(„Annales monasterii de Waverleia." in „Rer. Britannic. med. aev. scriptores." Bd. 36, II, S. 253.)

(Ein Unwetter mit Hagel und Regengüssen entstand nach der Octava d. Tages d. Heiligen Johannis des Täufers, das ist am 8. Juli, am 10. Tage, in der 6. Stunde 4. Mond, und vernichtete Häuser mit ihren Bewohnern stellenweise, die Saaten und das Heu und den Flachs zum großen Teile. Das Kloster von Waverley aber, das durch diese Überschwemmung fast ganz unter Wasser gesetzt wurde, war heftig gefährdet.)

ca. 10. Juli England Unwetter mit Überschwemmung

Aliaque tempestas iterum post XV. dies (v. 25. Juni an gerechnet) suborta est, priori non dissimilis, ut prata secari non possent, secata asportarentur a rapido aquarum inundantium cursu. Tanta autem exittit nimborum inundatio quae 'particulariter per diversas provincias contigebat, nec tamen sub una die, ut pontes effringeret, segetes, foena dissiparet, aliquos 'etiam submergeret, ita ut nonnulli formidarent in illa pluviarum eruptione iterum instare Dei diluvium.

(„Radulphi de Coggeshall chronicon Anglicanum." in „Rer. Britannicar med. aev. scriptores." Band 66, S. 129.)

(Ein weiteres Unwetter entstand wiederum nach 15 Tagen, dem früheren nicht unähnlich, daß die Wiesen nicht geschnitten werden konnten, da das Geschnittene von dem schnellen Lauf der Hochwasser-Fluten fortgetragen wurde.

So groß war die Überschwemmung durch die Platzregen, die sich stellenweise durch verschiedene Provinzen hindurch erreigneten, jedoch nicht an einem Tage, daß sie Brücken zerbrach, Saaten und Heu zerstreute, andere auch ganz unter Wasser setzte, so daß einige fürchteten, daß in jenem Ausbruch durch die Regengüsse Gottes Sintflut bevorstehe.)

August England Überschwemmungen

Inundationes aquarum vehementissimae mense Augusti.

(„Chronicon vulgo dictum Thomae Wykes." in „Rer. Britannicar. med. aevi scriptores." Band 36, IV, S. 50.)

(Im Monat August sehr heftige Überschwemmungen der Gewässer.)

Herbst England Überschwemmung der Flüsse

Facta est autumno tanta aquarum inundatio ut pratis omnibus coopertis inter segetes quoque in agro stantes anguillae caperentur.

(„Annales monasterii de Oseneia." in „Rer. Britannic. med. aev. scriptores" Band 36, IV, S. 50.)

(Es ereignete sich im Herbst eine so große Überschwemmung der Gewässer, daß alle Wiesen [mit Wasser] bedeckt waren und zwischen den auf den Äckern stehenden Saatfeldern Aale gefangen wurden.)

Mense Aprili aquae ultra solitum subito excreverunt, ac multa incommoda per diversa Angliae loca intulerunt, quod mirabiliter contigit, eo quod nonnisi parva pluvia tantum praecesserit diluvium.

April 1203 England Überschwemmung der Flüsse

(„Radulphi de Coggeshall chronicon Anglicanum." in „Rer. Britannicar. med. aev. scriptores." Band 66, S. 142.)

(Im Monat April stiegen die Gewässer ganz außergwöhnlich plötzlich und brachten in verschiedenen Gegenden Englands viel Schaden, weil es sich merkwürdigerweise ereignete, daß nur einige kleine Regengüsse einer so großen Überschwemmung vorangingen.)

Non valentes autem propter gelu, quod immensum erat, navim littori applicare, eam in glacie relinquunt, et per Daciam in Theuthoniam vadunt rebus suis secum assumptis.

Winter 1204 Ostsee Eisdecke

(„Heinrici chronicon Lyvoniae." M. G. H. Scriptores. XXIII, S. 249.)

(Die nicht kräftigen aber, die wegen des Frostes, der sehr stark war, zu Schiff landen wollten, ließen dasselbe im Eise zurück und gingen durch Dänemark nach Deutschland, ihre Sachen mit sich führend.)

Facta est hyems aspera, et congelata sunt flumina, ita ut Tamisia pede transiri posset.

Winter 1205 England Eisdecke der Flüsse

(„Radulphi de Coggeshall chronicon Anglicanum." in „Rer. Britannic. med. aevi scriptores." Band 66, S. 151.)

(Es trat ein harter Winter ein und die Flüsse froren zu, so daß man die Themse zu Fuß überschreiten konnte.)

Inundatio aquarum tam intolerabilis, ut homines cum oppidis ac domibus in Swevia pessumdaret.

1206 Süddeutschland Überschwemmung der Flüsse

(„Annales Admuntenses. Contin. Admuntensis." M. G. H. Scriptores. IX, S. 591.)

(Die Überschwemmung der Gewässer war so unerträglich, daß sie die Menschen mit den Städten und Häusern in Schwaben zugrunde richtete.)

(„Annales Mellicenses. Contin. Garstensis." M. G. H. Scriptores. IX, S. 595.)

Maxima inundacio aquarum.

Lothringen Überschwemmung der Flüsse

„Chronica universalis Mettensis." Contin. M. G. H. Scriptores. XXIV S. 524.)

(Eine sehr große Überschwemmung der Gewässer.)

Sequenti mense decembri, facta est ex pluviis irruentibus tanta aquarum inundatio quanta a seculo audita non est. Parisius pons, qui Parvus dicitur, corruit; (per vicos aqua elevabatur usque ad secunda tabulata domorum, nec poterat aliquis domum suam vel alienam intrare vel exire nisi navigio;] . . .

Dezember Nordfrankreich, Paris Überschwemmung der Flüsse Z. B. der Seine

(„Guilelmi Amorici liber de gestis Philippi Augusti." edid. H. Fr. Delaborde, I, S. 224/25.)

1206 Dezember

(Im folgenden Monate Dezember trat infolge der herniederstürzenden Regengüsse eine so große Überschwemmung der Gewässer ein, wie sie von dieser Generation noch nicht erlebt worden war. Die Brücke zu Paris, die die kleine genannt wird, stürzte ein; in den Dörfern erhob sich das Wasser bis zum 2. Stockwerk der Häuser, und nur zu Schiff konnte man aus seinem Hause heraus- oder in ein fremdes Haus hineinkommen.)

En cele année fu si granz cretine et si granz habundance d'iaues ou mois de decembre (in einem anderen Manuskript September), que nus hons de ce tens n'avoit ainques veues ne ci parler de si granz. De quoi il avint que l'abundance et la credor de ses cretines rompirent trois des arches du petit Pont, et craveterent plusors mesons et firent moult de domages en pluseurs lieus.

(„Les gestes de Philippe Auguste." extraits des grands chroniques de France, dites de St. Denis. in „Recueil des histor. des Gaules etc." 17. Bd. S. 393.)

Mense decembri, peccatis hominum exigentibus, tanta aquarum et fluminum inundatio facta est, quanta ab hominibus illius temporis nunquam visa vel audita a predecessoribus fuerat Parisius; tres arcus Parvi pontis fregit et quamplures domos ibidem evertit, et infinita damna multis in locis intulit.

(„Rigordi liber de gestis Philippi Augusti." edid. H. Fr. Delaborde. I, S. 165.)

(Im Monat Dezember trat, als Strafe für die sündhaften Menschen, eine so große Überschwemmung der Gewässer und Flüsse ein, wie sie von den Menschen dieses Zeitalters weder gesehen, noch von den Vorfahren gehört worden war. 3 Bogen der „Kleinen Brücke" brachen und mehrere Häuser stürzten dort ein und grenzenloser Schaden wurde vielen Gegenden gebracht.)

Nordfrankreich West-deutschland, Belgien Über-schwemmungen der Flüsse

Inundatio aquarum maxima, maxime in Alemannia et Francia, ita ut Mogus in altitudine triginta duarum ulnarum se extolleret, Renus quedam claustra subverteret, et plurima milia virorum mulierum et parvulorum submergeret, Secuana Parisius parvum pontem cum edificiis suis frangeret, et molendina inpetu suo deduceret.
Mosa tamen, noster fluvius, magnus fuit set, pacificus.

(„Reineri annales." M. G. H. Scriptores. XVI, S. 660.)

(Eine sehr große Überschwemmung der Gewässer, besonders groß aber in Süddeutschland und Frankreich, so daß der Main sich auf 32 Ellen Höhe erhob, der Rhein gewisse Schutzwehren zerstörte und mehrere 1000 Männer, Frauen und Kinder ertränkte, die Seine in Paris die kleine Brücke mit ihren Gebäuden zerbrach und Mühlen durch ihre stürmische Gewalt wegführte.
Die Maas jedoch, unser Fluß, war groß, aber friedlich.)

Subsecuta est aquarum tanta inundatio, ut, velud abissis evomentibus aquas, flumina suos alveos pretergressa, camporum planicies occuparent, absorberent sata, molendina et edificia pleraque subruerent. Nemo etatis huius erat, qui diceret, se vidisse tante inundationis aliquando illuviem erupisse. 1206 Zentralfrankreich Überschwemmung der Flüsse

(„Roberti canon. S. Mariani Autissodor. chron." M. G. H. Scriptores. XXVI, S. 271.)

(Es folgte eine so große Überschwemmung der Gewässer, daß, gleichsam als ob das Wasser ausgeschüttet würde, die Flüsse ihre Ufer überschritten, von der Ebene der Felder Besitz ergriffen, die Saatfelder mit sich rissen und die Mühlen und Gebäude meist vernichteten. Es gab keinen der jetzigen Generation, der sagen konnte, daß er jemals eine so große Überschwemmung gesehen hätte.)

5. Dez. ... Subsecuta est tanta aquarum inundatio, quod nemo huius aetatis erat qui deceret se vidisse tantae inundationis aliquando illuviem irrupisse, Secana vero Parisius tres archas parvi pontis fregit et quamplures domos ibidem evertit, multaque damna in multis locis intulit. Nordfrankreich, Paris Überschwemmung der Flüsse

(„Chronicon Guillelmi de Nangiaco. 1113–1303." edid. G. Géraud. Soc. de l'hist. de France. Band 33, S. 125.)

(Es folgte eine so große Überschwemmung der Gewässer, daß es keinen der jetzigen Generation gab, der sagen konnte, daß er jemals eine so große Überschwemmung gesehen hätte.
Die Seine zu Paris aber zerbrach 3 Bogen der „Kleinen Brücke", stürzte mehrere Häuser dort um und brachte vielen Gegenden großen Schaden.)

Circa festum sancti Clementis maxima fuit inundatio aquarum. Um 23. Nov. 1207 England Überschwemmung der Flüsse

(„Annales S. Edmundi." in F. Liebermann „Ungedruckte Anglo-Normannische Geschichtsquellen". S. 146.)

(Um das Fest des heiligen Clemens war eine sehr große Überschwemmung der Gewässer.)

Facta est inundatio aquarum vehementissima et dampnosa. 1208 England Überschwemmung der Flüsse

(„Annales S. Edmundi." in F. Liebermann „Ungedruckte Anglo-Normannische Geschichtsquellen." S. 146.)

(Es trat eine sehr heftige und schädliche Überschwemmung der Gewässer ein.)

Et hoc anno inundatae sunt terrae de Bermundeseye per fluxum Thamisiae. Bermondsey (England) Überschwemmung der Themse

(„Annales monasterii de Bermundeseia." in „Rer. Britann. med. aev. scriptores." Bd. 36, III, S. 451.)

(Und in diesem Jahre wurde die Gegend von Bermondsey durch die Fluten der Themse überschwemmt.)

Dasselb jar was überuß witterig und naß, und tet das wasser in unser landschaft an vil orten großen schaden. 1209 Schweiz Überschwemmungen

(„Die größere Chronik der Äbte des Klosters St. Gallen." in Joachim vom Watt „Deutsche histor. Schriften." I, S. 255.)

Winter 1210 England Flüsse: Eisdecke

In vigilia Circumcisionis Domini incepit gelu tam forte quod Sabrina, sicut et alia flumina, congelata fuit usque ad quatuor miliaria ultra Gloucestriam; ita quod et hominibus et equis se praebebat transmeabilem, et duravit usque ad noctem Sancti Valentini, et infra quatuor dies tota glacies dissoluta sine damno disparuit.

(„Annales Prioratus de Wigornia." in „Rer. Britannicar. med. aev. scriptores." Bd. 36, IV, S. 398.)

(Am Tage vor der Beschneidung des Herrn (31. Dezember 1209) begann eine so starke Kälte, daß der Severn, wie auch andere Flüsse, bis 4 Meilen über Gloucester hinaus zufroren, so daß Menschen und Pferde [die Eisdecke] überschreiten konnten, und es dauerte dieses bis zur Nacht des St. Valentintages (14. Febr.) Innerhalb von 4 Tagen schmolz das ganze Eis und verschwand ohne Schaden.)

30. Mai 1210 Österreich Überschwemmung

Pluvia maxima repente effusa est, et inundatione facta multi homines perierunt, 3. Kal. Junii die dominico circa meridiem.

(„Annales Mellicenses. Contin. Mellic." M. G. H. Scriptores. IX, S. 506.)

(Stärkste Regengüsse ergossen sich plötzlich, führten eine Überschwemmung herbei, und viele Menschen ertranken am 30. Mai, einem Sonntage, gegen Mittag.)

° („Annales Mellicenses." Contin. Garstensis." M. G. H. Scriptores. IX, S. 595.)

Erntezeit Niederösterreich Überschwemmung

Hoc anno instante messe inundatio ... non repente veniens sed paulatim crescens et pene per mensem dur ...

(„Annales Gotwicenses." M. G. H. Scriptores. IX, S. 602.)

(In diesem Jahre kurz vor der Ernte kam eine Überschwemmung, nicht plötzlich, sondern allmählich wachsend, und dauerte fast 1 Monat.)

9.—16. August Donau Überschwemmung

Item tempore messis 5. Id. Aug. pluvia incipiente, et septem dies continuos durante, Danubius aquarum habundantia supra duos cubitos intemescens, continua aedificia plurima ingurgitavit, et effusus per campestria, que messa fuerant auferens, vineta quoque et prata sabulo sternens, in suo tractu maximam cladem exercuit.

(„Annales Mellicenses. Contin. Mellic." M. G. H. Scriptores. IX S. 506.)

(Gleichfalls in der Erntezeit, am 9. August, begannen Regengüsse und dauerten 7 Tage hintereinander an, so daß die Donau durch das Hochwasser über 2 Ellen anstieg, viele zusammenhängende Gebäude einstürzte, sich über das Blachfeld ausbreitete, die Ernte wegschwemmte, die Weinberge und Wiesen versandete und in ihrem Laufe größten Schaden anrichtete.

° („Annales Mellicenses. Contin. Garstensis." M. G. H. Scriptores. IX, S. 595.)

Les eaux du Tarn et du Tescou, prodigieusement enflées, emportèrent le convent. 1. Okt. 1211 Montauban Tarn- u. Tescou-Überschwemmung

(M. Champion „Les inondations en France etc.“ IV, S. 204 aus Le Bret „Hist. de Montauban.“ Nouv. édit. par abbé Marcellin et H. Ruck. I, S. 161.)

Februarius plurimum ventosus cum aquarum inundationibus. Februar 1212 Belgien Überschwemmung der Flüsse

(„Reineri annales.“ M. G. H. Scriptores. XVI, S. 664.)

(Der Februar war größtenteils stürmisch mit Überschwemmungen der Gewässer.)

Hiemps fuit asperrima et longa. Per tres vices Vinzenna [La Vienne] congelata prebuit super se transitum ante Natale et postea. Winter 1212 (—13) Limousin (Westfrankreich) La Vienne: Eisdecke

(„Chronicon Bernardi Iterii armarii monast. s. Marcialis et continuat.“ in „Chron. de Saint-Martial de Limoges“ edid. H. Duplés-Agier. soc. de l'hist. de France. Bd. 167, S. 87.)

(Der Winter war sehr streng und lang. La Vienne war dreimal gefroren, vor Weihnachten und nachher, und man konnte das Eis überschreiten.)

Secunda die mensis augusti, hora VI diei, tanta aquarum abundancia cum grandine cecidit, ut sepulcrum apostoli totum repleretur . . . multa mala fecit hec inundatio circa Lemovicas. 2. August 1213 Limoges (Frankreich) Überschwemmung

(„Chronicon Bernardi Iterii armarii monast. s. Marcialis et continuat.“ in „Chron. de St.-Martial de Limoges“, edid. H. Duplés-Agier. Soc. de l'hist. de France. Band 167, S. 88.)

(Am 2. August, in der 6. Tagesstunde, fiel ein solches Übermaß von Regen mit Hagel, daß das Grabmal des Apostels ganz angefüllt wurde, . . . viel Schaden richtete die Überschwemmung um Limoges herum an.)

Inundatio maris. 1214 Belgien Sturmflut

(„Annales Blandinienses.“ M. G. H. Scriptores. V, S. 30.)

(Eine Überschwemmung des Meeres.)

Mosa maximus in maio. Mai 1215 Belgien Maas-Hochwasser

(„Reineri annales.“ M. G. H. Scriptores. XVI, S. 673.)

(Die Maas war im Mai sehr hoch.)

Rhône: Stark gefroren. Winter 1216 Rhone Eisdecke

* (M. Villard „meteorolog. régionale“. S. 510.)

Rex Danorum Albiam glacie rigentem transiens, Staduum expugnare voluit. Elbe Eisdecke

(„Annales Stadenses.“ M. G. H. Scriptores. XVI, S. 356.)

(Der König der Dänen überschritt die zugefrorene Elbe und wollte Stade erobern.)

1216 Winter Gelu super Albiam viam prebente, rex W[aldemarus] secundus cum exercitu transiit Albiam.

(„Ex annalibus Waldemarianis." M. G. H. Scriptores. XXIX, S. 180.)

(Das Eis bot einen Weg über die Elbe, und der König Waldemar II. überschritt mit seinem Heere die Elbe.)

° („Chronicon Danicum ab An. 1074 usque ad 1219." in J. Langebek „Scriptores rer. Danicar." III, S. 264.)

° („Anonymi chronicon Danicum ab anno 1130–1300." in J. Langebek „Scriptor. rer. Danicar." Tom IV, S. 227.)

° („Ex annalibus Vitescolensibus." M. G. H. Scriptores. XXIX. S. 180.)

° („Laurentii Stralii annales Danici ab A. 1084 ad A. usque 1314." in J. Langebek „Scriptor. rer. Danicar." III, S. 309.)

° („Incerti auctoris chronicon Danorum ab a. 936 ad a. 1317." in J. Langebek „Scriptor. rer. Danicarum." II, S. 172.)

° („Chronicon Danicum ab anno 1214 usque ad 1252." in J. Langebek „Scriptores rer. Danicar. med. aev." Tom V, S. 498.)

Po Starke Eisdecke Mense Januarii Padus gelavit, ita quod homines currendo ibant ab una parte ripe usque ad aliam, et dicebatur, quod a buca taliate in iosum homines potuissent ivisse per lectum Padi super glaciem usqiue ad Pontem Cremone.

(„Johannis Codagnelli annales Placentini." M. G. H. Scriptores. Kleine Ausgabe. Bd. 13, S. 53.)

(Im Monat Januar fror der Po zu, so daß Menschen von einer Seite auf die andere Seite hinüberliefen, und man sagte, daß von der Buca [Zollhaus] aus abwärts die Menschen das Bett des Po auf dem Eise überschritten hätten bis zur Cremona-Brücke.)

Et illa yeme fuit maxima nix et gelu valde intensum, ita quod vinee sunt destructe, et Padus congelatus, super quem et mulieres faciibant choreas, et milites in hastiludio discurrebant. Sed et rustici cum plaustris, birotis et tracis Padum transibant. Et duravit predictum gelu per duos menses.

(„Chronica fratis Salimbene de Adam ordinis minorum." M. G. H. Scriptores. XXXII, S. 33.)

(In jenem Winter war sehr starker Schneefall und sehr strenger Frost, so daß die Weinreben zerstört wurden und der Po sich mit Eis bedeckte, auf dem Frauen Reigen vollführten und Soldaten im Lanzenspiel durcheinanderliefen. Aber auch die Bauern passierten den Po mit Lastwagen, zweiräderigen Wagen und Schlitten, und es dauerte besagtes Eis 2 Monate lang.)

Et vinee gelaverunt et *Paudum* ita quod milites equitabantur super glaciem dicti *Paudi* et bagordabant, et cum carris et tracis transibant *Paudum,* et femine balabant super dictam glaciem; et dictum gelum duravit duos menses.

(„Alberti Milioli liber de temporibus et aetatibus." M. G. H. Scriptores. XXXI, S. 460.)

(Die Weinstöcke erfroren und der Po fror zu, so daß Soldaten über das Eis ritten und umherstürmten, und mit Karren und Schitten überschritt man den Po, und Frauen tanzten auf dem Eise, und dieses Eis dauerte 2 Monate.

° („Annales Bergomates.“ M. G. H. Scriptores. XXXI. S. 331.)
° („Annales Parmenses maiores.“ M. G. H. Scriptores. XVIII, S. 666.)
° („Annales Mantuani.“ M. G. H. Scriptores XIX, S. 20.)
° („Annales Cremonenses.“ M. G. H. Scriptores. XVIII, S. 806.)
° („Annales Cremonenses.“ M. G. H. Scriptores. XXXI, S. 13.)

November bis 6. Dezember 1218 Nordfrankreich Seine, Loire Eisdecke

Eodem mense tertio kalendas novembris, factum est gelu asperum continue usque in festum beati Nicolai, nivibus plerumque interjectis, adeo ut omnes vie desiccarentur, omne lutum duresceret, et stagna et flumina famosa maxime Sequana et Ligeris, gelarentur et viantibus gradibilia se preberent.

(„Guilelmi Armorici liber de gestis Philippi Augusti.“ edid. H. Fr. Delaborde I, S. 316/17.)

(Im selben Monat, am 30. Oktober, trat ein strenger Frost ein, der bis zum Feste des seligen Nicolaus [6. Dez.] dauerte, meist mit dazwischenliegenden Schneefällen, so daß alle Straßen austrockneten, aller Schlamm fest wurde und die stehenden Gewässer und die berühmten Flüsse, besonders die Seine und die Loire, zufroren und für die Passanten überschreitbar waren.)

° („Chronica Alberici monach. trium fontium.“ M. G. H. Scriptores. XXIII, S. 907.) = Winter 1218

16. Januar 1219 Friesland Nordsee, sehr starke Sturmflut (Marcellusflut)

Cum aliquot diebus precedentibus spirasset affricus, sed non immoderate, die prefata plus solito invaluit a mane usque ad vesperam, sed precipue, ut visum est, ab hora nona diei invaluit. Qui, ut asserunt, nascitur ex refluxionibus occeani vergentibus ex occidente et oriente, et concursum facientibus in latere australi, sed refluxione oriente preeunte et preripiente locum propinquum Zephiro in occidente. Frigidus autem et siccus erat secundum tempus, quod per diem naturalem quadrifarie secundum philosophos dividitur. A nona parte noctis usque ad terciam diei calidum et humidum; a tercia diei usque ad nonam eiusdem calidum et siccum, a nona diei usque ad terciam noctis frigidum et siccum; a tercia noctis usque ad nonam eiusdem frigidum et humidum. Verum per intervalla grandinem cum magna acerbitate proiecit, quia calor solis in alto erat, qui guttas attraxit; sed frigore constricte in grandinem sunt verse. Et hiis iaculis ille cruentus affricus armatus miseros mortales tam in mari quam in terra afflixit crudeliter. Cunque homines pro defendendis domiciliis suis plurimum usque ad solis occasum et ultra laborassent et furorem occeani minime formidassent, iam hora dormitionis securitatem qualemcunque promittente, illico choro cruentissimo crudelis cessit affricus collaterali zephiri a septentrione. Et quia mare funditus motum fuit per affricum, choro ruente, effluxit, et effusum est multis voluminibus et crementis, more bullientis aquae, et optinuit precipue maritimas Frisie, et more repentine mortis invaluit et attraxit pauperum domicillia, divitum domos indomite aggrediens sicut

1219 16. Januar Nordsee Sturmflut

quidam dixit: . . . Dum igitur hora dormitionis securitatem, ut dictum est, promisisset, et subito violentia maris amplius invaluisset et quasi per spatium unius hore noctis ascendisset, ceperunt miseri mortales fugere et scandere domorum solaria, et pro terra trabium robora calcare; et fenestras per tecta facientes, tutissimum sibi refugium putaverunt, non in tectis, sed super tecta commorari. Multi siquidem volentes sed non valentes tempestati resistere et res perituras defendere, perierunt quos violentia currentis aque in terra subsistere non permisit. In quo diluvio milia virorum, mulierum et parvulorum perierunt, et ecclesiae destructe sunt.

(„Emonis chronicon." M. G. H. Scriptores. XXIII, S. 488/89.)

(Nachdem an einigen Tagen vorher SW-Wind geweht hatte, aber nicht unmäßig, nahm er an dem oben genannten Tage außerordentlich zu, von morgens bis abends, aber besonders, wie wahrgenommen wurde, verstärkte er sich von der 9. Tagesstunde an. Der Wind wuchs, wie hinzugefügt wurde, aus dem sich senkenden Rückfluß des Ozeans aus dem Westen und dem Osten und dem Zusammenfluß auf der südlichen Seite, auch aus dem vorangegangenen und wegreißenden östlichen Zurückfließen nach einem Ort nahe dem W-Wind im W. Kalt und trocken war die 2. Zeit, . . . Von der 9. Stunde der Nacht bis zur 3. des Tages war es warm und feuchte, von der 3. des Tages bis zur 9. desselben warm und trocken, von der 9. des Tages bis zur 3. der Nacht kalt und trocken, von der 3. der Nacht bis zur 9. derselben kalt und feucht. Aber zeitweise fiel Hagel mit großer Härte, weil die Wärme der Sonne in der Tiefe war, die die Tropfen anzog, aber von der Kälte gebunden wurden sie in Hagel verwandelt. Mit diesen Pfeilen bewaffnet setzte der blutdürstige SW-Wind den bedauernswerten Sterblichen sowohl auf dem Meere als auch auf dem Lande grausam zu. Jederzeit arbeiteten die Menschen zum Schutze ihrer Behausungen aufs äußerste bis Sonnenuntergang und noch länger und fürchteten die Wut des Ozeans sehr wenig und versprachen sich zur Schlafenszeit irgendeine Sicherheit, wie beschaffen sie nur immer wäre, da ging der SW-Wind sofort in den sehr blutdürstigen NW Wind über.

Weil das Meer von Grund aus durch den SW-Wind in Bewegung war, trat es, als der NW-Wind anstürmte, über die Ufer und ergoß sich in vielen Windungen und Abzweigungen, nach Art des sprudelnden Wassers, und ergriff besonders von dem Küstenland von Friesland Besitz, und nach Art des schnellen Todes gewann es die Oberhand und zog die Behausungen der Armen an sich, zügellos die Häuser anfallend, wie jemand sagte: . . . Während also die Stunde des Schlafes Sicherheit, wie oben gesagt, versprochen hatte und plötzlich die Heftigkeit des Meeres noch mehr zunahm und gewissermaßen im Zeitraum einer Nachtstunde angestiegen war, da begannen die bedauernswerten Sterblichen zu fliehen und auf die Söller ihrer Häuser zu steigen und von der Erde auf das feste Gebälk zu treten, und sie machten Löcher in die Dächer und glaubten, daß es die sicherste Zuflucht wäre, sich nicht unter den Dächern, sondern auf den Dächern aufzuhalten. Viele, die wirklich dem Unwetter Widerstand leisten oder dem Untergang geweihte Sachen retten wollten, aber nicht die Kraft dazu hatten, kamen um, da die Heftigkeit der Wasserströmung auf der Erde nicht erlaubte, Widerstand zu leisten. In dieser Sintflut kamen Tausende von Männern, Frauen und Kindern um und wurden Kirchen zerstört.)

1219 16. Januar Nordsee Sturmflut

Mare in partibus Frisiae terminos suos egrediens, multarum provinciarum terras occupavit, villas delevit, ecclesias lapideas deiecit, tantam hominum extinguens multitudinem, ut summa centum millia transcenderet. Ita exaltati sunt fluctus eius, ut turrium altitudines operire viderentur, et procella procellam impellens, generale diluvium terris minaretur.

(„Caesarii Heisterbacensis ordinis Cisterciensis dialogus miraculorum." Distinctio VII. Cap. III, Vol. II, edid. J. Strange. S. 3/4.) = 1218

(Das Meer überschritt in Teilen von Friesland seine Ufer, ergriff Besitz von dem Land vieler Provinzen, zerstörte Dörfer, warf steinerne Kirchen nieder und vernichtete eine so große Menge von Menschen, die die Anzahl 100000 überstieg. So überhöht waren die Wogen desselben, daß sie die Höhe der Türme zu verdecken schienen und, der Sturm zum Orkan ansteigend, den Ländern eine allgemeine Sintflut drohte.

Cum aliquot diebus continuis velut a fundo commovendo oceano spirasset africus, eoque ipso, quem dixi, die non multo post ortum solis, . . . insurrexisset vehementius, ac grandine in homines et pecora desaeviret, aquas oceani in omnem regionem Frisiae maritimam coepit infundere ab hora XII. usque ad primas tenebras: . . .
. . . hominum, ut tradunt quidam, ad Omillia aquis enecta, . . . Diluvium id S. Marcelli vulgo dictum, quod, ut ostendi, in diem ei martyri dicatum, principium eius incidit.

(Ubbo Emmius „Rerum Frisicar. hist. libri X" Dec. I, S. 331/32.)

(Nachdem an einigen Tagen hintereinander SW-Wind geweht hatte, als ob er den Ozean von Grund aus aufwühlen wollte, erhob er sich am selben Tage, den ich genannt habe, bald nach Sonnenaufgang heftiger und bedrängte durch Hagel Menschen und Vieh sehr, und begann er die Wasser des Ozeans von der 12. Stunde an bis zum Anbruch der Nacht in das ganze Küstengebiet Frieslands zu ergießen . . .
. . . er brachte, wie verschiedene berichten, 100000 Menschen ums Leben, . . .
Diese Flut wurde S. Marcellus Flut genannt, weil sie, wie ich erklärt habe, am Tage, der diesem Märtyrer geweiht ist, ihren Anfang genommen hat.)

Siquidem hoc anno in partibus Frisie terminos suos mare egrediens, multarum provinciarum terras occupavit, villas delevit, ecclesias lapideas deiecit, tantam hominum extinguens multitudinem, ut summa 100.000 transcenderet. Ita exaltati sunt fluctus eius, ut turrium altitudines operire viderentur, et procella procellam inpellens generale diluvium terris mineratur.

(„Chronica Alberici monach. trium fontium." M. G. H. Scriptores. XXIII, S. 907.)

(Da ja in diesem Jahre das Meer in Teilen von Friesland die Küsten überschritt, von vielen Provinzen Land in Beschlag nahm, Dörfer zerstörte, steinerne Kirchen niederwarf, eine große Menge Menschen ums Leben brachte, so daß die Gesamtzahl 100000 überschritt. So hoch erhoben sich die Fluten, daß die Höhen der Türme verdeckt schienen, und daß der Sturm zum Orkan wurde, drohte den Ländern eine allgemeine Sintflut.)

1219 16. Januar Nordsee Sturmflut

In Frisia subita aquarum inundacione modico noctis spacio perierunt plus quam 8000 hominum.

(„Ex chronico universali anonymi Laudunensis." M. G. H. Scriptores. XXVI, S. 457.) = 1218

(In Friesland gingen durch eine plötzliche Überschwemmung des Meeres in einer kurzen Nachtzeit mehr als 8000 Menschen zugrunde.)

In Frisia 15 parrochie cum universis inhabitantibus per maris ebulicionem sunt submerse.

(„Johannis Longi chronica S. Bertini." M. G. H. Scriptores. XXV S. 833.) = 1218

(In Friesland wurden 15 Parochien mit ihren gesamten Einwohnern durch einen Meeresausbruch ertränkt.)

27. dach Novembris, do vorgink Freysland gans ser in waters noden, und brak dat brack yn Olde-Godense, unde vordarf den Slieker-Syl unde dat gans lant, dat dar do was.

(„Anonymi memorabilia Frisiaca." 1554. in G. Sello „Studien z. Geschichte von Oestringen und Rüstringen." S. 113.) = 27. Nov. 1218

Es sind aber von den Kirchdörfern, . . ., neben der Burgk und dem Collegio S. Viti drei andere Kirchdörfer, als Ellensen, Amelham und Darckhausen, nicht weit von Stolham gelegen, untergegangen, . . . do das Wasser zu Olden Godensen ingebrochen und der Schliker Sil vergangen ist, und durch das Wasser der Jhade verheret.

(Hermann Hamelmann „Oldenburg. Chronik", edid. Dr. Gustav Rüthning in „Oldenburg. Geschichtsquellen" Band 1, S. 13.) = 17. Nov. 1218

Do wart oc du grote watervlot, de liude unde lant irdrencte wol ses unde drittich dusent.

(„Sächsische Weltchronik." M. G. H. Scriptores qui vernacula lingua usi sunt. Tom. II, S. 241.)

Dô wart ôc de grôte watervlôt, de lûde unde lant irdrenkede, wol ses unde drittich dûsent.

In sequenti vero hyeme deluvium grande factum fuit, in quo homines cum terra usque a(d) XXXIII milia perierunt.

(„Das Zeitbuch des Eike von Repgow." edid. H. F. Maßmann. S. 460.)

Dar na do wart so grot watervloet, dat vele dusent volkes dar van vordarf.

(„I. Detmar Chronik." in „Die Chroniken d. dtsch. Städte". 19. Bd. S. 62.)

Dar na wart so grot watervloet, dat vele dusent volkes dar vordarf. 1219 16. Januar Nordsee Sturmflut

(„Dettmar-Chronike von 1101/1395 mit Fortsetzg.“ in „Die Chroniken der deutschen Städte“. 19. Band, S. 297.) = 1217

Do was so groth waterfloet, dat alle de lande inbreken, varde drenkeden wel XXX dusend seshundert minschen in dusse Nedderlande.

(„Chronicon Eiderostadense vulgare.“ in „Johann Russes Sammlungen und Vorarbeiten zur Chronik des Landes Dithmarschen“, edid. Dr. A. L. J. Michelsen. S. 700 = 1216

Bi dusser tid was grot watervlut in Nortlande, dat dar vordrenkede wol sesunddrittech dusent volkes.

(„Die Magdeburg. Schöppenchronik II.“ in „Die Chroniken der deutschen Städte“, 7. Bd. S. 143.) = 1218

Marcellusflut reißt Deich und Schlicker Siel fort. Die Flut dringt bis Olde-Goedens hinauf und reißt dort eine Brake ein. Jadebusen Marcellusflut

(Georg Sello „Studien zur Geschichte von Oestringen und Rüstringen.“ S. 58.)

(Die Chronologie der Marcellusflut ist sehr verworren. Renner in „Jever. Chronik“ [zweifellos aus „Anonymi memorabilia Frisiaca“] schreibt 1218. 27. Nov. Eine gleichzeitige Notiz von anderer Hand bemerkt dazu: 17. November. Joh. Winkel in einem Zusatz in dem von ihm aufbewahrten Exzerpt der Butjadinger Chronik = 1218. 17. Nov. Die Vulgata-Handschriften der Jever. Chronik = 1218. 17. Nov. Nach der ganz unzweifelhaften Angabe Emos M. G. H. Scriptores XXIII. S. 448 = 1219. 16. Januar. Da es Marcellustage auch im November und Dezember gibt, wird eine falsche Reduzierung des Heiligentages vorliegen, welche dann auch die Verschiebung des Jahres im Gefolge hatte, beeinflußt durch die Tatsache, daß die Marcellusflut selbst, je nachdem die Chronisten mit Weihnachts- oder Marienjahren rechneten, bald 1218, bald 1219 angesetzt wurde.)

(Über die Marcellusflut mit ihren Verwüstungen in ganz Friesland referiert im allgemeinen der zeitgenössische Chronist von Wittewerum bei Groningen, Abt. Emo. Ihre speziellen Folgen für Rüstringen berichtete als 1. Quelle eine kleine, nicht vor Ende 1554 verfaßte plan- und zusammenhanglose Sammlung einzelner, vornehmlich auf die Geschichte Frieslands bezügl. Memorabilien (abgedruckt in G. Sello „Studien z. Gesch. v. Östringen u. Rüstringen“ S. 112ff.) Die Flut ist auch erwähnt in der kleinen Jeversch. Chronik v. Remmer von Seediek (gedruckt in Wissenschaftl. Beilage z. Osterprogramm d. Jeversch. Gymnasiums 1896 von Fr. W. Riemann, auch als Separatdruck und v. Wolff 1875. Auch in Fr. W. Riemann „Kl. Aufsätze z. Gesch. Jeverlands“. Auch Laur. Michaelis von Hohenkirchen hat sie in seiner Reimchronik. Remmers so späte und dürftige Quelle setzt die Flut in das falsche Jahr und auf einen falschen Tag. Sie erwähnt auch den Untergang des Schlicker Siels mit dem ganzen Lande daselbst und die Entstehung der Brake bei Alt-Goedens. Ausführlichere Angaben machte erst Hamel-

1219 16. Januar Nordsee Sturmflut

mann in der ungedruckten Rezension seiner Oldenburger Chronik 1582 resp. 1589. Darnach traf die Zerstörung auch den östlichen Teil des jetzigen Jadebusens, Untergang von Ellens, vielleicht auch von Hoven und Dauens. Vernichtung der Ortschaften Jadele, Anelhamm oder Adelhamm und Darckhausen. Die nicht mehr von Hamelmann selbst, sondern nach dessen Tode von Anton Herings bearbeitete, gedruckte Chronik, 1599, nennt der Schlicker Siel, Jadele, Wudele, Aldessen und das Land beim Hoben. Alle diese Angaben sind zum Teil falsch.)

* (Georg Sello „Östringen und Rüstringen. Studium z. Geschichte von Land und Volk.“ S. 322/23.)

In eodem anno factum est diluvium magnum, quod submersae sunt terrae maritimae ubique et circa Bremam et in partibus adjacentibus viginti millia hominum perierunt aquis Diluvii istius.

(„Henrici Wolteri Bremens. chronicon [788–1463]“ in H. Meibom „Rerum Germanicarum Tom. II, S. 56.)

(Im selben Jahre ereignete sich eine große Wasserflut, so daß in den Küstenländern und um Bremen und den benachbarten Gegenden 20000 Menschen in den Wogen dieser Flut umgekommen sind.)

Ao. 1216 iß eine gruwliche unerhorte grote Vlot gewesen.
Darin untellig vel Minschen hen unnd wedder vordruncken.
Eiderstedß Chronik secht in Ditm. Eiderst. Nordstr. 10000 Minschen vordruncken.

(Joh. Adolfi's, gen. Neocorus, Chronik d. Landes Dithmarschen. I, S. 344/45.) = 1216

Erschrecklich hohe Flut; dadurch alle Spadelande eingebrochen und bei 10000 Menschen in Eiderstedt, Dithmarschen und Nordstrand ertrunken.

(M. Anton Heimreichs „nordfresische Chronik“, edid. Dr. N. Falck. I, S. 239.) = 1216

Vorginck Rustringerlandt Im Water, vnnd de Slickersile wart vthgestekenn, dar dre Minschen tho normedet wordenn, de ene vthsteken, vnnd dat water brack Inn tho Olde Goedens, Also dat de Kercken Inn Rustringenn ock vorgingenn.

(Fr. W. Riemann „Die Chronica Jeuerensis“. S. 30.) = 17. Nov. 1218

Jadeleh, Wardeleh, Aldessen und das ganze Land beim Hafen in Rustringen untergegangen. Kirchspiel Alver (Nordstrand) untergegangen.

(Dr. N. Falck „M. Anton Heimreichs, etc. nordfres. Chronik“. I, S. 239.)

Die Sturmflut soll der Lundenbergerharde vom Nordstrand losgerissen haben.

* (H. Hansen (Pellworm. Chronik“. S. 41.)

März-April Nordfrankreich Überschwemmung

Et licet, agri, strate, vici et platee desiccarentur, fluvii tamen, quamvis non pluerat, adeo tumescebant, quasi contra naturam temporis et aeris qualitatem, quod prata, virgulta, vici et vinee, et sata vicina fluminibus, non sine colonorum jactura stagnarent toto aprili et usque medium maii mensis. Parisius etiam infinitate domus infinitis obsidebantur fluctibus, quod non nisi navigio intrabantur; et pons qui Parvus dicitur, aquis inundantibus, suum viatoribus officium denegabat, maio mense fere jam medio. 1219

(„Guilelmi Armorici liber de gestis Philippi Augusti." edid. H. Fr. Delaborde. I, S. 319.)

(Wenn auch die Äcker, Wege, Stadtteile und Straßen austrockneten, so waren die Flüsse trotzdem, obgleich es nicht geregnet hatte, so angeschwollen, ebenso wie entgegen der Jahreszeit und der Luftbeschaffenheit die Wiesen, Sträucher, Dörfer und Weinberge und die an den Flüssen liegenden Saatfelder, nicht ohne Schaden für die Bauern, den ganzen April und bis Mitte des Monats Mai überschwemmt waren. Auch in Paris waren die Häuser durch die endlosen Fluten blockiert, so daß man nur zu Schiff hineinkommen konnte, und die Brücke, die den Namen „Kleine Brücke" trägt, versagte den Passanten ihren Dienst fast bis Mitte Mai.)

14.–15. September
SO-Frankreich
Überschwemmungen der Flüsse

Dans la nuit, le barrage, qui retenait les eaux du lac St.-Laurent, dans l'Oisans (Départ. Isère) se rompit et les eaux se précipitèrent sur Grenoble qu'elles inondèrent. Le cours de la Romanche, ainsi grossie, devient si impétueux que les eaux de l'Isère furent refoulées a plus de deux lieues en amont de Grenoble qui fut pour ainsi dire, entièrement submergé; elles renversèrent en s'écoulant, le pont et plusieurs édifices, et détruisirent les archives delphinales. On a calculé que la crue atteignit, à Grenoble, environ 9,30 m au-dessus de l'Etiage Le Pont de Romans (Départem. Drome), qui était alors en bois, fut également emporté.

* (M. Villard. „Méteorol. regionale." S. 53.)

Oktober bis Weihnachten 1219
Belgien
Überschwemmungen der Flüsse

7. Oktober.

Nonas Octobris ortum est tempus pluviale cum vi ventorum et aquarum frequenti inundatione, quod perseveravit sine intermissione usque ad natale, et quod mirum est sine gelu et sine nive.

(„Reineri annales." M. G. H. Scriptores. XVI, S. 677.)

(Am 7. Oktober trat regnerisches Wetter mit Sturm und häufiger Überschwemmung der Gewässer ein und hielt ohne Unterbrechung bis Weihnachten an, und, was wunderbar ist, ohne Frost und ohne Schnee.)

Okt. 1219 bis Ende Januar 1220
Nordfrankreich
Überschwemmung der Flüsse

Postea non cessavit pluere continue usque ad kalendas februarii tantaque aquarum inundatio fuit, quod stagna pontes, molendina quamplurima et domicilia corruerunt.

(„Guilelmi Armorici liber de gestis Philippi Augusti." edid. H. Fr. Delaborde. I, S. 320.)

(Später hörte es nicht auf, anhaltend zu regnen bis zum 1. Februar, und so groß war die Überschwemmung, daß die ausgetretenen Gewässer zahlreiche Brücken, Mühlen und Behausungen umstürzten.)

Winter 1219/20 Belgien Überschwemmung der Flüsse

Natalis festivitas ventosa fuit et pluvialis cum aquarum inundatione, subsequensque tempus simile preterito usque ad conversionem sancti Pauli. Tunc per tres dies yemps aliquantulum aspiravit, quarto autem die pluvia quasi penitens vires resumpsit.

(„Reineri annales." M. G. H. Scriptores. XVI, S. 677.)

(Das Weihnachtsfest war windig und regnerisch mit Überschwemmung der Gewässer, und es folgte eine ähnliche Witterung bis zum Fest der Bekehrung des heiligen Paulus (25. Januar). Darauf näherte sich 3 Tage lang der Winter ein wenig, aber am vierten Tag erlangten die Regengüsse, gewissermaßen bereuend, ihre Stärke wieder.)

4. Januar 1220 Nordsee Sturmflut

. . ., octava innocentum, dominicali litera E, facta est horrenda maris diruptio et multis meduenda in horrore crepusculi.

(„Emonis chronicon." M. G. H. Scriptores. XXIII, S. 495.)

(Am achten Tag nach dem Tage der Unschuldigen Kinder ereignete sich ein ungeheures Bersten des Meeres und für viele schrecklich in der Angst der Dämmerung.)

1221 Louvain (Belgien) Überschwemmung

Facta est inundatio apud Lovanium, que transivit refectorium versus atrium.

(„Annales Parchenses." M. G. H. Scriptores XVI, S. 607.)

(Es ereignete sich eine Überschwemmung bei Louvain, die das Refektorium gegen das Atrium hin überschritt.)

Polen Überschwemmung der Flüsse

Facta est erumpcio ymbrium in Polonia et inundacio aquarum per triennium.

(„Annales Cracovienses compilati." M. G. H. Scriptores. XIX, S. 595.)
(„Annales Cracovienses compilati." M. G. H. Kleine Ausgabe Bd. 14, S. 40.)

° („Annales Polonorum," I. M. G. H. Scriptores. XIX, S. 632.)

° („Annales Polonorum," I. M. G. H. Kleine Ausgabe Bd. 14, S. 54.)

(„Incipiunt annales a primo christiano duce Meschone Polonorum et uxore sua famosa nomine Dobrawca Christiana." in A. Bielowski „Monum. Polon. hist." Tom. 2, S. 836.)

° („Annales Polonorum." III, M. G. H. Scriptores XIX, S. 633.)

24. Februar 1221 Friesland Sturmflut

6. Kal. Marcii . . ., Nam die prefata, cum aliquot diebus precedentibus chorus ope partim zefiiri, partim circii, antequam mare eiceret, dira inequalitate vexasset, effuso occeano, dirupit aggeres Neptunus et totam terram sua replevit amaritudine, loca tamen superiora statim deseruit, sed in inferioribus exspacians ruptis obstaculis versus Silvas (Woldstreek), moram fecit odiosam.

(„Emonis chronicon." M. G. H. Scriptores XXIII, S. 495.)

(Nämlich am vorgenannten Tage, nachdem einige Tage vorher NW-Wind, teils WNW-, teils NNW-Wind geherrscht hatte, der das Meer hochgetrieben und durch schreckliche Unbeständigkeit stark bewegt hatte, trat der Ozean über seine Ufer, zerbrach das Meer die Dämme und erfüllte das ganze Land mit seiner Erbitterung, ließ sich zwar die höher gelegenen Orte entgehen, aber in den tiefer gelegenen Gegenden vernichtete es, was sich ihm in den Weg stellte in der Richtung auf die Wälder [Woldstreek], das ihm ein lästiges Hindernis war.)

14. vero Kal. Octobris luna 29. effudit se occeanus, et terram totam optinuit, . . . 1221 18. September Friesland Sturmflut

(„Emonis chronicon." M. G. H. Scriptores. XXIII, S. 495.)

(Am 18. September aber erhob sich der Ozean und nahm von dem ganzen Land Besitz, . . .)

°(P. Winsemius „Chronique oste geschiedenisse van Vrieslant etc". S. 157.) = 1222

De inundacione aquarum ex pluvia in villa Isleve et in vicinis villis ducenti et quinquaginta et amplius homines perierunt 2. Kal Augusti et edificia plurima eversa sunt. 31. Juli 1222 Eisleben und Umgegend Überschwemmung infolge eines Wolkenbruchs

(„Chron. Mont. Seren." M. G. H. Scriptores. XXIII, S. 199.)

(Infolge Überschwemmung der Gewässer durch Regengüsse sind im Orte Eisleben und in Orten in der Umgegend mehr als 250 Menschen umgekommen am 31. Juli und zahlreiche Gebäude stürzten ein.)

Circa idem tempus ruptae sunt catarrhactae coeli et in tantum inundaverunt aquae in Hiwelgerode quod plura oppida et villae videlicet Womeldesburg, Islebe, Seburg cum villis circumjacentibus diluvio sunt submersa, multi etiam homines . . . (31. Juli 1222) Mitteldeutschland Überschwemmung infolge eines Wolkenbruchs

(„Anonymi chronicon archiepiscopatus Magdeburgensis." in H. Meibom „Rer. Germanicar." Tom. II, S. 330.) = 1228

(Um diese Zeit brachen die Himmelsschleusen, und die Gewässer in Hiwelgerode liefen derartig über, daß mehrere Städte und Dörfer, nämlich Womeldesburg, Eisleben, Seeburg mit Dörfern in der Umgebung durch eine Überschwemmung ertränkt wurden, auch viele Menschen . . .)

(„Sächsische Weltchronik," M. G. H. Scriptores qui vernacula lingua usi sunt. Tom. II, S. 243.) = 1222

. . .
Septembris pluvia vites submersit et uvas Destruxitque domos fluvii de more rapacis. September Norditalien Überschwemmung der Flüsse

(„Sicardi episcopi Cremonensis cronica. Continuatio." M. G. H. Scriptores. XXXI, S. 182.)

(Es vernichteten die Regengüsse des September Weinreben und -trauben, und die Flüsse, die gegen ihre Gewohnheit alles mit sich rissen, zerstörten Häuser.)

Postea [nach 30. Nov.] vero nimia aquarum inundatio subsecuta est, quae multis in locis damno et periculo fuit. Dezember England Überschwemmung der Flüsse

(„Annales monasterii de Waverleia." in „Rer. Britannic. med. aev. criptores." Bd. 36, II, S. 297.)

(Darauf folgte aber eine sehr große Überschwemmung der Gewässer, die vielfach Schaden und Gefahr brachte.)

1223 Norditalien Überschwemmung der Flüsse

Fuit magna ruina aquarum in civitate Brixie.

(„Annales Brixienses." M. G. H. Scriptores. XVIII, S. 818.)

(Es ereignete sich eine große Zerstörung durch die Gewässer in der Stadt Brescia.)

Gegend von Auxerre Überschwemmung

Factum est diluvium in territorio Altissiodorensi apud villam que dicitur Iranci [Irancy], quod domos diruit, . . .

(„Roberti canon. S. Mariani Autissodor. chorn." Additamentum. M. G. H. Scriptores. XXVI, S. 277.)

(Im Gebiet von Auxerre bei einer Stadt namens Irancy trat eine Überschwemmung ein, die Häuser zerstörte, . . .)

15. August 1223 Friesland Überschwemmung

Accessit memorabile festum assumptionis beate Virginis, in quo post peracta missarum sollemnia inundantia pluviarum fosse et depressa terrarum quasi lacus adimplentur, et campi in stagna aquarum conversi sunt.

(„Emonis chronicon." M. G. H. Scriptores. XXIII, S. 498.)

(Es nahte das denkwürdige Fest der Himmelfahrt der Maria, an dem nach den beendeten Messefeierlichkeiten eine Überschwemmung durch Regengüsse Gräben und Vertiefungen der Erde wie Seen anfüllte und die Felder in Teiche verwandelt wurden.)

April—August 1224 Touraine Loire-Überschwemmung

Ab aprili usque ad augustum tanta fuit inundatio pluviarum.

(M. Champion „Les inondations en France etc.". II. S. 201 aus „Chronic. Turonens. anonym." in „Rec. des hist. des Gaules etc.". XVIII, S. 306 C.)

(Vom April bis August war eine sehr große Überschwemmung infolge von Regengüssen.)

18. Oktober 1225 Weichsel Eisdecke

(Zug der Ordensritter gegen die Preußen unter Heinrich Balke.)

. . . zogen . . . am tage Simonis Judae bei dem Vogelsange vber die Weissel, welche damals von der hefftigen kilde gefroren ware, . . .

. . ., progressi sunt die Simonis et Judae ad locum Vogelsange supra Vistulam, qui frigore constiterat, . . .
(Übersetzung von Thomas Treter.)

(„Die Heilsberger Chronik." in „Monum. Histor, Warmiens". ed. Dr. C. P. Woelky, Bd. VIII, 2. Abtlg. Band 2, S. 232.)

1226 Lago Fucino Mittelitalien Eisdecke

Hoc anno lacus Marsie, qui Fucinum dicitur, usque adeo obriguit et congelavit, quod homines in eo desuper ambulantes, boves trahebant cum trabibus et aliis lignaminibus necessariis ad coquinam.

(„Ryccardus de S. Germano notarii chronica." M. G. H. Scriptores. XIX, S. 347.)

(In diesem Jahre erstarrte und gefror der Marsische See, der der Fucinische genannt wird, so sehr, daß Menschen darüber gingen, Rinder mit Baumstämmen und anderen für die Küche notwendigen Hölzern zogen.)

Inundatio maxima fuit in Thuringia VI. Kal. Septembris. 1226 27. August Thüringen Überschwemmung der Flüsse

(„Annales Erphordenses fratrum Praedicatorum.“ M. G. H. Scriptores. Kleine Ausgabe. Bd. 22, S. 81.)

(Eine sehr große Überschwemmung war in Thüringen am 27. August.)

° („Annales Erphordenses.“ M. G. H. Scriptores. XVI. S. 27.)

° („Cronica S. Petri Erfordensis moderna II.“ M. G. H. Scriptores. Kleine Ausgabe. Band 22. S. 227.

. . ., facteque sunt inundaciones aquarum maxime et tales, quales non fuerant nec vise sunt diebus nostris.

(„Cron. Reinhardsbrunn.“ M. G. H. Scriptores. XXX, S. 605/6.)

(Es traten so gewaltige Überschwemmungen ein, wie sie in unseren Tagen noch nicht vorgekommen waren.)

° („Erphurd. antiquitat. variloquus incerti auctoris“ edid. Dr. R. Thiele. S. 85.)

Après une pluie qui dura plusieurs jours, le Rhône et la Durance grossirent tout à coup, à Avignon, si extraordinairement, que les eaux montèrent à une hauteur prodigieuse, rompirent les digues et les chaussées et causèrent des dommages considérables. Quinze jours à peine s'étaient écoulés depuis le départ des assiègants, dit Guillaume de Puy-Laurens in „Chron. ch. XXXV“, que la Durance fit irruption hors de son lit, à tel point s'enfla, qu'elle inonda, la plaine où le camp du roi avait eté placé (in „Collect. Guizot“ tom. XV, S. 273.) 17. September 1226 Rhone und Durance-Überschwemmung

(M. Champion „Les inondations en France etc.“ II, S. 197.)

* (M. Villard „Météorol. région.“ S. 510.)

1227.

Inundatio facta fluminum in Decembri et Januario et Februario qualis antea visa non fuit temporibus tunc viventium. Winter 1227/28 England Überschwemmung der Flüsse

(„Annales Prioratus de Wigornia“ in „Rer. Britannicar. med. aev. scriptores.“ Band 36, IV, S. 420.)

(Eine Überschwemmung trat im Dezember, Januar und Februar ein, wie sie von der jetzigen Generation noch nicht gesehen worden ist.)

Hoc anno fuit nimis aspera hyems; in tantum etiam aquae congelatae sunt, quod super glaciem equitantes transire possent. 1229 England Eisdecke der Flüsse

(„Annales de Margan“ in „Rer. Britannicar. med. aev. scriptores.“ Bd. 36, I, S. 37.)

(In diesem Jahre war ein ziemlich strenger Winter. Die Gewässer waren sogar derartig stark zugefroren, daß Reiter das Eis passieren konnten.)

1229 Nord-frankreich, Belgien Über-schwemmung der Flüsse

Eodem anno tanta fuit inundatio aquarum et pluviarum, quod rivuli fluentes pre nimio impetu fecerunt cauuas [ob caveas?] in terris ad modum speluncarum. Unde apud Hoium castrum parietes 125 domorum a fluvio ibidem manante merse, et amplius.

(„Annales Mosomagenses.“ M. G. H. Scriptores. III, S. 164.)

(Im selben Jahre war eine so große Überschwemmung der Gewässer durch Regengüsse, daß die Bäche vor zu heftigem Ungetüm Höhlungen in der Erde machten, ja ganze Grotten. Wodurch bei der Burg Huy die Mauern von 125 Häusern von dem dort fließenden Strome [Hoyoux und Maas] versenkt wurden, und noch mehr.)

27. August Bei Zerum [Ziro] (Oberitalien) Über-schwemmung der Flüsse

Sequenti vero die Lune inmensa inundatio aquarum supervenit, ita quod castrum illud expugnare minime potuerunt.

(„Johannis Codagnelli annales Placentini.“ M. G. H. Scriptores. Kleine Ausgabe. Band 13, S. 92.)

(Am folgenden Montage kam unvermutet eine sehr große Überschwemmung der Gewässer dazu, so daß jenes Lager nur wenig überwältigt werden konnte.)

28. August Bei Zerum [Ziro] (Oberitalien) Über-schwemmung der Flüsse

. . . propter aque et temporis gravitudinem, que die et nocte venire non cessavit.

(„Johannis Codagnelli annales Placentini.“ M. G. H. Scriptores. Kleine Ausgabe. Band 13, S. 92.)

(. . . wegen der Schädlichkeit des Wassers und der Ungunst der Umstände, die Tag und Nacht nicht nachließen.)

Winter 1230 Süddeutschland Flüsse. Eisdecke

Tota hyeme illa tanta asperitas inhorruit, ut multi fluvii, qui ante large fluebant, a fundo usque ad summum ita indurescerent pre frigore, ut fluere desinerent, . . .

(„Annales Bavarici.“ M. G. H. Scriptores. XXV, S. 638.)

(In jenem ganzen Winter erschauerte man durch die so große Kälte, daß viele Flüsse, die vorher noch reichlich strömten, vom Grund bis oben hin so erstarrten vor Kälte, daß sie zu fließen aufhörten.)

1230 Po Über-schwemmung

Et illo anno flumen Paudi ita crevit, quod fuit usque ad Gaynaghum [Gainago] per totum.

(„Annales Parmenses maiores.“ M. G. H. Scriptores. XVIII, S. 668.)

(In jenem Jahre wuchs der Fluß Po so an, daß er insgesamt bis nach Gainagno reichte.)

Januar England Über-schwemmung

Maxima inundatio nivis in Januario.

(„Annales Prioratus de Wigornia“ in „Rer. Britannicar. med. aev. scriptores.“ Bd. 36, IV, S. 421.)

(Eine sehr große Überschwemmung durch Schnee im Januar.)

Maxima fuit in principio huius anni tempore hyemis aquarum inundatio. Apud abbatiam de Fusniaco [Foigny, Départ, Aisne, Arrond, Vervins] et illam de Valle Regis [La-Val-Roy, Départ. Ardenne, Arrond. Rethel] et quasdam alias ... et in dyocesi Leodiensi apud Hoyum Hoylus ibi fluens enormia dampna intulit oppidanis.

1230 Nord-frankreich, Belgien Über-schwemmung der Flüsse

(„Chronica Alberici monach. trium fontium." M. G. H. Scriptores. XXIII, S. 926.)

(Am Anfang dieses Jahres zur Winterszeit war eine sehr große Überschwemmung der Gewässer. Beim Kloster von Foigny [Dép. Aisne, Arrond. Vervins] und dem von La-Val-Roy [Dép. Ardenne, Arrond. Rethel] und einigen anderen ... und in der Diöcese Liège [Lüttich] bei Huy brachte der dort fließende Hoyoux den Einwohnern der Stadt ganz außerordentlichen Schaden.)

Mense Februarii, primo die mensis eiusdem, Rome Tyberis fluvius per alluvionem usque adeo inundavit, quod occupavit de domibus Urbis usque ad Sanctum Petrum et usque ad Sanctum Paulum; ...

1. Februar Rom Tiber-Über-schwemmung

(„Ryccardus de S. Germano notarii chronica." M. G. H. Scriptores. XIX, S. 358.)

(Am 1. Februar stieg in Rom der Tiber-Fluß infolge eines Hochwassers derartig über seine Ufer, daß die Häuser der Stadt bis zum St. Peter und St. Paul im Wasser standen.)

Maxima fuit in principio huius anni tempore hyemis aquarum inundatio. Rome autem de inundatione Tyberis ultra 7000 hominum dicunter submersa fuisse.

(„Chronica Alberici monach. trium fontium." M. G. H. Scriptores. XXIII, S. 926.)

(Am Anfang des Jahres zur Winterszeit war eine sehr große Überschwemmung der Gewässer. In Rom aber sollen durch die Überschwemmung des Tibers über 7000 Menschen ertrunken sein.)

Hoc anno facta est tanta inundacio Tyberis apud Romam quod Romani timuerunt quod tota civitas submergeretur et multi perierunt.

(„Annales Vindocinenses" in L. Halphen „Recueil d'annal. Angevines etc." S. 76.)

(In diesem Jahre trat eine so große Überschwemmung des Tibers bei Rom ein, daß die Römer fürchteten, daß die ganze Stadt im Wasser untergehen würde und viele kamen um.)

° („Annales S. Rudberti Salisburgenses." M. G. H. Scriptores. IX, S. 784.)

° („Chronicon Claustro-Neoburg. 218/1348" in H. Pez „Script. rer. Austriae." I, Sp. 454.)

° („Annal. Austriae. Cont. Scotorum." M. G. H. Scriptores. IX, S. 625.)

° („Annal. Austriae. Cont. Sancrucensis." I. M. G. H. Scriptores. IX S. 627.)

° („Annal. Austriac. Contin. Praedicat. Vindobon." M. G. H. Scriptores. IX, S. 726.)

° („Annales Prioratus de Wigornia" in „Rer. Britannicar. med. aev. scriptores." Band 36, IV, S. 421.)

1230 16. Februar Nordsee Sturmflut

Anno Christi MCCXXX is een groot unweder van Winde, de Donder und Blixem erresen, war door veele huysen verbrant und nedergewurpen sinnen, daer en boven sulcken grooten vloet ergangen, welcker vor olden tyden nicht gehoert was, und is gegaen aver Freeslandt, dat an de Zeekante gelegen, oock over Hadelerlandt, und alle dat kleylandt, und moerlandt, so aen de Weser und Elve gelegen. Do thor tyt sinnen veele duysent menschen verlopen, und der beesten ahne tall. Idliche rycke und vormogende luyde seten des avends in aller wollust und aversloeth gantz ahne sorgen, de de ilende vloet wechnam. Idt was averst den 16. Februar. doe dat Unweder de Dycken thobrack, und dat water over gantz Freeslandt ginck.

(Eggerik Beninga „Volledige Chronyk van Oostfrieslant." S. 108/9.)

Friesland Sturmflut

is'er een grote jammer / elende / schade / en verderfenisse door het inbreken der Zeedyken over geheel Friesland geschied / want daar een grote untallyke menigte van Menschen / en ook Beesten verdronken / . . . / deze grote ongehoorde Vloed geschiede op den 17. February.

(Okko van Scharl, Johannes Vlytarp und Andreas Cornelius Stavriensis. „Chronyk en waaragtige beschryvinge van Friesland etc." S. 118.) = 17. Februar

Ao. 1230 den 10. Febr. hefft sich ein grott Ungewedder van Donner, Blitz unnd velen Winden erhaven, welches vele Husser vorbrent unnd thom dele nedder-geworpen, unnd iß sulch ein Water upgestegen, alß men nemals gehort, welches in allen Landen langest der Elve unnd Weser ingebraken, vele dusent (100.000) Minschen ersopet, vele Vehes ahne Tall; des Avendes seten se gewaldich unnd grotes Vormogendes ahne alle Frucht, unnd dat Unfal kumbt schnellich unvorsehendes. (Hic inseratur historia Henrich van Mildorp, qui Abelem profligavit Ao. 1251. Cranz. Dan. lib. 7 cap. 22.)

(Johann Adolfi's, genannt Neocorus, Chronik d. Landes Dithmarschen. 1. Band, S. 352.) = 10. Februar

Frühling Donau Eisgang und Überschwemmung

. . ., circa tempus vero vernale cum solveretur glacies, Danubius ex multitudine glaciei et habundantia aquarum excessit terminos suos; turres, muros, domos, pomeria, arbores subvertit horreaque multa extinxit et agros a se remotos vastavit, replensque omnia glacie immensi ponderis, quod glacies per magnum tempus ipsius anni duravit.

(„Annales Bavarici." M. G. H. Scriptores. XXV, S. 638.)

(Aber um die Frühlingszeit, als das Eis aufbrach, trat die Donau durch die Menge des Eises und das Übermaß an Wasser über seine Ufer; Türme, Mauern, Häuser,

Maueranger, Bäume stürzte sie um und vernichtete schrecklich viel und verwüstete freiliegende Äcker und erfüllte alles mit den Eismassen von sehr großem Gewicht, daß das Eis einen großen Teil der Jahreszeit überdauerte.)

17. die mensis Octobris incepit magna pluvia, et pluit per ebdomadas ... Et tunc ambo pontes Ticini fracti sunt, et multa loca submersa fuerunt, et Ticinus totam vallem implevit usque ad fundamentum costarum eius.

1230 Nach 17. Oktober Ticino (Norditalien) Überschwemmung

(„Gesta Frederici I. Imperatoris in Lombardia etc. Appendix. Continuatio." M. G. H. Scriptores. Kleine Ausgabe. Band 17, S. 66.)

(Am 17. Oktober begannen große Regengüsse, und regnete es wochenlang. Darauf wurden beide Ticino-Brücken gleichzeitig zerbrochen und viele Orte standen im Wasser, und der Ticino füllte das ganze Tal an bis an den Grund der Seitenwände.)

Padus fluvius in Italia mirabiliter exundat.

1231 Po Überschwemmung

(„Chronica regia Coloniensis." VII. Teil (Cont. IV). M. G. H. Scriptores. Kleine Ausgabe. Band 12, S. 263.)

(Der Po-Fluß trat in Italien außerordentlich über seine Ufer.)

Et plene magne fuerunt.

Norditalien Hochwasser der Flüsse

(„Annales Parmenses maior." M. G. H. Scriptores. XVIII, S. 668.)

(Der Wasserstand in den Gewässern war hoch.)

1232. Avant le jour de Noel la rivière de Seine commença a s'enfler si fort pour les plues qui tomboient journellement dessus la terre qu'après le jour des Roys elle fut veue prodigeusement débordée, car delà les ponts une bonne partie de la ville estoit en eau.

Ende Dezember 1232—Anfang Januar 1233 Seine Überschwemmung

[P. de Juge „Hist. de sainte Geneviève." liv. III. ch. 4.]

(M. Champion „Les inondations en France etc." I, S. 21.)

Hoc anno maxima fuit inundatio, que magnum intulit damnum Ephordensibus.

1233 Erfurt Überschwemmung

(„Annales Erphordenses fratrum Praedricatorum." M. G. H. Scriptores. Kleine Ausgabe. Bd. 22, S. 85.)

(In diesem Jahre war eine sehr große Überschwemmung, die den Erfurtern großen Schaden brachte.)

Maxima inundatio aquarum die Pentecostes.

22. Mai England Überschwemmung der Flüsse

(„Annales Prioratus de Wigornia" in „Rer. Britannic. med. aev. scriptores." Bd. 36, IV, S. 425.)

(Eine sehr große Überschwemmung zu Pfingsten.)

1233 Sommer Island Eisberge an der Küste

Glacies oceano natans per totam aestatem oris Islandiae adhaesit.

(„Annales Islandorum Regii." in J. Langebek „Scriptor. rer. Danicar." III, S. 91.)

(Das Eis, das auf dem Ozean schwamm, wich den ganzen Sommer durch nicht von der Küste Islands.)

England Überschwemmungen

..., et secuta est per totam aestatem tanta pluviarum inundatio, quod ubique vivaria confregit et stagna atque molendina per universam fere Angliam a suis sedibus violenter evulsit. In campis nempe arabilibus pomeriisque fructiferis et aliis locis insolitis proruperunt fonticuli, rivulis discurrentibus, ...

(„Flores historiarum" in „Rer. Britannic. med. aev. scriptores." Band 95, II, S. 209.)

(..., und es folgte den ganzen Sommer hindurch eine Überschwemmung durch Regengüsse, so daß überall die Fischteiche brachen und die künstlichen Teiche und Dämme durch fast ganz England hindurch aus ihren Fundamenten heftig herausgerissen wurden.
In den pflügbaren Feldern nämlich und den fruchtbaren Mauerangern und anderen ungewöhnlichen Orten brachen kleine Quellen hervor, die als Flüßchen sich zerstreuten, ...)

9. Juni England Überschwemmungen

In vigilia Sanctae Margaretae inundatio maxima pluviarum per quam magna pars totius Angliae periclitavit, scilicet fruges et huius modi.

(„Annales monasterii de Wintonia" in „Rer. Britann. med. aev. scriptores." Bd. 36, II, S. 86.)

(Am Vorabend des Tages der heiligen Margarethe [ereignete sich] eine sehr große Überschwemmung durch Regengüsse, durch die ein großer Teil von ganz England in Gefahr war, wohlgemerkt die Feldfrüchte und dergleichen.)

Vom 1. Juli 1233 ab Friesland Überschwemmung der Flüsse

Effuit abissus superior horrendam satis pluviarum inundantiam a Kalendis Julii et deinceps; et exspaciata est aqua huc atque illuc per campos et planiciem terrarum, duobus annis retroactis satis aridis.

(„Emonis chronicon." M. G. H. Scriptores. XXIII, S. 515.)

(Die oberen Wasserfluten ergossen sich bei einer ziemlich schrecklichen Überschwemmung infolge von Regengüssen vom 1. Juli an in der Folgezeit. Das Gewässer trat hier und dort über die Felder und flachen Landflächen aus, die nun 2 Jahre lang ziemlich saftlos zurückblieben.)

11. Juli Waverley und andere Orte (England) Überschwemmung

Hoc anno mense Julio, V. id. eiusdem mensis, hora diei sexta, feria II, luna XXX, facta est per Angliam aquarum inundatio subita et inaestimabilis in plerisque logis, et praecipue in partibus australibus pernix et intolerabilis in hominum et animalium submersione lamentabilis: in aedificiorum ripis adjacentium, molendinorum, et pontium subversione irreparabilis, in foenorum et fructuum vastatione irrecuperabilis. In domo vero de Waverlea tempestas terribilis supra modum vehementissime desaeviens, pontes lapideos, muros, et calceta diruens et confundens, claustrum et omnes officinas impetuose transcurrens, et etiam usque in novum monasterium excrescens, in pluribus locis usque ad altitudinem fere VIII. pedum ascendit. Damna autem et incommoda eiusdem domus, tam in aedificiis quam variarum rerum intus et exterius amissionibus, non est qui pro certo audeat vel valeat aestimare.

(„Annales monasterii de Waverleia" in „Rer. Britannic. med. aev. scriptores." Bd. 36, II, S. 312.)

(In diesem Jahre, am 11. Juli, zur 6. Tagesstunde, an einem Montag, trat in England eine plötzliche und unvorhergesehene Überschwemmung der Gewässer an den meisten Orten ein, und besonders in den südlichen Teilen schnell und unerträglich für Menschen und Tiere, die dabei jämmerlich ums Leben kamen. Die Gebäude, die an den Ufern standen, Mühlen und Brücken, wurden, unersetzlich, zerstört, Heu und Feldfrüchte, unwiederbringlich, vernichtet.
Aber im Kloster von Waverley wütete das Unwetter ungewöhnlich heftig, steinerne Brücken, Mauern und Steindämme stürzten ein, [das Wasser] drang in das Kloster und alle Werkstätten ein und stieg sogar bis zum neuen Kloster, an vielen Orten bis 8 Fuß Höhe. Die Verluste und Nachteile am Kloster, sowohl an Gebäuden als auch an verschiedenen Sachen innerhalb und außerhalb, wagte oder konnte niemand abschätzen.)

Inundatio maxima pluvie, per quam magna pars Anglie periclitavit, et hoc ad festum sancte Margarete virginia. 13. Juli 1233 England Überschwemmung

(„Annales Wintonienses in monasterio de Waverley adaucti." in F. Liebermann „Ungedruckte Anglo-Normannische Geschichtsquellen." S. 191.)

(Eine sehr große Überschwemmung durch Regengüsse, durch die ein großer Teil von England bedroht war, und zwar am Fest der heiligen Jungfrau Margarethe.)

Presertim post exaltationem sancte crucis tanta fuit ymbrium effusio mense Septembri, ut diluvio maris posset adequari; . . . Nach 14. Sept. Friesland Überschwemmung

(„Emonis chronicon." M. G. H. Scriptores. XXIII, S. 515.)

(Besonders nach dem Tage der heiligen Kreuzerhöhung [14. Sept.] war im Monat September eine solche Überschwemmung infolge von Regengüssen, daß man sie einer Meeresflut gleichsetzen konnte.)

Tota hyeme illa tanta asperitas frigoris inhorruit, ut multi fluvii qui ante large fluebant, a fundo usque ad summum ita indurescerent pre frigore, ut fluere desinerent. Winter 1234 Österreich Flüsse; starke Eisdecke

(„Annales Austriae. Contin. Sancrucensis II." M. G. H. Scriptores. IX, S. 638.)

(In jenem ganzen Winter fiel eine solche strenge Kälte ein, daß viele Flüsse, die vorher in reichlichem Maße flossen, vom Grund bis zur Oberfläche durch die Kälte so hart zufroren, daß sie zu fließen aufhörten.)

° („Anonymi Leobiens. chronic." in G. Pez „Script. rer. Austriac." I, Sp. 812.) = 1235

Winter 1234 Adriat. Meer bei Venedig. Eisdecke

Hoc anno hiems asperrima fuit adeo ut in Mediterraneo mari institores Venetiam cum oneratis summariis pedestri itinere per glaciem transirent.

(„Annales Erphordenses fratrum Praedicatorum." M. G. H. Scriptores. Kleine Ausgabe. Bd. 22, S. 88.)

(In diesem Jahre war der Winter sehr streng, so daß im Mittelmeere die Krämer mit beladenen Lasttieren über das Eis zu Fuß nach Venedig kamen.)

° („Cronica S. Petri Erford. mod. II." M. G. H. Scriptores. Kleine Ausgabe. 22. Bd., S. 231.)

° („Chronici Pegaviensis etc. collationes et continuatio usque ad a. 1236" in J. B. Mencken „Scriptor. rer. Germanic." III, Spalte 156.)

° (Chronici Saxonici continuatio (Thuringica) Erfordensis." M. G. H. Scriptores. Kleine Ausg. 22. Band, S. 448.)

° („Cronica Reinhardsbrunnensis." M. G. H. Scriptores. XXX, 1, S. 616.)

1234 Island Überschwemmung [Sturmflut?]

Inundatio illa magna et navium laesiones.

(„Annales Islandorum Regii" in J. Langebek „Scriptor. rer. Danicar." III, S. 91.)

(Jene große Überschwemmung und Schaden an Schiffen.)

Januar Po-Eisdecke

Eodem anno tantum frigus et gelu fuit, quod flumen Padi de mense Januarii taliter glaciatus est, quod omnes gentes utriusque sexus et etatis ipsum quasi terram aridam transibant. Et etiam a Venetiis usque Cremonam super faciem Padi mercationes deducebantur, vinum inter vegetes congellabatur.

(„Annales Placentini Guelfi." M. G. H. Scriptores. XVIII, S. 455.)

(Im selben Jahre war so große Kälte und Frost, daß der Po-Fluß vom Monat Januar ab derartig gefroren war, daß alle Menschen jeden Geschlechts und Alters wie über trockenes Land hinübergingen.
Auch wurden von den Venetianern Handelswaren bis Cremona über den Po hinübergeführt, so daß der Wein trotz der Bewegung gefror.)

° („Annales Cremonenses." M. G. H. Scriptores. XXXI, S. 16.)

° („Cronica fratris Salimbene de Adam ordinis Minorum." M. G. H. Scriptores. XXXII, S. 88.)

Belgien Überschwemmung der Flüsse

Inundacio aquarum post liquefactionem nivium enormia dampna multis intulit – decem persone inter magnos et parvos perierunt.

(„La chronique Liègeoise de 1402", edid. Eug. Bacha. S. 162.)

(Die Überschwemmung der Gewässer infolge der Schneeschmelze brachte vielen [Menschen] außerordentlichen Schaden. Zehn Personen, große und kleine, kamen um.)

Circa tempus vero vernale cum solveretur glacies; Danubius ex multitudine glaciei et habundantia aquarum excessit terminos suos, turres muros domos pomaria arboresque subvertit, hominesque multos extinxerit; vineas et agros a se remotos vastavit, replensque omnia glacie inmensi ponderis, que glacies per magnum tempus ipsius anni duravit. Frühling 1234 Donau Eisgang und Überschwemmung der Flüsse

(„Annales Austriae. Contin. Sancrucensis." II. M. G. H. Scriptores. IX, S. 638.)

(Um die Frühlingszeit aber, als das Eis sich loslöste, trat die Donau infolge der Menge des Eises und des Übermaßes an Wasser über ihre Ufer, stürzte Türme, Mauern, Häuser und Obstbäume um und brachte viele Menschen ums Leben. Weinberge und Äcker, die fernab lagen, verwüstete sie und füllte alles mit Eismassen von außerordentlichem Gewicht an, so daß das Eis einen großen Teil jenes Jahres überdauerte.)

° („Anonymi Leobiens. chronic." in G. Pez „Scriptor. rer. Austriac." I, Sp. 812.) = 1235

° („Annales Mellicenses." Contin. Lambacensis. M. G. H. Scriptores. IX, S. 558.)

° („Annales S. Rudberti Salisburg." M. G. H. Scriptores. IX, S. 786.)

(Infolge plötzlichen Tauwetters schwerer Eisgang mit großen Zerstörungen an Häusern, Mauern und Türmen. Die aus den Ufern getretene Donau reichte bis an die Treppe des alten Doms. Menschen und Vieh ertranken.)

(C. Th. Gemeiner „Reichsstadt Regensburg Chronik." I, S. 335.) = 1235

Donau: Sehr starke Überschwemmung. Ein Teil der Stadt an der Donau wurde zerstört.

(Chr. G. Gumpelzhaimer „Regensburgs Geschichte" I, S. 299.) = 1235

Donau. Der Eisstoß hat ganze Häuser hinweggerissen. [Städt. Ingedenkbuch].)

(Dr. A. Kerschbaumer „Geschichte der Stadt Krems." S. 581.) = 1235

Item eodem anno fuerunt inundationes aquarum superflue et glacies et pruine et occasione glaciei rupti fuerunt pontes Salmuri [Saumur] et pontes Turonis [Tours], metropolitane civitatis, et apud Turonim pro ruptione pontium submersi fuerunt homines infiniti. 1235 Westfrankreich Eisgang und Überschwemmung der Flüsse

(„Annales Sancti Florentii Salmurensis." in L. Halphen „Recueil d'annales Angevines etc." S. 125/26.)

(Gleichfalls waren im selben Jahre Überschwemmungen der Gewässer und Eis und Reif, und durch den Eisgang wurden die Brücken von Saumur und die

Brücken von Tours, der Hauptstadt, weggerissen und bei Tours ertranken bei der Zerstörung der Brücken unzählige Menschen.)

Anfang 1235 Belgien Überschwemmung der Flüsse

In hac hyeme scilicet in principio huius anni inundatio aquarum post liquefactionem nivem enormia dampna multis intulit.

(„Chronica Alberici monach. trium fontium." M. G. H. Scriptores. XXIII, S. 936.)

(In diesem Winter, wohlgemerkt am Anfange dieses Jahres, brachte die Überschwemmung der Gewässer nach der Schneeschmelze vielen außerordentlichen Schaden.)

1235 Österreich, Ungarn Überschwemmungen der Flüsse, z. B. der Donau

. . .; tanta inundatio pluvie erupit fere per tres dies et noctes per Austriam et Ungariam, quod ante per multos annos non est visum vel auditum. Item Danubius ex habundantia aquarum terminos suos excedens, agros, villas, segetes vastans, homines quoque qui in insulas confugerant, cum iumentis suis et aliis rebus extinxit.

(„Annales Austriae. Contin. Sancrucensis. II. M. G. H. Scriptor. IX, S. 638.)

(Es trat eine so große Überschwemmung infolge von Regen fast 3 Tage und Nächte lang in ganz Österreich und Ungarn ein, wie sie vorher viele Jahre hindurch weder gesehen noch gehört worden ist. So trat auch die Donau durch das Übermaß an Wasser aus ihren Ufern, verwüstete Äcker, Dörfer, Saaten und brachte auch Menschen, die sich auf Inseln geflüchtet hatten, mit ihrem Vieh und anderen Sachen ums Leben.)

° („Anonymi Leobiens chronic. libris sex – 1343" in G. Pez „Script. rer. Austriac." I, Sp. 812.)

9. Februar Huy a/d. Hoyoux (Belgien) Überschwemmung d. Hoyoux

Sicut in Hoyo 5. Idus Februarii feria 6. Hoyolus cepit intumescere circa mediam noctem usque ad tertiam cum tanto impetu, quod eius inundatio perveniens usque ad quintum gradum Petronii in foro siti et usque ad ecclesiam sancti Mayngoldi fluendo pervenit transiensque ad Sanctum Martinum descendit in Mosam per vicum, qui Platea Gonherii nuncupatur. A tertia vero usque ad vesperas paulatim impetum suum reprimens alveum intravit, ita quod itum est per vicos et plateas totius oppidi ab ipsis civibus querendo et investigando, quid actum sit de amicis suis et consanguineis. Muri etiam in introitu et exitu ipsius fluvii ob eius inpetum mira celeritate corruerunt atque plus quam 300 domus seu collapse seu disrupte referuntur, in hoc autem tam subito periculo nisi tantum 10 inter parvos et magnos submersi fuisse dicuntur.

(„Chronica Alberici monach. trium fontium." M. G. H. Scriptores. XXIII, S. 937.)

(So begann in Huy am 9. Februar, einem Freitag, der Fluß Hoyoux gegen Mitternacht bis zur dritten Stunde mit großer Gewalt anzuschwellen, so daß die Überschwemmung bis zur fünften Stufe des auf dem Markt stehenden Petronius gelangte, und die Fluten drangen bis zur Kirche des heiligen Mayngoldus vor und

bis zum heiligen Martinus und gingen dann herab in die Maas durch das Stadtviertel, das Platea Gonherii genannt wird.
Von der 3. Stunde aber bis zum Abend ließ sein Ungestüm allmählich nach und er trat in sein Bett zurück, so daß die Bürger durch Stadtviertel und Straßen gingen, um zu suchen und aufzuspüren, wer von ihren Freunden und Blutsverwandten weggetrieben worden war. Auch die Mauern am Einfluß und Ausfluß des Flusses stürzten infolge seiner starken Strömung mit erstaunlicher Schnelligkeit zusammen und mehr als 300 Häuser fand man zusammengestürzt oder zerbrochen, und es sollen durch diese so plötzliche Gefahr nur zehn junge und alte Menschen umgekommen sein.)

Große Überschwemmung und Schaden. Frühling 1235 Frankfurt a/M. Main-Überschwemmung

(A. A. v. Lersner „Der etc. Stadt Franckfurt a/M. chronica." I, S. 531.)

Circa idem tempus, circiter per tres menses, tanta pluviarum continuarum abundavit inundatio, quantam se meminit nullus praevidisse. 1236 England Überschwemmung der Flüsse

(„Flores historiarum" in „Rer. Britannicar. med. aev. scriptores" Bd. 95. II, S. 217.)

(Um diese Zeit war ungefähr drei Monate lang eine so große Überschwemmung infolge anhaltender Regengüsse, wie sich keiner erinnern konnte, jemals vorher gesehen zu haben.)

The Thames rose with such a high tide, as filled Westminster Hall. 10. Februar London Themse-Überschwemmung

* (Th. Short „Generally chronolog. history etc." I, S. 143.)

In crastino vero beati Martini et per octavas ipsius vento validissimo, associato tumultu quasi tronitruo, inundaverunt fluctus maris metas solitas transeuntes, ita quod in confinio ipsius maris, et in marisco, utpote apud Wisebeche et locis consimilibus naviculae, pecora, necnon et hominum maxima periit multitudo. Mitte November England Sturmflut

(„Flores historiarum" in „Rer. Britannicar. med. aev. scriptores." Bd. 95. II, S. 219.)

(Am dritten Tage nach dem Tage des seligen Martinus und acht Tage nach demselben Tage war ein sehr heftiger Wind, zusammen mit einem Geräusch wie Donner, Überschwemmung durch eine Sturmflut, so daß man befürchtete, daß sie ganz über [das Land] gehen könnte, so daß an der Grenze jenes Meeres und im Sumpfgebiet, nämlich in Wisbeach und benachbarten Orten, Boote, Haustiere und gewiß auch eine sehr große Menge Menschen verloren gingen.)

avant Noël, la Seine ayant débordé, un religieux de Sainte-Geneviève raconte „qu'elle eût fait une île de toute la partie de Paris située au delâ du grand pont [c'est-à-dire au nord], si le bord de cette levée de terre que l'on suit pour aller à Saint-Laurent n'eût arrêté l'inondation et ne se fût pas élevé encore plus haute qu'elle". 2. Hälfte Dez. Paris Seine-Überschwemmung

* (E. Clouzot „Les inondations à Paris etc." S. 97.)

25. Januar 1237
Trois-Fontaines
(Belgien)
Maas-Überschwemmung

La Meuse grossit tellement ..., elle monta presque jusqu'au niveau du sol de notre cloître.

(M. Champion „Les inondations en France etc." V, S. 132 aus „Alberici chronica monachi Trium-Fontium" in „Rec. des histor. d. Gaules etc." XXI, S. 619.)

2. Hälfte Februar
England, Frankreich
Überschwemmungen der Flüsse

Intrantibus autem kalendis Martiis, inundaverunt pluviae vehementer, in festo [scilicet] sancti Valentini (14. Februar]; quae vada et itinera, confractis ripis solitis, intransmeabilia per VIII° dies continuos reddiderunt. Et, ut de aliis fluminibus similia intelligantur, Thamensis in Anglia et Secana in Francia civitates, pontes et molendina dissiparunt.

(„Matthaei Parisiensis, monachi sancti Albani, historia Anglorum, sive ut vulgo dicitur, historia minor", edid. F. Madden in „Rer. Britannicar. med. aevi scriptores." Band 44, Vol. II, S. 395.)

(Beim Eintritt in die Kalenden des März waren große Überschwemmungen durch Regen, nämlich am Fest des heiligen Valentin [14. Febr.], die Furten und Straßen, nachdem die gewöhnlichen Ufer zerstört waren 8 Tage lang unpassierbar machten. An anderen Flüssen nahm man ähnliches wahr, nämlich die Themse in England und die Seine in Frankreich zerstörten Städte, Brücken und Mühlen.)

Dezember 1238
England
Überschwemmung der Flüsse

Hoc anno in Adventu Domini nimia aquarum inundatio facta est per Angliam, quae multis in locis damno et periculo fuit.

(„Annales monasterii de Waverleia" in „Rer. Britannic. med. aev. scriptores." Bd. 36, II, S. 319.)

(In diesem Jahre ereignete sich in der Adventszeit eine sehr große Überschwemmung der Gewässer in England, die an vielen Orten mit Schaden und Gefahr verbunden war.)

26. Jun 1239
Verona
Etsch-Überschwemmung

26. Junii flumen Aticis in tantum crevit, quod pontem novum, pontem navium et omnes alios pontes civitatis Veronae dirupit et fregit; et ultra quinquaginta molendina quae erant in Atice in civitate submersit; et pontem Sancti Natalis et murum portae de Morbio et in pluribus aliis locis muros civitatis Aticis aqua demersit; et plures domos in Insuolo et in civitate implevit aqua et dirupit. Et fere per quatuor dies et plures aqua Aticis per civitatem fecit transitum cum maximo decursu, et deinde cessavit.

(„Annales Veronenses. Annales Parisii de Cereta." M. G. H. Scriptores. XIX, S. 11.)

(Der Etsch-Fluß wuchs so sehr, daß er die neue Brücke, die Schiffsbrücke und alle anderen Brücken der Stadt Verona zertrümmerte und auseinanderbrach. Über 50 Mühlen, die an der Etsch in der Stadt lagen, vernichtete er. Die Brücke der heiligen Geburt und die Mauern des Tores von Morbio und in vielen andern Orten die Stadtmauern versenkte die Etsch. Mehrere Häuser in Insuolo und in der Stadt füllte sie mit Wasser an und zerstörte sie. Fast 4 Tage lang und länger durchströmte das Wasser der Etsch die Stadt mit stärkster Strömung, und darauf ging es zurück.)

Et circa eadem tempora pluviarum inundationes spem frugum praeconceptam denegavit, . . . 1239 (Ende Juli) England Überschwemmung

(„Matthaei Parisiensis, monachi sancti Albani, historia Anglorum, sive, ut vulgo dicitur, historia minor", edid. F. Madden in „Rer. Britannicar. med. aevi scriptores." Band 44, Vol. II, S. 425.)

(Um jene Zeiten vernichteten Überschwemmungen infolge von Regengüssen die vorgehegte Hoffnung auf die Feldfrüchte.)

Magna inundatio pluviarum fuit apud Gloucestriam. 1240 Gloucester (England Überschwemmung

(„Annales monasterii de Theokesberia" in „Rer. Britannic. med. aev. scriptores. Bd. 36, I, S. 115.)

(Eine große Überschwemmung infolge von Regengüssen ereignete sich bei Gloucester.)

Et eodem anno in mense Januarii, die XVI. intrante dicto mense congelavit flumen Padi, ita quod homines transibant equestres et pedestres ab utraque parte dicti fluminis. 16. Januar 1241 Po Eisdecke

(„Cronica fratris Salimbene de ordin. minor." M. G. H. Scriptores. XXXII, S. 165.)

(Im selben Jahre am 16. Januar gefror der Po-Fluß, so daß ihn die Menschen zu Pferde und zu Fuß von beiden Seiten her passierten.)

l'eawe fut si grande en Valenchiennes, que le pont d'Ansain quéy [Chey, tomba] jus et abbaty les molins le conte; et sy quéy la maison Barbaquenne et sy quéyrent le pont Jumeau, le pont Gouchet, le pont Saint-Jaque et le pont des molins le conte, et fut l'église Saint-Jaque toutte plaine d'eawe. Et vint celle eawe le 20e jour de jenvier; . . . 20. Januar Valenciennes Überschwemmung der Schelde

(„Chronique de Flandres, ècrite au XIV. siecle en patois Rouchy (Langue de Valenciennes)" II. Part. Chronique de Valenciennes in J. A. C. Buchon „Choise de chroniques" etc. Tome V, S. 619.)

Inundaverunt etiam aquae pluviales, adeo ut Thamensis fluvius solitos fines transgrediens, domos et agros sibi vicinos importune vendicavit. 15. November 1242 England Überschwemmungen der Flüsse z. B. der Themse

(„Matthaei Parisiensis, monachi sancti Albani, historia Anglorum, siive, ut vulgo dicitur, historia minor", edid. F. Madden in „Rer Britannicar. med. aevi scriptores." Band 44, Vol. II, S. 467.)

(Es traten Überschwemmungen infolge der Regengüsse ein, so daß der Themse-Fluß seine gewohnten Ufer überschritt und in der Nähe befindliche Häuser und Äcker rücksichtslos in Besitz nahm.)

In vigilia sancti Aedmundi tonitrus hyemalis magnus et inundationes maximae fuerunt, adeo ut Thamesis fluvius solitos fines transgrediens in magna aula Westmonasterii cimbae natare poterant. Themse Überschwemmung

(„Chronica Johannis de Oxenedes" in „Rer. Britannicar. med. aev scriptores." Band 13, S. 171.)

(Am Vorabend des Tages des heiligen Edmund waren starke winterliche Donner und sehr große Überschwemmungen, so daß der Themse-Fluß über seine gewohnten Ufer trat und in den großen Saal von Westminster Kähne hineinfahren konnten.)

° („Bartholomei de Cotton monachi Norwicensis hist. Anglicana" in „Rer. Britann. med. aev. scriptores." 16. Bd., S. 123.)

1245 Belgien Überschwemmung

Magna inundatio fuit; ...

(„Auctarii Aquicinctini fragmentum" in „Monum. pour servir à l'hist. des prov. de Namur etc. in Collect de chron. belg. inédit. Bd. 5, Tom. VII, S. 219.)

(Es trat eine große Überschwemmung ein.)

11. Juni 1245 Belgien Überschwemmung der Flüsse

Hoc anno magna inundatio aquarum facta est 3. Idus Junii.

(„Annales Blandinienses." M. G. H. Scriptores. V, S. 31.)

(In diesem Jahre ereignete sich eine große Überschwemmung der Gewässer am 11. Juni.)

Winter 1245/46 Verdun Maas-Überschwemmung

L'hiver fut si pluvieux, que les eaux de la Meuse inondèrent toute la vielle basse; on allait en bateau dans la Grand'rue.

(M. Champion „Les inondations en France etc." V, S. 132/33 aus Rousset „Hist. de Verdun." 1745, S. 295 nach Sarrebruck „Catalogue des Evêques de Verdun.")

Rhein Überschwemmung

Eodem anno hyemali tempore ultra solitum Rhenus plurimum exundavit.

(„Chronica regia Coloniensis" VIII. Teil. (Contin. V.) M. G. H. Scriptores. Kleine Ausgabe. Band 12, S. 289.)

(Im selben Jahre zur winterlichen Zeit trat der Rhein ganz ungewöhnlich stark über seine Ufer.)

18. Oktober Friesland Sturmflut

Eodem anno in festo luce euangeliste crescente rabie ventorum, aggravata est inundatio salsi maris, et sic factum fuit diluvium particulare, et multe naves fuerunt submerse vel confracte, et homines submersi.

(„Menconis chronicon." M. G. H. Scriptores. XXIII, S. 540.)

(Im selben Jahre am Feste des Evangelisten Lucas wuchs die Heftigkeit der Winde an, und es steigerte sich die Überschwemmung des salzigen Meeres, und so trat teilweise eine Meeresflut ein, und viele Schiffe wurden versenkt oder zerbrochen und Menschen kamen um.)

(20.) November 1248 Nordsee Sturmflut

Circa festum beati Martini episcopi maxime fuere tempestas ventorum et tanta fuit inundatio maris, quantam nullus mortalium eo tempore viventium meminit factam, in omnibus terminis maris, praecipue in comitatu Hollandie, Flandrie, et Fresie orientalis et occidentalis. Aggeribus vero mari oppositis in omnibus locis ruptis et collisis, maximam fuit videre miseriam in suffocatione iumentorum et pecudum, viris vix cum liberis uxoribus evadentibus et in trabibus domorum suarum residentibus, donec a vicinis misericordia motis vix rivi inde navibus abstraherentur.

(„Annales Egmundani." M. G. H. Scriptores. XVI, S. 478.)

(Um das Fest des seligen Bischofs Martinus war ein sehr heftiges Sturmwetter, und so groß war die Meeresflut, wie sich kein Sterblicher der jetzigen Generation zu erinnern wußte, und zwar in allen Seeküsten, besonders in der Grafschaft Holland, Flandern und Ost- und Westfriesland. Die Dämme im Küstenstrich aber wurden überall durchbrochen und zerstoßen; am jammervollsten aber war es, den Untergang des Groß- und Kleinviehes mitanzusehen, die Männer konnten mit ihren Kindern und Frauen kaum entrinnen und sich auf das Gebälk ihrer Häuser flüchten, bis sie von mitleidigen Nachbarn kaum mit Schiffen abtransportiert wurden.)

Eodem anno feria 6. post octavam sancti Martini surgente rabie ventorum satis immoderata, primum ab affrico, deinde a zefiro, postmodum a choro et circio, facta elevatio maris, et rupti sunt aggest occeani, et operuerunt aque superficiem terer, ita ut in Campo Rosarum aggerem plurimis locis supergrediens totam curiam impleret; et sic dolores et gemitus non modicos suscitavit. In ipsa maris estuatione ventus boream a circio transiliens ad aquilonem se transtulit, et sic in aggeribus versis contra aquilonem et vulturnum preter consuetudinem maximum dampnum evenit. 20. November 1248 Nordsee Sturmflut

(„Menconis chronicon." M. G. H. Scriptores. XXIII, S. 542.)

(Im selben Jahr, Freitag nach dem 8. Tage nach dem Tage des heiligen Martinus, erhob sich eine ziemlich unermeßliche Heftigkeit der Winde, zuerst aus SW, darauf aus W, später aus NW und NNW, und eine Meeresflut, und es wurden die Dämme des Ozeans zerschlagen, und es bedeckte das Wasser die Oberfläche des Landes, so daß es in Campus Rosarum den Damm an mehreren Stellen überströmte und die ganze Kurie anfüllte und so nicht geringe Betrübnis und Wehklagen erweckte. Bei diesem Branden des Meeres ging der Wind von NNW nach N und wandte sich nach NNO, und so erlitten die nach N und SO liegenden Dämme außergewöhnlich großen Schaden.)

Ghesciede ene sware plaghe.
In dien selven jare mede
Dorghinc de vloet meneghe stede,
Vlaendren, Zeelant alte male,
Ende oec Hollant also wale:
. . .

(„Rijmkroniek van Melis Stoke." 3. Boek, Vers 820–824. edid. Dr.W.G. Brill. I, S. 169.)

1248 24. November England Sturmflut

Eodem anno, mare ex vehementi agitatione ventorum, VIII. Kalendas Decembris, solitos per magnum spatium terminos excedens sibi finitimos damna intulit irrestaurabilia.

(„Chronica Johannis de Oxenedes" in „Rer. Britannicar. med. aev. scriptores." Bd. 13, S. 178.)

(Im selben Jahre überschritt am 24. November das Meer infolge der heftigen Bewegungen der Winde auf eine große Strecke seine gewohnten Ufer und brachte dem Küstenstrich Schäden, die nicht wiedergutzumachen waren.)

28. Dezember Nordsee Sturmflut

Darna in der kindere nacht ward en regen unde en wint vanme sudwestene also grot, dat he tobrac manich hus unde dede groten schaden, he warp oc manigen groten bom in den walden darnider. Menich sprac, it were erdbevunge. Du vlot van der sê hof sic so ho, dat siu tobrac al de dike in den niderlanden, unde erdranc volk unde vê ane tale, unde gescha grot jamer.

(„Sächsische Weltchronik." M. G. H. Scriptores qui vernacula lingua usi sunt. Tom II, S. 258.)

Elb-Mündung Sturmflut

Maxima inundatio aquarum nocte puerorum, et in utroque litore Albiae plurima submersio hominum.

(„Annales Stadenses." M. G. H. Scriptores. XVI, S. 372.)

(Eine sehr große Überschwemmung der Gewässer in der Nacht der [Unschuldigen] Kinder, und auf beiden Ufern der Elbe ertranken sehr viele Menschen.)

Nordwestdeutschland Sturmflut

Maxima tempestas cum inundatione aquarum orta est nocte puerorum.

(„Annal. ab anonym. quodam circiter a. D. 1288 conscripti" in E. Lindenbrog. „Scriptor. rer. Germanic. septentrional." S. 259.) 1249.

(Ein sehr großer Sturm mit einer Überschwemmung der Gewässer entstand in der Nacht der [Unschuldigen] Kinder.)

Hoc etiam anno V. Kal. Januarii flante aquilonari vento mare minoris oceani tanta violentia maritimis terris appulsum est, ut circa villam Hamburc CCC (naves) periclitate referantur; quot autem in Hollandia vel Fresia seu ceteris maritimis regionibus perierint, novit Deus, . . .

(„Annales Erphordenses fratrum Praedicatorum." M. G. H. Scriptores. Kleine Ausgabe. Bd. 22, S. 106.) 1249.

(Im selben Jahre am 28. Dezember wehte Nordwind, und es wurde die Nordsee mit so großer Heftigkeit auf das Küstenland getrieben, daß um die Stadt Hamburg herum 300 Schiffe mit Gefahr heimgebracht wurden. Was aber in Holland oder Friesland oder in den andern Küstengegenden unterging, weiß Gott.)

° („Annales Hamburgenses" in „Quellensammlung der Gesellschaft f. Schleswig-Holstein.-Lauenburg. Geschichte." 4. Band, S. 424.)

In crastino ergo Blasii, vigilia Agathe virginis, feria 5. increvit ventus horribiliter primum a zefiro, postmodum a circio, et iterum elevatum est marc et supergressum aggeres terram implevit, et sic instante circio iugiter per triduum, singulis diebus naturalibus effudit se occeanus. Nec tam immaniter elevabatur, quin domus in maritimis possent subsistere; et ideo non sunt tanti submersi, sicut olim in diluvio sancti Marcelli quando una effluxione nimis intemperata se quasi totum mare effudit et multos in maritimis oppressit. 4. Februar 1249 Friesland Sturmflut

(„Menconis chronicon." M. G. H. Scriptores. XXIII, S. 543.)

(Den 3. Tag also nach dem St. Blasiustag, am Vorabend des Tages der Jungfrau Agathe, einem Donnerstag, wuchs der Wind schrecklich an, zuerst aus W, später aus NW, und ebenso erhob sich das Meer und überflutete die Dämme und ergoß sich ins Land, und strömte der Ozean, bei 3 Tage anhaltendem NW-Wind, über seine Ufer, an einzelnen Tagen natürlich. Jedoch nicht so außerordentlich erhob er sich, so daß Häuser in der Küstengegend widerstehen konnten. Aus diesem Grunde sind nicht so viele ertrunken wie früher bei der Marcellusflut (16. Januar 1219), bei der durch einen so maßlosen Ausbruch sich gewissermaßen das ganze Meer erhob und vielen in den Küstengegenden den Untergang bereitete.

Hoc ipso anno hyems fuit asperrima nimisque diuturna, nivibus et glacie multum abundans; quibus tandem resolutis in aquam, maxima inundatio fuit subsecuta, quae multa aedificia subvertit. Winter 1250 Süddeutschland Überschwemmung der Flüsse

(J. Trithemius „Chronica insignis monast. Hirsaugiensis." S. 188.)

(In diesen Tagen war ein sehr strenger und überaus langer Winter, sehr überreich an Schnee und Eis; als diese schließlich sich in Wasser auflösten, folgte eine sehr große Überschwemmung, die viele Gebäude umstürzte.)

Mare, quia solitas metas transgrediens loca contermina devastavit; . . . 24. Dezember 1249 England Sturmflut

(„Chronica Johannis de Oxenedes" in „Rer. Britannic. med. aev. scriptores." Band 13, S. 184.) 1250.

(Das Meer überschritt seine normalen Grenzen und verwüstete benachbarte Gegenden.)

Eodem anno mortalitas, tempestas, grando indissolubilis per dies septem, inundacio pluviarum vineas, campos et quasi totam Boemiam vastaverunt. 1250 Böhmen Überschwemmung

(„Johannis de Marignola chronicon" in „Fontes rer. Bohemicar." III, S. 564.)

(Im selben Jahre verwüsteten Sterblichkeit, Unwetter, Hagel, der 7 Tage nicht schmolz, und Überschwemmung infolge von Regengüssen die Weinberge, Felder und gewissermaßen ganz Böhmen.)

1250 2. Juli Böhmen Überschwemmung

. . . , quam etiam nimia pluviae secuta est inundatio.

(„Canonic. Pragens. contin. Cosmae." Annales Pragenses. I. M. G. H. Scriptores. IX, S. 172.)

(. . . , worauf auch eine außergewöhnlich große Überschwemmung infolge von Regengüssen folgte.)

° („Przibiconis dicti Pulkavae chronicon etc." in G. Dobner „Monum. hist. Boem." III, S. 221.)

Herbst England Überschwemmung

. . . , et in fine autumpni tantae pluviae inundaverunt, . . .

(„Chronicon Henrici Knighton, vel Cnithon, monachi Leycestrensis", edid. J. Rawson in „Rer. Britannic. med. aev. scriptores." Band 92 Vol. I, S. 219.)

(. . . , und am Ende des Herbstes ereigneten sich sehr große Überschwemmungen infolge von Regengüssen.)

. . . , et inundationes pluviales vias invias reddiderunt.

(„Chronica Johannis de Oxenedes" in „Rer. Britannicar. med. aev. scriptores." Band 13, S. 182.)

(. . . , und die Überschwemmungen infolge von Regengüssen machten die Wege unpassierbar.)

1. Oktober England, Holland Flandern Sturmflut

Hoilandia quoque in Anglia et Holandia in partibus ultramarinis cum Flandria et aliis locis planis et mari finitimis dampna sustinuerunt irrestaurabilia, . . .

(„Ex Mathei Parisiensis cronicis maioribus." M. G. H. Scriptores. XXVIII, S. 318.)

(Hoiland und auch England und Holland in verschiedenen Küstengegenden mit Flandern und anderen flachen und küstennahen Gegenden erlitten unersetzlichen Schaden.)

Mare circa festum Sancti Michaelis adeo superabundavit quod aedificia diruit et asportavit, et homines et bestias submersit.

(„Annales Prioratus de Wigornia" in „Rer. Britannic. med. aev. scriptores." Band 36, IV, S. 440.) = um 29. Sept.

(Um das Fest des heiligen Michaels flutete das Meer derartig über, daß es Gebäude zerstörte und wegschwemmte und Menschen und Tiere ums Leben brachte.)

Sub eisdem diebus mare coepit pertubari densa caligine, et perturbatam fines solitos pertransire, occupans partes littoreas quas nunquam se meminit aliquis praevidisse.

(„Chronica Johannis de Oxenedes." Rerum Britannicar. medii aevi scriptores. Band 13, S. 183.)

(In diesen Tagen fing das Meer bei dichter Finsternis an unruhig zu werden, überschritt seine gewohnten Ufer und nahm Besitz von den Küstengegenden, wie sich niemand erinnerte, jemals vorher gesehen zu haben.)

Mare horribiliter fluctans et tumens limites transiit consuetos, ulteriora littora vindicando. 1251 England Sturmflut

(„Chronica Johannis de Oxenedes" in „Rer. Britannic. med. aev. scriptores." Bd. 13, S. 186/87.)

(Das Meer wogte schrecklich und überschritt seine gewohnten Ufer und nahm Besitz von entfernteren Küsten.)

Große Überschwemmung. Die „Große Brücke" zwischen Tournon und Saint-Jean-de-Mugols wurde fortgerissen. Doux (Nebenfluß der Rhône Departem. Ardèche). Überschwemmung

* (M. Villars „Météorol. régionale." S. 511.)

A great shower fell on the festival day of Paul and Peter so that a boat sailed all round the town at Cill-mor-na-Sinna, . . . 29. Juni 1251 Kilmore (Irland) Überschwemmung

(„The annals of Loch Cé" (1014–1590) edid. W. M. Hennesy in „Rer. Britann. med. aev. scriptores." Band 54, Vol. I, S. 397.)

(Ein großer Gußregen fiel am Tage des Paul und Peterfestes, so daß ein Boot rund um die Stadt Kilmore segeln konnte.)

Great frost in the early winter, so that the lakes, and the boys, and the waters were all frozen. Winter 1251 bis 1252 Irland Eisdecke der Gewässer

(„The annals of Loch Cé" 1014–1590 edid. W. M. Hennesy in Rer. Britann. med. aev. scriptores. Band 54, Vol. I, S. 399.)

(Großer Frost im frühen Winter. Alle Wasser frieren zu.)

An inundation of the Humber at Cottyngham destoyed both man and beast, especially at Owythfleet, Saltage Myrton, Tharlesthorpe, Sutton and Drypool, where nearly all the buildings were lost. After which Owythfleet, Tharlesthorpe, and Saltage were gradually but totally swallowed up by the Humber. [Poulsons's „Holderness"] 1252 Humber Überschwemmung

(Th. Short „Generally chronologic. hist." I, S. 14.)

Et tunc flumen Taronis propter pluvias crevit, ita quod nullo modo poterat vadari; . . . Taro (Italien) Hochwasser

(„Annales Parmenses maior." M. G. H. Scriptores. XVIII, S. 676.)

(Nun schwoll der Fluß Taro infolge der Regengüsse an, so daß er keineswegs durchschritten werden konnte.)

Hoc anno hyems aspera fuit et glacies grossa ad duas ulnas. Winter 1252 (—53) Böhmen Eisdecke der Flüsse

(„Canonic. Pragens. cont. Cosmae." Annales Pragenses I. M. G. H. Scriptores. IX, S. 175.)

(In diesem Jahre war der Winter streng und das Eis fast 2 Ellen dick.)

1253 Nordost-England Überschwemmung

Inundatio maxima in partibus Holondere (Holland in pago Lincolniensi) et Holderne (Holderness in pago Eboracensi.)

(„Annal. Angl. excerpta." Ex annalibus Saec. XIII. M. G. H. Scriptores. XVI, S. 483.)

(Eine sehr große Überschwemmung in Teilen von Holland (im Gau Lincoln) und Holderness (im Gau Eburacum-York)

20 April bis 25. Juli 1253 Polen Überschwemmung

Eodom anno a festo pasche usque ad festum sancti Jacobi apostoli, cuius festum est in messe, incessanter nocte et die pluit seu pluebat pluvia; et tanta fuit inundacio facta, quod per multos agros et per vias potuit navigari; . . .

(„Annales Capituli Posnaniensis." M. G. H. Scriptores. XXIX, S. 449.)

(Im selben Jahre regnete es vom Osterfest (20. April) bis zum Feste des heiligen Apostels Jacob (25. Juli), dessen Fest in der Ernte ist, unaufhörlich nachts und am Tage, und so groß war die eingetretene Überschwemmung, daß man über viele Äcker und über die Wege mit einem Boot fahren konnte.)

° („Rocznik Wielkopolski" in A. Bielowski „Monum. Polon. histor. Tom. III, S. 22.)

10. Oktober Themse Überschwemmung

Hoc anno die Veneris post prandium, scilicet, decimo die Octobris, excrevit aqua Tamisie ascendens altior, quam unquam fecit temporibus nostris.

(„Cronica maiorum et vice comitum Londoniarum", edit. Th. Stapleton. S. 20.)

(In diesem Jahre am Freitag gegen Mittag, d. h. am 10. Oktober, wuchs das Wasser der Themse so hoch an, wie niemals jemals zu unseren Zeiten.)

1254 England Sturmflut

Eodem anno, cum hyemali tempore mare omnes terras sibi vicinas occupasset, ita quod nec fruges poterant apparere, nec arbores vivere aut frondescere.

(„Flores historiarum" in „Rer. Britannic. med. aev. scriptores." Bd. 95, II, S. 402.)

(Im selben Jahre zur Winterszeit nahm das Meer von allen Küstengegenden Besitz, so daß sich weder Früchte zeigen konnten, noch Bäume fortbestehen oder ausschlagen konnten.)

Um 20. Novemb. Bedfordshire (England) Überschwemmung der Flüsse z. B. des Trent

Inundatio aquarum subita, non ex pluvia proveniens, fuit tanta isto anno ante festum Sancti Edmundi regis et martyris, quod maxima pars Bedefordiae asportata fuit, et ville plures versus mariscum, et populus innumerabilis utriusque sexus, senes cum junioribus, et etiam parvuli in cunabulis, submersi sunt et necati. Et similiter per aquam de Trente.

(„Annales monasterii de Burton" in „Rer. Britannic. med. aev. scriptores." Bd. 36, I, S. 323.)

(Eine plötzliche Überschwemmung der Gewässer, nicht infolge von Regengüssen, war in diesem Jahre vor dem Feste des heiligen Königs und Märtyrers Edmund

(20. Nov.) und zwar so groß, daß der größte Teil von Bedford hinweggeführt wurde, und zahlreiche Dörfer gegen das sumpfige Gelände hin, und eine zahlreiche Bevölkerung aller Geschlechter, Greise mit jungen Leuten, und Kinder in den Wiegen ertrunken sind. Und so ähnlich durch das Wasser der Trent.)

Idibus Jan. pons cecidit in Limpurg ex aquarum inundantia.

13. Januar 1255 Limburg a. d. Lahn Überschwemmung der Lahn

(„Kleine Limburg. Annalen" in M. G. H. Bd. IV, Pars. I. Deutsche Chroniken. S. 118.)

(Es stürzte die Brücke in Limburg infolge des Hochwassers ein.)

Fuit etiam universalis destructio foeni per vallem de Trente per aquarum inundationes, qualis non contigit longis ante temporibus.

13. Juli Tal d. Trent-Flusses (England) Überschwemmung

(„Annales monasterii de Burton." in „Rer. Britann. med. aev. scriptores." Bd. 36, I, S. 337.)

(Es ereignete sich auch eine allgemeine Vernichtung des Heues im Tal des Trent durch die Überschwemmungen der Gewässer, wie sie seit langen Zeiten nicht vorgekommen ist.)

Eodem anno infra octavas sancti Benedicti luna existente in coitu tanta coepit pluviarum inundatio terras infundere ut pontibus, domibus, ac molendinis dissipatis, viae fuerunt inviae, foena tabefacta, segetes quoque penitus periturae.

März 1257 England Überschwemmung

(„Chronica Johannis de Oxenedes" in „Rer. Britannic. med. aev. scriptores." Band 13, S. 212.)

(Im selben Jahre innerhalb der 8 Tage, die auf den Tag des heiligen Benedict folgten (also zwischen 21.—28. März) usw. begann sich eine so große Überschwemmung infolge von Regengüssen in das Land zu ergießen, daß Brücken, Häuser und Mühlen zertrümmert wurden, Wege unpassierbar, das Heu naß und auch die Saatfelder fast vernichtet wurden.)

Tempestas valida pluviarum inundantium, nivium, glaciei, tonitrui magni, fulguris horribilis, talis subito emersit ante festum Sancti Johannes Baptistae, scilicet XII. Kal. Julii, qualis, ex quo gentes esse coeperunt, non fuit, videlicet supra rivos aquarum Sabrinae a Salopesburia usque ad Bristollas. Ex cuius inundatione omnia prata iuxta Sabrinam simul et sata perdita sunt et violata, nec hominibus nec animalibus sunt grata. Demersi sunt etiam in illis aquis vehementibus infiniti homines et pueri utriusque sexus.

20. Juni England Überschwemmung der Flüsse

(„Annales monasterii de Theokesberia" in „Rer. Britannic. med. aev. scriptores." Bd. 36, I, S. 162.)

(Ein so kräftiges Unwetter mit Regengüssen mit Überschwemmungen, Schnee, Eis, großem Donner, schrecklichem Blitze brach plötzlich vor dem Feste des heiligen Johannes des Täufers los, d. h. am 20. Juni, wie seit Bestehen der Menschheit noch nicht vorgekommen ist, d. h. an den Ufern der Sabrina [Severn] von Shrewsbury bis Bristol. Durch diese Überschwemmungen wurden alle Wiesen an der Sabrina

[Severn] und auch die Saatfelder verdorben oder beschädigt und waren weder den Menschen noch den Tieren zugetan. Es kamen auch in jenen heftigen Gewittern unzählige Menschen und Kinder beiderlei Geschlechts um.)

1257 (13. Juli) Bei Brünn Überschwemmung

Mirabilis inundatio pluvie aput civitatem Prunne in Moravia subito erupit, et ad sex miliaria terram et arbores cum edificiis totaliter subvertit, et quod miserabilius est multa milia hominum interierunt.

(„Annales Mellicenses. Contin. Lambacensis." M. G H. Scriptores. IX, S. 559/60.)

(Es entstand plötzlich eine außerordentliche Überschwemmung durch Regengüsse bei der Stadt Brünn in Mähren, und 6 Meilen Land mit Bäumen und Gebäuden wurde vollständig vernichtet, und was bedauernswerter ist, viele 1000 Menschen kamen um.)

In Moravia circa Bucinam diluvium emersit multos homines submersit in nocte in die sancte Margarethe virginis.

(„Annales Polon. I." M. G. H. Scriptores. XIX, S. 634.)

(In Mähren um Brünn zeigte sich eine Überschwemmung und brachte viele Menschen in der Nacht des Tagss der heiligen Jungfrau Margarethe ums Leben.)

2. Hälfte Juli Böhmen Überschwemmung der Flüsse

Eodem anno intrantibus Kal. Augusti facta est maxima inundatio aquarum, quae gravia et grandia damma per totam Pragensem dioecesim intulit in ortis, in seminatis campis et aedificiis, quae iuxta ripas posita fuerunt; plures etiam homines suffocavit.

(„Canonic. Pragens. contin. Cosmae." Annales Pragenses I. M. G. H. Scriptores. IX, S. 177.)

(Im selben Jahre beim Eintritt der Kalenden des August ereignete sich eine sehr große Überschwemmung der Gewässer, die in der ganzen Diöcese Prag den Gärten, Getreidefeldern und Gebäuden, die an den Ufern lagen, schweren Schaden brachte; auch ertranken zahlreiche Menschen.)

7. Oktober Friesland Sturmflut

. . . ; increscente nimis occeano, dominica ante festum Gereonis Fivela . . .

(„Menconis chronicon." M. G. H. Scriptores. XXIII, S. 547.)

(Am Sonntag vor dem Feste des Gereo wuchs der Ozean außerordentlich an.)

Winter 1258 und Anfang Frühling 1258 Böhmen Moldau: Eisdecke

Hoc anno hyems et veris principium et medium valde aspera et frigida fuerunt, glacies Wltavae grossa nimis, et duravit usque pascha, quod tunc occurit 9, Kal. Aprilis [24. März].

(„Canonic. Pragens. contin. Cosmae." Annal. Pragenses. I. M. G. H. Scriptores. IX, S. 177.)

(Der Winter, der Anfang und die Mitte des Frühlings waren sehr streng und kalt, das überaus starke Eis der Moldau blieb bis zum Osterfest, das damals auf den 24. März fiel.)

Dominica Letare que fuit 5. Non. mensis Martii de abundantia nivis tanta venit abundantia aquarum et tam vehementi torrente processit, quod vallus civitatis Wormatiensis prope cemiterium Judeorum in maxima quantitate rumpebatur, ita quod super ponte porte sancti Andree duo submersi fuerint. 3. März 1258 Worms-Überschwemmung

(„Annales Wormatienses." M. G. H. Scriptores. XVII, S. 60.)

(Am Sonntag Lätare, der auf den 3. März fiel, entstand durch das Übermaß an Schnee ein so großes Hochwasser, und es trat ein so heftiger Gießbach auf, daß das Tal der Stadt Worms in der Nähe des jüdischen Friedhofs stark beschädigt wurde, so daß auf der Brücke des St. Andreas-Tores 2 ertranken.)

A festo penthecostes usque ad nativitatem Domini in Ytalia et tota Gallia tanta inundatio pluviarum fuit, quod pontes et ville multe et sata destructa sunt; nec sata colligi nec alia seminari valuerunt. Pfingsten-Weihnachten 1258 Frankreich Italien Überschwemmung der Flüsse

(„Ex chronico Girardi de Fracheto." M. G. H. Scriptores. XXVI, S. 589.)

(Vom Pfingstfest bis zu Weihnachten war in Italien und ganz Gallien eine so große Überschwemmung infolge von Regengüssen, daß die Brücken und viele Dörfer und Getreidefelder vernichtet wurden; man vermochte weder die Ernte einzubringen noch die neue Aussaat vorzunehmen.)

Quae remanserunt segetes in mediis campis, inundatione pluviarum putruerunt. (Sommer) Nordfrankreich Überschwemmung

(„Chronicon Savigniacense" in Steph. Baluzius „Miscellaneorum etc." II, S. 321.)

(Das Getreide, das auf den mittleren Feldern verblieb, verfaulte infolge der Überschwemmungen durch die Regengüsse.)

Inaudita inundatio aquarum in vigilia Sancti Albanii ... 21. Juni England Überschwemmung der Flüsse

(„Annales Prioratus de Wigornia" in „Rer. Britannicar. med. aev. scriptores." Band 36, IV, S. 445.)

(Eine unerhörte Überschwemmung der Gewässer am Vorabend des Tages des heiligen Albanus.)

Au mois de septembre il y eutsen plusieurs endroits de tels déluges de pluie, ... September N. Frankreich Überschwemmungen

(„Chronique de Guillaume de Nangis" in „Collect. des mémoir. relat. à l'hist. de France", edid. Guizot. Band 13, S. 171/72.)

Transit annus iste frugibus et fructibus destitutus, quia in Vigilia Sancti Johannis Baptistae tempestas valida fuit pluviarum, inundantium super rivos aquarum Sabrinae et fluviorum versus Bristolliam qualis non est visa perante. Ex cuius inundatione, quasi ex abditis inferorum finibus erumpentes aquae, omnia prata iuxta Sabrinam, simul et sata, perdita sunt. Dimersi sunt etiam in illis aquis vehe- 23. Juni 1259 England Überschwemmung der Flüsse mentibus homines nonnulli et pueri plurimi, quorum nescitur numerus, et animalia diversi generis velut innumerabilia.

(„Willelmi Rishanger, monach. S. Albani, chronica." in „Rer. Britannicar. med. aev. scriptores. Band 28, 2, S. 3. „Chronica monast. S. Albani.)

(Es ging jenes Jahr vorüber mit einer enttäuschenden Feld- und Baumfrucht-Ernte, weil sich am Vorabend des Tages des heiligen Johannes des Täufers ein mächtiges Unwetter mit Regengüssen ereignete, so daß die Sabrina (Severn) und die Flüsse gegen Bristol hin derartig über die Ufer traten, wie es vorher noch nicht gesehen worden war. Durch diese Überschwemmung, bei der die Gewässer wie aus verborgenen unterirdischen Gegenden hervorbrachen, wurden alle Wiesen, die an der Sabrina (Severn) lagen, ebenso die Getreidefelder, vernichtet. Es ertranken auch in jenem heftigen Gewässer einige Männer und zahlreiche Knaben, deren Zahl man nicht weiß, und zahllose Tiere verschiedener Gattungen.)

1. August 1259
Böhmen
Überschwemmung der Flüsse

Eodem anno Kal. Augusti facta est maxima inundatio aquarum quae plures homines suffocavit.

(„Chronicon Bohemiae etc. auctore Neplachone" in G. Pez „Script. rer. Austriac." II, S. 1033.)

(Im selben Jahr am 1. August ereignete sich eine sehr große Überschwemmung der Gewässer, durch die viele Menschen ums Leben kamen.)

1260
Rhein
Überschwemmung

Do was ein grois gewesser, dat der Rin also ho up sprank ind alle wasser.

(„Kölner Jahrbücher d. 14. u. 15. Jahrhunderts." Rec. B. in „Die Chroniken d. deutsch. Städte" 13. Band, S. 30.)

° („Kölner Jahrbücher d. 14. u. 15. Jahrhunderts." Recension D. in „Die Chroniken d. deutsch. Städte." 13. Band, S. 126.)

° („Kölner Chronik (274–1399)" edid. Dr. Ennen in „Annal. d. histor. Vereins f. d. Niederrhein," 23. Heft, S. 47.)

Westdeutschland
Überschwemmungen der Flüsse

Hoc etiam anno magnae et nimium periculosae innundationes aquarum fuerunt, maxime circa Rhenum, quae domos et aedificia multa subvertentes nec hominibus pepercerunt, . . .

(J. Trithemius „Chronica insignis monast. Hirsaugiensis." S. 191.)

(In diesem Jahre waren sehr große und außerordentlich gefährliche Überschwemmungen der Gewässer, besonders am Rhein, die viele Häuser und Gebäude umstürzten und auch die Menschen nicht verschonten.)

3. August
Winterthur
Überschwemmung

Stephani pape ein wassergusin ze Winterthur.

(„Die Chronik des Laurencius Boßhart von Winterthur (1185–1532)" edid. Kasp. Hauser in Quell. z. schweizer. Reformationsgeschichte." 3. Bd., S. 2.)

Ingressus autem Babariam propter aquarum inundationem vix evasit, ... 1261 Bayern Überschwemmung der Flüsse

(„Anonymi Leobiens. chronic. in G. Pez „Scriptor. rer. Austriac. I, Sp. 826.)

(Nachdem er in Bayern eingedrungen war, kam er infolge der Überschwemmungen der Gewässer kaum vorwärts.)

Hoc anno fuit magnum gelum et glacies valida, incipiens quinta die ante Natale, et duravit per tres septimanas continuas, et Tamisia ita fuit congelata, quod quandoque fuit cooperta de rivo in rivum, ita quod videbatur quod ipsa possit transiri pede et equo. Winter 1262 Themse Eisdecke

(„Cronica maiorum et vicecomitum Londoniarum", edit. Thom. Stapleton. S. 51.)

(In diesem Jahr war großer Frost und kräftiges Eis, die am 5. Tage vor Weihnachten begannen und 3 Wochen hintereinander anhielten, und die Themse war so zugefroren, daß, sobald sie von Ufer zu Ufer [mit Eis] bedeckt war, sie, wie man sah, zu Fuß und zu Pferde überschritten werden konnte.)

Alsa ibidem congelata. Ill Eisdecke

(„Annales Colmarienses minores. M. G. H. Scriptores. XVII, S. 191.)

(Die Ill (bei Mülhausen) gefroren.)

In octava Agnetis subito circa horam terciam, irruente choro collaterali zefiri et subsequente circio nimis immoderate multe domus corruerunt, et campanile in Werum cum omni suo pondere de loco motum est, et conventus occidentalis totus corruit, et pars tignorum in Campo Rosarum de lignea ecclesia corruit, ... Et occeanus vehementer commotus aggeres infregit, et aque salse superficiem terre operuerunt, et aqueductus in Fiskmare irruptus supernatavit, et aque per noctem et fere per diem irruperunt, ... 28. Januar 1262 Friesland Sturmflut

(„Menconis chronicon. M. G. H. Scriptores. XXIII, S. 550.)

(8 Tage nach dem Agnestag stürmte plötzlich gegen die 3. Stunde der WNW los, dem ein außerordentlich unmäßiger NW folgte, wobei viele Häuser umstürzten und der Glockenturm in Werum mit seinem ganzen Gewicht bewegt wurde, das ganze westliche Conventgebäude und ein Teil der Balken der hölzernen Kirche im Campus Rosarium (Rosenfeld) umstürzten.
Der Ozean, heftig in Bewegung, durchbrach Dämme, und das Salzwasser bedeckte die Erdoberfläche, und die Wasserleitung in Fiskmare zerbrach und schwamm oben, und die Gewässer stürmten fast Tag und Nacht.)

Eodem anno illuscente vigilia Johannis baptiste, orta tempestate cum inundancia pluviarum in quadam villa dicta Apolde et vicinis villis ac in civitate dicta Gene, que sita est super fluvium Salam, nocturno tempore homines promiscui sexus XXXV submersi sunt, domicilia deducta sunt, et pecora plurima perierunt. 23. Juni 1263 Thüringen Überschwemmung, z. B. Gegend von Apolda und Jena

(„Cronica S. Petri Erford. mod. II. M. G. H. Scriptores. Kleine Ausgabe. 22. Bd., S. 252.)

(Im selben Jahre, als der Vorabend des Tages Johannes des Täufers anbrach, entstand ein Unwetter mit einer Überschwemmung infolge der Regengüsse, wodurch in einem gewissen Ort namens Apolda und den benachbarten Dörfern und in der Stadt Jena, die jenseits des Saale-Flusses liegt, zu nächtlicher Zeit 35 Menschen ohne Unterschied des Geschlechtes ertranken, Wohnstätten fortgeführt wurden und sehr viel Vieh umkam.)

° („Cronica minor Minoritae Erphordensis." M. G. H. Scriptores. Kleine Ausg. 22. Bd., S. 667.)

1263 23. Juni

Des selbin jares an sente Johannes des touferes abende da wart ein ungewittere bie Appolde in Doringen unde bie Jhene bie der Saale in der nacht, da irtrunken fünf unde drißig mensche, unde daz waßir vürte vil husere enweg unde irtrenkete ußir maße vil vihes.

(„Chronici Saconici continuatio (Thuringica) Erfordensis." M. G. H. Scriptores. Kleine Ausgabe 22. Band, S. 454.)

1264 Dezember Böhmen Überschwemmung der Flüsse

Eodem anno mense Decembri facta est inundatio magna aquarum per totam Bohemiam, quarum inundatione insolita facta sunt damna plurima aedificiorum, annonae diversi generis, et aliarum plurimum rerum.

(„Canonicar. Pragens. contin. Cosmae." Annal. Pragens. I. M. G. H. Scriptores. IX, S. 179.)

(Im selben Jahre im Dezember ereignete sich eine große Überschwemmung der Gewässer in ganz Böhmen, und durch diese außergewöhnliche Überschwemmung erlitten die Gebäude, die verschiedenen Getreidevorräte und viele andere Dinge den größten Schaden.)

° („Johannis de Marignola chronicon" in „Fontes rer. Bohemic." Tom III, S. 571.)

um 6. Dezember Thüringen, Sachsen Überschwemmung der Flüsse

und in sunte Nicolaus avende wart grot watervlot, de vele dorp vostorde.

(„Die Magdeburg. Schöppenchronik" in „Die Chroniken der dtsch. Städte." 7. Bd., S. 154.)

Eodem eciam tempore pluvie repentine et inundaciones aquarum circa festum beati Nicolai multas villas in Saxonia miserabiliter submerserunt.

(„Cronica S. Petri Erford. mod. II." M. G. H. Scriptores. Kleine Ausgabe. 22. Band, S. 254.)

(Auch zu dieser Zeit wurden durch plötzliche Regengüsse und Überschwemmungen der Gewässer um das Fest des sel. Nicolaus viele Dörfer in Sachsen jämmerlich unter Wasser gesetzt.)

° („Cronica minor Minoritae Erphordensis." M. G. H. Scriptores. Kleine Ausg. 22. Bd., S. 670.)

° („Cronica Reinhardsbrunnensis". M. G. H. Scriptores. XXX, 1, S. 624.)

° („Chronica S. Aegidii in Brunswig." in G. W. Leibniz „Scriptor. Brunswic. illustr." III, S. 592.)

Des selbe jares was groz gewessere in Sachsen lande umme sente Nycolaus tag, also daz manig dorf davone irtrank.

(„Chronici Saxonici continuatio (Thuringica) Erfordensis." M. G. H. Scriptores. Kleine Ausg. 22. Band, S. 454.)

Aqua, que fluit per civitatem Basiliensem et dicitur Birsich [Birsig], inundavit et plurima devastavit. 1265 Basel Birsig-Überschwemmung

(„Annales Colmarienses minores." M. G. H. Scriptores. XVII, S. 191.)

(Das Gewässer, das durch die Stadt Basel fließt und Birsig heißt, trat über seine Ufer und verwüstete viel.)

in conversione S. Pauli, fuit tanta inundatio aquarum . . .] Un religieux de St.-Marie.] Manuscr. 25. Januar Fluß Yonne Überschwemmung

(M. Champion „Les inondations en France etc." II, S. 119.)

(Am Tage der Bekehrung des St. Paulus trat eine so große Überschwemmung ein, . . .)

Hoc anno, quarto Kalendas Decembris, Sabbato videlicet ante primam Dominicam adventus Domini, aqua fluminis alveum suum consuetum transcendens, impegit in omnes officinas abbatiae in locis inferioribus sitas. 28. November Waverley (südwestlich von London) Überschwemmung

(„Annales monasterii de Waverleia" in „Rer. Britannicar. med. aevi scriptores". Band 36, II, S. 368.)

(In diesem Jahre, am 28. November, d. h. dem Sonnabend vor dem 1. Advents-Sonntag, überschritt das Wasser des Flusses seine Ufer und ergoß sich in alle niedrig gelegenen Werkstätten des Klosters.)

Kal. Aug. in Schadwienna, tanta ex concursu in nocte et collisione nubium facta est inundacio ut quingentos homines extingueret, et ecclesiam ibidem pluresque domos ac edificia funditus devastaret. 1. August 1266 Schadwinna (Steiermark) Überschwemmung infolge eines Wolkenbruches

(„Historia annorum 1264/79." M. G. H. Scriptores. IX, S. 650.)

(Am 1. August ereignete sich in Schadwinna durch den Zusammenprall der Wolken in der Nacht eine so große Überschwemmung, daß 50 Menschen ums Leben kamen und die Kirche dort und verschiedene Häuser und Gebäude von Grund aus zerstört wurden.)

Anno dom. MCCLXVI. Kal. Augusti opidum in Schadwinna ex inundacia plunie et ex procellis nubium et ex collisione lapidum in torrentem fere totum est euersum cum ecclesia in eodem foro et bene quingenti homines sunt tunc ibidem extincti.

(„Anonymi Leobiensis chron." edid. J. Zahn, S. 18.)

(Am 1. August wurde die Stadt Schadwinna durch eine Überschwemmung infolge von Regengüssen und durch Ungewitter der Wolken und durch Zusammenstoß der Steine im Gießbach fast ganz vernichtet, mit der Kirche in demselben Markt, und wohl 50 Menschen kamen dabei ums Leben.)

1268 Süd-deutschland Über-schwemmungen

Hoc anno inundationes magnae factae sunt; ...

(„Annales Sancti Georgii in Nigra Silva." Contin. M. G. H. Scriptores. XVII, S. 298.) = 1269

(In diesem Jahre ereigneten sich große Überschwemmungen.)

16. Januar 1268 Friesland Sturmflut

..., cum ventus per aliquot dies per nothum et affricum mare concitasset, subito inter crepusculum et conticinium affrico successit crudelis circius vehementi afflatu, et per plurimas partes Frisie occeanus aggeres infringens diluvium induxit. Sola vero Fivelgonia ab hac plaga fuit libera, forte quia suos aggeres plus aliis Frisonibus exaltavit, ... Inundatio autem ista facta fuit, ..., eadem hora noctis sancti Marcelli, et eadem feria, scilicet quarta, et fere eadem lunatione, quia tunc erat luna 27, modo vero 28.

(„Menconis chronicon." M. G. H. Scriptores. XXIII, S. 552.)

(..., als mehrere Tage der S- und SW-Wind das Meer stark bewegt hatte, folgte plötzlich zwischen Abend-Dämmerung und dem 1. Teil der Nacht dem SW-Wind ein schrecklicher NW-Wind mit heftiger Gewalt, und in zahlreichen Teilen Frieslands zerbrach der Ozean die Deiche und führte die Flut hinein.
Allerdings blieb allein Fivelgonia [an der Westküste der Ems-Mündung] von diesem Unglück verschont, weil seine Deiche sich höher als die anderen friesischen erhoben. Es trat aber eine derartige Überschwemmung ein, ..., zur Nachtzeit des Marcellustages usw.)

22. Januar Themse Über-schwemmung

Hoc anno excrevit aqua Thamisie in festo Sancti Vincencii, ascendens altius quam uncquam temporibus aliquorum hominum tunc viventium; ita quod multa maneria, domus et etiam homines per illam cretinam submersi sunt.

(„Cronica maiorum et vicecomitum Londoniarum", edit. Thom. Stapleton. S. 108.)

(In diesem Jahre stieg das Wasser der Themse am Feste des heiligen Vincentius, und zwar höher, als es irgend einer der jetzigen Generation jemals gesehen hatte, so daß viele Wohnstätten, Häuser und auch Menschen durch jenes Unglück untergingen.)

April England Über-schwemmungen der Flüsse

Eodem anno et eodem mense audita sunt tonitrua sattis terribilia, et pluviarum subsecutae sunt inundationes et aquarum dirivationes, valde horribiles et durantes per quindecim dies.

(„Annales monasterii de Oseneia" in „Rer. Britannicar. med. aev. scriptores." Band 36, IV, S. 215.)

(Im selben Jahre und Monat wurden ziemlich schreckliche Donner gehört, und es folgten Regengüsse und sehr entsetzliche Ausbrüche der Flüsse, die 15 Tage anhielten.)

In festo Gordiani et Epimachi (10. Mai) cecidit risina [pluvia vehemens] magna prope villam Altdorf et secum duxit lapidem, qui habebat duodecim pedes in latitudine et tredecim in longitudine; que ecclesiam et multos homines pene deleverat cum predicante, septem autem vaccas et arbores multas et vineas plurimas devastavit.

10. Mai 1268 Bei Altorf (Kant. Uri) Überschwemmung

(„Annales Basileenses". M. G. H. Scriptores. XVII, S. 193.)

(Am Feste des Gordianus und Epimachus fiel bei der Ortschaft Altdorf (Altorf) ein gewaltiger Regen, der einen Stein von 12 Fuß Breite und 13 Fuß Länge mit sich führte, und beinahe hätte dieser die Kirche zerstört und viele Menschen mit dem Prediger ums Leben gebracht. So tötete er 7 Kühe und verwüstete Bäume und Weinstöcke in großer Zahl.)

Renus crevit usque adeo, quod omnes pontes destruxit.

Sommer Rhein Überschwemmung

(„Annales Basileenses." M. G. H. Scriptores. XVII, S. 193.)

(Der Rhein schwoll so hoch an, daß er alle Brücken zerstörte.)

Hoc etiam anno hyems fuit magna, et tanta glacies quod ante Natale Domini pluribus diebus potuerunt homines ire super glacies a domo sancti Benedicti usque ad omnes villas circa fundatas proximiores.

Winter 1269 England Themse Eisdecke

(„Flores historiarum" in „Rer. Britannic. med. aevi scriptores." Band 95. Vol. III, S. 19.)

(In diesem Jahr war auch der Winter streng und so starkes Eis, daß vor Weihnachten an mehreren Tagen Menschen über das Eis gehen konnten, und zwar vom Hause des heiligen Benediktus bis zu allen Ortschaften der näheren Umgebung.)

In vigilia Natalis Domini, fuerunt aque magne, sed in crastino decrescere ceperunt.

24. Dezember 1268 Nordfrankreich Hochwasser der Flüsse

(„Chronique parisienne du XIIIe siècle" in „Mém. de la soc. de l'hist. de Paris et de l'Ile-de-France". Tom. IV, S. 189.)

(Am Vorabend der Geburt des Herrn waren die Gewässer groß, aber am 3. Tage danach fingen sie an zu fallen.

Item in ipso festo Natiuitatis Domini tanta fuit inundacio aquarum, quantum nullus viuens audiuit.

25. Dezember Böhmen Überschwemmung der Flüsse

(Nichol. Glasberger „Maior. cronica Boemorum moderna 1200/1310." edid. W. Seton. S. 71.)

(Am Feste der Geburt des Herrn war eine so große Überschwemmung der Gewässer, wie sie kein lebender Mensch gesehen hat.)

In ipso festo nativitatis Domini tanta facta est inundatio aquarum, quanta nunquam a tunc viventibus visa fuit.

Süddeutschland Überschwemmung der Flüsse

(„Hermanni Altahensis annales." M. G. H. Scriptores. XVII, S. 406.)

(Am Feste der Geburt des Herrn ereignete sich eine so große Überschwemmung der Gewässer, wie sie von den jetzt Lebenden niemals gesehen wurde.)

° („Chronicon Imperii" in „Histor. monast. Wessofontani", edit. C. Leutner. II, S. 34.)

1269 Oder Überschwemmung

Wandalus fluvius subito inundavit.

(„Annales Polonorum." III. M. G. H. Scriptores. XIX, S. 637.)

(Der Wandalus-Fluß [Oder] trat plötzlich über seine Ufer.)

Nach 2. Februar England Überschwemmungen der Flüsse

Post vero praedicti gelu resolutionem tam horrendae subsecutae sunt pluviarum inundationes et aquarum dirivationes, quod asportabant blada seminata et radicata, oves et boves, domos et homines, pontes ligneos et lapideos, et alia mala fecerunt innumerabilia.

(„Annales monasterii de Oseneia" in „Rer. Britannic. med. aev. scriptores." Bd. 36, IV, S. 221.)

(Nämlich nach dem Schmelzen des vorgenannten Eises folgten so ungeheure Überschwemmungen infolge von Regengüssen und Ausbrüchen der Gewässer, daß sie Schafe und Rinder, Häuser und Menschen, hölzerne und steinerne Brücken mit sich fortführten und andere unzählige Schäden verursachten.)

19.—23. Mai Paris Seine-Überschwemmung

Die Trinitatis et usque ad diem Jovis post Trinitatem, fuit Parisius Secana magna, ad modum qui non fuerat ante visus, sicut totus populus testabatur, sed tunc decrescere incepit.

(„Chronique parisienne du XIIIe siècle" in „Mém. de la soc. de l'hist. de France et de l'Ile-de France." Tom. IV, S. 189.)

(Vom Trinitatis-Tag bis zum Donnerstag nach Trinitatis war die Seine zu Paris groß, und zwar in einem Maße, wie es vorher niemand gesehen hatte, wie die ganze Bevölkerung bezeugte, aber darauf begann sie zu fallen.)

1270 Böhmen Überschwemmungen

Multa aeris intemperies hoc anno fuit, et multa inundatio pluviarum in autumno.

(„Canonic. Pragens. contin. Cosmae." Annal. Pragens. I. M. G. H. Scriptores. IX, S. 180.)

(In diesem Jahre war häufig ungünstige Witterung und im Herbst gab es viele Überschwemmungen durch Regengüsse.)

25. März England Überschwemmungen der Flüsse

In festo Annunciationis beatae Mariae tantae fuerunt pluviae et aquarum derivationes, quod ante et post diluvium Noae tales et tam horribiles visae non fuerunt, ut dicebatur, nec tam diu durantes, quae crescendo durabant per X L dies et amplius.

(„Annales monasterii de Oseneia" in „Rer. Britannic. med. aev. scriptores." Bd. 36, IV, S. 230/31.)

(Am Feste der seligen Mariä Verkündigung waren so große Regengüsse und Ausbrüche der Gewässer, wie sie vor und nach der Sintflut Noahs in solcher Größe und Schrecklichkeit nicht gesehen wurden und, wie man sagte, nicht so lange anhielten, wie sie anwuchsen, nämlich 40 Tage und länger.)

Inundatio molendinam in Uffhen destruxit. 1270 8. Juni Uffheim (Elsaß) (zwischen Basel und Mühlhausen Überschwemmung

(„Annales Basileenses". M. G. H. Scriptores. XVII, S. 194.)

(Am Trinitatisfeste zerstörte eine Überschwemmung die Mühle zu Uffheim (zwischen Basel und Mühlhausen.)

Iterum circa festum beate Marie Magdalene tribus diebus fuit maxima inundacio aquarum in Cracovia per Wyslam, qualis nunquam visa fuit, quia occupavit villas, segethes, prata et totum campum et spacium a monte sancti Stanislay usque ad montem sancti Benedicti, et multos homines submersit et domos et molendina, et duravit hoc malum per 15 dies, et hoc diluvium per diversas provincias mundi, et fecit Raba et Dunaiecz. um 21. Juli Krakau Weichsel Überschwemmung

(„Annales Polonorum." I/II. M. G. H. Scriptores. XIX, S. 638.)

(Um das Fest der seligen Maria Magdalena war wiederum 3 Tage lang eine sehr große Überschwemmung in Krakau durch die Weichsel, wie sie vorher niemals gesehen wurde, weil sie Dörfer, Saatfelder, Wiesen und das ganze Feld und den ganzen Raum vom Berge des heiligen Stanislaus bis zum Berge des heiligen Benediktus einnahm und viele Menschen ertranken, und Häuser und Mühlen wurden vernichtet, und dauerte dieses Übel 15 Tage lang und betraf diese Sintflut verschiedene Länder der Welt, und Raba und Dunajec.)

° („Annales Polonorum." III. M. G. H. Scriptores. XIX, S. 639.)

° („Annales Polonorum." IV. M. G. H. Scriptores. XIX. S. 639.)

° („Annales Cracovienses compilati." M. G. H. Scriptores. XIX, S. 595.) [= 1271]

12. Kal. Augusti, fuit inaudita inundacio fluviorum, precipue Wizle, Rabe et Dunaiech. Verum quanta dampna fecerit horror est referre. Namque sua torrenti violencia in utraque parte littorum et riparum longe lateque villas agrosque miserabiliter abolevit. Homines, iumenta ceteraque animalia in parte maxima submergendo. 21. Juli Polen Überschwemmungen der Flüsse

(„Annales capituli Cracoviensis." M. G. H. Scriptores. XIX, S. 604.)

(Es ereignete sich eine unerhörte Überschwemmung der Flüsse, hauptsächlich der Weichsel, Raba und Dunajec. Aber es ist zu berichten, wie großen Schaden das Entsetzliche anrichtete. Nämlich durch seine reißende Heftigkeit auf beiden Uferseiten verschwanden weit und breit Dörfer und Äcker elendiglich. Menschen, Zugtiere und andere Tiere ertranken größtenteils.)

Renus magnus in festo Jacobi. 25. Juli Rhein Hochwasser

(„Annales Basileenses." M. G. H. Scriptores. XVII, S. 194.)

(Der Rhein führte Hochwasser am Jacobusfeste.)

1270 Erntezeit Ill Hochwasser

Alsa magna in messibus circa Herichen.

(„Annales Basileenses.“ M. G. H. Scriptores. XVII, S. 194.)

Hochwasser der Ill bei Hergheim (Kanton Ensisheim).

April 1271 Frankreich England Überschwemmungen der Flüsse

Eodem anno mense Aprili, in Burgundia, Francia, Anglia, et maxime in Kantia, fuit tanta inundatio aquarum et terrae motus, ut quasi diluvium secundum putaretur, ita ut domos per suam inundationem asportaret, et pontes lapideos frangeret; segetes, vineas, vastaret et absorberet, maxime in partibus transmarinis; et circa Cantuariam, et in ecclesia Cantuariensi ita ebullivit, ut criptae illius ecclesiae et claustra monasterii et alia officia repleta erant aquae, quod nunquam temporibus retroactis visum fuerat.

(„Chronica Gervasii Doroborn. Gesta regum continuata“ in „Rerum Britannic. med. aev. scriptores“ Band 73, II, S. 272.)

(Im selben Jahre im Monat April war in Burgund, Frankreich, England und besonders in Kent eine so große Überschwemmung der Gewässer und ein Erdbeben, daß man es gewissermaßen für eine 2. Sintflut hielt, so daß Häuser durch die Überschwemmung fortgetrieben und steinerne Brücken zerstört wurden; Saatfelder und Weinberge wurden verwüstet und fortgerissen, besonders in den jenseits des Meeres liegenden Gegenden. Um Canterbury und in der Kirche von Canterbury flutete das Wasser so sehr, daß die Krypta jener Kirche und die Zellen des Klosters und andere Dienstgebäude mit Wasser angefüllt waren, was niemals in zurückliegenden Zeiten beobachtet worden war.)

11. September Canterbury Überschwemmung infolge eines Wolkenbruchs

Apud Cantuariam (Canterbury) III° idus Septembris descendit quasi subito quaedam nubes integra circa horam vespertinam super civitatem et super patriam adjacentem, ita ut maxima civitatis pars aquis subito praecipitaretur, duravitaque illius aquae defluxus usque ad horam primam diei sequentis.

(„Chronica Johannis de Oxenedes“ in „Rer. Britannicar. med. aev. scriptores. Band 13, S. 239.)

(Bei Canterbury senkte sich gewissermaßen plötzlich eine volle Wolke gegen die Abendstunde auf die Stadt und deren Umgebung, so daß der größte Teil der Stadt plötzlich vom Wasser überflutet wurde, und der Abfluß dieses Wassers dauerte bis zur 1. Stunde des folgenden Tages.)

Um 29. Sept. Inner-Frankreich Überschwemmung der Flüsse

Fuit magna aquarum inundacio circa festum sancti Michaelis.

(„Anonym. S. Martialis chronicon 1207–1320“ in „Chron. de Saint-Martial de Limoges“, edid. H. Duplés-Agier. Soc. de l'hist. de France. Bd. 167, S. 134.)

(Um das Fest des heiligen Michael ereignete sich eine große Überschwemmung der Gewässer.)

29. September Montmorollin (Départm. Vienne) Gartempe Überschwemmung

Inundatio aquarum per plura loca multa mala fecit, et apud Montem Morilii multos submersit

(M. Champion „Les inondations en France etc.“ II, S. 201 aus „Major. chron. Lemovicensis quart. suppl.“ in „Recueil des histor. etc.“ tom. XXI, S. 797 H.)

(Eine Überschwemmung der Gewässer richtete an zahlreichen Orten viel Unheil an, und bei Montmorillon kamen viele im Wasser um.)

Es fiel großes Regenwetter ein, so daß die Täler mit Wasser gefüllt wurden. Die Ringmauern des Klosters wurden gegen Westen an zwei Stellen durchbrochen. Auch sonst viel Schaden an Gebäuden. 1272 Kaisheim (Reg. Bez. Schwaben i. Bay.) Überschwemmung

(M. Schaidler „Chronik des ehemaligen Reichsstiftes Kaisersheim (Kaisheim) etc." S. 30.)

Item ex inundationibus maximis que fuerunt, multi tam in Austria quam in Babaria dampna plurima receperunt. Österreich Bayern Überschwemmungen

(„Annales Sancti Rudberti Salisburg." M. H. G. Scriptores. IX, S. 799.)

(Ebenso erlitten viele durch die sehr großen Überschwemmungen, die eintraten, sowohl in Österreich als auch in Bayern, den größten Schaden.)

Item inundatio maxima pluviarum, quae duravit a tempore nundinarum Sancti Egidii usque post festum Sanctae Cecilyae fere cum continuatione. 9. September — nach 22. November England Überschwemmung

(„Annales monasterii de Wintonia" in „Rer. Britannic. med. aev. scriptores." Band 36, II, S. 112.)

(Ebenso ereignete sich eine sehr große Überschwemmung infolge von Regengüssen, die von der 1. Woche nach dem St. Ägidustag (1. Sept.) bis nach dem Feste der heiligen Cecilie (22. Nov.) fast ununterbrochen anhielt.)

o („Annales monasterii de Waverleia" in „Rer. Britannicar. med. aev. scriptores." Bd. 36, II, S. 378.)

o („Annales Prioratus de Wigornia" in „Rer. Britannicar. med. aev. scriptores." Bd. 36, IV, S. 461.)

In sequenti etiam auttumpno tanta inundatio pluvie, erupit, ut parvuli rivi in tam magna flumina subito excrescerent, ut evulsis domibus multis, in submersione pecorum, abductione feni et annone homines circa valles residentes dampna plurima paterentur. Herbst Bayern Überschwemmungen der Flüsse

(„Hermanni Altahensis annales." M. G. H. Scriptores. XVII, S. 407.)

(Im folgenden Herbst brach eine so große Überschwemmung durch Regen herein, daß die kleinen Bäche plötzlich zu so großen Flüssen anwuchsen, daß die in den Tälern wohnenden Menschen den größten Schaden erlitten, nämlich dadurch, daß viele Häuser von Grund aus zerstört wurden, Vieh ertrank und Heu und Getreide fortgeschwemmt wurde.)

Winter 1272 (—73) Schweiz Bodensee Eisdecke

Winter so ungewöhnlich kalt, daß der Bodensee ganz zugefroren.

* („Auszüge aus verschiedenen handschariftlichen Chroniken der Stadtbibliothek in Winterthur“, edid. R. Wolf in „Vierteljahrsschrift d. naturf. Gesellsch. in Zürich.“ 10. Jahrgang. S. 85.)

März 1273 England Überschwemmungen der Flüsse

Item pluvia continua et inundationes multae per totum mensem Martii, ...

(„Annales monasterii de Waverleia“ in „Rer. Britannicar. med. aev. scriptores.“ Bd. 36, II, S. 381.)

(Gleichfalls anhaltende Regen und viele Überschwemmungen den ganzen Monat März hindurch.)

30. März England Überschwemmung der Flüsse

Sed et penultimo die Martii, videlicet III. Kalendas Aprilis fere nocte dieque continuata inundatio tanta erupit quod parum ab inundatione anno Domini 1258 facta distare videbatur; sed in quibusdam locis per Angliam supradictam inundationem prae sua violentia transire videbatur, pontem enim Cantebrigiae V. pedum altitudine transcendit.

(„Chronica Johannis de Oxenedes“ in „Rer. Britannic. med. aev. scriptores. Band 13, S. 243.)

(Am vorletzten Tage des März, d. h. am 30. März, trat eine so große, fast Tag und Nacht anhaltende Überschwemmung ein, die der Überschwemmung vom Jahre 1258 gleichzukommen schien, aber an verschiedenen Orten in England schien sie sie durch Heftigkeit zu übertreffen, denn sie überstieg die Brücke von Canterbury um 5 Fuß Höhe.)

18. August Moldau Überschwemmung

15. Kal. Septembris inundatio aquarum facta est magna in flumine Wltaviae, ita ut capella lignea quae sita erat ante pontem in Pesek totaliter cum fundamento defluxit, et alia ecclesia lapidea, quae erat sub ponte insula pars eius media collisa est, et omnia molendina, quae erant circa civitatem Pragensem, cum aqua confracta defluxerunt; homines plurimos suffocavit, aedificia subvertit. In campis annona et foenum de pratis cum alluvione descenderunt; ortos olerum vitiarit, per civitatem Pragensem fluxit, extendens meatus suos usque ad ecclesiam sancti Aegidii et ecclesiam sancti Nicolai, fluens per totum vicum Judaeorum usque in ecclesiam sancti Francisci.

(„Canonic. Pragens. contin. Cosmae. Annal. Pragens. I.“ M. G. H. Scriptores. IX, S. 180.)

(Am 18. August trat eine Überschwemmung des Moldau-Flusses ein, so daß die Holzkapelle, die vor der Brücke in Pisek stand, von Grund aus weggerissen wurde, an einer anderen Kirche aus Stein, die unterhalb der Brücke auf einer Insel stand, der mittlere Teil zertrümmert wurde, und alle Mühlen um Prag herum zerstört und weggeschwemmt wurden. Viele Menschen ertranken und Gebäude wurden umgeworfen. Auf den Feldern wurde das Getreide und Heu weggeschwemmt, die Küchengärten wurden verwüstet, die Stadt Prag wurde überflutet, und das Wasser erstreckte sich bis zu den Kirchen der heiligen Ägidius und des heiligen

Nicolaus und durch das ganze Judenviertel bis zu der Kirche des heiligen Franciscus.)

o („Johanis de Marignola chronicon" in „Fontes rer. Bohemicar." Tom. III, S. 572.)

o („Nicholas Glassberger „Maior cronica Boemor, moderna (1200/1310)", edid. W. Seton. S. 76.)

6. Kal. Julii magna pluvia. Renus tam tantus, quantus unquam antehac anno; omnes pontes destruebat, nisi dum festo Jacobi pluere cessabat.

26. Juni bis 25. Juli 1274 Rhein Überschwemmung

(„Annales Basileenses." M. G. H. Scriptores. XVII, S. 196.)

(26. Juni kamen starke Regen. Da wurde der Rhein so groß wie bisher in keinem Jahre; er würde alle Brücken zerstört haben, wenn nicht am Jakobsfeste der Regen aufgehört hätte.)

Per hoc biennium continuis imbribus coelo effusus, tanta aquarum uis Franciam perfudit, ut propter aquas neque segetes colligi, neque feri frumenta potuerint.

1275 Franken Überschwemmungen der Flüsse

(Martin Hoffmann „Annal. Bamberg. episcopat." in J. P. Ludwig „Script. rer. epics. Bamberg." I, Sp. 176.)

(In diesen 2 Jahren mit ausgedehnten Regengüssen überschüttete eine so große Wassermenge Franken, daß wegen des Gewässers weder Ackerfelder abgeerntet, noch das Getreide geschnitten werden konnte.)

. . ., ipso anno tam perniciosa ac continua facta est inundatio pluviarum, . . .

Österreich Überschwemmung

(„Annales Austriae. Contin. Claustroneoburgensis" IV. M. G. H. Scriptores IX, S. 648.)

(. . ., in diesem Jahre war eine so verderbliche und anhaltende Überschwemmung durch Regengüsse . . .)

o („Historia annorum 1264/79." M. G. H. Scriptores IX, S. 652.)

o („Annales Mellicenses. Contin. Zwetlensis III." M. G. H. Scriptores. IX, S. 657.)

Item tempore mensis Maii, nubes aquas quas a mari et ab aliis fluminibus inmoderate anno proximo precedenti hauserant, diversis terrarum partibus dispersim divina providentia absque grandine et sine magno inpetu refundentes; per singulos enim subsequentes menses dum ad hyemalem terminum in tantum ymber continuare studuit, quod ex inundatione per Ytaliam, Germaniam et Alamaniam universi rivi statutos terminos excesserunt.

Mai—Winter Deutschland, Italien Überschwemmungen der Flüsse

(„Annal. Austriac. Contin. Vindobonensis." M. G. H. Scriptores. IX, S. 706.)

(Ebenso gaben zur Zeit des Monats Mai die Wolken die Wasser, die sie aus dem Meer und anderen Strömen maßlos im letztvergangenen Jahre geschöpft hatten, auf die verschiedenen Teile der Länder verteilt, durch die göttliche Vorsehung ohne Hagel und ohne große Gewalt zurück. Nämlich die einzelnen folgenden

Monate hindurch bis zum Wintertermin befleißigte sich der Regen in solchem Maße anzuhalten, daß durch Überschwemmung in Italien und Deutschland alle Flüsse über ihre Ufer traten.)

1275 In Austria autem ... Danubius bis inundans; tercia vero inundatione tempore autumpni longe lateque diffusus, molendina et edificia ... se extinxit. Annona etiam que pre continuatione pluvie ad horrea congregari non poterat, putrefacta est in campis, ...

(„Annal. Austriac. Contin. Vindobonensis." M. G. H. Scriptores. IX, S. 706.)

(In Österreich aber ... trat die Donau zweimal über ihre Ufer; bei der dritten Überschwemmung aber zur Herbstzeit ergoß sie sich weit und breit und vernichtete Mühlen und Gebäude, ... Auch die Ernte, die wegen des anhaltenden Regens nicht in Scheunen gesammelt werden konnte, verfaulte auf den Feldern,...)

Juni England Überschwemmung der Flüsse

Eodem anno magna inundatio aquarum et pluviae continuatio mense Junii, ...

(„Annales monasterii de Wintonia" in „Rer. Britannic. med. aev. scriptores." Bd. 36, II, S. 120.)

(Im selben Jahre war eine große Überschwemmung der Gewässer und anhaltender Regen im Monat Juni.)

29. Juni Basel Rhein-Überschwemmung

Festo Petri et Pauli Rhenus pontem Basiliensem destruxit, submersis plus minus 100 hominibus.

(„Annales Basileenses." M. G. H. Scriptores. XVII, S. 198.)

(Am Feste Peter und Paul zerstörte der Rhein die Brücke zu Basel, wobei an 100 Menschen ertranken.)

Überschwemmung des Birsig

... an sant Peters und Paulus tag wurdent der Rin und Birsick vast groß; furen 2 joch an der Rinbrucken hinweg, und verdurbent vil lut.

(„Die größeren Basler Annalen" ind „Basl. Chroniken". 5. Band, S. 16.)

... uff sant Petter und Paulus tag was der Rin und Birsich zu Basel also grosz das vil lut verdurben und der Rein zwey joch hinweg furt.

(„Die größeren Basler Annalen nach Schnitts Handschrift" in „Basl. Chroniken". 6. Band, S. 246.)

Um 24. August Sachsen Überschwemmung der Flüsse

Eodem anno in marchia Misenensi facte sunt inundaciones aquarum, videlicet in Albia et aliis fluminibus, de nimietate pluviarum circa festum sancti Bartholomei, ita quod multe ville ac multi homines submersi sunt, montes magni destructi sunt, et pecora frumenta quoque plurima perierunt Domino permittente.

(„Cronica S. Petri Erford. mod. II." Scriptor. rer. Germanicar. Kleine Ausgabe. Band 22, S. 272/73.)

(Im selben Jahre ereigneten sich in der Mark Meißen Überschwemmungen der Gewässer, nämlich der Elbe und anderer Flüsse, durch das Übermaß der Regengüsse um das Fest des heiligen Bartholomäus, so daß viele Dörfer unter Wasser gesetzt wurden und viele Menschen ertranken, große Berge niedergerissen wurden, und der Herr ließ geschehen, daß viel Vieh und Getreide vernichtet wurde.)

Des selbin jares was in der marke zu Mißen groz geweßere, also daz iz vil durfere inweg furte unde manig mensche irtrenkete, unde vurte ouch mangen berg inweg. 1275 Sachsen Überschwemmung der Flüsse

(„Chronici Saxonici continuatio (Thuringica) Erfordensis." M. G. H. Scriptores. Kleine Ausgabe. 22. Band, S. 460.)

... magna inundatio aquarum et pluviae continuatio ..., et peius in hyeme. Winter 1275 (—76?) England Überschwemmung der Flüsse

(„Annales monasterii de Wintonia" in „Rer. Britannic. med. aev. scriptores". Bd. 36, II, S. 120.)

(Große Überschwemmung der Gewässer und Fortsetzung des Regens ... und schlimmer im Winter.)

..., et ante nativitatem Domini venit diluvium maximum aquarum et duravit per plures dies, et inundationes aquarum magne fuerunt, et flumina sparserunt et exiverunt de locis suis et sparserunt per episcopatum Reg. Vor Weihnachten Norditalien Überschwemmung der Flüsse

(„Alberti Milioli liber de temporibus et aetatibus." M. G. H. Scriptores. XXXI, S. 546.)

(..., und vor Weihnachten trat eine sehr große Wasserflut ein und dauerte mehrere Tage, und die Überschwemmungen der Gewässer waren groß, und die Flüsse breiteten sich aus und traten über ihre Ufer und ergossen sich über das Bischoftum Reggio.)

Et ista diluvia fuerunt per totum mundum, et duraverunt predicte pluvie et predictum diluvium per totam estatem et per totum autumpnum, ita quod bene homines non poterant seminare et per villam Crustundi prope Masencaticum et implete fuerunt domus aque de fluvio Rodani, et per predictum tempus duravit per XIV menses. Sommer bis Herbst 1276 Norditalien Überschwemmung der Flüsse

(„Alberti Milioli liber de temporibus et aetatibus." M. G. H. Scriptores. XXXI, S. 547.)

(Und jene Überschwemmung ereignete sich in der ganzen Welt, und es dauerte besagter Regen und besagte Überschwemmung den ganzen Winter und den ganzen Herbst hindurch, so daß wohl die Menschen nicht säen konnten und im Orte Crustundum bei Masencaticum die Häuser mit Wasser vom Rhone-Fluß her angefüllt waren, und dauerte die Überschwemmung in besagter Zeit 14 Monate lang.)

[Es sind wohl 14 Wochen gemeint!]

Sommer 1276 Lombardie Hochwasser der Flüsse

1277. Sicut in preterita estate [= 1276] propter multas aquas in Lombardia ...

(„Annales Placent. Gibellini." M. G. H. Scriptores. XVIII, S. 568.)

(1277. Wie im vergangenen Sommer [= 1276] wegen des vielen Wassers in der Lombardei.)

23. Juni Parma Überschwemmung der Parma

Vigilia sancti Johannis batiste ... Item in ipsa vigilia circa auroram diei venit in civitatem Parme tam maxima inundatio aquarum propter multitudinem pluviarum, quod flumen Parme exivit de leto suo et venit per civitatem, et maxime per stratam Claudiam a Sancto Gervasio usque ad foveas de Sancta Cruce, ita quod per ipsam stratam poterat navigari cum navibus.

(„Annales Parmenses maiores." M. G. H. Scriptores. XVIII, S. 685.)

(Gleichfalls kam an diesem Vortage des heilig. Johannes des Täufertages gegen Morgen in die Stadt Parma eine so große Überschwemmung der Gewässer infolge der großen Regenmenge, daß der Fluß Parma über seine Ufer trat und in die Stadt eindrang, und besonders die Strata Claudia von St. Gervasius bis zum Grab des heiligen Kreuzes, so daß sie durch diese Straße mit Kähnen fahren konnten.)

Fluß Crostolo (Oberitalien, Prov. Reggio nell'Emilia) Überschwemmung

Et eodem anno die Martis exeunte Junio in vigilia sancti Johannis Baptiste venit diluvium maximum aquarum, ita quod Crustuneum crevit sic, quod a Rivalta citra usque ad Bagnolum terra tota erat in aqua ... Et plures persone necate fuerunt et mortue. Et blaude, que erant in campis, portate fuerunt de loco ad locum per loca campestria illa occasione, et pontes destructi fuerunt et domus devastate et segetes mirabiliter submerse. Et strata de Raçolo iusta Bagnolum dirupta. Et glara super strata posita portata fuit in campis et fossatis, ita quod tale diluvium auditum non fuerit in illis partibus, et nulla antiquitas hominum memorat; et segetes mirabilieter submerse.

(„Alberti Milioli liber de temporibus etc." M. G. H. Scriptores. XXXI, S. 547.)

(Im selben Jahre an einem Dienstag Ende Juni, am Vorabend des St. Johannes des Täufertages, ereignete sich eine sehr große Überschwemmung der Gewässer, so daß der Crostolo so stark stieg, daß von Rivalta diesseits bis zum Gebiet von Bagnolo alles unter Wasser stand. Verschiedene Menschen kamen um. Das Getreide, das auf den Feldern war, wurde von Ort zu Ort über die Felder bei dieser Gelegenheit geschwemmt, Brücken zerstört, Häuser verwüstet und die Saatfelder außerordentlich unter Wasser gesetzt. Die Chaussee von Racolo wurde bei Bagnolo zerstört. Der Kies auf der Chaussee wurde auf die Felder und in die Gräben geschwemmt, so daß man von einer solchen Überschwemmung in jenen Gegenden noch niemals gehört hatte und sich keiner der alten Generation einer solchen erinnern konnte. Die Saatfelder wurden in außerordentlicher Weise unter Wasser gesetzt.)

Et hoc similiter venit in festo sancti Petri . . . 29. Juni 1276 Parma Überschwemmung

(„Annales Parmenses maiores." M. G. H. Scriptores. XVIII, S. 685.)

(Und in ähnlicher Weise kam [eine Überschwemmung] am St. Peterfeste.)

Et Crustuneum crevit et sparsit alio modo (29. Juni) iusta Sanctum Stephanum extra portam, quod inundationes aquarum ascenderunt super stratam in burgo Omnium Sanctorum, et implete fuerunt domus de predicto burgo ab utraque parte strate de aqua, que veniebat de Crustuneo, et tota strata, ita quod navis poterat ire per dictam stratam super aquam; et totum hospitale sancte Katerine erat plenus aqua, ita quod tota strata videbatur esse navigium magnum; et maximum dampnum recepit dictum hospitale sancti Geminiani de blavis et aliis, que ducte fuerunt per dictum diluvium; et tota strata de Mutilena videbatur esse navigium; et iuncta fuit flumen aque Mutilene cum aqua Crustunei, et ibant dicta flumina per campos et domos, ita quod videbatur, quod esset ibi mare. Reggio nell' Emilia (Oberitalien) Überschwemmung
Et plures bestie necate fuerunt, scilicet pecudes hospitalis sancti Petri et alie multe bestie; et nec audite nec vise fuerunt talia diluvia, et tales inundationes aquarum ab antiquis non recordabatur.

(„Alberti Milioli liber de temporibus et aetatibus." M. G. H. Scriptores. XXXI, S. 547.)

(Der Crostolo wuchs und breitete sich auf eine andere Weise bei St. Stephanum außerhalb des Tores aus, weil die Überschwemmungen der Gewässer über die Chaussee in die Vorstadt Aller Heiligen gingen und die Häuser der vorgenannten Vorstadt auf beiden Seiten der Chaussee voll Wasser, das vom Crostolo kam, standen, und die ganze Chaussee, so daß ein Schiff auf besagter Chaussee fahren konnte. Das ganze St. Catharinen-Hospital war mit Wasser angefüllt, so daß die ganze Straße nur mit Schiffen befahrbar zu sein schien. Die größte Gefahr drohte dem genannten Hospital des St. Geminianus durch Getreidehaufen und die anderen Gegenstände, die durch erwähnte Wasserflut herangeschwemmt wurden.

Die ganze Chaussee von Mutilena schien mit Schiffen befahrbar zu sein, und das Gewässer von Mutilene hatte sich mit dem Wasser des Crostolo vereinigt, und es flossen diese beiden Flüsse über Felder und durch Häuser, so daß es aussah, als wäre dort ein Meer. Zahlreiche Tiere kamen um, d. h. Kleinvieh des St. Peter-Hospitals und viele andere Tiere. Kein alter Einwohner konnte sich erinnern, eine solche Sintflut, solche Überschwemmungen jemals erlebt zu haben.)

Et magne pluvie et diluvia fuerunt eodem tempore, ita quod homines non poterant seminare, et tales inundationes aquarum fuerunt anno, quod ab antiquis non recordabatur. Herbst Oberitalien Überschwemmung

(„Alberti Milioli liber de temporibus et aetatibus." M. G. H. Scriptores. XXXI, S. 548.)

(Große Regengüsse und Überschwemmungen waren zu derselben Zeit, so daß die Menschen nicht säen konnten, und es waren in diesem Jahre derartige Überschwemmungen der Gewässer, wie sich die alten Leute keiner anderen erinnern konnten.)

1276 11. September Cividale del Friuli (Prov. Udine Überschwemmung des Natison

Die 11. intrante Septembri fuit Natissa ita magnus, quod fuit extra ripam usque ad murum cimiterii Sancti Petri et etiam ascendit per ipsum murum et destruxit plures domos ab inferiori via versus Natissam existentes, deferendo quidquid invenit. Destruxit omnia molendina et portam et murum pusternulae [posterior porta, ital. = postierla] factum in defensionem civitatis; ad pontem ascendit usque ad supremum gradum et tamen de summitate maioris saxi pedis pontis Civitatis remansit aliquantulum, quod aqua non transcendit.

(„Annales Foroiulienses." M. G. H. Scriptores. XIX, S. 199/200.)

(Am 11. September war der Natison-Fluß so hoch, daß er über seine Ufer trat, bis zur Mauer des Kirchhofs Sankt Peter reichte und auch über diese Mauer stieg, und zerstörte mehrere Häuser, die am unteren Weg gegen den Natison standen und trieb alles flußabwärts, was er auch fand. Er zerstörte alle Mühlen und die Mauer des hinteren Tores, die zur Verteidigung der Stadt errichtet war. Auf der Brücke stieg er bis zur höchsten Stufe, und dennoch blieb an der höchsten Stelle des größeren Steins am Fuße der Stadtbrücke ein wenig übrig, das das Wasser nicht überspülte.)

6. November Prov. Parma (Oberitalien) Überschwemmung der Flüsse

Et hoc similiter venit ... et sancti Leonardi, quod inauditum fuerat ab omnibus personis viventibus tunc. Et per alias vicinias et burgos civitatis tam magna venit, quod domus, vie et strate fuerunt plene in pluribus locis, et omnia alia flumina episcopatus Parme creverunt et exierunt de letis suis, sufocando lina fena et blaves.

(„Annales Parmenses maiores." M. G. H. Scriptores. XVIII, S. 685.)

(Dieser ähnlich kam eine Überschwemmung am 6. November, die von der ganzen jetzigen Generation als beispielslos gehalten wurde. In der anderen Umgegend und Vorstädten der Stadt trat sie so groß ein, daß Häuser, Wege und Straßen an verschiedenen Orten voll [von Wasser] waren, und alle anderen Flüsse des Bischofssitzes Parma wuchsen und traten aus ihren Betten und vernichteten Flachs, Heu und Getreide.)

Winter 1277 Rhein Eisdecke

In Rheinfelden Rhenus oppertus extitit glatiae et via patuit cuilibet transeunti.

(„Annales Basileenses." M. G. H. Scriptores. XVII, S. 201.)

(In Rheinfelden war der Rhein mit Eis bedeckt, und jedem, der hinübergehen wollte, stand der Weg offen.)

Bodensee Eisdecke

Item und der nachgeend winter, der was also scharpf und also kalt, das der Bodensee mitainanderem ward überfroren, das ain katz und ain hund darüber geloffen wärent, untz ze sant Valentinstag (14. Febr.)

(„Joh. Stetter's u. Dacher's Chronik" in Ph. Ruppert „Die Chroniken der Stadt Konstanz". S. 29.)

Dar nach ward der winter also kalt, das der Bodensee über fror, das ain hund oder ain katz wol dar über geloffen war an sant Vallentins tag (14. Febr.) 1277 Winter Bodensee Eisdecke

(„Konstanz. Chronik“ in F. J. Mone „Quellensammlung etc.“ I, S. 313.)

Tyber, flumen Romanum, in tantum suos transcendit alveos quod supra altare Beate Marie Rotonde per quatuor pedes et amplius excreverit. 1277 Tiber-Überschwemmung

(„Gerardi de Francheto chronici. Prima continuatio in monast. sancti Dyonisii redacta“ in „Chron. de Richard Lescot“ edid. Jean Lemoine. S. 187.)

(Der Tiber, der römische Fluß, trat so sehr über seine Ufer, daß er bis 4 Fuß und mehr über den Altar der Kapelle der Heilig. Maria wuchs.)

o („Chronicon Guillelmi de Nangiaco. 1113–1303“, edid. H. Géraud. „Soc. de l'hist. de France“. Band 33, S. 249.)

o („Ly myreur des histors, chronique de Jean des Preis dit d'Outremeuse, edid. A. Borgnet in „Collect. de chron. Belg. inédit.“ Band 11, Tome V, S. 418/19.) = 1278

Item eodem anno post Sanctum Michaelem fuit magna habundantia aquarum, . . . Nach 29. September Oberitalien Hochwasser der Flüsse

(„Annales Parmenses maiores.“ M. G. H. Scriptores. XVIII, S. 686.)

(Ebenso war in diesem Jahre nach dem Tage des heilig. Michaels ein so großes Hochwasser, . . .)

Facta est pluvia magna et intollerabilis VI⁰ idus Octobris continuata pluvia per duos dies et unam noctem. Cujus quidem pluviae immoderantiam tanta secuta est aquarum inundatio quod homines per loca, boves, et oves, et alia quaedam pecora campi tempestate nocturna intercipiendo submersit, domos etiam, muros, et arbores, sed et nonnulla aedificia sibi obstantia, penitus prostravit. Haec quoque tempestas maxime circa Sanctum Aedmundum, Essexiam et comitatum Cantebrigiae, suam praecique exhibit vehementiam. In caeteris Angliae partibus aut nulla aut perexigua fuit tempestatis illius pestilentia. 10. Oktober England Überschwemmung der Flüsse

(„Chronica Johannis de Oxenedes“ in „Rer. Britannicar. med. aev, scriptores“. Band 13, S. 250/51.)

(Es traten große und unerträgliche Regengüsse am 10. Oktober ein, die zwei Tage und eine Nacht anhielten. Auf diese unmäßigen Regengüsse nämlich folgte eine so große Überschwemmung der Gewässer, daß sie Menschen in ihren Wohnsitzen, Rinder und Schafe und andere Kleinvieharten des Feldes durch das nächtliche Unwetter unverhofft ums Leben brachte, warf auch Häuser, Mauern und Bäume, da nur einige Gebäude ihr widerstanden, von Grund aus nieder. Dieses Unwetter tobte besonders heftig um den heilig. Aedmund-Tag in Essex und der Grafschaft Canterbury. In den übrigen Gegenden Englands war gar keine oder nur geringe anormale Witterung durch dieses Unwetter.)

25. Dezember 1277 Ostfriesland Sturmflut

Ob varia dissidia vicinorum neglectis aggeribus et catarrhactis 25 die Decembris absorbuit pagos ditissimos Orientalis Frisae sitos ad Groningensium fines inundatio infestissima. [Norder Chronik.]

(Bartels „Fragmente zur Geschichte des Dollart.“ in „Jahrbuch d. Gesellschaft für bildende Kunst und vaterl. Alterthümer zu Emden“. 2. Band, 1. Heft, S. 9.)

(Wegen verschiedener Schäden an Deichen und Schleusen, die nicht in Ordnung gehalten worden waren, überflutete die sehr gefährliche Flut am 25. Dezember die sehr fruchtbaren Gaue Ostfrieslands, die an der Grenze von Groningen lagen.)

* (F. Arends „Gemählde der Sturmflut etc.“ S. 25/26.)
Sehr starke Sturmflut und Verheerung.
1 Stadt, 3 Flecken und 30 Kirchdörfer versinken. Tausende von Menschen ertrinken. 7 Quadratmeilen Land verschwinden spurlos. Das Meer dringt 4 Meilen weit in das Land hinein. Es bildet sich der Dollart.

* (F. Arends „Physik. Geschichte der Nordsee-Küste etc.“ II, S. 63.)
Sehr verderbliche Flut. Sie grub besonders bei Jansum an der Ostseite der Halbinsel ein großes Loch in den Deich, ein zweites bei Wilgum an der Westseite und verschaffte dadurch der See Zutritt zum Lande. Die Deiche der damaligen nördlichen Halbinsel Reiderland, Emden gegenüber, wurden zerrissen.

* K. Sonklar Edler von Innstädten.
„Von den Überschwemmungen.“ S. 21.
Eine große Flut zerreißt die Deiche in Ostfriesland in einer Breite von 13000 Schritt, begrub die Stadt Torum mit noch 2 Flecken und 50 Dörfern und bildet den Dollart.

° M. Anton Heimreichs nordfriesische Chronik“, ed. Dr. H. Falck. I. S. 240.)

° Ubbo Emmius „Rer. Frisicar. hist. libri X.“ Dec. II, S. 36.)
= Anfang Januar

3.—4. August 1279 England Überschwemmung der Flüsse

In crastino Sancti Petri ad Vincula et die nocteque sequentibus, facta est tanta pluviae inundatio, tantaque secuta est aquarum vehementia, quod homines et mulieres, senes cum iunioribus et pecora campi, molendina et pontes, domos et arbores, summersit, foena et blada per loca pleraque asportavit.

(„Bartholomei de Cotton monachi Norwicensis hist. Anglicana“ in „Rer. Britann. med. aev. scriptores“. 16. Bd., S. 160.)

(8 Tage nach dem St. Peter-Kettentage und dem folgenden Tage und Nacht ereigneten sich so starke Regengüsse, und es folgte ein solches Ungestüm der Gewässer, daß Männer und Frauen, Greise und Kinder und das Vieh auf dem Felde umkamen, Mühlen und Brücken, Häuser und Bäume vernichtet wurden, Heu und Getreide an vielen Orten fortgeschwemmt wurden.)

(„Chronica Johannis de Oxenedes“ in „Rer. Britannicar. med. aev. scriptores“. Bd. 13, S. 256.)
= 1280

Antiqui coloni dixerunt, in 50 annis se tantarum aquarum abundantiam non vidisse.

1280 Elsaß Hochwasser der Flüsse

(„Annales Colmariens. maiores." M. G. H. Scriptores. XVII, S. 207.)

(Alte Bauern sagten, daß sie in 50 Jahren nicht eine so große Wassermenge gesehen hätten.)

Fuit maxima inundatio aquarum, quae multa dampna intulit in Burgundia.

Bourgogne Überschwemmung der Flüsse

(M. Champion „Les inondations en France etc." II, S. 8 aus „Chron. Girard Abarvernia" in „Rec. des hist. des Gaules etc." XXI, S. 218 G.

(Es trat eine sehr große Überschwemmung ein, die viele Schäden in Burgund anrichtete.)

Magna inundatio facta est in Bawaria et in montanis, ita ut plures agros et domos eversas obrueret, et domos plurimas asportaret.

Bayern Überschwemmung

(„Annales S. Rudberti Salisburgenses." M. G. H. Scriptores. IX. S. 806.)

(Eine große Überschwemmung ereignete sich in Bayern und im Gebirge, so daß zahlreiche Äcker und Häuser zerstört und die meisten Häuser weggeführt wurden.)

Aussi a Paris, du costé de la porte Sainct Denis, on ne povoit en la ville que par basteaux. Et continua tout le mois de fevrier ensuivant, . . .

Januar bis Februar Paris Seine-Überschwemmung

(„Chronique de Rouen des origines à 1544" in „Deuc chroniques de Rouen etc.", edid. A. Héron. in „Ouvrages de la soc. de l'hist. de Normandie". Bd. 40, S. 56.)

Saine crut si merveilleusement qu'ele rompi les pons de Paris an deuz et fist trop d'autres doumages, et sambloit que le duluge fust venus, et convenoit parmi Paris aler à batiax par trop de lieues.

(M. Champion „Les inondations en France etc." II, S. 8–9 aus Chronique anonyme in Bouquet „Rec. des hist. d. Gaules etc." XXI, S. 987.)

Circa Epiphaniam, Secana flumen Galliae sic suos transcendit alveos, quod Parisius duos pontes et aliis locis quamplures fregerit, atque ita circumquaque influit, ut civitas Parisiensis nequiret a parte Sancti-Dionysii absque navigio ingredi, et ex alia parte infra urbem prope crucem Hemundi veniebant vasella navalia.

Um 6. Januar Paris Seine-Überschwemmung

(„Chronique latine de Guillaume de Nangis de 1113a 1300 avec les continuations de cette chronique de 1300 a 1368." Nouv. édition. Tom. I. edid. H. Géraud. in „Soc. de l'hist. de France" Band 33, S. 252, Tom. I.)

(Um den 6. Januar überschritt die Seine, ein Fluß Frankreichs, derartig seine Ufer, daß sie in Paris zwei Brücken und an anderen Orten verschiedene einstürzte und so überflutete, daß man in die Stadt Paris von St.-Denis her ohne

Schiff nicht hineinkam, und aus der anderen Seite innerhalb der Stadt nahe beim Kreuz des Hemundus kamen Seeschiffe.)

° („Gerardi de Francheto chronici. (Prima continuatio in monast. sancti Dyonisii redacta) in Richard Lescot „Chronique etc.“ S. 188.)

° („Anonymum S. Martialis chronicon ab a. 1274 ad a. 1315“ in „Chron. de Saint-Martial de Limoges“ edid. H. Duplés-Agier. (Soc. de l'hist. de France.) Band 167.)

° („Chronique de Rouen des origines à 1544.“ in „Deux chroniques de Rouen etc.“, edid. A. Héron. in „Ouvrages de la soc. de l'hist. de Normandie“. Band 40, S. 56.)

1280 Mitte Januar Rouen Überschwemmung der Seine

Et estoient lesd. eaues si grandes a Rouen que aux octaves de la Tiphaigne [Epiphanien] elle montoit par desus la chaussée des Amureez trois piedz et par dessus la chaussée de Martainville six piedz.

(„Chronique de Rouen des origines à 1544“ in „Deux chroniques de Rouen etc.“ edid. A. Héron. in „Ouvrages de la soc. de l'hist. de Normandie.“ Band 40, S. 56.)

Tanta fuit abundantia aquarum circa octavam Epiphaniae quod alveus Sequanae tribus pedibus ascendebat super calceyam de Martainvilla, . . .

(M. Champion „Les inondations en France etc.“ II, S. 70 aus „Chronicon manuscr. Ecclesiae Rothomagensis, apud Chronicum triplex et unum“. Bibl. de Rouen.) = 1281

(So groß war das Hochwasser ungefähr 8 Tage nach dem Epiphaniasfest, daß die Seine 3 Fuß hoch über die Chaussee von Martainville trat, . . .)

23. April bei Oxford (England) Überschwemmung

In festo Sancti Georgii, quod contigit in hebdomada, facta est tam vehemens inundatio aquae pluvialis apud Oxoniam, quanta vel qualis non est visa eo tempore anni, a triginta retro annis et amplius.

(„Annales monasterii de Oseneia“ und „Chronicon vulgo dictum Thomae Wykes“ in „Rer. Britannicar. med. aev. scriptores. Band 36, IV, S. 269.)

(Am St. Georgsfeste, . . ., ereignete sich eine so heftige Überschwemmung durch Regenwasser bei Oxford, so groß, wie sie zu dieser Jahreszeit in den letzten 50 Jahren oder noch länger nicht beobachtet wurde.)

24. [23.] Juni Prag Überschwemmung

8. Kal. Julii anni praeteriti, hoc est in vigilia sancti Johannis baptistae, pluvia descendit post meridiem in maxima quantitate, quae multa et grandia damna intulit, subvertendo funditus aedificia murorum in Pragensi castro circa ecclesiam sancti Georgii, murum castri versus aquilonem funditus evulsit et in Bruscam rivulum impetu suo deiecit. Item in ecclesia Pragensi testudines claustri in longa via versus aquilonem omnes confractae, et dimidia parte ambitus claustri et refectorium cum muro castri mota sunt de loco suo, et omnia ruinam minantur. In sylvis circa rivos decurrentes per pluviae impetum arbores infinitae radicitus

evulsae sunt, immo sed et montes et speluncae innumerae corruerunt ex abundantia et vehementia aquae pluvialis, quot aedificia – muri vinearum, domus in civitate Pragensi infra muros extra computari non possunt – secum traxit et deduxit in flumina. Vias publicas et alias stratas in decursu suo erasit et effodit tanquam fossata circa munitiones castrorum, alicubi in profunditate sex cubitorum, in latitudine 12, et sic de singulis secundum maius et minus. In campis ante moenia civitatis in loco qui dicitur na Skitine tanta fuit congregatio aquarum, quod naves tanquam in Tiberi vel Danubio possent a nautis deduci, et haec aqua defluens ad ecclesiam sancti Petri in vico Theutonicorum, intulit multa damna, subvertit muros curiae ipsorum, defluens in ecclesiam deiecit magnam copiam annonae, quam reservaverant parochiales metu guerrae, quae eo tempore gerebatur inter Ottonem marchionem Bramburgensem et barones regni Bohemiae et cives Pragenses. Inde descendens fluvius pluvialis traxit secum duodecim domos, et deduxit in flumen Wltavae; ...

(„Canonicar. Pragens. contin. Cosmae. Annales Pragenses. II." 1281, M. G. H. Scriptores. IX, S. 198.)

(Am 24. Juni, dem Vorabend des Tages Johannes des Täufers, fiel nachmittags ein ungeheuer starker Regen, der viele und große Schäden verursachte, indem er auf der Prager Burg die Fundamente der Mauern bei der Kirche zum heiligen Georg von Grund aus aufwühlte, die nördliche Mauer umriß und durch seine Gewalt in den Bach Brusca warf. Ebenso wurden in der Prager Kirche alle Bögen des langen Ganges gegen Norden zerstört, die Hälfte des Kreuzganges und das Refectorium zugleich mit der Burgmauer vom Platze geschoben, und alles drohte einzustürzen. In den an den Flüssen gelegenen Wäldern riß die Gewalt des Regens unzählige Bäume mit der Wurzel aus, und selbst Berge und zahlreiche Höhlen stürzten durch den gewaltigen Andrang der Flut zusammen. Wie viele Gebäude, Weinbergsmauern und Häuser innerhalb der Mauern der Stadt Prag – außerhalb derselben sind sie nicht zu zählen – riß dieselbe mit fort und führte sie in die Flüsse. Die öffentlichen Straßen und andere Wege riß sie in ihrem Laufe auf und höhlte sie aus wie Festungsgräben, an manchen Stellen bis zu einer Tiefe von 6 und einer Breite von 12 Ellen, und so mehr oder weniger alle auf die gleiche Weise. Auf den Feldern vor der Stadtmauer, an dem Ort, den man Skitine nennt, war die Ansammlung des Wassers so groß, daß die Schiffer ihre Schiffe wie auf dem Tiber oder der Donau lenken konnten, und verursachte dieses Wasser bei seinem Abfluß gegen die Kirche des heiligen Petrus im Viertel der Deutschen großen Schaden, warf die Mauern ihres Hofes um, ergoß sich in die Kirche und führte eine große Menge Getreide fort, das die Angehörigen der Parochie aus Furcht wegen des Krieges, den damals Otto, Markgraf von Brandenburg, mit den Baronen des Königreiches Böhmen und den Bürgern von Prag führte, aufgespeichert hatten. Von hier aus riß die Regenflut noch 12 Häuser weg und führte sie in die Moldau; ...)

° („Johannis de Marignola chronicon." in „Fontes rerum Bohemicarum". Tom. III, S. 574.)

Juli 1280 Donau Überschwemmung

Item mense Julio inundatio maxima fit. Danubius multa edificia circumquaque destruxit.

(„Annal. Austriac. Contin. Vindobonensis." M. G. H. Scriptores. IX, S. 712.)

(Gleichfalls ereignete sich im Monat Juli eine sehr große Überschwemmung. Die Donau zerstörte viele Gebäude ringsumher.)

2. August Österreich Hochwasser der Flüsse

Item mense Augusto, 4. Nonas, tonitrua, grando, choruscationes, et impetus pluviarum fit in Austria, ita quod minime ripe ex insperata velocitate accrescendo homines extinxerunt.

(„Annal. Austriac. Contin. Vindobonensis." M. G. H. Scriptores. IX, S. 712.)

(Gleichfalls ereigneten sich in Österreich Donnerschläge, Hagel, Blitze und heftige Regengüsse, so daß bei niedriger Uferlage wegen der unverhofften Schnelligkeit des Ansteigens [des Wassers] Menschen umkamen.)

11. November Fluß Taro (Oberitalien) Überschwemmung

Item eodem anno flumen Taronis ita crevit in festo sancti Martini, quod exivit de lecto et intravit terras ab utraque parte fluminis, et magnum dampnum ultra modum in domibus et terris illius contrate intulit.

(„Annales Parmenses maiores." M. G. H. Scriptores. XVIII, S. 689.)

(Ebenso wuchs im selben Jahre am Feste des St. Martin der Fluß Taro so an, daß er aus seinem Bett trat und das Land auf beiden Uferseiten überflutete und einen außergewöhnlich großen Schaden den Häusern und den Ländereien jener Gegend zufügte.)

Et pons de Bracolo destructus fuit per plenitudinem aquarum et inundationes diluvii, que venerunt magne et maxime, quod dictum pontem destruxit et inferius conduxit, ut dicebatur.

(„Alberti Milioli liber de temporibus et aetatibus." M. G. H. Scriptores. XXXI, S. 557.)

(Die Brücke von Bracolo wurde durch das Hochwasser und die Überschwemmung zerstört, die so schwer war, daß die besagte Brücke wegschwemmte und in die Tiefe riß, wie gesagt wurde.)

1280 Ende März bis Mitte April Böhmen Überschwemmung der Flüsse

. . . et post dissolutionem nivis aquarum magna inundatio facta fuit infra 20. dies, ita quod molendina non poterant prae nimia abundantia aquae infra dies praedictos ad propria loca reduci et debito modo collocari.

(„Canonicar. Pragens. contin. Cosmae. Annal. Pragenses. II." M. G. H. Scriptores. IX, S. 196.)

(. . ., aber der Winter war rauh und schneereich und dauerte bis zum Tage Mariä Verkündigung [25. März]. Nachdem aber der Schnee gschmolzen war, herrschte 20 Tage lang eine große Überschwemmung, so daß in dieser Zeit die Mühlen wegen des Hochwassers nicht auf ihren Platz zurückgeführt und, wie es notwendig ist, aufgestellt werden konnten.)

Item eodem tempore flumen Paudi totaliter crevit propter multitudinem pluviarum et aliorum fluminum, quod exivit de lecto et destrusit ageres a latere Cremone, ita quod cohoperuit terras ab utraque parte aqua, ita quod homines in domibus stare non poterant, sed fugiebant ad standum super domos et arbores. Et fuit flumen Paudi usque ad Pizum (il Pizzo prope Tarum flumen) episcopatus Parme, et statit per multos dies antequam discederet. 1280 Dezember Po Überschwemmung

(„Annales Parmenses maiores." M. G. H. Scriptores. XVIII, S. 689.)

(Gleichfalls in dieser Zeit stieg der Po sehr stark an, und zwar durch die großen Regenmengen und die anderen Flüsse, so daß er aus seinem Bett trat und die Dämme in der Gegend von Cremona zerstörte und er das Land auf beiden Seiten mit Wasser bedeckte, so daß die Menschen in den Häusern nicht stehen konnten, sondern auf die Dachböden und die Bäume flüchten mußten. Der Po-Fluß reichte bis Pizzo [in der Nähe des Flusses Taro] im Bischoftum Parma, und er stand viele Tage lang, ehe er zurückging.)

. . . et inundacio aquarum fuit per totum fere mundum. 1281 Polen Überschwemmung der Flüsse

(„Annales Polonorum." I. M. G. H. Scriptores. XIX, S. 646.)

(„Annales Polonorum." III. M. G. H. Scriptores. XIX, S. 647.)

(. . ., und es ereignete sich eine Überschwemmung der Gewässer fast in der ganzen Welt.)

Fuerunt nives, pluvie et inundaciones aquarum magne, . . . Süddeutschland Überschwemmungen der Flüsse

(„Chronicon Imperatorum et Pontificum Bavaricum." M. G. H. Scriptores. XXIV, S. 224.)

(Es traten Schneefälle, Regen und große Überschwemmungen der Gewässer ein.)

Aqua transiens castellum Sultze magnum damnum fecit, . . . In Gebwilre magna pars montis propter aquam cecidit; et torrentes per Alsatie montana damnum magnum in vineis et agris hominibus intulerunt. 1281 Ober-Elsaß Überschwemmungen der Flüsse

(„Annales Colmarienses maiores." M. G. H. Scriptores. XVII, S. 207.)

(Das Gewässer, das den Ort Sulz durchfließt, machte großen Schaden, . . .
In Gebweiler stürzte ein großer Teil des Berges durch das Wasser ein, und in den Bergen des Elsaß richteten die Sturzbäche an den Weinbergen und Äckern großen Schaden an.)

pridie Idus Januarii tanta fuit inundatio aquarum apud S. Marianum per omnes officinas Abbatiae . . . 12. Januar Yonne Überschwemmung
[Un religieux de St.-Marie.]

(M. Champion „ Les inondations en France etc." II, S. 120 aus Lebeuf. Tom. II. Preuves. Pièce 305.)

(Am 12. Januar ereignete sich eine so große Überschwemmung aller Gebäude des Klosters St.-Marie, . . .)

1281 20. Januar Valenciennes (Nordfrankreich Dep. Nord) Überschwemmung der Schelde

Furent si grandes les eauses en Valenchiennes que les pons rompirent, . . . l'eawe fut si grande en Valenchiennes, que le pont d'Ansain quéy jus et abbaty les molins le conte; et sy quéy la maison Barbaquenne et sy quéyrent le pont Jumeau, le pont Gouchet, le pont Saint-Jaque et le pont des molins le conte; et fut l'église Saint-Jaque toutte plaine d'eawe. Et vint celle eawe le 20. jour de jenvier; et fut vel an sy grandes neisges que ban fut fait de les mener hors de la ville.

(„Récits d'un bourgeois de Valenciennes (XIV. siècle)", edid. Kervyn de Lettenhove. in „Acad. de Belgique. Grands écrivains. 16. Bd. S. 47.)

° **(Franc. Vinchant „Annales de la province etc. du Hainaut etc.", edid. A. P. V. Descamps. Tome III, S. 10.)**

Juni Benediktbeuren Überschwemmung

Mense Junio eiusdem anni ob imbres copiosissimos tanta apud nos secuta est inundatio, ut aqua in partibus monasterii singulis duobus palmis terram superavit, alibi etiam naviculae adhiberi debuerint.

(K. Meichelbeck „Chronicon Benedicto-Buranum." I, S. 131.)

(Im Monat Juni dieses Jahres folgte infolge der sehr reichlichen Regengüsse eine so große Überschwemmung, daß das Wasser in einigen Teilen des Klosters die Erde 2 Hand hoch bedeckte, anderwärts mußte man sogar Kähne benutzen.)

Winter 1282 England Themse. Eisdecke und Eisgang

A festo Nativitatis Domini fere usque ad Purificationem, gelu frigoris atque nivis abundantia tanta fuit, quantam senes et decrepiti illius temporis antea in Angliam non senserunt. Quinque namque arcus pontis Londoniarum et multi pontes alii corruerunt per violentiam glaciei, quae in tantum spissabatur quod a Lamhuthe usque ad palatium regis Westmonasterii quidam ultra Tamisiam siccis vestigiis transierunt, pisces in stagnis moriebantur, aves in sylvis et campis pro fame nimia defecerunt.

(„Annales Prioratus de Wigornia" in „Rer. Britannicar. med. aev. scriptores." Band 36, IV, S. 483.)

(Von Weihnachten bis fast zum [Mariä] Reinigungstage herrschte so strenge Kälte und so starke Schneefälle, wie sie die alten Leute vorher niemals beobachtet hatten. Fünf Bögen der Londoner Brücke und viele andere Brücken stürzten durch den Anprall des Eises ein, das so stark war, daß man von Lambeth bis zum Westminster-Königspalast über die Themse trockenen Fußes gehen konnte, daß die Fische in den Teichen starben und die Vögel in den Wäldern und auf den Feldern vor Hunger umkamen.)

Hoc etiam anno, a festo Natalis [25. Dezember] fere usque ad Purificationem [2. Febr.], frigoris atque nivis abundantia tanta fuit, ut quinque arcus Pontis Londoniarum corruerunt per violentiam glaciei; quae in tantum spissabatur, quod a Lambhithe usque ad Palatium Regis Westmonasterii, quidam ultra Tamisiam siccis vestigiis transierunt; . . .

(„Willelmi Rishanger, monachi S. Albani chronica." in „Rer. Britannicar. med. aev. scriptores." Band 28, 2, S. 96.) = 1280

(Auch in diesem Jahre waren von Weihnachten bis fast zum [Mariä] Reinigungstage [2. Februar] so große Kälte und so großer Schneefall, daß 5 Bögen der Londoner Brücke durch den Anprall des Eises zusammenstürzten. Die Festigkeit des Eises war so groß, daß man von Lambeth bis zum Westminster-Königspalast über die Themse trockenen Fußes gehen konnte.)

° („Annales monasterii de Dunstaplia." in Rer. Britannicar. med. aev. scriptores." Band 36, III, S. 285.) = 1281

° („Flores historiarum." in „Rer. Britannic. med. aev. scriptores." Band 95, Vol. III, S. 55/56.)

° („Annales Prioratus de Wigornia." in „Rer. Britannicar. med. aev. scriptores." Band 36, IV, S. 480.)

° („Chroniques de London depuis l'an 44. Hen. III, jusqu'à l'an 17 Edr. III", edid. G. J. Aungier)

1282 England Überschwemmung der Flüsse

The Monasterie of Spalding and many churches destroyed. At Yarmouth, Donwich and Ipchwich an intolerable multitude of men, women and children overwhelmed by the waters, especially at Bostone. [Allen „Boston."]

* (E. J. Lowe „Natur. phenomena etc." S. 14.)

Nov.-Dez. Oberitalien Überschwemmungen der Flüsse

Item eo anno de mense Novembri et Decembri usque ad octavam nativitatis Domini fuit tempus nubilosum, et pluviosum, et fuerunt flumina magna valde.

(„Annales Parm. maiores." M. G. H. Scriptores. XVIII, S. 695.)

(Ebenso herrschte in diesem Jahre in den Monaten November und Dezember bis 8 Tage nach Weihnachten bewölktes und regnerisches Wetter, und waren die Flüsse sehr groß.)

Sommer 1284 Bei Spannberg (Niederösterreich, nordöstlich von Wien) Überschwemmung infolge eines Wolkenbruchs

Eodem anno in estate, in partibus Austrie, circa Spanneperch in meridie facta sunt fulgura ac tonitrua horribilia et coruscationes et nubium disruptiones ac pluvie ingentes, in tantum quod aque de vicinis montibus defluentes in villis circumadiacentibus cooperibant domos et horrea, submersaque est ibi in quibusdam villis multitudo hominum cum parvulis et mulieribus, pecoribus et iumentis.

(„Annales Austriaci. Contin. Vindobonensis." M. G. H. Scriptores. IX. S. 713.)

(Im selben Jahre im Sommer ereigneten sich in einer Gegend Österreichs, um Spannberg, mittags Blitze und schreckliche Donner und ungeheure Wolkenbrüche in einer solchen Stärke, daß das Wasser von den benachbarten Bergen in die umliegenden Dörfer hinabstürzte und die Häuser und Scheunen bedeckte, und es kamen dort in einigen Dörfern viel Menschen mit Kindern und Frauen, Zug- und Kleinvieh um.)

° („Anonymi coenob. Zwetlens. chron." in H. Pez „Script. rer. Austriac." I, Sp. 987.)

Winter 1285 Friesland Überschwemmung der Flüsse

Anno eodem fuit hyems humida, et cataractibus apertis recens aqua superabundavit et superexspaciata est planiciem terrae in tantum, quod homines prudentes asserent infra quinquaginta annos nunquam sic aquam pluvialem increvisse, ...

(„Menconis chronicon. Contin." M. G. H. Scriptores. XXIII, S. 563.)

(Im selben Jahre war der Winter feucht, und bei offenen Schleusen trat das Gewässer kräftig über seine Ufer und das ebene Land wurde so sehr überschwemmt, daß erfahrene Leute versicherten, daß innerhalb von 50 Jahren das Regenwasser niemals so gestiegen wäre, ...)

1285 Ungarn, Siebenbürgen Überschwemmung der Flüsse

Nam Dominus ... misit super eos nives et pluvias ingentes, confractisque nubibus super eos tanta inundatio aquarum irrupit, quod fere omnibus submersis, palci ex eis evaserunt.

(„Annal. Austriaci. Contin. Vindobonensis." M. G. H. Scriptores. IX, S. 713.)

(Denn der Herr ... schickte Schneefälle und ungeheure Regengüsse über sie, und durch Wolkenbrüche entstand eine so große Überschwemmung der Gewässer, das fast alles ertrank, und nur wenige von ihnen konnten entrinnen.)

Venedig Sturmflut

Veneciis mare tantum inundavit, quod altare sancti Marci transcendit, et plus quam 500 homines submersi sunt; merces etiam plurime perierunt.

(„Annales S. Rudberti Salisburgenses." M. G. H. Scriptores. IX, S. 809.)

(In Venedig trat eine so große Meeresflut ein, daß sie den Altar von St. Markus überschritt, und über 500 Menschen ertranken; auch viele Kaufmannswaren wurden vernichtet.)

Um 11. November 1285 Friesland Überschwemmung, Sturmflut

Pluvialis aqua valde terram implevit circa festum Martini hyemalis, trans Laycam recens mare intumuit et, aggeribus confractis, bis occidentalem Frisiam spatio interposito superexspatiata est.

(„Menconis chronicon. Contin." M. G. H. Scriptores. XXIII, S. 564.)

(Gegen das Martinsfest füllte das Regenwasser das Land sehr an, jenseits der Lauer schwoll das Meer kräftig an, und Westfriesland wurde zweimal, mit einer Unterbrechung, überschwemmt.)

Winter 1285/86 Friesland Ems: Eisdecke

Trans Emesam prope Oterthom [Oterdum praeposituræ Farmsum], Longene et Knocka cum equis homines in glacie solidum iter carpebant.

(„Menconis chronicon. Contin." M. G. H. Scriptores. XXIII, S. 564.)

(Die Menschen nahmen mit Pferden ihren festen Weg über das Eis der Ems in der Nähe von Oterdum bei Farmsum, Longene und Knok.)

Ostsee Eisdecke

Mare balticum nimio gelu contringitur.

(„Petri Olai annal. rer. Danicar. a Cimbror. exitu ad a Chr. 1541" in J. Langebek. „Scriptor. rer. Danicar." I. S. 188.)

(Das baltische Meer gefror bei dem strengen Frost.)

Glacies, que fluxit in Rheno, 115 naves submersit et villas aliquas devastavit. 1286 Rhein Eisgang

(„Annales Colmarienses maiores." M. G. H. Scriptores. XVII, S. 213.)

(Das Eis, das im Rhein schwamm, versenkte 115 Schiffe und zerstörte einige Ortschaften.)

Postea die nativitatis Christi cum frigore intollerabili congelatio aquarum subsecuta est cum nive et grandine intermixta. Fuerunt et tunc aquae congelatae in tantum, quod solidum iter itinerantibus trans Laycam praeberent, intrantes per paludes et memora. 25. Dezember 1285 Friesland Eisdecke

(„Menconis chronicon. Contin." M. G. H. Scriptores. XXIII, S. 564.)

(Später am Weihnachtsfeste folgte durch die unerträgliche Kälte ein Gefrieren der Gewässer mit Schnee und Hagel. Darauf waren die Gewässer derartig gefroren, daß die Reisenden einen festen Weg über Layca hatten und Sümpfe und Dickichte betraten.)

Mare ventis validissimis agitatum procellosis fluctibus solito multo altius intumescit, ruptisque ripis et obicibus, violenter egressum, in Hollandia, Zelandia, Frisia, Datia et Anglia et aliis multis locis virorum, mulierum et infantum ac diversi generis bestiarum multitudinem infinitam in se miserabiliter rapuit et involvit. 1287 Seeland, Friesland, Holland England, Dänemark, Sturmflut

(„Balduini Ninov. chron." M. G. H. Scriptores. XXV, S. 546.)

(Das Meer, das durch sehr heftige Winde aufgerührt war und stürmische Wogen hatte, die viel höher als gewöhnlich waren, zerbrach Ufer und Dämme, riß in Holland, Seeland, Friesland, Dänemark und England und vielen anderen Gegenden eine zahllose Menge Männer, Frauen und Kinder und verschiedener Tierarten an sich und schwemmte sie fort.)

° („Annales Floreffienses." M. G. H. Scriptores. XVI, S. 628.)

° („Auctarii Aquicinctini fragmentum." in „Monum. pour servir à l'hist. des prov. de Namur, de Hainaut et de Luxembourg", edid. de Reiffenberg. Tom. VII in „Collest. de chron. belg. inédit." Band 5, Tom. VII, S. 226.)

° („Anonymi Leobiens. chronic." in H. Pez. „Scriptor. rer. Austriac." I, S. 856.) = 1284

° („Korte chronijcke van Nederland v. 1285–1496." in „Chron. de Brabant et de Flandre", edid. Ch. Piot. in „Collect. de chron. Belg. inédit." Bd. 21, S. 63.) = 1285

Inundacio maris ita crevit, quod persone virorum ac mulierum centum milia submersi sunt.

(„Annales Tielenses." M. G. H. Scriptores. XXIV, S. 25.)

(Eine Überschwemmung des Meeres wuchs so an, daß 100000 Personen, Männer und Frauen, umkamen.)

1287 Eodem anno in Fresia submersi sunt per inundationem aque pene octoginta milia hominum.

(„Cronica S. Petri Erford. mod. III," M. G. H. Scriptores. Kl. Ausgabe, Band 22, S. 290.)

(Im selben Jahre kamen in Friesland durch eine Überschwemmung des Meeres fast 80000 Menschen ums Leben.)

1. Januar 1287 England Sturmflut

In vigilia Circumcisionis Domini, circa mediam noctem vehemens ventus subito auditus est, ex cuius flatu horribili facta est inundatio maris magna, ita quod per inundationem CLXXX naves numero apud Kirkele una cum nautis periclitabantur; sed pauci, Dei misericordia opitulante, miraculose ad portum salutis venerunt.

(„Bartholomei de Cotton monachi Norwicensis hist. Anglicana." in „Rer. Britannic. med. aev. scriptores." Band 16, S. 167.)

(Am Vorabend des Tages der Beschneidung des Herrn hörte man plötzlich gegen Mitternacht einen Sturm, durch dessen schreckliches Wehen eine große Meeresflut entstand, so daß durch die Überschwemmung 180 Schiffe bei Kirkele zugleich mit den Seeleuten untergingen; aber nur wenige, denen Gottes Mitleid half, kamen wunderbarer Weise in den Hafen der Rettung.)

Nocte Circumcisionis Dominicae tam venti vehementia quam maris violentia apud Gernemutam, Donewycum, Gypeswycum et alia diversa loca Angliae, aliarumque regionum mari contiguarum, prostrata sunt aedificia, et praecipue in illa parte Angliae quae Merslandia vocatur tota fere patria [= provincia] in stagna aquarum conversa, hominum multitudo intollerabilis (innumerabilis) aquis intercepta est et necata.

(„Chronica Johannis de Oxenedes." in „Rer. Britannic. med. aev. scriptores." Band 13, S. 268.)

(In der Nacht des Tages der Beschneidung des Herrn [1. Januar] wurden ebenso sehr durch die Heftigkeit des Windes, wie durch das Ungestüm des Meeres bei Yarmouth, Donwich und Ipswich und an verschiedenen anderen Orten Englands und anderen am Meere gelegenen Gegenden Gebäude niedergeworfen, und besonders in jenem Teile Englands, der Merslandia heißt, wurde fast die ganze Provinz in einen großen See verwandelt und eine unzählige Menge Menschen durch das Wasser um das Leben gebracht.)

° („Annales monasterii de Dunstaplia." in „Rer. Britannicar. med. aev. scriptores." Bd. 36, III, S. 338.)

Juxta Gernemue [Yarmouth] et Len [Lynn] mare praeter consuetudinem transivit terminos consuetos, unde contigit multos homines submergi et villas deleri.

(„Annales Prioratus de Wigornia." in „Rer. Britannicar. med. aev. scriptores." Band 36, IV, S. 495.)

(Bei Yarmouth und Lynn trat das Meer ganz ungewöhnlich über seine Ufer, ertränkte viele Menschen und zerstörte Ortschaften.)

Kalendis Januarii mare subvertit Minorem Gernemue cum castello, et plusquam duo milia hominum submersit, et terram canonicorum de Castellacra et horrea dissipavit.

1287 1. Januar England Sturmflut

(„Annales Prioratus de Wigornia.“ in „Rer. Britannicar. med. aev. scriptores.“ Band 36, IV, S. 493.)

(Am 1. Januar vernichtete das Meer einen Teil von Yarmouth mit der Burg und ertränkte über 2000 Menschen, und das Land der Stiftsherren von Castellacra und die Vorratshäuser verwüstete es.)

Eodem anno facta est inundatio maris magna in magna Gernemuta et in villis adjacentibus, ut in villis de Martham, de Hikelinge, de Horsethe, et ita crevit flumen apud Gernemutam magnam, quod ultra magnum altare in ecclesia ejusdem villae transcendebat.
[Yarmouth, Martham, Hickeling, Horsey.]

(„Flores historiarum.“ in „Rer. Britannicar. med. aev. scriptores.“ Band 95, Vol. III, S. 68.)

(Im selben Jahre ereignete sich eine große Überschwemmung, besonders in Yarmouth und den benachbarten Dörfern, wie in Martham, Hickeling, Horsey, und bei Yarmuth wuchs der Fluß so stark an, daß er bis über den großen Altar in der Kirche dieses Ortes anstieg.)

° („Annales monasterii de Oseneia.“ in „Rer. Britannicar. med. aev. scriptores.“ Band 36, IV., S. 308.)

° („Chronicon vulgo dictum Thomae Wykes“ in „Rer. Britannicar. med, aev. scriptores.“ Band 36, IV S. 308.)

Mense Januari, una dierum inter Conversionem Sancti Pauli et Purificationem beatae Virginis, accidit mirabile prodigium, fortasse alicuius eventus secuturi praesagium. Quippe maris inundatio tam vehementer invaluit, ut una die et nocte contra consuetum ordinem et cursum naturae quatuor vicibus fluere et refluere videretur; quinetiam cadia Londoniarum super ripam fluvii Tamensis adjacentia, quae maris impetum cohibere consueverant, superundavit et domos civitatis ultra terminos consuetos longe amplius quam ullus unquam mortalium viderat, fluctibus aequoreis inopinate cooperuit; villas quoque et agros quamplures partibus maritimis adjacentes absorbuit, homines innumerabiles et jumenta pariter infinita submersit.

Zwischen 25. Januar und 2. Februar 1287 England Sturmflut

(„Annales monasterii de Oseneia.“ in Rer. Britannicar. med. aev. scriptores.“ Band 36, IV, S. 312.)

° („Chronicon vulgo dictum Thomae Wykes “in „Rer. Britannicar. med. aev. scriptores.“ Band 36, IV. S. 312.)

(Im Monat Januar an einem Tage zwischen den Tagen der Bekehrung des St. Paulus [25. Januar] und der Reinigung der heiligen Jungfrau [2. Februar] trat ein seltsames Wunderzeichen ein, vielleicht als Vorzeichen eines nachfolgenden Ereignisses. Es nahm nämlich die Gewalt der Meeresflut so zu, daß sie an einem Tage und in einer Nacht, ganz gegen den gewöhnlichen Verlauf, viermal zu kommen und wieder zurückzugehen schien. Ja sogar die Steindämme in London, die am Ufer der Themse lagen, die die Meeresflut gewöhnlich fernhielten, wurden überschwemmt und die Häuser der Stadt, ganz ungewöhnlich länger als jemals die jetzige Generation erlebt hatte, von der Meeresflut unvermutet bedeckt. Auch zahlreiche Ortschaften und Äcker, die an der Meeresküste lagen, nahm die Flut hinweg, ertränkte unzählige Menschen und ebenso zahlreiches Zugvieh.)

1. Februar 1287 Nordsee Sturmflut

Primo die Februarii commotum est mare; turbatis fluctibus et procellis eius, facta est inundatio orrida, lamentabilis et omni populo dolore plena, qualis nunquam post primum cathaclismum. Heu! lamentabile spectaculum, tercia pars Hollandie cum omnibus habitatoribus suis, bestiis et universis creaturis interiit. Flandria, Fresia, Anglia, Dachia et omnis locus mari contiguus huius doloris amaritudine fuit plenus.

(„Annales Blandinienses." M. G. H. Scriptores. V, S. 33.)

(Am 1. Februar wurde das Meer erregt. Durch die aufgewühlten Wogen und den Ansturm des Meeres trat eine schreckliche Meeresflut ein, beklagenswert und schmerzerfüllt für das Volk, wie sie so groß seit der 1. Sintflut niemals vorgekommen ist. Ach! bejammernswertes Schauspiel usw. Der 3. Teil von Holland mit allen seinen Einwohnern, Tieren und der gesamten Kreatur ging unter. Flandern, Friesland, England, Dänemark und jeder Ort, der am Meere lag, war voll von Bitterkeit des Schmerzes.)

Um 2. Februar 1287 Flandern Sturmflut

Circa festum purificationis venit ventus magnus, qui in Flandria oceanum de alveo suo ad tria magna miliaria inundare fecit, et plus quam quinquaginta milia hominum interfecit.

(„Annales Colmarienses maiores." M. G. H. Scriptores. XVII, S. 215.)
= 1288

(Um das Fest der Reinigung [der Maria] kam ein großer Sturm, der in Flandern den Ozean 3 große Meilen weit über das Land trieb und mehr als 50000 Menschen ums Leben brachte.)

4. Februar Küste v. Kent und Sussex Sturmflut

Priedie nonas Februarii mare ita erexit se in Thaneto, et juxta et in marrisco de Romenal et omnibus locis adjacentibus, quod omnes wallias dirupit, et fere omnes terras operuit a magna wallia de Apuldre usque Winchelese versus austrum et versus occidentem.

(„Chronica Gervasii Doroborn. Gesta regum continuata." in „Rer. Britannicar. med. aev. scriptores." Band 73, I, S. 293.)

(Am Tage vor den Nonen des Februar erhob sich das Meer so stark in Thanetum [Isle of Thanet] und in der Nähe und im Sumpfgebiet von Romenal und allen benachbarten Gegenden, daß es alle Dämme durchbrach und fast alles Land vom großen Damm von Apuldre [Appledore] bis Winchelese [Winchelsea] gegen O. und W. mit Wasser bedeckte.)

Decima quarta die Decembris factum est diluvium in partibus Frisiae periculosum in homines, iumenta et res, et propter hoc famosum in tempus futurum. Aquis vero sic coadunatis et commotis, inter conticinium noctis et gallicinium libere aggeres transeunt, et omne genus hominum, quod in locis humilibus mansionem habuerat, cum iumentis, domibus, frumento, feno gurges aquarum miserabiliter funditus evertens ad Silvas deportabat. Domus lapideae quam plures corruerunt. 14. Dezember 1287 Friesland Sturmflut

. . . .

Et propter hoc infinita populi multitudo periit submersa.

A Laica usque ad Emesam viginti milia perierunt. Orientales, ut sunt Riustingi, Astingi et Herlingi, a plaga praedicta immunes fuerunt.

(„Menconis chronicon. Contin.“ M. G. H. Scriptores. XXIII, S. 565.)

(Am 14. Dezember ereignete sich eine Meeresflut in einem Teil von Friesland, die den Menschen, Tieren usw. gefährlich war und deshalb in der darauffolgenden Zeit als berüchtigt galt.

Die Wasser prallten derartig zwischen dem Anfang und Ende der Nacht zusammen, gingen ungehindert über die Deiche, und alle Menschen, die in den niedrigen Gegenden ihren Wohnsitz hatten, mit den Zugtieren, Häusern, Getreide, Heu, vernichteten die Wasserwogen von Grund aus und trugen sie in die Gegend der „Wälder“. Zahlreiche steinerne Häuser stürzten ein. Hierdurch ertranken zahllose Menschen. Von der Lauer bis zur Ems kamen 20000 [Menschen] um. Die östlichen, wie Rüstringen, Östringen und Harlingerland blieben von besagtem Unglück verschont.)

° („Auszüge aus friesischen Chroniken in Remmers von Seediek Annalen.“ in G. Sello „Studien zur Geschichte von Oestringen und Rüstringen.“ S. 106.)

° („Johnanes de Beka. Chronicon Johannis de Beka etc. a Christo nato usque ad annum 1345.“ Expletum etc. auctore Suffrido Petri Leovardiensi Frisio. S. 82.)

° („Chronic. Johannis de Beka.“ in J. de Beka und W. Heda „De episcop. Ultrajectin.“ S. 94.)

soo was al te groten storm van wijnde, ende daer of quam alte groten vloet van water, daer in verdrencten veel menschen ende beesten, . . .

(Joh. Veldenaer „Chronick van Hollandt, Zeelandt ende Westvrieslandt etc.“ edid. M. Z. van Boxhorn. S. 52.)

° („Auctoris incerti chronicon Tielense“, edit. J. D. van Leeuwen. S. 256.)

In festo sancti Nycasii ex maris inundatione submersa sunt in Selandia 15 insule una cum 15000 hominum utriusque sexus, ut legitur in cronicis Flammighorum. Seeland Sturmflut

(„Liber de rebus memorabilioribus sive chronicon Henrici de Hervordia“ edid. Aug. Potthast. S. 211.)

(Am Feste des Nicasius wurden infolge einer Meeresflut in Seeland 15 Inseln zugleich mit 15000 Menschen beiderlei Geschlechts ertränkt, wie es in flämischen Chroniken zu lesen steht.)

1287 14. Dezember Nordsee Sturmflut

Eodem anno mense Decembris XVIII. Kal. Januarii, mare tam ventorum vehementia quam trebida violentia terminos solitos egrediens et omnia loca sibi contigua occupans ac partes litoreas, quas nunquam se meminit aliquis praevidisse, transivit, viros et mulieres cum lactentibus in cunabulis intercipiendo submersit.

(„Flores historiarum." in „Rer. Britannicar. med. aev. scriptores." Band 95, Vol. III, S. 68.)

(Im selben Jahre im Monat Dezember, am 15. Dezember, ging das Meer ebenso wohl durch die Heftigkeit des Sturms, als auch durch das wogende Ungestüm über seine Ufer und nahm von allen Küstengegenden Besitz und von Teilen der Meeresufer, wo sich niemand erinnern konnte, es dort jemals beobachtet zu haben, und ertränkte Männer und Frauen mit den Säuglingen in den Wiegen.)

17. Dezember England Sturmflut

. . . , et die Mercurii proximo sequente facta est inundatio maris magna. In cuius inundatione seu immensa tempestate, in villis de Horseye, Waxtonesham, Marcham, Hikelinge, et in villis adiacentibus CC homines submersi sunt. In villa vero de Gernemuta [Yarmouth] centum homines sunt submersi. In magna vero Gernemuta prostratus est murus lapidens cimiterii per inundationem maris spatio L X pedum etc. etc.

(„Bartholomei de Cotton monachi Norwicensis hist. Anglicana." in „Rer. Britann. med. aev. scriptores." Band 16, S. 168.)

(. . . und am nächsten Mittwoch [17. Dez.] ereignete sich eine große Meeresflut. Bei dieser Überschwemmung oder Orkan kamen in den Orten Horseye, Waxtonesham, Marcham, Hikelinge und den benachbarten Ortschaften 200 Menschen in den Fluten um. Im Orte Gernemuta [Yarmouth] aber ertranken 100 Menschen. In dem großen Gernemuta [Yarmouth] aber wurde durch die Meeresflut die Steinmauer des Kirchhofs in einer Länge von 60 Fuß umgeworfen.)

° („Chronica Minor Sancti Benedicti de Hulmo." in „Rer. Britannicar. med. aev. scriptores." Band 13, S. 436.)

° („Chronica Johannis de Oxenedes." in „Rer. Britannicar. med. aev. scriptores." Band 13, S. 270/71.) 26. Dezember

17. Dez. 1287 Nordsee Sturmflut

Doe ghevielt also zint,
Dat op de zestiende Kalende
Van Loumaent God doe sende
Ene vloet also groot,
Daer vele volx in bleef doot.

(„Rijmkroniek van Melis Stoke", edid. Dr. W. G. Brill in „Werken van het Histor. Genootsch. te Urecht." N. S. Nr. 40. S. 233.)

Te hant darna sinte Aechten daghe
Sende God tote ere plaghe
Echter ene grote vloet.
Dese twee waren, als ic verstoet

In enen winter int jaer ons heren,
Als ons de scrifturen leren
XII hondert ende seven ende dachtich
Dese twe vloede waren so crachtich
Dat si ghingen over al tlant
Dat leghet an des sewes cant,
Beide oester ende wester Vresen;
Ende Hollant moste oec verliesen;
Sunthollant verdranc oec mede,
Ende ic ne weet ghene stede
Bider zee, en ghinc al onder
Tfolc verdranc, dat meer dan wonder,
. . .
Al Zeelant verdranc sekerlike
Sonder Walchren ende Wolfaertsdike.

(„Rijmkroniek van Melis Stoke." edid. Dr. W. G. Brill in „Werken van het Histor. Genootsch. te Utrecht." N. S. Nr. 40, S. 233/34.)

1287
17. Dezember
Friesland
Sturmflut

zyn omtrent middernagt door eenen groten Stormwind / meest alle Zeedyken om Friesland ingebroken / daar verdronken een ontallyke menigte van menschen en beesten / hele Kerken / Toornen / en Dorpen die naast by den eersten overal stonden / zyn weg en omgedreven / het dede een zeer grote schade / alleenig verdronken tot Lidium in't Klooster over de veertig perzonen. Te Westwert tusschen Jorwert en Beers / in een Nonne Klooster / Weereldlyke te zamen / tot Foswert / Bethlehem en in andere Kloosters en Dorpen / een zeer grote menigte / . . .

(Okko van Scharl, Johannes Vlytarp und Andreas Cornelius Stavriensis. „Chronyk en waaragtige beschryvinge van Friesland etc." S. 123.)

Außerordentlich schwere Sturmflut. Tausende Menschen und Vieh ertrinken. Viele Häuser stürzen ein. Auch im Groningerland sehr hoher Wasserstand. Die Wieruner Annalen geben den Verlust an Menschen zwischen Stavoren und der Lauer auf 30000, von da bis zur Ems auf 20000 an, zugleich anführend, daß Ostfriesland, mit Ausnahme des Reiderlandes, Harlingerlandes, Östringen und Rüstringen, vom Wasser verschont blieb, die niedrigen Lande von Südwolde – wahrscheinlich am Dollart und Sconamora – aber großen Schaden litten. Die Westgegenden blieben vermutlich auch frei, aber weiterhin bis Jütland soll alles unter Wasser gelegen haben.

Melis Stoke erwähnt diese Flut (zeitgenössisch) als am 16. Februar vorgefallen.

* (F. Arends „Phys. Geschichte der Nordsee-Küste etc." II, S. 64/65.)
14. oder 17. Dezember

4. Februar 1288
England
Sturmflut

pridie nonas Februarii, luna XXVIII, mare iterum venti borealis austeritate perturbatum circa solis ortum in suo accessu erupit ad prioris fluvii terminos modico deficiente attingens. Quod a primo remanserat [nämlich 26. Dez. 1287] per istud funditus est annihilatum.

(„Chronica Johannis de Oxenedes." in „Rer. Britannicar. med. aev. scriptores." Band 13, S. 271.)

(Am 4. Februar wurde das Meer wiederum durch die Stärke des Nordwindes in Aufruhr versetzt und brach gegen Sonnenaufgang fast bis zur Grenze der früheren Flut herein. Was von der 1. [Flut, nämlich der vom 26. 12. 1287] übrig geblieben war, das vernichtete es diesmal völlig.)

1288
Um 1. März
Basel
Rhein-Eisdecke

Circa Kalendas Marcii tantum frygus fuit, quod infra Basileam clausit glacies aquas.

(„Annales Colmarienses maiores." M. G. H. Scriptores. XVII, S. 215.)

(Um den 1. März war eine so starke Kälte, daß in Basel das Eis die Fluten des Rheins schloß.)

12. Juli
Suggental bei Freiburg im Breisgau
Überschwemmung infolge eines Wolkenbruches

in vigilia sancte Margarethe in Sukental fragore nubium 300 homines perierunt.

(„Flores temporum austore fractre ord. Minorum." M. G. H. Scriptores. XXIV, S. 242.)

(Am Vorabend des St. Margaretentages kamen in Suggental durch einen Wolkenbruch 300 Menschen um.)

o („Chronica Johannis Vitodurani." M. G. H. Scriptor. rer. Germanic. Nova Series. III, S. 39.) = 1280

26. Oktober
Provinz Groningen (NO-Holland)
Sturmflut

7. Kalendas Novembris circa festum Simonis et Judae in oriente prope Oterdum et in occidente prope Usquert, in merna et in Suterdicke [Suirdyk] propter destructionem aggerum, qui minime in dictis locis fuerant reparati, salsum mare ebullivit, et superexspatiata est aqua planiciem terrarum, venitque ad loca humiliora, ut est Germerwolt [Garmerswolde bei Loppersum], Waltersum, Astawalt [Oostwold bei Farmsum], ubique fluitando.

(„Menconis chron. cont." M. G. H. Scriptores. XXIII, S. 565.)

(Am 26. Oktober, gegen den Simon-Judastag, floß im O. bei Oterdum und im W. bei Usquert, in Merna und in Suirdyk, wegen der Beschädigung der Deiche, die in jenen Gegenden sehr wenig wiederhergestellt worden waren, das salzige Meer über und drang in das flache Land ein, und ging das Wasser bis zu den niedrigeren Orten, wie Garmerswolde bei Loppersum, Waltersum, Oostwold bei Farmsum.)

Um 6. Januar
1289
Ill
Überschwemmung

Alsa circa Herinkein et alias villas vicinas circa epiphaniam Domini inundabat.

(„Annales Colmarienses maiores," M. G. H. Scriptores. XVII, S. 216.)

(Um das Epiphaniasfest überschwemmte die Ill die Gegend von Hergheim [Ober- und Nieder-Hergheim].

die Sanctorum Cirici et Julitae, fuit desolata Civitas mirapicensis per inundationem aquarum. 1289 16. Juni Mirepoix (Département, Ariège) Überschwemmung des Flusses Lers

(Hist. manuscr. et inédite de la ville de Mirepoix (Ariège.)

(Eug. Febran „Exposé sommaire des phénomèn. météorolog. etc. dans les anciennes diocèses Pamiers, Mirepoix etc." S. 59.)

(Am Tage der Heiligen Ciricus und Julita wurde die Stadt Mirepoix durch eine Überschwemmung der Gewässer verödet.)

Frequens pluvia autumnales segetes cum feno destruxit in agris et pratis. Propter nimiam abundantiam aquae pluvialis prope Arnum [Arnhem] et Daventriam Rhenus et Isla effluxerunt, et destructa est Batua prope Islam. Domus multae devastatae sunt, hominibus submersis. 1290 Holland Rhein- und Yssel Überschwemmung

(„Menconis chronicon. Contin." M. G. H. Scriptores. XXIII, S. 567.)

(Die häufigen Regengüsse zerstörten die Herbstsaaten und das Heu auf den Äckern und Wiesen. Durch das Übermaß des Regenwassers traten der Rhein und die Yssel bei Arnhem und Deventer über ihre Ufer, und Batua, in der Nähe der Yssel, wurde vernichtet. Viele Häuser wurden zerstört und Menschen ertranken.)

... und warent die wasser durch das ganz jar gar groß ... Bodensee Hochwasser

(„Die Chroniken der Stadt Konstanz", edid. Ph. Ruppert S. 30 aus Joh. Stetters und Gebh. Dachers Chroniken.)

Item crastina Benedicti abbatis rabies aquarum ventis agitata Frisiam repet. In iste congregatione aquarum antiquum Silsteth funditus est evulsum in Otterdum, et aquae transierunt terminos suos repleveruntque omnia prata, et nisi praeter amnem Waltersum per vim. 22. März Friesland Sturmflut

(„Menconis chronicon. Contin." M. G. H. Scriptores. XXIII, S. 567.)

(Ebenfalls überfiel am Tage nach dem Abt Benedikttage das durch Sturm aufgepeitschte Meer Friesland. Bei diesem Zusammenprall des Meeres wurde das alte Silsteth in Otterdum von Grund aus zerstört, das Meer trat über seine Ufer und setzte alle Wiesen unter Wasser mit Ausnahme der Gegend am Flusse bei Woltersum.)

... und sunderbar der Bodense was untz ze Sant Gallentag als groß er je gesehen ward, ... 16. Okt. 1290 Bodensee Hochwasser

(„Die Chroniken der Stadt Constanz", edid. Ph. Ruppert. S. 30 aus Joh. Stetters und Gebh. Dachers Chroniken.)

Rhenus quater ante nativitatem Domini inundavit. Dezember Rhein im Elsaß Überschwemmung

(„Annales Colmarienses maiores." M. G. H. Scriptores. XVII, S. 217.)

(Der Rhein trat viermal vor Weihnachten aus.)

25. November 1291 England Überschwemmung der Flüsse

Ad festum beatae Katerinae aqua praeter consuetudinem inundaverunt.

(„Annales Prioratus de Wigornia." in „Rer. Britannicar. med. aev. scriptores." Band 36, IV, S. 506.)

(Zum St. Katharinenfeste traten die Flüsse ungewöhnlich über ihre Ufer.)

Winter 1292 Elsaß Rhein. Eisdecke

Hiems temperata usque ad purificationem, postea invaluit frigus, quod Renus in Brisaco ex utraque parte pontis fuit congelatus, quod equis et bigis communiter transiverunt.

(„Annales Colmarienses maiores." M. G. H. Scriptores. XVII, S. 219.)

(Der Winter war mäßig bis zum Feste Mariä Reinigung [2. Febr.], nachher fiel starke Kälte ein, so daß der Rhein bei Breisach zu beiden Seiten der Brücke gefroren war und man ihn auf Pferden und Karren überschritt.)

Kattegat Eisdecke

Congelatum est mare tanto rigore, ut equitari poterat de Opslo ad Jutiam.

(„Chronicon Danicum ab anno 1241 ad 1410." in J. Langebek „Scriptores rer. Danicar. med. aev." Tom. V, S. 532.)

(Das Meer gefror so fest, daß man von Oslo nach Jütland reiten konnte.)

28. Dezember [1291] England Sturmflut

Die Sanctorum Innocentium mare terminos suos excedens omnia maritima perundavit.

(„Chronica Johannis de Oxenedes." in „Rer. Britannicar. med. aevi. scriptores." Band 13, S. 287.) = 1212

(Am Tage der „Unschuldigen Kinder" trat das Meer über seine Ufer und überschwemmte das ganze Küstenland.)

1293 Friesach (Kärnten) Überschwemmung der Metnitz

Albertus et Meinhardus Frysacum obsident, et per inundationem fluminis praeterfluentis impediti, . . .

(„Anonymi Leobiens. chronic." in Hier. Pez. „Scriptor. rer. Austriac." I, Sp. 869.)

(Albert und Meinhard belagern Friesach, doch durch die Überschwemmung des vorüberfließenden Flusses wurden sie gehindert, . . .)

1294 Oberitalien Überschwemmung der Flüsse

Item eo anno magna habundantia aquarum fuit, ita quod terre de Sacha [am rechten Po-Ufer, Sacca] et de Sanguigna [am rechten Po-Ufer], Zella, Turizella [Torricella, am rechten Po-Ufer], Columio [Colomo], Coparmulis [Copermio, am Parma-Fluß], Ynsula [Enzola], Henzano [Enzano, am linken Enza-Ufer], Cohentium [Coenzo] et Amazabove et alie multie terre fuerunt sub aquis, ita quod non habebant terram, et navigari poterat usque ad Gaynaghum [Gainago] et ad ecclesiam de Mazzabove.)

(„Annales Parmenses maiores." M. G. H. Scriptores. XVIII, S. 714.)

(Ebenfalls war in diesem Jahre ein Hochwasser, so daß das Gebiet von Sacca [am rechten Po-Ufer] und von Sanguigna [am rechten Po-Ufer], Zella, Torizella [am rechten Po-Ufer], Colomo, Copermio [am Parma-Fluß], Enzola, Enzano [am linken

Enza-Ufer], Coenzo und Amazabowe und viele andere Gegenden unter Wasser standen, so daß kein Land mehr zu sehen war, und konnte man nach Gainago und zur Kirche von Mazzabove im Boot fahren.)

Dans le pays d'Exermes survint une inondation subite qui causa beaucoup d'accidents, rompit les viviers, bouleversa les terres arables et les prairies, arracha les arbres, renversa les moulins, les ponts, les maisons, revagea les moissons . . . 1294 Mai Normandie Überschwemmung der Flüsse

(L. Duval „Phénomèn. météorolog et variations atmosphér. etc. en Normandie etc." S. 338 aus Ordéric Vital V S. 168 und Annal. Uticenses.)

Hoc anno gurges aquarum Thamisiae transcendit consuetos limites [XVIII. die Octobris, et tunc accidit magna brecca apud Retherhithe] et planitiem de Bermundeseye et procinctum de Tothille superficialiter debriavit. 18. Oktober Themse Überschwemmung

(„Annales monasterii de Bermundeseia." in „Rer. Britannic. med. aev. scriptores." Band 36, III, S. 468.)

(In diesem Jahre überschritten die Fluten der Themse ihre Ufer [am 18. Oktober, und nun ereignete sich ein großer Dammbruch bei Retherhithe] und erfüllten die Ebene von Bermondsey und die Befestigung von Tothill.)

o („Flores historiarum." in „Rer. Britannicar. med. aevi scriptores." Band 95, Vol. III, S. 93.)

Rhenus, qui longo tempore oppidum Brisacum ab Alsacia diviserat, isto anno pro parte ad latus montis se aliud transferebat. Inundacio cuiusdam aque ad oppidum Rinveldin, quod est situm supra Rhenum, claustrum dominorum de Olsperg [Olsberg] replevit, molendinum eorum destruxit. lapides et ligna in Rhenum cum magna violentia perducebat. 1295 Oberrhein Überschwemmung

(„Annales Colmarienses maiores." M. G. H. Scriptores. XVII, S. 221.)

(Der Rhein, der lange Zeit die Stadt Breisach vom Elsaß geschieden hatte, wandte sich in diesem Jahre zum Teil auf die andere Seite des Berges. Die Überschwemmung eines Gewässers bei der Stadt Rheinfelden, die am Rhein gelegen ist, erfüllte das Kloster der Herren von Olsberg, zerstörte ihre Mühle und riß Steine und Hölzer mit großer Gewalt in den Rhein.)

Eodem anno tanta inundatio aquarum facta est, ut aqua Wienna hospitale civium et fontem ante hospitale situm transcenderet, et rivus qui Satelpach dicitur ad Sanctam Crucem per totum claustrum et ante liberariam usque ad gradum ecclesie intravit. 1295 Wien Überschwemmung

(„Annales Austriaci. Contin. Vindobonensis," M. G. H. Scriptores. IX. S. 718.)

(In diesem Jahre ereignete sich eine so große Überschwemmung der Gewässer, daß der Fluß Wien das Bürgerhospital und die Quelle vor dem Hospital überschwemmte, . . . , und der Fluß, der Sattelbach heißt, drang in das ganze Kloster zum heiligen Kreuz ein und vor der Bibliothek bis zur Stufe der Kirche.)

o („Anonymi coenob. Zwetlens.“ in H. Pez „Scriptor. rer. Austriac.“ I, Sp. 988.)

o („Anonymi chronic. Austriac.“ in A Rauch. „Rer. Austriac. scriptor.“ II, S. 290.)

(Winter) 1296 Kattegat Eisdecke

Congelatum est mare tanto rigore ut equitari poterat de Opslo ad Jutiam.

(„Chronologia anonymi veteris ab anno 826 ad annum 1415.“ in E. M. Fant „Scriptor. rer. Suecicar.“ I, S. 55.)

(Das Meer war so stark gefroren, daß man von Oslo nach Jütland reiten konnte.)

o („Chronologia ab anno 266 ad 1430.“ in E. M. Fant „Scriptor. rer. Suecicarum.“ I, S. 26.)

1296 West-deutschland Über-schwemmung

Fuit etiam ipso . . . anno tanta pluviarum inundantia, ut colles et domus multe ruerent et ipsi montes horride finderentur.

(„Gesta episcoporum Mettensium. Cont. III.“ M. G. H. Scriptores. X, S. 551.)

Trier Über-schwemmung der Mosel

Inundaverunt aque Treveris, et flumen Moselle elevatum est super muros Treverenses in ripa Moselle sitos, ita quod celaria in medio civitatis sita aquis replerentur, quod etiam prius numquam visum est a diebus antiquis.

(„Gesta Boemundi archiepisc. Treverensis.“ M. G. H. Scriptores. XXIV, S. 480.)

(Es traten die Gewässer bei Trier über ihre Ufer, und der Mosel-Fluß erhob sich bis über die Mauern von Trier, die am Mosel-Ufer lagen, so daß sich die Keller mitten in der Stadt mit Wasser füllten, was seit alten Zeiten früher niemals beobachtet worden war.)

(Dezember) Frankreich Über-schwemmung z. B. der Seine

Aqua nimium praevalente, de civitate Parisius Secana secuit magnam partem, et ibi et per Galliam alibi hominum et animalium periit maxima multitudo.

(„Annales Prioratus de Wigornia.“ in „Rer. Britannicar. med. aev. scriptores.“ Band 36 IV., S 529.)

(Das Gewässer war sehr stark, in der Stadt Paris beschädigte die Seine einen großen Teil, und dort und in Frankreich kamen eine sehr große Menge Menschen und Tiere um.)

20. Dez. 1296 Paris Seine-Überschwemmung

Au mois de décembre à Paris la veille de saint Thomas l'apôtre, le fleuve de la Seine s'accrut tellement qu'on ne se souvient pas, et qu'on ne trouve écrit nulle part qu'il y eût jamais eu à Paris une si forte inondation, car toute la ville fut remplie et entourée d'eau, en sorte qu'on ne pouvait y entrer d'aucun côté, ni passer dans presque aucune rue sans le secours d'un bateau. La masse des eaux et la rapidité du fleuve firent crouler entièrement deux ponts de pierre, des moulins et les maisons bâties dessus et le Châtelet du Petit-Pont. 1296 20. Dezember Paris Seine-Überschwemmung

(„Chronique de Guillaume de Nangis." in „Collect. des mémoir. relat. à l'hist. de France", edid. Guizot. Band 13, S. 228.)

Fuit fluvius Secane Parisius in tanta habundantia quod magnus Pons cecidit.

(„Chronique et annales de Gilles Le Muisit", edid. H. Lemaître. „Chronique de Gilles Le Muisit." („Soc. de l'hist. de France" Band Nr. 322, S. 39.)

(Der Fluß Seine in Paris führte ein solches Hochwasser, daß die „Große Brücke" einstürzte.)

La riviere de Seine fut si grande que toute la ville de Paris enfut circuie de toutes pars tellement que, du costé des portes Sainct Anthoine, Sainct Martin, Sainct Denis, Monsmatre et Sainct Honnoré, on n'y eust sceu entrer sans bateau. Et fut une telle avalase d'eaue a Rouen que le pont fut rompu.

(„Chronique de Rouen des origines à 1544." in A. Héron „Deux chroniques de Rouen." in „Ouvrages de la soc. de l'hist. de Normandie." Bd. 40.)

Et en ycest an ensement, ou moys de Decembre, en la veille de saint Thomas apostre avint aussi à Paris que le fleuve de Saine s'escrut en telle maniere, que de nul aage ne remembrance d'omme ne treuve l'en en escript si grant croissance ne ravine d'yaue à Paris avoir ondoie, car toute la cité fu si de toutes pars ramplie et ensement acainte et avironnée, que de nulle part en la ville, sanz navie, l'en ne povit entrer, ne par I pou, par toutes les rues ne povient aucuns aler sanz aide de batiaux. Et lors, pour la pesanteur de l'yaue et la grant ravine du fleuve, les II pons de pierre, avec les moulins qui dessus estoient fondez et faiz, et chastellet de petit pont, de tout en tout trebuchierent et cheirent. Et lors esconvint I pou, par VIII jours, des viandes de hors aporter es nefs et es batiaux pour secourre à ceulz de la cité.

(J. Viard „Les grandes chroniques de France". Tom. VIII. in „Soc. de l'hist. de France." Bd. 435, S. 170.)

° (Th. Ruppert „Die Chroniken der Stadt Konstanz". S. 36, aus Joh. Stetters Chronik.)

° („Liber de rebus memorabilioribus sive chronic. Henrici de Hervordia." edid. A. Potthast. S. 215/16.)

° Peter von Dusburg „Chronicon terrae Prussiae" in „Scriptor. rer. Prussicar." I, S. 210.)

Eodem anno tante inundaciones orte sunt ut circa Leuben versus sanctam Mariam circa pontem Mura super stratam emanuit. 1297 Leoben (Steiermark) Überschwemmung der Murr

(„Anonymi Leobiensis chronicon." edid. J. Zahn. S. 26.)

(Im selben Jahre entstanden so große Überschwemmungen, daß bei Leoben gegen St. Maria bei der Brücke die Murr über die Straße floß.)

16. Januar 1300 Nordfriesland Sturmflut 2. Marcellus-Flut)

am tage Marcelli Pontificis hat sich die Westsee durch sturmwinde erhaben, und die wasser vier ehlen über die höchsten teiche geführet, städte und dörffer umbgekehret, und den flecken Rungholt neben sieben kirchspiel kirchen in Edomsharde verwüstet, andere mehr anjetzo zu geschweigen, und sin dazumahl 7600 menschen ertruncken, und 21 Wehlen im Nordstrande eingerissen. Und ist schließlich zu merken, daß andere melden, wie diese fluth am 4. Sept., andere aber, daß dieselbe im Oktob. sey ergangen.

[„Ernewerte Nordfresische Chronik." von Mag. Ant. Heimreich. Schleßwig 1668, S. 136.]

(K. M. Hansen „Chronikblätter etc.". 1. Band, S. 5/6.)

Und ob man wo ins gemein berichtet, daß dieses Ortes in die 28 und mehr kirchspiele untergangen, so ists doch gläublich und erweißlich, daß sie meist alle an einer seiten des landes, sondern in unterschiedlichen Harden dieses Nord Freßlandes sein gelegen gewesen, darvon ich denn dieß verzeichnis gefunden, so ich hieher zur nachricht wollen setzen. Dith sind de Karcken unde Riden under dem water in Nordstrande: Parochia Halligenesse, Rungholt, Niedam, Abenbull, Overnordschlote, Uthernordschlote, Feddringmancapelle.

[A. Heimreich „Ernewerte Nodfresische Chronik" 1668, S. 140.]

(K. M. Hansen „Chronikblätter etc.". 1. Band, S. 6.)

° („M. Anton Heimreichs etc. nordfresische Chronik", edid. Dr. H. Falck. I, S. 240.)

Dithmarschen, Friesland Sturmflut

Ao 1300 am dage Marcelli hefft sick de Westseh van Stormwinde erhaven, iß 4 Eln aver de grotesten Dike gegaen, hefft groten Schaden gedaen in Ditmarschen. Unnd menet men, do si it im Breke ingebraken unnd de Bonen-Weel geschaten, in der Sadeltidt, alß men Bonen seiet, unndt iß dat Landt beliggen gebleven up Busen ungeseiet, . . . Unnd sin in dem Storm vam Strande unnd Pilworm 28 Carspel vordrunken. Im Strande van Pilwormherde, Rongholt, Halgeniß, Eidam, Stockenboll, Avernordslott, Vedderingmanß Capel, up der Hoge, Walhusum, Heverdam, Balem, Gormßboll, Suderweschen, Norderwesch, Vlederssbull, Swenscapel, St. Cathrine Kerke, (in Werken Herde) Tumbul, Langeneß, St. Carstinen Kerke tho Bobhever (in Boldrung Herde), Fedwermans Capel, Weldeomhusen, Peter Hagenß Capel, (in Edomßherde), Ocke Holm, Ottengrove, Stuntebul.

(„Johann Adolfi's, genannt Neocorus, Chronik des Landes Dithmarschen." 1. Band, S. 356.)

Ao. 1300 am Dage Marcelli Pontificis 7 September hefft sich dorch Stormwinde de West-See mechtichlich erhaven, veer Ellen aver de grotesten dike gegaen, gruwlich gewötet, Stede, dorper ummegeworpen unnd sin in Ditmarschen Strande, Eiderstede, Freßlandt 28 Kerken undergaen.

(„Johann Adolfi's, genannt Neocorus, Chronik des Landes Dithmarschen." 1. Band, S. 355.)

Laut Dr. R. Hansen „Beiträge zur Geschichte und Geographie Nordfrieslands im Mittelalter“ hat 1300 keine Sturmflut stattgefunden. Holl. und ostfriesische Chronikquellen wissen von dieser Flut nichts.

die II° mensis decembris, fluvius Mose tanta inundatione ymbrium crevit quod antiquum pontem ejusdem fluvii existentem in claustro beate Marie hujusmodi oppidi in angulo, a parte superiori secus portam qua versus currit, transfluxit, . . . 2. Dez. 1300 Lüttich Maas-Überschwemmung

(„La chronique Liègeoise de 1402“, edid. E. Bacha. S. 244.)

(Am 2. Dezember wuchs der Fluß Maas durch Regengüsse so an, daß er über die alte Flußbrücke floß, die sich im Kloster der heiligen Maria in einer Ecke der Stadt befand, usw. . . .)

die secunda decembris, inundatione Mosa tantum excrevit quod antiquum Hoy pontem superfluens trabes avexit, qui fluminis impetu defluentes arcum unum pontis novi lapidei diruerunt.

(„Johannis Hocsemii chronicon.“ edit. G. Kurth Lib. 1. Cap. XXIV, S 102.)

(Am 2. Dezember nahm die Überschwemmung der Maas so zu, daß sie über die alte Brücke von Huy floß und Balken wegführte, die durch die starke Strömung des Flusses fortgeschwemmt wurden und einen Bogen der neuen steinernen Brücke zerstörten.)

° („Fragments de Jean de Warnant.“ in „Chron. liègeoises“, Tom. I, edid. J. J. de Smet. S. 51.)

° („Additions au texte de Mélart extraites des manuscrits Nr. 37 et 39.“ in „Chron. liègeoises“, edit. S. Balau und E. Fairon in „Publicat. de la comm. roy. d'hist. de Belg.“ Band 54, Tom. II, S. 615.)

Item, nota quod tercio nonas junii, scilicet die Sabbati post octabas Penthecostes, anno 1301, in ortu solis, fuit tanta et tam magna pluvia subitanea, quod pauci sunt qui unquam tantam pluviam viderint; illa enim pluvia destruxit multa molendina in aqua Alrancie et alibi, et fecit multa alia mala in pluribus locis et specialiter in abbacia de Regula Lemovicensi. 3. Juni 1301 Gegend von Limoges (Frankreich) Überschwemmung der Flüsse

(„Anonymum S. Martialis chronicon 1207/1320.“ in „Chroniques de Saint-Martial de Limoges“, edid. H. Duplès-Agier. Soc de l'hist. de France. Bd. 167, S. 140.)

(Ebenso sei bemerkt, daß am 3. Juni, d. h. am Sonnabend nach der Woche nach Pfingsten, bei Sonnenaufgang sich ein so großer und plötzlicher Regen ereignete, daß es nur wenige gibt, die jemals einen so großen Regen gesehen haben. Jener Regen nämlich zerstörte viele Mühlen am Fluße Charentel (?) und anderswo und verursachte viele andere Schäden an zahlreichen Orten und besonders in der Ordensabtei zu Limoges.)

1302 Verdun Maas-Überschwemmung

Verdun souffrit aussi beaucoup par le débordement de la Meuse, il fut si extraordinaire qu'il fallut se servir de bateaux pour secourir les bourgeois de la ville basse.

(M. Champion „Les inondatoins en France etc.". V, S. 133 aus Rousset „Hist. de Verdun". 1745, S. 318. nach Sarrebruck „Catalogue des Eveques de Verdun.")

(August) 1302 Rhein Überschwemmung

Hoc anno aquarum exstitit inundatio et Renus fluvius tante magnitudinis extitit, quod nullus hominum recordabatur, eum tante magnitudinis extitisse; . . .

(„Annales Colmarienses maiores." M. G. H. Scriptores. XVII, S. 228.)

(In diesem Jahre entstand eine Überschwemmung, und der Rhein-Fluß zeigte ein so großes Hochwasser, daß sich kein Mensch erinnerte, daß er sich jemals so groß gezeigt hätte.)

Inundatio Rheni tanta fuit, quod homines de Nuvenburch in Friburgum navigio potuerunt pervenire, quod usque ad illud tempus fuerat inauditum.

(„Annales Colmarienses maiores." M. G. H. Scriptores. XVII, S. 227.)

(Die Überschwemmung des Rheins war so bedeutend, daß man von Neuburg nach Freiburg zu Schiff fahren konnte, was bis jetzt unerhört war.)

Elsaß Überschwemmung der Flüsse

Per totum Augustum fuit inundatio aquarum; in Basilea pontem pro parte destruxit, columneam fontis transivit, dorsa equorum in stabulis, magnum incommodum intulit; a Nuwenburg naves usque Friburgum transferebat; in Brisaco montem circuivit, claustrum penetravit; in Argentina pisces in cellariis et stubis capiebantur; in Alsatia flumina messem impediverunt, quod metere non valebant.

(„Annales Colmarienses maiores." M. G. H. Script. XVII, S. 227.)

(Den ganzen August hindurch war eine Überschwemmung der Gewässer. In Basel zerstörte das Wasser einen Teil der Brücke, stieg über die Säule an dem Brunnen, über die Rücken der Pferde in den Ställen und richtete großen Schaden an. Von Neuenburg führte es Schiffe bis nach Freiburg, in Breisach umschloß es einen Berg und drang in ein Kloster ein, in Straßburg wurden Fische in Kallern und Stuben gefangen, im Elsaß behinderten die Flüsse die Ernte, da man nicht mähen konnte.)

4. August 1302 Rhein Überschwemmung

In vigilia sancti Oswaldi regis, sive festo sancti Dominici Rhenus inundavit, pontem Rheni lesit, pontem Brisacensem destruxit, montem Augga [Eggersberg] circumdedit, claustrum sororum ordinis Cisterciensium [Marienau bei Breisach] replevit, messem frumenti devastavit, et maximum damnum in Brisaca pauperibus inferebat. In Argentina [Straßburg] Renus intravit cellaria multorum. In Basilea (Basel] eodem tempore Rhenus equorum stabula introivit, eorum dorsa undis maximis perfundebat.

(„Annales Colmarienses maiores." M. G. H. Scriptores. XVII, S. 226/7.)

(Am Tage vor dem Feste des heil. Königs Oswald. d. h. am heiligen Dominikusfeste, trat der Rhein über seine Ufer, beschädigte die Rheinbrücke [zu Basel], zerstörte die Brücke zu Breisach, floß um den Eggersberg herum, lief in das Kloster der Cistercienser-Schwestern [Marienau] bei Breisach hinein, vernichtete die Getreideernte und fügte den Armen in Breisach größten Schaden zu. In Straßburg drang das Rheinwasser in viele Keller ein, . . . In Basel lief zu derselben Zeit das Rheinwasser in einen Pferdestall und überströmte mit sehr großen Mengen die Pferderücken.)

° („Specklini coll. etc." in „Fragm. d'anc. chron. d'Alsace II, S. 164/65.)

° („Bull. de la soc. pour la conserv. des monum. histor. d'Alsace." II, sêr. 13. vol. S. 320.)

Winter 1302/03 Nordfrankreich Eisdecke d. Flüsse u. Eisgang mit Schaden

Et partout tant de nef [neige] avoit
Qù' oncques mès tant u'en fut trouvée.
Toute rivière fu gelée;
Par dessus, sentiers et chemins
Ou l'en charioit blez et vins
Et, quant ce vint au desgeler,
Que glaçons convint charier,
Tout ce que devant elz trouvoient
Versoient outre et trébuchoient.

aus

[Godefroy de Paris „Chronique métrique." in „Panthéon littéraire" de Buchon. S. 66/68.]

(E. P. M. Sauvage „Chronique de froid en Normandie." S. 49.)

Holland Eisdecke des Meeres bei Holland

Anno illo, in hyeme fuit tantum gelu ubique, quod audivi a multis, in Hollandia mare fuisse captum de gelu in longitudine septem leucarum, et quod erant homines et bestiae supra mare et supra gelu maris euntes.

(„Chronique de Gilles Le Muisit", edid. H. Lemaître. Soc. de l'hist. de France. Nr. 322, S. 76.)

(In jenem Jahre war im Winter eine so große Kälte, so daß, wie ich von vielen hörte, das Meer bei Holland in einer Länge von 7 Meilen zugefroren war und Menschen und Tiere über das Eis des Meeres liefen.)

Rhein Eisdecke

In Brisaco [Breisach] Renus congelebatur, quod canes in glacie poterant pertransire.

(„Annales Colmarienses maiores." M. G. H. Scriptores. XVII, S. 228.)

(In Breisach fror der Rhein zu, so daß Hunde auf dem Eise hinüberlaufen konnten.)

26. Dez. 1302 Besançon Eisdecke des Doubs

Circa Bisuncium fluvius Dubius [Doubs] congelatus fuit et homines glaciem ascenderunt et glacies sub eis fregit et homines promiscui sexus quingenti pariter perierunt in die sancti Stephani.

(„Annales Colmarienses maiores." M. G. H. Scriptores. XVII, S. 228.)

(Bei Besançon war der Fluß Doubs gefroren, und die Menschen betraten das Eis, und das Eis unter ihnen brach, so daß 50 Menschen jeden Geschlechts umkamen, und zwar am St. Stephanstage.)

Sommer 1303 Winterthur (Schweiz) Wolkenbruch mit Überschwemmung

Citra idem tempus tempore estivali quedam nubes grandis et aquosa nimis ultra Wintertur apparens resoluta fuit et alluvium rapidissimum et valde ingens procreavit. Et contra Wintertur impetusse fluens cunctos terre fructus sibi occurrentes et inventos devastavit, homines de planiciebus fugavit et ad montes ascendere coegit, arbores radicitus evulsit ac subvertit. Fossata vero oppidi Wintertur, vicos et plateas, replevit. Et tandem evanuit.

(„Chronica Johannis Vitodurani." M. G. H. Scriptores. rer. Germanicar. Nova series. Tom. III, S. 55.)

(Innerhalb dieser Zeit, im Sommer, erschien eine gewaltige und wasserreiche Wolke jenseits von Winterthur, öffnete sich und eine sehr schnelle und äußerst große Wasserflut stürzte heraus. Sie strömte in Richtung auf Winterthur so ungestüm, daß sie die gesamten Erdfrüchte, die sich zeigten und die sie vorfand, zerstörte, die Menschen zwang, aus den Tälern auf die Berge zu flüchten, Bäume entwurzelte und umriß ...

Die Gräben, Stadtviertel und Straßen aber in der Stadt Winterthur waren voll Wasser. Endlich verlief es sich.)

1304 Rhein Sehr niedriger Wasserstand

Rhenus tante parvitati erat, quod in locis pluribus inter Argentinam et Basileam poterat transvadari.

(„Annales Colmarienses maiores." M. G. H. Scriptores. XVII, S. 231.)

(Der Rhein war derartig niedrig, daß er an verschiedenen Orten zwischen Straßburg und Basel durchwatet werden konnte.)

22. Februar Bayern Eisdecke der Flüsse

Cathedra Petri frigus congelat flumina majora.

(„Henrici, praepositi Oettingani, chronicon Bavariae ab anno Christi 1273 ad annum 1313" in A. F. Oefele „Rer. Boicar scriptores etc." Tom. I, S. 693.)

(Zur Petri Stuhlfeier ließ die Kälte die größeren Flüsse zufrieren.)

23. Mai Regensburg Überschwemmung der Donau

Die Donau durchbricht die Insel des oberen Wöhrd.

(Chr. G. Gumpelzhaimer „Regensburg's Geschichte etc." I. Abtlg. S. 323.)

Um 1. November Pommern Ostsee Sturmflut

Item jm jare 1304 vmme alle gades hilligenn, weyede so einn groth stormwindt, nicht gehortt bi minschenn thiden, bome vth der erdenn, dorpe, molen vmme, vnnd makede so groth water vmme ditt landt, dat datt Nyedep vthbrack; vnnd dar de van Cikere plegenn eren weitenn tho seyen vp denn Rudenn vnnd thogande van dem einenn lande vp datt ander, dat waß water.

Item anno 1300 vnnd 4 iß dat Nyedep vor dem Sunde vth middell eines stormes gekamenn. 1304 um 1. November Pommern Ostsee Sturmflut

(„Chronik Johann Berckmanns." in „Stralsund. Chroniken". 1. Teil, edid. Dr. G. Ch. F. Mohnicke und Dr. E. G. Zober, S. 4.)

Facta est tempestas maxima in mari, per quam multe domus ecclesie et turres prostrate sunt et naves plurime confracte et submerse. Et in eodem nocte factus est novus portus apud Rugiam, quae vocatur das newe tieff.

(„Des Thomas Kantzow Chronik von Pommern in niederdeutsch. Mundart". edid. Georg Gäbel. S. 224.)

(Es entstand ein sehr heftiger Sturm auf dem Meere, durch welchen viele Häuser, Kirchen und Türme umgeworfen und viele Schiffe zerbrochen und versenkt wurden. In derselben Nacht entstand ein neuer Hafen bei Rügen, der das „neue Tief" genannt wurde.)

° („Johannes Bugenhagens Pomerania", edid. Dr. O. Heinemann. Liber IV, S. 158.)

° (Ernst Zober „Eine alte Stralsund. Chronik", S. 5.) = 1307

op sinte Katherynen dach / was also grooten storm ende onweder / met soo grooten hooghe vloedt / dat veel Dycken ende Polders in Zeelandt overvloeyden. Walcheren was soo seer overvloeyt / dat die dycken soo seer gheramponeerdt waren. 25. November 1304 Seeland Sturmflut

Noordtbeveland
Zuydtbeveland } groote schade.
Duyvelandt

(M.Z. van Boxhorn „Chroniick van Zeelandt etc. door H. Joh. Reygersbergen etc." I, S. 46, 47, 105.)

Circa idem tempus adeo ingens gelu tempore brumali in istis terris erat, vt renus ante Coloniam congelatus a festo s. Agnetis virginis [21. Januar] ac martiris liberum hominibus preberet transitum inclusiue vsque ad festum s. Heriberti archiepiscopi Coloniensis. [16. März.] Winter 1305 Köln a. Rh. Rhein Eisdecke

(„Chronicon Brunwylrense." in Dr. G. Eckertz „Fontes adhuc inediti rer. Rhenanar." II, S. 201.)

(Um dieselbe Zeit herrschte zur Winterszeit eine sehr starke Kälte in jener Gegend, daß der Rhein vor Köln zufror und man vom Feste der Jungfrau und Märtyrerin St. Agnes [21. Januar] an bis zum Feste des Erzbischofs Heribert [Herbert] von Köln [16. März] über das Eis gehen konnte.)

In deme selven jaire ervrois der Rin, dat man dar over geink up sente Agneten avent. 20. Januar 1305 Köln Rhein Eisdecke

(„Kölner Jahrbücher des 14. und 15. Jahrhunderts." Rec. A. in „Die Chroniken der deutschen Städte", 13. Band. S. 20.)

1305
21. Januar
Köln
Rhein.
Eisdecke

In dem selven Jair op sente Angeneten dach, do vervroir der Rin zo Coellen zo, dat men darover geink, ind dat [is] stoint bis sent Herbertz dach [16. März], echt wechen lank. [= 1300.]

(„Kölner Jahrbücher des 14. und 15. Jahrhunderts." Recension D. in „Die Chroniken der deutschen Städte." 13. Band, S. 129.)

° („Kölner Jahrbücher des 14. und 15. Jahrhunderts." Rec. B. in „Die Chroniken der deutschen Städte." 13. Band, S. 32.)

° („Latein. Reimchronik 1081/1472" in „Die Chronieken der deutschen Städte." 13. Band, S. 204.)

16. März
Rhein
Eisgang

Nam cum, collegia canonicorum in Colonia de mane per glaciem ad Tuitium ex more s. Heribertum visitauisent, eadem die glacies resoluta est et in tanto turbine ac impetu glacies a superioribus partibus descendens renum repleuerat, vt hominibus, qui illo in tempore a Colonia ad Tuitium venerant, penitus regressum per aliquod tempus denegaretur.

(„Chronicon Brunwylrense." in Dr. Gottfr. Eckertz „Frontes adhuc inediti rerum Rhenanarum." II, S. 201.)

(Denn als das Kollegium der Domherren in Köln bei Tagesanbruch über das Eis nach alter Sitte den heiligen Herbert in Deutz besucht hatten, ging am selben Tage das Eis auf, und es kam das Eis aus den oberen Gegenden mit solchem Wirbel und Ungestüm den Rhein herabgeschwommen, daß den Menschen, die zu jener Zeit von Köln nach Deutz gekommen waren, die Rückkehr für einige Zeit völlig abgeschnitten war.)

Winter 1305/06
England
Flüsse:
Eisdecke

Eodem anno incepit forte gelu triduo ante Natale Domini, et continuavit se usque ad festum sancti Vincentii martyris [22. Januar], ita videlicet quod glacies viderentur excedere spissitudinem duorum pedum.

(„Flores historiarum." in „Rer. Britannicar. med. aev. scriptores." Band 95, Vol. III, S. 328.) 1305

(Im selben Jahre begann eine starke Kälte 3 Tage vor Weihnachten und dauerte bis zum Fest des heiligen Vincenz des Märtyrers [22. Januar], so daß es nämlich schien, daß das Eis die Stärke von 2 Fuß überschritt.)

Frankreich
Flüsse:
Eisdecke,
darauf starker
Eisgang

Hoc etiam anno, tempore hyemis, fluminibus Francie inundantibus aquis geluque asperrimo congelante ipsas aquas, glacies, postmodum dissoluta calore aeris vel solis, maximum in multis locis fecit detrimentum bonorum. Per frustorum enim glaciei violentiam domus, pontes et molendina, que erant super aquas vel iuxta, conquassata sunt penitusque destructa.

(„Prima vita Clementis V auctore Joannen canonico sancti Victoris Parisiensis" in Steph. Baluzius „Vitae papar. Avenionens." edid. G. Mollat. I, 5.)

(Im selben Jahre auch, zur Winterszeit, als die Flüsse in Frankreich über ihre Ufer getreten waren, froren diese Gewässer infolge der sehr strengen Kälte zu, und das Eis machte, als es durch die Wärme der Luft oder der Sonne schmolz, an vielen Orten größten Schaden an Besitzungen. Durch den Anprall der Eisstücke wurden Häuser, Brücken und Mühlen, die über oder neben dem Wasser standen, erschüttert und völlig zerstört.)

° (Chronique manuscrite anonyme im Band „Chroniques de Normandie de Guillaume le Talleur“, in E. P. M. Sauvage „Chron. du froid en Normandie“, S. 50/51.)

° (J. Viard „Les grandes chroniques de France“. Tom. VIII, S. 253.)

Inde eodem anno post nativitatem Domini [25. Dez.] tanta fuit asperitas hyemis quod aqua Hoyulphi in Hoyo currentis constricta frigore torrido congelatur, et magna fortique glacie diu tegitur, quod nunquam aut vix antea visum fuerat. [1305.]

Winter 1306 Huy (Belgien) Hoyoux Eisdecke

(„La chronique Légeoise de 1402“, edid. Eug. Bacha, S. 252.)

(Im selben Jahre war darauf nach Weihnachten eine so große Strenge des Winters, daß das Gewässer Hoyoux, das durch Huy fließt, infolge der schrecklichen Kälte zufror und mit großem und starkem Eis lange bedeckt blieb, was niemals oder kaum zuvor beobachtet worden war.)

° („Extraits de chroniques sur les temps anterieurs à Henri de Gueldre. Fragments de Jean de Warnant.“ in „Chron. Liègeoises“, edid. S. Balau. Tome I, S. 60.)

Arriva grand hyver et tel que l'on pouvoit facilement traverser avec chariots chargés les plus grandes rivières qui furent aux Pays-Bas.

Winter 1305/06 Niederlande Flüsse Eisdecke

(Franc. Vinchant „Annales de la province et comté du Hainaut“ edid. A. P. V. Descamps. Tome III, S. 73.)

vores die Rijn . . .

Winter 1306 Rhein Eisdecke

(„Chronik des Dietrich Westhoff etc.“ in „Chroniken der deutschen Städte“ 20. Bd. S. 195.)

Tanta in Germania et Gallia frigora fuerunt, quanta in Norvegia solito maiora sunt. Tunc quidam de Rostochio in Daniam per fretum Codanum [super glacie] ambularunt.

Ostsee Eisdecke

(„Annales Islandorum Regii.“ in J. Langebek „Scriptor. rer. Danicar.“ III, S. 127.)

(In Deutschland und Frankreich waren so strenge Fröste, wie sie nur in Norwegen noch größer sind. So gingen einige von Rostock nach Dänemark über das Eis der Ostsee.)

fuit hyems maxima ita quod mare inter Ölandiam et Gutlandiam et Estoniam extitit congelatum, . . .

(„Diarium Minoritarum Wisbyensium“ in E. M. Fant „Scriptor. rer. Suecicar.“ I. S. 33.)

(Es war ein sehr strenger Winter, so daß das Meer zwischen Öland und Gotland und Estland zugefroen war.)

Winter 1306 Ostsee Eisdecke

Tanta fuit hyemps, quod inter omnes terras et insulas Dacie et Svecie omnes pontus per XIV septimanas et ultra quasi in solidos pontes conversi sunt.
. . ., et tantus fuit hyems, quod inter omnes terras et insulas Dacie et Suecie omnes pontus per XIV septimanas et ultra quasi in solidos pontes conversi.

(„Nicolai archiepisc. Lundemsis chronica episcopor. Lundens.“ in J. Langebek „Scriptor. rer. Germanicar.“ VI, S. 628.)

(So streng war der Winter, daß zwischen allem Land und Inseln Dänemarks und Schwedens alle Meere 14 Wochen lang und noch länger in feste Brücken verwandelt waren.)

° (C. Easton „Les hivers etc.“ S. 68 aus „Hamsfort Chron. Suec.“ in Langebek „Script. rer. German.“ I, S. 296.)

1306 Grimma i. Sa. Überschwemmung der Mulde

Es ist ein solch groß Wasser zu Grimma ankommen, daß es ein großes Stück Stadtmauer hat niedergerissen, auch daneben 16 Häuser auf dem alten Markt eingeworfen.

(Chr. G. Lorenz „Die Stadt Grimma etc.“ S. 451 aus G. Crell „Chronik“.

Januar Norditalien Flüsse: Eisdecke

Item eodem tempore et mense Januarii per 13 dies continuos fuit arduum et inmensum frigus, magis quam aliquis recordaretur, ita quod flumina omnia vales fovee omnes indiferenter et in omnibus partibus Lombardie congelaverunt, et flumen Paudi in pluribus partibus congelavit seu congelatum fuit taliter, quod super glaciem multe persone transiverunt ipsum, et naves vix transire poterant.

(„Annales Parmenses maiores.“ M. G. H. Scriptores. XVIII, S. 736.)

(Zur selben Zeit, im Monat Januar, herrschte 13 Tage hintereinander eine strenge und unmäßige Kälte, stärker als sich irgendeiner erinnern konnte, so daß alle Flüsse unterschiedslos und in allen Teilen der Lombardei zufroren, und der Fluß Po fror auf weite Strecken so stark zu, daß viele Leute über das Eis gingen und Schiffe kaum fahren konnten.)

1. Februar 1306 Frankfurt a. M. Main-Eisgang

Nota quod anno domini MCCC VI in vigilia purificationis beate Marie virginis gloriose circa noctem due turres pontis et ipse pons Frankenfordensis pro majori parte, multis utriusque sexus hominibus desuper stantibus, propter miniam glaciem et aquarum inundacionem ceciderunt. Qui homines quasi ad quingentos estimati omnes pro tunc submersi perierunt.

(„Annales Francofurtani.“ in „Quellen z. Frankf. Geschichte.“ I, S. 1.) edid. Dr. H. Grotefend.

(Bekannt ist, . . . daß am Vortage des Festes der Reinigung der heiligen Jungfrau Maria zur Nachtzeit 2 Türme der Brücke selbst zum größeren Teil einstürzten als viele Menschen jeglichen Geschlechts darauf standen, und zwar durch das gewaltige Eis und Hochwasser. Schätzungsweise kamen 500 dabei um.

. . . an unser frawen lichtmeß abend ist der Meyn zu Franckfurt von eiß und gewäßer so gros gewesen, daß er die zwen thürn und den mehrern theil an der brücken hat hinweg gestosen und ist damaln ein groß volk von mannen und frawen bei 500 menschen auf der brücken gestanden, davon sind 10 umbkommen.

(„Deutsche Annalen von 1306–1343." in „Quellen zur Frankfurter Geschichte." edid. Dr. H. Grotefend. I, S. 4.)

Do was dat wasser zu Frankfort bevroren. Dat is brach up unser vrauwen kertzwiongen dach ind quam as grois is vur de brugge, dat zwene turne van der stede muren neder velen. alda erdrank manich minsche, beide jonk ind alt. 1306 1. Februar Frankfurt a/M. Main-Eisgang

° („Kölner Jahrbücher des 14. und 15. Jahrhunderts." Rec. B. in „Die Chronik der deutschen Städte." 13. Band, S. 32/33.)

° (J. Latomus „Acta" in „Quellen zur Frankfurter Geschichte", edid. Dr. H. Grotefend. I, S. 77.)

° („Annalen eines Anonymus" in „Quellen zur Frankfurter Geschichte", edid. Dr. H. Grotefend. I, S. 138.)

° („Collectaneen Liber I des Phil. Schurg" in Quellen zur „Frankfurter Geschichte", edid. Dr. H. Grotefend. I, S. 150.)

° („Historische Notizen aus den Aufzeichnungen des Heinrich vom Rhein" in „Quellen zur Frankfurter Geschichte", edid. Dr. N. Grotefend. I, S. XLII.) = 1136

° („Collectanea fratris Petri Herp Dominicani." in „Quellen zur Frankfurter Geschichte", edid Dr. H. Grotefend. I, S. 58.)
(dto. I, S. 58.)

° („Kölner Jahrbücher des 14. und 15. Jahrhunderts." Recension D. in „Die Croniken der deutschen Städte". 13. Band, S. 129.)

° („Kleine Limburger Annalen." in M. G. H. Tom. IV. Pars I. Deutsche Chroniken. S. 118.)

° (Joh. Trithemius „Chronicon insigne monast. Hirsaugiensis." S. 270.)

° (F. W. Junghans „Versuch einer Geschichte der freien Reichsstadt Gelnhausen" in „Zeitschrift des Vereins für hess. Geschichte und Landeskunde." Der ganz. Reihe 22. Bd., S. 405.)

Es hat die Werra sehr zugenommen und hat in vielen anliegenden Städten und Dörfern großen mercklichen Schaden gethan. Allhier zu Meiningen hat es die Stadtmauer beym Wasser-Thurm am Ober-Thor sehr zurissen, ingleichen die Walckmühle, Unter-Brücke und Sichen-Hauß hinweggeführet. Item die Äcker und Gärten in Grund sehr verwüstet, auff dem Land und in Dörffern viel Menschen und Vieh ertränckt, Ober- und Unter-Maßfeld hats greulich zerrissen, desgleichen auch bey Walldorff, sonderlich aber zu Wasingen, Schwallungen und in den Breitungen sehr großen Schaden gethan, wie auch fast in allen Dörffern des gantzen Werra-Grundes.) Werra Überschwemmung

(F. S. Güth „Poligraph. Meining." S. 120.)

1306 Schönebeck/Elbe Elbe-Überschwemmung

Verheerende Überschwemmung.

Die Elbe steigt so hoch, daß sie durch die Straßen lief.

(F. Magnus „Geschichte der Stadt Schönebeck a. d. Elbe". S. 7/8.)

Winter 1306/07 N.-Frankreich Überschwemmung der Flüsse

Jl y eut au temps d'hiver une grande inondation des eaux des rivières.

(„Chronique de Guillaume de Nangis." in „Collect. des mémoir. relat. à l'hist. de France", edid. Guizot. Band 13, S. 262.)

1307 Frankreich Überschwemmungen der Flüsse

In januario facta est conjunctio Jovis cum Saturno in Scorpione, et secuta est postea magna aquarum inundatio. Sed in medio februarii sole intrante signum Piscium et luna signum Cancri, Jove vero et Saturno et Marte in medio signo Scorpionis, facta est major alluvio cum magna intemperie aeris, ventorum, grandinum et aquarum.

(„Vita Clemens V. auctore Ptolemaeo Lucensi ordinis Praedicatorum excerpta ex Historia ecclesiastica" in Stephan. Baluzius „Vitae paparum Avenionensium" I. nouv. edit. par. G. Mollat. S. 27.)

(Im Januar trat die Vereinigung des Jupiter mit dem Saturn im Skorpion ein, und es folgte später eine große Überschwemmung der Gewässer. Aber Mitte Februar, als die Sonne in das Zeichen der Fische und der Mond in das Zeichen des Krebses, Jupiter und Saturn und Mars in die Mitte des Skorpions trat, ereignete sich eine noch größere Überschwemmung mit einer großen Unbeständigkeit der Witterung, Winde, Hagel und Gewässer.)

Um 2. Februar 1307 England Sturmflut

circa Purificationem beatae Mariae, fuit maximum diluvium et excessus maris in omnibus terris maritimis; et multi homines et pecora fluctibus praeventi perierunt.

(„Chronica monasterii de Melsa, a fundatione usque ad annum 1396, auctore Thoma de Burton", edid. Edw. A. Bond in „Rer. Britann. med. aev. scriptores." Band 43, Vol. II, S. 279.)

(Um der heiligen Mariä Reinigung (2. Febr.) war eine sehr große Überschwemmung und Austritt des Meeres in allen Meeresländern, und viele Menschen und Tiere wurden von der Flut eingeholt und kamen um.)

7. Oktober 1307 Norditalien Hochwasser der Flüsse

Item eodem tempore die sabati 7. Octubris iuxta sero et in nocte sequenti flumina civitatis Parme et districtus creverunt et venerunt sic magna quod, ut dicebatur a senioribus. Nomquam sic fuerant. Et flumen Parme ita crevit, quod fuit super mercatum [forum] et implevit omnes domos de burgo Pellacanorum.

(„Annales Parmenses maiores." M. G. H. Scriptores. XVIII, S. 742.)

(Zu derselben Zeit, am Sonnabend, 7. Oktober, wuchsen gegen Abend und in der folgenden Nacht die Flüsse der Stadt und des Distriktes Parma und wurden so groß, daß sie, wie die Alten sagten, niemals so gewesen waren. Der Fluß Parma stieg so an, daß er bis auf den Markt stand, und füllte alle Häuser der Vorstadt usw. an usw.)

Item eo mense, die Lune 16. Octubris flumina civitatis et episcopatus, ut dictum est, iterato similiter creverunt et fecerunt similiter; et dictum est, quod per totam Lombardiam flumina sic magna fuerunt. 1307 16. Oktober Norditalien Hochwasser der Flüsse

(„Annales Parmenses maiores.“ M. G. H. Scriptores. XVIII, S. 743.)

(Gleichfalls in diesem Monat, am Montag, 16. Oktober, wuchsen die Flüsse der Stadt und des Bischoftums, wie gesagt, wiederum in ähnlicher Weise an und verhielten sich ähnlich. Es wurde gesagt, daß in der ganzen Lombardei die Flüsse so groß waren)

il commencha le jour Saint-Nycaise à geller sy fort et sy asprement que la gellée dura bien sept sepmaines sy fort qu'on ne povit rien faire; et fut le grand Escault engellé bien VII sepmaines entre Condé et Valenchiennes, sy qu'on alloit de Condé à Valenchiennes et de Valenchiennes à Condé sur les glaches de l'Escault, et de Walez à l'Espès. Et furent toutes les rivieres de la ville, hors et ens, sy fort engellées qu'on ne povit avoir riens d'eawe awant la ville ens ès maisons pour faire les besongnes. Winter 1307—1308 Valenciennes (Nordfrankreich) Schelde und andere Gewässer: Eisdecke

(„Chronique de Flandres, écrite au XIV. siecle en patois Rouchy (langue de Valenciennes) II. part. Chronique de Valenciennes in J. A. C. Buchon „Choix de chroniques et mémoires sur l'histoire de France“ Tome V, S. 619.)

Le 29 jour de fevrier, il recommencha de geller des dites gellées sy fort et sy très asprement sur une nuyt ou deux, qu'il fut sy grandes eawes par toute la ville de Valenchiennes que le grand Escault venoit en la tanerye et sur le noef pont, par telle maniere que les maisons d'autour flottoint à tous lez; et venoit l'eawe en la rue Saint-Jaque, et derriere les murs de Banais et tout en l'attre et en l'eglise Saint-Jaque; et fut l'eawe en la grande rue Nostre-Dame si très haulte que la rue flotoit en eawe; et furent les maisons de la rue toutes plaines d'eawe, et pareillement à peus près toutes les aultres rues, par les rivieres d'avant la ville qui sy très merveilleusement estoient desbordées et desrivées qu'on ne savoit que faire. 29. Februar 1308 Valenciennes Schelde: Eisgang und Überschwemmung

(„Chronique de Flandres, écrite au XIV. siecle en patois Roechy (langue de Valenciennes) II. part. Chronique de Valenciennes in J. A. C. Buchon „Choix de chroniques et mémoires sur l'histoire de France“. Tome V, S. 620.)

Mense septembri, fuit tempus pluviale in tantum quod fluvius Scalde pre magnitudine exivit metas; . . . September 1308 Schelde Überschwemmung

(„Chronique de Gilles Le Muisit“, edid. H. Lemaître. Soc. de l'hist. de France Nr. 322, S. 44.)

(Im Monat September war eine so regnerische Witterung, daß der Fluß Schelde Hochwasser führte und über seine Ufer trat.)

1309 Tours u. a. Orte in Frankreich Überschwemmung der Flüsse

Une inondation emporte les ponts à Tours et en beaucoup de lieux.

[Chron. de Touraine ed. M. Salmon. S. 198.]

(Célest. Port „Questions angevin". Les phénomèn. phys. S. 106.)

Loire Überschwemmung

Une grande inondation qui emporta le pont de Loire [à Nevers].

[Archiv. de la mairie de Nevers (Départ. Nièvre.]

(M. Champion „Les inondations en France etc." II, S. 201.)

Um 17. Juli Thüringen Überschwemmung der Flüsse

Magna inundancia aquarum facta fuit circa diem sancti Alexii.

(„Cronica S. Petri Erford. mod. VII." M. G. H. Scriptores. Kleine Ausgabe. 22. Band, S. 340.)

(Eine große Überschwemmung der Gewässer ereignete sich um den St. Alexiustag.)

° („Chronici Saxonici continuatio (Thuringica) Erfordensis." M. G. H. Scriptores. Kleine Ausgabe. 22. Band, S. 477.)

Winter 1310 England Themse: Eisdecke

In festo nempe Nativitatis Dominicae et postea per aliquod tempus ventus Borealis flatus ex alto deducens, terram necnon aquarum fluenta et maxime Thamensis fluminis sic in glacialem compaginavit duriciem, ut equis hominibusve ac bigis onustis se transmeabilem exhibuerunt. [= 1309.]

(„Flores historiarum" in „Rer. Britannicar. med. aev. scriptores." Bd. 95, Vol. III, S. 146.)

(Zu Weihnachten nämlich und einige Zeit darauf wehte ein Nordwind aus der Höhe herab, der die Erde und auch die fließenden Gewässer, besonders den Themse-Fluß, so fest in Eisfesseln schlug, daß Pferde und Menschen und Lastwagen darüber laufen und fahren konnten.)

En cele an fut si graunte glace en Tamyse que moutz des gentz passerent à pié sure le glace jeske à Suthwerk, et arere à Loundres. [= 1309].

(„Croniques de London depuis l'an 44 Hen. III jusqu' à l'an 17 Edw. III." edid. G. J. Aungier. S. 35.)

Winter 1310 Belgien Überschwemmung der Flüsse

In illo anno fuit tantum geli quod etiam in mari naute moriebantur; et etiam fuit post gelu maxima auqarum habundantia. [= 1309.]

(„Chronique de Gilles Le Muisit", edid. H. Lemaître. Soc. de l'hist. de France. Nr. 322, S. 45.)

(In jenem Jahre war eine so große Kälte, daß auch die Seeleute auf dem Meere umkamen, und nach der Kälte war eine sehr große Überschwemmung der Gewässer.)

Hyemps asperrima, deinde aquarum inundatio maxima. [= 1309.] Winter 1310

(„Annales S. Jacobi Leodiensis.“ M. G. H. Scriptores. Cont. XVI, S. 644.)

(Sehr strenger Winter, darauf eine sehr große Überschwemmung der Gewässer.)

° („La chronique Liègeoise de 1402“, edid. E. Bacha. S. 258,) [= 1309]

° („Extraits de chroniques sur le temps antérieurs à Henri de Gueldre.“ „Fragments de Jean de Warnant“ in „Chroniques liègeoises“. edid. S. Balau. Tom. I, S. 63.)

Fuerunt pluviae multae et inundationes, . . . 1310 Süddeutschland Überschwemmungen der Flüsse

(„Henrici Stereonis annales“ M. Freher „Rer. German. scriptores.“ I, S. 593.)

(Es waren viele Regengüsse und Überschwemmungen.)

. . . post imbrium et fluminum maximam inundationem, . . . Bayern Überschwemmung der Flüsse

(„Paltrami chronicon Austriacum“ in Hier. Pez. „Scriptor. rer. Austriac.“ I, Sp. 727.)

(. . . nach Regengüssen und einer sehr großen Überschwemmung der Flüsse.)

. . ., deinde aquarum inundatio maxima XV. Kalendas februarii in Hyoo molendina, pontes, domos diruit. 18. Januar Huy (Belgien) Überschwemmung der Hoycux

(„Johannis Hocsemii chronicon“ Liber I. cap. XXXI. edit. G. Kurth. S. 129.)

(. . ., darauf zerstörte eine sehr große Überschwemmung der Gewässer am 18. Januar in Huy Mühlen, Brücken, Häuser, . . .)

Postea hac hyeme est orta nimia aquarum inundatio ex abundantia ymbrium que in Hoyo, XV° Kalendas februarii, scilicet dominica in festo Prisce virginis, molendionrum, domorum, edificiorum, pontium et rerum multarum sive hominum horribilem stragem fecit, . . ., pontem lapideum a parte superiori molendini de Grognar diruit.

(„La chronique Liègeoise de 1402“, edid. E. Bacha. S. 258.)

(Nach diesem Winter entstand eine außerordentlich große Überschwemmung der Gewässer infolge des Übermaßes der Regengüsse und richtete in Huy am 18. Januar, nämlich am Sonntag, dem Feste der Jungfrau Brisca, ungeheuren Schaden an an Mühlen, Häusern, Gebäuden, Brücken und vielen Sachen, resp. Menschen, . . ., zerstörte die steinerne Brücke an der oberen Seite der Mühle von Grognar.)

In dem 1310 jare wart vele regens und grot water in dem meien. Mai 1310 Mitteldeutschland Überschwemmung

(„Die Magdeburger Schöppenchronik“ II in „Die Chroniken der Deutschen Städte“. 7. Band, S. 182.)

1310 Frühling bis Sommer Südfrankreich Überschwemmungen der Flüsse

Fuerunt pluvie multe et inundationes magne in partibus Tholosanis et Albigensibus et Carcassonensibus in toto fere tempore verno et estatis, . . .

(„Vita Clementis V (Excerpta ex chronicis qui nuncupantur Flores chronicorum seu Cathalogus pontificum romanorum) auctore Bernardo Guidonis episcopo Lodovensi" in Steph. Baluzius „Vitae paparum Avenionensium" I. Nouv. edit. par G. Mollat. S. 67.)

(Fast während der ganzen Frühlings- und Sommerszeit ereigneten sich viele Regengüsse und große Überschwemmungen in Teilen der Gegend von Toulouse, Albi und Carcasson.)

° („Theoderici de Niem vitae pontif. Romanor. etc." in J. G. Eccard „Corp. histor. med. aevi." Tom. I, Sp. 1478.)

° (M. Champion „Les inondations en France etc." IV, S. 205 aus „Floribus chronicorum, auctore Bernardo Guidonis" in „Collect. d. histor. de France." tom. XXI, S. 719 E.)

° (M. Champion „Les inondations en France etc." IV, S. 205 aus „Chronique de Simon de Monfort" in „Collect. Guizot" tom. XV, S. 406.)

Juli—August Thüringen Überschwemmungen

wegen des großen gewessers / so auff den 13. Julij / vnd darnach den 1. Augusti noch größer: vnd den 2. Augusti am aller grösten gewesen: davon mercklicher schaden allenthalben / an Ackern vnd Wiesen geschehen.

(Cyriacus Spangenberg „Hennebergische Chronica etc." S. 183.)

25. Juli Die Neiße i/Schles. Überschwemmung

in die beati Jacobi apostoli mane incepit pluere, et duravit continue illa pluvia per duos dies et noctes, per quam aqua, que Niza vocatur, tam inundavit, quod ante civitatem Glatz multas domos subruit et deduxit, et mille quingentos homines, ut dicunt, ibidem submersit, exceptis aliis locis, ubi eciam plurimi perierunt.

(„Annales Cisterciensium in Heinrichow." A. De cronica Polonorum. M. G. H. Scriptores XIX, S. 545.)

(Am Tage des Apostels St. Jakob gegen Morgen begann es zu regnen, und hielt jener Regen ohne Unterbrechung 2 Tage und Nächte an, wodurch das Gewässer, das die Neiße heißt, so über seine Ufer trat, daß es vor der Stadt Glatz viele Häuser umstürzte und wegführte und 1500 Menschen, wie man sagt, ebendaselbst ertränkte, mit Ausnahme anderer Orte, wo auch sehr viele umkamen.)

° („Annales Cisterciensium in Heinrichow." B. Ista que sequuntur inveniuntur in cronicis Polonorum. M. G. H. Scriptores. XIX, S. 545.)

25. Juli Böhmen Überschwemmung

in vil gegenheyten was ein grosse sintflut, das an vil enden vil dörffer vnd leute dertruncken, wenne pey Leuthmyssel czu Hermenstorff nam das wasser von Gotes vorhengnusse wegen einen ganczen tancz mit leuten vnd mit pfeyffern wegk, vnd dertruncken alle. Vnd das geschach an Sant Jacobstag.

(„Die pehemische Cronica dewcz." I. Buch, Cap. 66 in „Fontes rer. Bohemicar". Tom. III, S. 295.)

Den andern tag czu Cladcze dertrenckte es die gancze vorstat, also das da dertruncken wol pey czwey tausent menschen. Man sach vil wilder tir auff den cloczem flissen, gancze hewser mit leuten, vnd wigen mit lebenden kindern, also das das wasser grossen schaden tate vnd vil dorffer vnd leute dertrenckte.

26. Juli 1310 Glatz Überschwemmung der Neiße

(„Die pehemische Cronica dewcz." I. Buch, Cap. 66 in „Fontes rer. Bohemicar". Tom. III, S. 295.)

Die veneris quadam, in medio junii, circa Senonensem urbem, grando immense quantitatis decidens territorium illud dampnificavit multum; et sequenti ebdomada, pluvia frequens et spissa, subito tonitruum sequens, et deinde tempestates et illuvies aquarum in pluribus regni Francie domibus ac temporalibus bonis dampna non modica intulerunt, adeo ut in multis locis domus, aquis contigue vel propinque, de locis suis expulse fuerint vel prostrate.

Ende Juni 1311 Frankreich Überschwemmungen der Flüsse

(„Vita Clementis V auctore Joanne canonico sancti Victoris Parisiensis" in Steph. Baluzius „Vitae paparum Avenionensium" I, Nouv. édit. par G. Mollat. S. 19.)

(An einem gewissen Freitag, Mitte Juni, bei Sens, fiel ein ungeheuer starker Hagel über jenem Gebiet und richtete viel Schaden an. In der folgenden Woche fiel häufiger und dichter Regen, dem plötzlich Donner folgte, und darauf verursachten Unwetter und Überschwemmungen der Gewässer an vielen Häusern und irdischen Gütern großen Schaden, so daß an vielen Orten Häuser von nahen Gewässern umgerissen oder niedergeworfen wurden.)

Eodem anno quedam tempestas in Bachovia et in Chremsa repente inundans, aliquos homines et domos quamplurimas subruens et abducens interemit, molendina multa et vineas destruxit.

1312 Österreich Überschwemmung

(„Annales Mellicenses." Contin. Zwetlens. III. M. G. H. Scriptores. IX, S. 665.)

(Im selben Jahre trat durch ein Unwetter im Machland und in Krems plötzlich eine Überschwemmung ein, brachte einige Menschen ums Leben, stürzte einige Häuser um und führte sie hinweg und zerstörte viele Mühlen und Weinberge.)

Wisla maxime inundavit

Weichsel Überschwemmung

(„Annales Polonorum II." M. G. H. Scriptores. XIX, S. 636.)

(Sehr starke Überschwemmung der Weichsel.)

Inondation

1313 Oise Überschwemmung

(H. Boursier „Hist. de la ville Creil." S. 278.)

Exundatio Oceani Kal. Maji.

1. Mai 1313 Nordsee Sturmflut

(„Chronologia rer. Danicar. secunda, autore Cornelio Hamsfortio Cimbro ab a. 687 ad a. 1448" in J. Langebek „Scriptor. rer. Danicar". I, S. 298.)

(Eine Meeresflut am 1. Mai.)

1313 1. Mai Nordfriesland Sturmflut

Do ginck de vloet tho Sunte Wolbertsdage.

(„Chronicon Eiderostadense vulgare" in Joh. Russes Sammlungen etc. zur Chronik des Landes Dithmarschen", edid. A. L. J. Michelsen. S. 700.)

Hohe Flut.

(„M. Anton Heimreichs nordfresische Chronik", edid. Dr. N. Falck. I, S. 240.)

22. Oktober Friesland Sturmflut

Sturmflut.

(Ubbo Emmius „Rer. Frisicar. hist. libri X." Dec. II, S. 73.)

liep Friesland door een grote Stormwind geheel onder / daar verdronken deze tyd omtrent vyf hondert menschen.

(Okko van Scharl, Johannes Vlytarp und Andreas Cornelius Stavriensis. „Chronyk en waaragtige beschryvinge van Friesland etc." S. 138.) = 24. Oktober

1314 Belgien Überschwemmungen der Flüsse

Ceste année est appellée l'année de pluies, à cause qui tomba de l'air telles quantités d'eau, par bonne espace de temps, que les rivières s'enflèrent de telle sorte qu'elles emportèrent de part d'autre plusieurs ponts. En la ville de Mons, les ponts du Beguinage et Frères Mineurs situés sur le rivière de Trouille, n'estant lors que massonés de bois, furent rompus et emportés, comme aussy les ponts de bois qui estoient de ca de là sur les rivières de Sambre, Hayne et Escault.

(F. Vinchant „Annales de la prov. et comté du Hainaut etc.", edid. A. P. V. Descamps. Tom. III, S. 96/97.)

Flandern Überschwemmung

Item, desen zelven jaere was't groot waetere dat alle de vruchten bedorven ...

(„Memorieboek der Stad Gent 1301–1737." edid. „Maetsch. d. Vlaemsche Bibliophil." 2. serie, Nr. 15, S. 22.)

St. Goar Rhein-Überschwemmung

Rhein. Starke Überschwemmung. Es wurde die ganze Stadt überschwemmt, so daß das Wasser des Rheins bis in die Oberstraße stieg.

(A. Grebel „Geschichte der Stadt St. Goar." S. 411.)

Prag Überschwemmung

Eodem anno fuit Diluvium magnum Prage.

(„Chronica Bohemor. ab initio gent. ad a 1438" in G. Dobner „Monum. histor. Boem." III, S. 52.)

(Im selben Jahre war die große Überschwemmung in Prag.)

England Überschwemmungen der Flüsse

Nam in regno Anglorum tantae fuerunt alluviones pluviarum et inundationes aquarum cum intemperie aeris insolita, fructus et victualia consumentes, quod nec in uno anno septem dies serenitatis simul possent reperiri.

(„Flores historiarum" in „Rer. Britannic. med. aev. scriptores". Band 95, Vol. III, S. 160.)

(Denn im Königreich England ereigneten sich solche Überschwemmungen der Gewässer infolge der Regengüsse mit ungewöhnlicher Veränderlichkeit der Witterung, Vernichtung der Früchte und Lebensmittel, so daß im ganzen Jahre nicht einmal sieben heitere Tage hintereinander vorkamen.

Meisme lan fu leste pluviouse e grauntz souroundez de ewe parmi tut Engleterre, e les blez sount destrutz, e les feinz ausi, . . . 1315 England Überschwemmungen der Flüsse

(„Chroniques de Sempringham“ in „Rer. Britannic. med. aev. scriptores.“ Band 42, S. 330/32.)

Sed fortuito tanta fuit aquarum inundatio. Nordfrankreich Überschwemmung der Flüsse

(„Ex annalibus Rotomagensibus. Continuatio.“ M. G. H. Scriptores. XXVI, S. 505.)

(Aber zufällig war eine so große Überschwemmung der Gewässer, . . .)

Magna fuit inundatio aquarum in Flandria quae omne frumentum corrupit, . . . [1315] Zwischen 1310—1320 Flandern Überschwemmung der Flüsse

(„Chronicon Evershamense“ conscript. per Gerardum de Meestre.“ S. 17.)

(Es trat eine große Überschwemmung der Gewässer in Flandern ein, die alles Getreide verdarb.)

Hochwasser. In Ath und Lessines werden die Brücken fortgerissen. 1315 Dender Hochwasser

(V.-J. Guignies „Histoire de la ville de Lessines.“ S. 71.)

(Hoc itaque anno fuit inundatio aquarum. Belgien Überschwemmung der Flüsse

(„Corpus chronicorum Flandriae.“ Chron. comit. Flandrensium. edid. J. J. de Smet in „Collect. de chron. Belges inédites“. Band 3, Tom. I, S. 179.)

(So trat in diesem Jahre eine Überschwemmung der Gewässer ein.)

In demselben Jahre waz groz kreftig gewisser . . . Sachsen Hochwasser der Flüsse

(„Chronicon parvum vernaculum rer. in Misnia ab anno 1175 ad ann. 1349“ in J. B. Mencken „Script. rer. Germanic.“ III, S. 348.)

Cette année depuis le milieu du mois d'avril jusque à la fin du mois de juillet ou environ, il y eut une inondation de pluies presque continuelles et un froid peu ordinaire dans l'été. Mitte April bis Ende Juli N-Frankreich Überschwemmungen

(„Chronique de Guillaume de Nangis“ in „Collect. des mémoir. relatifs à l'hist. de France“, edid. Guizot. Band 13, S. 313.)

Item anno Domini 1315 circa festum beati Jacobi facta est tanta post siccitatem nimiam diluviosa aquarum inundacio in quibusdam partibus Bohemie et Morauie, qualem raro aliquis meminit nostris temporibus exstitisse, specialiter tamen flumen Albea proprium excedens alveum per loca circumiacencia spaciebatur campestria, stabula inebriabat, et horrea secum quoque deducens evulsit plurima Um 25. Juli Böhmen, Mähren Überschwemmung der Flüsse besonders der Elbe molendina; porro in tantum se flumina in altum crescencia elevaverunt, quod plures in villis adiacentibus litori ultra sepes et hortia navigio remigabant.

(„Chronicon aulae regiae". Cap. 124 in „Fontes rer. Bohemicarum" Tom. IV, S. 224.)

(Gleichfalls trat im Jahre des Herrn 1315 um das Fest des St. Jakob nach sehr starker Trockenheit eine so große, sintflutartige Überschwemmung der Gewässer in einigen Gegenden Böhmens und Mährens ein, wie sich selten jemand erinnerte, in unseren Zeiten etwas derartiges erlebt zu haben. Besonders nämlich trat der Elbe-Fluß aus seinem eigentlichen Bett und füllte in den umliegenden Gebieten die Gefilde und Ställe mit Wasser an, führte Scheunen mit sich und riß auch viele Mühlen von Grund aus um. Ferner waren die Flüsse derartig gestiegen, ...)

° („Chronicon Francisci Pragensis." Liber I. Cap. 28 in „Fontes rer. Bohemicar". Tom. IV, S. 381.)

° („Die pehemische cronica dewcz." I. Buch. Cap. 69 in „Fontes rer. Bohemicar". III. Tom. S. 297.)

° (Christophorus Hoffmannus Benedictinus Emmerammensis Ratisbonae „Chronicon Bohemiae" in H. Pez „Script. rer. Austriac." II, S. 1110.)

August 1315 Glauchau Überschwemmung der Zwickau. Mulde

Mulde: Besonders gefährliche Überschwemmung, die die Brücke und Häuser wegriß.

(E. Eckardt „Chronik von Glauchau". S. 420/21.)

September Süddeutschland Überschwemmung

Sed propter aquarum inundanciam et ymbrium densitatem ...

(„Chronica de gestis principum etc." in „Scriptor. rer. Germanicar." Kl. Ausgabe. Band 12a. Bayer. Chronik d. 14. Jahrhdts. edit. G. Leidinger. S. 84.)

(Aber wegen der Überschwemmung der Gewässer und der Dichte der Regengüsse ...)

1316 Görlitz Neiße-Überschwemmung

Praecessit eodem Anno Nissi inundatio, quae Gorlicii S. Spiritus nosocomium perrupit, pontem urbis et multos alios convulsos abripuit, moletrinis omnibus et aedificiis flumini propinquis multum nocuit, in plateam usque Nissensem pertigit.

(Martin Mylius „Martini Meisteri annales Gorlicenses etc." In: Chr. G. Hoffmann „Scriptor. rer. Lusaticar etc." Tom. I. Pars II, S. 8.)

(Es ging in diesem Jahre eine Überschwemmung der Neiße voraus, die zu Görlitz das Spital zum heiligen Geiste umriß, die Stadtbrücke und viele andere losgerissene Brücken mit sich wegführte, allen Mühlen und den in der Nähe des Flusses stehenden Gebäuden viel Schaden brachte und sich bis zur Neißegasse erstreckte.)

° (J. B. Carpzow „Annalecta Fastorum Zittaviensium etc." 5. Teil. 3. Kapit. S. 262.)

Eodem anno fuerunt multe tempestates et inundancia aquarum tam in estate quam in yeme sive autumpno.

1316 Nordostdeutschland Überschwemmungen der Flüsse

(„Canonici Sambiensis annales." Cap. 8. M. G. H. Scriptores. XIX, S. 706.)

(Im selben Jahre waren viele Unwetter und Überschwemmungen der Gewässer, sowohl im Sommer als im Winter oder Herbst.)

...; et iundatio maxima Danubii ac omnium fluviorum, tam ex pluviis, quam eruptione venarum terre, ...

Österreich Überschwemmung der Flüsse

(„Annales Mellicenses. Contin. Zwetlensis. III". M. G. H. Scriptores. IX, S. 666).

(..., und eine sehr große Überschwemmung der Donau und aller Flüsse, sowohl infolge der Regengüsse als auch durch Ausbruch von Wasseradern in der Erde, ...

° („Ann. Zwetlens." M. G. H. Scriptor. IX, S. 681.) = 1317

Facta est inundacio aquarum per totam Almaniam, Ungariam, Bohemiam et Galliam. [= 1317.]

Deutschland, Ungarn, Böhmen, Überschwemmungen der Flüsse

(„Annales Mellicenses." Cont. Mellic. M. G. H. Scriptores. IX, S. 511.)

(Es trat eine Überschwemmung der Gewässer in ganz Süddeutschland, Ungarn, Böhmen und Frankreich ein.)

... et inundaciones inaudite et inopinate sunt orte ita quod in terra Stirie Mura fluuius XIII pontes destruendo euertit et nisi iste in Leuben cum paucis aliis remansit. In Bawaria uero diuerse aque mala inaudita operabantur ita quod fluuius Salzach prope Werffen ...

Österreich, Steiermark, Salzburg, Ungarn, Bayern Überschwemmungen der Flüsse, z. B. der Salzach

Eodem aqua pontem in Saltzpurga euertit ac ciuitatem in magna parte intrando plures stratas ac domos repleuit sentina. Eademque aqua in Lauffen pontem ac turrim lapideam cum multis hominibus eiecit. Diuerse uero aque in Danubio congregate a Pataula per totam Austriam et Ungariam maxima dampna fecerunt in pluribus partibus integras uillas cum omnibus suis hominibus submergendo deduxerunt.

(„Anonymi Leobiensis chronicon", edid. J. Zahn. S. 33/34.)

(... und unerhörte und unvermutete Überschwemmungen entstanden, so daß im Lande Steiermark der Fluß Murr 13 Brücken zerstörte, mit Ausnahme der von Leoben und weniger anderer. In Bayern aber verursachten verschiedene Gewässer unerhörte Schäden, so daß der Fluß Salzach bei Werffen usw.

Dasselbe Gewässer zerstörte die Brücke in Salzburg, drang in einen großen Teil der Stadt ein und füllte mehrere Straßen und Häuser mit Schmutzwasser.

Dasselbe Gewässer riß in Lauffen die Brücke mit dem Steinturm und mit vielen Menschen um. Verschiedene Gewässer aber, die in die Donau flossen, von Passau(?) durch ganz Österreich und Ungarn verursachten sehr großen Schaden in vielen

Gegenden und rissen unbeschädigte Ortschaften mit ihren Einwohnern in die Tiefe und schwemmten sie hinweg.)

Sommer 1316 Böhmen, Sachsen, Polen, Ungarn Überschwemmungen der Flüsse, z. B. der Elbe

Estatis namque tempore contra naturam huius temporis facta est ex continuatis imbribus tam copiosa aquarum habundancia, quod more diluvii in locis pluribus suvberteret edificia, muros et castra. In partibus Saxonie tantum Albea fluvius excrevit, quod quadringentas et quinquaginta villas aque vicinas cum hominibus et pecoribus pariter delevit. In Austria, Polonia, Vngaria et Mysna de hoc Diluvio omnium hominum querimonia nuncciabat infiinita pericula esse facta. Hec aquarum inundacio campos et valles cooperuit, fenum et segestes destruxit, sumumque plura, que rapuit, deduxit.

(„Chronicon aulae regiae." Liber I. Cap. 128 in „Fontes rerum Bohemicar". Tom. IV, S. 232.)

(Zur Sommerzeit nämlich trat im Gegensatz zur natürlichen Beschaffenheit dieser Zeit infolge der anhaltenden Regengüsse ein so großes Hochwasser der Flüsse ein, daß es sintflutartig vielfach Häuser, Mauern und befestigte Plätze umstürzte. In Teilen von Sachsen wuchs der Elbe-Fluß derartig hoch an, daß 450 Ortschaften, die am Wasser lagen, mit Menschen und Tieren zugleich vernichtet wurden. Aus Österreich, Polen, Ungarn und Meißen kam von dieser Sintflut aller Menschen Klage gemeldet, daß grenzenlose Gefahr bestände. Diese Überschwemmung der Gewässer bedeckte Felder und Täler mit Wasser, vernichtete Heu und Getreidefelder, schwemmte viel fort und führte es mit sich.)

° („Chronicon Francisci Pragensis." Liber I. Cap. 30 in „Fontes rer. Bohemicar". Tom. IV, S. 383.)

Juni 1316 Österreich Überschwemmungen der Flüsse

Item eodem anno ante festum Johannis baptiste et in vigilia eiusdem, et in vigilia apostolorum Petri et Pauli, triplex inundatio tanta aquarum facta fuit, quod quasi particulare diluvium videretur.

(„Annales S. Rudberti Salisburg. Contin. canonicar." M. G. H. Scriptores. IX, S. 822.)

(Im selben Jahre vor dem Feste Johannes des Täufers [vor 24. Juni], am Vortage dieses Festes [23. Juni] und am Vortage des Tages der Apostel Petrus und Paulus [28. Juni] ereignete sich eine so große dreifache Überschwemmung der Gewässer, daß sie gewissermaßen als eine kleine Sintflut betrachtet wurde.)

20. Juni Sachsen Überschwemmung der Flüsse

12. Kal. Julii facta est maxima inundatio aquarum in multis provinciis. Tunc destructa sunt molendina nostra in Grimmis totaliter, et quedam oppida turres et plures ville sunt omnio destructe sunt et . . .

(„Annales Veterocellenses." M. G. H. Scriptores. XVI, S. 45.)

(Am 20. Juni trat eine sehr große Überschwemmung der Gewässer in vielen Provinzen ein. Dabei wurden unsere Mühlen in Grimma völlig zerstört, und zahlreiche Städte, Türme und viele Dörfer wurden gänzlich vernichtet.)

Anno 1315 factum est diluvium in Grimmis, ubi multi homines perierunt, sed et ecclesia Augustinensis inibi per inundacionem aquarum est abducta. 1316 30. Juni Grimma Überschwemmung der Mulde

(„Cronica S. Petri Erford. mod. VIII.“ M. G. H. Scriptores. Kleine Ausgabe. 22. Band, S. 346.)

(Im Jahre 1315 [1316] ereignete sich eine Sintflut in Grimma, wobei viele Menschen umkamen, und auch die Augustiner-Kirche daselbst wurde durch die Überschwemmung der Gewässer mit fortgeführt.)

° (Cronica Reinhardsbrunnensis.“ M. G. H. Scritores. XXX, 1, S. 651.)

° („Chronici Saxonici continuatio (Thuringica) Erfordernis“. M. G. H. Scriptores. Kleine Ausg. 22. Band, S. 478.)

facte sunt inundaciones aquarum in vigilia apostolorum Petri et Pauli, quod mundus tristabatur. 28. Juni Österreich Überschwemmungen der Flüsse

(„Annales Burghausenses.“ M. G. H. Scriptores. XXIV, S. 62.)

(Am Vortage des Apostel Peter- und Paul-Tages ereigneten sich Überschwemmungen, daß die Welt traurig wurde.)

° („Annales Salisburgenses. Additamentum.“ Contin. codic. Monacensis. M. G. H. Scriptores. XIII, S. 241.)

Überschwemmung. September Werra Überschwemmung

(J. S. Güth „Poliograph. Meining.“ S. 121.)

Estatem hanc fluminibus non fructibus fertilem hiemps aspera subsequitur, adducens nivis copiam, frigorisque rigorem. In hac hieme a festo beati Andree apostoli (30. November) usque ad diem Palmarum, qui videlicet quinto kalendas Aprilis [Palmsonntag war 1317 am 27. März] fuerat, Multauia fluvius in tantum congelatus permanserat, quod in ipsius glaciali superficie sine omni interpolacione cottidie quasi super aridam populus transiens ambulabat. Winter 1316/17 Böhmen Flüsse starke Eisdecke

(„Chronicon aulae regiae.“ Liber I. Cap. 128 in „Fontes rer. Bohemicar“. Tom. IV, S. 232/33.)

(Diesem Sommer, der für die Flüsse, aber nicht für die Früchte ergiebig war, folgte ein rauher Winter mit reichlichem Schnee und strenger Kälte. In diesem Winter war vom Feste des Apostels St. Andreas [30. Nov.] bis zum Palmsonntage, nämlich am 28. März [Palmsonntag fiel 1317 auf den 27. März], der Moldau-Fluß derartig stark zugefroren geblieben, daß das Volk ohne jede Unterbrechung täglich über das Eis gewissermaßen wie über trockenes Land hinüberging.)

(10. Regierungsjahr von Edw. II.) 4. Juli 1317 London Überschwemmung

Cele an en Juille fut graunt toneire, et graunt goute d'ewe, qe fit graunt damage al pount de Flete et al pount de Holborne.

(„Croniques de London depuis l'an 44 Hen. III jusqu' à l'an 17 Edw. III“, edid. G. J. Aungier. S. 40.)

1317 4. Juli London Überschwemmung

Fuit etiam in ipsa nocte tanta pluvia quod per inundationem aquarum subito prevenientium multi pontes, domus quamplurima cum hominibus et pueris, ac etiam molendina in multis locis sunt submersa. Ista acciderunt London: tamen pluvia fuit particularis et non universalis.

(„Croniques de London depuis l'an 44. Hen. III jusqu'à l'an 17 Edw. III", edid. G. J. Aungier. S. 40, Anmerkung.)

(Es traten auch in derselben Nacht so starke Regengüsse auf, daß durch die plötzlich eingetretene Überschwemmung der Gewässer viele Brücken, zahlreiche Häuser mit Erwachsenen und Kindern und auch Mühlen an vielen Orten durch das Wasser vernichtet wurden.
Derartiges ereignete sich in London: aber die Regengüsse waren nur stellenweise und nicht allgemein.)

1320 Flandern Sturmflut

Item magnus denuo fuit aestus oceani per Flandriam.

(„Chronicon Evershamense". edid. Gerard de Meestere in „Recueil de chron. etc. de la Flandre-Occident. publ. par la soc. d'émulat. de Bruges. S. 18.)

(Gleichfalls war wiederum eine große Meeresflut in Flandern.)

In dit jaer braeken de dijcken inne aen de zeecant, sonderlinghe in Vier-ambrachten, soo datter veele menschen ende beesten verdroncken.

(„Memorieboek der Stad Ghent 1301–1737" in „Matsch. der Vlaemsche Bibliophilen". Band 15. I. Deel. S. 29.)

6. Dezember Ostsee Sturmflut

in nocte beati Nicholai magna fuit tempestas et aquarum inundatio. Nam aqua in portu Travenae a solito suo statu crevisse dicebatur in altitudinem 7 cubitorum. Propter quod in Lubeke et in aliis locis et civitatibus maritimis in Slavia et alibi multa bona et similiter homines perierunt. Qua inundatione transacta, infra quindenam sequentem supervenit alia quaedam inundatio modico prima remissior.

(„Annales Lubicenses. M. G. H. Scriptores. XVI, S. 428.)

(In der Nacht des St. Nicolaustages war ein großer Sturm und eine große Überschwemmung des Meeres. Das Wasser soll nämlich in der Trave-Mündung aus seinem gewöhnlichen Stande bis zu 7 Ellen angewachsen sein. Hierdurch sollen in Lübeck und an anderen Orten und Seestädten im Slawenland sowohl viele Güter als auch zugleich Menschen umgekommen sein. Nach Ende dieser Überschwemmung ereignete sich innerhalb der folgenden 15 Tage eine weitere Überschwemmung, die aber unbedeutender als die erstere war.)

Maxima inundacio aquarum ascendit in partibus stagnalibus secundum cronicam Obotritorum. Nam in urbe Lubicana flumen Trabena cooperuit pontem illum altum, per quem de civitate itur in terram Holtzatorum, et deiecit ipsum in magna parte. Multi eciam homines et iumenta innumera perierunt in domibus et stratis prope Trabenam situatis et bona mercatorum plura in casis et cellariis sunt exinanita.

(Herm. Korner „Cronica novella“ Lüneburg. Handschrift. edid. Jak. Schwalm. S. 229.)

(Eine sehr große Überschwemmung der Gewässer ereignete sich in Meeresgegenden nach der Chronik der Obotriten. In der Stadt Lübeck bedeckte der Trave-Fluß jene hohe Brücke, über welche man von der Stadt aus in das Land Holstein geht, und zerstörte sie selbst großenteils. Auch viele Menschen und zahllose Lasttiere kamen in den Häusern und auf den Straßen, die in der Nähe der Trave lagen, um und viele Kaufmannsgüter in den Lagerhäusern und Kellern gingen verloren.)

Tanta inundacio aquarum facta est in partibus maritimis, quod Trabena parva aqua pontem, quo itur versus Holtzaciam, in civitate Lubicensi transcenderet ad mensuram ulne unius. Ex qua inundacione plures perierunt homines et iumenta secundum cronicas Lubicensium. 1320 6. Dezember Lübeck Sturmflut

(Herm. Korner „Cronica novella“ Linköpinger Handschrift. edid. Jak. Schwalm. S. 229.)

(Es ereignete sich eine so große Überschwemmung der Gewässer in den Meeresgegenden, daß die Trave, ein kleines Gewässer, die Brücke, die in Richtung Holstein führt, um 1 Elle überschritt. Infolge dieser Überschwemmung kamen zahlreiche Menschen und Zugtiere um lt. Chroniken von Lübeck.)

in sunte Nicolaus daghe was de Travene so grot van upwater van der se, dat de Travene stot uppe dem damme anderthalve elen ho, unde warde twe daghe unde twe nacht.

(„Aufzeichnungen eines Unbekannten vom Jahre 1320“ in „Die Chroniken der deutschen Städte“. 26. Band, S. 336.)

tho sunte Andreas dage do wart in den steden bi der Ostersee so grot storm ... sodder worden tho Lubeck de huse bi der Traven und de straten seer gehoget.

(„Auszug aus der Stades-Chronik. Fragment von 1315/49“ in „Die Chroniken der deutschen Städte“. 26. Band. S. 281.)
[= 30. November 1320]

(„Rufus-Chronik I. Teil“ in „Die Chroniken d. dtsch. Städte“. 26. Band, S. 231.) [= 30. November 1320]

Eodem anno tanta fuit in mari tempestas et inundatio vehemens marinorum fluctuum, quod aggeres et dici [dyken] fluctibus marinis oppositi rupti sunt in multis locis, ita quod mare se diffudit super terram in Quatuor Officiis, domos diruens, et animalia atque homines subito et inopinate submergens. 1321 Flandern Sturmflut

(„Chronic. comit. Flandrensium“ in „Corp. chron. Flandriae“, edid. J. J. de Smet in „Collect. de chron. Belg. inédites. Bd. 3, Tom. I, S. 180.)

(Im selben Jahre war auf dem Meere ein Sturm und eine heftige Meeresflut, so daß Dämme und Deiche durch die Meereswogen an vielen Stellen zerstört wurden und sich das Meer über das Land von vier Ambachtens ergoß, Häuser zerstörte und Tiere und Menschen plötzlich und unerwartet ertränkte.)

1321 Holland Rhein-Überschwemmung

Eodem anno fractis aggeribus apud villam, que dicitur Nuwevaert, aquis Rheni fluminis versus Hollandiam patet introitus, quarum inundatione tota quasi Northollandia per totam hyemen obruiter.

(„Willelmi capellani in Brederode postea monachi et procuratoris Egmondensis chronicon", edid. C. Pijnacker Hordijk in „Histor. Genootsch. te Utrecht. Werken". 3. ser. 20. Band. S. 100.)

(Im selben Jahre brachen die Dämme bei dem Ort, der Nuwevaert heißt, so daß den Wassern des Rheinflusses der Weg nach Holland offen lag und durch diese Überschwemmung beinahe ganz Nordholland den ganzen Winter hindurch unter Wasser stand.)

Steiermark Überschwemmungen der Flüsse

tunc domini 1321 tante inundaciones aquarum orte sunt quantas tunc homines in terra Stirie uiuentes ita communiter in Stiria antea temporibus eorum nunquam uidisse affirmabant.

(„Anonymi Leobiensis chronicon". edid. J. Zahn. S. 34.)

(Im Jahre 1321 sind so große Überschwemmungen der Gewässer entstanden, wie sie die jetzige Generation im Lande Steiermark niemals zuvor beobachtet hatte.)

Nach 26. Juni 1321 Böhmen Überschwemmungen der Flüsse

Subsecuntur maxime inundaciones fluminum, que fecerunt in campis, civitatibus, muris et villis magnum dampnum.

(„Chronicon aulae regiae." Liber II. Cap. 10 in „Fontes rerum Bohemicar". Tom. IV, S. 257.)

(Es folgten sehr starke Überschwemmungen der Flüsse, die auf den Feldern, in den Städten, Mauern und Dörfern großen Schaden anrichteten.)

° („Chronicon Francisci Pragensis." Liber II. Cap. 8 in „Fontes rerum Bohemicar". Tom. IV, S. 394.)

Eodem anno fuit diluvium magnum Prage.

(„Chronicon Bohemor. ab initio gent. ad a 1438" in G. Dobner „Monum. hist. Boem." III, S. 53.)

(Im selben Jahr war eine große Sintflut zu Prag.)

11. September Holland Sturmflut

In Prothi festo vento ruit unda molesto, Occidens multos homines maris aggere fultos.

(„Willelmi capellani in Brederode postea monachi et procuratoris Egmondensis chronicon." edid. C. Pijnacker Hordijk in „Histor. Genootsch. te Utrecht. Werken". 3. ser., 20. Band, S. 99.)

(Am Protos-Feste stürmt die Woge infolge eines lästigen Windes heran. Im Westen wurden viele Menschen durch den Deich geschützt.)

Eodem anno inundacio maxima fuit aquarum, ita quod aqua Mysa septies exivit alveum suum et per campos lacius se diffundens, agros destruens maximum in segetibus fecit dampnum. 1322 Böhmen Überschwemmung der Flüsse

(„Chronicon aulae regiae. Liber II. Cap. 11 in „Fontes rer. Bohemicar". Tom. IV, S. 263/64.)

(Im selben Jahre war eine sehr starke Überschwemmung der Gewässer, so daß das Gewässer Mysa 7 Tage lang über seine Ufer trat, sich weit über die Felder ergoß, die Äcker verwüstete und den Saaten größten Schaden zufügte.)

A. D. MCCC XXII in principio anni scilicet in circumcisione domini cecidit magna nix et ad illam in nocte cepit pluere in tali aquositate et grauitate, ut in aliquibus locis incipiebant montes ruere et in uallibus quibusdum abruere domos in quibus plures homines cum animalibus sunt extincti. Anfang Januar Steiermark Überschwemmung

(„Anonymi Leobiensis Chronicon", edid. J. Zahn. S. 34/35.)

(Am Anfang des Jahres 1322, nämlich am Tage der Beschneidung des Herrn [1. Januar] fiel ein großer Schnee, und dazu begann in der Nacht ein derartig schwerer Regen, daß stellenweise die Berge in Bewegung kamen und in verschiedenen Tälern Häuser fortgeschwemmt wurden, in denen zahlreiche Menschen und Tiere umkamen.)

Et statim circa Purificationem sancte Marie proximam subsequentem facte sunt inundaciones nimie vt segetes in montibus defluerent. Um 2. Februar Steiermark Überschwemmung

(„Anonymi Leobiensis chronicon," edid. J. Zahn. S. 34/35.)

(Unmittelbar darauf um das folgende Fest Mariä Reinigung ereigneten sich sehr große Überschwemmungen, so daß die Saaten im Gebirge fortgeschwemmt wurden.)

in crastino beati Valentini facta est ibidem in opido Frankenfordensi aquarum inundacio major quam usque ad hec tempora sit visa, ita quod Mogus ad cimiterium ecclesie sancti Bartholomei et per multos ipsius opidi vicos profluebat copiose. 15. Februar Frankfurt a/M. Main-Überschwemmung

(„Annales Francofurtani" in „Quellen zur Frankf. Geschichte". edid. Dr. H. Grotefend I, S. 1.)

(Am Tage nach dem St. Valentinstage ereignete sich ebendaselbst in der Stadt Frankfurt eine Überschwemmung des Gewässers, die größer war, als man eine bis zu dieser Zeit beobachtet hatte, so daß der Main beim Friedhof der St. Martholomäuskirche und durch viele Dörfer bei der Stadt in reicher Fülle floß.)

am nächsten tag nach sanct Veltins tag ist das gewäßer so gros gewesen, daß der Meyn in die rot thür zu sanct Bartholme bei der orgel gangen ist.

(„Deutsche Annalen von 1306–1343" in „Quellen z. Frankfurt. Geschichte", edid. Dr. H. Grotefend. I, S. 4.)

° („Annalen eines Anonymus" in „Quellen z. Frankf. Geschichte", edid. Dr. H. Grotefend. I, S. 146.)

° („Collectanea fratris Petri Herp Dominicani" in „Quellen z. Frankf. Geschichte", edid. Dr. H. Grotefend. I, S. 59.)

° (J. Latomus „Acta" in „Quellen z. Frankf. Geschichte", edid. Dr. H. Grotefend. I, S. 78.)

° („Collectaneen Liber I d. Phil. Schurg" in „Quellen z. Frankf. Geschichte", edid. Dr. H. Grotefend. I, S. 150.)

1322 Frühling Holland Überschwemmung der Flüsse

Nota insuper prescripta aquarum inundatione, usque ad mensem Maii et amplius continuata, infra limites Hollandie circa L XX homines infinitis pecoribus defecisse.

(„Willelmi capellani in Brederode postea monachi et procuratoris Egmondensis chronicon", edid. C. Pijnacker Hordijk in „Histor. Genootsch. te Utrecht. Werken". 3. ser. 20. Band. S. 103.)

(Bekannt ist, daß überdies die oben erwähnte Überschwemmung der Gewässer bis zum Monat Mai und noch länger anhielt und innerhalb der Grenzen Hollands ca. 70 Menschen und zahlloses Vieh umgekommen sind.)

24. Juni 1322 Holland Rhein-Überschwemmung

IX. Kal. Jul. aggere interrupto, excurrens Rhenus, agros ac quaeque sata circa utramque oram veteris Rheni, usque ad littus Oceani inunda ingentem jacturam adferens.

(W. Heda „Histor. episcop. Ultraject." in J. de Beka u. W. Heda „De episcop. Transiect." S. 238.)

(Nachdem am 24. Juni der Damm gebrochen war, brach der Rhein aus, und Äcker und Saatfelder in der Nähe der beiden Ufer des alten Rheins bis zur Meeresküste erlitten ungeheuren Schaden durch die Überschwemmung.)

9. Kalendas Julii disrupti sunt aggeres ex profluvio Rheni supra solitum inundantis, ita quod in terra Trajectensi, et in Baliuatu Rynlandiae per diluvium fluvialis aquae sata putrescerent, et prata vilescerent.

(Johannes de Beka. „Chronicon Johannis de Beka canon. Ultraiectini, cont. res. gestas episcop. sedis Ultraiectinae etc. a Christo usque ad ann. 1345." edid. Suffrid. Petrus. S. 98.)

(„Chronic. Johannis de Beka" in J. de Beka u. W. Heda "De episcop. Ultrajectin". S. 112.)

(Am 24. Juni brachen die Dämme, da der Rhein über seine Ufer flutete, so daß in dem Utrechter Lande und der Landschaft Rinland [in Holland] durch die Überschwemmung mit Flußwasser die Saaten verfaulten und die Wiesen wertlos wurden.)

1. Juli Rhein Überschwemmung

Kalendas Julii, inundacio aquarum erat, ita per eam aggeres apud renum confracti sunt, ex quibus multa dampna illata sunt.

(„Auctoris inzerti chronicon Tielense" edit. J. D. van Leeuwen. S. 312.)

(Am 1. Juli war eine Überschwemmung der Gewässer, so daß dadurch die Dämme am Rhein brachen und viele Schäden verursacht wurden.)

Hyems erat tam saeva, ut homines super maria equitarent. Winter 1323 Ostsee Eisdecke

(„Chronologia rer. memorabil. ab A. 1220 usque ad A. 1323“ in J. Langebek „Scriptor. rer. Germanicar.“ II, S. 528.)

(Der Winter war so streng, daß Menschen über die Meere ritten.)

hyems saevissima in Martio fuit, quod mare equitaverint.

(„Incerti auctor. chronic. Danic. ab a 1268 ad a. 1523“ in J. Langebek „Scriptor. rer. Danicar.“ VI, S. 222.)

(Im März herrschte sehr strenger Winter, daß man über das Meer ritt.)

° („Annales Essenbecenses.“ M. G. H. Scriptores. XXIX, S. 228.)

(„Petri Olai annales rer. Dan. a Cimbr. exit. ad a Chr. 1541“ in J. Langebek „Scriptor. rer. Danicar.“ I, S. 191.)

Inter Norwegiam etiam, Angliam et Flandriam multae naves in medio maris congelatae fuerunt in glacie, ita quod mercatores ex navibus se mutuo visitabant, eundo per glaciem, pro solatiis habendis. Winter 1322/23 Ostsee Eisdecke

(„Annales Lubicenses.“ M. G. H. Scriptores. XVI, S. 428/29.)

(Auch zwischen Norwegen, England und Flandern froren viele Schiffe mitten im Meere ein, so daß sich die Kaufleute aus den Schiffen gegenseitig besuchten und über das Eis gingen, um ein Trostmittel zu haben.)

Fuit enim inter Daciam et Slaviam et Imbriam totum mare Balticum congelatum, ita quod latrones, de Slavia intrantes, quasdam partes Daciae depraedarunt, et tabernae in medio maris in glacie pro transeuntibus factae fuerunt.

(„Annales Lubicenses.“ M. G. H. Scriptores. XVI, S. 428.)

(Es war nämlich zwischen Dänemark und dem Slawenland und Jütland das ganze Baltische Meer gefroren, so daß Straßenräuber, vom Slawenland kommend, einige Gegenden Dänemarks ausplünderten, und Wirtshäuser mitten im Meer auf dem Eise für die Passanten errichtet waren.)

des winters bi sunte Andreas daghe [30. Nov.] stunt an grot vrost unde warede to midvasten [6. März]. de schepe bevroren in der zee midweghe tuschen deme Swene unde Norweghen; der en del vordorven, do de vrost vorghink, de to Norweghen wolden; over de to Swene wort kereden, de bleven almestich beholden. in der Osterze wůste nement jeneghe sunde eder wathern, se ne weren mit yse hart beleghet.

(„III. Detmar Chronik v. 1101/1395 etc. in „Die Chronik. d. deutschen Städte“. 19. Band. S. 443.)

yß so grot wynter gewest, dat men van Reuel yn Dennemarcken vnd wedder auer ynt lant to Mekelenborch vnd Pameren heft myt perden ryden vnd gan konnen auer iß. [= 1324.]

(„Hamburger Chronik vom Jahre 799–1559“ in Dr. J. M. Lappenberg „Hamburg. Chroniken in niedersächsisch. Sprache“. S. 396.)

Winter 1322/23 Ostsee Eisdecke

Uppe de tiid van sunte Andreas dage wente to midvasten vros id so sere, dat de koplude mit waghenen voreden ere gut ute Norweghen wente in dat Swen unde wedder umme, unde uppe der see weren tavernen unde krughe buwet, dar se ere beer selleden unde ere spise. Ok voren de koplude do sulven van der see steden in Prutzen unde in Liflande unde dar weren ok tavernen uppe maket.

(„Die chronica novella des Hermann Korner", edid. J. Schwalm. Deutsche Bearbeitung bis 1438. Hannov. Handschrift. S. 542.) [= 1324]

° („Continuata appendix ad incerti autoris annales Danorum et praecipue Sialandorum ab a. 1308 ad a. 1363 ex codicibus Stephan. scripta" in E. J. von Westphalen „Monum. inedita rer. Germanic. praecip. Cimbricar. etc." Tom. I. Spalte 1392.)

° („Annales Ripenses" in E. Jorgensen „Annales Danici med. aev." S. 156.)

° („Eyn kort vttoch der Wendeschen cronicon van etliken scheften disser lande vnde stede" (älteste Zeit — 1534) in Dr. J. M. Lappenberg „Hamburg. Chroniken". S. 235/36.) [= 1324]

° (Joh. Petersen „Chronica oder Zeitbuch der Lande zu Holsten". Vorrede S. 23 u. S. 113.)

° („Auszüge aus Stralsund. Chroniken vom Jahre 1230 bis 1521." in „Stralsund. Chroniken" I. v. Dr. Mohnicke u. Dr. Zober. S. 162 u. Anhang S. 312.)

° („Annales Colbazienses." M. G. H. Scriptores. XIX, S. 717.)

° (Valent. ab Eickstet „Epitome annalium Pomeraniae", edid. J. G. Balthasar. S. 60.)

° („Eine alte Stralsund. Chronik", edid. E. Zober. S. 6.)

° (C. Easton „Les hivers etc." S. 69 aus Kirkberg „Chronicon Melkelbergense" in J. von Westphalen IV, S. 820.)

° (Albert Krantz „Wandalia" Liber VIII. Cap. 7.)

° (A. Krantz „Wandalia" S. 269, edid. Steph. Macropus.)

° („Auszug aus den Annalibus Bardensibus M. Wichmanns" in J. C. Dähnert „Pommersche Bibliothek" 1. Band, S. 170.)

° (Johannes Bugenhagen „Pomerania" edid. Dr. O. Heinemann, S. 163.)

Adriat. Meer Eisdecke

. . ., sonder der große See oder Weyer bey der Statt Venedig also überfroren war, daß man bis auf Clodiam zu Fuß darüber gehen kundte.

(M. Tschamser „Annales etc." zu Thann. I, S. 313.)

23. Mai 1324 Altenberg Kr. Mülheim (Rheinprov.) Wolkenbruch mit Überschwemmung

23° die mensis maii maximum diluuium generatum ex casu nubis aquose pertransiuit monasterium veterismontis quod euersis muris et quibusdam edificiis magnum dampnum eidem monasterio intulit, quia altior fuit aqua altaribus in ecclesia et perierunt plura ornamenta ecclesie cum libris chori et bibliotece cum aliis diuersis necessariis et bonis monasterii. Insuper decem persone fuerunt submerse per huius – modi repentinam invdationem.

(„Chronicon monasterii Campensis ordin. Cisterciensis ex originali edid. manusc. Herm. Keussen" in „Fontes inediti rer. Rhenanar." II, S. 374. edid. Dr. G. Eckertz.)

(Am 23. Tage des Monats Mai erlebte das Kloster Altenberg eine sehr starke Überschwemmung infolge eines Wolkenbruches, so daß Mauern umgerissen wurden und mehrere Gebäude des Klosters großen Schaden erlitten. Das Wasser war höher als die Altäre in der Kirche, und es gingen viele Kostbarkeiten der Kirche mit den Büchern des Chors und der Bibliothek verloren, zusammen mit anderen Notwendigkeiten und Gütern des Klosters. Außerdem kamen durch diese plötzliche Überschwemmung 10 Personen ums Leben.)

(F. Küch „Eine Abtschronik von Altenberg" in „Zeitschrift d. Bergischen Geschichtsvereins". 29. Band. S. 181.)

Anno domini 1325 cenobium Runense ex habundancia pluuiarum per torrentem mox est repletum semina per montis ambitum et omnes officinas VII. ydus Junii.

7. Juni 1325 Runa (Steiermark) Überschwemmung

(„Anonymi Leobiens. chronicon" edid. J. Zahn. S. 36.)

(Am 7. Juni wurde infolge übermäßiger Regengüsse das Kloster Runa, die Saaten im Bereiche des Berges und alle Werkstätten durch einen Wildbach mit Wasser angefüllt.)

Ist ein gross Wasser zu Eger gewest, das man mit schiffen in der Scheffgass gefahrn hat.

1325 Eger Überschwemmung

(„Manual-Chronik Andreas Baiers", edid. H. Gradl in Dr. L. Schlesinger „Deutsche Chroniken aus Böhmen" 3. Band. S. 82.)

In sequenti hieme fuerunt frigora permaxima, ita ut in brevi tempore bis Secana gelaretur in tantum ut super glaciem onerati transirent homines, et dolia plena desuper traherentur. Glaciei vero magnetudinem attestatur utriusque pontis Parisius lignei, post glaciei dissolutionem, ruptio secuta.

Winter 1325/26 Nordfrankreich Seine. Eisdecke

(„Continuationis chronici Guillelmi de Nangiaco." II. in „Chron. latine de Guillaume de Nangis etc.", edid. H. Géraud in „Soc. de l'hist. de France. Bd. 33, Tom. II, S. 64.)

(Im folgenden Winter waren sehr starke Fröste, so daß in kurzer Zeit die Seine zweimal so stark zufror, daß Menschen mit Lasten über das Eis gingen und volle Fässer über das Eis gerollt wurden. Es wird bezeugt, daß aber durch die Stärke des Eises beim Eisaufbruch beide Holzbrücken zu Paris fortgerissen wurden.)

Et en cest an, par le grant yver qui, par l'espace de IX sepmaines, avoit duré le lundi jour de feste de l'Apparicion Nostre Seigneur, . . . par la ravine dez grans glachons courans aval par l'eaue de Sainne, deux dez grandez archez du Grant-

Paris Seine: Eisgang

pont de Paris et tout Petit-pont abatirent, avec aultrez grans dommaigez que au pont de Charenton et ès aultrez ediffices de dessus Sainne firent.

(„Chronique parisienne anonyme de 1316 à 1339 précédée d'additions à la chronique francaise dite de Guillaume de Nangis", edid. A. Hellot. S. 102.)

Furent si grandes gelées que Saine gela par deux foys, et si fort que toutes gens alloient par dessus; et roulloit-on tonneaux de vin par dessus, tant estoit forte; et quant il desgela, les glacons estoient si fors qu'ilz rompirent les pontz de fustz [les ponts de bois] de Paris. Il nega tant et si longuement que les neges estoient encores à la Paques.

(Supplém. manuscrit des chron. de Normandie publ. par le Talleur aus „Bibl. munic. de Rouen." Fol. 12 in E. P. M. Sauvage „Chron. du froid." S. 54.)

0. Januar 1326 Konstanz, Bodensee. Eisdecke

Nota quod sub anno dom. 1326 proxima feria quinta ante purificat. Marie [= 30. Januar] tanta congelacio aque et frigus erat, quod homines super glacies transeuntes de litore ad litus supra et infra pontem Reni civitatis Constantionsis. Cumque homines trahentes naves de Husen, versus Munsterlingen et litus ante de Blaichi pedibus transierunt et de Walenhusen versus Ueberlingen satis secure, quia hiems dura fuit et aspera.

(„Die Chroniken der Stadt Konstanz". edid. Ph. Ruppert. S. 41.)

Anmerkung: Dieser Kälte wird auch von Reutlinger I, 50 gedacht, in Verbindung mit der vom Jahre 1216, 1378 und 1435.

(Es ist bekannt, daß im Jahre 1326 am Donnerstag vor Mariä Reinigung das Gewässer so stark zufror und eine solche Kälte herrschte, daß die Menschen von einem Ufer zum anderen über das Eis gingen, ober- und unterhalb der Rheinbrücke der Stadt Konstanz. Während die Menschen von Husen Schiffe zogen, gingen sie in Richtung Münsterlingen und dem Strand vor der Blaichi und von Walenhusen nach Überlingen ganz sicher [über das Eis], da der Winter streng und rauh war.)

Juni 1327 Königsaal üdl. von Prag) Überschwemmung der Moldau

Hoc anno mense Junio ingens aquarum inundacio monasterio nostro Aule Regie florencia sata destruxit et prata.

(„Chronicon aulae regiae" Liber II. Cap. 19 in „Fontes rer. Bohemicar", Tom. IV, S. 287.)

(In diesem Jahre im Monat Juni vernichtete eine gewaltige Überschwemmung des Gewässers die blühenden Saatfelder und Wiesen unseres Klosters Königsaal.)

9. August Iuy (Belgien) Überschwemmung des Hoyouz

Die dominico, in vigilia beati Laurentii, licet aer radiasset sole lucente nubes magna in Condrosio subito rupta, unde statim in tantum aquarum inundatione Hoyulphus crevit, quod fere omnes domos a ponte Hoyulphi usque Mosam existentes cum molendinis ac quadam turri fortissima diruit.

(„La chronique Liègeoise de 1402", edid. E. Bacha. S. 290/91.)

(Am Sonntag, am Vortage des St. Laurentiustages, als nämlich die Luft infolge der Sonnenstrahlung glänzte, ereignete sich plötzlich in Condrosium ein großer Wolkenbruch, worauf sogleich der Hoyoux so stark über seine Ufer trat, daß er fast alle Häuser, die zwischen der Brücke über den Hoyoux bis zur Maas standen, mit Mühlen und einem sehr starken Turm wegriß.)

° („Johannis Hocsemii chronic." Liber II. cap. XII. edit. G. Kurth. S. 184.)

Indictione 10. in festo nativitatis virginis Mariae, in nocte circa mediam noctem, fuit subito tanta aquarum inundantia quod Natissa [Natisones-Fluß] in tantum crevit, quod ivit per totum burghum portae Bressanae usque ad portam Civitatis et plures domos destruxit, et intravit aqua per cancellos ecclesiae sancti Petri in dicto burgo . . .

1327 8. September Cividale (Friaul) (Prov. Udine i/Italien) Überschwemmung des Natisones

(„Annales Foroiulienses." M. G. H. Scriptores. XIX, S. 221.)

(Am Feste der Geburt der Jungfrau Maria gegen Mitternacht ereignete sich plötzlich eine so große Überschwemmung der Gewässer, daß der Natisones-Fluß so stark anstieg, daß er durch die ganze Vorstadt des Bressana-Tores bis zum Stadttor ging und zahlreiche Häuser zerstörte, und das Wasser durch die Gitter der St. Petrikirche in besagter Vorstadt eindrang.

ist die thonaw gestossen und der stoss ist gestanden 17 wochen, das molten darauff sind worden, . . .

1328 Österreich Donau Eisdecke

(„Die kleine Klosterneuburger Chronik", edid. Dr. H. J. Zeibig in „Archiv für Kunde österreich. Geschichtsquellen" 7. Band. S. 231.)

Mense novembri et in principio decembris, fuerunt quasi continue permaximi venti et aque fluviales valde magne propter inundantiam pluvialem.

[Richardi Scoti chronicon]

November-Anfang Dezember 1330 Nordfrankreich Überschwemmung der Flüsse

(„Chronique de Richard Lescot", edid. J. Lemoin. S. 21.)

(Im Monat November und am Anfang Dezember waren sehr starke, fast ununterbrochene Winde, und das Wasser in den Flüssen stieg sehr hoch an infolge des Übermaßes des Regens.)

1330. Hoc eodem anno post inundationem pluviarum permaximum, quae a principio novembris incoeperat et duraverat usque ad principinum martii . . .

Anfang November 1930 — Anfang März 1331. Nordfrankreich Überschwemmung der Flüsse

(„Continuationis chronici Guillelmi de Nangiaco" II. in „Chron. latine de Guillaume de Nangis etc." edid. H. Géraud in „Soc. de l'hist. de France". Nr. 33, Tom. II, S. 123.)

(In diesem Jahre nach der sehr starken Überschwemmung infolge der Regengüsse, die Anfang November begonnen hatten und bis Anfang März [1331] dauerten . . .)

Post inundationem pluviarum que a principio decembris inceperat, ut dictum est, et duraverat usque ad principium martii, . . .

[Richardi Scoti chronicon.]

(„Chronique de Richard Lescot 1328/44", edid. Jean Lemoin. S. 24.)

(Nach der Überschwemmung infolge von Regengüssen, die Anfang Dezember begonnen hatte, wie oben gesagt, und bis Anfang März gedauert hatte, . . .)

Herbst 1331 Norditalien Hochwasser der Flüsse

Eodem tempore propter predictas plenas aquarum, de quibas supra dictum est, et multum tempus pluviosum, quod ipso tempore fuit, . . .

(„Annales Parmenses maiores." M. G. H. Scriptores. XVIII, S. 781.)

(Zu derselben Zeit wegen des erwähnten Hochwassers, worüber oben berichtet wurde, und der sehr regnerischen Witterung wegen, die zu der Zeit herrschte, . . .)

September Italien, Aragonien, Provence Überschwemmungen der Flüsse

Mense septembri fuerunt in Ytalia, in Aragonia, in Provincia tante inundationes aquarum ut earum impetu castra multa, ville multe dicantur penitus corruisse.

[Richardi Scoti chronicon.]

(„Chronique de Richard Lescot 1328/44", edid. Jean Lemoine.)

(Im Monat September waren in Italien, Aragonien und in der Provence so große Überschwemmungen der Gewässer, daß durch deren Ungestüm viele Burgen und Dörfer völlig zerstört worden sein sollen.)

° („Continuationis chronici Guillelmi de Nangiaco. Pars altera" in „Chron. latine de Guillaume de Nangis etc.", edid. H. Géraud in „Soc. de l'hist. de France". 33. Bd. Tom. II, S. 126.)

6. Oktober 1331 Oberitalien Überschwemmungen der Flüsse

De mense Octobris, die dominico 7. dicti mensis seu circa principium dicti mensis Octobris maior plena [altitudo] aquarum fluminum fuit in districtu Parme, Paudi et aliorum fluminum districtus Parme et super abundantia que nunquam visa fuisset. Et fuit aqua Paudi per totum terrenum indifferenter, et usque citra Gaynaghum et totam contratam Resole Paudi ab utraque parte, tam per Parmenses quam per Cremonenses, omnes terre, domus, ecclesie et habitationes fuerunt submerse et supposite aquis et plene. Et in Colurnio et in villis circumstantibus similiter hoc advenit, et terra de Brixillo tota fuit sub aquis, et aggeres per totum destructi[i] fu[erun]t, et ecclesia Bersilli diruit ita quod ibi nihil remansit; et, secundum quod dictum fuit per viatores et mercatores, qui ibant et redibant, hoc similiter evenit in Placentia et per Mantuanum et Cremonensem et in Casalimaiore et in pluribus villis et terris circumstantibus flumen Parme et ali[a] districtus Parme, et innumerabilia et importabilia damna undequaque inferendo omnibus quos tetigit. Et duravit dicta plena in Rezula Paudi plus 20 diebus.

(„Annales Parmenses maiores" M. G. H. Scriptores. XVIII, S. 781.)

(Im Monat Oktober, am Sonntag 7. besagten Monats [der 7. Oktober fällt 1331 auf einen Montag] oder gegen Anfang des genannten Monats Oktober war eine größere Wasserhöhe der Flüsse im Bezirk Parma, des Po und anderer Flüsse des

Bezirks Parma und übertraf die Wasserhöhe, die jemals zuvor beobachtet worden war. Es war das Wasser des Po uneinheitlich im ganzen Lande, und bis diesseits Gaynaghum und der ganzen Gegend von Resole Paudi auf beiden Seiten, sowohl der von Parma als auch der von Cremona, standen alle Ländereien, Häuser, Kirchen und alle Wohnstätten unter Wasser und dem Wasser ausgeliefert und vollgelaufen. In Colorno und in den umliegenden Ortschaften verhielt es sich ähnlich, und die Landschaft von Brescello stand ganz unter Wasser und die Dämme waren vollständig zerstört, und die Kirche von Bersillum wurde so vernichtet, daß dort nichts übrig blieb. Gemäß dem oben berichteten, nämlich durch Reisende und Kaufleute, die hin- und herkamen, ereignete sich ähnliches in Piacenza und in der Gegend von Mantua, Cremona und in Casalmaggiore und in vielen Ortschaften und Ländereien am Fluß Parma und dem Gebiet von Parma und brachte unschätzbaren und unerträglichen Schaden allen, die es traf. Es dauerte besagtes Hochwasser in Resole Paudi über 20 Tage.)

(Überschwemmung [bis Donzère]. 1332 Rhone-Überschwemmung
[Ferrand „Hist. de Donzère"].

(M. Villard „Météorol. région." S. 511.)

Circiter annos Domini 1333 Rodanus fluvius excrescendo et excedendo alveos suos effluxit in tantum, quod multa loca Gallie sive villas sive oppida dissipavit et in parte vel in toto funditus evertit, ita quod hominibus gravem et intollerabilem iacturam inferebat. ca. 1333 Rhone-Überschwemmung

(„Chronica Johannis Vitodurani." M. G. H. Scriptores rer. Germanic. Nova series. Tom III, S. 119/20.)

(Um das Jahr des Herrn 1333 stieg der Rhone-Fluß und trat so sehr über seine Ufer, daß er viele Orte in Frankreich, entweder Dörfer oder Städte, verwüstete und teilweise oder völlig von Grund aus zerstörte, so daß er den Menschen schweren und unerträglichen Schaden zufügte.)

Arnus continuis imbribus immense auctus tres Florentie pontes cum murorum urbis parte ac proximis fluvio edificiis maximo civium terrore prostravit. 1333 Florenz Arno-Überschwemmung

(„Annales Florentini" in J. F. Boehmer „Fontes rerum Germanicarum". 4. Band, S. 677.)

(Der Arno stieg durch die anhaltenden Regengüsse gewaltig an und riß drei Brücken mit einem Teil der Stadtmauern weg und stürzte die in der Nähe des Flusses stehenden Häuser zum größten Schrecken der Bürger um.)

... Lucerie particulare diluvium per resolucionem nubus aquose repente et ex insperato factum est circiter festum sancti Johannis babtiste hora vespertina. Quod contra minorem partem oppidi Lucernensis se in tanta inundancia et impetu totam vallem occupando de Griens fluebat, nam excidium et destructionem suo cursu vehementissimo sibi minabatur et insolitum exterminium. Nam Um 24. Juni 1333 Luzern Überschwemmung infolge eines Wolkenbruchs terram abduxit et harenam solam reliquit ... Fossata et vicos oppidi aqua et harena replevit, tuguria quoque et horrea secum tulit ... et varia utensilia hominum secum impotunissime detraxit et in fluvium dictum Rus fluentem per oppidum Lucernense proiecit.

(„Chronica Johannis Vitodurani." M. G. H. Scriptores rer. Germanicar. Nova series. Tom. III, S. 105.)

(In Luzern ereignete sich eine kleine Sintflut infolge eines plötzlichen Wolkenbruchs, der sich unverhofft um das Fest des Johannes des Täufers um die Abendstunde ereignete. Was sich gegen den kleineren Teil der Stadt Luzern in so großer Überschwemmung und Heftigkeit ergoß und das ganze Tal von Kriens anfüllte, ..., denn die Verwüstung und das Niederreißen trieb zu seinem sehr schnellen Laufe an und außergewöhnlicher Zerstörung. Denn es führte die Erde fort und ließ Sand allein zurück ... Die Abzugsgräben und Dörfer der Stadt füllte sie mit Wasser und Sand an, führte auch Schuppen und Scheunen mit sich, ...
... und mannigfaltige Bedarfsgegenstände der Menschen führte sie sehr ungestüm mit sich fort und schwemmte sie in den Fluß Reuß, der durch die Stadt Luzern fließt.)

23. November 1334 England Überschwemmungen infolge einer Sturmflut

Item hoc anno in nocte sancti Clementis per nimiam inundationem maris per totum regnum Angliae et maxime in Tamisia, fuerunt rupti muri maritimi, et animalia infiinita submersa.

(„Adami Murimuthensis chronica sui temporis." S. 77.)

(Gleichfalls in diesem Jahre in der Nacht des St. Clemenstages brachen infolge einer sehr starken Meeresflut im ganzen Königreiche England und besonders an der Themse die Deiche, und unzählige Lebewesen ertranken.)

... were so grete wateres, that thei broke down walles in Temse and othir places, ovircured the londis, and kyllid many bestes.

(„The chronicle of England by John Capgrave." in „Rer. Britannicar. med. aev. scriptores. Band 1, S. 203.)

° („Thomae Walsingham, quondam monachi S. Albani, hist. Anglicana", edid. H. Th. Riley in „Rer. Britann. med. aev. scriptor." Band 28, Teil 1, Vol. II, S. 357 u. 376.)

Flandern Sturmflut

In feriis domini Clementis, mense Novembri, ventus, fulgur ac tonitrua facta suntquanta post hominum memoriam nemo vidit vel audivit. Qua coeli intemperie, mare trans omnes se aggeres ejecit, ruptisque omnibus obstaculis multos pagos cum hominibus sicut et pecuariis in Flandria miserando spectaculo absorpsit.

(„Descriptio de origine conventus, postea abbatiae Trunchiniensis, ordinis Praemonstratensis" in „Corp. chron. Flandriae", edid. J. J. de Smet in „Collect. de chron. Belg. inédit.' Bd. 3, Tom. I, S. 616.)

(Am Feiertag des heiligen Clemens, im Monat November, ereigneten sich Sturm, Blitz und Donnerschläge, wie sich keiner erinnern konnte, jemals gesehen oder gehört zu haben. Infolge dieses Unwetters warf sich das Meer über alle Dämme, riß alle Hindernisse fort und verschlang viele Gaue mit Menschen und Vieh in Flandern, schrecklich mitanzusehen.)

flante vento valido zefiro ac postea boreali, in nocte sancti Chrisogoni, mare cum tempestate et frigore intumuit, et multas terras maritimas subemrsit. 1334 23. November Belgien Sturmflut

Vers: Anno milleno ter centeno ter quoque deno
Quarto, tunc magna Kieldrecht permansit
in unda;
Chrisogoni nocte merserunt undique terre.

(„Breve chronicon Flandriae clerici anonymi." in „Corp. chron. Flandriae.," edid. J. J. de Smet in „Coll. de chron. Belg. inédites". Band 3, Tom. III, S. 5.)

(Bei starkem W- und später N-Wind erhob sich in der Nacht des heiligen Chrisogonus-Tages mit Sturm und Kälte das Meer und setzte viele Küstenländer unter Wasser.

Vers: Im Jahre 1334, damals als das große Kieldrecht in der Woge verblieb, in der Chrosogonus-Nacht versanken rinsgum die Länder im Wasser.)

in die sancti Clementis inundacio maris magna fuit, et tanta tempestas ventorum et chorustacionum ita quod in partibus Flandrie, Zelandie, Hollandie et Frisie magna multitudo hominum et jumentorum submersa est. Flandern, Seeland, Holland, Friesland Sturmflut

(„Auctoris incerti chronicon Tielense", edit. J. D. van Leeuwen. S. 325.)

(am Tage des heiligen Clemens ereignete sich eine große Meeresflut und ein so großes Unwetter mit Sturm und Donnerschlägen, daß in Teilen von Flandern, Seeland, Holland und Friesland eine große Menge Menschen und Vieh ertranken.)

Item hoc anno, ut dicitur in littera conventus Zyrixensis, in crastino Clementis et nocte sequenti ex vehementissima et insolita tempestate mare in Selandia prope Flandriam sic intumuit supra modum, quod opidum Zirixe (Zierikzee, Insel Schouwen) per totum et terras omnes subintrans, quidquid invenit, destruxit, sic quod anno terra nec arari nec seminari nec fructum facere potuit ullo modo, sicut consuevit, propter maris salsedinem. Homines etiam utriusque sexus cum parvulis ad 5000 submersione delevit.

(Aug. Potthast „Liber ee rebus memorabilioribus sive chronicon Henrici de Hervordia". S. 259.) = 24. Nov. 1337

(Ebenfalls in diesem Jahre, wie in einem Dokument des Klosters Zierikzee berichtet wird, einen Tag nach dem Clemenstage und die folgende Nacht, erhob sich infolge des sehr heftigen und ganz ungewöhnlichen Sturms das Meer in Seeland bei Flandern derartig übermäßig, daß es in die ganze Stadt Zierikzee [Insel

Schouwen] und andere Ländereien eindrang, was es vorfand, zerstörte ... Es brachte auch gegen 5000 Menschen beiderlei Geschlechts mit den Kindern ums Leben.)

° („Breve chron. Flandriae clerici anonymi" in „Corp. chron. Flandr." edid. J. F. de Smet in „Collect. de chron. Belg. inédites". Band 3, Tom. 3, S. 5.) = [30. Nov.]

° (W. Heda „Histor. episcopor. Ultrajectens," in J. de Beka u. W. Heda „De episcop. Ultrajectin." S. 240.) = 23. Nov. 1324

° (M. Herm. Cornerus „Chronica novella" in J. G. Eccardus „Corp. hist. med. aev." II, Sp. 1045.)

° (Herm. Cornerus „Chronica novella" in J. G. Eccard „Corp. hist. med. aevi. II, Sp. 1057.) = 20. Nov. 1340

3. Juni 1335 Greußen i/Thür. Überschwemmung

war ein Wetter / und dadurch kam aus dem Wormbache so groß Wasser zwischen der Stadt und Schendersbrücken hergeflossen / daß bey vierdtehalbhundert Schaafe und ein ziemlicher Haufe Ziegen ersoffen / ...

(J. Ch. Olearius „Rerum Thuringic. syntagma" etc. S. 165.)

2. Februar 1336 Liège (Lüttich) Überschwemmung der Maas

Hoc anno octo diebus post conversionem sancti Pauli continuo sequentibus inundatio tanta fuit aquarum, quod Mosa operuit aream magne domus claustralis, ...

(„Johannis Hocsemii chronicon. Liber II. cap. XXII. edit. G. Kurth. S. 251/52.)

(In diesem Jahre, 8 Tage nach St. Paulus Bekehrung und an den folgenden Tagen anhaltend ereignete sich eine so große Überschwemmung der Gewässer, daß die Maas eine Fläche des großen Klosterhauses bedeckte, ...)

21. Juni 1336 Heilsbronn (Mittelfranken) Überschwemmung

11. Kal. Julii in monasterio in Halsprunne, obtenebratis a parte meridionali nubibus paulo ante horam vespertinam et fundente se pluvia densissima, tanta inundantia aquarum subito facta est in monasterii ambitu et capitulo et locis aliis, aquis nimium superefluentibus, ...

(„Annales Halesbrunnenses maiores." M. G. H. Scriptores. XXIV, S. 48/49.)

(Am 21. Juni kurz vor der Abendstunde verdunkelte es sich von Süden her durch Wolken und fiel ein sehr dichter Regen herab, so daß eine so starke Überschwemmung im Klosterkreuzgang und Kapitalhaus und an anderen Orten durch das sehr stark herabfließende Wasser entstand, ...)

1337 Weichsel Überschwemmung

Wysla inundatur.

(„Annales Polonorum. Continuatio." M. G. H. Scriptores. XIX, S. 660.)

(Die Weichsel tritt über ihre Ufer.)

inundacio aque videlicet Vysle.

(„Annales Polonorum. Continuatio." M G. H. Scriptores. XIX, S. 660.)

(Eine Überschwemmung nämlich des Weichselwassers.)

le jour del conversation [conversion] saint Poul, en jenvier le XXVe jour, plovit si tres fort entour la citeit de Liege que la riviere de Mouse cressit si festinamment que le jovenes gens s'en mervelhont mult fort, en disant que conques ne l'avoient veut si grant ne enssi issir fours de son rivaige; et elle fut grant asseis et froit, et cressit toudis dedens VIII jours, si qu'al octave del saint Poul fut-ilh mult grant. 1337 25. Januar Gegend von Liège (Belgien) Maas-Überschwemmung

(„Ly myreur des histors, chronique de Jean des Preis, dit d'Outremeuse", edid. Ad. Borgnet in „Collect. de chron. Belg. inédites". Band 11, Tom. VI, S. 387.)

Überaus große Wasserflut. Eiderstromsgewaltig aufgerissen, Eiderstadt völlig vom Dithmarschen abgeschnitten. 1338 Nordfriesland Sturmflut

(Dr. H. Falck „M. A. Heimreichs nordfres. Chronik" I, S. 242, 246.)

1338 zerreißt eine Sturmflut die letzte Verbindung der Insel gewordenen Horsbüllharde mit dem Festlande.)

(L. Andresen „Geschichte der Stadt Tondern." S. XV u. 7.)

° („Johann Russe's Sammlungen und Vorarbeiten zur Chronik des Landes Dithmarschen", edid. Dr. A. L. J. Michelsen. S. 700.)

. . ., ex ingentibus pluviis imbribusque, XL dies perdurantibus, . . .
Assidui etiam imbres in his uliginosis regionibus magnam cladem hominibus et pecoribus intulerunt, disruptis aggeribus. 1338 Dänemark Überschwemmung

(„Chronolog. rer. Danicar. secunda autore Cornel. Hamsfort. Cimbro ab a Chr. 687 ad a. 1448" in J. Langebek „Scriptor. rer. Danic." I, S. 303.)

(. . . infolge der außerordentlichen Regengüsse, die 40 Tage anhielten, . . .
Auch brachten die unaufhörlichen Regengüsse in diesen feuchten Gegenden den Menschen und Tieren große Not, da die Dämme rissen.)

Le Rhône se répandit dans les plaines et fit de nombreuses victimes. Rhône Überschwemmung
[Achard aus Archiv Avignon.]

(M. Champion „Les inondations en France etc." II, S. 198.)

1338.
En cel ain fut ly yviers si aspre que Mouse fut si fort engalee que ons aloit fermement par toute Mouse à pies seche par tout, jusques à Treit, à Liege et jusques à Huy; et engelarent les arbres et les vignes mult fort. Winter 1339 Maas Eisdecke

(„Ly myreur des histors, chronique de Jean des Preis, dit d'Outremeuse", edid. A. Borgnet in „Collect. de chron. Belges inédites". Band 11, Tom. VI, S. 608.) = 1338

Moenus Francoforti bis coagulatur ita, quod currus transierit. Frankfurt a/M. Main. Eisdecke

(„Annalen eines Anonyms" in „Quellen z. Frankf. Geschichte", edid. Dr. H. Grotefend. I, S. 140.)

(Der Main gefror zu Frankfurt zweimal so stark, daß ein Wagen darüberfuhr.)

30. Oktober 1339 Basel Überschwemmung des Birsigs

Anno 1339 was der Birsich zu Basel also grosz, das er durch die stat brach und ettlich hüser underfrasz, das sy nider vielent; geschach samstags vor aller heiligen abent.

(„Die größeren Basler Annalen nach Schnitts Handschrift" in „Basler Chroniken" (6. Band, S. 251.)

Basel Überschwemmung des Birsigs

Anno domini 1339 do kam ein grosser Birsich ze Basel: an aller helgen tag do was das selbe wasser als gros, das es einen viereggechten turen, stunde bi dem Hertor nidersties. Und gieng das selbe wasser uf den tronaltar an den Steinen, und furt der Barfusen ze Basel iren kilchove enweg mit den toten.

(„Die kleineren Basler Annalen" in „Basler Chroniken". 1. Nov. 5. Band, S. 56.)

30. Oktober 1339 Basel Überschwemmung des Birsigs

Im nochgehnden jar ward der Birsik so groß, das er [zu Basel durch die Stat lief und] ettlich huser underfraß, und niderfielen [geschach samstags vor aller heiligen abent.]

Andere Handschrift mit lateinischen Text:

Anno sequenti, videlicet 39, magna erat inundatio fluvii Byrsich, et aliquas civitatis Basiliensis aedes suffodit, ita quod corruerunt.

(„Die größeren Basler Annalen" in „Basl. Chroniken". 5. Band, S. 20.)

(Im folgenden Jahre, nämlich 1339, ereignete sich eine große Überschwemmung des Birsig-Flusses, und er unterwühlte mehrere Häuser der Stadt, so daß sie einstürzten.)

Presertim autem in Basilea quidam rivus dictus Birsich inundacionis excessu desevit, quod multam et gravem iacturam civitati, maxime autem fratribus Minoribus intulit.

(„Chronika Johannis Vitodurani". M. G. H. Scriptor. rer. Germanic. Nova series. Tom. III, S. 165.)

(Besonders aber in Basel wütete ein gewisser Fluß Birsig durch eine schlimme Überschwemmung, so daß er vielen und schweren Schaden der Stadt, besonders großen aber den Minoritenbrüdern zufügte.)

31. Oktober Süddeutschland Überschwemmung der Flüsse

in vigilia omnium sanctorum propter nimiam et insperatam pluviarum in multis locis inundanciam Alemanie rivi et fluvii in tantum excrescebant, quod molendina multa, domos, cenobia et in parte civitates subverterent et cum multis hominibus inestimabilem peccuniam absorberent et abducerent. Supra modum quippe suos alveos exeuntes excesserunt.

(„Chronica Johannis Vitodurani." M. G. H. Scriptor. rer. Germanic. Nova series. Tom. III, S. 164/65.)

(Am Vortage von Allerheiligen wuchsen infolge sehr starker und unverhoffter Regengüsse an vielen Orten Süddeutschlands die Ströme und Flüsse so an, daß sie viele Mühlen, Häuser, Klöster und zum Teil Städte einstürzten und mit vielen

Menschen unschätzbares Vermögen mit sich fortrissen und wegführten. Sie traten allerdings ohne Maß und Ziel über ihre Ufer.)

Die Passer schwemmt alle Brücken und Stege zwischen Meran und Mais fort und verursacht großen Schaden.

1340 Gegend von Meran Über-schwemmung der Passer

(Dr. B. Mazegger „Chronik von Mais etc.“ S. 14 aus K. v. Hebenstreit „Chronik der Stadt Meran“ manuscr.

(Cölest. Stampfer „Chronik von Meran“ aus K. v. Hebenstreit „Chronik der Stadt Meran“ manuscr.)

Post hec venit inundacio aquarum que villas quam plures cum vineis annichilavit. In monasterio Sancte Crucis libri cum aliis rebus perierunt.

Frühling 1340 Österreich Über-schwemmung der Flüsse

(„Annales Mellicenses et Zwetlenses.“ Contin. Novimontensis.“ M. G. H. Scriptores. IX, S. 672.)

(Hierauf [nach Ende März] kam eine Überschwemmung der Gewässer, die einige Dörfer mit den Weinbergen vernichtete. Im Kloster Heiliges Kreuz gingen die Bücher nebst anderen Sachen verloren.)

° („Annales Mellicenses et Zwetlenses. Contin. Novimontensis.“ M. G. H. Scriptores. IX, S. 672.)

° („Anonymi Leobiensis chronicon“, edid. J. Zahn. S. 43.)

Preterea anno eodem in mense Junio repentinum diluvium et particulare ex resolucione nubis aquose aput Uberlingen ex insperato importunissime supervenit, ita quod peccudes gregis inventas et deprehensas in campis secum veheret et deferret et in eis homines graviter dampnificaret, nec solum in hoc, verum eciam in pratis, agris, vinetis, frumentis et edificiis iacturam et molestiam grandem incolis illius confinii irrogaret.

Juni 1340 Überlingen (Bodensee-gegend) Über-schwemmung infolge eines Wolkenbruchs

(„Chronica Johannis Vitodurani.“ M. G. H. Script. rer. German. Nova series. Tom. III, S. 170.)

(Außerdem ereignete sich in diesem Jahre im Monat Juni eine plötzliche kleine Sintflut durch einen Wolkenbruch bei Überlingen, unvermutet und sehr gefährlich, so daß sie die Viehherden, die sie auf den Feldern vorfand und ergriff, fortschwemmte und dadurch den Menschen schweren Schaden zufügte, und nicht nur hier, sondern auch an Wiesen, Äckern, Weinbergen, Getreide und Gebäuden gewaltigen Verlust und Beschwerden den Bewohnern jenen Gebietes auferlegte.)

Forte inondation occasionnée par de grandes pluies qui réunirent dans les rues d'Avignon la Durance et le Rhône.
[Achard aus Archiv. Avignon.]

1342 Avignon Rhône- und Durance-Über-schwemmung

(M. Champion „Les inondations en France etc.“ II, S. 198.)

Eodem anno fuit magna inundacio aquarum tam in hieme quam in estate unde evenerunt innumerabilia damna in locis aquosis circa Renum, Danuboium et Enum, et locis aquosis ville, opida, pecora cum hominibus, quorum certus nu-

West-, Süd-deutschland, Alpen, Über-schwemmungen der Flüsse

merus non habetur, interierunt et multi pontes destructi et confracti ruerunt. Et in montibus fluvius Atisis per sex miliaria fructus terre consumpsit.

(Veit Arnpeck „Chronica Baioariorum" in „Quellen u. Erörterungen zur Bayer. und deutsch. Geschichte." Neue Folge. edid. G. Leidinger. 3. Band, S. 303.) = 1344

(Im selben Jahre war eine große Überschwemmung der Gewässer, so im Winter, wie im Sommer, und es entstanden dadurch unzählige Schäden in wasserreichen Gegenden um den Rhein, die Donau und den Inn, und in den wasserreichen Gegenden gingen Dörfer, Städte, Vieh mit den Menschen, deren genaue Zahl nicht bekannt ist, zugrunde und viele Brücken wurden eingerissen und vernichtet. Im Gebirge zerstörte der Etsch-Fluß 6 Meilen Fruchtland.)

° („Chronici Osnaburgensis libelli duo etc. collecti ex Alberti Krantii metropoli et Saxonia" in H. Hamelmann „Opera genealogico-historica". S. 614.)

1342 Süd- und Mitteldeutschland Überschwemmungen der Flüsse

Eodem anno factae sunt inundationes aquarum permaximae in tota Almannia.

(„Chronicon Elvacense" in „Württemberg. Geschichtsquellen", hrsg. von K. Statist. Amt. II. S. 41.)

(Im selben Jahre ereigneten sich in ganz Süddeutschland sehr große Überschwemmungen der Gewässer.)

fuit diluvium aquarum tam magnum, quod in plerisque locis homines in superioribus domorum solariis se vix poterant conservare; unde homines et iumenta plurima perierunt, que non poterant confugere ad montes.

(„Gesta archiepiscoporum Magdeburgensium. Contin. I." M. G. H. Scriptores. XIV, S. 435.)

(Es fand eine so große Überschwemmung der Gewässer statt, daß in den meisten Orten die Menschen sich kaum auf die oberen Söller der Häuser retten konnten; die meisten Menschen und das Vieh kamen deshalb um, weil sie nicht auf Erhöhungen flüchten konnten.)

Heiligenstadt Überschwemmung der Geislede

Die Geislede hat die Stadtmauer durchbrochen und drei Häuser eingerissen.

(W. Diete „Orts-Chronik von Geisleden". S. 268.)

Halle (Saale) Saale-Überschwemmung

Große Überschwemmung. Comturkirche und andere Gebäude außerordentlicher Schaden.

(G. F. Hertzberg „Geschichte der Stadt Halle a/d. S." S. 225.)

Colditz (Sa.) Überschwemmung der Zwickauer Mulde

Mulde: sehr große Überschwemmung.

(H. F. Bellger „Hist. Beschreibung der Stadt Colditz". S. 167.)

. . .; per inundationem aquarum diversa dispendia provenerunt; . . .

1342 Österreich Überschwemmung der Flüsse

(„Annales Mellicenses et Zwetlenses." Contin. Novimontensis, M. G. H. Scriptores. IX, S. 672.)

(. . .; durch eine Überschwemmung der Gewässer entstanden verschiedene Schäden.)

° (G. Bucelinus „Germania topo-chrono etc." S. 108.)

° („Anonymi monachi Bavari compilatio chronologica ab anno Christi 1000 ad annum 1388" in A. F. Oefele „Rer. Boicar. scriptores". II, S. 342.) = 1344

West-, Süddeutschland Alpen Überschwemmungen der Flüsse

° (K. Meichelbeck „Chronicon Benedicto-Buranum." I, S. 154.) = 1344

(Die March setzte den größten Teil der Vorstädte unter Wasser.)

Februar Olmütz i/Mähr. Überschwemmung der March

(J. Wl. Fischer „Geschichte der kgl. Hauptstadt etc. Olmütz im Markgrafenthum Mähren". I, S. 185.)

Hoc anno, ebdomada quinquagesima, fuerunt aquarum inundaciones apud Vindocinum tam magne quod in abbacia omnes dicebant aquas esse magnas estimacione quinque pedum in alto.

Anfang Februar Vendome (Frankreich) Überschwemmung der Flüsse

(„Annales Vindocinenses" in L. Halphen „Recueil d'annales Angevines et Vendômoises".)

(In diesem Jahre in der Woche Quinquagesima [10. Februar] waren bei Vendôme so große Überschwemmungen, daß im Kloster alle versicherten, das Wasser hätte 5 Fuß hoch gestanden.)

Infra octavam purificationis corruerunt pontes in Dresden, in Praga et aliis multis locis.

Anfang Februar Sachsen, Böhmen Überschwemmung der Flüsse

(„Annales Veterocellenses." M. G. H. Scriptores. XVI, S. 45.)

(Innerhalb der Woche nach [Mariä] Reinigung stürzten die Brücken in Dresden, in Prag und vielen anderen Orten ein.)

In toto quoque mundo tunc temporis fuerunt maxime inundaciones, ita quod in aliis terris pontes lapidei et lignei per aquas nimias sunt destructi.

Um 2. Februar Mitteleuropa Überschwemmungen der Flüsse

(„Chronicon Francisci Pragensis." Liber III. A. Cap. 7. in „Fontes rer. Bohemicar." Tom. IV. S. 433.)

In toto quoque orbe terrarum tunc temporis fuerunt maxime aquarum inundaciones, ita quod et pontes lapidei vel lignei sunt destructi.

(„Chronicon Francisci Pragensis." Liber III. B. Cap. 15. in „Fontes rer. Bohemicar." Tom. IV. S. 433.)

(Auch in der ganzen Welt waren zu der Zeit sehr starke Überschwemmungen, so daß in verschiedenen Ländern steinerne und hölzerne Brücken durch die sehr starken Wassermassen zerstört wurden.)

Um 2. Februar 1342 Donau Überschwemmung

Danubius fluvius nivibus resolutis circa festum purificationis beate Marie in tantum excrevit, quod in longitudine duorum miliarium et in latitudine unius miliaris per sui alvei effluenciam nimiam in quibusdam partibus res cunctas et fructus universos destruxit, ut fertur, et quod de hominibus VI milia absorbuit.

(„Chronica Johannis Vitodurani.“ M. G. H. Script. rer. German. Nova series. Tom. III, S. 189.)

(Der Donau-Fluß schwoll infolge der Schneeschmelze um das Fest Mariä Reinigung so stark an, daß er in der Länge von 2 Meilen und in der Breite von 1 Meile durch den starken Austritt aus seinem Bette in verschiedenen Gegenden sämtliches Hab und Gut und die gesamten Feldfrüchte vernichtete, wie allgemein berichtet wurde, und daß er 6000 Menschen mit sich fortriß.)

2. Februar Dresden Überschwemmung der Elbe

inundacio aquarum pontem in Dressen destruxit.

(„Cronica brevis de quibusdam novissimis temporib. act. in partib. Missne et Thuringie etc. (1301–1497) in J. B. Mencken „Script. rer. German.“ III, Sp. 55.)

(Eine Überschwemmung der Gewässer zerstörte die Brücke in Dresden.)

vyl dye brucke eyn in Dreseden.

(„Chronic. parvum vernacul. rer. in Misnia ab a. 1175 ad a. 1349.“ in J. B. Mencken „Scriptor. rer. German.“ III, Sp. 349.)

Böhmen Eisgang und Überschwemmung z. B. der Moldau

. . . , quem pluvia quasi vernalis fuit subsecuta, . . . , factum est grande diluvium per impetum aque nivealis et pluvialis, et propter ingentem molem et spissitudinem glaciei ruptus est pons Pragensis in pluribus locis, quod vix tercia pars de ipso remansit, verumtamen aquarum impetu debilitata, Et omnia molendina et obstacula sunt destructa, pluresque ville circa littora site cum hominibus et veteris animalibus sunt absorpte et suffocate.

(„Chronicon Francisci Pragensis.“ Liber III, A. Cap. 7. in „Fontes rer. Bohemicar.“ Tom. IV. S. 433.)

(. . . , worauf gewissermaßen Frühlingsregen folgte, . . . , ereignete sich eine große Überschwemmung durch den Anprall des Schnee- und Regenwassers, und infolge der ungeheuren Wucht und Dicke des Eises wurde die Prager Brücke an mehreren Stellen zerbrochen, so daß kaum der 3. Teil von ihr übrigblieb, aber doch durch den Anprall der Wassermassen allen Haltes beraubt. Alle Mühlen und Wehre wurden zerstört und zahlreiche Ortschaften, die in der Nähe von Flußufern lagen, wurden mit den Menschen und den übrigen Kreaturen fortgerissen und ertränkt.)

° („Chronicon Francisci Pragensis.“ Liber III. B. Cap, 15 in „Fontes rer. Bohemicar. „Tom. IV, S. 433.)

2. Februar 1342 Prag Überschwemmung der Moldau

Et in civitate Pragensi aque longe lateque dampna plurima intulerunt, cives quoque multas et magnas lignorum ad edificia varia dispositorum impetu aquarum perdiderunt.

(„Chronicon Francisci Pragensis.“ Liber III. B. Cap. 15. in „Fontes rer. Bohemicar.“ Tom. IV, S. 434.)

(In der Stadt Prag brachten die Wassermassen weit und breit sehr viel Schaden, auch die Bürger verloren viele und große Holzstapel, die für verschiedene Häuser bereitgestellt waren, durch die Wucht der Wassermassen.)

pons Pragensis confractus est per glaciem in die purificationis.

(„Chronicae Boemiae." in „Frontes rer. Austriacar." 1. Abtlg. Scriptores. VI. Bd., Teil II, S. 67.)

1342
2. Februar
Prag
Eisgang und Überschwemmung der Moldau

(Die Brücke zu Prag wurde durch das Eis am Tage [Mariä] Reinigung zerstört.)

Corruit autem ipse pons anno in die sancti Blasii in ipsa nocte, et pons lapideus in Drzezden super eodem flumine corruit.

(„Chronicon Benessi de Weitmil." Liber III, in „Fontes rer. Bohemicar." Tom. IV, S. 492.)

(Es stürzte aber diese Brücke im selben Jahre am St. Blasiustage in der Nacht, und die steinerne Brücke in Dresden, die über denselben Fluß führt, stürzte [auch] ein.)

Die purificat. b. Marie fuit pons lapidea pragensis per inundacionem aquarum destructa.

(„Jahrbücher d. Zittau. Stadtschreib. Joh. v. Guben." in „Script. rer. Lusatic." N. F. I. S. 7.)

(Am Tage Mariä Reinigung wurde die steinerne Brücke zu Prag durch eine Überschwemmung der Gewässer zerstört.)

Um 2. Februar
Venedig u. a. O.
Sturmflut

Mare quoque fuit multum augmentatum et in altum elevatum, quod omnes cisternas Weneciis et in aliis civitatibus mari adiacentibus totaliter destruxit et plurima dampna causavit.

(„Chronicon Francisci Pragensis." Liber III, A. Cap. 7. in „Fontes rer. Bohemicar." Tom. IV, S. 433.)

Mare quoque fuit in altum levatum, quod omnes cysternas Veneciis et in aliis civitatibus mari adiacentibus totaliter suffocavit et plurima dampna causavit.

(„Chronicon Francisci Pragensis." Liber III. B. Cap. 15. in „Fontes rer. Bohemicar." Tom. IV, S. 433.)

(Auch das Meer erhob sich, so daß es alle Zisternen in Venedig und in anderen am Meere liegenden Städten völlig vernichtete und sehr großen Schaden verursachte.)

Tanta eciam inundancia eodem tempore eodem circa Venecias facta fuit, quod totam cibitatem absorbere quodamodo visum fuit; nam eam longe lateque occupans et in singulis domibus alte ascendens dampna inestimabilia civibus intulit.

(„Chronica Johannis Vitodurani." M. G. H. Scriptor. rer. Germ. Nova series. Tom. III, S. 189.)

(Es trat auch zu derselben Zeit eine so große Meeresflut ein, daß es gewissermaßen schien, als ob sie die ganze Stadt verschlingen wollte; denn sie nahm weit und breit

Besitz von ihr und in einzelnen Häusern stieg sie hoch an . . . und fügte den Bürgern unschätzbaren Schaden zu.)

1342 6.—24. Februar Rouen Seine-Überschwemmung

magna inundatio aquarum fuit super terram, et incepit octavo idus februarii; duravitque a sexto Kl. Martii quarum inundatione et habundatione quatuor arche Pontis Rothom. penitus repleverunt . . .

(M. Champion „Les inondations en France etc.“ II. S. 74 aus manuscr. in Archiv. du départem. de la Seine-Infériere.

(Eine große Überschwemmung der Gewässer trat auf der Erde ein und begann am 6. Februar; sie dauerte bis 24. Februar, und diese Überschwemmung und dieses Hochwasser füllten 4 Bogen der Brücke von Rouen fast an, . . .)

tantum inundavit fluvius Sequanae circa Rotomagum, quod aqua superavit calceyam de Martainville, et quod gentes desuper navigio transfretabant usque prope portam de ponte Hunfredi. Incepit circa festum in catedra Sancti Petri, . . .

(„Normanniae nova chronica ab 473–1378 e tribus chronicis mss. etc.“, edid. A. Chéruel in „Mém. de la soc. des antiquit. de Normandie.“ 2. série. 8. vol. (18. vol.) S. 32.)

(So stark trat der Seine-Fluß bei Rouen über seine Ufer, daß das Wasser die Chaussee von Martainville überstieg, und daß die Menschen zu Schiff darüberfuhren bis nahe an das Tor der Hunfredus-Brücke. Es begann um Petri Stuhlfeier.)

Sommer 1342 West-, Süddeutschland, Frankreich. Überschwemmungen der Flüsse

Eadem estate fuit tanta inundatio aquarum per totum mundum nostri climatis, non a pluviis orta, sed undecumque scaturire, etiam in cacumine montium, videbatur, adeo quod loca inconsueta occuparet et in civitate Avinionensi navigio iretur et per muros civitatis Coloniensis navibus scanderetur. Pontes et turres plurime ruerunt, ab aquis suffosse.

(„Vita Clementis VI auctore Wernero canonico Bunnensi.“ in Steph. Baluzius „Vitae papar. Avenionensium.“ I. nouv. édit. par. H. Mollat. S. 544.)

(In diesem Sommer war eine so große Überschwemmung der Gewässer durch den ganzen Erdkreis unserer Zone, die nicht durch Regengüsse entstand, sondern es schien, als ob das Wasser von überall her hervorsprudelte, sogar aus den Gipfeln der Berge, so daß [das Wasser] Gegenden bedeckte, wo es ungewöhnlich war, und in der Stadt Avignon fuhr man zu Schiff und über die Mauern der Stadt Köln fuhr man mit Kähnen darüber. Die meisten Brücken und Türme stürzten ein, von den Wassermassen unterwühlt.)

° („Theoderici de Niem vitae pontific. Romanor.“ in J. G. Eccard „Corp. hist. med. aevi.“ I, Sp. 1501.)

° („Vita Clementis VI excerpta ex opere anonymo quod Breviarium histor. vocatur.“ in Steph. Baluzius „Vitae papar. Avenionens.“ I, Nouv. édit. par. H. Mollat. S. 304.)

facta sunt diluvia, valde magna, unum in die Petri et Pauli, . . . 29. Juni 1342 S. Hannover Überschwemmung der Flüsse

(„De origine et abbatibus monasterii Luccensis." in G. W. Leibniz „Scriptor. Brunswic. illustr." III, S. 695.)

(Es ereigneten sich sehr große Wasserfluten, die eine um den Peter- und Pauls-Tag, . . .)

facta sunt diluvia valde nociva, unum Petri et Pauli, . . .

(Chr. E. Weidemann „Geschichte des Klosters Loccum." edid. Dr. F. B. Köster, S. 26.)

(Es ereigneten sich sehr schädliche Wasserfluten, die eine um den Peter- und Pauls-Tag, . . .)

. . . ; et dum glacies solveretur et nivium congeries solaribus ignibus scinderetur, quasi omnium fluminum magnorum tocius Europe et parvulorum incurrencium inundacio villas, homines, arbores, agros, prata radicitus evulsit atque ad inferiores alveos deportavit. Danubius, Renus et Mogus, qui Orientales Francos permeat, turres, muros fortissimos, pontes, domos et menia et civitatum propugnacula abstulerunt. (Juli) Central-Europa Überschwemmungen der Flüsse

(„Johannis abbatis Victoriensis liber certarum historiarum." Liber VI. cap. XI. M. G. H. Scriptores. Kleine Ausgabe. Bd. Nr. 18a, S. 225/26.)

(. . . , und als das Eis schmolz und die Schneemassen durch die Sonnenstrahlen zerteilt wurden, vernichtete die Überschwemmung gewissermaßen aller großen Flüsse von ganz Europa und der kleinen Nebenflüsse Ortschaften, Menschen, Bäume, Äcker, Wiesen von Grund aus und trug sie an den unteren Lauf [der Flüsse] fort.
Donau, Rhein und Main, die Ostfranken durchfließen, trugen Türme, sehr feste Stadtmauern, Brücken, Häuser und Mauern und die Bollwerke der Städte davon.)

circa festum Johannis baptiste et deinceps per plures ebdomadas factum est diluvium magnum non solum ex pluvia nimia, sed ex occultis montium, vallium et terre universalis meatibus erumpens et emanans superefluentur et adeo per plurimas provincias et maxime circa Renum et Mogonum fluvios ac alibi omniaque in frugibus, fructibus, feno, edificiis, pecoribus et heu pluribus hominibus multiformiter et miserabiliter devastavit. Insuper maxima pars civitatum, precipue Colonia, Maguncia, Franckfurt apud domum Theutonicorum cum parte pontis diruit penitus et evertit, preterea plurima horribilia et dampnosa evenerunt in variis mundi provinciis. West-deutschland Überschwemmungen der Flüsse

(„Cronica de episcopus Maguntinus." in „Fontes rerum Nassiocarum" edid. F. W. E. Roth. IV, S. 144.)

(Um das Fest des Johannes des Täufers und mehrere Wochen lang darauf ereignete sich eine große Überschwemmung, nicht nur infolge der außergewöhnlich starken Regengüsse, sondern [das Wasser] brach auch aus verborgenen Orten in den Bergen, Tälern und dem ganzen Lande in Strömen hervor, breitete sich übermäßig stark aus, so daß in verschiedenen Provinzen und besonders in den Rhein- und Maingegenden und anderwärts es alles an Feld- und Baumfrüchten, Heu, Gebäuden, Vieh und leider zahlreichen Menschen vielfältig und elendiglich vernichtete.)

[Juli] 1342 Mainz Überschwemmung

. . . , ita quod in maiori ecclesia Moguntina stetit vere usque ad cingulum hominis, . . .

(Dr. Widmann „Die Eberbacher Chronik der Mainzer Erzbischöfe." in „Neues Archiv der Gesellschaft für ältere deutsche Geschichtskunde." 13. Band, S. 138.)

(. . . , so daß in der größeren Mainzer Kirche [das Wasser] einem Manne bis zum Gürtel reichte.)

Das Wasser war um Joh. Bapt. so groß in Mainz, daß es im Dom 3 m hoch stand.

(„Regesten z. Gesch. d. Niederrheingaus" in „Fontes rer. Nassoicar." I, S. 20.)

Kassel Überschwemmung der Fulda

Die Fulda überschwemmte die alte und neue (untere) Stadt auf eine nie erlebte Weise, daß das Wasser über dem Hochaltar der Neustadt-Kirche stand.

(Dr. F. C. Th. Piderit „Geschichte der Haupt- und Residenzstadt Kassel." S. 53.) = 1343

Österreich Überschwemmungen der Flüsse

. . . , per aeris commocionem arbores et firma edificia corruerunt; per inundavionem aquarum in diversis locis multa pericula emerserunt.

(„Annales Mellicenses et Zwetlenses. Contin. Novimontensis." M. G. H. Scriptores. IX, S. 672.)

(. . . ; durch Sturm stürzten Bäume und feste Gebäude um; durch eine Überschwemmung der Gewässer entstand an verschiedenen Orten viel Gefahr.)

19. Juli Nürnberg Überschwemmung der Pegnitz

Anno dni. 1342 jar am freitag vor Marie Magdalene do was die gar groß güß etc. und gieng das wasser zum rathaus und war groß guß in aller welt.

(„Jahrbücher des 15. Jahrhunderts." in „Die Chroniken der deutschen Städte." 10. Band, S. 123.)

Item anno dom. 1300 und 42 jar am freitag vor Maria Magdalene do was dy groß guß.

(„Chronik aus Kaiser Siegmunds Zeit bis 1434." in „Die Chroniken der deutschen Städte." 1. Band, S. 349.)

19.—22. Juli Frankfurt a. M. Main-Überschwemmung

Main: Wasserstand 785 cm über Nullpunkt des städt. Pegels. Höchster bekannter Wasserstand.

(J. Ziegler und Dr. W. König „Das Klima von Frankfurt a./M." S. LXXVIII.)

am dritten tag vor Maria-Magdalena biß auf ihren tag ist der Meyn so gros gewesen, daß das waßer ganz und gar umb Sachsenhaußen ist gangen und zu Franckfurt in alle kirchen und gaßen, außgenommen: sanct Bartholmeskirche und der kirchhof gegen mitternacht zu das ist sanct Michael, unser Frauen berg und die Thöngesgaße, die Krämergaße (jetzt Markt genannt) von Sanct Bartholmes kirchhof biß zu dem Schuchhauß, die Drechlergaß (itzt genannt die Kantengießergaß) biß zu dem hauß zum Oppenheimer (jetzt Domplatz 4) und zu der Schulmeisterei (jetzt Domplatz 8), von unser Frawen berg biß zu der Bornheymer pforten, von dem Giesbrunnen an biß zu der Ziegelgaßen, von der Schnurgaßen biß zu der Gelnheusergaßen, die Steingaß, Krauchengaß (jetzt Graubengasse) getheilt, biß zu der Beutelkisten (jetzt neue Kränn 30) und zu unser lieben Frauen berg, biß an den Sandhof (jetzt kleine Sandgasse 4), die Sandgaßen biß zu dem Leußborn (der Leußborn oder Luseborn lag in der Weißadlergasse vor dem Eckhaus mit dem kleinen Kornmarkt) – all voll waßer; die kirchen all voll waßer wie volgt: sanct Niclas kirch 6 schuch hoch, sanct Jacob 3 schuch, der Barfüser kirch 4 schuch, sanct Elßbet zu Sachsenhaußen, zu dem heiligen Geist, und sanct Anna, der Teutschen herrn kirch, unser Frawen brüder, die kirch zun Weißen frawen, jeglich 7 schuch, der Prediger kirch 9 schuch, zun heiligen drei Königen 12 schuch, sanct Jörg genannt zu sanct Lenhart biß under die understen schwibbögen. [Betreffs der Höhe des Wasserstandes in den Kirchen weichen Latomus und die Überarbeiter der Comens'schen Chronik von diesen Annalen einigemal ab]. Diß hat grosen schrecken bracht, darumb die von Sachsenhaußen auf den Mölberg genant zum Hohenrad geflohen, alda hüttlein gemacht; die von Franckfurt in die dörfer. Dieses waßer hatt zu Sachsenhaußen ein grub gemacht 100 glanzen lang, 20schuch tief und 50 schuch breit, darzu viel bäwe von holz und stein, auch den steinweg zerbrochen.

1342
20.–22. Juli
Frankfurt a. M.
Main-Überschwemmung

(„Deutsche Annalen von 1306–1343." in „Quellen zur Frankfurter Geschichte." edid. Dr. H. Grotefend. I, S. 5.)

fuit tanta inundacio aquarum in aestate ut omnes viae et plateae civitatis fuerint oppletae aquis et incolae in Saxenhausen fugerent uf den Muelberg. fuit ibidem in Saxenhausen ex inundancia Moeni tanta effecta fossa, ut centum pedes in longitudine haberet, 50 in latitudine et 20 in profundo, multaque aedificia lignea et lapidea destruxit. Omnium ecclesiarum pavimenta fuerunt aquis tecta: primo sancti Nicolai VI pedum altitudine, sancti Jacobi prope curiam Fronhoff

III pedum, Franciscanorum IIII pedum, sanctae Elizabeth in Saxenhausen

VI pedum, capella sancti Matthiae in hospitali VI pedum, non tamen ita fuit aedificatum hospitale ut nunc, sancti Leonhardi fuit oppleta aqua usque ad summum vel testudinem fuit enim valde humilis et profunda, Carmelitarum et Poenitentum VII pedum. ecclesia sancti Bartholomaei III pedes aquam continuit altitudine.

(Der Wasserstand in der Bartholomäuskirche ist wohl eine Kombination des Latomus, auch der Wasserstand der Matthias- und Heil. Geistkirche höchstwahrscheinlich, da erstere von beiden in keiner der Quellen erwähnt wird.)

(J. Latomus „Acta" in „Quellen zur Frankfurter Geschichte." edid. Dr. H. Grotefend I. S. 82.

(Es fand eine so große Überschwemmung der Gewässer im Sommer statt, daß alle Wege und Straßen der Stadt mit Wassermassen bedeckt waren und die Einwohner von Sachsenhausen sich auf den Mühlberg flüchteten. Es hatte sich dort in Sachsenhausen infolge der Überschwemmung des Mains eine so große Grube gebildet, daß sie 100 Fuß Länge, 50 Fuß Breite und 20 Fuß Tiefe hatte und viele Holz- und Steingebäude zerstörte. Die Estriche aller Kirchen waren mit Wasser bedeckt, vor allen Dingen die des St. Nicolaus 6 Fuß hoch, die des St. Jakob nahe der Kurie Fronhof 3 Fuß hoch, die der Franciscaner 4 Fuß hoch, die der St. Elisabeth in Sachsenhausen 6 Fuß hoch, die Kapelle des St. Matthias im Hospital 6 Fuß hoch (damals war das Hospital noch nicht so gebaut wie jetzt), die des St. Leonhard war angefüllt mit Wasser bis zur Spitze oder gewölbtem Dach, da sie feucht und tief lag, die der Caemeliter und Bereuenden hatte 7 Fuß, die Kirche des St. Bartholomäus 3 Fuß Wasserhöhe.)

1342 20.—22. Juli Frankfurt a. M. Main-Überschwemmung

13 kalendas augusti Moganus adeo crevit et pervenit usque ad plateas die Zygelgaßen Steingaßen Crauchgaßen aliosque multos vicos civitatis occupavit.

(„Collectanea fratis Petri Herp Dominicani." in „Quellen zur Frankfurter Geschichte", edid. Dr. H. Grotefend, I, S. 66.)

(Am 20. Juli wuchs der Main stark an und kam bis in die Ziegelgasse, Steingasse, Crauchgasse und bedeckte viele andere Stadtviertel mit Wasser.)

20. Juli Bayern Überschwemmungen

Hoc anno tanta inundatio pluvie facta est, ita ut omnes fructus terre devastaret in vigilia Braxedis.

(„Annales Ensdorfenses." M. G. H. Scriptores. X, S. 7.)

(In diesem Jahre ereignete sich eine so große Überschwemmung infolge Regens, daß sie alle Erdfrüchte am Tage vor dem Praxedistage vernichtete.)

° („Die Chronik Heinrichs Taube von Selbach." in „Scriptor. rer. Germanicar." Nova Series. Tom. I, S. 53.)

20.—22. Juli Frankfurt a/M. Main-Überschwemmung

13 calendas augusti ad diem Mariae Magdalenae Francofordiae Moenus maxime inundavit, omnibus ecclesiis et vicis ibidem et tota villa Saxenhausen aqua occupatis praeter vicos Institorum, a cemiteriis ecclesiae sancti Bartholomaei ad domum Schuchhaus, Tornatorum a domo Appenheim ad Scholasteriam, Textorum a puteo Gytzenbrunnen ad vicum Ziegelgassen, sanctorum Anthonii et Mariae a domo Bethlehem ad portam Bornheimer, Geylnhuser, Steingassen, Krauchengassen, Ziegelgassen inundans a domo Beutelkisten ad montem Mariae, Santgassen, manans a curia Sandhoffe ad puteum Liseborne, Santgaßen groß, Santgaßen minor, praeter ecclesiam sancti Bartholomaei et coemiteria, pedes septem e montibus sanctae Mariae et sancti Anthonii. his ecclesiis tantum aqua est erecta:

sancti Johannis quinque pedum. Praedicatorum 9 pedum, sancto Jacobo superius trium pedum, Annae 8 pedum, Theutonicorum 7 pedum, Elisabethae 6 pedum, trium Magorum 7 pedum, sancti Nicolai 6 pedum, sancti Georgii aperta testudine, inferiorum Carmelitarum Poenitentium septem pedum, Minorum 4 pedum. propter quod incolae, maxime omnes in Saxenhausen territi ad tuguria in montem Hohenrad Mülberg genannt, plures de Francofordia ad villas, oppidi subversionem timentes, flentes exierunt. haec inundatio foveam longam 100, latam 20, profundam 20 pedum in Saxenhausen via lapidea fregit, multa aedificia lignea et lapidea destruxit.

(„Annales eines Anonymus." in „Quellen zur Frankfurter Geschichte", edid. Dr. H. Grotefend. I, S. 140.)

(Am 20. Juli, am Tage Mariä Magdalena, trat zu Frankfurt der Main so stark über seine Ufer, daß das Wasser von allen Kirchen und den dortigen Gassen und dem ganzen Dorf Sachsenhausen Besitz ergriff, mit Ausnahme der Krämergasse, vom St. Bartholomäus-Kirchhof bis zum Schuhhaus, der Drechslergasse vom Haus Oppenheim bis zur Schulmeisterei, der Webergasse vom Gießbrunnen bis zur Ziegelgasse, der Heiligen Antonius und Maria von Bethlehem bis zum Bornheimer Tore, die Gelnhauser Gasse, Steingasse, Krauchengasse überflutend, vom Hause Beutelkisten bis zum Marienberg, die Sandgasse vom Sandhof zum Luseborn-Brunnen, große Sandgasse, kleine Sandgasse, außer der St. Bartholomäuskirche und -kirchhof, 7 Fuß von den St. Marien- und St. Antonius-Bergen. In diesen Kirchen hatte das Wasser folgende Höhe: St. Johanniskirche 5 Fuß, Predigerkirche 9 Fuß, St. Jakobikirche über 3 Fuß, Annakirche 8 Fuß, Deutschherrenkirche 7 Fuß, Elisabethkirche 6 Fuß, Kirche zu den 3 Weisen 7 Fuß, St. Nicolauskirche 6 Fuß, St. Georgskirche bis zum gewölbten Dache, Kirche d. geringeren Carmeliter und Bereuenden 7 Fuß, der Minoriten 4 Fuß. Infolgedessen flüchteten die Einwohner, besonders alle geängstigten aus Sachsenhausen, in die Hütten auf dem Berge Hohes Rad, Mülberg genannt, zahlreiche aus Frankfurt klagend auf die Dörfer, da sie einen Einsturz der Stadt befürchteten. Diese Überschwemmung hatte in Sachsenhausen eine Grube von 100 Fuß Länge, 20 Fuß Breite und 20 Fuß Tiefe in einer gepflasterten Straße gebildet, viele Gebäude aus Holz und Stein zerstört.)

° („Annales Francofurtani." in „Quellen zur Frankfurter Geschichte." edid. Dr. H. Grotefend. I, S. 1/2.)

° („Collectanea fratris Petri Herp Dominicani." in dto., edid. dto. I, S. 59.)

° (J. Latomus „Antiquitates." in dto. edid. dto. I, S. 81.)

° („Collectaneen Liber I d. Phil. Schurg." in dto. edid. dto. I, S. 155/56.)

° („Aus der Chronik des Schuhmacherhandwerks." in dto. edid. dto. II, S. 22.) = 1362

° („Chronica Johannis Vitodurani." M. G. H. Script. rer. Germanic." Nova series. Tom. III, S. 191.)

° (Theod. Engelhusius „Chronicon M. Theod. Engelhusii etc.", edid. J. J. Maderus. S. 269.)

21. Juli 1342 Erfurt Überschwemmung

Eodem anno fuit tanta inundacio aquarum in Erfordia in die Praxedis virginis, ut nemo in runcino in plateis equitare posset, et destruxit longas temetas Erfordie nec non pontem apud Sanctum Nicolaum.

(„Cronica S. Petri Erford. moderna. Contin, II." M. G. H. Scriptores. XXX, 1, S. 467.)

(„Cronica S. Petri Erford. moderna. Contin. II," M. G. H. Scriptores. Kleine Ausgabe. Band 22, S. 388.)

(Im selben Jahre war am Tage der Jungfrau Praxedis eine so große Überschwemmung der Gewässer in Erfurt, daß niemand auf einem Ackerpferd auf den Straßen reiten konnte, und zerstörte die langen Stege zu Erfurt und auch die Brücke bei St. Nicolaus.)

fuit tanta inundacio aquarum in Erphordia in die Braxedis virginis, ut nemo in runcino equitare posset, et destruxit longas temetes Erphordie, pontem ante valvam Sancti Augustini, Sancti Johannis ante Kramphfentore, pontem in Herbipoli, cum magna turri, pontem in Ratispona, in Dresden, in Frankenfordia, in Wezindorf, in Babinberg et multa alia dampna peregit.

(„Cronica S. Petri Erford. mod. Cont. III." M. G. H. Scriptores. Kleine Ausgabe. Band 22, S. 375.)

(Es ereignete sich zu Erfurt am Tage der Jungfrau Praxedis eine so große Überschwemmung der Gewässer, daß niemand auf einem Ackerpferd reiten konnte, und zerstörte die langen Stege zu Erfurt, die Brücke vor dem Türflügel St. Augustins, St. Johannis vor dem Krampfentor, die Brücke zu Würzburg, mit großem Turm, die Brücke zu Regensburg, in Dresden, Frankfurt, Wetzendorf a./d. Unstrut, Bamberg und verursachte viele andere Schäden.)

Inundatio aquarum Erffordie ipso die Praxedis fuit, ut nemo in runcino (Ackerpferd) equitare posset, et destruxit longas temetes [die langen Stege, jetzt Schlösserbrücke] Erffordie, pontes ante valvam Regularium, Krampfentor et sancti Joannis [Brücken vor dem Augusttor, jetzt Bahnhofstraße], item pontem in Herbipoli cum magna turri, pontem in Ratispona, in Dresden, in Francfordia, in Weczindorff [Wetzendorf a./d. Unstrut, Reg. Bez. Merseburg], in Babinberg et multa alia damna peregit.

(„Erphurdianus antiquitat. variloquus incerti auctoris", edid. Dr. Rich. Thiele, S. 127.)

(Am Praxedistage ereignete sich eine Überschwemmung der Gewässer zu Erfurt, daß niemand auf einem Ackerpferd reiten konnte und zerstörte die langen Stege [jetzt Schlösserbrücke] zu Erfurt, die Brücken vor dem Augusttore [jetzt Bahnhofstraße], ebenso die Brücke in Würzburg mit dem großen Turme, die Brücke in Regensburg, in Dresden, in Frankfurt, in Wetzendorf [an der Unstrut, Reg. Bez. Merseburg], in Bamberg und verursachte viele andere Schäden.)

° („Cronicae Erfordenses Engelhusianae." I. M. G. H. Scriptores. Kleine Ausgabe. Bd. 22, S. 802.)

° („Cronicae Erfordenses Engelhusianae.“ II. M. G. H. Scriptores. Kleine Ausgabe. Bd. 22, S. 803.)

° („Cronica S. Petri Erfordensis moderna. Additamentum.“ M. G. H. Scriptores. XXX, 1. S. 465.)

° („Cronica S. Petri Erfordensis moderna. Additamentum.“ M. G. H. Scriptores. Kleine Ausgabe, Bd. 22, S. 385.)

21. Juli 1342 Thüringen Überschwemmung der Flüsse z. B. der Saale und Werra

Zu den gezeiten alsso man schreib noch Cristus gebort 1342 jar uf sente Marien Magdalenen [in die Praxedis virginis] tagk do wart alsso gross wasser von regen in Doryngen unde ouch yn andirn landen (das die Sael unde ouch die Werra enwegk furten husser unde hussrat, brucken unde stege boyme unde zune unde was dor bey gelegen was unde ted grossen schadin an den moeln unde an den weerin. Zu Vache zu brach is die steynen brucken. zu Krutzburgk gyngk is obir die statmuwirn, unde die clostirfrawen musten mit alle yrem gesynde das clostir rumen. zu Isenache do bleib keyn stekg noch brucke] zu Erfforte kunde nymant yn den gassen gereiten noch gewandirn. Die lange brucke unde die steynen bruck bey sente Nicolause zu brach is.

(„Düringische Chronik des Johann Rothe.“ in „Thüring. Geschichtsquell.“ 3. Band. S. 574.)

Maxima aquarum inundacio plurima dampna intulit: nam Werra, Gera, Sala plures pontes edificia domus sepes molendina deportarunt. Plura molendina confracta sunt, Erfordie pene omnes pontes destructi; in Cruzeburg Werra ultra muros civitatem intravit, et hec aquarum habundacia pene ubique terrarum fuit, in Reno, Mosella, Danubio, Albea, Werra, Wisera, etc.

(„Chronicon Ecclesiasticum Nicolai de Siegen.“ O. S. B. in „Thüring. Geschichtsquellen“ 2. Band, S. 385/86.)

(Eine sehr große Überschwemmung der Gewässer verursachte viele Schäden, nämlich die Werra, Gera und Saale schwemmten zahlreiche Brücken, Gebpäude, Häuser, Zäune und Mühlen fort. Viele Mühlen stürzten ein, zu Erfurt wurden fast alle Brücken zerstört. In Creuzburg drang die Werra über die Stadtmauern in die Stadt, und ein derartiges Hochwasser (ereignete sich) fast überall in den Ländern, am Rhein, an der Mosel, Donau, Elbe, Werra, Weser usw.)

Meiningen Überschwemmung der Werra

ist ein groß Wasser gar schnell kommen, und vor Nachts so groß worden, daß es durch die gantze Stadt gelauffen, und alle Keller erfüllet, auch vielen Leuten in die Häuser und Stuben gelaufen, alte Leute sampt den Kindern ertrāncket, Aecker, Wiesen, Gärten und alles verwüstet, in und außer der Stadt, an Vieh, Gebäuden, Bäum umd Getraidig, grosser unsäglicher Schaden gethan.

„Anno Milleno tercento quadrante secundo
Praxedis Festo Meininga non immemor esto,
Diluvium rumpit fontes, moles, rura, pontes
Flumina et ignota tunc complent oppida tota,
Sunt interversi non pauci hominesque: submersi.“

(J. S. Güth „Poligraphia Meiningensis etc.“ S. 123.)

(Im Jahre 1342 am Praxedis-Feste, Meiningen sollst Du nicht uneingedenk sein,
Die Wasserflut zerstörte Quellen, Mühlen, Landgüter, Brücken,
Flüsse und Unbekanntes füllten damals ganze Städte an.
Es sind verschwunden nicht wenige Menschen: im Wasser umgekommen.)

1342 21. Juli Würzburg Überschwemmung des Mains

Subinde quoque anno domini 1342 XII. kal. augusti in die beate Praxedis, scilicet die dominica, seu tunc in vigilia sancte Marie Magdalene, ab ortu diei et ante meridiem Herbipoli Mogus fluvius adeo inundando excrevit quod pons Herbipolensis lapideus et pretiosus cum turribus et muris suis et ipsius civitatis, ac etiam multis domibus lapideis ibidem circumquaque, subito corruerunt. Et huiusmodi Mogi aquarum inundacio super gradibus porticus ecclesie Herbipolensis prope primas statuas lapideas excessive affluxit. Omnes quoque pontes lignei et lapidei ipsius Mogi supra et infra corruerunt confracti. Et tunc etiam immense dampnositates prediorum urbanorum et rusticorum iuxta Mogum per totum lamentabiliter evenerunt. Necnon etiam in aliis mundi partibus circa illa tempora inaudite aquarum inundaciones fuerunt. Tunc quoque quasi rupte sunt omnes fontes aquarum abyssi, magne et catheracte aperte sunt celi, et facta est pluvia super terram sicut anno sexcentesimo vite Noe, ut legitur de diluvio Gen. septimo capitulo circa medium . . .

(„Michaelis de Leone Canonici Herbipolensis annotata historica", in J. F. Boehmer „Fontes rer. Germanicar." 1. Band, S. 469.)

(Gleich darauf, auch im Jahre 1342, am 21. Juli am Praxedistage, d. h. einem Sonntag oder dem Tage vor dem St. Maria-Magdalenen-Tage, von Tagesanfang an und am Vormittag, stieg zu Würzburg der Main-Fluß so sehr über seine Ufer, daß die steinerne und prächtige Brücke zu Würzburg mit den Türmen und ihren Mauern und den Stadtmauern und auch viele steinerne Häuser dort und ringsherum plötzlich einstürzten. Die Überschwemmung des Mains war derartig, daß das Wasser über die Stufen des Säulenganges der Kirche zu Würzburg in der Nähe der steinernen Statuen ganz ungewöhnlich groß floß. Auch alle hölzernen und steinernen Brücken oberhalb und unterhalb des Mains stürzten zusammen. Auch traten ungeheure Schäden an den Stadt- und Bauerngütern am Main überall beklagenswerterweise ein.

Tatsächlich waren auch in anderen Teilen der Welt unerhörte Überschwemmungen der Gewässer. Auch wurden alle unterirdischen Wasserquellen gewissermaßen zerbrochen und die Schleusen des Himmels waren offen, und es fiel Regen auf die Erde wie im 600. Jahre von Noahs Leben, wie man über die Sintflut im 7. Kapitel der Genesis in der Mitte lesen kann.)

Anno milleno tercento quadrante secundo Accidit Herbipoli, quod Moganus illico cum vi Pontem confregit multos hominesque coegit Casis exire, si non voluere perire.

Praxedis in festo talis fluvii memor esto, . . .

(Magister Bor. Fries „Geschichte, Namen etc. d. Bischöfe von Würzburg". S. 404.)

(Im Jahre 1342 ereignete es sich in Würzburg, daß dort der Main mit Gewalt die Brücke zertrümmerte und viele Menschen zwang, ihre Behausungen zu verlassen, wenn sie nicht umkommen wollten.

Am Praxedis-Feste soll das Gedenken an diesen Fluß sein, . . .)

° („Kurtzes Würzburg. Chronicon." in Christ. Gottl. Buder „Nützl. Sammlung verschiedener meistens ungedruckter Schriften etc." S. 467/68.)

° („Kurtzes Wirzburg. Chronicon." in Chr. G. Buder „Nützl. Sammlung meistens ungedruckter Schriften etc." S. 473.)

° („Liber de rebus memorabilioribus sive chronicon Henrici de Hervordia." edid. Aug. Potthast. S. 265.)

° („Chronicon excerptum de diversis chronicis etc. usque ad a. 1474 eines Mönchs des Klosters S. Aegidii in Braunschweig." in J. Pistorius „Rer. Germanic. scriptores." I, S. 1106.)

° (Veit Arnpeck „Chronica Baivariorum", edid. G. Leidinger. in „Quellen und Erörterungen zur Bayerschen und Deutschen Geschichte. N. F. 3. Bd. S. 303.)

Albis exundans XII. Cal. Aug. multas hinc pontes rupit, et in his Misnensem. 1342 21. Juli Elbe Überschwemmung

(G. Fabricius „Rer. Misnicar. libri VII." S. 128.)

(Die Elbe trat am 21. Juli über ihre Ufer, vernichtete infolgedessen viele Brücken, darunter die von Meißen.)

Elbe: Die Fluten der angeschwollenen Elbe reißen 2 Joche fort. Meißen i/Sa. Elbe-Überschwemmung

(M. Grünewald „Die Meißner Chronik." I, S. 252.)

diluvium erat tantum, quod aque fluxerunt ultra pontem in Straving. [22. Juli] Straubing i/Bayern Überschwemmung der Donau

(„Annales Windbergenses." M. G. H. Scriptores. XVII, S. 566.)

(Die Überschwemmung war so groß, daß die Wassermassen über die Brücke von Straubing flossen.)

Diluvium erat quod transiit ultra pontem in Strawbing.

(„Annoymi monachi Bavari compilatio chronologica ab anno Christi 1000 ad annum 1388" in A. F. Oefele „Rer. Boicar. scriptores etc." II, S. 342.)

° („Fundationes monasteriorum Bavariae." edid. G. Leidinger in „Neues Archiv der Gesellschaft für ältere deutsche Geschichtskunde." 24. Bd. S. 694.)

(Die Überschwemmung war so groß, daß (die Donau) über die Brücke in Straubing ging.)

° („Cronica Saxonici continuatio (Thuringica) Erfordensis." M. G. H. Scriptores. Kleine Ausgabe. Band 22, S. 483.)

1342 um 22. Juli Minden Weser-Überschwemmung

Item aquae Wiserae tantum excreverunt, quod civitatem Mindam intrantes per maiorem ecclesiam ad forum usque pervenerunt et ostium portae civitatis quatuor vel quinque pedibus minus ad superius totum repleverunt et super illum altum pontem, quem funditus destruxit, elevatae sunt a. D. 1342. Fuit autem hoc inundatio in die beatae Mariae Magdalenae parum ante et post. Versus: Post M post tria CCC post quatuor XII duoque Wisera per Mindam tumuit magnamque per undam.

(„Hermann von Lerbeck „Catalogus episcopor. Mindens." in „Minden. Geschichtsquellen" I, S. 72. edid. Dr. K. Löffler.)

(Ebenso wuchsen die Wassermassen der Weser so an, daß sie in die Stadt Minden eindrangen und durch die größere Kirche bis zum Marktplatz gelangten und die Pforte des Stadttores so anfüllten, daß nur 4 oder 5 Fuß an der ganzen Höhe fehlten, und sich über jene hohe Brücke erhoben, die sie von Grund aus zerstörten. Es fand aber diese Überschwemmung kurz vor und nach dem Tage der heiligen Maria Magdalena statt.

Vers.

1342 ergoß sich die Weser durch Minden, in einer großen Flut.)

° („Chronicon episcoporum Mindensium per annos octingentos cum ecclesiae illius privileg. triginta Caesareis." in „Rer. familiarumque Belgicar. chronic. magnum", edit. Pistorius. S. 731.)

° („Die jüngere Bischofschronik." in „Minderer Geschichtsquellen" edid. Dr. K. Löffler. I. S. 201.)

° („Bussonis Watenstedii chronicon Mindense." in Chr. Dr. Paulinus „Rer. et antiquit German. syntagma." S. 32.)

° („Liber de rebus memorabilioribus sive chronicon Henrici de Hervordia", edid. Aug. Potthast. S. 265/66.)

22. Juli 1342 Südhannover Überschwemmung der Flüsse

facta sunt diluvia valde nocima, . . . , aliud Marie Magdalene, his in partibus. Nam pluviis a coelo descentibus et aquis de terra emergentibus ruinis aggerum ruptis, fontibus et torrentibus supereffluentibus, flumina levaverunt aquas suas ita, ut metas suas transcendentes non solum segetes et multa viventia in agris, verum etiam ipsos agros et vias dissiparent, castra, civitates, villas et ecclesias intrarent, super altaria ascenderent, muros, domus, turres everterent, plures homines et jumenta submergendo necarent et alia plura damna Nobis Luccensibus hoc diluvium ad 800 Bremenses Marcas nocuit et amplius, inque templo nostro stetit aqua usque, ad longum illum lapidem qui supremum altare tegit in choro. Lapis hic propter insolitam longitudinem et crassitiem inter rariora hujus coenobii numerari meretur.

(„De origine et abbatibus monasterii Luccensis." in G. W. Leibniz „Scriptor. Brunswic. illustr." III, S. 695/96.)

(Es ereigneten sich sehr große Überschwemmungen, . . . , die andere am Maria Magdalenen-Tage in diesen Gegenden. Es ergossen sich nämlich vom Himmel Regenmassen, Gewässer brachen aus der Erde hervor, Flüsse zerstörten die

Dämme, Quellen und Gießbäche strömten aus der Erde, die Flüsse erhoben ihre Wasser, so daß sie über ihre Ufer traten, nicht nur die Saaten und viele Pflanzen auf den Feldern, sondern auch die Äcker selbst und die Wege vernichteten, in Burgen, Städte, Dörfer und Kirchen eindrangen, bis über die Altäre anwuchsen, Mauern und Türme umstießen, zahlreiche Menschen und Zugtiere ertränkten und viele andere Schäden herbeiführten. Uns, in Loccum, brachte diese Überschwemmung einen Schaden von 800 Bremer Mark und mehr, und in unserer Kirche stand das Wasser bis zu jenem langen Stein, der den höchsten Altar im Chor berührte. Dieser Stein verdient wegen seiner ungewöhnlichen Länge und Dicke zu den Seltenheiten dieses Klosters gezählt zu werden.)

° (Chr. W. Weidemann „Geschichte des Klosters Loccum." edid. Dr. F. B. Köster.)

inundatio aquarum saevissima fuit circa festum S. Magdalenae, quae multis locis praecipue ad Visurgim abripuit viros et mulieres cum parvulis ac animalibus ac domunculis miserabiliter ubique in undis natantibus. Incolae vocant S. Magdalenen-Fluth.

Um 22. Juli 1342 Nordwestdeutschland Überschwemmung der Flüsse

(Lambertus Alardus „Nordalbingia sive historia rer. praecipuarum in Nordalbingia a tempor. Caroli magni annum praesert. 1643" in E. J. von Westphalen „Monum. inedita rer. German." I, Spalte 1808.) = 1344

(Eine sehr schlimme Überschwemmung der Gewässer trat um das St. Magdalenenfest ein, die an vielen Orten, besonders an der Weser, Männer und Frauen mit den Kindern, Tieren und Wohnstätten hinwegraffte, so daß sie elendiglich in den Fluten wegtrieben. Die Einwohner nennen sie St. Magdalenen-Flut.)

In Frisia, Eydorensi et vicina Dithmarsia, Eydora et Albis facta inundatione omnes agros depopulantur, . . .

Friesland, Eiderstedt, Dithmarschen Überschwemmung der Eider und Elbe

(Cornel. Hamsfort „Chronologia rer. Danicar. secunda etc." in J. Langebek „Scriptor. rer. Danic." I, S. 303.)

(In Friesland, Eiderstedt und dem benachbarten Dithmarschen wurden durch eine Überschwemmung der Eider und Elbe alle Äcker verwüstet.)

was auch vmb S. Mariae Magdalenen tag, gros wasser, das die Werra die Brucken, Heuser, beume vnd was gebeues dabey lag, wegfuerte, vnd warff der Stadtmauren oben zu Creutzburgk ein stuck nyder, das mann mitt schiffen ynn die Stadt fuere, vnd thatt grossen schaden.

Thüringen Überschwemmung der Flüsse

(„Adami Ursini chronic. Thuring. vernacul. usque ad ann. 1500" in J. B. Mencken „Script. rer. Germanic." III, Spalte 1316.)

Des selbin jares umme sente Marien Magdalenen tag da was vil groz gewißere in allen landen unde ouch zu Erforte, also daz nimant mochte mit eime roße in den gaßen gerite zu Erforte.

Erfurt Überschwemmung

(„Cronica Saxonici continuatio (Thuringica) Erfordensis" in M. G. H. Scriptores. Kleine Ausgabe Band 22, S. 483.)

1342 22. Juli Kreuzburg (Werra) Überschwemmung der Werra

ipso festo S. Marie Magdalenae Werta alveum suum tanto impetu diffuderat, ut fere ipsa urbis moenia satis alta transcenderit. Moniales certe e monasterio nostro S. Jacobi omnes et singulas longius expulit, pecori et hominibus, et hortis et agris multa faciens damna.

(„Parva chronica monast. S. Petri in Monte Crucis ad Werram, compilat. Johanne Craemer" in Chr. Fr. Paulinus „Rer. et antiquitat. German. syntagma" S. 304.)

(Am St. Maria-Magdalenen-Feste trat die Werra mit solcher Gewalt über ihre Ufer, daß sie beinahe über die ziemlich hohen Stadtmauern floß. Sie vertrieb gewisse Nonnen aus dem St. Jakobs-Kloster, alle und einzelne länger, und fügte dem Vieh, den Menschen, den Gärten und Äckern viele Schäden zu.)

Großenhain (Sa.) Überschwemmung der Röder

die Röder ist dermaßen angelaufen, daß sie beynahe in die Stadt getreten.

(C. G. Th. Chladenius „Materialien zur Großenhayner Stadt-Chronik etc." S. 57.)

Zwickauer Mulde Überschwemmung

Starke Überschwemmung. Großer Schaden an Brücken usw.

(Tob. Schmidt „Zwickau. Chronik" II, S. 162.)

24. Juli Niederlande Überschwemmung der Flüsse

in vigilia noctisque diei beati Jacobi apostoli tanta fuit inundacio aquarum, ut per confractionem aggerum utraque Batua tam superior quam inferior et eciam insula Tylensis usque Diefdyk preter Tyell, Drompt submersa est.

(„Annales Tielenses." M. G. H. Scriptores. XXIV, S. 26.)

(Am Vorabend und Nacht des Tages des Apostels St. Jakob war eine so große Überschwemmung der Gewässer, daß durch Deichbrüche beiderseits der Betuwe sowohl die obere, als auch die untere und auch die Insel Tiel bis Diefdyk, mit Ausnahme von Tiel und Drompt überschwemmt wurde.)

Main Überschwemmung

Postea in vigilia Jacobi maxima erat aquarum inundantia per totum Rhenum, non a Rheno sed a fluvio Mogos dicto, . . .

(„Gesta Trevirorum Cap. 257." edit. J. H. Wyttenbach und M. F. J. Müller. II, S. 256.)

(Später, am Tage vor dem St. Jakobstage, war eine sehr große Überschwemmung des ganzen Rheins, nicht vom Rhein, sondern vom Main-Fluß, . . .)

° („Chronicon Sponheimense." in J. Trithemius „Opera historica". S. 318.)

° (J. Trithemius „Chronica insignis monast. Hirsaugiensis." S. 222.)

Frankfurt a/M. Main-Überschwemmung

Hernach an sanct Jacobs abend umb 1 Uhr hatt das waßer die brück und den thurn gegen Sachsenhaußen, den pfeiler mit der hübschen capellen in grund hinweggeführt, ausgenommen 6 schwibbögen gegen Frankfurt zu, . . .

(„Deutsche Annalen von 1306–1343." in „Quellen zur Frankfurter Geschichte", edid. Dr. H. Grotefend. I. S. 5.

vigilia Jacobi hora prima pons Francofordiae praeter sex testudines, turris meridionalis, magna capella pulchra et annexa funditus corruerunt. eodem die omnes incolae in pane et aqua jejunaverunt. 24. Juli 1342 Frankfurt a/M. Main-Überschwemmung

(„Annalen eines Anonymus." in „Quellen zur Frankfurter Geschichte." edid. Dr. H. Grotefend. I, S. 141.)

(Am Tage vor dem St. Jakobstage in der 1. Stunde stürzte die Brücke zu Frankfurt, mit Ausnahme von 6 Schwibbögen, der südliche Turm, die große herrliche Kapelle (Katharinenkapelle auf der Brücke) und die Verbindung von Grund aus ein. Am selben Tage fasteten alle Einwohner bei Brot und Wasser.)

° (J. Latomus „Acta" in „Quellen zur Frankfurter Geschichte." edid. Dr. H. Grotefend. I, S. 82.)

° („Collectanea fratris Petri Herp Dominicani." in „Quellen zur Frankfurter Geschichte." edid. Dr. H. Grotefend. I, S. 66.)

° (J. Latomus „Antiquitates" in „Quellen zur Frankfurter Geschichte." edid. Dr. H. Grotefend. I, S. 82.)

° („Collectaneen Liber I. v. Phil. Schurg." in „Quellen zur Frankfurter Geschichte, edid. Dr. H. Grotefedn. I, S. 156.)

Et postmodum de anno domini 1342 circa festum Jacobi in maxima siccitate extunc nullis pluviis in brevi tempore precedentibus, inaudita subito aquarum inundatio ex sicca terra erupit, unde eciam perierunt civitates, castra et ville . . . Um 25. Juli Westdeutschland Überschwemmungen der Flüsse

(„Ertwini Ertmanni Cronica sive catalogus episcoporum Osnaburgens." in „Osnabrück. Geschichtsquellen". Band I, S. 96.)

(Bald darauf im Jahre 1342 um das Jacobi-Fest bei der großen Dürre, da in der letzten Zeit kein Regen gefallen war, brach plötzlich eine unerhörte Überschwemmung der Gewässer aus der trockenen Erde los, und es gingen Städte, Burgen und Dörfer zu Grunde.)

° („Florenz von Wevelinkhovens Chronik der Bischöfe von Münster etc." in „Die Geschichtsquellen des Bistums Münster." 1. Band, S. 49.)

° („Chronicon Campi s. Mariae", edid. Dr. F. Zurbonsen in „Münster. Beiträge zur Geschichtsforschung" 5. Heft, S. 51.)

Anno milleno C ter bis I quadrageno In Jacobi festo magne lymphe memor esto. Rhein-Überschwemmung

(„Latein. Reimchronik." in „Die Chroniken der deutschen Städte." 13. Band, S. 204.)

(Im Jahre 1342 am Jakobi-Feste sollst du des großen Hochwassers eingedenk sein.)

Itēm anno domini 1342 was der Rijn zoe mael groiss vp sent Jacobs dage.

(„Münstereifeler Chronik." edid. Dr. Floß, S. 192.)

° („Kölnische Chronik 1087–1378," edid. Dr. Floß. S. 183.)

25. Juli 1342 Limburg a/Lahn Lahn-Überschwemmung

Item in der selben zit unde jare uf sente Jacobes dag des heiligen apostolen gelegen in dem erne da was große flut unde waßer uf erden, daz großer unsegelicher jamer unde schaide geschach von der flut. Unde hatte nit sere geregent oder waßer gefallen zu der zit, alsa daz ez von wunderlicher godesgewalt was unde quam, daz di waßer also groß waren. Auch mit namen zu Limpurg, da ging die Lane bit ober die Schoppen, daz man mit nachen allenthalben darober fur. Unde ist dit di erste waßerflut di den alden luden indenklich ist.

(„Die Limburger Chronik." edit. A. Wyß. M. G. H. Tom. IV. Pars. I. Deutsche Chroniken, S. 28.) [= 1344]

Rhein-Überschwemmung

Anno milleno ter C quater X quoque bino In Jacobi festo magni Reni memor esto.

(„Annales Agrippinenses." M. G. H. Scriptores. XVI, S. 737.)

(Im Jahre 1342 am Jacobi-Feste sei des großen Rheins gedenkend.)

up sente Jacobs dach was der groisse Rin.

(„Köln. Jahrbücher des 14. und 15. Jahrhunderts." Rec. A. in „Die Chroniken der deutschen Städte." 13. Band, S. 22.)

November Lombardei Überschwemmung der Flüsse

citra festum sancti Martini aput civitatem Paduanam et aliis partibus Longobardie propter pluviarum excessum tanta aquarum inundancia excrevit, quod per multos dies viatoribus vie obstite et obstructe facte fuerunt et ob hoc mercatores peregrini plures illic contra voluntatem suam cum gravibus sumptibus suis detenti fuerunt, . . . Tonitrua eciam et coruscaciones terribiles raro vel nunquam illo tempora visa homines nimis terrebant. Hec alluvies Longobardie sequebatur alluvium estivale Alemanie prefatum.

(„Chronica Johannis Vitodurani." M. G. H. Scriptores rer. Germanicar. Nova sereis. Tom. III, S. 195.)

(Vor dem St. Martins-Fest entstand bei der Stadt Padua und anderen Gegenden der Lombardei infolge der übermäßigen Regengüsse eine so große Überschwemmung, daß viele Tage lang den Wanderern die Wege verwehrt und versperrt wurden und dadurch zahlreiche fremde Kauflaute gegen ihren Willen unter schweren Belastungen zurückgehalten wurden. Auch schreckliche Donnerschläge und Blitze, die sonst zu dieser Zeit selten oder niemals beobachtet wiurden, erschreckten die Menschen sehr. Diese Überschwemmung in der Lombardei folgte der sommerlichen Überschwemmung in Deutschland.)

1343 Tulln a/d. Donau (Niederösterreich) Überschwemmung der Donau

[Mühle] großes Unglück durch Wassergüsse erlitten.

(Dr. A. Kerschbaumer „Geschichte der Stadt Tulln." S. 356.)

26. Februar Torgau Elbe-Überschwemmung

Elbe: sehr groß. Der Rest der Brücke wird fortgerissen.

(Dr. W. Schäfer „Chroniken der Dresdner Elbbrücke." S. 20. aus M. M. Böhme „Jahresgeschichte der Stadt Torgau.")

Praxedis festo [= 1342], rogo te, non immemor esto. 1343 11.—12. März Dresden Elbe-Überschwemmung
Diluviu, rumpit fontes et tres quoque pontes.
Post haec, Gregorii sub festo nobiliori,
Undosa glacie Dresdensis pons ruit; eu vae!

[lt. Fabricius aus einem alten Klosterbuche]

(Dr. G. Klemm „Chronik der Residenzstadt Dresden." I, S. 69.)

(Ch. Hohlfeldt „Die Schicksale der Dresdener Elbbrücke." S. 9/10.)

(Am Praxedesfeste [= 1342], ich bitte dich, vergiß das nicht,
zerbrach die Wasserflut Quellen und auch 3 Brücken.
Hierauf, am Feste des edleren Gregorius,
stürzte die Brücke zu Dresden durch Eisgang ein. Ach! Weh!)

Albis rursus exundans IIII. Id. Martii, sustulit etiam pontem Dresdensem. 12. März Elbe-Überschwemmung

(G. Fabricius „Rer. Misnicar. libri VII," S. 128.)

(Die Elbe trat am 12. März wiederum über ihre Ufer und zerstörte auch die Brücke von Dresden.)

Es stieg die Elbe infolge Thauwetters und Eisgang zu solcher Höhe an, daß das Elbtal einem gewaltigen See glich. Sehr großer Schaden an Gebäuden, Äckern usw. Elbtal bei Dresden Elbe-Überschwemmung

(M. Lilie „Chronik der Lößnitz-Ortschaften etc." S. 196.)

Ist eine grausame Wasserfluth entstanden, dadurch die Brücke und Sichen-Häußlein vorm Unter-Thor zu boden gangen. Meiningen Werra-Überschwemmung
Post haec Gregori sub festo nobiliori
Undosa glacie leprosorum ruit heu vae!

(J. S. Güth „Poligraphia Meiningens." S. 123.)

. . . , und hat sich die Werra darnach abermal dermassen ergossen, daß sie mit großer Gewalt durch die Stadt gedrungen. Nach 1. Mai Meiningen Werra-Überschwemmung

(J. S. Güth „Poligraphia Meiningensis etc." S. 123.)

Renus inundans hoc tempore pontes et edificia multa stravit. [Juli] 1343 Rhein-Überschwemmung

(„Johannis abbatis Victoriensis liber certarum historiarum." Liber VI. Cap. XII. M. G. H. Scriptores. Kleine Ausgabe. Band 18a, S. 234.)

(Der Rhein trat zu dieser Zeit über seine Ufer und riß Brücken und viele Gebäude ein.)

Eadem tempestate . . . fuit tanta aquarum inundatio, ut Constantiae aqua iuxta Portam Piscium circa Praedicatores murum civitatis ascenderet, et Rhenus adeo inundavit, quod omnes pontes pene abducti fuerunt, . . . Bodensee, Rhein-Überschwemmung

(„Fratri Felicis Fabri descriptio Sueviae." edid. Fr. G. Eschen in „Quellen zur Schweiz. Gesch." 6. Band, S. 162.)

(Durch dasselbe Unwetter . . . entstand eine so große Überschwemmung der Gewässer, daß in Konstanz das Wasser neben dem Fischtor bei den Prädikatoren die Stadtmauer erreichte, und der Rhein so über seine Ufer trat, daß fast alle Brücken fortgerissen wurden.)

1343 Juli Süddeutschland Überschwemmung der Flüsse

Et sequenti anno eodem tempore simile quasi diluvium exstitit iteratum.

(„Die Chronik Heinrichs Taube von Salbach.“ M. G. H. Scriptores rer. Germanic. Nova series. Tom. I, S. 53.)

(Im folgenden Jahre zu derselben Zeit entstand wiederum eine sintflutartige Überschwemmung.)

Kanton Appenzell Überschwemmung der Flüsse

Sehr starke Überschwemmung. Im Oberland, Rheinland und den am Bodensee gelegenen Gegenden gleichen die meisten Felder viele Wochen lang einem See.)

(G. Walser „Neue Appenzell. Chronik etc.“ I, S. 158.)

21.—29. Juli Rhein Überschwemmung

Do men zalte 1343 jor, do wart der Ryn also gros und ging also sere us, das nieman dozumole lebete der gedehte, daz der Rin ie so gros würde. Das selbe wasser det ouch grossen schaden an der ryngmuren zu Strosburg und . . .
dis was umb sant Jocobes dag in der ernen, vier tage dervor und vier tage dernoch.

(„Königshofen. Chronik.“ in „Die Chroniken der deutschen Städte“ 9. Band, S. 866.)

° („Fritsche (Friedrich) Closeners Chronik“ in „Die Chroniken der deutschen Städte.“ 8. Band, S. 132/33.)

Rhein, Limmat Überschwemmung

Preterea eodem anno citra festum sancti Jacobi propter inundaciones aquarum exortas et causatas propter ymbrium supra proxime memoratorum excessum a Schafusa usque ad civitatem Argentinensem omnes pontes Reni fluvii propter ipsius inswetam mangnitudinem et inpetum furiosum dirupti et abstracti sunt cum hominum non parva desolacione.
In Thurego fluvius Lindimacus supra modum eciam tunc temporis excrescens mangna pericula et nocumenta et angustias hominibus intulit.

(„Chronica Johannis Vitodurani.“ M. G. H. Scriptores rer. Germanicar. Nova series. Tom. III, S. 205.)

(Außerdem traten im selben Jahre vor dem St. Jakobs-Feste infolge der oben erwähnten außergewöhnlichen Regengüsse Überschwemmungen der Gewässer ein, und von Schaffhausen bis zur Stadt Straßburg wurden alle Brücken des Rhein-Flusses durch das Hochwasser und den stürmischen Lauf zerstört und fortgerissen, mit großem Verlust an Menschen. In Zürich stieg der Fluß Limmat auch zu dieser Zeit zu einer ungewöhnlichen Höhe an und brachte den Menschen große Gefahren, Schäden und Not.)

[Um 25. Juli] 1343 Rhein Überschwemmung

Nam Renus ultra modum incrementa suscipiens de Loufenburg oppido fere XII domos cum pontis abstractione abduxit. Insuper ultra muros oppidi Sekkingen influens rapidissime habitatores universos fere eius exclusit et effugavit cum pluribus eciam domibus, que miserabiliter dissipando et a locis suis avellendo abduxit. Nichilominus pontem oppidi Rinvelden constructum ex pilis lapideis totaliter dirupit. Nam inpetuose plures domos et propungnacula et alia diversi generis edificia deducens et cum eis in statuaria lapidea et firmissima impingens ipsa funditus de suis locis evulsit.

(„Chronica Johannis Vitodurani." M. G. H. Scriptores rer. Germanic. Nova series. Tom. III, S. 215.)

(Denn der Rhein wuchs ungewöhnlich an und brachte es fertig, aus der Stadt Lauffenberg 12 Häuser mit den Brücken fortzureißen. Außerdem floß er über die Mauern in die Stadt Säckingen sehr plötzlich hinein, schnitt fast die gesamten Einwohner derselben ab und entkam mit mehreren Häusern, die er elendiglich zertrümmerte und gewaltsam von ihren Standorten fortführte. Nichtsdestoweniger zerstörte er die Brücke der Stadt Rheinfelden, die aus steinernen Pfeilern erbaut war, völlig. Ja, mit stürmischer Gewalt führte er mehrere Häuser und Schutzmauern und andere Gebäude verschiedener Art fort und stieß mit diesen in steinerne und sehr feste Standbilder und vernichtete sie von Grund aus.)

Et circa festum sancti Jacobi factum fuit tantum diluvium, quod omnes pontes Reni ab oppido Rinaugensi exclusive dyoc. Const. usque ad oppidum Brisaugiense eiusdem dyocesis destructe sunt. 1343 um 25. Juli Oberrhein Überschwemmung

(„Heinricus Dapifer de Diessenhoven." Kap. 15. in J. F. Boehmer „Fontes rerum Germanicar." 4. Band, S. 39.)

(Um das St. Jakobs-Fest ereignete sich eine so starke Überschwemmung, daß alle Brücken des Rheins von der Stadt Rheinfelden [Diöc. Konstanz] bis zur Stadt Breisach [in derselben Diöc.] zerstört wurden.)

Auf Jacobi war der Rhein vom regen im Oberland jählings also groß, wie es kein mensch nie erhört: die ganze stadt stand im wasser, es fielen viele stadtmauren ein, viele menschen und vieh ertranken; alle brücken und mühlen, auch vier dörfer fuhren hinweg. Die haeuser und klöster vor der stadt standen von 6,8 bis 10 schuh tief im wasser; . . . 25. Juli 1343 Straßburg/Els. Rhein-Überschwemmung

(„Specklini collectanea in usum chronici Argentinensis." in „Fragments des anciennes chroniques d'Alsace" II, S. 234.)

Um Jacobi waren der Rhein und die Ill also groß, daß es keinem menschen gedachte; that großen schaden an mühlen und brücken; es ertranken viel 100 personen.

(„Specklini collectanea in usum chronici Argentinensis." in „Fragments des anciennes chroniques d'Alsace" II, S. 235.)

° („Die größeren Basler Annalen." in „Basler Chroniken" 5. Band, S. 20.)

° („Die kleineren Basler Annalen." in „Basler Chroniken" 5. Band, S. 56.)

1343 Zürich Überschwemmung

ûf sant Jacobstag, dô wärent diu wasser ze Zürich alsô gros, das es über die bruggen gieng und über das Silfeld, und muost man die bruggen beschweren mit trotböumen, mit stainen und mit zubern voll wasser. Des selben mauls ran hern Götfrit Müllers hûs ûf der nidern brugg ze Zürich in der nacht hin weg, und gestuond an der brugg in dem Hard bi dem durn; und dô man das hûs anfieng schlisen, dô brach diu brugg und gieng das hûs und diu brugg mit ainander enweg. Es runnent ouch des selben mauls die müllinen ze Zürich alle enweg unz an zwô die behûob man mit nôt.

(„Züricher Jahrbuch eines Ungenannten von den ersten Anfängen der Stadt etc.“ edit. Dr. Ludw. Ettmüller. S. 70.) [= 1349]

vff sant jacobs tag do warent die wasser ze zürich als gross, das es vber baid bruggen gieng, vnd vber das silfeld, vnd muost man die bruggen beswaren mit trot bömen, mit stainen vnd mit zubern vol wasser.
It. es runnent och des selben mals die müllinen ze zürich all enweg, vnz an zwo, . . .

(„Die Klingenberger Chronik“. edid. Dr. Ant. Henne von Sargans. II. Abtlg., S. 62.) [= 1344]

an sant Jacobs tag, do wart das wasser so grus, das es Zürich über beid bruggen gieng von dem großen wutgús, und gieng über das Silveld . . . Und fur man ouch ze Frőwenmúnster in der kilchen mit schiffen.

(„Chronik der Stadt Zürich.“ edid J. Dierauer in „Quellen zur Schweizer Geschichte.“ 18. Bd. S. 44/45.)

° („Auszüge aus verschiedenen handschriftlichen Chroniken der Stadtbibliothek in Winterthur.“, edid. Wolf. in „Vierteljahrsschrift der naturf. Gesellschaft in Zürich.“ 10. Jahrg. S. 86.)

° („Die Chronik des Laurencius Boßhart von Winterthur.“ edid. K. Hauser in „Quellen zur Schweizer. Reformationsgesch.“ III. Bd., S. 12.) [= 1344]

Um 25. Juli 1343 Schweiz Überschwemmungen der Flüsse z. B. der Reuß Töß und Limmat

Eodem anno in una excrescentia aquarum excessiva, propter imbrium immensitatem fluvius Russa, oppidum Lucernense praeterfluens, tantum excrevit, quod in choro Monasterii Fratrum Minorum illic residentium, Altari majori appropinquavit, quod a retroactis annis forte nunquam visum vel auditum fuit, tanta etiam altitudine, contra Altare fluendo processit aqua, quod onustae navi ad portandum eam suffecisset. Parvus quoque fluvius innavigabilis apud oppidum Winterthur fluens, Tosa nuncupatur, tantum inundavit, quod unum Coenobium Monialium, cohaerens sibi, cum impetu pertransiens, jacturam maximam intulit, imo quasi per suum augmentum, more torrentis, rapidissimum, Coenobio et cohabitatoribus ejus minabatur excedium a tempore, . . ., Tigurinorum Limagus ita intumuit, ut pontes lapidibus et arboribus onerandi fuerint.

(J. H. Hottinger „Antiquitat. Germanic.-Thuricenses“ S. 519/20.) [= 1342]

(Im selben Jahre bei einem ungewöhnlich starken Hochwasser infolge ungeheurer Regengüsse wuchs der Reuß-Fluß, der bei der Stadt Luzern vorbeifließt, so sehr an, daß er im Chor des Klosters der Minoritenbrüder, die sich dort niedergelassen hatten, fast die Höhe des größeren Altars hatte, eine Höhe, wie sie in früheren Jahren niemals beobachtet worden war, und so hoch floß er in Richtung des Altars, daß es ausreichte, um beladene Schiffe zu tragen. Auch der kleine unbefahrbare Fluß bei der Stadt Winterthur, Töß genannt, trat so stark über seine Ufer, daß er ein Kloster der Monialen, an das er stieß, mit Gewalt durchquerte, größten Schaden verursachte, keineswegs durch sein eigenes Anwachsen, nach Art und Weise eines Gießbaches, sehr reißend, dem Kloster und seinen Bewohnern vorzeitigen Untergang drohte, . . .; die Limmat in Zürich schwoll so an, daß die Brücken mit Steinen und Bäumen beschwert wurden.)

Anno 1343 ward der Rein also grosz uff sant Panthelions tag, das er alle brucken am Rein hinweg fůrt, desz glichen thett er grossen schaden an den thurnen und dǒrfferen. 1343 28. Juli Rhein Überschwemmung

(„Die größeren Basler Annalen nach Schnitts Handschrift." in „Basler Chroniken" 6. Band, S. 251.)

Que replicata et renovata cultu seriosiori ac seduliori [Prozession] fuerunt in kalendis Augusti ob causam sepe dictam [anhaltender Regen]. Nam tunc per octo dierum spacium tantus fuit nimborum excessus, quod — exceptis aliis nocumentis et periculis de ista materia enarrandislacus Potannicus tantum excrevit, quod extra oppidum Lindaugense vineas, agros et prata et fossata, intra vero domos et plateas et vicos occupavit. Anbitus quoque fratrum Minorum illic residencium et viridarium et officinas subintrans fedavit. Quid plura? Habitatoribus Lindaudie intulit timorem pariter et tremorem. Nichiliminus lacus, quod ex oblivione fere transilivi, fratrum prefatorum ecclesiam subintrans. 1. August Bodensee Überschwemmung

(„Chronica Johannis Vitodurani." M. G. H. Scriptores rer. Germanicar. Nova series. Tom. III, S. 203.)

(Am 1. August fand von neuem eine Prozession statt und zwar aus dem oft angeführten Grunde [anhaltender Regen]. Nämlich zu der Zeit war 8 Tage lang ein solches Übermaß an Regen, daß — abgesehen von anderen Schäden und Gefahren, die in dieser Hinsicht ausführlich geschildert wurden — der Bodensee so stark anstieg, daß er außerhalb der Stadt Lindau Weingärten, Äcker, Wiesen und Gräben, innerhalb der Stadt aber Häuser, Straßen und Stadtviertel mit Wasser bedeckte. Im Bereich der Minoriten aber richtete er die Residenz, den Garten und die Werkstätten übel zu, als er dort eindrang. Wozu noch mehr Worte? Den Einwohnern von Lindau brachte er gleichermaßen Furcht und Schrecken. Nichtsdestoweniger drang der See, was ich aus Vergeßlichkeit beinahe übergangen hätte, in die Kirche der Präfatoren ein.)

do dis wasser verlief [von der Juli-Überschwemmung], in dem selben summer, vier tage vor sant Bartholomeus tage und vier tage dernoch, do kam aber ein so gros wasser also men es ie gesach zu Strosburg, one das neheste do vor, das was 20.—28. August Straßburg i/Els. Überschwemmung wol $1^1/_2$ schuhes hôher denne das hynderste. Es ging ouch untz undenan an die brucken die über die Brüsch gont, das einre mitteln uf der Schyntbrucken oder sant Thomansbrucke wol sine hende wusch in der Brüsch. es wurdent ouch zu Strosburg vil bi alle kelre vol wassers.

(„Königshofen. Chronik.“ in „Die Chroniken der deutschen Städte“ 9. Band, S. 866.)

° („Fritsche (Friedrich) Closeners Chronik.“ in „Die Chroniken der deutschen Städte“ 8. Band, S. 133.)

° („Specklini collextanea in usum chronici Argentinensis.“ in „Fragments des anciennes chroniques d'Alsace“ II, S. 234.)

Um 24. August 1343 Bodensee Überschwemmung

Item eodem anno in kalendis Septembris circiter festum sancti Bartholomaei propter pluviarum continuitatem et immoderanciam lacus Potannicus et fluvii circumque tantum excreverunt, limites et terminos suos debitos et consuetos excedendo, quod nocumenta, pericula et discrimina immediate iam et paulo ante in superioribus enarrata renovata sunt permaxima.

(„Chronica Johannis Vitodurani.“ M. G. H. Scriptor. rer. Germanicar. Nova series. Tom. III, S. 206.)

(Gleichfalls im selben Jahre an den Kalenden des September, um das St. Bartholomäusfest, stiegen infolge der anhaltenden und unmäßigen Regengüsse der Bodensee und die Flüsse ringsumher so sehr, daß sie ihre Ufer überschritten und damit die Schäden, Gefahren und Bedrängnis, wie sie schon unmittelbar und kurz vorher weiter oben ausführlich geschildert wurden, von neuem in sehr starkem Maße wiederholt wurden.)

27. August Bodensee Überschwemmung

Item tercia die post festum beati Bartholomei anni predicti lacus ascendit murum civitatis Constantiensis iuxta pontem piscium quo itur ad Predicatores, quod antea non est visum, ut antiquiores tunc temporis referebant.

(„Heinricus Dapifer de Diessenhoven.“ Cap. 15 in J. F. Boehmer „Fontes rer. Germanicar.“ 4. Band, S. 39.)

(Gleichfalls stieg am 3. Tage nach dem St. Bartholomäus-Feste des vorgenannten Jahres der See bis zur Stadtmauer von Konstanz neben der Fischerbrücke, wo man zu den Prädikatoren geht, was vorher nicht beobachtet wurde, wie die Älteren dieser Zeit erzählten.

6. September Bodensee-Gegend Überschwemmung besonders bei Lindau

Propter enim tanto tempore pluvias ex insperato supervenientes et breviter perdurantes fluvii repentinam et insolitam excrescenciam et augmentum stupendum circa lacum Potannicum, presertim circa Lindaudiam susceperunt.

(„Chronica Johannis Vitodurani.“ M. G. H. Scriptores rer. Germanic. Nova series. Tom. III, S. 207.)

(Weil nämlich nach so langer Zeit die Regengüsse unvermutet eintraten und kurze Zeit anhielten, stiegen die Flüsse plötzlich und außergewöhnlich an in der Gegend des Bodensees, besonders um Lindau.)

Les eaux envahirent toutes les plaines. [Achard aus Archiv. Avignon.] 1345 Rhône Überschwemmung

(M. Champion „Les inondations en France etc." II, S. 198.)

Anno 1347 acht dage vor Michaelis is gefallen so grot schnee, dat hir tho Stralsund – sonderlick dewile hier an dem drüdden dage darna en grot regen fill – solk ene flot thowegg gebracht ist, dat an etlicken orden sick de lüde vp den bömen vnd böhnen erholden möten. Ock geschach tho dersuluen tidt wegen des velen waters grot schaden an dem vehe dat thom dele vordrank, thom dele vorfror. 1347 III. Dekade Sept. Stralsund Überschwemmung

(„Auszüge aus Stralsund. Chronik vom Jahre 1230 bis 1521" in „Stralsund. Chronik". I. v. Dr. Mohnicke und Dr. Zober. S. 162.)

Anno domini 1347, octavo ante divi Michaelis festum die, cecidit nix adeo multa, ut mole sua, cum arboribus superiaceret, ramos fregerit, cui mox deinde nimia superveniens pluvia tantam fecit aquarum inundantiam, ut homines super domorum tabulata aliquot diebus coacti fuerint habitare. Pommern Überschwemmung der Flüsse

(„Johannes Bugenhagens Pomerania." Buch IV. in „Quellen zur Pommerschen Geschichte". Band 4, S. 163.)

(8 Tage vor dem St. Michaels-Feste fiel so viel Schnee, daß er durch seine Schwere, als er sich auf die Bäume legte, die Äste zerbrach, worauf bald sehr starker Regen folgte und eine solche Überschwemmung der Gewässer verursachte, daß die Menschen gezwungen wurden, einige Tage auf dem Gebälk der Häuser zu wohnen.)

° („Zwei Stralsund. Chroniken des fünfzehnten Jahrhunderts." Wiener Handschrift. edid R.. Baier. S. 18.)

° (Valent. ab Eickstet „Epitome annal. Pomeraniae." edid. J. H. Balthasar. S. 69.)

Item maior fuit inundatio, aeque in eodem loco a. D. 1348. in decima quinta die mensis Maii repente advenit, per medium totius villae Paviliaci [= Pavilly], tempestas aquarum, currens quasi diluvium altitudine et profunditate duodecim pedum per circuitum totius vallis eiusdem villae et cecidit massa illius aquae in circuitu quatuor parrochiarum, videlicet Huglevillae, Esmanvillae, Lymesii et Sanctae Austrebertae Protinus subitu eventu omnia molendina a Paviliaco intra et extra usque ad Sequanam fuerunt destructa, et similiter multae domus cum omnibus pertinentiis et divitiis in iisdem consistentibus, maxime homines et eorundem uxores et plures pueri in cunabulis iacentes et multa dolia vini plena aut dimidia per abundantiam huius aquae sine numero in praedicto die et tempore perierunt. Notitia huius damni non est homini viventi, nec de brutis animalibus in campis et domibus mortuis est numerus. 15. Mai 1348 Normandie Überschwemmung

(„Normanniae nova chronica ab anno Christi 473 ad annum 1378 e tribus chronicis mss. sancti Laudi, sanctae Catharinae et maioris ecclesiae Rotomagensium collecta", edid. A. Chéruel in „Mém. de la soc. des antiquaires de Normandie". 2. sér. 8. vol. S. 33.)

(Gleichfalls trat eine größere Überschwemmung am selben Orte im Jahre 1348 am 15. Mai plötzlich ein, das Wasserunwetter lief durch die Mitte des ganzen Ortes Pavilly wie eine Sintflut, in einer Höhe resp. Tiefe von 12 Fuß im Umkreis des ganzen Tales dieser Stadt, und fiel die Masse jenes Wassers in einer Ausdehnung von vier Parochien, nämlich Hugleville, Esmanville, Lymes und St. Austrebert, ohne Aufenthalt, mit dem Resultat, daß alle Mühlen von Pavilly innerhalb und außerhalb bis zur Seine zerstört wurden, und in ähnlicher Weise viele Häuser mit allen ihren Werten und Kostbarkeiten darin, usw. [Auch viele Menschen kamen um.]

1349 Österreich Überschwemmung der Flüsse

Item inundacio aquarum permaxima ubique exorta dampnum intulit copiosum.

(„Annales Millecenses et Zwetlenses. Contin. Novimontensis." M. G. H. Scriptores. IX. S. 676.)

(Gleichfalls brachte eine sehr große Überschwemmung der Gewässer, die dort entstand, reichlichen Schaden.)

1350 Ratibor Oder-Überschwemmung

Odra fuit tam magnus, quod infra centum annos non fuit major, quia tunc omnes piscine circumiacentes rupte erant, et omnia in campis perierunt.

(„Ratibor. Chronik." edid. A. Weltzel in „Zeitschrift d. Vereins für Geschichte etc. Schlesiens." 4. Band, S. 115.)

(Die Oder war so groß, daß sie innerhalb von 100 Jahren nie größer war, so daß damals alle umliegenden Fischteiche zerbrachen und auf den Feldern alles vernichtet wurde.)

März Sachsen Überschwemmung der Flüsse

Ante festum Paschatis insolitae fluminum inundationes.

(G. Fabricius „Rer. Misnicar. libri VII". S. 130.)

(Vor dem Osterfest [Ostersonntag 28. März] ungewöhnliche Überschwemmungen der Flüsse.)

° (M. Grünewald „Die Meißner Chronik bis 1588", S. 58.)

11. Juni Linzgau (Baden) Überschwemmung

Im jar 1350 uff den 11 tag Junii kam ain groß wasser gen Salmenswyler, daß man nit wol mer dazu komen mocht, dan das ganz Linzgow was voll wasser.

(„Chronik d. Claus Schultheiß." in Ph. Ruppert „Die Chronik. der Stadt Konstanz." S. 271.)

Winter 1350/51 Belgien Überschwemmung der Flüsse

. . . et abundantia aquarum, ita quod fluvii terminos suos excedebant, . . .

(„Chronicon Aegidii Li Muisis alterum." in „Corp. chron. Flandr." edid. J. J. de Smet in „Collect. de chron. Belg. inédit." Bd. 3, Tom. II, S. 404.)

(. . . und Hochwasser, so daß die Flüsse über ihre Ufer traten. . . .)

Mai 1351 Bunzlau Bober-Überschwemmung

Große Bober-Überschwemmung und Schaden.

(J. G. Bergemann „Chronik der Stadt Bunzlau." II, S. 19,)

Große Queis-Überschwemmung, drei Häuser fortgerissen. Mai 1351 Friedeberg a/Queis Queis-Überschwemmung

(J. G. Bergemann „Friedeberg a/Queis." S. 54.)

In die Martis precedenti fuit magna tempestas et magnum tonitruum et inter ceteros unus ictus terribilis et horribilis, et maxima pluvia in diversis locis, adeo quod in villa Valencenensi fuit tanta inundatio aque, quod pars murorum et unius turris corruerunt. 7. Juni Valenciennes (Depart. Nord) Überschwemmung der Rhônelle

(„Annales de Gilles le Muisit." edid. H. Lemaître. Soc. de l'hist. de France No. 322, S. 295.)

(Am vorhergehenden Dienstag war ein großer Sturm und starke Donnerschläge, und unter anderem ein furchtbarer und schrecklicher Blitz und sehr starker Regen an verschiedenen Orten, so daß in der Stadt Valenciennes sich eine große Überschwemmung ereignete, daß ein Teil der Mauer und eines Turmes einstürzten.)

L'an 1351, le mardi de Pentecoste, à l'heure que on clot les portes, advint si grande pluie que la riviere de Linentiel [Rhônelle], hors la porte Cambrisienne, venant d'Aulnoit, sortit de son kanel et rompit les crettes des fosset de le ville que faisoient escluses contre les rivières et monta l'eau si haulte qu'il y avoit bien entre la porte Cambrisienne et les bailles six pieds par desseures le cauchie; la force de l'eau estoit tante grande et hideuze que les deux pans de murs qui estoient entre la porte et les bailles furent abbatu ...

(Aus Antiquitez de la ville de Valenciennes du P. Sainte-Barbe (manuscript de la bibl. mun. de Valenciennes].)

(„Chroniques et annales de Gilles le Muisit." edid. H. Lemaître. S. 295, Anmerkung.)

La grande plucie et la fonte des neiges causèrent un si fureux débordement de la Durance et du Rhône, que la presque totalité des rues d'Avignon furent submergées. 1352 Avignon Rhône- und Durance-Überschwemmung

[Achard aus Archiv. Avignon.]

(M. Champion „Les inondations en France etc.". II, S. 198.)

Irruption subite des eaux, vers la fête de la croix de Mai. On ne pouvait sortir de la ville; l'eau du Rhône l'entourait entièrement; beaucoup d'habitants et de pélerins perirent. Anfang Mai 1353 Avignon Rhône-Überschwemmung

[Archad aus Arch. Avignon.]

(M. Champion „Les inondations en France etc.". II. S. 198.)

Hoc ipso tempore fuit aquarum inundatio maxima circum circa Avinionem et abinde usque ad Arelatem, in tantum quod tam in Rodano quam aliis aquis adjacentibus multi ex dictis peregrinis perierunt et submersi fuerunt. Südfrankreich Überschwemmung der Flüsse

(„Vita Innocentii VI." in Steph. Baluzius „Vitae paparum Avenionens." I. Nouv. edit. p. G. Mollat, S. 310.)

(Zu derselben Zeit fand eine sehr große Überschwemmung der Gewässer um Avignon und von dort bis Arles statt, so groß, daß sowohl in der Rhone als auch in den anderen umliegenden Gewässern viele von den besagten Fremden umkamen und ertranken.)

1353 Sommer Rhein Sehr niedriger Wasserstand

. . .; eo tanta fuit in aestate siccitas, ut Rhenum, tam Moguntiae, quam in vicinia, transire posset pedibus puer decennis.

(Georg Christian Joannis „Rer. Moguntiacar. quo continentur Nicolai Serrarii rer. Mogunt. libri V etc." I, S. 666.)

(. . ., so groß war im Sommer die Dürre, daß ein zehnjähriger Knabe den Rhein sowohl bei Mainz als auch in der Nachbarschaft durchwaten konnte.)

° (J. Latomus „Antiquitates" und „Acta" in „Quellen zur Frankfurter Geschichte", ed. Dr. Grotefend I, S. 96.) = 1351

° („Regesten zur Geschichte des Niederrheingaus." in „Fontes rer. Nassiocar." I, S. 21.)

August Tournay Überschwemmung der l'Escaut

Mais ains que l'an voelle nommer,
Voel un pau de l'iauwe parler
Que en Tournay volt Dieus envoyer,
Car en aoust, que on va glaner,
Fist Dieus une nue crêver
Et dessus Tournay des crinauier, [tomber avec fracas]
Tant que ou marquiet peult-on nagier;
Plain d'iauwe furent li chelier,
Les tonniaus vit-on hors floter;
Puis fist yre et feu destourbier
Mais il n'i a dou courouchier, [= pas lieu de se courroucer]
Le gret Dieu convient endurer.
L'an mil III' chienquante-trois
Fu Tournay misse à grief destrois,
Par yauwe, par feu et par yre, . . .

(„Suite de la notice des manuscrits conservés soit dans des dépots publics etc., „edid. de Reiffenberg. manuscript. frant mesquief à Tournay etc. in „Compte-rendu des séances de la commission roy. d'histoire Tome X (1845), S. 248.)

En ceste manière avint à Tournay, . . ., car il y eult unne nuée d'iauwe, laquelle se descrunca environ le marquiet; et pleut si fort et si abondamment, que les chéliers et maisons furent si plaine d'iauwe, que les biens et mainages des gens flotoient hors des maisons: . . .

(„Chronique des Pays-Bas, de France, d'Angleterre et de Tournai" in „Corp. chron. Flandr." edid. J. J. de Smet in „Collect. de chron. Belg. inédit." Band 3, Tom. III, S. 183.)

Renum est a frigore compactum a principio usque ad finem, ita quod transiebatur sicut terra arida sicco pede, quia fuit hyems durissima. Winter 1354 Rhein Eisdecke

(„Chronicon Moguntinum." in „Chronik. d. deutsch. Städte." 18. Bd., S. 159.)

(Der Rhein war vom Anfang bis zum Ende durch den Frost fest geworden, so daß man wie auf trockener Erde und trockenen Fußes darüber gehen konnte, da der Winter sehr hart war.)

17. Dezember Sonnenfinsternis. Frankreich Eisdecke und Überschwemmung der Flüsse
Quam demum secuta est tanta [h]yemis asperitas ut fluvii magni per plures dies steterint congelati, et successive tanta auqarum inundatio quod pontes ymo et turres quamplures subverterit.

(„Vita Innocentii VI." in Steph. Baluzius „Vitae papar. Avenionens." I., nouv. edit. par. G. Mollat. S. 311.)

(17. Dezember Sonnenfinsternis.
Hierauf folgte schließlich eine solche Strenge des Winters, daß die großen Flüsse sich mehrere Tage lang zugefroren hielten und allmählich eine so große Überschwemmung der Gewässer eintrat, daß sie ja sogar Brücken und zahlreiche Türme einstürzte.)

il tomba une quantité prodigieuse de grêle, d'une grosseur effroyable. Nos registres marquent qu'il y eut telle pierre qui pesait une livre, que la plupart des couvertures furent brisées, que les cloches de Saint-Martin-de-Prunet et de Notre-Dame-de-Cheudet furent abattues; un orage de pluie étant survenu ravagea toute la campagne et entraîna plusieurs voitures qui revenaient de la foire de Pézénas, depuis la pointe de Saint-Cristol jusque'au petit portail de Saint-Barthélemy, où elles se noyèrent. 12. September Montpellier Überschwemmung

(M. Champion „Les inondations en France etc." V. S. 228/29 aus d'Aigrefeuille „Hist. de la ville de Montpellier." I, S. 143.)

Hyems tam aspera fuit ut fluvii quasi septem septimanis congelati starent et carri magnis onusti ponderibus super glacies Reni transirent. Egoque circa festum sancte Agnetis [21. Januar 1355] eques bis transivi. Winter 1354/55 Rhein Eisdecke

(„Vita Innocentii VI auctore Wernero canonico ecclesiae Bunnensis in dioecesi Coloniensi." in Steph. Baluzius „Vitae papar. Avenionens." I, Nouv. edit. par G. Mollat. S. 332.)

(Der Winter war so streng, daß sich die Flüsse fast 7 Wochen lang gefroren hielten und schwer beladene Wagen über das Eis des Rheins fuhren. Ich selbst habe ihn zweimal um das St. Agnes-Fest zu Pferde überquert.)

Magna iterum fuit aquarum super agros, arva, et paludes inundatio, nocte natalis. Domini. 24. Dez. 1354 Flandern Überschwemmung der Flüsse

(„Chronicon Evershamense." in Gerard de Meestere „A principium chronicon monsasterii Evershamensis." S. 19.)

(Wiederum wurden von einer großen Überschwemmung der Gewässer Äcker, Fluren und sumpfige Gegenden betroffen, und zwar in der Weihnachtsnacht.)

1355 Besançon Doubs-Überschwemmung

Une inondation terrible du Doubs se fit sentir; elle détruisit les moulins et toutes les constructions sous les murs de la ville, qui fut en partie submergée; le quartier du Saint-Esprit fut entièrement envahi.

(Babey aus Archiv. Besançcon.)

(M. Champion „Les inondations en France etc." II, S. 198.)

III. Dekade Feb. Sachsen Überschwemmungen z. B. der Mulde

Et sequenti septimana [nach 19. Februar] facta est inundatio aquarum multarum, a quibus destructa sunt molendina nostra in Grimmis et plures ville in multis provinciis.

(„Annales Veterocellenses." M. G. H. Scriptores. XVI, S. 45.)

(In der folgenden Woche ereignete sich eine Überschwemmung vieler Gewässer, wodurch unsere Mühlen in Grimma und zahlreiche Dörfer in vielen Gegenden zerstört wurden.)

Mitte März Frankreich Überschwemmung der Flüsse

1355 circa medium martii tanta fuit aquarum inundantia ut pontes et turres subverterent.

(„Vita Innocentii VI auctore Wernero canonico ecclesiae Bunnensis in dioecesi Coloniensi" in Steph. Baluzius „Vitae papar. Avenionens." I. Nouv. edit. par G. Mollat. S. 332.)

(Um Mitte März war eine so große Überschwemmung der Gewässer, daß Brücken und Türme einstürzten.)

Um 29. März Sachsen Überschwemmung der Flüsse

circa festum palmarum inundaciones multe et magne in terra Missenensi facte sunt non sine damno plurimorum, . . .

(„Cronica S. Petri Erford. moderna. Contin. III." M. G. H. Scriptores. XXX, 1, S. 465.)

(dto. M. G. H. Scriptores. Kleine Ausgabe Band 22, S. 384.)

(Um das Palmsonntags-Fest ereigneten sich viele und große Überschwemmungen im Meißner Lande, nicht ohne vielfachen Schaden.)

In partibus vero Misnae magna inundatio aquarum isto tempore fuit.

(„Erphurdianus antiquitatum varioloquus ab initio fundat. eius. civitatis etc." in J. G. Mencken „Scriptor. rer. Germanicar." II, Spalte 509)

(In Teilen des Meißner Landes aber ereignete sich eine große Überschwemmung der Gewässer zu jener Zeit.)

21. September Beauvais Überschwemmung

Une inondation terrible fit des ravages considérables.

* (Rottée „Météorologie du département de l'Oise." S. 139.)

Le Rhône et la Durance sortirent de leur lit et ravagèrent les campagnes. 1356 Rhône, Durence Überschwemmung

(Achard aus Archiv. Avignon.)

(M. Champion „Les inondations en France etc.“ S. 198.)

Et eodem tempore Rodanus inundans, alveum suum exiens, loca plurima occupavit. Et similiter in Alamania et partibus aliis fuit aquarum inundantia diu durans. Dezember Rhône, SW Deutschland Überschwemmungen

(„Vita Innocentii VI auctore Wernero canonico ecclesiae Bunnensis in dioecesi Coloniensi.“ in Steph. Baluzius „Vitae papar. Avenionens.“ I. Nouv. edit. par G. Mollat. S. 335.)

circa festum Viti et Modesti facta est inundacio imbrium tam valida, quod multa edificia destruxit in partibus Rheni – et maxime – que sita erant in convallibus inter montes sicut in Herbach [Erbach i/Rheingau], Jasmanshusen [Aßmannshausen]. Um 15. Juni 1357 Rhein Überschwemmung

(„Chronicon Moguntinum.“ in „Die Chronik der deutschen Städte.“ 18. Band, S. 160.)

(Um das St. Vitus- und Modestus-Fest ereignete sich eine so starke Überschwemmung, daß sie viele Häuser vernichtete, und zwar in der Rheingegend, besonders aber in den Talkesseln zwischen den Bergen, wie zu Erbach im Rheingau und zu Aßmannshausen.)

Item, up den Kerstnacht was in Vlaenderen groot jammere van den water; principalic in Vier Ambachten verdroncken mannen, vrauwen, kinderen in de wieghe; beesten, huusen die vlootten met den wateren wech, dwelc derlic was om sien. 24. Dez. 1357 Flandern Sturmflut

(„Memorieboek der Stad Ghent 1301–1737.“ in „Maetsch. d. Vlaem. Bibliophil.“ 2. ser. No. 15. I. Deel. S. 79.)

in nocte Nativitatis Christi, fuit maxima inundatio aquarum quae maximum damnum fecit in terra Quatuor Officiorum.

(„Chronicon comitum Flandrens.“ in „Corp. chron. Flandr.“ edid. J. J. de Smet in „Collect. de chron. Belg. inédites.“ Band 3, Tom. I, S. 229/30.)

(In der Nacht der Geburt Christi war eine sehr große Wasserflut, die dem Lande Vier Ambachten größten Schaden brachte.)

. . ., et exibit mare in terram extra terminos suos per spatium quadrupliciter. Postea vero venti flabunt contrarii, et mirabilia erunt super aquam et terram. Item cadent postea fulgura et tonitrua. 1357 Dänemark Sturmflut

(„Continuatio chronic. Danor. et praecique Sialand. 1308/1357.“ in J. Langebek „Scriptor. rer. Danic.“ VI. S. 531.)

(. . ., und es stieg das Meer über seine Ufer auf das Land auf eine vierfache Ausdehnung. Später aber wehten entgegengesetzte Winde und irrten über dem Wasser und dem Lande umher. Ebenso ereigneten sich später Blitze und Donner.)

1358 Rhone Überschwemmung

Inondation.

* (M. Villard „Météról. région." S. 54.)

Um 1. Juli Bei Mainz Überschwemmung infolge eines Wolkenbruchs

Eo tempore circa octavam Nativitatis sancti Johannis desursum catarracte celi sunt resolute et cecidit nubes super terram prope Maguneiam, multas domus et villas devastans et deducens, perfluens usque ad Rhenum cum maxima inundatione.

(„Chronicon Moguntinum." in „D. Chronik der deutschen Städte." 18. Bd., S. 161.)

(Zu derselben Zeit, 8 Tage nach St. Johannes Geburt, lösten sich Wasserfälle vom Himmel los und fielen Wolken auf die Gegend bei Mainz, zerstörten viele Häuser und Dörfer, schwemmten sie fort und brachten eine sehr starke Überschwemmung bis zum Rhein.)

7. September 1358 Schottland Überschwemmungen der Flüsse

Mense Septembris, in vigilia nativitatis beatae Virginis ,talis ac tanta inundatio pluviae in partibus Laudoniae erupit, qualis a tempore Noë usque in praesens in regno Scociae non evenit, ita ut aquae intumescentes, et alveos suos ac ripas transgredientes, in agros et villas, urbes, et monasteria se diffunderent, ac impetu suo muros lapideos ac pontes fortissimos, in vicos et domos, funditus everterent ac delerent.

(„Johannes de Fordun „Chronica gentis Scotorum" edid. W. F. Skene. S. 377/78.)

(Im Monat September, am Vortage der Geburt der heiligen Maria, kam eine solche und so große Überschwemmung durch Regen in Teilen von Schottland zum Ausbruch, wie sie seit Noahs Zeiten bis zur Gegenwart im schottischen Reiche nicht vorgekonmen ist, so daß die Gewässer anstiegen, ihre Ufer überschritten, sich in die Äcker, Dörfer, Städte und Klöster ergossen und durch ihr Ungestüm steinerne Mauern und sehr feste Brücken, Dörfer und Häuser von Grund aus einrissen und vernichteten.)

Winter 1358/59 Rhein Eisdecke

hyeme sequenti Rhenum est compactum circa tres septimanas.

(„Chronicon Moguntinum." in „Die Chroniken der deutschen Städte." 18. Bd., S. 162.)

(Im folgenden Winter wurde der Rhein gegen 3 Wochen lang fest.)

1359 Zittau Überschwemmung der Neiße

Fuit grandis inundacio aquarum.

(„Jahrbuch d. Zittau. Stadtschreibers Joh. von Guben." in „Scriptor. rer. Lusatic." Neue Folge. 1. Bd., S. 19.)

(Es fand eine große Überschwemmung der Gewässer statt.)

5. Februar Bremen Überschwemmung der Weser

In deme iare des Heren 1359 in sunte Agaten dage was groot water vnde do tobrack een grot deel an der Wezerbruggen.

(„Die Bremische Chronik d. Gerhard Rynesberch und des Herbord Schene." in „Geschichtsquell. d. Erzstift u. d. Stadt Bremen." S. 106.)

Inundaciones pluviarum per totam estatem eruperunt. 1359 Sommer Österreich Überschwemmungen der Flüsse

(„Annales Mellicenses. Continuatio Zwetlensis. IV". M. G. H. Scriptores. IX, S. 688.)

(Den ganzen Sommer hindurch ereigneten sich Überschwemmungen infolge der Regengüsse.)

° („Chronicon Zwetlense." in A. Rauch „Rer. Austriac. scriptor. II", S. 331.)

Fuit maxima inundacio in terra Polonie et in aliis locis circa festum Johannis baptiste. Um 24. Juni Polen Überschwemmung der Flüsse

(„Annales Sandivogii." M. G. H. Scriptores. XXIX, S. 430.)

(Um das Fest des Johannes des Täufers fand eine sehr große Überschwemmung im Lande Polen und in anderen Gegenden statt.)

In festo beatorum Petri et Pauli apostolorum in occasu solis in civitate Eystetensi supervenit tempestas magna et nubes pluviosa, ex qua per vallem Puchtal versus septentrionem tanta inundacio aque facta est, ut portam civitatis destrueret, hominibus habitantibus in valle predicta magnum dampnum inferret, lapides maximos de montibus ammoveret, et una mulier exstitit suffocata. Et similis aura non est hactenus visa ibi. 29. Juni Eichstätt i/Bayern Überschwemmung infolge eines Wolkenbruchs

(„Die Chronik Heinrichs Taube von Selbach." in „Scriptor. rer. Germanicar." Nova series. Tom. I, S. 114.)

(Am Feste der heiligen Apostel Peter und Paul kam bei Sonnenuntergang in der Stadt Eichstätt ein großes Unwetter mit einer Regenwolke herauf, aus der über dem Puchtal nach N. eine solche Überschwemmung des Gewässers eintrat, daß sie das Stadttor zerstörte, den Einwohnern des erwähnten Tales großen Schaden zufügte, die größten Steine von den Bergen herabschwemmte und eine Frau ertränkte. Ein ähnliches Wetter wurde dort bisher noch nicht beobachtet.)

circa festum beati Egidii fuit inundacio aquarum maxima, et intravit aqua civitatem Pragensem usque ad ecclesiam sancti Nicolai in Foro pullorum [s. um 1. Sept.] 3. Sept. Prag Überschwemmung der Moldau

(„Chronicon Benessii de Weitmil." Liber IV. in „Fontes rer. Bohemicar." Tom. IV., S. 527.)

(Um das St. Ägidusfest ereignete sich eine sehr starke Überschwemmung, so daß das Wasser in die Stadt Prag bis zur St. Nikolauskirche auf dem Füllenmarkt [Kleinseite] vordrang.)

fuerunt aque magne Prage feria tercia ante nativitatem sancte Marie.

(„Chronica Bohemor. ab initio gent. ad a. 1438." in G. Dobner „Monum. histor. Boem." III, S. 57.)

(Es waren große Gewässer zu Prag am Dienstag vor der Geburt der heiligen Maria.)

1359
13. November
Avignon
Überschwemmung
der Durance

Durantia fluvius prope Avinionem tantum excrevit ut portam civitatis novam prope hospitale Sancte Trinitatis Avinionensis dirueret et subverteret.

(„Vita Innocentii VI auctore Wernero canonico ecclesiae Bunnensis in dioecesi Coloniensi." in Steph. Baluzius „Vitae papar. Avinionens" I. Nouv. édit. par. G. Mollat. S. 339.)

(Der Fluß Durance bei Avignon trat so weit über seine Ufer, daß er das neue Stadttor beim Hospital der heiligen Dreieinigkeit zu Avignon einriß und zerstörte.)

1362
Rhein-Main-Gegend
Überschwemmung
z B. des Rheins

. . . fuit tanta inundatio aquarum . . .
. . . descendens per flumen Rheni ad partes inferiores.

(„Chronicon Moguntinum" in „Die Chroniken der deutschen Städte." 18. Bd., S. 166.)

(. . . war eine so große Überschwemmung der Gewässer . . . und zog sich bis zu niedrigeren Gegenden herab.)

16. Januar 1362
Nordsee
Sturmflut

mense Januario, die Marcelli Papae, tanta inhorruit tempestas, atque maris inundatio, ut posteris sit vix credendum, nec antea auditum: Quae templa, turres, aedes, atque aggeres subverterunt, et infinitam mortalium multitudinem oppresserunt.

(W. Heda „Histor. episcop. Ultrajectens." in J. de Beka und W. Heda „De episcop. Ultrajectens." S. 246.)

(Im Monat Januar, am Papst Marcellustage, fiel ein so großer Sturm und eine so große Sturmflut ein, daß die Nachwelt es kaum glauben kann, und wie es vorher kaum bekannt war. Es wurden Kirchen, Türme, Wohnhäuser und Deiche zerstört, und eine unzählige Menge von Sterblichen gingen zugrunde.)

° („Magnum chronic. Belgicum", edit. Pistorius. S. 302.)

° („Auszüge aus friesischen Chroniken in Remmers von Seediek Annalen" in Georg Sello „Studien zur Geschichte von Oestringen und Rüstringen". S. 106.)

° („Cronica novella des Hermann Korner." Wolfenbüttel. Handschrift. edid. Jak. Schwalm S. 63.)

(*Mandrenke*: Über 30 Kirchspiele mit ihren Kirchen gehen unter.
In der großen Propstei: in Sundergosharde, Wartinghusen, Hamm [Nordstrand; in Norgosharde: Unkebull oder Gonkebull [an Horn oder Langehorn gelegen].
In der Eiderstedt. Probstei: Kirchspiel Jvenfleth oder Sivertsfleth und Königscapell.
In der Strandinger Probstei: in Edomsharde: die Kirchspiele Illgroff, Brunock, Stintebull, Halgenes, Niendam, Rungholt, Akenboll, Gundermorfloth (Overmarschlot], Uthermorfloth [Uthermarschlot], Feddringman, Eierdam, Sockensbull oder Obbenbull;
in Pilwormharde: die Kirchspiele Hoge, Walthusum, Balum, Godmersbull oder Gromsbull, Süderwisch, Norderwisch, Flertesbok, Sivertscapelle, Karstinecapell oder Cathrinen und Schwenscapelle.

In Wirksharde: Ivenbull, Südermarsch, Nordermarsch, Langenaß, Ohland oder Timmenbull für Ivenbull.

In Biltringsharde: Redemetmanscapell (Redwertscapell] und d. Kirchspiele Wolt [Oster- und Westerwolt], Hingstenes, Habel, Grode, Fedder Hajens [Peter Haisens Capelle], Ockeholm, Biltum oder Immenhusen und Ockegroff oder Ottengroff.

In der Witschen Probstei: In Böckingharde: Odmershusen, Spinkebull, Bendal oder Vendal.

In Horsbüllharde: Wippenbull.

Auf Sylt: die Kirchspiele Stedum und List, dazu auch Wendingstedt gehört.
In Lundbullingharde: Rodekerke, Bojenbull, Wittenbull, St. Mariä-, St. Johannis- und St. Bartholomäi-Capellen.

(Dr. H. Falck „M. A. Heimreichs etc. nordfresische Chronik.“ I, S. 249/50.)

was ene grote Flot genahmet de Grote Manndrencke. 1362 16. Januar Nordsee Sturmflut

fuit grande diluvium in ista patria hic dictum die Manndrencke, ipso die S. Mauri Abbatis XV. Januar ad XVII. id. Januar.

[Ex calendario libri missalis ecclesiae Neofaniae a. 1362/1545.]

(„Jo. Russe Lundensis fragmenta XXXV. Rer. Dithmarsicar. ab a. 1040–1542.“ in D. J. von Westphalen „Monum. inedita rer. Germanicar.“ Tom. IV, Spalte 1445/46.)

(Es ereignete sich eine gewaltige Flut in dem dortigen Lande, die die Manndrenke genannt wird, am Abt St. Maurustage, vom 15. bis 17. Januar.)

Autumno medio inundatio gravissima fuit et inaudita in Frisia Eydorensi, Strandania, Risimoria, et illis oris, qvas incolunt Frisii Cimbrici, . . ., qvam annotavit Episcopus Slieuicensis, Nicolaus Brun, qva multi pagi et regiones submersae sunt.

(Cornel. Hamsfort „Chronologia rer. Danicar. secunda etc.“ in J. Langebek „Scriptor. rer. Danic.“ I, S. 310.)

(In der Mitte des Herbstes ereignete sich in Friesland, Eiderstedt, Nordstrand, Riesmoor und jenen Küsten, die die friesischen Cimbern bewohnen, eine sehr schwere und unerhörte Meeresflut, die der schleswigsche Bischof Nicolaus Brun aufgezeichnet hat, und durch die viele Gaue und Gegenden unter Wasser gesetzt wurden.)

in der lateren twȯlf nachten tho Middernacht do ginck de aldergrȯteste Mandrenke, do vordrenkede dat meiste volck vth den Vthlanden.

(Johann Russe’s Sammlung und Vorarbeiten zur Chronik des Landes Dithmarschen“, edid. Dr. A. L. J. Michelsen.)

16. Januar 1362 Nordsee Sturmflut

was ene grote floth, genant de madeculn [eigentümlicher Name für manndrenke].

(„Karsten Schröder's Ditmarsische Chronik." edid. W. H. Kolster. S. 210.)

Ao. 1362 [up Lätare in der Nacht] waß eine grote Vlot, genåmet de grote Madetuen [Mandrenke], 1100 Minschen vordrenket [twischen der Elve unnd Ripen 200000 Minchen].

(„Joh. Adolfis etc. Chronik des Landes Dithmarschen." I, S. 371.)

Anno 1362, ame XVI. dage Januarii, do was ene grote watersvlot ime Vreslande, darinne up deme Strande XXX kercken unde kerspele vordrunkende.

(H. Hansen „Pellworm. Chronik." S. 41.)

(aus einem Schleswig. Stadtbuch II, S. 174.)

(Gewaltige Sturmflut „große Mandrankelse" reißt Nordstrand von Lundenberg, resp. auch von Pellworm.)

(H. Börensen „Pellworm etc." 2. Aufl. S. 23.)

8.–9. September 1362

Fürchterliche Sturmflut.

Es soll die größte Flut gewesen sein. Sie wurde wegen der großen Zahl der darin umgekommenen Menschen „de groote Mandrank" genannt, und soll am 16. Januar [Marcellustag] entstanden sein, nach Anderen in der Nacht vom 8./9. September, während Terpager 2 Fluten an den genannten Tagen ansetzt. In Everschop und Utholm ertrank der größte Teil des Volkes, so die Pest von 1350 übriggelassen hatte. Dreißig Kirchspiele auf Nordstrand sollen in dieser Flut ihren Untergang gefunden haben.)

Heda, Pontanus u. a. erwähnen bei diesem Jahr auf Marcellustag ebenfalls eine Flut in den Niederlanden. Eine große Anzahl von Kirchen, Häusern wurden dort zerstört. Unzählige Menschen ertranken. Da sowohl der Tag als die besonderen Umstände mit der Flut von 1361 übereinstimmen, so scheint es fast, daß beide nur eine gewesen sind. Die östlichen Annalisten geben nur 1362 an.

* (F. Arends „Phys. Geschichte der Nordsee-Küste" II, S. 370.)

° („Broderi Boissen chronicon Slesvicense etc. usque ad annum 1530" in J. B. Mencken „Scriptor. rer. Germanicar. praec. Saxonicar." III, S. 611/12.)

° („Quellensammlung der Gesellschaft für Schleswig-Holstein. Geschichte." 5. Bd., S. 4.)

° (Petrus Sax „Exercitationes historicae etc." in E. J. von Westphalen „Monumenta inedita rer. German. septentr." II, Sp. 1234.)

° (dito. „De praecip. reb. gest. Frisior. septentrional" in E. J. von Westphalen „Monum. inedita rer. German. septentr." I. Sp, 1377.)

° („Zusätze zu Heimreichs nordfresischer Chronik." in „Staatsbürgerl. Magazin", edid. C. F. Carstens und Dr. N. Falck. 4. Bd., S. 651.)

* (Dr. R. Hansen „Beiträge zur Geschichte und Geographie Nordfrieslands im Mittelalter". S. 15–17, 28, 38, 46.)

Les remparts d'Avignon, entre les portes de Saint-Michel et de l'Imbert, furent renversés par une inondation simultanée du Rhône et de la Durance. 27. Oktober 1362 Avignon Rhône- und Durance Überschwemmung

[Achard aus Archiv. Avignon.]

(M. Champion „Les inondations en France etc." II, S. 198.)

les eaux s'élevèrent à plus de six pieds dans les églises de Jacobins de Saint-Paul, des Cordeliers et du Saint-Esprit. 1363 Besançcon Überschwemmung der Doubs

[Babey aus Archiv. Besançcon.]

(M. Champion „Les inondations en France etc." II, S. 199.)

. . . Circa festum pasce . . . Um 2. April Riga Eisgang und Überschwemmung der Düna

Circa idem tempus fuit magna inundacio aquarum ex glacie, quod iter circa castrum Rigense non esset.

(„Hermanni de Wartberge chronicon Livoniae." in „Scriptor. rer. Prussicar." II, S. 84.)

(. . . um das Osterfest . . .
Um dieselbe Zeit war eine große Überschwemmung der Gewässer infolge des Eisganges, so daß um das Lager Riga herum kein Weg war.)

in mensibus januarii, februarii et martii, fuerunt quasi generaliter frigora intensissima, geluque fortissimum, adeo quod tam Rodanus quam alia flumina constricta fuere, quod super eis equites et quadrige, multum onerate, transitum haberent solidum et securum. Winter 1364 Frankreich Flüsse Eisdecke

(„Vita Urbani V." in Steph. Baluzius „Vitae papar. Avenionens." I. Nouv. edit. p. G. Mollat. S. 353.)

(In den Monaten Januar, Februar und März war gewissermaßen allgemein sehr starke Kälte und so starker Frost, daß sowohl Rhone als auch andere Flüsse zugefroren waren, daß Pferde und stark beladene vierspännige Wagen fest und sicher das Eis passierten).

Ubique per totum regnum fluvii principales fuerunt tanta spissitudine congelati quod secure quarri vino et aliis mercibus onerati desuper deducebantur.

(„Richardi Scoti chronic. continuatio etc. 1347–1364." in Rich. Lescot „Chronique etc.", edid. J. Lemoine, S. 161.) = 1363

(Im ganzen Reich waren die Hauptflüsse so fest zugefroren, daß mit Wein und anderen Waren beladene Lastwagen gefahrlos darüber geführt wurden.)

° („Vita Urbani V ex continuatore Werneri canonici Bunnensis. desumpta" in Steph. Baluzius „Vitae papar. Avenionens." Tom. I. Nouv. edit. par. G. Mollat. S. 400.)

hyemps solito acerbior, et nimis horrida, et importuna fuit. Multi enim pauperum, infantium et mulierum nimietate frigoris deffecerunt; et in multis aquis Rhone Eisdecke pisces sub glacie absorpti sunt. Glacies enim adeo spissa erat et valida ut vehicula honusta super eam ducerentur, et quasi super soli(d)um equitaretur ... Nam tunc dicebatur quod tunc Rodanus continebat in spicitudine XV pedes glaciei; propter quod predicta vehicula honusta super glaciem ducebantur, et Rodanum sic congelatum, tam pedes quam eques, homines pertranssire non verebantur.

(„Vita Urbani V auctore Aymerico de Peyraco abbate Moyssiacensi." in Steph. Baluzius „Vitae papar. Avenionens. "Tom. I. Nouv. edit. par. G. Mollat. S. 407.)

(Der Winter war ungewöhnlich streng, sehr hart und beschwerlich. Nämlich viele der Armen, Kinder und Frauen, erlagen dem überaus starken Frost; in vielen Gewässern kamen die Fische unter dem Eise um. Das Eis war nämlich derartig dick und fest, daß mit beladenen Wagen darüber gefahren und wie über festen Boden darüber geritten wurde. Es wurde nämlich damals gesagt, daß das Eis der Rhone 15 Fuß stark war. Infolgedessen wurde mit besagten beladenen Wagen über das Eis gefahren, und die Rhone war so zugefroren, daß die Menschen keine Furcht hatten, sie sowohl zu Fuß als auch zu Pferde zu überschreiten.)

Winter 1363/64 Normandie Seine: Eisdecke

Et, le jour de la Sainct-Jehan, ès feriez de Noel, Saine fut gellée et prinse du tout jusques au VIIe jour de fevrier ensuiant, ...

(„Chron. normande de Pierre Cochon, notaire apostolique â Rouen", publ. par. Ch. de Robillard de Beaurepaire in „Soc de l'hist. de Normandie." Band 1, S. 316.)

Nordfrankreich Flüsse Eisdecke

1363 furent les plus grans gelées et le gregnieur yver que l'en eust oncquez veu ne ouy parler de plus de cent ans au devant. Et furent les rivières si fort engelées que les Angloiz à grosses routes passerent à cheval la rivière de Seine et coururent en Veuguessin et emmenerent plusieurs prisonniers en leurs fortz et rappasserent par dessus la dicte rivière de Seine.

(„Chronique des quatre Valois 1327–1393." edid. S. Luce in „Soc. de l'hist. de France." Band 109, S. 136/37.) = 1363

Maas, Rhone Eisdecke

Et circa festum sancte Lucie (13. Dezember] cepit gelu fortissimum, ita ut omnia flumina congelata essent, me tunc Leodii morante et Mosam sepius transeunte, ac Johanne Girardi de Remis cum diversis personis Rodano congelato desuper transeuntibus. Et duravit usque ad mensem martii [1364].

(„Vita Urbani V auctore Wernero canonico ecclesiae Bunnensis." in Steph. Baluzius „Vitae papar. Avenionens." I. Tom. Nouv. edit. par G. Mollat. S. 385.)

(Um den St. Luciatag (13. Dez.) begann eine sehr starke Kälte, so daß alle Flüsse zugefroren waren; da ich mich damals in Liège [Lüttich] aufhielt, überschritt ich die Maas häufiger, und Johannes Giraudi de Remis passierte mit verschiedenen Personen die zugefrorene Rhone. Es dauerte bis zum Monat März.)

o („Vita Urbani V ex continuatore Werneri canonici Bunnensis." in Steph. Baluzius „Vitae papar. Avenionens." Tom. I. Nouv. edit. par G. Mollat. S. 396.)

Hyemps aspera, et Mosa ingelidatus fuit ab adventu usque ad pasca. — Winter 1364 Belgien Maas: Eisdecke

(„Annales S. Jacobi Leodiensis." M. G. H. Scriptores. Cont. XVI. S. 645.) = 1363

(Ein rauher Winter, und die Maas war vom Advent bis Ostern [Ende März] zugefroren.)

1363 a festo nativitatis Christi fuit tam excellens frigus, ut post mediam quadragesimam homines cum curribus et equis plurimis locis fluvios in glacie pertransirent. — Deutschland Flüsse Eisdecke

(Andreas von Regensburg „Chronica pontif. et imporater Romanor.", edit. G. Leidinger. in Andreas von Regensburg „Sämtliche Werke." S. 103.) = 1363

(Vom Feste der Geburt Christi an war eine so hervorragende Kälte, daß nach Mitte Quadragesima [Mitfasten] die Menschen mit Wagen und Pferden an den meisten Orten die Flüsse auf dem Eise überschritten.)

° („Joannis Staindelii chronicon generale." in A. F. Oefele „Rer. Boicar. scriptores." Tom. I, S. 523.)

Der Ryn was ouch also herte überfroren, das men allen last darüber fůrte untz in den merzen. und die Brüsch die überfror zů drigen molen, und ie so sü enpfror, so gefror sü in der naht wiederumb. und an sant Peters tage cathedra [22. Februar], do gefror die Brüsch gantz einre naht, daz doch umbillich ist . . . — Elsaß Rhein und andere Flüsse Eisdecke

(„Königshofen. Chronik." in „Die Chroniken der deutschen Städte." 9. Band, S. 865.)

Rhenus est congelatus a vigilia Epiphanie [5. Januar] domini usque ad festum Palmarum [17. März], tunc glacies resoluta est et recessit absque omni dampno. — Rhein Eisdecke

(„Chronicon Moguntinum." in „Die Chroniken d. deutschen Städte." 18. Bd., S. 167.)

(Der Rhein war vom Vortage des Epiphaniasfestes [5. Januar] bis zum Palmsonntag [17. März] zugefroren, dann schmolz das Eis und ging ohne allen Schaden ab.)

do was ein kalt winter, dat der Rin ein gans virdel jair bestanden was, dat man zo Nele [Niehl, unterhalb Köln] over den Rin gienk. ind zo Mainze was grois mart upme Rine. — Winter 1364 Rhein Eisdecke

(„Kölner Jahrbücher des 14. und 15. Jahrhunderts." Rec. B. in „Die Chroniken der deutschen Städte." 13. Band, S. 38.) = 1365

° („Kölner Chronik 274–1399", edid. Dr. Ennen in „Annal. d. histor. Ver. f. d. Niederrhein." 23. Heft, S. 53.)

° („Köln. Jahrbücher d. 14. und 15. Jahrhunderts." Recension D. in „Die Chroniken d. deutschen Städte." 13. Band, S. 132.)

° („Chronicon Brunwylrense." in Dr. G. Eckertz „Fontes adhuc inediti rer. Rhenar." II, S. 244.)

° („Koelhoff. Chronik.“ in „Die Chronik d. dtsch. Städte.“ 14. Bd., S. 695.) = 1365

.° („Chronik d. Dietrich Westhoff.“ in „Die Chroniken der deutschen Städte.“ 20. Band, S. 219.) = Winter 1364–1365

° („Königshofen. Chronik.“ in „Die Chroniken d. dtsch. Städte.“ 9. Bd., S. 866.) = Winter 1364–65

° („Aegid. Tschudi „Chronic. Helvetic.“ 1. Theil, S. 461.)

Winter 1364 Westdeutschland Flüsse und Meer bei Venedig Eisdecke

Facta sunt autem hec tempore Decembris maximo frigore ultra solitum tunc regnante, que frigora in tantum tunc se extenderunt, quod non solum ripe et aque navales in nostris partibus co[n]gellate fuerant, quod transeuntibus per glaciem iter siccum prebebant, verum eciam mare venecianum tantam glaciem habuit, quod de villa Maisters in ipsam Veneciam mercatores sicco vestigio cum mercimoniis ac illi, qui transire volebant, incedebant.

(P. Goswin „Chronik des Stiftes Marienberg“, edid. P. Basilius Schwitzer. S. 219.) = 1363

(Es herrschte aber zu dieser Zeit, im Dezember, eine ganz ungewöhnlich starke Kälte, und diese Kälte dehnte sich darauf so aus, daß nicht nur die Meeresufer und schiffbaren Flüsse in unseren Breiten gefroren, so daß sie auf dem Eise einen trockenen Weg darboten, sondern auch das Meer bei Venedig hatte eine so starke Eisdecke, daß vom Dorfe Mastre bei Venedig die Kaufleute trockenen Fußes mit den Handelswaren und jene, die das Eis passieren wollten, einherkamen.)

Züricher See Eisdecke

do ward der winter so kalt und so lang und stark an im selber, das der Zürichsew überfror, das man darüber reit mit geladnen karren und schlitten. Und wert die kelti unz an stillen fritag [23. März], und was des selben tages [das ifs] noch dann so stark, das man daruf gie und gevaren wäre. Und morendes, am osterabent [24. März], do was das ihs enweg und alles verswunden, das man nüt von ise sach in keim sew.

(„Chronik der Stadt Zürich“, edid. Johann Dierauer. in „Quellen zur Schweiz. Gesch.“ 18. Bd., S. 81.)

dô was der winter alsô kalt, das der Zürichsê überfrôr, das man von Rapperswîl gên Zürich über den sê zuo dem schwirnen în reit und gieng, und mit geladenen karren fuor, und werôt diu kelti und das îs unz ûf den karfritag [22. März], das man alwegenzuo über den sê reit und gieng, und morndes an dem ôsteraubent [23. Mçrz] was das îs alles enweg.

(„Jahrbuch des Ritters und Schultheißen von Zürich, Herrn Eberhard Müllers von 1336–1364, etc. edit. Dr. Ludw. Ettmüller S. 88.) = 1354

° („Die Klingenberger Chronik“, edid. Dr. A. Henne von Sargans. II. Abtlg., S. 98.)

° („Gebh. Dachers Chronik.“ in Ph. Ruppert „die Chronik der Stadt Konstanz,“ S. 69.)

° (Aegid. Tschudi „Chronicon Helvetic.“ 1. Theil, S. 461.)

Ist Inn dry tagen vor Sant paulus bekerung also kalt zu Lutzern vnd allenthalben gewesen dz es von der Rüßbruck bis gan küßnach alpnach vnd stans vnd winckell de seew vnd Rüß über gfroren warennt, das man von den obgenannten orten allen gan Lutzernn vf rossen vnd schlitten varen vnd riten mocht, das werett woll vff dry wuchenn dz man dhein schyff bruchen mocht.

Winter 1364 Vierwaldstätter See, Reuß Eisdecke

(„Melker Russen des Jüngeren etc. Eidgnössische Kronik", edid. J. Schneller in „Schweizer. Geschichtsforscher." 10. Bd., S. 155.)

Item, je trouve qu'en icelle année l'yawe de la riviere de Muzelle et de Saille et pareillement des aultres rivieres furent si demesurement grandes et hors de rive que c'estoit chose merveilleuse et incredible à ceulx qui ne l'auroient veu.

1364 Mosel, Seille Überschwemmung

(J. F. Huguenin „Les chroniques de la ville de Metz." S. 104/105.)

La rivière qui passe à Mons s'enfla de telle sorte qu'elle inonda tout le bas de la ville, emporta plusieurs maisons et mit beaucoup de personnes en danger. La Hayne en fit de mesme, dont l'abbaye d'Espinlieu fut pleine de cinq pieds.

1365 Die Trouille bei Mons und die Haine Überschwemmung

(Franc. Vinchant „Annales de la prov. et comté du Hainaut", edid. A. P. V. Descamps. Soc. des biblioph. de Mons. Bd. 16, S. 262.)

vint si grande eawe par la rivière d'Ointiel, que les deux murs entre la porte Cambrésienne et les barles furent abbatus de la foison d'eawe qui vint soudainement la nuyt Saint-Betremieu l'an dessus dit; et vint par la dite porte si grand plentê et habundance d'eawe et sy radde qu'elle brisa le flayel de la porte, et vint l'eawe jusques à l'attre de Nostre-Dame de le Cauchye.

Valenciennes Überschwemmung der Rhonelle und l'Escaut

(„Récits d'un bourgeois de Valenciennes [XIV. siécle]", edid. le baron Kervyb de Lettenhove in „Acad. de Belgique. Grands écrivains Band 16 S. 46.)

Saale so groß, daß die Salzkothe überschwemmt wurde und man auf den Zinnen der Stadtmauer Wasser schöpfen konnte. Das Gewässer stand so von Fastnacht [25. Feb.] bis Palmarum [6. April].

Ende Februar — Anfang April 1365 Halle a. S. Saale Überschwemmung

(J. Chr. von Dreyhaupt „Pagus Neletici" I, S. 632.)

Porro in Burgundia in illo tempore, in villa quadum versus Divionem, fuit [tanta fuit] cum dicto tonitruo inundantia pluviarum, quod una nubes ad modum cataractae coeli crepuit, et tantum diluvium fecit, quod a torrentibus validissimum impetum villa illa, quae in colle sita erat, una cum domibus, viris plurimis, mulieribus atque infantulis in cunabulis, raptu aquarum descendentium et mirabili lapsu deperiit; . . .

Nach 1. Juni bei Dijon (Burgund) Überschwemmung infolge eines Wolkenbruchs

(„Continuationis chronici Guillelmi de Nangiaco. Pars III." in „Chron. latine de Guillaume de Nangis etc.", edid. H. Géraud in „Soc. de l'hist. de France." Bd. 35, S. 360/362.)

(Sodann ereignete sich in Burgund zu jener Zeit in einem Dorf auf Dijon zu bei besagtem Gewitter eine sehr große Überschwemmung infolge der Regengüsse.

Da eine Wolke wie ein Wasserfall vom Himmel rauschte, verursachte sie eine so große Wasserflut, daß durch die Sturzbäche ein überaus heftiger Anprall auf jenes Dorf, das auf einer Anhöhe lag, erfolgte, und dieses zugleich mit den Häusern, den meisten Männern, Frauen und Kindern in den Wiegen durch den Raub der herabströmenden Fluten und dem außerordentlichen Gefälle unterging.)

1365
3. Juni
Fosses (Belgien
Über-
schwemmung

Et hoc anno fuerunt aque ita magne in secundo, festo pentecostes tercia die mensis Junii, ut trabes, vacce, porci et animalia venirent per villam Fossensem flotando de porta ad posticum usque ad portam vallis.

(„Annales Fossenses." M. G. H. Scriptores. IV, S. 34.)

(Dieses Jahr waren die Gewässer so groß am 2. Pfingstfeste, 3. Juni, daß Balken, Kühe, Schweine und Lebewesen durch die Stadt Fosses vom Hinter-Tor bis zum Tal-Tor angeschwemmt kamen.

23. August
Valenciennes
Über-
schwemmung
der l'Escaut und
Rhonelle

la rivière s'enfla si fort, que le bras de l'Escaut abbatit la porte Cambrisienne, et l'eau couvrit la pavé de Nostre Dame de la Chaussée.

(M. Champion „Les inondations en France etc.", V, S. 145 aus Outreman „Hist. de la ville et comté de Valenciennes." S. 170/71.)

1366
Braunschweig
Über-
schwemmung

So erhub sich auch eine solche große Wasserfluth daselbst, daß das in der Eile zufließende Wasser für dem Wenden-Thore ein Haus umwarf, und so hoch stieg, daß es bis in die Becken an den Brunnen auf dem Hagenmarkt gegangen.

(H. Bünting „Braunschweig.-Lüneburg. Chronica." Tom. I, S. 635.)

Rhein-Main
Gegend
Über-
schwemmung
der Flüsse

Circa predictum tempus facta est magna inundatio aquarum ex continuis pluviis. . . . , quia Rhenus et aque maxime inundaverunt.

(„Chronicon Moguntinum." in „Die Chroniken der deutschen Städte." 18. Band, S. 170.)

(Um genannte Zeit trat eine große Überschwemmung der Gewässer infolge der anhaltenden Regengüsse ein.
. . . , weil der Rhein und die Gewässer sehr stark über ihre Ufer traten.)

1367
Elbe, Oder und
andere Flüsse
Über-
schwemmung

Fuit maxima inundacio magnarum aquarum, videlicet Albee, Odre, et aliarum aquarum.

(„Jahrbuch d. Zittau. Stadtschreibers Johann von Guben." in „Scriptores rer. Lusaticar." N. F. I, S. 10.)

(Es fand eine sehr große Überschwemmung der großen Gewässer statt, wie z. B. der Elbe, Oder und anderer Flüsse.)

Sachsen
Über-
schwemmung
der Flüsse

Facta est inundacio aquarum, quod pontes et civitates desolate fuerunt.

(„Annales Veterocellenses." M. G. H. Scriptores. XVI, S. 45.)

(Es ereignete sich eine Überschwemmung der Gewässer, daß Brücken und Städte verödet wurden.)

in mense Marcii facta est inundacio aquarum ipsum influ ... et ex liquefactione ... precedenti factarum [hyemps] precedens fuit valde ... ultra debitum statum valde excrevit, ita quod post inundanciam, que facta est anno XLIIII, non fuit major; perurgebat enim et oppressit multas domos et ...

1367 März Bei Mainz Überschwemmung der Flüsse

(„Chronicon Moguntinum.“ in „Die Chroniken der deutschen Städte.“ 18. Band, S. 173.)

(Im Monat März ereignete sich eine Überschwemmung der Gewässer ... und infolge der Schmelze [des Schnees] ... der vorhergehende [Winter] war stark ... ..., er überschritt seine normale Höhe stark, so daß er nach der Überschwemmung von 1344 [1342] niemals höher war; er setzte vielen Häusern sehr zu oder vernichtete sie.)

Eodem anno in mense Marcio facta est inundacio aquarum in Boemia ita magna, quod fere mediam partem civitatis Pragensis occupavit aqua, que extendit meatum suum usque ad ecclesiam sancti Nicolai in foro pullorum et ecclesiam sancti Egidii, in quibus plateis ante fores ecclesiarum pisces capiebantur. Istud diluvium multa mala fecit et pluribus irrecuperabilia dampna intulit.

Böhmen Überschwemmung der Flüsse

Pontem quoque Pragensem ligneum in pluribus locis, sed novum in uno tantum pilerio, rupit, domus quoque et strues lignorum abduxit sine numero. Sed et multi homines in navigio Pragensi et alibi in diversis locis submersi sunt.

(„Chronicon Benessii de Weitmil.“ Liber IV. in „Fontes rer. Bohemicar.“ Tom. IV, S. 535.)

(Im selben Jahre im Monat März ereignete sich in Böhmen eine so große Überschwemmung der Gewässer, daß das Wasser fast die Hälfte der Stadt Prag bedeckte und seine Fluten bis zur St. Nikolaikirche auf dem Füllen-Markt und bis zur St. Ägidiuskirche ausdehnte, in deren Straße vor dem Kirchenportal Fische gefangen wurden. Jene Wasserflut richtete viele Schäden an und fügte zahlreichen [Menschen] unwiederbringliche Verluste zu. Auch beschädigte sie die hölzerne Prager Brücke an mehreren Stellen, besonders aber wieder an einem Pfeiler sehr stark, führte auch zahllose Häuser und Holzstöße fort. Aber auch viele Menschen kamen in Kähnen zu Prag und anderswo an verschiedenen Orten im Wasser um.)

Item in dem selben jar da was ein größers güß ze Nurmberg dann die alt güß und was in der vasten am pfintztag vor remisserre.

11. März Nürnberg Überschwemmung der Pegnitz

(„Jahrbücher des 15. Jahrhunderts.“ in „Die Chroniken der deutschen Städte.“ 10. Bd. Nürnberg, S. 129.)

17. Kal. Aprilis ex superhabundancia nivis aque in tantum excreverunt, quod in choro monasterii nostri gradus altaris S. Andree attingebant.

16. März Regensburg Überschwemmung

(„Andreas von Regensburg.“ „Chron. pontif. et imperator, Romanor“, edid. G. Leidinger. in Andreas von Regensburg. Sämtliche Werke“, S. 103.)

(Infolge des Übermaßes an Schnee stiegen die Gewässer so sehr an, daß sie im Chor unseres Klosters die Stufen des St. Andreas-Altars berührten.)

° („Udalrici Onsorgii chronic. Bavariae etc.", in A. F. Oefele „Rer. Boicar. scriptor." Tom. I, S. 367)

1367 15. Mai Nürnberg Überschwemmung der Pegnitz

Anno 1367 die 15. mayi da kam ayn groß güss von wazzer zu Nurenberg daz grozzen schaden tet.

(„Ulman Stromers Püchel etc. 1349–1407." in „Die Chronik. der deutschen Städte." Bd. 1, S. 75.)

° („Eine deutsche Weltchronik." in „Die Chroniken der deutschen Städte." Band 3, Anhang II, S. 287.)

13. Dezember Flandern, Picardie Brabant Sturmflut

Mare etiam Oceanum in partibus illis ex nimio flatu venti undas maris et fluctuosos scopulos adeo impulit, et ultra suos consuetos terminos in tantum excrevit et exivit, quod multas domos et villulas, quae super littora eius sitae erant et alias secure remanentes, nunc cum dictis fluctuosis impulsibus oppressae et inopinate suffocatae penitus cum suis habitatoribus perierunt.

(„Continuationis chronici Guillelmi de Nangiaco." Pars III, in „Chron. latine de Guillaume de Nangis etc.", edid. H. Géraud Tom. II. in „Soc. de l'hist. de France". No. 35, S. 374/75.)

(Auch der Ozean trieb in jenen Gegenden infolge des gewaltigen Sturms die Meereswogen und die Wellenberge so an, daß er über seine normale Höhe hinauswuchs und emporstieg, daß viele Häuser und Gehöfte, die höher lagen, als die Küste war, und andere sichere Unterkommen nun durch die herantreibenden Fluten niedergeworfen, zusammengepreßt und mit ihren Bewohnern vernichtet wurden.)

1368 Stuttgart Überschwemmung

erat diluvium maximum conturbans foenum et deducens linum, destruens pontes et molendina.

(„Annales Stutgardini." in „Anzeiger für Kunde des deutschen Mittelalters." 3. Jahrg. 1834, S. 137.)

(Es ereignete sich eine sehr große Überschwemmung, die das Gras in Unordnung brachte, den Flachs wegführte, Brücken und Mühlen zerstörte.)

1369 England Überschwemmung der Flüsse

. . . inundationes aquarum . . .

(„Thomae Walsingham, quondam monachi S. Albani, histor. Anglicana, edid. H. Th. Riley in „Rer. Britannic. med. aev. scriptores." Band 28, Teil 1, Tom. I. S. 309.)

(Überschwemmungen der Gewässer.)

° („Chronicon Angliae 1328–1388, auctore monacho quodam sancti Albani", edid. E. M. Thompson in „Rer. Britann. med. aev. scriptores." Bd. 64, S. 65.)

da war also gros wasser vber Saltza, das viel leute ynn Noffhoffen vnd ynn Saltza ertrunken. 1369 Langensalza und Umgebung (Thüringen) Überschwemmung
Solch gewisser kam aus aynem grossen mechtigen regen.

(„Adami Ursini chronicon Thuringiae vernacul. usque ad. a. 1500. etc.“ in J. B. Mencken „Scriptor. rer. Germanicar.“ III, Spalte 1321.)

ein großer Platzregen in Düringen gefallen am Haynich und Salza und Grawel über Ufhöfen, und ward das Wasser eilends so groß, daß viele Leute in Ufhofen und Salza, auch viel Viehs im Felde ertrunken [Joh. Bange]. Diese Überschwemmung versetzen die Chroniken von Langensalza in das Jahr 1370, in welchem nach Stieler ein großes Wasser von Graula und von der Haart gekommen ist, welches in Ufhofen und Salza einige Häuser niederriß, etlichen Menschen das Leben kostete.

(C. F. Goeschel „Chronik der Stadt Lengensalza in Thüringen.“ I, S. 273 und II, S. 307.)

[Es] kam so groß Gewässer, daß es zu Uffhofen und Saltze etliche Leute ersäuffte.

(A. Toppius „Historie des Ambts und Stadt Langensaltze“. S. 179.) = 1370

[Es] fiel zwischen dem Gehöltz das Häynich genant und Langen-Saltze über Krawel und an der Kalw ein sehr grosser Regen waltzet den Grund herab auff Uffhofen und Saltze, . . . Aber das Wasser kam so schnell und starck, daß es zu Uffhofen und Saltze etliche Häuser hinweg führete, ertränckte viel Leute, ersoff auch viel Vieh auf dem Felde. [Etliche ziehen diese Fluth 1 Jahr zurück = 1369.]

(A. Toppius „Historie des Ambts und Stadt Langensaltze.“ S. 180.) = 1370

fuit grande diluvium. 1370 Oldenburg Überschwemmung

(„Joannis Schiphoweri chronicon archicomit. Oldenburgens.“ in H. Meibom „Rer. German. scriptor.“ II, S. 159.)

(Es ereignete sich eine sehr große Überschwemmung.)

in die Margaretae fuit grande Diluvium . . . 13. Juli Bremen Überschwemmung

(„Henrici Wolteri archiepiscop. Bremensis chronicon.“ in G. Meibom „Rer. Germanic. scriptor.“ II, S. 67.)

(Am Margaretentage ereignete sich eine sehr große Überschwemmung.)

in deme hilgen dage sunte Margareten was en groot water . . .

(„Die Bremische Chronik des Gerhard Rynesberch u. d. Herbord Schene“. in „Geschichtsquellen d. Erzstiftes u. d. Stadt Bremen.“ S. 118.)

Eodem anno circa festum Assumpcionis beate Virginis facta est maxima inundacio aquarum in Boemia, ita quod flumen Wltawa excedens metas suas occupavit partem magnam Antique civitatis Pragensis et fecit multa dampna hominibus Um 15. August Böhmen Überschwemmung der Flüsse, z. B. der Moldau in campis et in villis prope alveum suum situatis et precipue in civitate Pragensi; . . .

(„Chronicon Benessii de Weitmil.“ Liber IV. in „Fontes rer. Bohemicar.“ IV, S. 541.)

(Im selben Jahre um das Fest der Himmelfahrt der heiligen Jungfrau ereignete sich eine sehr große Ünerschwemmung der Gewässer in Böhmen, so daß der Moldau-Fluß über seine Ufer trat und einen großen Teil der Altstadt von Prag mit Wasser bedeckte und den Menschen auf den Feldern und in den Dörfern, die in seiner Nähe lagen und besonders in der Stadt Prag, großen Schaden zufügte.)

1370 3. Dezember Wismar Sturmflut

in nocte sancte Barbare ascendit fluuius maris ad hum[u]li forum, quod huic ciuitati magna nocumenta intulit atque dampna. De dicto fluuio vltra pontem libre pueri et homines submergebantur.

(„Heinrich von Balsees Chronik,“ edid. Dr. Crull. in „Jahrbücher d. Vereins f. mecklenburg. Gesch. u. Alterthumsk.“ 43. Jahrg. S. 184.)

(In der Nacht des St. Barbara-Tages stieg die Meeresströmung bis zum Hopfenmarkt empor, wodurch der Stadt schwere Schäden und Gefahr zugefügt wurden. Von genannter Strömung wurden jenseits der Brücke Kinder und Männer ertränkt.)

1372 Breslau Überschwemmung der Flüsse

fuit inundatio aquarum maxima in Wratislavia, et destruxit villas, domos et agros, . . .

(„Niektóre Osobliwości.“ in A. Bielowski „Monum. Polon. hist.“ Tom. III, S. 744.)

(Es ereignete sich eine sehr große Überschwemmung der Gewässer in Breslau und zerstörte Stadtviertel, Häuser und Äcker.)

22. Februar Holland Überschwemmung der Flüsse

in festo Petri ad cathedram, tanta erat habundancia aquarum in Hollandia, quod insula, que Ryerweerdt dicitur, apud Dordracum, propter habundanciam aquarum confracta est, et tota insula submersa est, et manet usque hodie.

(„Auctoris incerti chronic. Tielense“, edit. J. D. van Leeuwen, S. 386.)

(Am Petri Stuhlfeier-Feste war ein so großes Hochwasser in Holland, daß die Insel namens Ryerweerdt bei Dordrecht infolge des Hochwassers brach und die ganze Insel im Wasser unterging, und es bis zum heutigen Tage so blieb.)

Ende Februar Rhein Überschwemmung

Circa idem tempus Rhenus inundaverat maxime ex nivibus liquefactis, quia antea in multis annis non visa tanta nix sicut in isto hyeme.

(„Chronicon Moguntinum.“ in „Die Chroniken der deutschen Städte.“ 18. Band, S. 186.) = Frühling

(Um dieselbe Zeit trat der Rhein über seine Ufer, besonders infolge der Schneeschmelze, da in vielen zurückliegenden Jahren nicht so hoher Schnee beobachtet wurde, wie in diesem Winter.)

in der Woche nach Reminiscere [21. Febr.] als ein fast tieffer Schnee gelegen / hat es vier Tage und Nacht an einander ohne Aufhören geregnet / davon zu Lockum eine solche Wasserfluth worden / daß dergleichen des Orts niemand mehr gedacht hätte. 1372 Lockum (Braunschweig) Überschwemmung
[Johann Letzners hinterlassene Nachricht von dem frey. Reichs-Stifte Luckem].

(J. G. Leuckfeld „Antiquitates Michaelsteinens. et Amelunxbornens." S. 100.)

Darnach [nach 6. Juni] geschach großer schad . . . von größi der wasser. Sommer N. Schweiz Überschwemmung der Flüsse

(„Chronik der Stadt Zürich", edid. J. Dierauer in „Quellen zur Schweiz. Geschichte." 18. Bd.)

Des selben jars beschach grosser schad . . . von . . . der grösse der wasser.

(„Klingenberger Chronik." edid. Dr. Anton Henne von Sargans, S. 103.)

Les rivieres furent desrivées et firent merveilleux dommaiges en France. Car ilz destruirent tous les labours des vallées selond leurs cours et emporterent maisions et moulins et rompirent les pons de Seyne, de Loire, d'Aize et d'aillieurs. Et sourondoient les maisons des cités et de bonnes villes, dont les greniers de sel et moult d'autres marchandises furent perdues. 1373 Frankreich Überschwemmungen der Flüsse

(„Chronique des quatre premiers Valois 1327–1393." edid. S. Luce in „Soc. de l'hist. de France. Band 109. S. 247.)

Item. les granz eauez furent et durerent lonc temps. Et aloient les batiax par derriere les En-Muréez jusques à la crois du bout de Saint-Salver par devers le Pré [= monastère de Bonne-Nouvelle le Pré.] Rouen Überschwemmung der Seine
Et abatirent les murs de Grantmont, vers la cauchie de Saint-Sever; et la cauchie fu toute depechie, . . .

(„Chronique Rouennaise 1371–1434." in „Chronique normande de Pierre Cochon., edid. Ch. de Robillard de Beaurepaire in „Soc. de l'hist. de Normandie". Band 1, S. 318.)

le fleuve de Seine creut et se desborda en telle manière desmesurée que par l'espace de deux mois on alloit à Paris par basteaux en la rue S.-Denys et de la rue S.-Antoine jusques à S.-Antoine-des-Champs et de la porte S.-Honoré jusques au port de Nueilly. On attachoit les basteaux à la Croix Hemon au-dessus de la place Maubert. On voit, d'après les Registres du Parlement, que le Grand-Pont fut rompu et réparé. Paris Seine Überschwemmung

(M. Champion „Les inondations en France etc." I, S. 39/40 aus Corrozet „Les antiquitez, histoires et singularitez etc. de la ville etc. de Paris" cot. 8112 II.)

Item, in dit jaer was't zo groot watere dat men in't baghijnhof ter Hoeye voer met scepem, ende quam by groote ysele. Gent Überschwemmung

(„Memorieboek der Stad Ghent 1301–1737." I. Deel. in „Maetsch. der Vlaemsche Bibliophil." Bd. 15, S. 98.)

1373 Herbst Mosel (Lothringen) Überschwemmung

Audit an, les eaues furent si grandes par tout le monde, qu'elles furent hors de rive par tout, de sorte que depuis le deluge, elles ne furent oncque si grandes: tellement que Moselle s'espandist depuis la porte du pont des Morts jusques Waippy, et entrait jusques à l'eglise de Sainct Eloy. Et dura ladicte yawe trois jours et trois nuyts. Et pleust dès la sainct Remey en jusques aux burres, excepté huit jours qu'il gella.

(J. F. Huguenin „Les chroniques de la ville de Metz." S. 113.)

9. Oktober Ostfriesland Sturmflut

VII. Idus Octob. secutum est ingens, et quantum illa aetas non menimerat, diluvium, quod universam hanc Frisiae oram exterruit, magnaeque calamitati incolis fuit. Nam Westelam vicum nobilem, loco ubere duobus fere passuum millibus in meridiem ab oppido Norda situm, . . . , universum brevi momento tanta aquarum vi obruit, . . .

(Ubbo Emmius „Rerum Frisicarum historia etc." Decas. II, Liber XIV, S. 212.)

(Am 9. Oktober folgte eine ungeheure Flut, wie sie in einer solchen Größe jene Generation nicht im Gedächtnis hatte, setzte die ganze Küste von Friesland in Schrecken uhd brachte der Bevölkerung großen Schaden. Nämlich das ansehnliche Dorf Westela, das in einer fruchtbaren Gegend, fast 2 römische Meilen südlich von der Stadt Norden liegt, wurde in kurzer Zeit mit großer Gewalt der Wogen ganz und gar unter Wasser gesetzt, . . .)

Winter 1373/74 Schwaben (Bayren(Donau-Überschwemmung

. . . und die wichenechten gar windig, und kom ain grozziu güzz und diu wert piz an den obresten tag [6. Januar 1374]; do kom ain keltin, diu wert piz an sant Antonyen tag [17. Januar] und nich lenger. Diu Donaw was gar grozz, wann sie fürt an ettlich stat gantziu hüser hin und tett grozzen schaden; . . .

(„Augsburg. Chronik von 1368–1406." in „Die Chroniken der deutschen Städte." 4. Band, S. 38.)

. . ., die weihennächte windig, und ward ein grosse giß bis auf den obersten. die wasser wurden gar groß besunder die Thunaw was unmassen groß und vil und groß schaden, die weg wurdn allenthalben so tieff und so das man wol in funf wuchen niemand zu dem andern mocht kumen, es geschah den leuten gar wee.

(„Excerpta Boica ex Burkardi Zengii chronico Augustano anecd. ab a. 1369 ad a. 1469" in A. F. Oefele „Boicar. rer. scriptor". I, S. 256.)

Weihnachten 1373 Bodensee-Gegend Überschwemmung

Item in denselben winechten do ward Stadelhofer bach als groß, das er in die hüser gieng.

(„Joh. Stetter's Chronik. A. u. B." in Ph. Ruppert „Chroniken d. Stadt Konstanz". S. 77.)

Item in den selben wichnachten ward Stadelhofer bach also gross, das er den lüten in die hüser gieng.

(„Konstanz. Chronik. 307–1466" in F. J. Mone „Quellensammlung etc." I, S. 319.)

. . . und was der Rin als groß in den winechten, das er viel bruggen und hüser enweg füert und großen schaden tät. 1373 Weihnachten Rhein Überschwemmung

(„Joh. Stetter's Chronik A. u. B." in Ph. Ruppert „Die Chronik. der Stadt Konstanz". S. 77.)

. . . und ward der Rin als gross in den wichnächten, das er viel hüser und brüggen enweg fürt und gar grossen schaden tett.

(„Konstanz. Chronik. 307–1466" in F. J. Mone „Quellensammlung etc." I, S. 319.)

Retulerunt quidam viatores veraces quod in quibusdam partibus circa Elsacium et Suetiam erupit . . . inundacio aquarum, quae quasdam villas penitus delevit, et in partibus inferioribus circa Hollandiam Selandiam mare intumuit et fines suos transgressum multa terrarum spacia occupavit. 1374 Süd-, Südwestdeutschland Überschwemmungen der Flüsse Holland, Seeland Sturmflut

(„Chronikon Moguntinum" in „Die Chroniken d. deutsch. Städte". 18. Band. S. 191.

(Es berichteten verschiedene glaubwürdige Reisende, daß in mehreren Gegenden von Elsaß und Schwaben eine Überschwemmung der Gewässer eintrat, die verschiedene Dörfer völlig zerstörte und in den niedrigen Gegenden, in Holland und Seeland, sich das Meer erhob, über seine Ufer trat und große Strecken der Länder unter Wasser setzte.

Facta est ingens inundatio aquarum, quae oppida ac vicos plures subruebat, saeviens per quadrimestre, ... qui multo majore incommodo Hollandiam affixit. Holland Überschwemmungen der Flüsse

(W. Heda „Histor. episcopor. Ultrajectens" in J. de Beka u. W. Heda „De episcop. Ultrajectens". S. 258.)

(Es ereignete sich eine ungeheure Überschwemmung der Gewässer, die zahlreiche Städte und Dörfer zugrunde richtete und 3 Monate wütete, . . . die Holland einen viel größeren Schaden zufügte.)

Et per inundacionem aque, que in partibus Almannie fuit, que ex magna nive successive et tandem propter magnam pluviam liquefactam inundavit, et quasi ad pascha (2. April) duravit, que in diversis locis villas et civitates stravit, in Tyela et circumquaque, ut per confractionem aggerum in multis locis multa dampna evenerunt, nam per inundacionem aque agger apud Tyel et Zandwyck fractus est, et porta, que dampoert dicitur, cum parte murorum civitatis submersa est. Et multe domus in waterstraet prope portam corruerunt in aquis et destructe sunt. Eciam in partibus Hollandie in insula, que Ryederweert dicitur, villas et ecclesias inundando destruxit et evertit. Rhein, Waal Überschwemmung

(„Auctoris incerti chronic. Tielense." edit. J. D. van Leeuwen. S. 391.)

(Durch eine Überschwemmung der Gewässer, die in Teilen von Deutschland eintrat, hervorgerufen durch den vielen Schnee, der durch starke Regen endlich schmolz, und ungefähr bis Ostern [2. April] dauerte, wurden in verschiedenen

Gegenden Dörfer und Städte verheert. In Tiel und in dieser Gegend ereigneten sich durch Dammbrüche an vielen Orten große Schäden, denn infolge der Überschwemmung brach der Damm bei Tiel und Zandwyck, und das Tor, das Dampoert heißt, wurde mit einem Teil der Stadtmauer unter Wasser gesetzt. Viele Häuser in der Waterstraet nahe dem Tore stürzten in das Wasser und wurden zerstört. Auch in Teilen von Holland, auf der Insel, die Ryderwaard heißt, wurden Häuser und Kirchen durch die Überschwemmung zerstört und stürzten ein.)

1374 Friesland Überschwemmung

Facta est inundatio magna in tota Frisia aquarum et per totam regionem ineffabilis pernicies facta est.

(„Auszüge aus friesischen Chroniken in Remmers von Seediek Annalen" in G. Sello „Studien zur Geschichte von Oestringen u. Rüstringen". S. 106.)

(Es ereignete sich eine große Überschwemmung der Gewässer in ganz Friesland, und in der ganzen Gegend geschah unschätzbarer Schaden.)

Januar-Febr. Frankreich Überschwemmungen der Flüsse

... es mois de janvier et de fevrier, furent en France, par especial es rivieres de Saine, de Marne, de Yonne, d'Oise et de Loire, la plus tres grant inundacion d'yaues, que homme qui vesquist lors eust onques veues, et durerent plus de deux 'mois. Et à Paris aloit l'en par batiaus, parla rue Saint- Denis, oultre la porte et de la porte Saint-Anthoine jusques à Saint-Anthoine, et de la porte Saint-Honoré jusques au Rolle et à Nully [Roule und Neuilly]. Et si estoit l'yaue jusques près des planchers du pont et entroit dedenz la chapelle basse du Palais, et toutes les maisons basses du Palais estoient plaines d'yaue, et communelment les caves et celiers de Paris du costé devers Grant-Pont. Et atachoit l'en les batiaux à la Croiz-Hemon, qui est au dessus de la place Maubert.

(R. Delachenal „Chronique des règnes de Jean II et de Charles V." Tom. II. in „Soc. de l'hist. de France". Band 375, S. 173/74.)

Belgien Hochwasser der Flüsse

Hoc anno fuit maxima habundantia aquarum ubique, maxime circa principium Januarii et Februarii.

(„Annales S. Jacobi Leodiensis. Cont. M. G. H. Scriptores. XVI, S. 645.)

(In diesem Jahre war ein sehr starkes Hochwasser, hauptsächlich Anfang Januar und Februar.)

Rhein u. andere Flüsse Überschwemmung

Anno domini MCCC septuagesimo quarto mensibus Januario et Februario factum est diluuium aquarum permaximum in diuersis terrarum regionibus. Renus etenim tunc vltra cursum solitum ad mensuram triginta quatuor pedum in altum excreuit.

(„Chronicon Brunwylrense" in Dr. Gottfr. Eckertz „Fontes adhuc inediti rerum Rhenanarum". II, S. 245.)

(Im Januar und Februar ereignete sich eine sehr schlimme Überschwemmung der Gewässer in verschiedenen Gegenden der Länder. Der Rhein nämlich stieg damals auf die ungewöhnliche Höhe von 34 Fuß.)

Do men zalte 1374 jor, do hette es lange zit und vil geregent und entsprungent vil ertbrüche uf den bergen do das wasser herus lief, das boume und steine und hüser enweg furte. hievon koment drü grosse wasser eines jores, die ein wenig minre worent denne die vorgeschriben wasser. das erste kam uf den zwelften Dag [6. Januar], daz andere uf sant Agnesen [21. Januar], das dirte umb sant Veltins dag [14. Febr.] auch zwüschent disen drigen wassern do sü ingefallen worent, do was noch denne das wasser eines halben mannes höher denne sie gewönlich ist. dis werte wol ein viertel jores. das wasser was so gros, das men mit schiffen durch den Giessen fur zu unser frowen brüder tor us. es ging ouch in die hüser am staden und do umb. . . . 1374 Elsaß Überschwemmungen

(„Königshofen. Chronik" in „Die Chroniken d. deutschen Städte". 9. Band, S. 866.)

° („Chronica Mathiae de Nuwenburg (Rec. B u. VC) edid. A. Hofmeister in „Mon. German. hist. Nova series. Tom. IV, Fasc. II, S. 492.)

° („Continuationes cronice Matthie Nuwenburgensis" in J. F. Boehmer „Fontes rer. Germanicar." 4. Band, S. 294.)

In deme sulven jare do was grot upstowinge unde vlot der water bi deme Rine; de Rin was so hoge upghewassen, dat he gink over de muren to Cölne, unde dede groten schaden. Rhein Überschwemmung

(„III. Detmar-Chronik v. 1101/1395 etc." in „Die Chroniken d. dtsch. Städte". 19. Band, S. 548.)

Anno domini MCCC L XXIII doe was der Rijn so groiss dat he zo Collen ouer die Muyren geynghe.

(„Münstereifeler Chronik", edid. Dr. Floß in „Annal. d. hist. Ver. f. d. Niederrhein". 15. Bd., S. 194.) = 1373

° („Chronik des Dietrich Westhoff." in „Die Chroniken der deutsch. Städte". 20. Bd., S. 222.)

fuit tanta habundancia aquarum circa Limpurg et in omnibus finibus terre, ita quod homines stantes supra pontem ligneum circa pontem lapideum in opido Limpurg lavabant manus suas in Logana, et omnes molendine quasi fuerunt destructe, quod vix molares lapides remanserant cessante diluvio. Lahn Überschwemmung

(„Limburger Annalen." Rec. A. edid. A. Wyß. M. G. H. Tomus IV. Pars I. Deutsche Chroniken. S. 112.) = 1373

(Es ereignete sich ein solches Hochwasser bei Limburg und an allen Enden des Landes, daß die Menschen, die oben auf der Holzbrücke gegen die Steinbrücke in der Stadt Limburg standen, ihre Hände in der Lahn wuschen, und fast alle Mühlen zerstört wurden, daß kaum die Mühlsteine zurückblieben, als die Überschwemmung zurückging.)

Disz jars regnet es als vil, das es nie uber zwen tag schon was, . . .; und kamen funff grosser Rein uff einanderen. Schweiz Fünfmal Rhein Überschwemmungen

(„Die größeren Basler Annalen nach Schmitts Handschrift" in „Basler Chroniken". 6. Band S. 260.)

1374 Rhein Über-schwemmung

M C ter domini quater anno septuageno Janua cum februo [Januarius cum februario] nocet undique flumine pleno.

(„Latein. Reimchronik“ in „Die Chroniken der deutschen Städte“. 13. Band, S. 206.)

(1374 Januar und Februar überall Schaden durch Hochwasser des Flusses.)

Süd-deutschland Hochwasser der Flüsse

Flumina apud nos primis sese Januarii diebus valde excreverunt.

(A. P. Gasserus „Annal. Augstburg“ in J. B. Mencken „Script. rer. German.“ I, Sp. 1509.) = 1373

(Die Flüsse stiegen bei uns in den ersten Tagen des Januar sehr stark an.)

3. Januar 1374 Basel Rhein-Über-schwemmung

Anno 1374 ward der Rin so gros, das er zwey joch hinweg furt (must man in schiffen uber Rin faren). Und wart der Birseck ouch so gros das er am Kornmerck uber den stockbrunnen gieng, und fur man am Kornmerck und am Fischmerck in weidlingen (geschach am 3. tag jenners.)

(„Größere Basl. Annalen“ in „Basl. Chroniken“. 5. Band, S. 26/27.)

Anno 1374 am drytten tag jenners was der Rein so groz, das er zu Basel an der brucken zwey joch hinweg furt.

(„Die größeren Basl. Annalen nach Schnitts Handschrift“ in „Basl. Chroniken“. 6. Band, S. 259.)

Schweiz Über-schwemmung der Flüsse

1374 in octava Johannis Evangeliste tanta aquarum multitudo in Murbacho [Murbach i. d. Schweiz] erat, quod multi homines perierunt, . . .
Eodem etiam tempore ex huiusmodi abundancia aque vivarius, qui tunc fuit in loco, qui nunc dicitur vulgeriter Weyermatt circa Capellam sancte Catharinae circa Bühel destructus erat . . .

(„Murbacher Annalen.“ edid. Dr. Th. v. Liebenau in „Anzeiger f. Schweiz. Geschichte“. N. F. 4. Band, S. 173.)

(8 Tage nach dem Tage Johannes d. Evangelist war ein solches Hochwasser in Murbach, daß viele Menschen umkamen. Zu derselben Zeit ist infolge dieses Hochwassers, wie jemand berichtet, der sich zu der Zeit dort aufhielt, Weyermatt bei der Kapelle der heiligen Katharina bei Bühel zerstört worden.)

4. Januar Liège (Lüttich) Maas-Über-schwemmung

quarta die mensis januarii, inundavit Mosa in tantum quod accessit ad majus altare Predicatorum Leodiensium et preoccupavit vias et plateas Leodii. Cum vero intrasset criptam monasterii sancti Jacobi Leodiensis, que fuit dedicata in honore beati Andree apostoli, . . .

(„La chronique Liégeoise de 1402“, edid. Eug. Bacha S. 358.)

(Am 4. Januar trat die Maas so über ihre Ufer, daß sie bis an den größeren Altar der Prädikatoren zu Liège reichte und von den Wegen und Straßen von Liège Besitz ergriff. Als sie aber in die Krypta des Klosters St. Jakob zu Liège, die dem Andenken des seligen Apostels Andreas geweiht war, eindrang, . . .)

Et hoc eciam anno versus ephifaniam fuit maxima copia aquarum, ita ut navicula duceretur Leodii de ecclesia ad ecclesiam, periclitabanturque multe ville in inferioribus partibus Almanie. 1374 Um 6. Januar Belgien, Deutschland Überschwemmungen der Flüsse z. B. der Maas

(„Annales Fossenses." M. G. H. Scriptores. IV, S. 35.)

(In diesem Jahre war auch um das Epiphaniasfest ein sehr starkes Hochwasser der Flüsse, so daß ein Kahn in Liège von Kirche zu Kirche gerudert wurde, und es waren viele Dörfer in den niedrigen Gegenden Deutschlands in Gefahr.)

Epiphanie domini. et circa idem tempus et omnis terra erat aquis occupata propter montana: in Maguncia replevit aqua omnia cellaria et domus in planis sitas; et scola sancte Marie ad gradus et omnia cellaria ibidem erant aquis Rheni copiose referta, et fluxit aqua usque ad idem gradum ejusdem ecclesie. Um 6. Januar Mainz Rhein-Überschwemmung

(„Chronicon Moguntinum" in „Die Chroniken der deutschen Städte". 18. Bd., S. 190–191.)

(Am Epiphaniasfest und um diese Zeit herum stand das ganze Land unter Wasser, und zwar wegen der gebirgigen Lage. In Mainz füllte das Wasser alle Keller und Häuser, die in niedrigen Stadtteilen standen, an. Die Schule der Liebfrauenkirche zu den Stiegen [in der Nähe des Domes gegen den Rhein hin] und alle Keller dort waren voll Rheinwasser, und das Wasser floß bis zur Treppe dieser Kirche.)

Auch so was ein fluit zubevor gewest uf den zwelften dag nach winachten di nest was; unde di fluit was dieser nit glich, want dise mer was. 6. Januar Lahn Überschwemmung

(„Die Limburger Chronik", edid. A. Wyß. M. G. H. Tom. IV. Pars. I. Deutsche Chroniken. S. 64.)

do kom ain keltin, diu wert piz an sant Antonyen [17. Januar] tag umd nich lenger. Diu Donaw was gar grozz, wann sie fürt an ettlich stat gantziu hüser hin und tett grozzen schaden. Schwaben (Bayern) Donau-Überschwemmung

(„Augsburger Chronik v. 1368/1406" in „Die Chroniken d. dtsch. Städte". 4. Band, S. 38.)

XI⁰ et XII⁰ [die] ejusdem mensis januarii, fuit Mosa adhuc major satis ita quod navicula ducebantur per ecclesiam Sancti Pauli Leodii, et ascendit ad magnum altare Predicatorum ad altitudinem pedis. 11.–12. Januar Lüttich Maas-Überschwemmung

(„La chronique Liégeoise", edid. Eug. Bacha. S. 358.)

(Am 11. und 12. Tage desselben Monats Januar war die Maas noch höher als genug, so daß Kähne durch die Kirche des St. Paulus zu Liège gelenkt wurden, und sie stieg bis zum großen Altar der Prädikatoren bis zur Höhe eines Fußes.)

am 12 tag im Genner, do kam die aller gröst güß, das sie uber die brugg gieng und zu der hertbrugtor hin in gieng. 12. Januar Ulm Donau-Überschwemmung

(„Annales variorum" in „Anzeiger für Kunde des deutschen Mittelalters". 3. Jahrg. 1834. Spalte 229.)

1374 12. Januar Ulm Donau-Überschwemmung

Donau. nam aliquando in tantum crescit fluuius, vt per portam ingrediatur.

(M. Goldast „Suevicar. rer. srciptor. aliquot veteres.“)

(Denn später einmal stieg der Fluß so stark an, daß er durch das Tor eindrang.)

es ward die thonaw so groß, das sy die herperbruck alhie zu Ulm hinweg zartt vnd gieng das wasser zum thor herein jm jenner.

(„Sebastian Fischers Chronik, besonders von Ulmischen Sachen“, edid. Dr. K. G. Veesenmeyer. S. 44.)

Um 18. Januar Rhein-Main-Gegend Ende der Überschwemmung der Flüsse

Recedente et diminuto diluvio [Text fehlt] durum frigus circa festum Prisce virginis; . . .

(„Chronicon Moguntinum“ in „Die Chroniken der deutschen Städte“. 18. Band, S. 191.)

(Als die Überschwemmung zurückging . . . harte Kälte um das Fest der Jungfrau Prisca.)

Um 25. Januar Rhein Hochwasser

. . ., postea circa festum conversionis Pauli iterum aque intumuerunt, et crevit Rhenus circa pristinum diluvium usque ad unam palmam, . . .

(„Chronicon Moguntinum“ in „Die Chroniken d. deutschen Städte“. 18. Band, S. 191.)

(Später um das Fest Pauli Bekehrung stiegen die Gewässer wiederum an und wuchs der Rhein gegenüber der vergangenen Überschwemmung bis 1 Hand höher.)

Februar Rhein-Überschwemmung

. . . in mense Februario nimia fuit inundatio aquarum: Rhenus enim intantum excrevit, ut muros civitatis Coloniensis transcenderet, oppidum quoque Bingionum pro maiori parte aquis fuit oppletum, intantum, quod omnes portae versus Rhenum et Naham clausae fuerunt et aquis opertae usque ad summitatem murorum. Haec inundatio Rheni multa mala fecit et damna hominibus. iuxta Rhenum morantibus: nam villas subvertit et homines submersit, templa et multa aedificia prostravit, vineas, hortos, sepes et vias circa Rhenum ad nihilum redegit.

(„Chronicon Sponheimense“ in J. Trithemius „Opera historica“. S. 332.)

(Im Monat Februar ereignete sich eine sehr große Überschwemmung der Gewässer. Der Rhein stieg nämlich so stark an, daß er die Mauern der Stadt Köln überstieg, und auch die Stadt Bingen stand größtenteils unter Wasser, und zwar so hoch, daß alle Tore gegen den Rhein und die Nahe geschlossen und bis zur Mauerhöhe mit Wasser bedeckt waren. Diese Überschwemmung des Rheins richtete viel Unheil an und brachte den am Rhein wohnenden [Menschen] Verluste, denn sie stürzte Landhäuser um und ertränkte Menschen, warf Kirchen und viele Gebäude nieder, vernichtete Weinberge, Gärten, Zäune und Wege in der Nähe des Rheins vollständig.)

Anno eodem circa festum Purificationis Mariae (2. Febr.) Rhenus inundavit, qui pertransivit Coloniae forum quod dicitur Hewmarckt in tantum, ut navigaretur supra forum et undique haud parvum damnum fecit.

1374 Anfang Februar Köln Rhein-Überschwemmung

(„Chronik der Pseudorektoren der Benediktskapelle zu Dortmund", edid. Dr. Joseph Hansen in „Neues Archiv der Gesellschaft für ältere deutsche Geschichtskunde". 11. Band, S. 545.) = 1384

(Im selben Jahre um das Fest Mariä Reinigung trat der Rhein über seine Ufer und durchströmte den Markt von Köln, der Heumarkt heißt, so hoch, daß man in Kähnen über den Markt fuhr, und verursachte überall nicht geringen Schaden.)

In dem vurß jair . . . was der Rin so grois, dat sei zo Coellen over der muiren gink ind men voir mit schiffen over die statmuiren, und he gink bis up sent Joris cloister, bis up dat vleischhuis up dem Heumart, bis zo der Muntzen und vortan bis an die Markportzen, ind men voir mit schiffen ind mit vloetzen in der stat. Dat gewesser werde bis paischen . . . dat men denken moicht.

Item van dem groissen Rin, dat he hait gegangen bis an die trappen zo sent Marien greden, sin geschreven dese vers:

(Die Inschrift befand sich an der Kirche S. Maria ad gradus).

(„Koelhoff. Chronik." in „Die Chroniken d. deutsch. Städte". 14. Bd., S. 714.)

° („Kölner Jahrbücher d. 14. u. 15. Jahrhunderts." Rezension C. in „Die Chroniken der deutschen Städte". 13. Band, S. 72.)

Et sequenti anno scilicet domini 1374 fuit maxima inundacio aquarum per totam Almanniam, et Renus tantum crevit apud Moguntiam, quod excessit superiores gradus ecclesie beate Marie virginis Maguntine nuncupate gradus.

Rhein Überschwemmung

(„Beilagen z. Chronicon Wormatiense." F. „Aus einer Rheinischen Chronik" in „Quellen zur Geschichte der Stadt Worms", III, S. 234.)

(Im folgenden Jahre, nämlich 1374, ereignete sich eine sehr starke Überschwemmung der Gewässer durch ganz Deutschland, und der Rhein wuchs bei Mainz so stark, daß er die oberen Stufen der Kirche der heiligen Jungfrau Maria zu Mainz [Liebfrauenkirche zu den Stiegen] überstieg.)

Eodem anno Renus exundauit circa festum purificationis, limites sui transitus excedens. In tantum enim creuerunt aque protunc, quod ciuitatem Coloniam intrantes, vsque ad forum feni peruenientes, prebentis ibidem hominibus sua profunditate nauigii indigentiam; videbantur enim in Reno ciste, lecti, sedilia et alia domorum vtensilia, porci, oues et boues, eque arbores et case magne defluentes . . .

(„Jacobi de Susato al. de Sweve chronicon episcopor. Coloniens" 1420 in „J. S. Seibertz Quellen d. westfäl. Geschichte" I, S. 210.)
(= um 2. Februar 1371)

(Im selben Jahre trat der Rhein um das Fest Mariä Reinigung über seine Ufer. So stark wuchsen die Wasser alsdann an, daß sie in die Stadt Köln eindrangen, bis zum Heumarkt gelangten und sich dort den Menschen so tief zeigten, daß man aus Not in Kähnen fuhr. Man beobachtete auch im Rhein Kästen, Betten, Bänke und andere Hausgeräte, Schweine, Schafe und Rinder, Pferde, Bäume ind große Hütten, die wegtrieben.)

1374 9. Fabruar Rhein, Lahn Über-schwemmung

Item da man schreip 1300 unde dru unde sibenzig jar, des donerstages vur fastnacht da was eine große flut uf erden unde große not von waßers wegen, also daz der Rin unde die Lane ober iren rechten staden in di hohe gingen me dan ses unde zwenzig fuße hoch. Unde qwam di flut von eime großen snie, der gefallen was; der smalz unde vurging sere snelliglichen, unde was der groste snie, der binnen hondert jaren darvur i gefallen mochte. Unde di flut werte me dan funf dage unde nachte uf unde abe, unde was groß betrupnisse von den luden, unde daz gevolgelze in den huisen, hanen unde huiner, sang auch betruplichen. Unde di Lane vur Limpurg warf in di garten alle umbe unde umbe unde maniche rame mit gewande unde furte di ober mollen zu steigern enweg; auch furte si enweg di walkmollen und di lomollen unde di brucken zu Ditze, di was holzern; daz fur allez hinweg. Auch so was ein fluit zubevor gewest uf den zwelften dag nach winachten [6. Januar] di nest was; unde di fluit was diser nit glich, want dise mer was.

(„Die Limburger Chronik", edit. A. Wyß. M. G. H. Tomus IV. Pars I. Deutsche Chroniken, S. 64.)

Köln Rhein-Über-schwemmung

in deim mainde Februario des 9. dages do was der Ryn as groys, dat man vur der monzen de pert drenckde, dat gewesser werde bis payschen.

(„Kölner Chronik 274–1399", edid. Dr. Ennen in „Annalen d. histor. Ver. f. d. Niederrhein". 23. Heft, S. 56.)

° („Kölner Jahrbücher d. 14. u. 15. Jahrhunderts." Recension B. in „Die Chroniken d. deutschen Städte". 13. Band, S. 40.)

10. Februar Minden Weser-Über-schwemmung

in die beatae Scholasticae virginis fuit magna Wiserae inundatio et tanta quod ad medium fori aquae pervenerunt.

(Hermann von Lerbeck „Catalogus episcopor. Mindens." in „Minden. Geschichtsquellen", edid. Dr. K. Löffler. I, S. 77.)

= 10. Februar 1375

(Am Tage der seligen Jungfrau Scholastica war eine große Überschwemmung der Weser, und zwar eine so große, daß die Wasserfluten bis zur Mitte des Marktes gelangten.)

die S. Scholastica magna rursus inundatio totam patriam pessumdedit etc. Post
Mille post tria centum post septuaginta quaterque
Wesera crescebat, Hamelen stratasque tegebat.

(„Bussonis chronicon Mindense" in Chr. Fr. Paulinus „Rer. et antiquitat. Germanic. syntagma". S. 37.) = 10. Febr. 1375

(Am Tage Scholastica verdarb wieder eine große Überschwemmung das ganze Vaterland. Nach 1374 wuchs die Weser, und in Hameln bedeckte sie die Straßen.)

° („Die jüngere Bischofschronik“ in „Minden. Geschichtsquellen“, edid. Dr. K. Löffler. I, S. 209.) = 10. Februar 1377

° („Chronicon Mindense incerti auctoris“ in H. Meibom „Rer. Germanicar“. I, S. 569.) = 10. Febr. 1377

° („Successio episcoporum Mindensium“ in „Minden. Geschichtsquellen“ edid. Dr. K. Löffler. I, S. 282.) = 10. Febr. 1375

° (Albert Krantz „Saxonia“. Liber 9. Cap. 18.) = 1375

° („Anonymi monachi annales Corbeienses succincti; a prima fundatione ad A. C. 1471“ in Chr. Fr. Paulinus „Rer. et antiquit. Germanic. syntagma.“ S. 411.) = 1375

Post M post tria CCC post septuaginta quaterque Wesera cresebat Hamelen stratasque tegebat. 1374 10. Februar Hameln Weser-Überschwemmung

(„Johannis de Polda chronicon ecclesiae Hamelensis suppletum“ in G. W. Leibniz „Script. Brunsvic. illustrat.“ II, S. 512.)

(Die Weser wuchs zu Hameln an und bedeckte die Straßen.)

In den iairen vns herren 1374.
In deme maynde februario des XI. dais wart der rijn also grois dat man vur der moynzen perde drenckde, vnd dat wasser werde wail by paisschen. 11. Februar Rhein-Überschwemmung

(Köln. Chronik 1087–1378“, edid. Dr. Floß. S. 185.)

° („Kölner Jahrbücher d. 14. u. 15. Jahrhunderts.“ Rezension A. in „Die Chroniken d. deutsch. Städte.“ 13. Band, S. 25.)

Item circa dominicam Estomihi tam horribilis inundacio aquarum effluxit, quae priores inundationes validissime transcendebat, etiam quod non fuit simile diluvium per quenquam tunc viventem visum: unde multa incommoda contingebant, vineas, fruges et edificia horribiliter devastans et multos homines et pecora domestica et silvestres suffocans. Um 12. Februar Westdeutschland Überschwemmungen der Flüsse

(„Chronicon Moguntinum“ in „Die Chroniken der deutschen Städte“. 18. Band, S. 191.)

(Ebenso trat um den Sonntag Estomihi [12. Februar] eine so schreckliche Überschwemmung ein, die frühere Überschwemmungen ganz bedeutend überstieg; auch hatte keiner der jetzigen Generation eine derartige erlebt. Es traten dadurch viele Schäden ein, Weinberge, Feldfrüchte und Gebäude wurden schrecklich verwüstet und viele Menschen und Haus- und Waldtiere kamen im Wasser um.)

Fuit diluvium Prage usque ad limina ecclesie sancti Egidii die dominica ante carnisprivium. 12. Februar Prag Überschwemmung der Moldau

(„Latein. Handschriften in St. Petersburg.“ (1310–1399) edid. Dr. K. Gillert in „Neues Archiv der Gesellschaft für ältere deutsche Geschichtskunde“. 5. Bd., S. 604.)

(Am Sonntag vor Fastnacht reichte zu Prag eine Wasserflut bis an die Schwellen der St. Ägidiuskirche.)

1374 12. Februar Prag Überschwemmung der Moldau

Fuit Pragae inundatio tanta die dominica ante quadragesimam, ut aqua postes Ecclesiae S. Galli attingeret.

(Appendix zu „Histor. Bartossek seu Bartholomaei de Drakonicz" in G. Dobner „Monum. hist. Boem." I, S. 212.)

(Am Sonntag vor Qudragesima war zu Prag eine so große Überschwemmung, daß das Wasser die Türpfosten der St. Galluskirche berührte.)

14. Februar Bremen Überschwemmung

In deme iare des Heren 1374 do was in sunte Valentines dage in dem vastelauende so groot water, dat men vte der lutteken Weser voor dor den borchwal vnde ouer alle dat lant myt eken to deme Nygenlande vnde reddede dar lude, queck vnde gud, dat dar vordrincken wolde.

(„Die Bremische Chronik des Gerhard Rynesberch und des Herbord Schene" in „Geschichtsquellen d. Erzst. u. d. Stadt Bremen". S. 118.)

Nordwestdeutschland Überschwemmung der Flüsse

die Valentini in carnis privio iterum fuit diluvium grande et tota terra erat plena aquis ut magnae naves pertransire possent.

(„Henrici Wolteri archiepiscop. Bremensis chronicon" in H. Meibom „Rer. Germanic." Tom. II, S. 67.)

(Am Valentinstage, zu Fastnacht, fand wiederum eine sehr schwere Überschwemmung statt, und das ganze Land war so voll Wasser, daß große Schiffe hindurchfahren konnten.)

Halle (Saale Saale-Überschwemmung

Saale so groß, daß sie alle Salzbrunnen überschwemmt und biß Palmarum [26. März] so hoch geblieben.

(G. Olearius „Halygraphia etc." II, S. 166.)
° (J. Chr. von Dreyhaupt „Pagus Neletici etc." I, S. 633.)

15. Februar Westdeutschland Überschwemmung der Flüsse

Tandem quinta decima die mensis Februarii ... cepit stare diluuium siue inundatio aquarum et descrescere.

(„Chronicon Brunwylrense" in Annal. d. histor. „Vereins f. d. Niederrhein". 18. Heft, S. 129.)

(Bis 15. Februar begann die Wasserflut oder Überschwemmung der Gewässer zu stehen und abzunehmen.

Fastenzeit Meiningen Werra-Überschwemmung

ist die Werra so groß worden, daß sie über den Rasen und alle Kraut-Gärten so umb die Stadt sind, gangen, in welcher Grösse sie auch biß auff Palmarum [= 26. März] blieben.

(J. S. Güth „Poligraph. Meiningens". S. 127.)

19. Februar Prag Überschwemmung der Moldau

Item eodem anno dominica die Invocavit fuit diluvium Prage usque ad ecclesiam sancti Leonhardi, quod diluvium destruxit multas domos et rupit multa molendina.

(„Latein. Handschriften in St. Petersburg." 1310–1399. edid. Dr. K. Gillert in „Neues Archiv der Gesellschaft für ältere deutsche Geschichtskunde. 5. Bd., S. 605.)

(Gleichfalls im selben Jahre am Sonntage Invocavit war zu Prag eine Wasserflut bis an die St. Leonhard-Kirche, so daß die Fluten viele Häuser niederrissen und viele Mühlen vernichteten.)

° (Appendix zu „Histor. Bartossek seu Bartholomaei de Drakonicz“ in G. Dobner „Monum. hist. Boem.“ I, S. 212.)

1374 Um 21. Mai Rhein-Main-Gegend Überschwemmung infolge eines Wolkenbruchs

Circa predictos dies perierunt multi homines ex resolutione nubis pluviose cadentis in loco dicto.

(„Chronicon Moguntinum“ in „Die Chroniken d. deutsch. Städte.“ 18. Band, S. 192.)

(Um besagte Tage kamen viele Menschen durch einen Wolkenbruch bei genanntem Orte um.)

Oktober Nordsee Sturmflut

Ao. 1374 im October, iß ein gruwsam Storm gewesen, dar dorch dat Water mechtig groten Schaden gedaen, do sindt in Flandern erdrunken duße Vlecken, Averkeck, Hames, Isendick, Neuw Collar, Ostenans Kerk, Westend, Varna unde Waterflet, unde hefft ahne Twiffel, dewile de Westenwindt ock upt Landt, vel groten Schaden in Ditmerschen ock gedaen.

(„Joh. Adolfi's etc. Chronik d. Land. Dithmarschen.“ I, S. 372.)

3. Oktober Montpellier Überschwemmung des Lez.

Une inondation extraordinaire du Lez, entraîna moulins, hommes et bestiaux.

(M. Champion „Les inondations en France etc.“ V, S. 229 aus d'Aigrefeuille „Hist. de la ville de Montpellier“. I, S. 165.)

4. Dezember Lübeck Überschwemmung

In deme sulven jare in sunte Barbaren nacht was dat water tho Lubeke also grot, dat me voer myt schepen in de haringhboden unde by der Travene bynnen der stadtmuren, unde dat dede groten schaden.

(„Rufus-Chronik.“ I. Teil in „Die Chroniken d. dtsch. Städte“. 26. Band, S. 251.)

1375 Valensiennes Überschwemmung der Rhonelle

vint si grande eawe par la riviere d'Ointiel, que les deux murs entre la porte Cambresienne et les barles [= portes] furent abbatus de la foison d'eawe qui vint soudainement la nuyt Saint-Betremieu l'an dessus dit; . . ., et vint l'eawe jusques à l'attre de Nostre-Dame de le Cauchye.

(„Chron. de Flandres, écrite an XIV. siecle en patois Rouchy (langue de Valenciennes)“. II. Partie. Chron. . . . de Valenc. in J. A. C. Buchon „Choix de chron. etc.“ Tom. V, S. 619.)

Avignon Überschwemmung

les eaux firent de nouveaux ravages.

[Achard aus Archiv. Avignon.]

(M. Champion „Les inondations en France etc.“ II, S. 199.)

Ende März Belgien Überschwemmung der Flüsse

Fuerunt aque adeo magne in fine Martii, quod multi dicebant, quod in tantum magne erant, sicuti fuerant anno 1374.

(„Annales Fossenses.“ M. G. H. Scriptores. IV, S. 35.)

(Es waren Ende März die Gewässer so groß, daß viele sagten, daß sie so groß wie im Jahre 1374 wären.)

10. Oktober 1375 Holland, Seeland Friesland Sturmflut

in die Victoris, inundacio maris tanta erat et ventus, ut per confractionem aggerum multa dampna evenerunt in Hollandia Zelandia et Frisia.

(„Auctoris incerti chronic. Tielense" edit. J. D. van Leeuwen. S. 392.)

(Am Tage Viktor war eine so große Meeresflut und so großer Sturm, daß sich in Holland, Seeland und Friesland durch Deichbrüche viele Schäden ereigneten.)

facta est inundatio magna in Frisia, ita quod in villa quidem nomine Pona Waelsum immersus fuit cum omnibus possessonibus suis.

(„Auszüge aus friesischen Chroniken in Remmers von Seediek Annalen" in G. Sello „Studien zur Geschichte von Oestringen u. Rüstringen". S. 106.)

(Es ereignete sich eine große Überschwemmung in Friesland, so daß ein Dorf mit Namen Pona Waelsum mit allen seinen Grundbesitzern vom Wasser verschlungen wurde.)

Winter 1376 Nordostdeutschland Weichsel-Überschwemmung

. . ., und man kunde nicht gereysen, wend der winter gar weich was, und was ouch so gros wassir, das dy Wysel usbrach an vier enden, das den Werderern gros schade geschach.

(„Johannes von Posilge Chronik des Landes Preußen." edid. E. Strehlke in „Scriptores rer. Prussicar." 3. Band, S. 99.)

. . ." de sulve not des waters was ok in Prutzen.

(„Detmar-Chronik" in Johanns von Posilge Chronik des Landes Preußen in „Scriptor. rer. Prussicar." 3. Band, S. 100.)

1376 Avignon Überschwemmung

Avignon eut à souffrir d'une inondation ainsi que cela est constaté dans les registres du Conseil de ville. . . . quod propter inundationes aquarum que de proximo fuerunt, ecclesia Minorum minàtur in ejus capite ruinam.
[Achard aus Archiv. Avignon.]

(M. Champion „Les inondations en France etc." II, S. 199.)

(. . ., weil nämlich infolge der Überschwemmungen, die kürzlich eingetreten waren, . . .)

Flandern Sturmflut

En cel an, oult es parties de Flandres si grant habundance d'eaue venue soudainement par la mer es parties de Quigent, de L'Escluze, en alant tout au long de la mer selon la coste de Ardenbourc, que plusieurs plates villes furent noy: ees et plus de trente mille personnes peries.

(„Chronique des quatre premiers Valois (1327–1393)." edid. S. Luce in „Soc. de l'hist. de France". Band 109, S. 259.)

Wasserfluth zerstört die Bergwerke. 1376 Iglau Überschwemmung

(Chr. d'Elvert „Geschichte u. Beschreibg. der etc. Bergstadt Iglau i/Mähren". S. 37.)

Auf dem Rhein treiben Eisschollen. 7. Januar 1376 Basel Rhein: Eistreiben

(„Aus dem Tagebuche des Schreibers Giselbert 1376/78" in „Basler Jahrbuch 1886". S. 19.)

Item in desim zomir was it so truge, das die Wysel vor Thorun so cleyne und sichte was, das man si mochte obirwaten an vil endin. Sommer Weichsel Sehr niedriger Wasserstand

(„Johanns von Posilge Chronik des Landes Preußen" in „Scriptor. rer. Prussicar". 3. Band, S. 104.)

° („Die älteste Thorner Stadtchronik", edid. Max Töppen in „Zeitschrift d. Westpreuß. Geschichtsvereins". Heft 42, S. 133.)

in nocte Victoris, iterum erat inundacio maris, et per tempestatem ventorum, aggeribus fractis, multa dampna miseris allata sunt.

(„Auctoris incerti chronic. Tielense." edid. J. D. van Leeuwen. S. 394.)

(In der Nacht des Viktor-Tages war wiederum eine Meeresflut, und nachdem durch die Gewalt des Sturmes die Deiche gebrochen waren, erlitten die bedauernswerten [Einwohner] großen Schaden.) 10. Oktober Holland Sturmflut

le Drac déborda d'une manière extraordinaire à Grenoble; il détruisit tous les terrains cultivés et emporta le pré de la Trésorerie, qui touchait les remparts, entre la porte de l'Eguyer et la porte Traine, menaçant d'engloutir la ville. 1377 Grenoble Überschwemmung des Drac

(Archiv. Avignon.)

(M. Champion „Lrs inundations en France etc." II, S. 199.)

Durch Austreten des kleinen Flusses, die Fulda genannt, ging zu Loccum viel Vieh verloren. Lockum (S. Hannover) Fulda-Überschwemmung

(Chr. E. Weidemann „Geschichte des Klosters Loccum". S. 28.)

fuit magna Wyserae inundatio, et aquae tantum creverunt, quod ad medium fori quasi pervenerunt, ipso die Scholasticae virginis. 10. Februar Minden Weser-Überschwemmung

(„Hermanni de Lerbeke chronicon episcoporum Mindensium" in G. W. Leibniz „Scriptor. Brunsvic. illustr." II, S. 193.)

(Es trat eine große Überschwemmung der Weser ein, und die Fluten wuchsen so an, daß sie fast bis zur Mitte des Marktes gelangten, am Tage der Jungfrau Scholastica.)

Eodem tempore altera Dionysii fuit diluvium maius priori, adeo ut fluctus marini impacti sint in murum fratrum praedicatorum Nordensium ex parte orientali. Ac tunc iste agger Lützburgicus divulsus est, et gurgites in Bergum ac Lützborch infracti fuere. Sed in Reydergonia maius hoc diluvium damnum dedit, magna 10. Oktober Friesland Sturmflut enim istius regionis pars cum 32 pagis interiit, quam hodie de Dollerth vocant. Pagorum nomina praecipuorum haec sunt: Stockdorp, Sandorp, Sayen, Aytkeweer, Soysem, Ferwolde, Golthorn, Wilgenn, Walmercum splendido coenobio, Reiderwolde cum duobus templis magnifice exstructis, Ockwer, Tornium, Fleten etc. (aus Chronik d. Ernst Friedrich von Wicht lt. Chronik Abschrift d. Pastor Badius in Gödens v. Jahre 1580).

(„Fragmente zur Geschichte des Dollart." edid. Generalsuperintendent Bartels in Aurich in „Jahrbuch d. Gesellschaft f. bildende Kunst etc. zu Emden". 2. Band, 1. Heft, S. 10, 11.)

(Zu derselben Zeit, am anderen Tage des Dionysius, ereignete sich eine Meeresflut, die noch größer war als die frühere, so daß die Meereswogen in die Mauer der Prädikatoren-Brüder im Norden von der Ostseite hineingeschlagen sind. Darauf wurde der dortige Lützburger Deich zerrissen, und die Flut war in Bergum und Lützburg schwach. Aber in Rheyderland richtete diese Meeresflut größeren Schaden an, denn ein großer Teil dieser Gegend ging mit 32 Dörfern unter, was wir heute den Dollart nennen. Die Namen der hauptsächlichsten Dörfer sind: Stockdorp, Sandorp, Sayen, Aytkeweer, Soysem, Fernwolde, Gothorn, Wilgenn, Walmercum mit dem herrlichen Kloster, Reiderwolde mit zwei prächtig errichteten Kirchen, Ockwer, Tornium, Fleten etc.)

16. November 1377 Flandern Sturmflut

dici iuxta mare, seu promontoria de Biervliet, fracti sunt propter nimium fluxum maris, et submersae sunt iuxta Biervliet, inter Oostvrye et iuxta Bouchoute in territorio Quatuor Officiorum, fere quindecim parochiae; homines, iumenta, pecoraque submersi; . . . Iste fluxus feria secunda post festum beati martini. Parochiae submersae fuerunt Ysendike, sancti Nicolai, Ten Amere, Ellemare, Roeselare, Oumanskerke, Piete, sanctae Catharinae iuxta Oostburg, sancti Johannis in Heremo, pars Sconendike, Hughevliet, pars beatae Virginis de Biervliet et sancti Nicolai de Biervliet, Vulpen, Bouchoute, monasterium sancti Wilhelmi.

(„Chronicon comit. Flandr." in „Corp. chron. Flandr.", edid. J. J. de Smet in „Collect. de chron. Belg. inédit." Band 3, Tom. I, S. 234.)

(Die Deiche neben dem Meere oder Vorgebirge von Biervliet zerbrachen infolge der gewaltigen Meeresflut, und es gingen bei Biervliet zwischen Oostvrye und bei Bouchoute im Gebiet der vier Ämter fast 15 Parochien unter; Menschen, Last- und Kleinvieh ertranken.
Jene Flut war am Montag nach dem St. Martinsfeste: die untergegangenen Parochien waren Ysendike, St. Nicolaskerk, ten Hamern, Ellemare, Rosilaar, Oostmanskerke, Piete, St. Katharinenkerk bei Oostburg, St. Janskerk, ein Teil von Schondyk, Hugenvliet, ein Teil der Kirche der heiligen Jungfrau und des heiligen Nicolaus zu Biervliet, Vulpen, Bouchoute, das Kloster des heiligen Wilhelm.)

Item, in dit jaer brac den dijck ute te Biervliet ende daer omtrent in Novembre, ende daer verdronken XVI prochien op sente Lissebettennacht. ('s Maendaechs naer Ste. Martensdach brack't gat te Biervliet uyt ende daer verdroncken vele prochien, te wetene: Bouchaute, de Piete, de Gewilleghe inne Roesselaere, Eynsdijck, Elmare, St. Jans in de Wostyne, Bymanskeercke, Ste. Catlyne ten termen, Coendijke, Maternessen, Ste. Nyclaes, Biervliet, Schoondijck, noch een ander prochie.)

(„Memorieboek der Stad Ghent 1301–1337." I. Deel in „Maetsch. der Vlaemsche Bibliophil." 2. ser. No. 15, S. 101.) = 1376

Item, in dit jaer dede't water vele quaets in Oostvrye ende in de Vierambachten. 16. Nov. 1377 Flandern Sturmflut

(„Memorieboek der Stad Ghent 1301–1337." I. Deel in „Maetsch. der Vlaemsche Bibliophil." 2. ser. No. 15, S. 101.) = 1376

Op den 16. Nov. was in Vlaenderen een soo groot tempeest opgeresen, dat de plaetse [het Gat van Biervliet genaemt] door de kracht van de Zee-wateren is doorgespoelt: het welcke aen het Landt eene ontschatbaere schaede veroorsaeckt heeft; aengesien meer als seventhien Dorpen door de wateren overstroomt laegen, van de welcke de menschen en beesten verdroncken zyn.

(Ch. Custis „Jaer-Boecken der stadt Brugge etc." I, S. 403.)

Mox secutum diluvium aliud, haud paulo pernitiosus superiore, ad XVII Calend. Decemb. quo magnis detrimentis omnis ora Frisia rursum affecta; Hollandia etiamac Selandia afflictae graviter; in Flandria ad XXX fana cum vicis absorpta; in agro Nordano agger, qui Bergumum et Lutesburgum praecingit, passim disiectus gurgitesque illic vi fluctuum in terram depressi; fluctus in muros coenobii Dominicani apud Nordanos impacti; multum hominum pecorumque passim enectum. Flandern, Seeland, Holland Friesland Sturmflut

(Ubbo Emmius „Rerum Frisicarum historia etc." Decas II. Liber XV, S. 214.)

(Bald folgte eine andere Flut, die keineswegs weniger gefährlich war als die vorige, [und zwar am 16. November], wodurch die ganze friesische Küste wieder großen Schaden erlitt. Auch Holland und Seeland wurden schwer betroffen. In Flandern wurden gegen 30 Kirchen mit ihren Dörfern [von der Flut] verschlungen. In der Gegend von Norden wurde der Deich, der Bergumum (?) und Lutesburgum (?) umgab, weit und breit durchbrochen und das Meer wurde dort infolge der Gewalt der Wogen in das Land hineingedrückt. Die Fluten schlugen in die Mauern des Dominikaner-Klosters bei Norden hinein. Viele Menschen und Vieh weit und breit kamen um.)

° („Detmar-Chronik" in Johanns von Posilge Chronik des Landes Preußen in „Scriptor. rer. Prussicar." 3. Band, S. 99/100.)

Circa Natale vero Dominicum tanta excrevit aqua in partibus Northumbrorum, de resolutione nivium quae per ante in magna densitate terram operuerant, ut aqua de superciliis montium descendendo, iuxta cum frustris glaciei, domos colonorum subverteret . . . Um Weihnachten Northumberland (England) Überschwemmung der Flüsse

(„Thomae Walsingham, quondam monachi S. Albani, hist. Anglicana", edid. H. Th. Riley in „Rer. Britannic. med. aevi scriptores". Band 28, Teil 1, Vol. 1, S. 323.)

(Um die Geburt des Herrn aber stieg das Gewässer in Teilen von Northumberland so hoch an, infolge der Schmelze der Schneemassen, die vorher in großer Dichte den Erdboden bedeckt hatten, daß das Wasser von den Bergeshöhen herabfloß und zusammen mit den Eisstücken die Häuser der Einwohner einstürzte.)

° („Chronicon Angliae ab anno Domini 1328 usque ad annum 1388, auctore monacho quodam sancti Albani", edid. E. M. Thompson in „Rer. Britannic. med. aev. scriptores". Band 64, S. 109.)

1378 Rhein Schädlicher Eisgang

quam ein groisse is ind dede groissen schaden, dair man sich neit vor enhoidde.

(„Kölner Jahrbücher d. 14. u. 15. Jahrhunderts." Rezension C. in „Die Chroniken d. deutsch. Städte". 13. Band, S. 75.)

24. Februar Bodensee Eisdecke

Item anno domini 1378 an sant Matheusabent do überfror der Bodensee von Egg untz gen Merspurg und gen Hagnow untz gen Buchhorn. Und weret das vier tag, das ain katz oder ain hund wol uff dem iß geloffen hett und was doch ze Costentz in der statt also warm, das es gar nit vil gefror.

(„Johannes Stetter's u. Gebhard Dacher's Chronik." in Ph. Ruppert „D. Chronik d. Stadt Konstanz". S. 90.)

° („Konstanz. Chronik 307–1466" in F. J. Mone „Quellensammlung etc." I, S. 322.)

1378 Basel Rhein u. Birsig Überschwemmung

Der Birsich sampt dem Rhein waren selbigs jars von grossem Regenwetter abermals also sehr angeloffen / das man auff dem Vischmarckt mit Weidlingen herumb führe / vnd zwey Joch von der Bruck hinweg floßen.

(Christ. Wurstisen „Baßler Chronick" S. 191 und I, S. 208.)

Frühjahr Thur, Tollern, Larg, Ill und der Rhein Überschwemmung

Dieses Frühe Jahr war die Thur, die Tollern, Larg, Ill und der Rhein, von wegen vilen Wassergüssen, also übermäßig angeloffen, daß sie nit nur allein alle Felder überschwemmt, sonder auch die Bruckhen an vilen Orthen sambt den Jochen weggenommen.

(M. Tschamser „Annales etc. zu Thann." I, S. 427.)

Nach 21. Okt. Gegend von Gloucester Überschwemmung

Maximae inundationes aquarum, venti etiam et tonitrui tempestates, in principio parliamenti [Beginn des Parlaments = 21. Oktober] tenti apud Glocestriam extiterunt; ita quod multi, nisi per navem vel equos illuc patebat accessus: et vix transiit dies, quousque parliamentum esset finitum, quin in eo pluebat.

(„Adami Murimuthensis chronica sui temporis." Contin. Contin. S. 235/36.)

(Es traten sehr starke Überschwemmungen der Gewässer, auch Stürme und Unwetter mit Donnerschlag zu Beginn des Parlaments [21. Oktober] bei Gloucester so schwer auf, daß viele nur auf einem Kahn oder zu Pferde dort Zutritt fanden, und kaum ging ein Tag vorüber, bis das Parlament zu Ende war, ohne daß es an diesem Tage regnete.)

was der winter gar unstete, das die Wysel drystunt [dreimal] bestunt und weder abeging, das nicht reyse wart. Winter 1379 Nordost-deutschland Weichsel: Eisdecke

(„Johann's von Posilge Chronik des Landes Preußen" in „Scriptores rer. Prussicar." 3. Band, S. 109/110.)

Postea ipso die Thome Cantuariensis Rhenus est coagulatus glacie, quod transiebatur sicco pede circumquaque, qui recessit in vigilia Epiphanie domini [5. Januar 1379], videlicet octo diebus glacie penitus resoluta. 29. Dezember 1378 Rhein Eisdecke

(„Chronicon Moguntinum" in „Die Chroniken d. deutsch. Städte". 18. Band, S. 200.)

(Später am Tage Thomas von Kent fror der Rhein zu, daß man trockenen Fußes überallhin das Eis überschreiten konnte, das am Vortage des Epiphaniasfestes abging [5. Januar 1379] und nämlich in 8 Tagen völlig schmolz.)

Anno domini 1379 jar. zu diesen zeiten tet die Pegnitz unaußsprechenlichen großen schaden der stat Nurenberg, wann der fluß was nit eingefast ... 1379 Nürnberg Überschwemmung der Pegnitz

(„Sigmund Meisterlin's Chronik der Reichsstadt Nürnberg." III. Kap. 27 in „Die Chronik d. dtsch. Städte". 3. Band, S. 169.)

In hac estate multum pluit, sed tum continue calidum tempus fuit, unde Rhenus inundavit et peremit ... fenum circa Rhenum crescens; et facte sunt multe et magne fovee et voragines terre in multis partibus ex nimia pluvia. Sommer 1379 Rhein Überschwemmung

(„Chronicon Moguntinum" in „Die Chroniken d. deutsch. Städte." 18. Band, S. 201.)

(In diesem Sommer regnete es viel, aber darauf war anhaltend warmes Wetter, wodurch der Rhein über seine Ufer trat und das am Rhein wachsende Gras vernichtete; es wurden viele und große Gruben und Abgründe in der Erde in vielen Gegenden durch den gewaltigen Regen gemacht.)

et en l'iver ensuivant, furent les rivieres de Seine et de Marne, d'Yonne et d'Oyse, moult grans. Winter 1379/80 Frankreich Überschwemmungen der Flüsse, z. B. der Seine Marne, Yonne, Oise

(R. Delachenal „Chronique des régnes de Jean II. et de Charles V". Tom. II. in „Soc. de l'hist. de France". Band 375, S. 368.)

Kal. Maji Oceanus inundat Insulas Oelandicas Frisorum, submersis hominibus et pecoribus innumeris. 1. Mai 1380 Nordfriesland Sturmflut

(Cornel. Hamsfort „Chronolog. rer. Danicar. secunda 687–1448" in J. Langebek „Scriptor. rer. Danic." I, S. 314.)

(Am 1. Mai überflutete das Meer die nordfriesischen Inseln und ertränkte unzählige Menschen und Kleinvieh.)

Do ginck dar eine hoge vloet in Sunt Walburgis dage auver alle vthlande. (Chronicon Eiderostad. vulgare.) Dithmarschen Sturmflut

(„Johann Russe's Sammlungen u. Vorarbeiten zur Chronik des Landes Dithmarschen", edid. Dr. A. L. J. Michelsen. S. 702.)

° („M. A. Heimreichs etc. nordfresische Chronik", edid. Dr. H. Falck. I, S. 273.)

° („Joh. Adolfi's Chronik des Landes Dithmarschen", edid. F. C. Dahlmann. I, S. 372 aus Eiderstedt. Chronik.)

° („Des Matthias Boetius' 3 Bücher über Denkwürdigkeiten von Sturmfluten, welche Nordstrand betroffen haben", deutsch v. Dr. Schmidt-Petersen. S. 86.)

1380 Juni Nieder-Rhein Gegend Überschwemmungen der Flüsse

In mense Junio facte sunt-munifice tempestates turbinum grandinum et diluviorum in multis partibus circa Coloniam.

(„Chronicon Moguntinum" in „Die Chroniken d. deutschen Städte". 18. Band, S. 203.)

(Im Monat Juni ereigneten sich zahlreiche Unwetter mit Wirbelstürmen, Hagelschlägen und Wasserfluten in vielen Gegenden bei Köln.)

18. Oktober — Weihnachten 1380 England Überschwemmungen der Flüsse

Hoc anno inundationes aquarum nimiae extiterunt, ita ut a die sancti Lucae evangeliste, usque ad Natale Domini vix dies transiit quin pluebat.

(„Adami Murimuthensis chronica sui temporis." Contin. Contin. S. 243.)

(In diesem Jahre ereigneten sich sehr starke Überschwemmungen der Gewässer, da vom Tage des Evangelisten St. Lucas des Herrn kaum ein Tag vorüberging, ohne daß es nicht regnete.)

Winter 1381 Rhein Eisdecke

1381.

In hoc hyeme Rhenus est congelatus infra opidum Pinguense, scilicet Bacharach et infra, qui in ejus transitu maxima facit dampna ibidem constituta.

(„Chronicon Moguntinum" in „Die Chroniken d. deutschen Städte". 18. Band, S. 206.) = 1381

(In diesem Winter fror der Rhein bei Bacharach und unterhalb hiervon zu und machte beim Aufgang größten Schaden, wie dort festgestellt wurde.)

22. Januar — bis 1. Februar 1381 Rhein Eisdecke

ipso die Vincencii martyris Rhenus frigore vehementi compactus est, cum pridie nulla glacies in eo fuerit, et in vigilia purificacionis glacies recessit, . . .

(„Chronicon Moguntinum" in „Die Chroniken d. deutschen Städte". 18. Band, S. 205.)

(Am Tage des Vincentius des Märtyrers wurde der Rhein infolge der heftigen Kälte fest, während am Tage vorher noch kein Eis auf demselben war, und am Tage vor Mariä Reinigung ging das Eis ab.)

1382 Braunschweig Überschwemmung

hoc est eodem anno fuit inundatio tertia in Brunswig.

(„Chronicon excerptum de diversis chronicis etc. usque ad a. 1474 v. ein. Mönch d. Klosters S. Aegidii in Braunschweig" in J. Pistorius „Rer. Germanic. scriptores". I, S. 1107.)

(In diesem Jahre war die dritte Überschwemmung in Braunschweig.)

A. D. 1382, magna inundatio aquarum fuit super terram, et incepit octavo idus februarii [6. Febr.], duravitque usque a sexto (!!) Kl. marcii [24. Februar], quarum inundatione et habundacione quatuor arche pontis Rothomagi penitus repleverunt, et multe gentes, tam magne quam parve, in maximum damnum cum multis aliis bonis perierunt, certissime credentes quod predicte aque subito per dimidium pedem et amplius in monasterio in claustro, in refectorio istius prioratus Beate Marie de Parco, ordinis Grandimontensis [Notre-Dame-du-Parc, près de Rouen], apparuerunt taliter quod. [In einem Manuskripte der Archive v. Depart. Seine-Inférieure. 249.] 1382 6.—24. Februar Rouen und Umgegend Überschwemmung der Seine

(„Chronique Rouennaise 1371–1434“ in „Chron. normande de Pierre Cochon etc.“, edid. Ch. de Robillard de Beaurepaire in „Soc. de l'hist. de Normandie“. Band 1, S. 331.)

(Eine große Überschwemmung der Gewässer auf der Erde ereignete sich, und zwar begann sie am 6. Februar und dauerte bis zum 24. Februar, und durch diese Überschwemmung waren vier Bogen der Brücke zu Rouen bis oben hin angefüllt, und viele Gemeinden, sowohl große wie kleine, gingen mit vielen anderen Gütern zugrunde. Sie glaubten sich in Sicherheit, als oben erwähnte Gewässer plötzlich $^{1}/_{2}$ Fuß hoch und mehr in dem Kloster, im Refektorium jenes Priorats Notre-Dame-du-Parc, [bei Rouen] sich zeigten, . . .)

Anno domini MCCCL XXXIII zoe sent Remeyss missen was der Rijn so kleyne dat men dar ouer reit tuschen Collen Bunne ind Nuyssen. 1. Oktober 1383 Rhein Sehr niedriger Wasserstand

(„Münstereifeler Chronik“, edid. Dr. Floß. S. 197.)

Anno 1384 am 20. tag des meyen was ein solicher ungestummer regen ob Louffenberg in einem tal, das er 3 dörffer hinweg fürt. Flussent den Ryn ab ettlich hüser, so noch gantz woren . . . 20. Mai 1384 Bei Sulz oberhalb Laufenburg (Rheinsulztal) Überschwemmung

Anno 1384, 20. mai, ingens pluviarum tempestas in quadam valle ultra opidum Loufenberg tres villas submersit; octo homines perierunt; tuguria aliqua istarum villarum integra, etiam infantuli in cumis ad Basileam usque in Rheno defluxerunt.

(„Die größeren Basler Annalen“ in „Basler Chroniken“. 5. Band, S. 35.)

(Ein gewaltiges Unwetter mit Regengüssen in einem gewissen Tal oberhalb der Stadt Laufenburg setzte drei Dörfer unter Wasser; acht Menschen kamen um; einige Hütten jener Dörfer, auch Kinder in den Wiegen, wurden im Rhein bis Basel unbeschädigt hinabgeschwemmt.)

° („Die größeren Basler Annalen nach Schnitts Handschrift.“ 238–1416 in „Basl. Chronik.“ 6. Bd., S. 269.)

1384 22. Juli Giengen (Württemberg) Überschwemmung infolge Wolkenbruchs

In der jarzal unsers herren in dem 1384 jar an dem nechsten fritag vor sant Jacobs tag do kom ain wolkenbrunst gen Giengen, die was als grozz, daz ez äcker hinfürt mit korn und mit al, und daz wazzer ward als grozz in der stat, daz sie waunden all zu verderben und forchten, ez wurd die rinkmur an der stat hinbrechen.

(„Augsburg. Chronik v. 1368/1406" in „Die Chroniken d. dtschen. Städte." 4. Band, S. 75.)

° („Chronik des Dietrich Westhoff" in „Die Chroniken der deutschen Städte". 20. Band, S. 247.) = 25. Juli

26. Dezember Augsburg Hochwasser des Lechs

... und wurden alliu wazzer ser grozz.

(„Augsburg. Chronik v. 1368/1406" in „Die Chroniken d. deutschen Städte". 4. Band, S. 75.)

... und alle waßer warn groß, ...

(„Chronik des Burkard Zink." I. Buch in „Die Chroniken d. deutschen Städte". 5. Band, S. 30.)

1385 Görz Überschwemmung der Flüsse

Hoc anno inundationes aquarum factae sunt, et homines multi, villae vel aliae habitationes hominum in Goricia et in aliis locis saxosis per eas submersae sunt.

(„Chronicon Elwacense." M. G. H. Scriptores. X, S. 41.)

(„Chronicon Elvacense" in „Württ. Geschichtsquellen", edid. Kgl. Statist. Amt II, S. 43.)

(In diesem Jahre ereigneten sich Überschwemmungen der Gewässer, und viele Menschen, Dörfer oder andere Unterkünfte für Menschen in Görz und in anderen felsigen Gegenden gingen dadurch zugrunde.)

° („Joannis Fistenport continuatio chronici ab Hermanno Januensi scripti ab a. 1352 ad a. 1421" in S. F. Hahnius „Collectio monument. veter. et recent. ineditor. I.)

5. Januar Rhein-Main-Gegend Überschwemmung der Flüsse

..., et idem austerus ventus durans per totam diem sequentem, videlicet vigiliam Epiphanie domini, et fuerunt inundationes aquarum magne ...

(„Chronicon Moguntinum" in „Die Chroniken d. deutschen Städte". 18. Band, S. 212.)

(..., und derselbe S-Sturm dauerte den ganzen folgenden Tag, nämlich den Vortag des Epiphaniastages, und es ereigneten sich große Überschwemmungen der Gewässer.)

Fastenzeit Rhein Überschwemmung

Do men zalte 1385 jor, in der vasten do was das wasser 14 tage gros, das der Ryn allenthalben usging. doch was es bi drigen schuhen nüt also gros also das noheste vorgeschriben wasser, aber es werte gar vil lenger denne keis dovor ie gedet: wan es regente gar vil zů herbeste des vördern jores, das dozwüschent das wasser allewegen grösser was denne sin gewönlich louf ist.

(„Königshofen. Chronik" in „Die Chroniken d. dtsch. Städte" 9. Band, S. 867.)

Furchtbare Überschwemmung. 1385 Juli Umgebung von Bunzlau Überschwemmung des Bobers

(J. G. Bergemann „Chronik d. Stadt Bunzlau". II, S. 20.)

Queis starke Überschwemmung. Drei Häuser fortgerissen, sehr viele Grundstücke beschädigt.) Friedeberg a/Queis Überschwemmung des Queis

(J. G. Bergemann „Beschreibung und Geschichte der Stadt Friedeberg/Queis". S. 57.)

In der jarzal unsers herren in dem 1385 jar umb sant Gallen tag do chom ain regen, der weret wol 3 gantz Wochen uberal in dem pirg und in Kattuferz und in Frigul [Catubria, nordwestl. von Friaul] und ward ein güzz, diu was als groz, daz sie all prugg, weg und steg hinfürt, und daz mer ward ser grozz von den güssen, daz ez zů Venedig giengg uff sant Marx platz und uff den Rigalt, und daz all prunnen vol wurden. Nota. ez fürt vil dörfer und hüser hin, wisen und ecker, lüt und gůt. man sal wizzen, daz ain stat uff der Mark was, diu verdarb allzůmaul von dem wazzer, diu hiezz Griffenberg . . . Um 16. Oktober Alpen, Friaul, Venedig Überschwemmung der Flüsse
(Greifenberg in der Mark [M. Treviso]?)

(„Augsburg. Chronik v. 1368–1406." in „Die Chroniken d. dtsch. Städte." 4. Band, S. 77.)

° („„III. Detmar-Chronik v. 1101/1395 etc." in „Die Chroniken d. dtsch. Städte". 19. Band, S. 597.)

Quo anno item Lechus, Werdacha, Senckelis, et reliqui amnes hic, propter continuas posteriorum viginti Octobris dierum pluvias, adeo inundarunt, ut campi et agelli stagnum saepissime sint habiti, damnaque non modica per provinciam nostram, illuvionibus illis acceperint. Mitte Oktober — Anfang November 1385 Süddeutschland Überschwemmung der Flüsse

(A. P. Gasser „Annal. Augstburg." in J. B. Mencken „Scriptor. rer. Germanic." I, Sp. 1524.)

(Gleichfalls in diesem Jahre traten der Lech, die Wertach, der Senkelbach und die übrigen Gewässer hier infolge der im Oktober 20 Tage hintereinander anhaltenden Regengüsse so stark über ihre Ufer, daß die Felder und kleinen Güter sehr häufig das Aussehen von Seen hatten und unmäßigen Schaden in unserer Gegend durch jene Überschwemmungen erlitten.)

Im jar 1385 um wihenecht ward der Rin so groß, daß er vil hüser und brucken hinweg führt. Es ward ouch der gerberbach zu Costanz so groß, daß er den lüten in die hüser luff und sy mit den kindern in die statt wichen mustent. Um Weihnachten Rhein, Konstanz Überschwemmung

(„Chronik d. Klaus Schultheiß" in Ph. Ruppert „D. Chronik d. Stadt Konstanz". S. 272.)

Item circa festum Johannis baptiste tanta fuit inundatio aquarum in Karinthia et aliis partibus montanis prope Salcburgam, et eciam circa Danubium, sic ut et domus ac ville precipitabantur, et pontes deportabantur aquarum violencia. Gegen 24. Juni 1386 Kärnten, Salzburg, Donau Überschwemmung

(„Annales S. Rudberti contin. monachorum S. Petri." M. G. H. Scriptores. IX, S. 840.)

(Gleichfalls um das Johannis des Täufer-Fest war eine so schwere Überschwemmung der Gewässer in Kärnten und anderen Gebirgsgegenden bei Salzburg und auch an der Donau, daß sowohl Häuser als auch Dörfer zugrunde gingen und Brücken durch die Wildheit der Gewässer fortgetragen wurden.)

1386 Reichenhall (Bayern) Überschwemmung der Salzach

Saalach: starke Überschwemmung.

(Dr. J. G. Osterhammer „Topographie u. Geschichte der etc. Salinenstadt Reichenhall". S. ?)

Oktober Mons Überschwemmung

Il y ent grande quantité de neige qui tomba de l'air au mois d'octobre, dont arriva qu'en la ville de Mons, icelles estant liquifiées, firent grands dommages en divers endroits de ladite ville, car entre autres elles emportèrent une partie de la porte ancienne de Nimy.

(Franc. Vinchant „Annales de la prov. et comté du Hainaut etc.", edid. A. P. V. Descamps. Tome III. in „Soc. des bibliophil. de Mons Band 16, S. 279.)

1387 Schwaben (Bayern) Hochwasser der Flüsse

Man sol wizzen, daz der gröst schne fiel, der vor in zwaintzig jaren ie chonen was, und die wazzer wurden als grozz, daß sich niemand geregen kund, darumb liezz man der stet ain tail zerriten.

(„Augsburg. Chronik v. 1368/1406" in „Die Chroniken d. dtsch. Städte". 4. Band, S. 81.) = 1388

20. August Südostdeutschland Überschwemmung der Flüsse

In festo sancti Bernhardi fuit maxima inundatio aquarum que plures villas, domus et agros submersit.

(„Sigismundi Rosiczii chronica" in „Scriptores rer. Silesiac." XII, S. 41.)

(Am St. Bernhards-Feste ereignete sich eine sehr starke Überschwemmung, die zahlreiche Dörfer, Häuser und Äcker unter Wasser setzte.)

Um 29. August Bober Überschwemmung

. . . fuit ingens inundacio aquarum in multis terrarum locis, dampna gravissima hominibus faciens, Bobere [Bober] autem ipso die Johannis . . .

(„Catalogus abbat. Saganens." in „Scriptor. rer. Silesiac." I, S. 418.)

(. . . ereignete sich eine ungewöhnlich starke Überschwemmung der Gewässer an vielen Orten des Landes und fügte den Menschen schwerste Schäden zu, auch der Bober am selben Tage Johannes [Enthauptung].

3. Oktober Freiburg (Schweiz) Überschwemmung der Saane

in vigilia S. Francisci crevit serona aqua juxta Friburgum in tantum, quod omnia molendina, aliquas domos et horrea destruxit.

(„Anonymus Friburgensis" in Dr. G. Studer „Die Berner Chronik d. Conrad Justinger". S. 470.)

(Am Vortage des St. Franciscustages wuchs die Saane bei Freiburg so stark an, daß sie alle Mühlen, zahlreiche Häuser und Scheunen zerstörte.)

Bober-Überschwemmung. Viel Schaden. 1387 13. Oktober Bunzlau Überschwemmung des Bobers

(J. G. Bergemann „Chronik der Stadt Bunzlau". II, S. 20.)

is Friesland door't overlopen der Zee / weder grotelyks beschadigt. 1388 Friesland Sturmflut

(Okko van Scharl, Johannes Vlytarp, Andreas Cornelius Stavriensis. „Chronyk en waaragtige beschryvinge van Friesland etc." S. 145.)

Ouch worin dy temme do vor purificationis Marie usgebrochin, das das grosze werder und ouch das cleyne, das dy werder alle worin beflossin. 2. Februar Weichsel Überschwemmung

(„Johann's von Posilge Chronik des Landes Preußen" in „Scriptor. rer. Prussicar". 3. Band, S. 153.)

Und dornoch czu ostern brochin sie onderweit us, und was so gros wasser, das die lůte des glichin nicht gedochtin. 29. März 1388 Nordostdeutschland Überschwemmung der Flüsse

(„Johann's von Posilge Chronik des Landes Preußen", in „Scriptor. rer. Preussicar". 3. Bd., S. 153.)

Item dry tage vor Margarethe was so gros reyn im lande czu Pruszin, das desin gebitegern: Strasburg, Redin, Roghusen, Engelsberg, ere molen usbrochin, und geschach gros schade, das des kompthurs gemach von Grudencz nedir vil in die Wysel. Und czu Fredecke [Friedeck, im Culmerland, auch Briesen genannt] vylen czwene torme neder in deme vorborge, und die mole czu Starkinberg (... Starkenberg, an der Ossa, in Pomesanien) und ouch schach schade an deme huse czu Roghusin. 10. Juli Nordostdeutschland Überschwemmung der Flüsse

(„Johann's von Posilge Chronik des Landes Preußen" in „Script. rer. Prussicar." 3. Bd., S. 152/53.)

Renus etiam illa tempestate adeo minoratus et exhaustus erat, vt equi naues trahentes ad medium eius irent. Spätherbst Rhein sehr niedriger Wasserstand

(„Chronicon Brunwylrense" in Dr. Gottfr. Eckertz „Fontes adhuc inediti rer. Rhenanar." II, S. 245/46.)

(Der Rhein war nämlich zu jener Zeit so niedrig und ausgetrocknet, daß die Pferde, die die Schiffe zogen, in der Mitte [des Flusses] liefen.)

up sent Kathrinen dach, do was der Rin also cleine, dat de pert de schif midden in deme Rine up treckden, dat in mans gedenken nie engeschach, und de putze waren verdruget, dat man rinwasser veil hatte up den gassen. 25. November Rhein: sehr niedriger Wasserstand

(„Kölner Jahrbücher d. 14. u. 15. Jahrhunderts." Rezension B. in „Die Chroniken d. deutsch. Städte". 13. Band, S. 46.)

° („Kölner Jahrbücher d. 14. u. 15. Jahrhundert." Rez. C. in „Die Chroniken d. deutsch. Städte". 13. Bd., S. 78.)

° („Kölner Chronik (274–1399)", edid. Dr. Ennen in „Annal. d. histor. Vereins für den Niederrhein". 23. Heft, S. 57.)

1388 Dezember Rhein: sehr niedriger Wasserstand

In dissem vurscreven 1388 jaer was de Rijn so klein, dat die perde midden im Rijn gengen, dwelche de schepe upwart togen, dat gein mensche gelevet hat.

(„Chronik des Dietrich Westhoff v. 750–1550" in „Die Chroniken der deutschen Städte". 20. Bd., S. 266.)

Vor Weihnachten Belgien Flüsse sehr niedriger Wasserstand

Aque eciam fuerunt hoc anno ante nativitatem Domini tam parve sicut unquam fuerant vise.

(„La chronique Liègeoise de 1402", edid. E. Bacha. S. 413.)

(Auch waren in diesem Jahre vor Weihnachten die Gewässer so niedrig, wie sie vorher niemals gesehen worden waren.)

Um Oktober 1389 Rhein-Main-Gegend Überschwemmung

Eo tempore facta est effluencia magna aquarum propter nimiam nivem et pluviam frequentem.

(„Chronicon Moguntinum" in „Die Chroniken der deutschen Städte". 18. Band, S. 222.)

(Zu derselben Zeit ereignete sich ein großes Ergießen der Gewässer infolge des ungewöhnlich starken Schnees und häufigen Regens.)

5. Dezember 1392 Böhmen Überschwemmung der Flüsse

in vigilia sancti Nicolai fuit diluvium magnum.

(Dr. K. Gillert „Latein. Handschriften in St. Petersburg." Annal. Aufzeichnungen v. 1310–1399 etc. in „Neues Archiv d. Gesellsch. f. deutsche Geschichtskunde". 5. Band, S. 605.)

(Am Vortage des St. Nicolaustages war eine große Wasserflut.)

Prag Überschwemmung

die ante S. Nicolai exundavere aquae circum Pragam molendinaque abstulere, in braxatoriis circa Hospitale omnia plena erant aquis.

(Appendix zu „Historia Bartoosek etc. de Drahonicz" in G. Dobner „Monum. hist. Boem." I, S. 213.)

(Am Tage vor dem St. Nicolaustage traten die Gewässer bei Prag über ihre Ufer, schwemmten Mühlen fort, und in den Brauereien beim Hospital war alles voll Wasser.)

1. Mai 1393 Dithmarschen Sturmflut

ginck de vloet tho Sunte Walburgis dage. (Chronicon Eiderostadense vulgare.)

(„Johann Russe's Sammlungen u. Vorarbeiten zur Chronik des Landes Dithmarschen", edid. Dr. A. L. J. Michelsen. S. 703.)

Ao. 1393 up St. Wolbrechts dage grote Vlot.

(„Johann Adolfi's etc. Chronik d. Land. Dithmarschen." I, S. 377.)

25. Mai Eisenach Überschwemmung

in die penthecostes hora completorii facta est magna inundacia aquarum in isenaco versus plagam australem et pertransivit conventum karthusianum quasi ad altitudinem hominis. Deinde descendit ad fossata civitatis isenacensis et non potens procedere crevit ibi ad magnam altitudinem in tantum, quod murum civitatis deiecit et depressit et cum impetu intrans civitatem ad plateam cerdonum deponende domus et multa deportando et cum suo impetu clausit valvas porte sancti nicolai. Quibus clausis congregabantur ibi in tantum, quod destruxerunt portam violenter. Et multa pecora et suppellectilia perierunt et in campis inveniebantur. (Historia Pistoriana edid. Pistorius S. 949, edid. Struve S. 1357.)

(„Memoriale-thüring.-erfurt. Chronik – von Konrad Stolle“ edid. Dr. Richard Thiele in „Geschichtsquellen der Provinz Sachsen etc.“ 39. Band, S. 479.)

(Am Pfingsttage am Abend nach der Vesperzeit ereignete sich eine große Überschwemmung der Gewässer in Eisenach gegen den östlichen Himmelsstrich, und das Wasser lief durch den Karthäuser-Convent fast in Manneshöhe. Darauf strömte es in die Stadtgräben von Eisenach, und da es nicht weiterfließen konnte, wuchs es dort zu einer solchen Höhe an, daß es die Stadtmauer umwarf und mit Ungestüm in die Stadt eindrang bis zur Handwerkergasse, Häuser niederlegte und vieles fortschwemmte und durch seine Gewalt die Torflügel des St. Nicolaustores schloß. Nachdem diese versperrt waren, floß es dort so hoch zusammen, daß es das Tor stark beschädigte. Viel Kleinvieh und Hausgerät gingen verloren und wurden auf den Feldern gefunden.)

In dem selbin jare zu phyngisten an dem heiligen tage des abindes noch der vesper, do begunde ys alsso sere zu Isenache unde umbe die stat zu regnen (das man von eyme husse obir die gasse kunne gesehin mochte, unde das cleyne wassir der Krummelbach, das durch die stat flusset, das wart zu hant alsso gross) das is den Karthussern durch ir closter brach unde durch ir zellen, (unde furte on uss yrem tiche alle yre vische) unde warff die stat muwir, do dass wasser loch ist, neder unde furte der lowhusser eyn teil enwegk (unde ir ledir, das sie yn der gassin hatten), unde ertrenckte das vihe yn dem ackirhoufe zu sente Nicolas (unde bey sente Jacobe. do musten die lewte enpor uff die loubin steigen unde flien unde were die naldin phorte an der stat nicht uf getan, do weren vil lewte ertruncken. Alsso muste sente Nicolais thor unde die selbe phorte obir nacht uffin bliben, wen das wasser floss alsso stargk dor uss, das man u fusse ader zu pherde nicht mochte uss adir yn komen. unde geschach den lewten gross schade an yrem hussgerethe ledir unde holtze unde vihe, das is vor furte, das sie hyndennoch wenigk weder funden. Des gleichen geschach ouch usswenigk der stat an dem vischer stade unde hynder sente Katharinen von dem cleynen bache).

1393 25. Mai Eisenach Überschwemmung der Gewässer

(„Hist. de Landgrav. Thür. in Pistorius“.)

(„Düringische Chronik d. Johann Rothe.“ S. 643/44 in „Thüring. Geschichtsquellen“. III. Bd.)

da vyl am pfingest tage umme vesper czid zu isenache gar eyn grosser sneller regen, das der bach [Rothe-Krummelbach], der durch dy stad flusset, dy stad muren en eyl nedder warff unnd enteyl husere in der lowergassen mit allem hussrate enweg furte unnd vele vyes unnd nossere (Zugvieh) er trenckete, unnd floss eyn wasser durch dy stad gross als dy werre.

(„Memoriale-thüringisch-erfurtische Chronik – von Konrad Stolle", edid. Dr. Richard Thiele in „Geschichtsquellen der Prov. Sachsen". 39. Band, S. 216/17.) = 1390

° („Annales Isenacenses" in Christ. Fr. Paulinus „Rer. et antiquit. German. syntagma". S. 103.) = 1392

° („Adami Ursini chronicon Thuringiae vernacul. usque ad a. 1500" in J. B. Mencken „Script. rer. Germanic". III, Sp. 1324.) = 1390

27. Mai 1393 Münstereifel Überschwemmung

Anno domini 1393 veill eyn groisse wasser naerre dan eyne vyre also dat it zoe Munster eyffel up des spijdaels brucke geynge des anderen dags nae sent Vrbaens dage.

(„Münstereifel. Chronik", edid. Dr. Floß. S. 198.)

Sommer 1393 Rhein Sehr niedriger Wasserstand

estas multum sicca, . . ., aqua caruit, et Rhenus tam exiguus extitit, quod in medio Rheni circa cloacam magis siccus partim hominibus transitus patuit.

(„Chronicon Moguntinum" in „Die Chroniken der deutschen Städte." 18. Band, S. 224.)

(Ein sehr trockener Sommer . . . Es mangelte an Wasser, daß der Rhein sich so niedrig zeigte, daß sich in der Mitte des Flusses beim Abzugskanal ein ziemlich trockener Übergang, teilweise für Menschen, darbot.)

Rhein und andere Flüsse Sehr niedriger Wasserstand

Unde was der somer also heige, daz der Rin unde ander alle flißende waßer also kleine waren, als man binnen virzig jaren zubefornt i mochte gesen.

(„Die Limburg. Chronik" edit. A. Wyß M. G. H. Tomus IV, Pars I. Deutsche Chroniken. S. 86.)

15. Juni Einbeck Überschwemmung infolge eines Wolkenbruchs

Durch Wolkenbruch plötzliche große Wasserflut; 30 Menschen, 106 Kühe, 36 Pferde ertrunken.

(H. L. Harland „Geschichte der Stadt Einbeck". I, S. 260.)

27. August W. Flandern Überschwemmung

die XXVII augusti, fuit illuvies aquarum.

(Gerard de Meestere „Chronicon Evershamense" in „Recueil de chron. etc. de la Flandre-Occidentale". I. sér. S. 22.)

(Am 27. August war eine Überschwemmung der Gewässer.)

September England Überschwemmung der Flüsse

Subsequenter, mense Septembri apud Novum Mercatum [Newmarket], et iuxta villam de Barwe [Bury in Walsingham], inundationes aquarum tantae de nubibus ceciderunt, ut bina vice domos diruerent, . . .

(„Annales Ricardi II., regis Angliae" in „Rer. Britannicar. med. aevi scriptores". Band 28, 3, S. 158/59.)

(Es folgte im Monat September bei Newmarket und dicht bei Bury [in Walsingham] so große Überschwemmungen der Gewässer, daß sie zweimal abwechselnd Häuser zerstörten.)

Aquarum etiam inundantia non multo post irruit, quae apud Bury aream implevit ecclesiae, et apud Newmarket domorum parietes diruit, et viris illic ac mulieribus pene periculum demersionis intulit, mense Octobri.

1393 Oktober England Überschwemmung der Flüsse

(„Thomae Walsingham, quondam monachi S. Albani, hist. Anglicana", edid. H. Th. Riley in „Rer. Britann. med. aev. script". 28. Bd., Teil 1, Vol. II, S. 213.)

(Auch eine Überschwemmung der Gewässer brach bald darauf los, die bei Bury [Lancashire] den Platz bei der Kirche [mit Wasser] anfüllte und bei Newmarket die Häusermauern zerstörte und die Männer und Frauen dort beinahe in Gefahr brachte, zu ertrinken, [und zwar] im Monat Oktober.)

item circa festum Nicolai episcopi et per tres dies expost tam magnum erat frigus, quod Rhenus congelabatur et ante civitatem Maguntinam vix stetit per tres dies, . . .

Um 6. Dezember Rhein-Main-Gegend Rhein: Eisdecke

(„Chronicon Moguntinum" in „Die Chroniken der deutschen Städte". 18. Band, S. 225.)

(Gleichfalls um das Bischof Nicolaus-Fest und 3 Tage lang darauf war eine so große Kälte, daß der Rhein zufror und vor der Stadt Mainz kaum 3 Tage stand, . . .

magnae naves Wismariensium et Rostokcensium in mari glacie totaliter cinctae, ne de loco moveri possent, viriliter et ingeniose se defenderunt ad multa tempora contra exercitum Danorum, donec glacies resolueretur.

1394 Ostsee Eisdecke

souen grote schepe tho der wismer vnde rostoke horende in der see gansliken beuroren etc.

(„Chronicon Slavicum etc." edid. Dr. E. A. Th. Laspeyres. S. 148/49.)

(Große Schiffe der Wismarer und Rostocker wurden im Meere völlig vom Eise eingeschlossen, konnten sich nicht von der Stelle bewegen und verteidigten sich mannhaft und geschickt lange Zeit gegen das dänische Heer, bis das Eis schmolz.)

Starke Überschwemmung durch einen starken Wolkenbruch.

Jüterbog Überschwemmung infolge eines Wolkenbruchs

(E. Sturtevent „Chronik der Stadt Jüterbog". S. 230.)

Die Weichsel riß gegenüber Fürstenwerder in den Danziger Werder aus, und zugleich die Nogat unterhalb Halbstadt.

Weichselniederung Überschwemmung

* (E. J. Dormann „Topographie und Statistik des Kreises Marienburg". S. 39.)

* (J. Voigt „Geschichte Marienburgs etc." S. 195.)

Depuis le mois de décembre jusques au premier jour de mars, les rivières tant grandes que petites furent si grandes, terribles et merveilleuses qu'on veid oncques, et firent plusieurs grand dommages. Et estoit pitié se voir les maisons,

Dezember 1394—Anfang März 1395 Frankreich Alle Flüsse Überschwemmungen hommes, femmes et enfans, qui par ravines venoient â val les eaues. Et fut ce comme tout generalement en ce royaume.

(Jean Juvenal des Ursines „Histoire de Charles VI, roy de France“ in J. A. C. Buchon „Choix de chron. et mém. sur l'hist. de France“. Tom. V, S. 388.)

1394. December mensis amboque sequentes (1395) ultra solitum fuerunt pluviosi. Ex ymbre quoque prodigo, omnia flumina regni alveum proprium exeuntes ter hoc anno, . . .

(„Chronicon Karoli VI.“ Liber 15. Cap. 15 in „Chron. des relig. de Saint-Denys“ edid. L. Bellaguet Tom. II, S. 246.)

(Der Dezember und die beiden folgenden Monate waren ganz ungewöhnlich regnerisch. Infolge des übermäßigen Regens überschritten alle Flüsse des Königreichs dreimal in diesem Jahr ihre Ufer, . . .)

24. Mai 1395 Bunzlau Überschwemmung des Bobers

Große Bober-Überschwemmung.

(J. G. Bergemann „Chronik der Stadt Bunzlau“. II. S. 21.)

Um 30. Mai 1395 Rhein-Main-Gegend Überschwemmung

et in valle apud castrum Weltirsberg [Weltersburg, Regbez. Wiesbaden] tanta inundacio aquarum extitit, quod pastor vaccarum cum multis vaccis interiit.

(„Chronicon Moguntinum“ in „Die Chroniken d. deutschen Städte“. 18. Bd., S. 226.)

(In einem Tale bei Weltersburg [Regbez. Wiesbaden] entstand eine so große Überschwemmung, daß der Kuhhirte mit vielen Kühen ums Leben kam.)

Juli—August West-Flandern Überschwemmung der Flüsse

magna iterum aquarum inundatio in Julio et Augusto cum damno Brukerorum.

(Gerard de Meestere „Chronicon Evershamense“ in „Rec. de chron. etc. convernant l'hist. de la Flandre-Occident“. publ. par la Soc. d'émulat de Bruges. I. sér. Chron. etc.)

(Wiederum eine große Überschwemmung der Gewässer im Juli und August mit Schaden der Brügger (?).)

3. August Gegend von Mainz Überschwemmung

ipso die Inventionis sancti Steffani martyris iterum ex permissione divina quidam torrens circa completorium venit et multas domos et horrea in villa Hexheim et in Zalbach [Hechtsheim u. Zahlbach bei Mainz] cum blado deduxit, ita quod in eisdem nichil nisi fundus mansit. in eodem torrente homines quam plures, equi asini vacce porci pulli et multorum aliorum animalium genera perierunt. et eadem aqua inestimabile dampnum monialibus in Dalen [Klein-Dalheim b/Zahlbach] intulerat et sculteti de Oppenheym ortum partim eciam destruxit.

(„Chronicon Moguntinum“ in „Die Chroniken d. deutschen Städte“. 18. Band, S. 226.)

(Am selben Tage Stephans des Märtyrers Erfindung kam wiederum mit göttlicher Zulassung ein Gießbach um die Zeit der Schlußandacht und führte viele Häuser und Scheuern im Dorfe Hechtsheim und Zahlbach [bei Mainz] hinweg, so daß von denselben nichts als der Grund blieb. Durch denselben Gießbach kamen verschiedene Menschen, Pferde, Esel, Kühe, Schweine, Hühner und viele andere Tierarten ums Leben. Dasselbe Gewässer verursachte den Nonnen in Klein-Dalheim [bei Zahlbach] unschätzbaren Schaden und zerstörte auch den Garten des Schultheiß von Oppenheim.)

In dem sulven jare in sunte Antonius nacht na wynnachten was so grot upstowinghe der Travene, dat men mochte varen mit schepen binnen der muren, unde dede alto groten scaden. des ghelikes was in anderen steden bi der se, sunderliken to Rostock unde to dem Sunde. 17. Januar 1396 Ostsee Sturmflut

By der sulven tid was so groet upstowinghe der Elve in Nedderlande bi Hamburch, dat vele dorpe unde landes vorghingen mit luden unde mit queke, unde scach sere groet scade. Elbe Über-schwemmung

(I. Fortsetzung der Detmar-Chronik von 1395–1399" in „Die Chroniken d. dtsch. Städte". 26. Band, S. 82 u. 86.)

Le XIIIe jour de février, fut très grande l'eaue. 13. Februar Liège Über-schwemmung

(„Chronique abrégée de Jean d'Outremeuse" in „Chron. liègeoises", edid. S. Balau in „Public. de la comm roy. d'hist. de Belg." No. 54, Tom. II, S. 231.)

In mense februarii eiusdem anni, tanta fuit inundatio aquarum in Leodio quod de maiori non fuit memoria, que duravit quasi per octo dies.

(„Chron. latine de Jean de Stavelot" in „Chron. liègeoises" edid. S. Balau in „Public. de la comm. roy. d'hist. de Belg." No. 54. tom. I, S. 99.)

° („Chronique du règne de Jean de Bavière" in „Chron. liègeoises", edid. S. Balau in „Public. de la comm. roy. d'hist. de Belg." No. 54, Tom. I, S. 147.)

(Im Monat Februar desselben Jahres ereignete sich eine so große Überschwemmung der Gewässer in Liège, daß man sich einer größeren nicht erinnern konnte, und dauerte diese fast 8 Tage.)

Item in dem selben jare vurgeschreben in dem mande den man schribet zu Latine februarius, da was ein große bescheideliche fluit unde ein geweßer, also daz man zu Cobelenze mit schiffen fur in sente Castors gaßen uf den kornmarkt bit an di brucke da man geit ober den graben zu sente Florin, unde ging in di kirchen unde clostere zu den barfußen unde durch den cruzegang. Unde zu Limpurg ging di Lane glich dem gewelbe an der Trenkporten, di was seszen fuße hoch. Februar Rhein, Lahn Über-schwemmung

(„Die Limburger Chronik", edit. A. Wyß. M. G. H. Tom. IV, Pars. I. Deutsche Chroniken. S. 91.)

16. Februar 1397 bei Limburg Lahn-Überschwemmung

unde die waßer worden groß, also daz di Lane bi Limpurg ging ober iren gemeinen floiß funfzen fuße ho.

(„Die Limburg. Chronik“, edid. A. Wyß. M. G. H. Deutsche Chroniken. Tom. IV, Pars I, S. 92.)

1398 Weichsel Überschwemmung

Dammbruch und Überschwemmung der städtischen und anderen Niederung. Viel Schaden.

(H. Chr. W. Jahn „Chronik der Stadt Marienwerder“. S. 95.)

5.—6. Juli 1398 Nordwestdeutschland Überschwemmung der Flüsse

ok was in der tit unbegripelik grot regen unde warte twe daghe alumne. van dem regene quam so grote upstowinghe der watere, dat van der groeten vloet dreven de molen enwech wol veer mile umme Lubeke.

(„1. Fortsetzung der Detmar-Chronik von 1395–1399“ in „Die Chroniken d. deutsch. Städte“. 26. Band, S. 102.)

Winter 1399 Rhein: Eisdecke

Rhenus congelabatur ante carnisprivium ante civitatem Moguntinam et vix stetit per octo dies: ex omnipotentis gratia glacies absque damno est resoluta, nec sine hominum dampno recessit.

(„Chronicon Moguntinum“ in „Die Chroniken der deutschen Städte“. 18. Band, S. 234.)

(Der Rhein gefror vor Fastnacht vor der Stadt Mainz und stand kaum 8 Tage lang. Durch des Allmächtigen Gnade schmolz das Eis ohne Schaden, ging aber nicht ohne Schaden für die Menschen ab.)

Westliche Ostsee Eisdecke

gelu vehemens brumale terram ac maria adeo constrinxit, ut ex Lubeca per mare in urbem Sundam, et inde in Daniam, pedibus iter facere licuerit; . . .

(Lambert. Alardus „Nordalbingia sive histor. rer. praecip. in Nordalbingia etc.“ in E. J. von Westphalen „Monum. inedita rer. Germanic“. I, Sp. 1821.)

(Eine heftige Winterkälte fesselte Land und Meere so [in Eis], daß man von Lübeck über das Meer nach der Stadt Stralsund und von dort nach Dänemark zu Fuß gehen konnte.)

° („Incerti auctoris chronic. Danicum ab a. 1268 ad a. 1523“ in J. Langebek „Scriptor. rer. Danic.“ VI, S. 231.)

° (Petrus Olaus „Chronica reg. Danor. a D ad obitum Johann. regis“ in J. Langebek. „Scriptor. rer. Danic.“ I, S. 137.)

° (Albert Krantz „Wandalia“ Liber IX, Cap. 37.)

° (Jak. Schwalm „Die chronica novella des Hermann Korner“. Lüneburg. Handschrift. S. 356.)

° („Der sogenannt. Rufus-Chronik 2. Teil von 1395–1430“ in „Die Chroniken d. dtsch. Städte etc.“ 28. Band, S. 14.)

° (1. Fortsetzung der Detmar-Chronik von 1395–1399“ in „Die Chroniken d. deutsch. Städte“. 16. Band, S. 108.)

° (A. Tratziger „Der alten weitberümbten Stadt Hamburg Cronica oder Jahr-Bücher“ in E. J. von Westphalen „Monum. inedita rer. German.“ II. Spalte 1320.)

° („Bernd Gyseke's Hamburger Chronik vom Jahre 810 bis 1542“ in Dr. J. M. Lappenberg „Hamburg. Chroniken in niederdtsch. Sprache“. S. 5.)

Es ist solch ein harter Winter und Frost gewesen, daß man über Wasser von Lübeck gen Sunde und weiter in Dänemark zu Fuß und mit Schlitten reisen konnte. Winter 1399 Westl. Ostsee Eisdecke

(„Auszug aus den Annalibus Bardensibus M. Wichmanns“ in J. C. Dähnert „Pommersche Bibliothek“ 1. Band, S. 173.)

Waß ein hart Winter, da toch Greve Albertus aver Iß in Eiderstede und bedwanck de Fresen, ... Nordwestdeutschland Nordsee bei Eiderstedt gefroren

[Manuscr. Kopenhagen Kongel. Bibl.]

(Dr. Reim. Hansen „Die eiderstedtischen Chronisten vor Peter Sax“. S. 203.) = 1400

En ceste année, fut moult grande abondance d'eaues, se creurent les rivières merveilleusement, et se descriverent au grand dommage des biens de dessus la terre. 1399 Frankreich Überschwemmung der Flüsse

(Jean Juvenal des Ursins „Hist. de Charles VI, roy. de France“ in J. A. C. Buchon „Choix de chron. etc.“ Tom. V, S. 407.)

Inter ceteras fluviales aquas regni Secana cum rippariis subalternis solito dampnabilius alveum suum exivit, et a quarta ebdomada marcii usque ad medium aprilis terre culte germina eius collimitancia littora in parte maxima putrefactione consumpsit. Ende März bis Mitte April Nordfrankreich Überschwemmung der Flüsse

(„Chronicorum Karoli VI. "Liber 20. Cap. 4 in „Chron. du religieux de Saint-Denys“, edid. L. Bellaguet. Tom. II, S. 692.)

(Unter anderen Flüssen des Königreichs trat die Seine mit den niedrigen Ufern ungewöhnlich schadenbringend über ihre Ufer und vernichtete von der vierten Woche des März bis Mitte April die Keime der angebauten Erdfrüchte an den Ufern zum größten Teile durch Fäulnis.)

Audit an, de mil IIIe et XCIX, les yawes furent si grandes â l'entour de Mets, et hors de rive que, le cinquiesme jour d'apvril, elles entroient en Mets par la porte à Maizelle et couroient aval la rue: et estoient les yawes si grandes au champ Naimmerey qu'elles montoient au baisle des murs de la cité par dessus les creneaulx. 5. April Lothringen Überschwemmung der Flüsse, z. B. der Mosel

(J. F. Huguenin „Les chroniques de la ville de Metz“. S. 120.)

Den summer regent es gar vasst. Es hub an ascensionis und regend all tag unczt auf Viti wol auf sechs wochen, und die Tainaw ward gar groß. 8. Mai bis 15. Juni Niederösterreich Donau: Hochwasser

(„Wiener Annalen v. 1348–1404 in „Monum. Germ. histor.“ Tom. VI.“ Deutsche Chroniken. II. Anhang. S. 238.)

Winter 1399/1400 Lothringen Flüsse: Eisdecke

Et toutez voiez lez rivierez devinssent en feste de Noiel a glace et la repasemez arriere a glace le diemenge aprez les burrez [1. Fastensonntag und die darauf folgende Woche = 7. März 1400].

(„Die Metzer Chronik des Jaique Dex etc." in „Quellen z. lothring. Geschichte". 4. Band, S. 338.)

1400 Südostdeutschland Überschwemmungen der Flüsse

Fuit maxima inundatio aquarum.

(„Sigism. Rosiczii chronica etc." in „Script. rer. Silesiac." 12. Bd., S. 41.)

(Es ereignete sich eine sehr große Überschwemmung der Gewässer.)

Reichenhall (Oberbayern) Überschwemmung der Saalach

Saalach: Überschwemmung.

(Dr. J. G. Osterhammer „Topographie u. Geschichte der etc. Salinenstadt Reichenhall").

Sommer 1400 Zürich Limmat: sehr niedriger Wasserstand

Es ward öch die Linmagt so klein, das man mit trocknem Fůss mocht um die wasserkilchen gan.

(„Heinrich Brennwalds Schweizerchronik", edid. R. Luginbühl. in „Quell. u. Schweiz. Gesch." Neue Folge. 1. Abtg., 1. Bd., S. 461.)

Um 15. Juni Regensburg Überschwemmung

proxime post Viti, magna aqua quae transiit ad ambitum S. Magni.

(„Udalrici Onsorgii chronic. Bavar. etc." in A. F. Oefele „Rer. Boicar. scriptor." I, S. 368.)

(Am nächsten Tage nach dem St. Vitustag [war] ein großes Wasser, das bis zum Gang um die St. Magnuskirche drang.)

24. Juni Klosterneuburg Lederbach: Überschwemmung

an johanni des tauffers wardt der lederbach so gross, das er dem khnollen sein hauss umbwarff und zwo pruckhen bey der pfisterbruckh, das gedacht man in 40 jaren nicht.

(„Die kleine Klosterneuburger Chronik", edid. Dr. H. J. Zeibig in „Archiv für Kunde österreich. Geschichtsquellen" 7. Bd., S. 236.)

6.—7. Juli Ostgotland (Schweden) Überschwemmung

In octava apostolorum Petri et Pauli et postridie octavarum tanta fuit in Ostgothia ac circumjacentibus provinciis pluvia, ut homines multi in Sudercopia peterent montana, metuentes novam quoddam diluvium, quod illi civitati videbatur imminere, repleverat enim omnia loca coemiteriorum et platearum usque ad genua transeuntium. Dejecti sunt etiam pontes omnes et universa molendina illius regionis.

(„Chronolog. anon. veteris ab a. 826 ad a. 1415." in E. M. Fant „Scriptor. rer. Suecicar." I, S. 59.)

(Acht Tage nach dem Apostel Peter und Paulstage und am folgenden Tage ereigneten sich in Ostgotland und den benachbarten Gegenden so starke Regengüsse, daß viele Menschen in das gebirgige Sudercopia flüchteten, da sie eine neue Sintflut befürchteten, die jenem Land zu drohen schien. [Das Wasser] hatte nämlich alle Orte der Kirchhöfe und Straßen so hoch angefüllt, daß es den Passanten bis an die Knie reichte. Auch wurden alle Brücken und Mühlen jener Gegend niedergerissen.)

° („Chronologia ab anno 266 ad 1430" in E. M. Fant „Script. rer. Suecicar." I, S. 30.)

° („Chronologia vetusta ab a. 1298 ad a. 1473" in E. M. Fant „Scriptor. rer. Suecicar." I, S. 95.)

° („Incerti auctoris chronic. Danic. ab a. 1268 ad a. 1523" in J. Langebek „Script. rer. Danic." VI, S. 232.)

Es ist die Elbe so groß gewesen, daß sie einen steinernen Pfeiler an der Brücke eingerissen.) Gegen 22. Juli 1400 Dresden Elbe-Überschwemmung

(A. Weck „Der etc. Residentz- und Haupt-Festung Dresden Beschreib- u. Vorstellung." S. 527.)

. . ., et in fine mensis maxima inundacio aquarum fuit subsecuta. Ende Februar 1402 Niederlande Überschwemmung der Flüsse

(„Auctoris incerti chronic. Tylense", edit. J. D. van Leeuwen. S. 437.)

(. . ., und Ende des Monats folgte eine sehr starke Überschwemmung der Gewässer.)

Eodem anno fuit tanta vehementia aque ex nivibus circa pascha quod fere omnes pontes molendine piscaria aufferebantur . . . Um 26. März Schweden Überschwemmung der Flüsse

(„Chronologia ab anno 266 ad 1430" in E. M. Fant „Scriptor. rer. Suecicar." I, S. 30/31.)

(Im selben Jahre war ein so großes Hochwasser infolge der Schneeschmelze, daß fast alle Brücken, Mühlen und Fischgründe weggerissen wurden.)

° („Chronologia vetusta ab a. 1298 ad a. 1473" in E. M. Fant „Scriptor. rer. Suecicar." I, S. 95.)

Audit an, le diemanche, VIIe jour de May, les yawes furent plus grandes qu'elles n'avoient esté en hyveir et ne pleust que environ deux jours. 7. Mai Lothringen Überschwemmung der Flüsse

(J. F. Huguenin „Les chroniques de la ville de Metz". S. 124.)

Anno domini 1402 up sent Barnabas dach was eyn grois gewesser bynnen munster in eyffel. dat wail IIII off V gueder huyser bynnen Munster wech vorte. Ind nei geyn stech noch bruck bleiff stain dan eyne. 11. Juni Münstereifel Überschwemmung

(„Münstereifeler Chronik", edid. Dr. Floß. S. 198.)

fuerunt inundaciones aquarum per Bavariam et Austriam et Ungariam, ita quod Danubius exiebat ultra conswetum locum in Austria in utraque parte, et destruxit omnia frumenta in vicinio, et gramina et villas et pomeria; et in aliquibus locis dilatabat se aqua per unum miliare ad latus, et quidquid arripuit, hoc totum destruxit; et hoc factum est in die Petri et Pauli apostolorum, et aqua stetit fixe quasi ad decem dies, antequam minuebatur. 29. Juni 1402 Bayern, Österreich, Ungarn Überschwemmungen der Flüsse

(„Annales Austriaci. Contin. Claustroneoburgensis" V. M. G. H. Scriptores. IX, S. 736.)

(Es ereigneten sich Überchwemmungen der Gewässer in Bayern, Österreich und Ungarn, so daß die Donau in Österreich auf beiden Seiten über ihre Ufer trat und alles Getreide in der Nachbarschaft und Wiesen, Dörfer und Maueranger vernichtete; in einigen Gegenden dehnte sich das Wasser 1 Meile in der Breite aus, und was es packte, das vernichtete es ganz. Es fand dies am Peter- und Paulstage statt, und das Wasser stand fast 10 Tage lang unveränderlich, bevor es zurückging.)

1402 Vor 15. August Bruchsal (Baden) Überschwemmung der Salbach

Nota ante festum assumpcionis beate virginis anno domini 1402 venit quaedam inundacio aquarum in opido Bruchsel, ibique plures domus, horree, homines, animalia per vehemenciam aque perierunt in praeurbio . . .

(„Die Fortsetzung der Flores temporum von Reinbold Slecht", edid. Richard Fester in „Zeitschrift f. d. Gesch. d. Oberrheins". Neue Folge. 9. Bd., S. 97.)

(Vor dem Fest der Himmelfahrt der heiligen Jungfrau Maria im Jahre des Herrn 1402 kam eine außerordentliche Überschwemmung der Gewässer in der Stadt Bruchsal, wobei mehrere Häuser, Scheuern, Menschen, Tiere infolge des Hochwassers in der Vorstadt zugrunde gingen . . .)

° („Die Fortsetzung der „Flores temporum" von Reinbold Slecht, Cantor von Jung St. Peter in Straßburg, 1366–1444 edid. R. Fester in „Zeitschrift f. d. Geschichte d. Oberrheins". Neue Folge. 9. Bd., S. 113.)

7. September Wales Überschwemmung

In Vigilia vero Nativitatis Sanctae Mariae, cum Rex in amoenissimo prato fixisset tentoria, ubi iuxta loci naturam, nihil formidabile, sed summa requies sperabatur, repente in ipsius noctis prima vigilia, tanta descendit aquarum abundantia, ut pene putarent Anglici se mergendos.

(„Annales Ricardi II, regis Angliae" in „Rer. Britannicar. med. aevi scriptores". Band 28, 3, S. 343.)

(Am Vortage aber der Geburt der heiligen Maria, als der König auf einer sehr lieblichen Wiese Zelte aufgeschlagen hatte, wo neben der natürlichen Beschaffenheit des Ortes nichts Grausiges, sondern höchste Ruhe erhofft wurde, ergoß sich plötzlich am Anfange derselben Nacht ein solches Hochwasser, daß die Engländer beinahe glaubten, daß sie ertrinken müßten.)

° („Chronica monasterii S. Albani. Thomae Walsingham, quondam monachi S. Albani, histor. Anglicana", edid. H. Th. Riley in „Rer. Britann. med. aev. scriptores". Band 28, Vol. I, S. 250.)

1403 Saône Überschwemmung

En ce temps, la rivière de Saône inonda tellement la campagne qu'il y avoit vingt ans qu'il n'y avoit eu de pareille inondation.

(M. Champion „Les inondations en France etc." III, S. 201 aus Registres secrétariaux de l'Hôtel-de-Ville de Mâcon. Regist. 9, Fol. 19).

1403 Kent, Flandern, Holland, Seeland Sturmflut

. . ., the se ros so hye betwix Caleys and Kent that it drenchid many townys in Kent and Flaundris, Hollond and Selond.

(„The chronicle of England by John Capgrave." in „Rer. Britannicar. med. aev. scriptores". Band 1, S. 288.)

Durchbruch der Nogat bei Sommerau in das kleine Werder. 1403 Weichsel-Niederungen Nogat Überschwemmung

* (E. J. Dormann „Topographie und Statistik des Kreises Marienburg". S. 39.)

Es ging in der Kötschau ein Wolkenbruch nieder. Es wurde dadurch der dortige See weit über seine Ufer getrieben und das Haupttal verheerend überschwemmt. Kötschau (Tauern) Überschwemmung infolge eines Wolkenbruchs

(J. E. von Koch-Sternfeld „Die Tauern etc." 2. Aufl., S. 334.)

Et, en ce meisme yver, ou mois de janvier, furent les eaues merveilleusement grandes mais elles chéirent moult fort en moins de XV jours. Januar Belgien Überschwemmung der Flüsse

(„Chron. des Pays-Bas, de France, d'Angleterre et de Tournai" in „Corp. chron. Flandriae", edid. J. J. de Smet in „Collect. de chron. belg. inédit. Bd. 3, Tom. 3, S. 334.)

braken de Zeedyken door een groten stormwind rontom Friesland in. 25. Oktober Friesland Sturmflut

(Okko van Scharl, Johannes Vlytarp und Andreas Cornelius Stavriensis. „Chronyk en waaragtige beschryvinge van Friesland etc" S. 158.)

Mense octobri, in vigilia Sancti-Brictii, nocte, mari vehementer tumescente cum ventorum rabie, apud Oosthende, oppidum Flandriae, . . . 13. November Flandern Sturmflut

(„Chron. de Jean Brandon" in „Chron. relat. à la Belg. etc." edid. K. de Lettenhove in „Collect. de chron. belg. inédites". No. 13, Tom. I, S. 88.)

(Im Monat Oktober (!), am Vortage des St. Brixiustages, in der Nacht, schwoll das Meer infolge des heftigen Sturmes bei Ostende, einer Stadt in Flandern, an, . . .

wast eenen grooten storm van winde / ende daer braecken veel dycken deure in Hollandt ende Vrieslandt. 25. November Holland, Friesland Sturmflut

(M. Z. van Boxhorn „Chroniick van Zeelandt etc. door Joh. Reygersbergen etc." II, S. 175.)

fuit magna inundacio aquarum in tota Aquitania, . . . 1404 Südwest-Frankreich Überschwemmung der Flüsse

(„Varia chronicorum fragmenta ab a. 1348 ad a. 1658" in „Chroniques de Saint-Martial de Limoges", edid. H. Duplès-Agier in „Soc. de l'hist. de France". Band 167, S. 200.)

(Es ereignete sich eine große Überschwemmung der Gewässer in ganz Aquitanien.)

Besançon fut en partie inondé par les eaux du Doubs et des ponts furent endommagés sur la Loue, affluent de cette rivière, qui déborda aussi violemment. Besançon Doubs- u. Loue-Überschwemmung

(M. Champion „Les inondations en France etc." III, S. 201 aus Archiv. Besançon (Babey).

1404
Minden a/Weser
Weser:
Eisdecke und
starker Eisgang

Myndensis civitas pontem fortissimum per Wyseram de sectis lapidibus quadratis fecerat, qui resolutis glaciebus et impetuosa glacierum compressione deiectus est et comminutus.

(„Cronica novella bis 1420 des Hermann Korner", edid. Jakob Schwalm. S. 100. Danziger Handschrift. und „Entwurf der Cronica novella d. Hermann Korner bis 1416. Wolfenbütteler Handschrift", edid. Jak. Schwalm. S. 100.)

(Die Stadt Minden hatte eine sehr starke Brücke über die Weser aus Steinquadern gebaut, die beim Eisgang durch den heftigen Anprall der Eismassen weggerissen und zertrümmert wurde.)

Donau
Überschwemmung

facta est inundacio aquarum, nam Danubius exundavit usque ad Sanctum Stephanum in Wogran et multas domos et agros et vineas destruxit.

(„Kalendarium Zwetlense." M. G. H. Scriptores. IX, S. 696.)

(Es trat eine Überschwemmung der Gewässer ein; die Donau erstreckte sich nämlich bis zum St. Stephan in Wogran und zerstörte viele Häuser, Äcker und Weinberge.)

Bei Feldkirch
Hochwasser der
Ill

Ill: Hochwasser.

(„Jakob Reutlingers Chronik." I. fol. 162. in „Zeitschrift für die Geschichte des Oberrheins". 34. Band, S. 48.)

Februar
Meißen i/Sa.
Elbe-Überschwemmung

Mense Februario Albis ita inundauit, vt sublicas pontis frangeret, et per tres portas vrbem intraret.

(G. Fabricius „Rer. Misnicar. libri VII," S. 349.)

(Im Monat Februar trat die Elbe derartig stark über ihre Ufer, daß sie Brückenpfeiler zertrümmerte und durch drei Tore in die Stadt eindrang.)

° (M. Grünewald „Die Meißner Chronik", S. 66.)

Bodensee
Eisdecke

zuo der liechtmess do über fror der See.

(„Chronik des Niclaus Stulmann vom Jahre 1407", edid. J. Würdinger in „32. Jahresbericht d. histor. Kreisver. im Rgbezk. von Schwaben u. Neuburg f. d. Jahr 1866." S. 30.)

Frühling
Berry
Loire-Überschwemmung

Un printemps désastreux par l'abondance des pluies et les ravages des inondations.

(M. Champion „Les inondations en France etc." II. S. 209 aus Raynal „Hist. du Berry." II, S. 442.)

2. April
Thann
Die Thur.
Hochwasser

. . .; den 2. April ward die Thur so groß, daß man das Wasser mit Händen auf den drey Bruckhen erreichen kunte, welches noch niemals geschehn, so lang die Statt gebawt worden.

(M. Tschamser „Annales etc. zu Thann." I, S. 475.)

aestas fuit fere tota diuturnis pluviis superabundanter humida ..., ..., et ob aquarum inundationem Danubii, et aliorum fluminum in Austria nimiam excrescentiam et augmentum, ...

Sommer. Österreich Donau und andere Flüsse Überschwemmungen

(„Thomae Ebendorfferi de Haselbach chronic. Austriam etc." in Hier. Pez „Scriptor. rer. Austriac," II, Sp. 826.)

(Fast der ganze Sommer war feucht infolge der überreichlichen Regengüsse, ... und infolge der Überschwemmung der Donau und des sehr starken Hochwassers der anderen Flüsse in Österreich.)

..., quasi telement que les rivieres en ce moiz de juillet et ou moiz precedent [Juni] ont esté plus hautes que n'avoient esté tout l'année, ...

Juni—Juli 1404 Frankreich Hochwasser der Flüsse

(„Journal de Nicolas de Baye 1400–1417." edid. Alex. Tuetey in „Soc. de l'hist. de France Band 222, S. 93.)

..., que et ultra morem solitum regni flumina famosa junio atque jullio mensibus extra canalia coegerunt transcendere, ...

Nordfrankreich Überschwemmungen der Flüsse

(„Chronique du religieux de Saint-Denys." Liber 25. Cap. 3. edid. L. Bellaquet. Tom. 3, S. 142.)

(..., daß die berühmten Flüsse des Königreiches in den Monaten Juni und Juli ungewöhnlich über ihre Ufer treten mußten, ...)

Do men zalte 1404 jor, umb die sünigihten do wart das wasser so gros, das der Ryn allenthalben usging über matten und ackere. das werte wol sehs wuchen. und verdarp alles howe uf den matten, und der Ryn der zerfurte uf das dirtel an der Rynbruken enweg. und kam men dem huse das uf der Rynbrucken stet, kume zů helfe das es bleip.

Rhein Überschwemmung. Später sehr niedriger Wasserstand

In dem selben jore wart der Ryn dernoch wider also kleine, das men an etlichen enden mit eime hengeste darüber reit.

(„Königshofen. Chronik" in „Die Chroniken d. dtsch. Städte." 9. Band, S. 867.)

..., et propterea in mense Julii eo anno Renus fuit tam magnus et grandis, sicut in centum annis unquam visum vel auditum fuit vel erat dampnum inauditum in civitatibus, villis, pratis, Renensibus, ac partem pontis Argentinensis rumpebat.

Juli Rhein Überschwemmung

(„Die Fortsetzung der Flores temporum von Reinbold Slecht, Cantor v. Jung St. Peter in Straßburg, 1366–1444", edid. R. Fester in „Zeitschrift f. d. Gesch. d. Oberrheins." Neue Folge. 9. Band, S. 114.)

(..., und deswegen war im Monat Juli im selben Jahre der Rhein so groß, wie es in 100 Jahren vorher niemals beobachtet worden war, und brachte den Städten, Dörfern, Wiesen am Rhein ganz außerordentlichen Schaden, und zerbrach einen Teil der Brücke zu Straßburg.)

18. August 1404 Eifel Überschwemmung

Anno domini 1404 up sent helenen dage was der seluer wasser ouch noch eyn ind was meerre dan dat eirste ind dede ouch groissen verderfflichen schaden.

(„Münstereifeler Chronik", edid. Dr. Floß. S. 199/200.)

Herbst 1404 Zürich Limmat sehr niederiger Wasserstand

was di Lindmagt ze herbst als klein, das ein man durch das wasser vor dem Roten Turn über (und über) unz zů dem Rathus gieng.

(„Chronik der Stadt Zürich", edid. J. Dierauer in „Quellen z. Schweizer. Gesch." 18. Band, S. 167.)

Item in disem jar was die Linmagt als klein, das man zů Zürich mit trochnem Fůss von dem Roten Turn bis zů dem rathus gieng.

(„Heinrich Brennwalds Schweizerchronik." 1. Bd., edid. R. Luginbühl in „Quellen z. Schweiz. Geschichte". Neue Folge. I. Abtlg. Bd. 1, S. 465.)

19. November Holland Sturmflut

in profesto Elizabeth, in nocte fuit tanta inundancia maris et nimia, ut in Hollandia et in locis vicinis multa dampna facta sunt.

(„Auctoris incerti chronic. Tielense", edit. J. D. van Leeuwen, S. 438.)

(Am Elisabethtage, in der Nacht, war eine so große Meeresflut, daß in Holland und benachbarten Gegenden viele Schäden eintraten.

Kent, Seeland, Holland, Flandern Sturmflut

Eo tempore tanta repente, ruptis limitibus, irrupit aquarum influentia in terra Domini Cantuariensis et aliorum in Kancia, quanta numquam fuerat illic ante visa; qua submersa sunt animalia numero et pretio excessivo. Nec solummodo deflevit Anglia damna talia, sed, ut fertur, Selandia, Flandria, et Holandia, per undarum excrementa innumerabilia sensit dispendia eo anno.

(„Chronica monasterii. S. Albani." Thomae Walsingham, quondam monachi S. Albani, historia Anglicana", edit. by H. Th. Riley. in „Rer. Britann. med. aevi scriptores." Band 28. Tom. I, S. 267.)

(Zu dieser Zeit brach plötzlich das Meer über seine Ufer in das Land ... Kent gewaltig ein, wie es dort niemals vorher beobachtet worden war. Hierdurch wurden Lebewesen in außerordentlich großer Anzahl und Wert durch das Wasser vernichtet.
Nicht nur England beklagte solche großen Schäden, sondern auch, wie berichtet wurde, erlitt Seeland, Flandern und Holland durch den Auswurf der Wogen unzählige Schäden in diesem Jahre.)

Seeland, Flandern Sturmflut

Op Sinte Lysbetten dach / wast een so grooten storm van winde / ende soo hooghen vloedt / dat veel Polders in Zeelandt overvloeyden / ende Cats / Nieuwelandt inundeerde doen ter tydt in Noordbevelandt / ... In Zuydtbevelandt overvloeyden sommighe Polders Duyvelandt inundeerde ter selver tydt aen de Oostzyde / ... In Vlaenderen braecken de dycken inne van de vier Ambachten / omtrent der Sluys / ende Oosburch.

(M. Z. van Boxhorn „Chroniick van Zeelandt etc. door H. Joh. Reygersbergen etc." II, S. 175.)

Eodem quoque anno, mense novembri, ipso die Sanctae Elizabeth, tanta fuit inundatio maris ut aggeres et dici, marinis fluctibus oppositi, rupti sunt in multis locis, ita quod mare se diffudit longe, lateque super terram, in maritimis Flandriae et aliarum, regionum, domos diruens et animalia atque homines subito et inopinate submergens, in tantum quod mare tumescens super ripas suas et aggeres excrevit, ut in memoria non visum fuerit a centum annis tantum mare suos terminos excessisse. 19. November 1404 Flandern Sturmflut

(„Chron. de Jean Brandon avec les additions d'Adrien de But" in „Chron. relat. à l'hist. de la Belgique" edid. K. de Lettenhove in „Collect. de chron. belg. inédit." Bd. 13, Tom. I, S. 95.)

(Im selben Jahre, im Monat November, am Tage der heiligen Elisabeth, fand eine so große Meeresflut statt, daß die Dämme und Deiche, die den Meeresfluten entgegenstanden, an vielen Orten brachen, so daß sich das Meer weit und breit über das Land ergoß, in den Küstenstrichen Flanderns und anderer Gegenden, Häuser zerstörte und Tiere und Menschen plötzlich und unverhofft ertränkte, und zwar flutete das Meer so hoch über die Küsten und Deiche, daß man sich nicht erinnern konnte, daß seit 100 Jahren das Meer so hoch über seine Küsten gegangen wäre.)

in festo beatae Elisabeth, fuit magna tempestas maris, et ascendentes tres fluxus, unus post alium, per ventum oppositum littori retenti sunt. Et non potuit, vento retinente, fieri refluxens, et sic mare ascendit aggeres sive dicos [dyke], quos fregit, et submersit iumenta, pueros, domos et caetera in territorio Quatuor Officiorum, de Ardenburg, de Biervliet, Slusa et de Oostburg.

(„Corp. chron. Flandriae." Chron. comit. Flandrens. in „Rec. d. chron. de Flandre", edid. J. J. de Smet in „Collect. de chron. belg. inédit." Bd. 3, Tom. I, S. 249.)

(Am Feste der heiligen Elisabeth war ein großes Unwetter auf dem Meere, und drei Fluten stiegen auf, eine nach der anderen, und wurden durch den der Küste entgegengesetzten Wind zurückgehalten. Da die Flut bei dem anhaltenden Winde nicht zurückfließen konnte, stieg das Meer über die Dämme oder Deiche, die sie zerbrach, und ertränkte Vieh, Kinder, vernichtete Häuser und anderes im Gebiete der vier Ämter, von Ardenburg, von Biervliet, Slusa und Oostburg.)

up Sente Lijsbettennacht was sulc tempiest van winde ter zee, dat alle de dyken braken in Hollandt, in Zeelandt ende in Vlaenderen, in Vierambachten, te Biervliet, te Gaternesse by Oestburch, ende by der Sluus, ende den Soutenenweert by Goerken, by denwelken al't volc verdranc dat in dese jeghenoeden woenden, mans, wijfs, kindere ende al de beesten. Holland, Seeland, Flandern

(„Kronyk van Vlaenderen 580–1467" II. Deel edid. Blomme u. Serrure in „Maetsch. d. Vlaem. Bibliophil." Band 3, S. 9.)

Op den 19. November ... was wederom een groot tempeest opgeresen, welcker weerga men in Vlaenderen noyt gesien en hadde: de zee was wel dry mylen verre Flandern Sturmflut overgevloyt, en veele dycken doorgebroken. De grootste schaede geschiede tot Sluys, Damme, Aerdenburg, Oostburg, en meer andere aenliggende plaetsen.

(Ch. Custis „Jaer-Boecken der stadt Brugge etc." I, S. 478.)

19. November 1404. Holland, Seeland, Flandern Sturmflut

Item, in dit voornoemde jaer up Sente Lisbette-nacht was groot tempeest ter zee van winde dat menichte dijcken uutbraken in Hollant, Zeelant ende in Vlaenderen.

Item, in Vier-Ambachten verdroncken als doe XVII prochien tot Biervliet toe, daer vele menschen ende beesten verdroncken.

(„Memorieboek der Stad Ghent 1301/1737" I. Deel in „Maetsch. d. Vlaemsche Bibliophil." 2. ser. Bd. 15, S. 142.)

° („Descriptio de origine conventus, postea abbatiae Trunchiniensis etc." in „Corp. chron. Flandr." edid. J. J. de Smet in „Collect. de chron. belg. inédit." Bd. 3, Tom. I, S. 623.)

Winter 1405 Garonne Eisdecke

L'hyver fut cette année si fort et aspre, que la Garonne glassa au devant Bourdeaux, . . .

(Gabriel de Lurbe „Chronique Bordeloise etc." S. 23a.)

Aare (Schweiz) Eisdecke, darauf Hochwasser

Zugefroren. Plötzlich Wetterumschlag und gewaltig angeschwollen. Starkes Treibeis.

(Dr. F. Hunger „Geschichte der Stadt Aarberg". S. 155.)

Dezember 1404 Rhein Sehr niedriger Wasserstand

Et eccontra in mense Decembri fuit Renus tam modicus et parvus, sicut eciam in multis retroactis temporibus umquam reputatur ab antiquissimis hominibus Reni; et in multis ac diversis passibus, ubi numquam visum erat, homines ultra Renum equitaverunt.

(„Die Fortsetzung der Flores temporum von Reinbold Slecht, Cantor v. Jung St. Peter in Straßburg, 1366–1444", edid. R. Fester in „Zeitschrift f. d. Gesch. d. Oberrheins". Neue Folge. 9. Band, S. 114.)

(Dagegen war im Monat Dezember der Rhein so klein und niedrig, wie auch die ältesten Menschen sich seit den fernsten Zeiten nicht erinnern konnten, und an vielen und voneinander getrennten Stellen ritten die Menschen durch den Rhein.)

1405 Wales Überschwemmungen der Flüsse

. . ., per aquarum inundationes supervenientes improvise.

(„Chronica monasterii S. Albani. Thomae Walsingham, quondam monachi S. Albani, histor. Anglicana", edid. H. Th. Riley. in „Rer. Britann. med aev. scriptores." Band 28. Tom. I, S. 272.)

(. . ., durch überraschende, unvorhergesehene Überschwemmungen der Gewässer.)

Frankreich Überschwemmungen der Flüsse

En ce temps les eaues furent merveilleusement grandes et horribles, et firent moult de maux, tant ès bleds qu'ès pres. Et ès villages qui estoient près des rivages, furent par ladite inondation plusieurs petites maisons comme abatues, et en venoit le marrein, et morceaux de bois aval l'eaue.

(Jean Juvenal des Ursins „Hist. de Charles VI, roy de France' in J. A. C. Buchon „Choix de chron. etc." Tom. V, S. 423.)

In superioribus locis Burgundie, ex liquefactione nivium aquarum stupendum incrementum solito habundancius emanavit, quod per montuosos anfractus usque ad Clugniacum [Cluny] progrediens, dampnum alias inauditum et revera cunctis merito lamentabile intulit hiis diebus. Ex proximo namque monte aqua vehemens velut tempestas infinitorum saxorum crepitancium, instar quoque impetuosorum torrencium violenter erumpens, ville terciam partem murorum subito solo equavit. Eodemque quoque momento, cum sexaginta domos, proc dolor, habitatoribus interfectis, evertisset mox cursu rapido usque ad ecclesiam Clugniacensem [Cluny] procedens, murum ipsam ambientem sollidum in parte magna eadem violencia destruxit, . . .

1405 Burgund Überschwemmung Z. B. Cluny.

(„Chronique du religieux de Saint-Denys." Liber 26 cap. 9." edid. L. Bellaquet. Tom. 3, S. 278–280.)

(In den oberen Gegenden Burgunds breitete sich infolge der Schneeschmelze das Hochwasser ungewöhnlich stark aus, so daß es durch den gebirgigen Umweg bis Cluny vordrang, für die Folge und in der Tat allen zusammen aus gutem Grunde in diesen Tagen beklagenswerten Schaden zufügte. Aus dem nächsten Berge nämlich brach ein heftiges Wasser wie ein Ansturm unzähliger krachender Felsblöcke, auch wie wütende Gießbäche heftig hervorbrechend, und machte den dritten Teil der Stadtmauern plötzlich dem Erdboden gleich. Auch im selben Augenblicke, als es 60 Häuser, nachdem die Einwohner umgekommen waren, durch die reißende Strömung bald vernichtete und bis zur Kirche von Cluny vordrang und die dicke Ringmauer großenteils durch dieselbe Heftigkeit zerstörte.)

fuit magna aqua, sic quod homines hauserunt aquam cum manibus de ponte et pertransirit stratam lapideam.

Glogau Überschwemmung der Oder

(„Annales Glogovienses." in „Scriptores rerum Silesiacarum" Band 10, S. 18)

(Es trat ein Hochwasser ein, so daß die Menschen das Wasser mit den Händen von der Brücke aus schöpften, und es durchlief die gepflasterte Straße.)

Es war ein gewaltiger Schnee in Schlesien, sonderlich um Glatz, Paschkau, Neiße und Ziegenhals, dadurch die Wasser hoch und groß gewachsen, so viel Häuser weggeführet, in genannten Städten die Thore zerrissen und niedergefället und viel Volks ertränket hat, alle Brücken vor Troppau hinweggeführet.

Südostdeutschland Überschwemmung der Flüsse

(„Jahrbücher der Stadt Breslau von Nikolaus Pol", edid Dr. J. G. Büsching. I, S. 152.)

Beim Auftauen der hohen Schneedecke durch Überschwemmung großer Schaden.

(J. G. Bergemann „Gröditzberg", S. 164.)

Überschwemmung der March mit großem Schaden infolge des schnellen Schmelzens der starken Schneedecke.

Olmütz i/Mähr. Überschwemmung der Marsch

(J. Wl. Fischer „Geschichte der kgl. Hauptstadt etc. Olmütz im Markgrafthume Mähren". I, S. 185 /86.)

Juni 1405 Rhein Überschwemmung

Eciam Renus fuit in mense Junii eodem anno tam magnus, quod domum in ponte Reni Argentine duxit integre ad pratum seu euwam nuncupatum „Rieprechtzauwe“ [Ruprechtsau]. Ibi dilaniata erat per aquam.

(„Die Fortsetzung der Flores temporum von Reinbold Slecht, Cantor von Jung St. Peter in Straßburg, 1366–1444“, edid. R. Fester in „Zeitschrift f. d. Gesch. d. Oberrheins.“ Neue Folge. 9. Band, S. 116.)

(Auch der Rhein war im selben Jahre im Juni so groß, daß er das Haus von der Rheinbrücke zu Straßburg unbeschädigt auf eine Wiese oder Aue, Ruprechtsau genannt, schwemmte. Dort wurde es durch das Wasser zerstört.)

Anfang Juni Wien Überschwemmung

Item in Octava Corporis Christi war die güzz so groß, daß dez Wasser uberall auf den Marchfeld über das Trayde gieng und ze Wienn in das Spital, und auf der Widen hinter Sand Anthony und hinter dem Heylig Geist in ped Chirchen.

(„Anonymi Viennensis breve chronicon Austriacum.“ in H. Pez „Scriptor. rer. Austriac.“ II, S. 547.)

25. Juni Kamenz i/Schles. Überschwemmung

Facte sunt aquarum inundaciones magne et nostris temporibus inaudite, de quibus Monasterium Kamencz heu magna pertulit dampna.

(„Nekrologium des Stiftes Kamenz“, edid. W. Wattenbach, S. 307.)

(Es ereigneten sich große und zu unseren Zeiten unerhörte Überschwemmungen, durch die das Kloster Kamenz leider große Schäden erlitt.)

26. Juni Donau i/Österreich Überschwemmung

in demselben jar an s. Johannes und Paulustag ist eine grosse güss gewesen, das wasser hat grossen schaden gethan auf dem thulner velt und marichvelt und umb die stat cornewburg an häusern, weingartten, aeckhern; leut und viech ist ertrunckhen.

(„Die kleine Klosterneuburger Chronik (1322–1428).“ edid. Dr. H. J. Zeibig, S. 238.)

September bis kurz vor Weihnachten Belgien Überschwemmung der Flüsse

Sequentibus mensibus, septembri, octobri, novembri atque decembri, continuata pluvia, tanta inundatio fuit aquarum ut fere omnia loca campestria, agros et sata operirent et vix aggeres excesserint, domos et oppida sive aedificia in bassis locis situata fere submerserint.

(„Chron. de Jean Brandon avec les additions d'Adrien de But“ in „Chron, relat. à l'hist. de la Belgique“, edid. K. de Lettenhove in „Collect. de chron. belg. inédites“ Bd. 13, Tom. I, S. 103.)

(In den folgenden Monaten September, Oktober, November und Dezember entstand infolge der anhaltenden Regengüsse eine so große Überschwemmung der Gewässer, daß fast alle flachen Gegenden, Äcker und Saatfelder mit Wasser bedeckt waren und kaum die Dämme herausragten, Häuser und Städte oder Gebäude in den niedrigen Gegenden durch das Wasser fast zugrunde gingen.)

am herpst, do ward das wasser Zürich so klein in der statte, das ein man vom Roten Turn hinüber gieng an den Vischmerkt, und gieng im nit verrer denn bis an die achseln.

Herbst 1405 Zürich Limmat: sehr niedriger Wasserstand

(„Chronik der Stadt Zürich", edid. J. Dierauer in „Quellen z. Schweiz. Geschichte". 18. Band, S. 167.)

. . . , et deinde pluvie et inundaciones aquarum, que a medio Aprilis inchoaverant usque ad medium Septembris et parum ultra continuate sunt, paucis diebus interpolatis aura clara perseverante.

Mitte April bis Mitte Sept. 1406 West-Europa Mittel-Europa Überschwemmungen der Flüsse

(„Cosmidromius Gobelini Person", edid. Dr. Max Jansen." S. 156/57.)

(und darauf Regengüsse und Überschwemmungen der Gewässer, die Mitte April begannen und bis September und etwas länger anhielten, nur von wenigen Tagen unterbrochen, an denen klares Wetter herrschte.)

(Theodor. Engelhusius „Chronicon etc." edid. J. J. Maderus. S. 291.)

In vigilia sancti Johannis baptiste magna inundacio aquarum facta est per totam Austriam.

23. Juni Österreich Überschwemmung der Flüsse

(„Annal. Mellicenses. Contin. Mellicensis." M. G. H. Scriptores. IX, S. 515.)

(Am Tage vor dem St. Johannis d. Täufers-Tage ereignete sich eine große Überschwemmung der Gewässer in ganz Österreich.)

Der Rhein und auch der Mayn, wie nicht weniger die Ill seind umb Joannis Baptistae so entzetzlich hoch gestiegen, daß sie fast Alles unter Wasser gesetzt, verderbt und verwüst haben.

Um 24. Juni Rhein, Main, Ill Überschwemmungen

(M. Tschamser „Annales etc. zu Thann." I., S. 277.)

An unser frawen tag visitationis was der Lech als groß, das er durch die vorstat in alle heuser gieng, und under den ledrern under dem berg das man mit schifflen darauf gefaren war; und spůlt dem newen thor ausserhalb sant Jacob den grund hin, das man die pfäl sach, darauf der turn stůnd.

2. Juli Augsburg Lech: Überschwemmung

(„Chronik des Hector Mülich 1348–1487." in „Die Chroniken d. dtsch. Städte". 22. Band. S. 52.)

A cette date le Pont-de-Cé avait été emporté par les eaux.

[Comptes de la seigneurie de Douces aux archives de Main-et-Loire.]

1407 Anjou Überschwemmung der Flüsse

(Célest Port. „Questions Angevines." Les phénomén. physiques, S. 106.)

Dornoch conversio Pauli wart frost also, das die Wysel bestunt und etliche ander flys; und werte doch nicht lange, und ging snellichin weder ab, und bleib dornoch lustig, . . .

25. Januar 1407 Weichsel Eisdecke

(„Johann's von Possilge Chronik des Landes Preußen." in „Script. rer. Prussicar." 3. Bd., S. 284.)

11. Februar 1407 Rhône Überschwemmung

Zerstörende Überschwemmung.
In Lyon reißt das Wasser über 300 Häuser um. Die Brücke über d. Rhône von Vienne wird fortgerissen.

* (M. Villard „Météorol. région." S. 55.)

4. November Brügge Überschwemmung

Op den 4. November viel binnen Brugge soo eenen overvloedigen regen, dat men op de leegste plaetsen van de Stadt, als ontrent den Braemberg en Wyngaerde, door de straeten niet konde gaen, en de menichen aldaer woonende, waeren genoodtsaeckt elf dagen op hume solders te blyven.

(Ch. Custis „Jae-Boecken der stadt Brugge etc." I, S. 486.)

Winter 1408 England Themse: Eisdecke

. . . . , so that men myghte in dyeuers placis bothe goo and ryde ouer the Temse.

(„Chronicon ab anno 1189 ad 1556, ex registro fratrum Minorum Londoniae" in „Rer. Britann. med. aev. scriptores." Bd. 4, S. 163.)

. . . , ffor men myht gone ouer Temese vpon the yse.

(„Chronicles of London", edid. Ch. L. Kingsford. S. 68.)

Normandie Seine: Eisdecke, Eisgang u. Überschwemmung

Et l'endemain de Noel (26. Dez. 1407), la rivière de Saine fu si gellée, le dimence après la Thiphagne ensuiant, les-gens aloient ribler, chouller, en travessant la riviere de costé en autre, . . .

(„Chronique Rouennaise 1371–1434" in „Chron. normande de Pierre Cochon", edid. Ch. de Robillard de Beaurepaire in „Soc. de l'hist. de Normandie." Bd. 1, S. 329/30.)

Paris Eisgang und Überschwemmung der Seine

Eodem anno fuit permaxima hyems, ita quod a festo sancti Martini (11. Nov.) yemalis inclusive omnes riparie Parisius affluentes fuerunt congelatae, . . . , in cuius gelu dissolutione pontes Parisius ceciderunt et creverunt aque usque ad domum domini ducis Andegavensis in Gravia.

(„Journal parisien de Jean Maupint, prieur de Sainte-Catherine-de-la Couture", in „Memoires de la soc. de l'hist. de Paris et de l'Isle-de-France". Tom. IV. 1877, S. 23.)

(In diesem Jahre war ein sehr strenger Winter, so daß vom St. Martinsfeste an alle Wasser, die bei Paris vorbeiflossen, zugefroren waren, . . . , beim Eisgang die Brücken zu Paris einstürzten, und es gelangten die Wasser bis zum Hause des Herzogs von Anjou in Greve.

Seine Eisdecke und schädlicher Eisgang

. . . , et fut toute la rivière de Seine prise, tellement que de la Cité on alloit en Greve, et de Sainct-Bernard aussi, et passoient chariots et charettes par dessus, comme ils eussent peu faire en pleine terre. Et en janvier la glace de despeca et rompit, et s'en alloient les grands glacons, qui firent maux infinis, et mesmement rompirent-ils aucuns des ponts de Paris.

(Jean Juvenal des Ursins „Hist. de Charles VI, roy de France" in J. A. C. Buchon „Choix de chron. etc." Tom. V, S. 438.)

. . . . que les rivieres ont esté congelés, et par especial par la riviere de Seinne en pluseurs lieus â Paris le peuple aloit et venoit comme par la charriere, . . . Winter 1408 Seine: Eisdecke

(„Journal de Nicolas de Baye, 1400–1417", edid. A. Tuetey in „Soc. de l'hist. de France". Band 222, S. 212 u. 215.)

. . . que au desgeler, le Pont Neuf de Paris fut abatu en Seine. Et moult firent ces eaues . . .

(„La chronique d'Enguerran de Monstrelet 1400–1444", edid. L. Douet-d'Arcq. Tom. I. Soc. de l'hist. de France. Band 91, S. 165.)

Que ce qu'iz atteignoient trébuchoit à hontage. Moult de gens y perdirent et meuble et héritage.

(E. P. M. Sauvage „Chronique du froid en Normandie" S. 64/65 aus „Chronique rimée relatant divers événements de l'hist. de France . . .", publ. par A. Pottier in „Revue rétrospective normande, année 1837.

° („Chroniques de Perceval de Cagny", edid. H. Moranvillé in „Soc. de l'hist. de France" Band 307, S. 41/42.)

. . . non solum fluvios regni innavigabiles . . . reddiderunt, sed tanta spissitudine eorum superficiem obtexerunt, ut desuper quadrige onerate velud super tellurem sollidam trahi possent. Frankreich Flüsse: Eisdecke

(„Chronique du religieux de Saint-Denys". Liber 28. cap. 32. edid. L. Bellaguet. Tom. 3, S. 744.)

(. . . nicht nur die Flüsse des Königreiches . . . unbefahrbar machten, sondern auch die Oberfläche dieser [Flüsse] in einer solchen Stärke [mit Eis] bedeckten, daß beladene vierspännige Wagen wie über feste Erde darüber fahren konnten.)

. . . que la riviere de Mouze tresserat, et que de Jemeppe à Liège ons cherioit sus à charois bien chargiês de bleis ou d'aultres denrées; et durat celle galée plus de X semaines. Et quant ilh relingnat [dègela] les hurouz [= les glacons] des glachons furent si hisdenzement grans, et cressirent si grandement les aiwes, qu'il habatirent le pont de Gemeppe et de Saraing et le pont de Viseit qui estoient de bois, et le pont d'Amaircourt et pluseurs altres pons et edifiches qui estoient sor les riviers. Belgien Maas: Eisdecke Beim Eisgang Hochwasser

(„Chron. de Jean de Stavelot", edid. Ad. Borgnet in „Collect. de chron. belg. inédit." Bd. 10, S. 113.)

Au mois de novembre, l'hyver fut vermeilleusement aspre et dura, depuis la feste Saint-Martin (11. Nov.), onze semaines entières et continuelles, de sorte que, comme le 28 de janvier les glaces des rivières se vinrent à dissoudre en lieux inondés, rompirent plusieurs ponts en divers endroits des pays de Haynaut, Liège, Namur etc. Belgien Flüsse: Eisgang

(F. Vinchant „Annales de la prov. et comté du Hainaut", edid. A P. V. Descamps. Tom. IV, S. 25.)

Winter 1408. Mosel Eisdecke

. . . quod, in eadem hyeme, gelu et frigus fuit ita intensum quod glacies inceperunt in die (Sancti) Martini, perdurantes et augmentantes continue usque ad vicesimam octavam diem mensis ianuarii (28. Januar). Quo die, propter novilunium, de nocte subito ruperunt se, plura dampna pontibus et molendinis inferentes, taliter quod in crastino glacies in Mosa vix apparebant.

(„Chron. du règne de Jean de Bavière." in „Chron. liègeoises", edid. S. Balau in „Public. de la comm. roy. d'hist. de Belgique". Bd. 54, Tom. I, S. 180.)

(. . . weil im selben Winter Frost und Kälte derartig stark waren, da die Fröste am Martinstage begannen, sich dauernd verstärkten und bis zum 28. Januar anhielten. An diesem Tage brach sich nachts, weil Neumond war, plötzlich die Kälte, brachte den Brücken und Mühlen vielen Schaden, daß am nächsten Tage kaum Eis auf der Mosel sich zeigte.)

Maas Eisdecke und starker Eisgang

Eodem tempore prefate obsidionis et post, tam fortiter invaluit gelu durans per decem hebdomadas quod a Jemeppia usque Leodium super Mosam congelatam currus onusti bladis ac aliis rebus veherentur, quodque diversi pontes lignei super prefatum fluvium existentes, scilicet de Jemeppia, Seranio, Viseto, Amaricordis..., pluraque alia edificia et pontes tempore degelationis per ingentia frusta glaciei sunt eversa penitus et destructa, die videlicet vigesima octava ianuarii (28. Januar) anni 1408.

(„Chron. latine de Jean de Stavelot" in „Chron. liégeoises", edid. S. Balau in „Public. de la comm. roy. d'hist. de Belgique" Bd. 54, Tom. I, S. 113/14.)

(Zur selben Zeit der oben erwähnten Belagerung [Dezember 1407] und nachher fiel eine solche scharfe Kälte ein, die 10 Wochen anhielt, daß von Jemappes bis Liège mit Getreide und anderen Dingen beladene Wagen über die zugefrorene Maas fahren konnten, und daß verschiedene hölzerne Brücken über besagten Fluß, wie die von Jemappes, Seraing, Visé etc. und zahlreiche andere Baulichkeiten und Brücken beim Eisaufgang durch die ungeheuren Eisschollen beinahe eingestürzt und zerstört wurden, und zwar am 28. Januar 1408.)

° („Die Brabantsche Yeesten of Rymkronyk van Braband door Jan de Klerk van Antwerpen" VII. Boek, IX. Cap. Vers. 902–914. edid. J. H. Bormans. in „Collect. de chron. belg. inédit." Bd. 4, S. 41, Tom. III.)

Holland Flüsse: Eisdecke

erat hyemps valde dura et glacies magna, que incepit in vigilia nativitatis Christi et duravit ad crastinum Agathe, ita quod homines habuerunt meatus per rivos et aquas omnis a mari usque ad originem reni.

(„Auctoris incerti chronic. Tielense", edit. J. D. van Leeuwen, S. 445.)

(Es war ein besonders strenger Winter mit großem Eis, das am Vortage von Christi Geburt anfing und bis zum Tage nach dem Agathentage dauerte, so daß die Menschen über alle Flüsse und Gewässer vom Meer bis zum Ursprung des Rheins gehen konnten.)

do was der Rin bestanden boven ind neder, also dat de lude uis Coelne mit groissen heufen overgeingen zo Duitze, ind dat is wart brechen: eine ure, ind dae geschach zomail grois schade an schiffen ind an anderen dingen. Winter 1408. Rhein Eisdecke und Eisgang

(„Kölner Jahrbücher d. 14. u. 15. Jahrhunderts." Recension B. in „Die Chroniken d. deutschen Städte." 13. Band, S. 50.)

fuit hyemps asperrima; cum Renus erat communiter per totum congelatus; in cuius resolutione multe naues magne Colonie frangebantur glacie et periclitabantur.

(„Jacobi de Susato al. de Sweve Chronicon Episcop. Coloniensium" in J. S. Seibertz „Quellen d. Westfäl. Geschichte". 1. Band, S. 212.)

(Es war ein sehr strenger Winter, da der Rhein allgemein völlig zugefroren war. Beim Eisaufgang wurden viele große Schiffe zu Köln durch das Eis zertrümmert und gefährdet.)

do vroir is an sent Mertins missen (11. Nov. 1407) bis des vridages na sent Pauwels dach (27. Januar 1408), dat der Rin zovroir dat man darover geink an der Saltzgassen, . . . Köln Rhein: Eisdecke

(„Kölner Jahrbücher d. 14. u. 15. Jahrhunderts." Recension D. in „Die Chroniken d. deutsch. Städte." 13. Band, S. 140/41.)

° („Koelhoff. Chronik" in „Die Chronik d. dtsch. Städte". 14. Band, S. 744.)

° („Chronik d. Dietrich Westhoff von 750–1550". in „Die Chroniken der dtsch. Städte". 20. Bd., S. 294.)

Anno 1407 was vast ein kalter winter, hůb an s. Martins tag (11. November) weret untz mitfasten. Der Rin übefrror an vil enden, das man mit lastwegen uf dem ise über fur. Die von Brisach můsten malen zu Friburg. Das yse brach alle bruggen, do es zergieng. Baden Rhein: Eisdecke und Eisgang

(Handschrift zu Basel, D IV, 10.)

(„Jahrgeschichten des Landes etc." in F. J. Mone „Quellensammlung etc." 1. Bd., S. 222.)

Renusque congelabatur a summo eius ortu usque ad lacum Allecum et tam fortis, quod in profesto beati Anthonii (17. Januar) omnis vetura onerosa in glacie Reni ultra vectarunt, sicut fuisset in vera strata. Hoc frigus duravit usque ad ultimam diem Januarii, et rupcione glaciei magnum fecit dampnum in molendinis integris cum domibus, horreis, quae fluxerunt in Reno, et pontem Argentinensem destruxit. Oberrhein Eisdecke, Eisgang

(„Die Fortsetzung der Flores temporum von Reinbold Slecht, Cantor von Jung St. Peter in Straßburg, 1366–1444", edid. R. Fester in „Zeitschrift f. d. Gesch. d. Oberrheins." Neue Folge. 9. Bd. S. 119.)

(Der Rhein bedeckte sich mit Eis von der Quelle bis zum Bodensee [oder Zuidersee], und zwar so stark, daß am Tage vor dem St. Antoniustag (17. Januar) alle Lastfuhren über das Eis des Rheins gingen, als wäre es auf richtiger Decke. Diese

Kälte dauerte bis 31. Januar, und beim Eisaufbruch erlitten an den kräftigen Mühlbächen, die in den Rhein flossen, Häuser und Scheunen großen Schaden, und die Brücke von Straßburg wurde zerstört.)

Winter 1408 Rhein: Eisdecke

... und der Ryn überfror von sant Martins naht (11. November) untz zu der lichtmesse (2. Febr.) ...

(„Königshofen. Chronik" in „Die Chroniken d. dtsch. Städte". 9. Band, S. 866.)

Elsaß Rhein: Eisdecke

Und was der Rin überfrorn, das wegen und kerche und hengeste und grosse leste dar über gingent.

(„Zusätze der Straßburger Handschrift No. 844" in F. J. Mone „Quellensammlung etc." I, S. 277.)

° (Chr. Wurstisen „Baßler Chronik." S. 212.)

Donau in Bayern Eisdecke und Eisgang

des jars kam der aller keltst winter, des ye kein mensch dazumal gedacht, und überfror die Tunaw, das man mer dan 14 meil darauff gieng, etwan rayt und fure; und giengen mer wen tausent menschen zu Ulm auß über die Tunaw, welche grosse kelt weret von sant Merteins tag biß auff lichtmeß (11. Nov.–2. Febr.), darnach zergieng das eyse und stieß alle prucken hin bis gen Regenspurg.

(„Eine deutsche Weltchronik" in „Die Chroniken d. dtsch. Städte." 3. Band, S. 303.)

Nordwestdeutschland Flüsse: Eisdecke

alle watere weren so hard ghevroren, dat men se riden unde varen mochte also uppe deme lande.

(„Der sogenannten Rufus-Chronik 2. Teil von 1395–1430." in „Die Chroniken d. dtsch. Städte." 28. Band. S. 42.)

Omnes autem aque sive stagnales sive maritime equitari poterant et currys onusti in eis duci in omnem terram.

(Lüneburg. u. Linköpinger Handschrift).

(„Cronica novella de quarto opere bis 1435 und Cronica novella de secundo opere bis 1423 des Hermann Korner", edid. Jak. Schwalm. S. 372.)

(Auch konnte man über alle Gewässer, sei es über die stehenden oder über die Meereswasser reiten und mit beladenen Wagen darüber nach allen Ländern fahren.)

Dithmarschen Eider: Eisdecke

It was do also starck ein winter, dat me dreef mit wagen vnd sleden vnd me hadde einen grothen starcken weg gelecht van Nesse auer de Eyder tegen Ellenwaort.

[Chronicon Eiderostadense vulgare.]

(„Johann Russe's Sammlungen und Vorarbeiten zur Chronik des Landes Dithmarschen", edid. Dr. A. L. J. Michelsen. S. 702/03.) = 1404

Thüringen Werra: Eisdecke

do was eyne lantstrasse von eyner stat zu der andirn uf der Werra, do reit man uffe unde fur mit geladin wagen stetlichen.

(„Düringische Chronik d. Johann Rothe." in „Thüring. Geschichtsquellen." 3. Bd. S. 652.)

Item als der winter abegink, wart gros wassir, das die Wysel usbrach bienedin Grudentz und uff der Nerye (das Delta zwischen Danziger und Elbinger Weichsel) und tat grossin schadin. Winter 1408 Weichsel: Eisgang mit Überschwemmung

(„Johann's von Possilge Chronik des Landes Preußen" in „Scriptor. rer. Prussicar." 3. Band, S. 289/90.)

Eodem anno yemps erat nimis aspera et mare salsum fuit congelatum ita quod homines transierunt inter alemanniam et Daciam videlicet inter gheezor et rostok. Ostsee Eisdecke

(„Chronologia ab anno 266 ad 1430" in E. M. Fant „Scriptores rer. Suecicar." I, S. 31.)

(Im selben Jahre war ein sehr strenger Winter und das salzige Meer war zugefroren, so daß die Menschen es zwischen Deutschland und Dänemark passierten, nämlich zwischen Gjedser und Rostock.

° („Chronologia vetusta ab a. 1298 ad a. 1473" in E. M. Fant „Scriptor. rer. Suecicar." I, S. 96.)

° („Diarium Minoritar. Wisbyens. ab anni 686 ad annum 1525" in E. M. Fant „Scriptor. rer. Suecicar." I, S. 36.)

yemps frigida fuit, quod nulla meminit estas; nam Danubius per totam Ungariam et Austriam et Bavariam gelidatus fuit, ita quod in Krempsa et in omnibus partibus Austrie perrexerunt per Danubium cum curribus vinum portantibus et alia necessaria. Donau Eisdecke

(„Kalendarium Zwetlense". M. G. H. Scriptores. IX, S. 697.)

(Der Winter war kalt, daß sich kein Mensch eines solchen erinnerte. Die Donau war nämlich durch ganz Ungarn und Österreich zugefroren, so daß man in Krems und in allen Gegenden Österreichs über die Donau mit Lastwagen mit Wein und anderen Notwendigkeiten fahren konnte.)

. . . , das die Ar und der Rin so grossenklich überfroren worend, . . . Schweiz Aare, Rhein Eisdecke

(„Die kleineren Basler Annalen" in „Basler Chroniken". Band 5, S. 66.)

. . . , also das der Rine überfror von Cöln untz gen Strasburg, das man darüber fůr mit karren und mit wagen, zu rosze und zu fůs, war man wolte. Des selben glichen tete man hie obenen ze Nüwenburg und zu Rinfelden, und werte daz untz an den sampstag vor unser frǒwen tag der liechtmessz. (28. Januar). Rhein Eisdecke

(„Die Röteler Chronik" in „Basler Chroniken" 5. Band, S. 136.)

° („Röttler u. Basl. Zusätze" zu Königshofen in F. J. Mone „Quellensammlung etc." I, S. 288.)

. . . und überfror die ar und vil sewen im land, und werti die kelti untz uff die liechtmess, und kam do ein hymelwermi mit und warmen winden, das die wasser alle so gross wurdent, das alle bruggen uff dem rine und uff der ar hingefurt wur- Schweiz Aare und Seen Eisdecke dent und zerbrachend, usgenommen ze basel und ze bern, die zwo bruggen gestundent.

(„[Berner] Anonyme Stadtchronik" in Dr. G. Studer „Die Berner-Chronik d. Conrad Justinger". S. 453.)

° (, Die Berner-Chronik d. Conrad Justinger" herausgeg. v. Dr. G. Studer, S. 203.)

Winter 1408. Rhein Eisdecke und Eisgang

Der Rin überfror an vil enden, das man mit lastwegen uff dem ise überfůr. Das yse brach alle bruggen, do es zergeng (jedoch mit Ausnahmen).

(„Des Kaplans Niklaus Gerung etc. Fortsetzung der Flores Temporum" in „Basler Chroniken". 7. Band. S. 83.)

do brochend die wasser alle bruggen uff dem Rine und anderswo.

(„Anonyme Zusätze u. Fortsetzungen z. Königshofen nach d. Abschrift Erhards von Appenweiler 1120–1454" in „Basler Chroniken." 4. Band, S. 431.)

° (Jos. Schneller „Jahrzeitbücher des Mittelalters. Jahrzeitbucb des Cistercienserstiftes St. Urban." S. 31.)

Züricher See Eisdecke

. . . und was so kalt, das der Zürichsee überfror.

(„Chronik der Stadt Zürich" mit Fortsetzungen, edid. Johannes Dierauer in „Quell. z. Schweiz. Gesch." 18. Bd. S. 171.)

11. Dezember 1407 Zürichsee Eisdecke

Bereits mit Eis bedeckt.

(K. Hauser „Geschichte der Stadt etc. Elgg." S. 121.)

1408 Rhône Überschwemmung

le Rhône déborda de nouveau, et Lyon éprouva beaucoup de dommages; deux cents maisons furent entraînées par la violence des eaux et par les glaces.

(M. Champion „Les inondations en France etc." III, S. 203 aus Delandine „Inondations du Rhône en divers temps" in „Journal de Lyon et du Midi" v. 13 nivôse an X.)

* (M. Villard „Météorol. région." S. 55.)

Bernburg Saale: Eisgang und Hochwasser

Saale: starker Eisgang beschädigt die Brücke sehr und reißt sie fast ganz fort.

(Dr. H. Suhle „Ältere Nachricht des Kirchenbuchs der Marienkirche zu Bernburg." S. 260.)

Eisgang und sehr starkes Hochwasser reißen die Brücke fort.

(Dr. H. Peper „Geschichte der Stadt Bernburg". S. 56, 58)

Mellingen (Kanton Aargau) Überschwemmung der Reuß

Reuß: Starke Überschwemmung. Die Brücke wird fortgerissen und die Straßen ruiniert.

(Theod. von Liebenau „Die Stadt Mellingen". S. 16.)

Nach Gottes gebuert, daß ist ware,
dusent vierhonder sieben jare
zu schreiben nae Trierser wſse
Môsel und Rſne von ſse
alles hart waren bestanden,
daß man zu Covelenz und in vile landen
mit laste darobir mochte gane,
foren karen, sledden und wane;
zu nacht Marcelli das geschaich
und wert biß off santa Aldegonden dag.

16—30. Januar 1408 Mosel, Rhein Eisdecke

(„Limburger Annalen." Rec. A. in M. G. H. Tom. IV. Pars I. Deutsche Chroniken. S. 113.)

a L gor M ar CeLLI dat stare fLV en CI a ren I

16. Januar Köln Rhein: Eisdecke

(„Latein. Reimchronik" in „Die Chroniken d. deutschen Städte." 13. Band, S. 207.)

(Algor marcelli dat stare fluencia reni.)

(Die Kälte am Marcellustag brachte die Fluten des Rheins zum Stehen.)

bis des vridages na sent Pauwels dach, . . . , und binnen zwen uren brach dat ist. Dar quam ein grois is vur de stat Kolne, dat dat is groisse schiffe ind der vil zobrach mit den cleinen, de da alle inwech drewen van dem isse. Do geschach grois schade an dem Rine an moelen ind an alle dem dat an dem Rine hielte dat lant up ind neder.

27. Januar Köln Rhein: Eisgang

(„Köln. Jahrbücher d. 14. u. 15. Jahrhunderts." Recension D. in „Die Chroniken d. dtsch. Städte." 13. Band, S. 140/41.)

Nam cum aque glaciales die sabbati vicesima octava januarii liquefieri ceperunt ex nivibus, e stannis per parva flumina sic subito et impetuose discurrerunt, quod ad yma descedentes multas domos everterunt solotenus, peccora quoque et iumenta omnis generis submerserunt. In principalibus fluviis qui nomen ad mare ferunt, et in Secana [Seine] precipue, harum glacierum frusta trecentorum pedum longitudinis et totidem latitudinis vidi, que, per corrosionem mutuam ad instar acervorum lapidum molarium conversa, in impetuoso descensu nonnullis gurticibus insulisque cum salicibus evulsis radicitus in disrepcionem poncium sevierunt, multarum quoque navium, quas a littoribus solverant violenter. Parisius eciam pontem Sancti Michaelis [Saint Michel] arculis constructum lapideis, sequenti luce destruxerunt cum cunctis super edificatis domibus. Similem eciam ruinam passus fuit pons ligneus, super alteram partem Sequane itinerantibus viam prebens.

28. Januar Nordfrankreich Seine: Eisgang

(„Chronik du religieux de Saint-Denys" Liber 28. Cap. 32. edid. L. Bellaguet. Tom. 3, S. 746.)

(Denn als die Eisdecke am Sonnabend, 28. Januar zu schmelzen begann, traten die Ströme infolge des Hochwassers der kleinen Flüsse so plötzlich und heftig über ihre Ufer, daß sie viele Häuser völlig umstürzten und Klein- und Zugvieh m Wasser umkam. In den Hauptflüssen, die in das Meer strömen, und insbesondere in der Seine, auf der ich Eisschollen von 30 Fuß Länge und einer ebensolchen Breite gesehen habe, die durch das plötzliche Zernagen sich wie ein Haufen von Mühlsteinen drehten, stürmisch stromabwärts trieben, in einigen Strudeln und Inseln mit entwurzelten Weiden, tobten sich die Fluten an den Brücken und den vielen Schiffen, die sich vom Ufer losgerissen hatten, aus. In Paris zerstörten [die Eismassen] die Saint-Michel-Brücke mit den aus Stein erbauten Bogen, . . . , am folgenden Tage mit allen darauf stehenden Gebäuden. Einen ähnlichen Einsturz erlitt auch die Holzbrücke, die über den anderen Teil der Seine den Passanten einen Weg bot.)

28. Januar 1408 Belgien Eisgang der Flüsse

glacies confracta multis in locis incolas ac pontes fregit.

(J. Chappeavillus „Gesta qui pontific. Leodiens. scripserunt etc." Tom. III, S. 80.)

(Die Eisschollen vernichteten an vielen Orten Einwohner (?) und Brücken.)

Aare, Rhein Eisgang

. . . sampstag vor unser fröwen tag der liechtmessz. Do kam ein warmer regen und wynd, und brache das wetter und das ys, und zerbrach alle die brucken, die uff der Aren warent und uff dem Ryne, von Louffenberg untz gen Strasburg, one die bruck ze Louffenberg und zu Basel. Und waz daz wunderlichest gescheffte von dem ys und wasser, das nieman so alt was, der ie gedecht oder ie gehorte sagen also von eym kalten winter, und von solichem ysz und wasser.

(„Die Röteler Chronik" in „Basler Chroniken" 5. Band, S. 136.)

(„Röttler u. Basler Zusätze" zu Königshofen in F. J. Mone „Quellensammlung etc." I, S. 289.)

29. Januar 1408 Lahn: Rhein, Main Eisgang

ipso die beati Valerii fregit glacies pontem in Wielburg et Dietz necnon omnes ligneos pontes in Logena, Rheno et Eschaffenburg.

(„Kleine Limburg. Annalen" in M. G. H. Tom. IV. Pars. I, Deutsche Chroniken, S. 118.)

(Am selben Tage des seligen Valerius zerstörte das Eis die Brücke in Weilburg und Dietz und tatsächlich alle hölzernen Brücken der Lahn, des Rheins und Aschaffenburgs.)

Dietz a. d. Lahn Lahn: Eisgang

pons cecidit . . . in aquarum ac glaciei exundantia.

(„Die Limburger Chronik des Johann Mechtel", edid. K. Knetsch. S. 124.) = 1407

(Die Brücke zerbrach im Hochwasser und Eisgang.)

Schweiz Flüsse Eisgang

Circa festum vero sancti Vincentii (22. Januar) propter pluuiarum habundantiam in frusta soluitur glacies, et tanto impetu pontibus se illisit, quod preter pontem berne et basilee omnes ceteri pontes super predicta flumina cum novo ponte apud

Argentinam alii funditus alii pro maiori parte cusi sunt. Eciam apud brugg, quod tunc impossibile videbatur visa sunt fragmenta glaciei decem vel amplius pedum spissitudinis, triginta Longitudinis et tante Latitudinis innumerabilibus plena piscibus.

(Joseph Schneller „Jahrzeitbücher des Mittelalters. Das Cistercienser-stift St. Urban (Kant. Luzern) S. 31.) = um 22. Januar

(Um das Fest des heiligen Vincentius aber zerging das Eis infolge des Übermaßes der Regengüsse in Stücke und stieß mit solcher Gewalt an die Brücken, daß außer der Brücke von Bern und Basel alle anderen Brücken über die genannten Flüsse und die neue Brücke bei Straßburg teils von Grund auf zerstört, teils zum größeren Teile zerschlagen wurden. Auch bei Brugg, was damals unmöglich erschien, wurden Eisblöcke von 10 oder mehr Fuß Stärke, von 30 Fuß Länge und so großer Breite gesehen, voll von unzähligen Fischen.)

30. Januar 1408 Nordfrankreich Flüsse: Eisgang

Ultima januarii, tanta tempestas viguit inundacione aquarum ex resolucione nivium, glaciorum et gelium quod pontes Parisius ceciderunt, et alibi perierant domus quamplurime et pecora ibidem existencia.

Derrain jour de janvier et usque ad VI ebdomadas intensissimum frigus viguit, ad cuius mitigacionem et glaciorum et nivium resolucionem pontes Parisius et alibi et domus infinite corruerunt, nec poterat iri ad cameram Parlamenti, . . .

(„Mémorial de Nicolas de Baye 1400–1416" in „Journal de Nicolas de Baye etc.", edid. A. Tuetey Tom. II in „Soc. de l'hist. de France" Band 239, S. 295.)

(Am letzten Tage des Januar herrschte ein so großes Unwetter infolge der Schnee- und Eisschmelze, daß die Brücken von Paris einstürzten, und anderswo stürzten zahlreiche Häuser zusammen und das Vieh ging dort zugrunde.

Am letzten Tage vom Januar und nachdem 6 Wochen lang strengster Frost geherrscht hatte, stürzten bei dessen Milderung und dem Schmelzen der Eis- und Schneemassen die Brücken von Paris und anderswo und zahllose Häuser ein, noch konnte man zur Parlaments-Kammer gehen.

Ende Januar Loire Eisgang und Überschwemmung

Les eaues et gelées ont esté si grandes que par la force desdictes eaues et des glacons les levées et turcies qui sont ordenées dès le lieu de la Flaonniere au dessoulz de Tours jusques a l'isle de Toussains ont esté rompues ou pais de Touraine en pluseurs lieux, par quoy ladicte riviere de Loire s'est estendue et en amené les maisons, les bestes et nayé du tout ledit pais de Valée, telement que les blez et autres fruis y ont esté destruiz et perdus pour ladicte année et par especial pour l'année subsequent qui fut l'année mil IIII^{c} et huit.

(„Jugés X^{1a} 56 fol. 115." Anmerkung im „Journal de Nicolas de Baye 1400–1417." edid. A. Tuetey in „Soc. de l'hist. de France" Band 222, S. 216.)

Ende Januar 1408 Nordfrankreich Eisgang und Überschwemmung der Flüsse

Ex affluencia et ingenti glacierum et aquarum, que anno 1407 tempore heymali in regno nostro viguerant, inundacione et habundancia certe vanne supra flumen Secane de super villam Trecensem, demolite atque fracte [fuerunt].

(„Jugés X^{1a} 57, Fol. 135." Anmerkung in „Journal de Nicolas de Baye 1400–1417", edid. A. Tuetey in „Soc. de l'hist. de France." Band 222, S. 216.)

(Infolge der Fülle sowohl der ungeheuren Eismassen als auch der Wasser, die im Jahre 1407 zur Winterszeit in unserem Reiche herrschte, wurden durch die Überschwemmung und das Hochwasser gewisse Übergänge über den Fluß Seine oberhalb der Stadt Troyes (?) beschädigt und zerbrochen.)

° („Chronique Rouennaise 1371–1434" in „Chron. normande de Pierre Cochon", edid. Ch. de Robillard de Beaurepaire in „Soc. de l'hist. de Normandie". 1. Band, S. 330.)

Belgien Eisgang und Überschwemmung der Flüsse

Vers 1801 ff.
Puis cel yvier, bien peu d'espace,
Fluèrent les yawes et les glace
En Basse-Allemaigne et an France,
Par si très-grant habondance,
Que maintz beauls pontz furent périlz,
Et destruictz tamais beaus pourpris.
Grans édifices et très-biaulx murs
Furent démolus aval Namur;
La ville fut trèstout en l'eawe:
Encore y pèrent les traces et saiwe.
Le grant moulin et la capelle
Du pont de Sambre, qui moult est belle,
Et aultres édifices s'en alèrent
A la valée. Si démolèrent,
A Liège et illuecques entour,
Lesdictes yawes, par leur grant cours,
Le pont de l'Arc et aultre ouvrage:
Qui grant grief fu et grant dampmage,
De ce déluge confondus.

(„Chronique de l'abbaye de Floreffe, de l'ordre des Prémontrés, dans l'ancien comté de Namur. in „Monum. pour servir à l'hist. des provinc. de Namur etc." in „Collect. de chron. belg. inédites" Band 5, Tom. VIII, S. 129.)

En ce meisme an furent les eaux moult grandes en pluiseurs lieux, et espécialement en Tournay, ou elles vinrent et crurent en une nuit si soubdainement et habondamment que à paines seroit à croire qui ne le aroit veu; car toute la paroisce de St. St.-Nicolai flotoit . . .

Et pareillement flotoit grand partie des paroisces de la Magdaleine, St.-Jaque, Nostre-Dame, St.-Pière, St. Brix, St.-Jehan, Ste.-Catheriene et St. Piat . . .

(„Chron. des Pays-Bas, de France, d'Angleterre et de Tournai" in „Corp. chron. Flandr." edid. J. J. de Smet in „Collect. de chron. belg. inédit." Bd. 3, Tom. III, S. 336/37.)

Cedit jour, au soir, se commencerent les glasses à departir et avaler aval à grant impétuosité. Au jour d'uy et dès hier environ IX ou X heures de nuit, sont descendues les glaces et glacons aval en si grant habundance par si grant impétuosité et à si grant effort, en especial par celle partie de Seinne qui flut à Paris par dessoubz les petits ponts, que par les heurs continuelx des glaces contre les pez de boiz qiu soustenoient le Petiz Pont, qui estoit en alant de la rue S. Jaques à Nostre Dame, et aussi contre les pillers de pierre qui soustenoient les arches et le pont de pierre qui estoient en alant de la rue de la Harpe au Palaiz royal, icelles glaces et riviere de Seinne ont abatu ledit pont de boiz qui estoit en alant à Nostre Dame et partie des maisons adjacens, et aussi ont abatu, froissié, demoli et rué jus le pont le pierre dessusdit et bien de XX à XXX maisons qui estoient dessus . . . Pareillement aussi cedit jour, chut partie des changes de dessus le Grant Pont et peu dudit pont, nonobstant qu'il ne fust que de boiz hors le pavement, pour ce qu'il n'y eut pas si grans heurs de glaces que esdiz petis pons, tant pour ce que la force des glaces la plus grant passa par lesdiz petis pons, pour ce qu'il trouverent le chemin empeschié en la riviere qui estoit encor gelée vers S. Pol. (25. Januar), et par ce faloit que les glaces se tournassent d'autre costé, que aussi pour ce que quant les glaces peurent tourner soubz ledit Grant Pont encontrerent les molins de l'evesque et autres près du Grant pont que froisserent et par ce rompirent, et empescherent leur violense et force, telement que le heurt ne pot estre si grant qu'il estoit aux dessusdiz petis pons, par lesquelx aussy dès dimenche derrien passé passoit la riviere de Bievre qui avoit esté moult impetueuse et qui moult de dammage avoit fait à Saint Marcel hors Paris.

1. Februar 1408 Paris Seine: Eisgang und Überschwemmung

(„Journal de Nicolas de Baye 1400–1417" edid. A. Tuetey in „Soc. de l'hist. de France." Band 222, S. 213–215.)

° („Chronique Rouennaise 1371–1434" in „Chron. normande de Pierre Cochon", edid. Ch. de Robillard de Beaurepaire in „Soc. de l'hist. de Normandie". 1. Band, S. 330/31.)

Seine . . . , pour ce que la rivière croit, oultre mesure et hors ses termes et si impetueusement que c'est horreur.

Seine Überschwemmung

(„Journal de Nicolas de Baye 1400–1417", edid. A. Tuetey in „Soc. de l'hist. de France." Band 222, S. 218.)

und darnach als das eis ergieng, das mocht zu Regenspurg sein rechten gang nit gehaben und luff durch den hoff und under den winpergen zu Tegerhain hin und das wasser was als groß, des den leutten an dem stainach zů den venstern eingieng und das man mit scheffen fur uff dem wasser. auch raiß das eis etlich müllin hin und fürt sy uncz uf die plaich und tätt auch so großen schaden an der prugg, das

um 2. Februar Regensburg Donau u. Regen Eisgang und Überschwemmung

um 2. Februar 1408 Regensburg. Donau u. Regen Eisgang und Überschwemmung

man maint, man möcht den schaden mit 300 ℔. Regenspurger nicht gewenden. et tet auch großen schaden in dem spital zu Regenspurg an vich, besunder an verhern, der gar vil ertrunken, es warf die mülstain uß vil müllen herab in das wasser, es fürt auch das blaichrad hin und die walkmül und das maist all hülczen pruggen, die an der Tounaw waren.

(„Augsburger Chronik von 1368–1406 mit Fortsetzung bis 1447“ in „Die Chroniken der deutschen Städte“. 4. Band, S. 113.)

Et circa festum purificationis cepit esse subita excrescentia aquarum, ita quod glacies in spissitudine et fortitudine sua per aquas elevabatur, et cum glacies glaciei in Danubio et Regino fluviis prope nostrum monasterium iungeretur, ambo fluvii relicto naturali cursu retro fluere ceperunt.

(Andreas von Regensburg „Chronica pontificum et imperatorum Romanorum“, in Andreas von Regensburg „Sämtliche Werke“, edid. G. Leidinger, S. 120.) = 1407

(Um das Fest Mariä Reinigung begann plötzlich ein Anwachsen der Flüsse, so daß das Eis in seiner Dicke und Stärke durch das Wasser emporgehoben wurde und die Eismassen mit dem Eis in der Donau und dem Regen-Fluß nahe unserem Kloster vereinigt wurden, und es fingen beide Flüsse, nachdem sie ihr natürliches Bett verlassen hatten, an, wieder zurückzufließen.)

Sachsen Flüsse: Eisgang und Überschwemmung

Et circa idem festum [= purificat. Mariae] coepit esse subita aquarum excrescentia.

(„Chronicon terrae Misnensis“ in J. B. Mencken „Script. rer. German.“ II, Sp. 335.) = 1405

(Um dasselbe Fest [Mariä Reinigung] begann plötzlich ein Hochwasser der Flüsse.)

Aare, Rhein Eisgang

. . . , do das wetter brach, das des yses so vil was ze Solotrun in der Ar, das nieman kein wasser sach, denne allein is und is und fůrt die brug ze Arberg anweg und ze Buren, und ze Solotrun und ze Arwangen, ze Olten, ze Arôwe, ze Brug, ze Sekingen, ze Rinvelden, ze Brisach, ze Strosburg.

(„Die kleineren Basler Annalen“ in „Basler Chroniken“ 5. Band, S. 66.)

3. Februar Bardowiek (Rgbzk. Lüneburg) Ilmenau-Fluß Überschwemmung

Is de Elmenouwe so grot gewassen, dat se to Bardewyck midden int bleck [kleiner Ort] gestanden und dorch de Huse gegangen, dat vormals so grot nicht gedacht ist, und heft vele schaden gedan, wo wol aftonemende. Und ist darup 3 ganze manat grot frost und sne gefolgt, . . .

(„Die Lüneburger Chronik des Probstes Jakob Schomaker“, edid. Theod. Meyer, S. 41/42.)

Fasten Niederösterreich Donau-Eisgang

. . . aber in der vasten hernach gestiess die thonaw, . . .

(„Die kleine Klosterneuburger Chronik (1322–1428)“, edid. Dr. H. J. Zeibig, S. 240.)

Item, in dit jaer brack't waetere t'Sente Lirvenspoorte ende aen de Keyserporte uute in den zomere, zoo datter een steenwerc ghemaect wiert. Sommer 1408 Gent (Flandern) Überschwemmung

Item, ten selven daeghe was tot Ghendt soo groot water dat men voer over de Schelde met schepen boven de Capucinenclooster, dan Volders-capelle.

(„Memorieboek der Stad Ghent 1301–1737" in „Maetschappy der Vlaemsche Bibliophil." 2. ser. No. 15, S. 149/50.)

Aquae insuper fluminum in partibus Borealibus Angliae vehementer inundaverunt super terram in principio Septembris; ... Anfang September Nord-England Flüsse: Überschwemmungen

(„Continuatio Eulogii 1364–1413". edid. F. S. Haydon in „Rer. Britannic. med. aev. scriptores." Bd. 9, Vol. III, S. 413.)

(Anfang September traten die Flußgewässer in den nördl. Gegenden Englands heftig über ihre Ufer, ...)

... ; et in nocte Nativitatis Beatae Mariae tantus impetus aquae descendit de montibus in villam de Ware, ut domos prosternebat, et homines prae timore clamaverunt per totam villam, credentes se submergi, ... 8. September Ware (Hertfordshire) Überschwemmung

(„Continuatio Eulogii 1364–1413", edid. F. S. Haydon in „Rer. Britannic. med. aev. scriptores." Bd. 9, Vol. III, S. 413.)

(... ; und in der Nacht der Geburt der heiligen Maria stürzte eine solche Wasserflut von den Bergen in die Stadt Ware, daß sie Häuser niederwarf und die Menschen vor Angst laut schrien, da sie glaubten, daß sie ertrinken müßten.)

Item, in't zelve jaer up Sente Barbelendach was't water zoo groot te Brugghe dat de lieden moesten op zolders wonen XI daghen zonder afcommen. 4. Dezember Brügge (Flandern) Überschwemmung

(„Memorieboek der Stad Ghent 1301–1737" I, Deel in „Maetschappy der Vlaemsche Bibliophil." 3. ser. No. 15, S. 147.) = 1407

Item in mense Decembri eiusdem anni, in Brugis fuit maxima aqua per octo dies, ... Beghinagium totum, imo et ecclesia eius plena erat aqua, sive natabat in ea.

(„Chron. comit Flandrens." in „Corp. chron. Flandr." edid. J. J. de Smet in „Collect. de chron. belg. inédit." Bd. 3. Tom. I, S. 251.) = 1407

(Gleichfalls im Monat Dezember desselben Jahres war in Brügge 8 Tage lang sehr hohes Wasser, ..., das ganze Beghinenkloster, ja sogar die Kirche waren voll Wasser oder schwammen in demselben.)

Februar 1409 Nordfrankreich Belgien Überschwemmung der Flüsse, besonders der Seine, Schelde und Lys

Hoc anno, mense Februario, tanta inundatio aquarum fluvialium, subito et inopinate excrescentium fuit, quantum memoria hominum, vix recolit; omnia iuxta fluvios, praecipue Secanam videlicet, Scaldam, Lisam et alios alveos, in vallibus et bassis locis sita tam villae quam oppida et cuncta aedificia aquis submersae sunt, et sicut subito venit, ita et subito aqua diminuata est; plurima dampna pluribus in locis hoc deluvium intulit.

(„Chron. de Jean Brandon avec les additions d'Adrien de But" in „Chron. relat. à l'hist. de la Belgique", edid. K. de Lettenhove in „Collect. de chron. belg. inédit." Bd. 13, Tom. I, S. 126.)

(In diesem Jahr, im Monat Februar, entstand eine so große Überschwemmung der Flüsse, plötzlich und unverhofft, wie sich die Menschen kaum erinnern konnten. Alles, was an den Flüssen lag, besonders nämlich an der Seine, der Schelde, der Lys und anderen Flußbetten, in Tälern und tief gelegenen Orten, sowohl Dörfer als auch Städte und sämtliche Gebäude, versanken im Wasser, und ebenso plötzlich wie es kam, ebenso plötzlich nahm das Wasser ab; den meisten Orten brachte diese Wasserflut den größten Schaden.)

22. Februar 1409, Belgien Überschwemmung der Flüsse Z. B. der Maas

le XXII. jour de fevrier, al chaiier [= la fête de la chaire de saint Pierre] de Sains-Pire furent lez aiwes mult grandes, et pair especial la riviere de Mouze si grant et si hisdeux, rades et peruelheux, que ly poins des arches à Liège briesat et reversat, qui avait dureit environ de III cens et IIII^{XX} et II ains. Et chu fut portant que ons ne l'avoit nient bien detenus et visenteit les fondemens des pilers. Et oussi a donc reversont à Namur une partie del porte devers Brabant, et une grant planteit des murs deleis ladit porte, et ne visquoit si anchiens qui oncques veut awist les aiwes si grant ne si peruelheux.

(„Chron. de Jean de Stavelot", edid. Ad. Borgnet in „Collect. de chron. belg. inédit." Bd. 10, S. 143.)

Liège Maas-Überschwemmung

in mense februario, fuerunt inundationes aquarum in tanta copia in patria Leodiensi quales antea nunquam vise fuerant, ita quod Mosa veniebat usque ad introitum ecclesie Leodiensis. Quapropter pons Arcuum lapideus, quem construxerat Reginardus episcopus, fundator principalis cenobii nostri Sancti Laurentii, fuerat totaliter eversus, quampluraque edificia destructa et per aquas abducta et absorpta.

(„Chron. latine de Jean de Stavelot" in „Chron. liégeoises", edid. S. Balau in „Public. de la comm. roy. d'hist. de Belg." No. 54, Tom. I. S. 126.)

(Im Monat Februar ereigneten sich Überschwemmungen der Gewässer in dem Heimatort Liège, in welchem Umfange sie vorher niemals beobachtet wurden, so daß die Maas bis an den Eingang der Kirche von Liège kam. Dadurch wurde die steinerne Bogenbrücke, die der Bischof Reginhard erbaut hatte, der Hauptgründer unseres Klosters St. Laurentius, völlig eingerissen, mehrere Gebäude eingestürzt und durch die Fluten weggeführt.)

° („Additions au texte de Mélart extraites des manuscrits 37 et 39" in „Chroniques liègoises", edid. S. Balau. Tom. III, S. 617.)

in vigilia Mathie et 4 diebus sequentibus, fuit maxima inundantia aquarum, non multum minor quam anni dni. 1371, . . . 1409 23.—27. Februar West-deutschland Überschwemmung der Flüsse

(„Jacobi de Susato al. de Sweve Chronicon Episcoper. Coloniensium 1420" in „J. S. Seibertz „Quellen d. Westfäl. Geschichte". 1. Band, S. 212.)

(Am Tage vor dem Mathiastage und an den 4 folgenden Tagen war eine sehr starke Überschwemmung der Gewässer, nicht viel kleiner, als die vom Jahre 1371.)

° („Chronik des Dietrich Westhoff etc." in „Die Chroniken der deutschen Städte" 20. Band, S. 295.)

. . ., et in fine ejusdem mensis magna inundancia aquarum subsecuta est ita quod fere omnis insule a Colonia usque ad Hollandiam submerse sunt per confractionem aggerum, videlicet utraque Betua, insula Tylensis, et Boemelensis, et infra Mozam et Walonem, et tunc agger infra Zandwyck et Oy confractus est. Ende Februar Holland Überschwemmung der Füsse

(„Auctoris incerti chronicon Tielense", edit. J. D. van Leeuwen, S. 446.)

(. . ., und am Ende desselben Monats folgte eine große Überschwemmung der Gewässer, so daß fast alle Inseln von Köln bis Holland im Wasser versanken, weil die Dämme brachen, nämlich beide Inseln Betuwe, die Insel Tiel und Bommel, und zwischen Maas und Waal, und darauf brach der Damm zwischen Zandwyck und Oy (in der unteren Betuwe, östlich von Tiel.)

. . ., quo anno fuerunt magna diluvia de mense septembris in mandamento dicte castellanie et in ceteris aliis locis patrie dalphinalis Brianconesii, . . . Oktober Dauphiné Überschwemmungen

(M. Champion „Les inondations en Frrnce etc." III, S. 203 aus „Archives de l'ancienne chambre des comptes de Grenoble".

(. . ., in welchem Jahre große Überschwemmungen vom Monat September ab in genanntem Kastellgebiet und an anderen Orten der Dauphiné in der Gegend von Briançon eintraten.)

* (M. Villard „Météorol. région." S. 55.)

Hochwasser mit Schaden. 1410 Wadenheim b/Bad Neuenahr Hochwasser

(H. Frick „Quellen zur Geschichte von Bad Neuenahr etc." S. 193.)

Anno 1410 in vigilia Laurentii (9. Aug.) umb die acht oder nünte stund nachts erhub sich das wasser umb Emißhofen und luff gen Stadelhofen, das der bach so groß ward, das er der gerwer brunnentrog voll wasser erhub und den von statt fürte und den lüten zu baiden siten in ir hüser gieng bi 8 oder 10 schuch hoch und erlupf in den hüsern win und ander last, das die von Stadelhofen zu gar großem schaden kament. 9. August Konstanz Überschwemmung

(„Gebhard Dachers Chronik" in Ph. Ruppert „Die Chronik. d. Stadt Konstanz". S. 118.)

9. August 1410 Konstanz Überschwemmung

Anno 1410 an 1. Laurenzenabend um III. und um V. und um I. kam ain groß wasser gen Stadelhofen und nam bruggen hinweg von der statt mit gewalt und ging untz an das Netzthal und brach zu Constanz in die hüser bi Schnetztor zu baiden siten.

(„Dreibrots Chronik bei Reutlinger" XIII. 183 in Ph. Ruppert „Die Chronik. d. Stadt Konstanz." S. 118.)

° („Konstanzer Chronik von 307–1466" in F. J. Mone „Quellensammlung etc." I, S. 327.)

12. Dezember 1411 Holland Überschwemmung der Flüsse

in vigilia beate Lucie virginis, agger apud villam de Zandwyck, in loco qui dicitur Kouyter per habundanciam aquarum fractus est, unde multa dampna evenerunt in insula Betue inferioris.

(„Auctoris incerti chronicon Tielense", edit. J. D. van Leeuwen, S. 447/48.)

(Am Tage vor dem Tage der seligen Jungfrau Lucia brach der Damm bei der Stadt Zandwyck, bei dem Orte, der Kouyter (Kouter) heißt, infolge des Hochwassers, wodurch viele Schäden im unteren Teile der Insel Betuwe entstanden.)

1412 Themse Überschwemmung

Thys yere was a gret excesseve flode in the Themse.

(„Chronicon ab anno 1189 ad 1556, ex registro fratrum minorum Londoniae" in „Rer. Britann. med. aev. scriptores." Bd. 4, Vol. II, S. 164.)

Nordostdeutschland Überschwemmung der Flüsse

Ouch was gros wasser in desim jare gewest; dy flysze hattin sich also gros irgossin, das in vil endin das gras bleib ungehouwin . . .

(„Johanns von Possilge Chronik des Landes Preußen" in „Script. rer. Prussicar." III, S. 332.)

21. November Nordsee Sturmflut

was sunte Cecilyen flot to Hamborch vp sunte Cecylyen auent. Dar vordrunken XXX dusent 600 mynsken, wente alle merskelande darumme her breken yn.

(„Hamburg. Chronik vom Jahr 799–1559" in Dr. J. M. Lappenberg „Hamburg. Chroniken etc." S. 403.)

vp sunte Cecilien auende, dat alle lande inbraken vnde dar vordrenkeden vele mynschen.

(„Eyn kort vttoch der Wendeschen cronicon etc." in Dr. J. M. Lappenberg „Hamburg. Chroniken etc." S. 245.)

do was de grote flot vp sunte Cecilien auend, vnde alle marschlande breken in vnde dar vordrenkeden vele dusent minschen . . .

in s. Cecilien auende was de grote flot, so dat alle de lande inbreken und dar vordrenkeden wol 36.000 mynschen.

(dto., S. 245.)

Exundatione tempestatis incolis violentia Oceani damnum magnum infert X. Kal. Decemb. vocaturque ea tempestas Caeciliana. 22. November 1412 Nordsee Sturmflut

(Corn. Hamsfort „Chronolog. rer. Danic. 687–1448“ in J. Langebek „Scriptor. rer. Danic.“ I, S. 321.)

(Durch eine heftige Sturmflut des Meeres erlitten die Einwohner großen Schaden, und diese Flut wurde die Cäcilienflut genannt.)

inundatio maxima extitit, quae vulgo Inundatio Ceciliae nominatur, quod eo die illa contigisset.

(„Broderi Boissen chronicon Slesvicense ab initio christian. relig. in provinc. invest. usque ad. a. 1530“ in J. B. Mencken „Scriptor. rer. Germanicar. III, Sp. 617.)

(Es erhob sich eine sehr starke Meeresflut, die allgemein die Cäcilienflut genannt wird, weil sie sich an jenem Tage ereignete.)

ok schach alto grot jamer in watere; de Elve stowede up van vlote des meres unde van den wynde, unde brak ut de dicke unde vordrenkede de gansen mers, lant, dorpe, lude unde quik, also dat geschen is in Dethmerschen, dar al ere graven synt togewasschen van den vlote der Elve.

(„2. Fortsetzung der Detmar-Chronik von 1400–1413“ in „Die Chroniken d. dtsch. Städte.“ 26. Band, S. 162.)

° („Bernd Gysekes Hamburger Chronik 810–1542“ in Dr. J. M. Lappenberg „Hamburg. Chronik etc.“ S. 35.)

° (Lambertus Alardus „Nordalbingia sive histor. rer. praecip. in Nordalbingia etc.“ in E. J. von Westphalen „Monum. inedita rer. Germanic.“ I, Sp. 1828.)

. . ., quo anno magnae inundationes aquarum et nivium factae sunt in hieme, . . . Winter 1413 England Überschwemmungen der Flüsse

(„Johannis Capgrave Liber de illustribus Henricis“, edid. F. Ch. Hingeston in „Rer. Britannic. med. aev. scriptores.“ Band 7, S. 112.)

(. . ., in welchem Jahre große Überschwemmungen durch Regen und Schnee im Winter eintraten.)

Cette ville fut encore submeergée sur les mêmes points. 1413 Tournay L'Escaut-Überschwemmung

(M. Champion „Les inondations en France etc.“ V, S. 146 aus Hoverlant „Essai chronolog. pour servir à l'hist. de Tournay.“ XVIII, S. 264.)

Oceanus ruptis aggeribus in Krempermarsia exundavit. Kremper Marsch Sturmflut

(Cornel. Hamsfort „Chronologia rer. Danic. 687–1448“ in J. Langebek „Scriptor. rer. Danic.“ I, S. 321.)

(Eine Meeresflut brach die Deiche und überschwemmte die Kremper Marsch.)

1413 Kremper Marsch Sturmflut

In dem suluen jare do brak der Kremper marsk in.

(„Bernd Gysekes Hamburg. Chronik vom Jahre 810–1542“ in Dr. J. M. Lappenberg „Hamburg. Chroniken etc.“ S. 35.)

° („Hamburg. Jahrbücher vom Jahre 1457 für die Jahre 1388–1413“ in Dr. J. M. Lappenberg „Hamburg. Chroniken etc.“ S. 228.)

Oder, Bober Überschwemmungen

Überschwemmungen mit vielem Schaden.

(G. A. Matthias „Chronica der Stadt Crossen“. S. 103.)

3. März 1413 Nürnberg Überschwemmung der Pegnitz

auff den selben freitag nach mittag do ward ze Nürenperg die Begicz alz groz, daz daz wasser gieng gen unsser frawen auffher, die schreiner gass auffher und in die hewsser und der spitelhoff vol und der kirchoff dez spitals waz über all vol und in die schul und in die priesterhewsser do pei; ... item do daz wasser vier zeit oder fünff also zu het genummen, do ward daz wasser ein wenig ab nemen und kleinen ye pass und paz.

Würzburg Main-Überschwemmung

Item ze Wirczpurg kom daz wasser in der nacht, do die lewt slieffent; do war der Men [=Main] alz groz, daz all keler vol wurden, und die was in den keler enpör swummen. ez tet daz wasser grossen schaden über all. item ez zerryss an etleichen enden gancze hewsser und furt daz wasser hin weg, und all hülczin prucken und steg. item ez gedacht kein mensch in 40 oder in 50 iaren keins grössern wasser alz gechlingen ze kumen. item ez vil und vast gereget.

(„Chronikal. Notizen aus d. Jahren 1407–1414.“ in „Die Chronik. d. dtsch. Städte.“ 1. Bd. Nürnberg. S. 471.)

Anfang April Holland Maas-Überschwemmung

in principio Aprilis, tanta fuit inundacio aquarum, ut aggeres in pluribus locis circa Mozam, scilicet apud Batenborch, Litt, Kessel, Dromel, et eciam apud Opynen Zuylichem in insula Boemelensi et apud Wel confracti sunt.

(„Auctoris incerti chronicon Tielense“, edit. J. D. van Leeuwen. S. 450.)

(Anfang April war eine so große Überschwemmung der Gewässer, daß die Dämme an verschiedenen Orten an der Maas, nämlich bei Batenborch, Litt, Kessel, Dromel und auch bei Opynen Zuylichem auf der Insel Bommeln und bei Wel zerbrochen wurden.)

31. Juli W. Thüringen Überschwemmung der Flüsse, z.B. der Werra

Es kam abermal ein starker Regen über alle diese Lande und Gegend, devon die Wasser groß wurden, die Werra ging sehr über und thete grossen Schaden an Korn und Gras.)

(J. S. Güth „Poligraphia Meiningensis etc.“ S. 133.)

3. August Bautzen i/Sa. Überschwemmung der Spree

Eodem anno feria IV. de nocte post vincula Petri ex pluviis praecedentibus fuit tanta inundatio Spreae et aliarum aquarum, sic quod abduxit molendinas (nullo remanente) civitatis Budissin cum aliquibus domibus et hominibus, ...

... et fecit tanta damna, de quibus tunc nullus viventium recordabatur in frumentis et foeno.

(„Die Domstiftlichen Jahrbücher von 1388-1530 etc." edid. Dr. R. Needon, S. 10.)

(Im selben Jahre am Mittwoch in der Nacht nach Petri Kettenfeier entstand infolge der voraufgegangenen Regengüsse eine so große Überschwemmung der Spree und anderer Gewässer, daß sie die Mühlen der Stadt Bautzen [so daß keine übrig blieb] mit verschiedenen Häusern und Menschen fortführte, ... und machte so großen Schaden, wie sich keiner der jetzt lebenden Menschen erinnern konnte, am Getreide und Heu.)

Tempestas insolita ventorum imbrium Non. Aug. secunda hora Pomeridiana oritur. etc. Albis et Trebisa extremam pontis partem sustulerunt: vici oppidani ad coenobium vsque Franciscanum fuerunt nauigabiles. 5. August 1413 Meißen i/Sa. Überschwemmung der Elbe und Triebisch

(G. Fabricius „Rer. Misnicar. libri VII". S. 141.)

(In der zweiten Nachmittagsstunde entstand ein ungewöhnliches Unwetter mit Sturm und Regengüssen usw. Die Elbe und die Triebisch rissen den äußersten Teil der Brücke fort. In den Gassen der Stadt konnte man bis zum Franciscaner-Kloster mit Kähnen fahren.)

Den 5. August war zu Meißen ein solches erschröckliches Wetter. Die Elb und Trebnitz zerrissen die Bruckhen, in den Gassen kunte man bis zum Baarfüßer Closter in Schiffen fahren.

(M. Tschamser „Annales etc. zu Thann." I S. 495.)

° (M. Grünewald „Die Meißner Chronik." S. 70 252.)

Die Elbe zwischen Meißen und Mühlberg, Triebisch in Meißen und die Röder in Hayn sind so ungeheuerlich aus ihren Ufern getreten, daß in Meißen und Hayn die Brücken fortgeschwemmt wurden. Elbe, Triebisch, Röder Überschwemmung

(J. Thomas „Zeitereignisse aus der Vergangenheit etc. unserer Heimatstadt Riesa etc." S. 10.)

Plötzliche Wasserflut durch Schneeschmelze trägt zwei neue Bogen und einige der alten der Brücke der Guillotière zu Lyon fort. Winter 1414 Rhône Überschwemmung

* (M. Villard „Météorol. régoin." S. 55.)

Aare: bedeutendes Hochwasser. Beide Brücken fortgerissen. Aarberg (Kant. Bern) Aare: Hochwasser

(Dr. F. Hunger „Geschichte der Stadt Aarberg". S. 155.)

la rivière de Loire sortant de son canal, desborda si extraordinairement, que de mémoire d'homme on ne l'avoit veu telle pendant les mois de février, mars et avril, croissant avec telle impétuosité qu'elle inonda plusieurs pays avec perte 3. Februar Loire Überschwemmung d'hommes, bestial et ruines des maisons, et principalement vers Nantes, dans laquelle ville on ne pouvoit aller que par batteaux.

(M. Champion „Les inondations en France etc.“ II S. 209/10 aus Le Maire „Hist. et antiquitez de la ville etc. d'Orléans“. S. 50.)

Herbst 1414 bis Frühling 1415 Nordfrankreich Hochwasser der Flüssse

Subsequenter ymo quasi continue ymbran continuando prodigum fluvios regni innavigabiles reddidit.

(„Chron. du religieux de Saint-Denys conten. etc. 1380–1422“ edid. M. L. Bellaquet. V S. 478.)

(Ja, es folgte sogar fast anhaltender reichlicher Regen, so daß die Flüsse des Königreichs unbefahrbar waren.)

September 1414 bis Mai 1415 Holland Überschwemmung der Flüsse

. . ., et tunc a Septembri usque ad festum Maji in anno decimo quinto tanta pluvia et inundacio aquarum fuit, ut omnino ille annus contrarius esset anno preterito.

(„Auctoris incerti chronicon Tielense“ edit. J. D. van Leeuwen. S. 450.)

(. . . und darauf erfolgten vom September bis zum Mai-Fest im Jahre 1415 so starke Regengüsse und eine Überschwemmung der Gewässer, daß in diesem Jahre alles entgegengesetzt war wie im vergangenen Jahre.)

Anfang November 1414 bis Ende März 1415 Nordfrankreich Hochwasser der Flüsse

. . ., et dura la grant eaue jusques en my-avril.

(„Journal d'un bourgeois de Paris 1405–1449“ edid. A. Tuetey. S. 60.)

1415 Belgien Überschwemmungen der Flüsse

ɿnundationes aquarum permaximae.

(„Chron. de Gilles de Roye avec les additions d'Adrien de But.“ in „Chron. relat. à l'hist. de la Belgique“ edid. K. de Lettenhove in „Collect. de chron. belg. inédit.“ Bd. 13, Tom. I, S. 167.)

(Es ereigneten sich sehr starke Überschwemmungen.)

Elsaß Überschwemmung der Flüsse

ouch wurdent die wasser also gros, daz sü an vil enden usgingent über acker und matten, . . .

(„Königshofen. Chronik“ in „Die Chroniken d. dtsch. Städte.“ 9. Band, S. 774.)

Frühling 1415 Überschwemmung der Nogat

Ouch geschach gros schade von dem wasser. Der Nogath hatte sich vorstoppit, also do das yes abeging, do brach der Nogath us off jhensit der Somerow, [Sommerau, zwischen Elbing und Marienburg] das dy dorffer alle beflossin, dy do login in der nederunge beyde von Kirspurg [Christburg] und Elbing, das dy lüte grossin schadin dovon hattin; und stunt lange zcit.

(„Johanns von Possilge etc. Chronik d. Land Preußen.“ in „Scriptor. rer. Prussicar.“ III, S. 356.)

Item, environ sept ou huit jours en mars, fut Saine si cruelle â Paris ... März 1415 Paris Seine: Überschwemmung

(„Journal d'un bourgeois de Paris 1405–1449", edid. A. Tuetey, S. 60.)

Post festum pasche Odera fuit tam magnus, quod multa cellaria Wratislavie penetravit et plures domus prope civitatem destruxit. Nach 31. März Oder Überschwemmung

(„Sigism. Rosiczii chronica" in „Scriptor. rer. Silesiacar." 12. Band, S. 44.)

(Nach dem Osterfeste war die Oder so groß, daß [das Wasser] in viele Keller in Breslau eindrang und mehrere Häuser nahe der Stadt zerstörte.)

Amnium tanta sequitur inundatio, vt fluminum multis in locis pontes, violentia euerterentur. Frühling 1416 Sachsen Überschwemmungen der Flüsse

(G. Fabricius „Rer. Misnicar. libri VII". S. 142.)

(Es folgte eine so starke Überschwemmung der Gewässer, daß durch die Gewalt der Fluten an vielen Orten Brücken zerstört wurden.)

... en celui jour et celui de l'endemain [15. Juni] plus tant que les eaues furent plus grans qu'il n'ont acoustumé estre en temps d'iver et tant que il ne demoura gaires chaucée à rompre. 14./15. Juni Gegend von Alençon (Départem. Orne) Überschwemmung der Sarthe

(„La Chronique d'Alençon (1227–1436)" in „Croniques de Perceval de Cagny", edid. H. Moranvillé in „Soc. de l'hist. de France" Bd. 307, S. 106/07.)

Iterato facta est alluvies aquarum in iulio. Juli Flandern Überschwemmung der Flüsse

(„Chronicon Evershamense" in Gerard de Meestere „A principium chronicon monast. Evershamensis". S. 23.)

(Im Juli entstand zum zweiten Male eine Überschwemmung der Gewässer.)

Et, en ceste meisme année, la première sepmaine de jullet, fut en Cambrésis et à Valenchienes, tel et si grand orage de plueue et de pières, que ladite ville de Valenchienes, où les eaues se avallèrent, flota en pluiseurs lieux; lesqueles eaues descendantes abatirent pluiseurs maisons, avec la barrière et le pont de la porte de ladite ville, et desrachinèrent et gastèrent pluiseurs biens des champs, et firent pluiseurs aultres domages. Anfang Juli Nordfrankreich, Belgien Überschwemmung der Flüsse

(„Chron. des Pays-Bas, de France, d'Angleterre et de Tournai" in „Corp. chron. Flandr." edid. J. J. de Smet in „Collect. de chron. belg. inédit." Bd. 3, Tom. III, S. 363.)

6. Julii fuit hic monasterio tanta inundatio aquarum, quod periere 1500 homines et circiter 3000 pecora. Extenditque se aqua [usque] ad crucem hic positam. 6. Juli Münstereifel Überschwemmung infolge eines Wolkenbruchs

(Inschrift des steinernen Kreuzes an der Johannes-Treppe.)

(Joh. Friedr. Schannat „Eiflia illustr." übersetzt v. G. Bärsch. S. 319/320 u. S. 4.)

6. Juli 1416 Münstereifel Überschwemmung infolge eines Wolkenbruchs

(Am 6. Juli war hier in Münstereifel eine so große Überschwemmung der Gewässer, daß 1500 Menschen und ca. 3000 Stück Kleinvieh umkamen. Das Wasser breitete sich bis zu dem hier errichteten Kreuz aus.)

Anno domini 1416 was zoe Munster eyffel eyn groisse gewesser up andach (die Octave] sent peters ind pauwels dach in der nacht. Also dat des wassers noiden verdrunken waill hundert mynschen bynnen Munster. Ind ouch waill hundert huysser vergeyngen. Ind deide vort groissen verderffligen schaden bynnen Munster ind ouch beneden Munster.

(„Münstereifeler Chronik", edid. Dr. Floß. S. 200 u. 189.)

In demselben Jair quam binnen naichz do die Lude slieffen ein alzo groiß ververlich ind unverstande wasser, dat man noempt eyn hemelborst vur Münster-Eiffel. So dat die portzen mit den Muyren eyn aff drerff ind voirte dat Hertze vom d'Statt anwech, dae verdrunken vill Lude mit den kinderen ind ouch vill vees, sv dat man woil II hundert Mynschen doit ind me den III dusent stucker vees vont umbtrieb and'halff Myle. In de dede vilne schadens an Husen ind an Goid dat mit ewech dreiff, den man gemirken kunde.
(„Cronica von der hilligen Statt von Cölne.")

(Joh. Friedr. Schannat „Eiflia illustrata", übersetzt v. G. Bärsch. S. 320.)

° (Dr. Floß „Münstereifeler Chronik". S. 204.)

° („Köln. Jahrbücher d. 14. u. 15. Jahrhunderts.' 'Recension B. in „Die Chroniken d. deutschen Städte." 13. Band. S. 55.)
= 23. Juni 1416

° („Kölner Jahrbücher d. 14. u. 15. Jahrh." Recension D. in „Die Chroniken d. deutschen Städte." 13. Band. S. 143/44.)

° („Koelhoff. Chronik" in „Die Chronik. d. dtsch. Städte." 14. Bd. S. 751.)

° („Auctoris incerti chronicon Tielense", edit. J. D. van Leeuwen, S. 461.)

° („Chronicon Brunwylrence" in Dr. G. Eckertz „Fontes adhuc inediti rerum Rhenanarum". 2. Band, S. 250.)

° (J. Trithemius „Chronicon Sponheimense", S. 344.)

Vor der Ernte Nordostdeutschland Überschwemmung der Flüsse

Ouch worin dy wasser in desim jare vor dem aueste so gros, das des glichin nymant gedochte, und that grosin schadin an wesin und an dem getreide, das yn der nederunge was gelegen.

(„Johanns von Posilge etc. Chronik d. Landes Preußen." in „Script. rer. Prussicar." III, S. 364.)

Winter 1417 Klosterneuburg i/Österreich Donau: Eisdecke

. . . und gestiess damit die thonau an s. niclastag abent (5. Dezember), der stoss weret bis auff die erst vastwochen.

(„Die kleine Klosterneuburger Chronik", edid. Dr. H. J. Zeibig, S. 243.)
= 1416

Nach Ostern [Ostersonntag 11. April] ergoß sich mächtig sehr der Oderstrom, erfüllete innerhalb der Stadt die Keller, außerhalb überschwemmte und verderbte er die Gärten. Nach 11. April 1417 Breslau Oder-Überschwemmung

(„Jahrbücher der Stadt Breslau von Nikolaus Pol", edid. Dr. J. G. Büsching. I, S. 157.)

Le débordement des rivières dans le territoire de Meaux causa de grands dégâts. La Beuvronne emporta deux tours du château que Jean Dudrac, seigneur de Claye, venait de faire construire. 1418 Gegend von Meaux (Depart. Seine-et-Marne) Überschwemmungen der Flüsse Z. B. der Marne

(M. Champion „Les inondations en France etc." II, S. 150 aus Michelin „Essais hist. etc. sur Seine-et-Marne" S. 587.)

Auch wurden die wasser also grosz das si an vil enden usz gingent uber acker und matten. 1419 Elsaß Überschwemmung der Flüsse

(„Straßburg. Archiv Chronik" in „Code histor. et diplom. de la ville de Strasbourg." Tom. I, S. 146/47.)

Große Wasserfluth. Groß. Schaden. Goslar Überschwemmung

(G. F. E. Crusius „Geschichte der etc. Reichsstadt Goslar am Harze." S. 174.)

Zerstörender Ausbruch des Passeier Sees, bei welchem ein Teil der Stadt Meran, sowie das Spital samt Kirche zerstört und die fruchtbare Umgebung der Stadt zerstört wurde. 400 Personen fanden den Tod. [Manuskript 173 im Statthalt. Archiv zu Innsbruck.] 22. September 1419 Meran und Umgebung Überschwemmung der Passer

(Karl Sonklar Edler von Innstaedten „Von den Überschwemmungen etc." S. 73.)

(Der See in Rabenstein, Hinterpasseier, . . ., bricht zwischen 9 und 10 Uhr vormittags aus und die Fluten der Passer vernichten den ursprünglichen Spitalbau, die Passeierbrücke und einen Teil der Stadt Meran. Es sollen mindestens 400 Menschen zugrunde gegangen sein.)

(Dr. B. Mazegger „Chronik von Mais etc." S. 20 aus C. Stampfer „Geschichte von Meran".)

Opidum Meran in ducatu Austrie situm ex inundancia aquarum de montibus concurrencium ex nimia continuacione pluviarum quasi medium absortum est. Nec solum dictum opidum, sed et plura alia castella, opida et civitates prope flumina et intra montes situata in periculis magnis fuerunt.

(„Cronica novella de quarto opere bis 1435." Lüneburg. Handschrift. in „Die chronica novella des Hermann Korner", edid. J. Schwalm. S. 400.) = 1416

(Die Stadt Meran im Herzogtum Österreich wurde infolge der Überschwemmung der Gewässer, die von den Bergen zusammenströmten, und sehr anhaltender Regengüsse fast zur Hälfte zerstört. Nicht nur genannte Stadt, sondern auch zahlreiche andere Burgen, Städte und Ortschaften in der Nähe der Flüsse und in den Bergen waren in großen Gefahren.)

° („Der sogenannten Rufus-Chronik 2. Teil von 1395–1430“, in „Die Chroniken d. deutschen Städte.“ 28. Band, S. 91.) = 1416

Winter 1420 Klosterneuburg i/Österreich Donau: Eisdecke

es was gar ein harter winder, die thonau gestiess sich zu nicolai (6. Dez.) wereht der stoss biss auff s. dorothea tag (6. Febr.), ...

(„Die kleine Klosterneuburger Chronik“, edid. Dr. H. J. Zeibig, S. 245.) = 1419

Basel Rhein: Eisdecke

Es entstund eine solche Kälte, daß der Rhein zu Basel in einer Nacht gar nahe überfroren, ... Morndrigs waren nicht mehr als zwey Joch ledig, durch welche das Wasser seinen Weg hatte.

(J. Groß „Kurtze Baßler Chronick etc.“ S. 69.)

Aare b. Solothurn Eisdecke

Ist der Aarfluß bey Solothurn / wegen des damaligen grossen vnerhörten Wintter Kälte / gantz überfrohren / und als vmb Liechtmeß das Eys brach / befand sich dasselb an etlichen Orthen dritthalb Klaffter dick.

(Francisk. Haffner „Der kleine Solothurn. Schaw-Platz etc.“ II, S. 147.)

3. Februar 1420 Basel Rhein: Eisgang

Als man aber hernach am Tage nach der Liechtmeß das Eyß brach, war es 16 Schuh dick.

(J. Groß „Kurtze Baßler Chronik etc.“ S. 69.)

Um 25. November Breusch (Elsaß) Überschwemmung

Um Katherinen war die Breusch also gross, dass sie an den krahn lief und man zwischen Lingolsheim und S. Arbogast mit schiffen fuhr. Der Rhein und die Ill waren sehr klein, sonst wäre es nicht gut gewesen.

(„Collectanea Dan. Specklins“ in „Fragments d'ancienn. chron. d'Alsace“. II, S. 422.)

und

(„Mitteilungen d. Gesellschaft für Erhaltung geschichtl. Denkmäler im Elsaß“. 2. Folge. 14. Bd., S. 241.)

1421 Weichselniederung Überschwemmung

In diesem Jahr ist auch ein ausbruch ausz der Nogath in das grosze werder bey Horst gewesen, ...

(Dr. Toeppen „Die Elbinger Geschichtsschreiber und Geschichtsforscher in kritischer Übersicht“ in „Zeitschrift d. westpreuß. Geschichtsvereins. Heft 32, S. 6, aus der Chronik von Wilh. Rupon S. 90.)

Zwickauer Mulde Überschwemmung

Überschwemmung. Großer Schaden.

(H. F. Bellger „Histor. Beschreibung der Stadt Colditz etc,“ S. 167.)

circa medium jeiunii, erat magna tempestas ventorum, ita quod in partibus Hollandie, Zelandie et West-Frisie, per inundacionem maris, multi aggeres confracti sunt, et multa dampna in partibus Hollandie facta sunt, ...

Um Mitte Juni 1421 Holland, Seeland, West-friesland Sturmflut

(„Auctoris incerti chronicon Tielense", edit. J. D. van Leeuwen, S. 481/82.)

(Um Mitte Juni herrschte ein starker Sturm, so daß in Teilen von Holland, Seeland und Westfriesland durch eine Meeresflut viele Deiche brachen und in Teilen von Holland große Schäden eintraten.)

in crastino Elizabethe in nocte, magnus fuit ventus, ita quod de turbine plures domos in Tyela et alibi ventus stravit, et in Hollandia per infractionem aggerum plurima dampna fecit, et, prout dicitur, duo milia hominum submersi sunt, et tantus fluxus et inundacio maris fuit, qualis ante in memoria hominum nunquam fuit, quod quasi tota Hollandia submersa est, et eciam Flandria et Zelandia ita eciam quod magna insula parcium Zuyt-Hollandie tota submersa et destructa est, ... opidum Dordracense cum aliis Hollandinis, aggerem confractum ... per tempestatem, quasi totaliter super extruxerunt, ...

19. November Holland, Flandern, Seeland Sturmflut

(„Auctoris incerti chronicon Tielense", edit. J. D. van Leeuwen. S. 488 und 493.)

(Am Tage nach dem Elisabeth-Tage in der Nacht war ein starker Sturm, so daß durch die Wirbelbewegung der Sturm mehrere Häuser in Tiel und anderswo niederwarf und in Holland durch die Deichbrüche viele Schäden geschahen, und wie man sagt, 2000 Menschen ertranken, und so groß war die Meeresflut, wie sie seit Menschengedenken niemals vorgekommen war, daß fast ganz Holland unter Wasser gesetzt wurde und auch Flandern und Seeland, und daß auch die große Insel von Süd-Holland ganz unter Wasser kam und beschädigt wurde ... die Stadt Dordrecht, zusammen mit anderen holländischen Orten, die sie, nachdem der Deich zerbrochen war, fast völlig niederrissen, ...)

..., ipsa nocte S. Elisabeth viduae ... inaudita multis seculis tempestas exoritur, quae validissimis ventis undas maris, non solum ingentibus procellis et fluctibus elevavit, verum etiam litoribus vicinis et aggeribus illisit, quibus vi aquarum ruptis, multa excidia maximaque damna in Hollandia specialiter, ut et in Frisia et Zelandia eversis villis, hominibus pecoribusque multis submersis contigerunt. Eodemque tempore infra oppidum Sanctae Gertrudis et Dordracum tota terra, quae pascualis hactenus et valde frugifera fuerat, cum septuaginta duabus villis parochialibus aquarum diluvio vastata est, quae rupto aggere salsum mare, quod per Zelandiae fauces progreditur, accepit. Tanta quippe vis tempestatis erat, ut nullus agger in praedictis partibus undarum molibus obsisteret.

Holland, Seeland, Friesland Sturmflut

(„Magnum chronic. Belgicum", edit. Pistorius. S. 363/64.)

(..., in derselben St. Elisabeth-Nacht entstand ein seit vielen Jahrhunderten beispielloser Orkan, der bei einem sehr starken Sturm die Meereswellen nicht nur zu ungeheurem Aufruhr und Wogen erhob, sondern auch die benachbarten

Küsten und Deiche beschädigte, die durch die Gewalt des Wassers brachen, viele Verwüstungen und sehr große Schäden besonders in Holland anrichtete, wie auch in Friesland und Seeland Dörfer vernichtete und viele Menschen und Vieh ertränkte. Zur selben Zeit wurde zwischen Geertruidenberg und Dordrecht das ganze Land, das bis hierher zur Weide benutzt wurde und sehr fruchtbar war, mit 72 Parochialdörfern durch die Wasserflut vernichtet, denn nachdem der Deich gebrochen war, bekam es Salzwasser ab, das durch den Zugang bei Seeland herankam. Freilich war die Gewalt des Unwetters so groß, daß kein Deich in vorgenannten Gegenden der Wucht der Wogen widerstand.)

19. November 1421 Holland, Seeland Sturmflut

In crastino sancte Elizabeth tanta inundacio aquarum absorta fines Selandie et Hollandie immersit, quod magna pars dictarum terrarum periit, hominibus infinitis in civitatibus et villis submersis ac bestiis innumeris.

(„Cronica novella de secondo opere bis 1423" Linköpinger Handschrift in „Die chronica novella des Herrmann Korner", edid. J. Schwalm. S. 444.)

(Am Tage nach dem St. Elisabeth-Tage setzte eine so große Meeresflut Seeland und Holland unter Wasser, so daß ein großer Teil der genannten Länder unterging und zahllose Menschen in den Städten und Dörfern und unzählige Tiere im Wasser umkamen.)

In crastino sancte Elizabeth tanta inundacio aquarum facta est in finibus Hollandie et Selandie, ut plures urbes et opida pericula maxima sustinerent. Dordracum enim tanta vorago fundo quasi carens ex parte illa, que mare respicit, subripuit, ut quasi media deglutiri timeretur. In partibus eciam eisdem ultra XVI parrochie cum omnibus attinenciis suis, hominibus et pecudibus, domibus et ecclesiis a mari absumpte sunt, nec est spes relicta amplibus restaurandi absorta.

(„Cronica novella de quarto opere bis 1435" Lüneburg. Handschrift. in „Die chronica novella des Hermann Korner", edid. K. Schwalm. S. 444.)

(Am Tage nach dem St. Elisabeth-Tage ereignete sich eine so große Meeresflut innerhalb der Grenzen von Holland und Seeland, daß zahlreiche Städte und Dörfer die größten Gefahren über sich ergehen ließen. Dordrecht nämlich raubte das so große Unheil von Grund aus den Teil, der auf das Meer blickt, so daß man fürchtete, daß fast die Hälfte verschlungen würde. In denselben Gegenden wurden auch über 16 Parochien mit allem, was dazugehörte, Menschen und Vieh, Häuser und Kirchen, vom Meere verschlungen, und es blieb keine Hoffnung, daß das Fortgerissene wieder aufgebaut würde.)

St. Elizabethsnagt . . . is geweest de schriklyke Watervloed, waer door meer dan seventig Dorpen by Dordt verdronken, en de Dyk by Petten doorbrak, en de Kerk omverre geworpen wierdt.

(G. Boomkamp „Alkmaer en deszelfs geschiedenissen etc." S. 12.)

19. November 1421 Holland Sturmflut

in festo beate Elisabeth, decima nona videlicet mensis novembris, aggeribus ruptis, fuit Hollandia impetuosis fluctibus marinis submersa, pluribus villis, domibus, arboribus et edificiis diluvii voragine devastatis, transportatis et deperditis, pluribus etiam hominibus utriusque sexus cum parvulis, bestiis, iumentis, ovibus, vaccis, porcis et bobus miserabiliter et lamentabiliter suffocatis ex extinctis. Unde tota patria miserabiliter fuerat estque devastata, oppidumque Dordracense in muris et aliis edificiis visibiliter minabatur ruinam.

(„Chron. du règne de Jean de Bavière“ in „Chron. liègeoises“, edid. S. Balau in „Public. de la comm. roy. d'hist. de Belgique.“ Bd. 54, Tom. I, S. 212.)

(Am Feste der seligen Elisabeth, nämlich am 19. November, wurde Holland, nachdem die Deiche gebrochen waren, von den stürmischen Meereswogen überschwemmt, viele Dörfer, Häuser, Bäume und Gebäude durch den Strudel der Meeresflut verwüstet, fortgerissen und zugrunde gerichtet, auch zahlreiche Menschen beiderlei Geschlechts mit den Säuglingen, Tieren, Zugvieh, Schafen, Kühen, Schweinen und Rindern elendiglich und beklagenswert ertränkt. Hierdurch wurde das ganze Land außerordentlich verwüstet und die Stadt Dordrecht in den Mauern und anderen Gebäuden sichtlich mit Untergang bedroht.)

Holland, Seeland Sturmflut

In deme sulven jare wart so grot overvlot der watere in Zeelande unde Hollant, dat dar vele kerspele vorginghen in watersnoet. ok de stede der lande leden groten schaden in volke unde queke. vor der stad Dordrecht wart so greselik en swalch des meres, dat se vruchteden, de stad scholde vorsynken; men konde ok dat hol nicht stoppen myt velen olden schepen, de dar in ghesenket worden. dar vordrunken do 16 schone kerspele myt volke unde queke, dar me noch de kerken suth ligghen an der zee, dar neen hopene is mer to, dat men se wedder buwen kone.

(„Der sogenannten Rufus-Chronik 2. Teil von 1395–1430“ in „Die Chroniken d. dtsch. Städte“ 28. Band, S. 163.)

Gelderland Sturmflut

De winter, die ditmaal zyne aankomst met stormen en zeldzaam hooge watervloeden verkondigte, . . .

(Js. An. Nijhoff „Gedenkwaardigheden und de Geschiedenis van Gelderland.“ III. S. CLVI.) = Anfang Winter 1421/22

Friesland Sturmflut

is zulken onweer / storm /en tempest op gestaan / . . . / alzo dat in Friesland alle de Dyken inbraken / zo dat het Zeewater over al liep /en dede een gruwzame schade / want daar veel Menschen en Beesten verdronken / . . . / zo dat'er omtrent agt duizend met jong en oud / aan Menschen in Friesland bleven / . . . / al het Land tusschen Dordregt en Sint Geertruiden-berg / met 72 Dorpen / is gants verdronken / . . . Het Dorp Petten in Noordholland / is ook geheel vergaan / . . .

(Okko van Scharl, Johannes Vlytarp und Andreas Cornelius Stavriensis. „Chronik en waaragtige beschryvinge van Friesland etc.“ S. 172.)

° (Francois Vinchant „Annales de la province et comté du Hainaut etc.“ Tom. IV. edid. A. P. V. Descamps. in „Soc. des biblioph. de Mons.“ 16. Bd. S. 83.)

° („Chron. de Gilles de Roye avec les additions d'Adrien de But.“ in „Chron. relat. à l'hist. de Belgique“, edid. K. de Lettenhove in „Collect. de chron. belg. inédit.“ Bd. 13, Tom. I, S. 184.)

° (M. Z. van Boxhorn „Chroniick van Zeelandt etc. door H. Joh. Reygersbergen etc.“ II, S. 193.)

° (N. de Weert. „Chron. van Nederlant, besonderlyck der Stadt Antwerpen, 1097–1565“ in „Chron. de Brabant et de Flandre“, edid. Ch. Piot in „Collect. de chron. belg. inédit.“ Bd. 21. S. 75.)

° (W. Heda „Histor. episcop. Ultraject.“ in J. de Beka und W. Heda „De episcop. Ultrajectin.“ S. 274.)

° (J. de Beka „Chronici Johannis de Beka“ in J. de Beka u. W. Heda „De episcop. Ultraject.“ S. 157.)

° (Joh. Veldenaer „Chronyck van Hollandt, Zeelandt ende Westvrieslandt etc.“ S. 119.)

° (Had. Barlandus „Hollandiae comitum historia et icones.“ S. 240.)

° (Veit Arnpeck „Chronica Baioariorum“ edid. G. Leidinger. S. 325.)

° (Andreas von Regensburg „Chronica pontificum et imperatorum“, edid. G. Leidinger. S. 155.) = um 6. Dezember

° (Alb. Krantz „Wandalia“ Liber X, Cap. 36.)

° (Johann Adolfis etc. Chronik d. Landes Dithmarschen“ I, S. 401.)
= 17. April 1420

° („Kölner Jahrbücher d. 14. u. 15. Jahrhunderts.“ Recension B. in „Die Chroniken d. deutsch. Städte.“ 13. Band, S. 65.)
= 11. Nov. 1117

° („Latein. Chronikenfragmente“ in „Die Chroniken d. deutschen Städte.“ 13. Band, S. 197.)

° („Incerti auctoris chronic. Danic. ab a 1268 ad a 1523.“ in J. Langebek „Scriptor. rer. Danic.“ VI, S. 235.) = 1418

Winter 1421/22 Magdeburg Überschwemmung der Elbe

... Elven van dem groten water, dat in dem winter gewest was.

(„Die Magdeburger Schöppenchronik III.“ in „Die Chroniken d. dtsch. Städte.“ 7. Band, S. 359.)

Dezember 1421 Elsaß Überschwemmung der Flüsse

zu End dises Jahrs hörte man von nichts mehrs, als von vilen wasser Güssen und sehr großen Überschwemmungen der Flüß und Bächen, welche dan an vilen Orthen so groß waren, daß man mit Schiffen in die kirchen oder sonst zusammen fahren müste; die Thur war hier so hoch, daß sie den Innwohnern in Cathenbach zu den Fenstern hinein lieffe.

(M. Tschamser „Annales etc. zu Thann.“ I, S. 514.)

. . .; car environ quinze jours ou troys sepmaines devant Nouel, plut tant fort jour et nuyt, et tant negea au hault pais que Sainne fut si desrivée et si grant que en Greve elle estoit jusques par deça le moustier du Sainct-Esperit plus de deux lances, et en la grant court du Pallays tout oultre le moustier de Nostre-Dame, de dessoubz la Saincte-Chapelle et en la place Maubert (emprès) la Croix-Hemon. Et (ne) dura (que) dix jours, . . .

Anfang Dezember 1421 Paris Seine-Überschwemmung

(„Journal d'un bourgeois de Paris 1405–1449", edid. A. Tuetey. S. 160.)

in dem wintermonot uf sant Barbolen tag (4. Dez.), vieng es an snigen und regnot do 10 tag, das die wasser als gros wurden, das die brug ze Loffenburg ein teil enweg ran, und ze Kaiserstůl und ze Strasburg und ze Brisach und in Hollant große lant und lüt verdurbent, das wol 30 stett und dörfer undergiengent von wassers not.

4.—14. Dezember Elsaß, Baden, Schweiz, Holland Überschwemmungen der Flüsse

(„Chronik der Stadt Zürich. 1. Züricher Fortsetzung." edid. Joh. Dierauer in „Quellen z. Schweiz. Gesch." 18. Band, S. 188.)

° („Heinrich Brennwalds Schweizerchronik", edid. R. Luginbühl in „Quellen z. Schweiz. Gesch." Neue Folge. 1. Abtlg., 1. Bd., S. 497.)

Und lag der schne untz an sant lucien aubent, do brach das wätter an dem morgen umb messzit und vor vesper sach man nienen schne überal. Und ward die tur in der nacht als gross ze liechtenstaig, das die segen enweg fuort und bed schliffinen und die brugg ze schwartzenbach und all die stäg und bruggen, die uff der tur ienen warend; und dett grosen schaden in allen landen. Und gieng das wasser ob den mülistainen zemen, das die zargen (Rand des Mühlsteins] in der müli schwument, . . .

12. Dezember Toggenburg (Schweiz) Überschwemmung der Thur.

(„Chronik eines ungenannten Toggenburgers" in G. Scherrer „Kl. Toggenburger Chroniken". S. 5.)

Im selben jar an sant Lucien abent und am tag was der Rhyn also grosz, das man mit eim schiff fůr an dem Fischmerckt, und in der Kleinen Stat in der Ryngassen mit weydlingen; und wert 2 tag und 2 nächt.

12.—13. Dezember Basel Rhein-Überschwemmung

(„Die Spätern Basler Annalen" in „Basler Chroniken". 6. Band, S. 279/80.)

. . . que le jour de la saincte Lucie ensuivant, les yawes estoient si grandes que on ne véoit nulles des arches du grant pont des Morts, . . .

13. Dezember Metz Mosel-Überschwemmung

(J. F. Huguenin „Les chroniques de la ville de Metz". S. 145.)

Dieses Jahr, 14 tage vor weihnachten, da kam ein solches grosses wasser in stadt und land, dass es den Goldgiessen, beim Spital, und dem Metzgergiessen überlief, auch um das Kaufhaus, unter den fischern und in der Krautenau, und lief es in die häuser. Die ganze Ruprechtsau lag im wasser, und mussten sich die leute oben in den häusern behelfen. Es ertrank schier alles vieh auf dem lande. Es lief uber alle felder und äcker in den stadtgraben, alle mühlen zerbrachen; es warf

Um 13. Dez. 1421 Straßburg i/Els. Überschwemmung

unterhalb S. Elisabethenthor bis an Unserer Frauen brüderthor, die stadtmauer auf 60 klafter lang um. Es führte alle mühlen und brücken hinweg.

(„Collectanea Danielis Specklins in usum Chronici Argentinensis" in „Fragments des anciennes chroniques d'Alsace". II, S. 423/24.)

° („Straßburg. Archiv-Chronik" in „Code hist. et diplom. de la ville de Strasbourg". Tom. I, S. 147.)

1421 15. Dezember Holland Rhein-, Maas- u. Waal-Überschwemmung

in crastino sancte Lucie virginis, aqua tam in Reno, in Moza, quam eciam in Walone, crevit ad tantam altitudinem, ut in multis locis staret super aggeres quasi immobilis, sed ex speciali gracia et miseracione Divina evenit, ut nullus ventus notabilis tunc erat, nam si fuisset aliquis notabilis ventus, aqua fuisset per fluxum elevata super omnes aggeres, et forsan corruptis aggeribus fecisset indicibile dampnum, sed sic permansit aqua stans in altitudine sine decrescentia per sex dies, . . .

(„Auctoris incerti chronicon Tielense", edit. J. D. van Leeuwen. S. 490.)

(Am Tage nach dem Tage der heiligen Jungfrau Lucia wuchs das Wasser sowohl im Rhein, in der Maas, als auch im Waal zu solcher Höhe an, daß es an vielen Orten auf den Dämmen fast unbeweglich stand, aber durch eine besondere göttliche Gnade und Mitleid fügte es sich, daß kein bemerkenswerter Wind zu der Zeit war, denn wenn ein irgendwie nennenswerter Wind geherrscht hätte, wäre das Wasser durch die Strömung über alle Dämme geflossen, und nachdem die Dämme gebrochen wären, hätte es vermutlich unsäglichen Schaden angerichtet, aber so blieb das Wasser 6 Tage lang in derselben Höhe, ohne weiter anzusteigen.

20. Dezember Rhein-, Maas- u. Waal-Überschwemmung

. . ., Tandem in vigilia Thome apud Embricam aqua, die Culvere dicta, fractis aggeribus ibidem terram influxit, unde in Reno inferius in Moza et in Walone aqua modicum decrevit, Alioquin timendum fuisset, quod aqua ultra omnis aggeres Reni Walonis et Moze fluxisset, et facta in vigilia Thome modica decrescencia, stetit de post in eodem statu quasi immobilis usque ad festum Epiphanie Domini.

(„Auctoris incerti chronicon Tielense", edit. J. D. van Leeuwen. S. 490.)

(. . ., endlich am Tage vor dem Thomastage zerbrach bei Emmerich das Wasser, das die Culvere heißt, die Dämme und floß in das Land, wodurch im unteren Rhein, in der Maas und im Waal das Wasser mäßig stieg, und es war außerdem zu befürchten, daß das Wasser über alle Dämme des Rheins, des Waals und der Maas fließen würde, und nachdem es am Tage vor dem Thomastag mäßig angestiegen war, blieb es darnach in demselben Stand fast unbeweglich bis zum Epiphaniasfest (6. Januar.)

21. Dezember 1421 Paris Seine Eisdecke

. . ., et puis commença descroistre le dimenche devant Nouel, et tant que'elle mist à croistre il geloit si fort que tout Paris estoit prins de glace et de gelée, et ne povoit-on mouldre à nul moulin à eaue nulle part que à ceulx au vent, pour les grans eaues.

(„Journal d'un bourgeois de Paris 1405–1449", edid. A. Tuetey. S. 160.)

Inundaciones tamen aquarum diversis temporibus in diversis partibus mundi facte sunt.

1422 Central-Europa Über-schwemmungen der Flüsse

(Andreas von Regensburg „Diarium sexennale", edid. G. Leidinger. S. 305.)

(Dennoch ereigneten sich Überschwemmungen der Gewässer zu verschiedenen Zeiten in verschiedenen Teilen der Welt.)

Hochwasser.
Ein Pfeiler der steinernen Brücke über die kleine Elbe vor dem Brücktor stürzt ein.

11. April Magdeburg Elbe-Hoch-wasser

(H. Rathmann „Geschichte der Stadt Magdeburg etc." III. S. 57/58.)

in mense Septembri Octobri et Novembri, tota West-Frisia Waterlandia et Amsterlandia quasi submersa est per infractionem aggerum, quia maximi venti fuerunt et multe tempestates.

September Oktober, November Westfriesland Holland Sturmfluten

(„Auctoris incerti chronicon Tielense", edit. J. D. van Leeuwen. S. 493.)

(Im Monat September, Oktober und November sind ganz Westfriesland, Waterland und Amsterland beinahe im Wasser untergegangen, durch Deichbrüche, weil sehr starke Winde und viele Stürme waren.)

° („Chronic. Johannis de Beka" in J. de Beka u. W. Heda „De episcopis Ultrajectin". S. 157.)

opidum Dordracense cum aliis Hollandinis, ..., sed iterato per ventum et tempestatem omnino ad nichilum redactus est, ...

(„Auctoris incerti chronicon Tielense", edid. J. D. van Leeuwen. S. 493.)

(Die Stadt Dordrecht mit anderen holländischen Orten, ..., wurden aber wiederum durch Sturm und Unwetter völlig zunichte gemacht.)

les eaux étant fort grandes, le grand arc du pont de Mâcon et la maison de la Chapelle-Saint-Nicolas, bâtie sur cet arc, tombèrent dans la rivière à 10 heures du soir.

19. Oktober Mâcon Über-schwemmung der Saône

(M. Champion „Les inondations en France etc.' III, S. 201 aus Archiv. Mâcon.)

die 30 di novembre in festo sancti Andreae si fù una piena di acqua cosi grande à Roma, che allagò la maggiore parte di Roma, e fece grandissim danno, et tanto che non si potea contare, e di questo ne fù casone Braccio da Montone, perche partendosi molto scorrucciato da Roma, ...

30. November Rom Tiber-Über-schwemmung

(„Stephani infessurae senatus populique Romani scribae diarium urbis Romae" in J. G. Eccard „Corp. hist. med. aevi." II, Sp. 1874.)

Circa festum natalis domini maxima aquarum inundancia fuit circumiacentibus partibus. Nam Tiberis fluvius ascendens Romanam urbem intravit et usque ad portas Sancte Minerve devenit, ubi fratrum Predicatorum conventus in monte

Dezember Rom Tiber-Über-schwemmung

est collatus. Ecclesia quoque Beate Marie rotunda plena erat aqua erecta in altitudine 9 cubitorum. Plures homines et innumera iumenta fluctibus aquarum illarum sunt suffocata.

(„Cronica novella de secundo opere bis 1423.“ Linköpinger Handschrift in „Die chronica novella des Hermann Korner“ edid. J. Schwalm. S. 453.)

(Um das Fest der Geburt des Herrn ereignete sich eine sehr große Überschwemmung der Gewässer in den umliegenden Gegenden. Denn der Tiber-Fluß stieg an, drang in die Stadt Rom ein und gelangte bis zu den Toren der heiligen Minerva, wo der Convent der Prädikatorenbrüder auf einem Hügel errichtet ist. Auch die Kirche Santa Maria la Rotonda stand voll Wasser, das 9 Ellen hoch angestiegen war. Mehrere Menschen und unzähliges Vieh sind in den Fluten jener Gewässer ertrunken.)

Winter 1422/23 Nord-Frankreich Seine: Eisdecke

. . .; et fut la rivière des Saine, qui grande estoit, toute prinse, . . .

(„Journal d'un bourgeois de Paris 1405–1449“, edid. A. Tuetey. S. 182.)

Dollart Eisdecke

van Hattum [Historiker der Stadt Zwolle] nous dépeint cette saison comme ayant été une des plus rudes. Selon lui, le golfe du Dollart fut pris dans toute son étendue, du 6 janvier au 25 février, et il ajoute que la glace se trouva avoir une solidité suffisante pour porter hommes et chevaux.

* (L. Torfs „Fastes des calamités publiques survenues dans les Pays-Bas etc.“ II, S. 33.)

Nürnberg Pegnitz: Eisdecke

Item es was ein kalter winter, do man zalt von Christi gepurt 1423 jar vor fasnacht, das die Pegnitz in einer nacht uberfros; es war einer daruber gegangen pei den parfußen.

(„Endr. Tucher's Memorial“ in „Die Chroniken der deutschen Städte“. 2. Band, S. 11.)

Ostsee Eisdecke

Tanta enim rigiditate gelu illud Balticum pelagus constrinxerat, quod quidam mercatores asserebant se equitasse in soliditate glacierum de Prutzia in Lubek per viam regiam, quam naves ire consueverunt in aquis resolutis. De Dacia eciam equestres per glaciem ad omnes maritimas civitates repedaverunt illo in tempore.

(„Cronica novella de secundo opere bis 1423“. Linköpinger Handschrift in „Die chronica novella des Hermann Korner“, edid. J.Schwalm S. 454.)

(Durch die so große Kälte war nämlich das Baltische Meer zugefroren, daß einige Kaufleute sich anmaßten, auf dem festen Eise von Preußen nach Lübeck, auf einem vorzüglichen Wege, den die Schiffe nach dem Schmelzen des Eises zu befahren pflegen, zu reiten. Auch von Dänemark aus nahmen Reiter über das Eis ihren Weg nach allen Seestädten zu jener Zeit.)

des sulven jares was en grot wynter unde swar velen landen. he hof gud tid an by sunte Elizabeth daghe (19. Nov.) unde durede wente 4 weken in de vasten. man sprak, dat men do riden unde varen mochte uppe deme yse van Prutzen wente to Lubeke in de stad. Winter 1423 Ostsee Eisdecke

(„Der sogenannten Rufus-Chronik 2. Teil von 1395–1430" in „Die Chroniken d. dtsch. Städte". 28. Band, S. 184.)

var så stark vinter, at Östersjön var belaggd med is, så at man kunnde med håst ok slåda fara skeppleden ifrån Danzig til Lybbek, ok ifrån Pomern til Dannmark.

(Mårkvårdigå Håndelser i Sverige ifrån 1220 till 1552" in E. M. Fant „Scriptor. rer. Suecicar." I, S. 91.)

... gelu fuit per brumam incomparabile et inauditum, qve usqve adeo mare constrinxit, ut eqvites a Gdano Prußie in Lubicam per viam navigantes transirent incolumes. Ferunt et a Magnopoli in Daniam glacie tunc stratum stetisse mare.

(Petrus Olaus „Chronica regum Danor. a Dano ad obitum Johannis regis" in J. Langebek „Scriptor. rer. Danic." I, S. 140.)

(Die Kälte war den Winter hindurch unvergleichlich und unerhört, wodurch das Meer so zufror, daß es Reiter von Danzig in Preußen nach Lübeck auf dem Seewege wohlbehalten überquerten. Das Meer trug auch von Mecklenburg nach Dänemark eine Eisdecke.)

° („Cronica novella de quarto opere bis 1435." Lünburg. Handschrift. „Die chronica novella des Hermann Korner", edid. J. Schwalm. S. 454.)

° (Cornel. Hamsfort „Chronologia rer. Danicar. secunda 687–1448" in J. Langebek „Scriptor. rer. Danicar." I, S. 324.)

° (Incerti auctoris chronicon Danic. ab a 1268 ad a 1523" in J. Langebek „Scriptor. rer. Danic." I, S. 235.)

° (Alb. Krantz „Wandalia" Liber X., Cap. 40.)

° („Eyn kort vttoch der Wendeschen cronicon van etliken scheften disser lande vnde stede" in Dr. J. M. Lappenberg „Hamburg. Chroniken". S. 250/51.)

° („Broderi Boissen chronicon Slesvicense etc. usque ad annum 1530" in J. B. Mencken „Scriptor. rer. Germanicar." Tom. III, S. 618.)

° („Hamburger Chronik vom Jahre 799–1559" in Dr. J. M. Lappenberg „Hamburg. Chroniken etc." S. 406.)

° („Karsten Schröder's Dirmarsische Chronik" edid. W. H. Kolster in „Zeitschrift der Gesellschaft für Schlesw.-Holstein.-Lauenburg. Geschichte". 8. Band, S. 216.)

Eodem anno intensa erat hyems, ita ut Wisela in certis locis congelata stetit festo sancte Barbare (4. Dez.) usque ad festum sancti Gregorii (12. März). Weichsel Eisdecke

(„Fortsetzung zu Peter von Dusburgs Chronik von Conrad Bitschin" in „Scriptor. rer. Prussicar." III, S. 481.)

(In diesem Jahre war der Winter streng, so daß die Weichsel an gewissen Orten vom St. Barbara-Fest (4. Dez.) bis zum St. Gregors-Fest (12. März) zugefroren war.)

° (A. Voigt „Thorn. Denkwürdigkeiten etc.“ in „Mitteilungen des Koppernicus-Vereins etc.“ 13. Heft, S. 54.)

1423 Belgien Überschwemmungen der Flüsse

Inundationes rursus multa dampna fecerunt.

(„Chronique de Gilles de Roye avec les additions d'Adrien de But“ in „Chron. relat. à l'hist. de la Belgique“, edid K. de Lettenhove in „Collect. de chron. belg. inédit.“ Band 13, Tom. I, S. 190.)

(Überschwemmungen verursachten wieder viele Schäden.)

4. März Einbeck Überschwemmung

Nachdem es geraume Zeit ununterbrochen geregnet hatte, findet eine große Wasserflut statt.

(H. L. Harland „Geschichte der Stadt Einbeck“ I, S. 260.)

Sommer Rhein Überschwemmung

Diesen sommer war der Rhein abermals so gross, dass er über alle auen und felder lief.

(„Collectanae Danielis Specklins in usum Chronici Argentinensis“ in „Fragments des anciennes chroniques d'Alsace“ II, S. 427.)

Nach 25. Juli Straßburg/Els. Überschwemmung

Nach S. Jakobs tag war ein so grosses wasser, dergleichen man in hundert jahren nicht gesehen hatte. Es ertrank viel vieh.

(„Collectanea Danielis Specklins in usum Chronici Argentinensis“ in „Fragments des anciennes chroniques d'Alsace“. Band II, S. 426.)

Oktober Flandern Überschwemmung der Flüsse

in mense Octobri, fuit in Flandria mirabilis inundatio aquarum. Nam omnes rivuli, torrentes et fluvii ita excreverunt quod ultra ripas ab eorum suorum emanaverunt. Magis etiam intumuit Lisa quam Scalda, quia in Gandavo super Scaldam excrevit et ipsum retorsit iuxta beghinagium ter Hooyen et circumquaque. Et in multis locis per villam et in aliis villis super plateas, ubi consueverant homines ire, naves transibant.

(„Chronic. comit. Flandrensium“ in „Corp. chron. Flandr.“ edid. J. J. de Smet in „Collect. de chron. belg. inédit.“ Bd. 3, Tom. I, S. 256.)

(Im Monat Oktober ereignete sich in Flandern eine außerordentliche Überschwemmung der Gewässer. Nämlich alle Kanäle, Bäche und Flüsse wuchsen so an, daß sie über die Ufer aus ihrem gewöhnlichen Laufe herausflossen. Auch schwoll die Lys stärker an als die Schelde, so daß sie in Gent über die Schelde hinauswuchs und neben dem Beghinenkloster ter Hooyen umkehrte und so ringsumher. An vielen Stellen der Stadt und anderen Dörfern fuhren Schiffe in den Straßen, wo sonst Menschen zu gehen pflegten.)

Oktober Flandern Überschwemmung der Flüsse

in october maent, in Vlaendren was groot water ende twater dede groote scade, want men mochte niet zaeyen ende vele beesten verdroncken; . . .

(„Laetste deel der Kronyk van Jan van Dixmude“ in „Corp. chron. Flandr.“ edid. J. J. de Smet in „Collect. de chron. belg. inédit.“ Bd. 3, Tom. III. S. 36.)

Item, in dit jaer was te Ghent ende in Vlaenderen groot watere, zoo dat men niet en mochte zaeyen; daer verdroncken veel lieden ende beesten.

1423 Flandern Über-schwemmung der Flüsse

(„Memorieboek der Stad Ghent 1301–1737." I. Deel. in „Maetsch. d. Vlaemsche Biblioph. " 2. ser., Bd. 15, S. 178.)

Tom lesten began die Weser ock bouen to wassende vnde wart vppe der eluen dusent megede dage also groot water, dat alle mersschland twisschen Tedingehusen vnde Bremen bedouen. Vnde dat water stund achter deme borchwalle vnde vele luden entdreff ern korn in Stedingelande vnde in anderen mersch landen

21. Oktober Nordwest-deutschland Weser-Über-schwemmung

(„Die Bremische Chronik des Gerh. Rynesberch u. des Herbord Schene" in „Geschichtsquellen d. Erzstiftes u. der Stadt Bremen". S. 150.)

. . ., tandem in Octobri in tantum excreverunt aque Rynales et fluviorum, quod in die Crispini et Crispiniani agger dictus die Culverendyck inter Reess et Embricam confractus est, et eciam agger apud Assel supra Mozam, et tanta habundanecia aquarum extitit, quod in memoria hominum prius non est visa talis tempestas.

25. Oktober Unterrhein-gegend Über-schwemmung der Flüsse

(„Auctoris incerti chronicon Tielense", edit. J. D. van Leeuwen. S. 500.)

(. . ., zuletzt wuchsen im Oktober die Rhein-Gewässer und die Flüsse so hoch an, daß am Tage Crispin und Crispian (25. Oktober) der Damm, der „die Culverendyck" heißt, zwischen Rees und Emmerich, zerbrach, und auch der Damm bei Assel, oberhalb der Maas, und es trat ein solches Hochwasser ein, wie seit Menschengedenken ein so großes Unglück nicht beobachtet worden ist.)

In dem sulven jare des veirden dages na paschen vel ein wolkenbrust to Isleve over de stad und dede groten schaden an volke und an dem gebuwe und an veh, so dat men sede dat boven 70 lude van dem snellen water vorgingen . . .

27. April 1424 Eisleben Über-schwemmung infolge eines Wolkenbruchs

(„Die Magdeburger Schöppenchronik" III. in „Die Chroniken der deutschen Städte". 7. Bd., S. 375/76.)

° (M. Dresser „Sächsisch Chronicon" S. 411.)

Kurtz vor der Ernde / wurden die wasser sehr groß / thäten Schaden an Korn und Graß / das Wasser gieng über den deutschen Born ein Knebelspieß hoch.

Juli Halle (Saale) Saale-Über-schwemmung

(G. Olearius „Halygraphia etc." II, S. 182.)

auff mittwoch vor sant Jacobs tag, do kam ein grosz waszer zu Straszburg, das wuchs zwen tag und es wardt vast grosz, unnd ertrank vil viehs, . . .

19. Juli Straßburg i/Els. Über-schwemmung

(„Straßburg. Archiv-Chronik" in „Cod. hist. et diplom." de la ville de Strasbourg". I, S. 149.)

Item balde darnach in dem obgenanten jar do wart der Rin und ander wasser, die in den Rine fliessent, als gros, das nieman gedencken mocht, das der Rine ye als grossz wurde. [Diese Hochflut begann 22. Juli]. Und fůrt die brucken an

22.—24. Juli Basel Rhein-Über-schwemmung

dem Rine fast enweg ze Kaiserstůl, ze Louffenberg, und ze Basel zwey joch; und beleibe die brugg ze Seckingen und ze Brisach. und tete ter Rine grossen schaden in vil landen. Der Rin ging ze Brisach uff disem lande als gros als uff der andeern siten, und tet inen ůch grossen schaden. Und was aber die Wis als klein, das man sie reyt und gienge.

(„Die Röteler Chronik“ in „Basler Chroniken“ 5. Band, S. 183.)

22.—24. Juli 1424 Basel Rhein-Überschwemmung

Noch der gepurt unsers erloszers Christy Jhesu thusendt vierhundert zwentzig vier jar, uff sant Maria Madalena tag, vieng der Ryn an zů wachsen und ward also grossz inerthalb zweyer tagen, das er an der bruck zwey joch hinweg fůrt, und schwalt sich dermasz, das er in den brunen vor dem Suffzen gieng, und thet grossen schaden unden und oben in dem land.

(„Weitere Aufzeichnungen Christoff Offenburgs etc.“ in „Basler Chroniken“. 5. Band, S. 319.)

Anno domini 1424 vigilia sancti Jacobi was der Rin so grosz, das es dru joch enweg trůg, und man die hende im Rine wůsch, das man in der Schifflutten stuben in den venstren zu schiff gieng; . . . gieng der Rin zů der muren in, in die stat.

(„Anonyme Zusätze u. Fortsetzungen zu Königshofen, nach der Abschrift Erhards von Appenwiler“ in „Basler Chroniken“. 4. Band.)

° („Die Spätern Basler Annalen“ in „Basler Chroniken“. 6. Band, S. 280.)

23. Juli Kempten i/Allgäu Überschwemmung der Iller

Hochwasser führt die Illerbrücke fort.

(F. von Hößle „Gesch. d. alten Papiermühlen im ehemal. Stift Kempten“ in „Allgäu. Geschichtsfreund“. 12. Jahrg., 1899, S. 55.)

25. Juli Solothurn Überschwemmung der Flüsse

Ist abermal ein vngewohnliche Wasser grösse gewesen.

(Francisk. Haffner „Der kleine Solothurner Schaw-Platz etc.“ II, S. 147.)

11.—18. Nov. Holland Sturmflut

infra octavas sancti Martini, quasi per septem dies tanta tempestas ventorum fuit, quod exinde iterum evenit magnus fluxus aquarum, quod aggeres apud Krimpen et in quam pluribus aliis locis Hollandie confracti sunt, unde plurima dampna evenerunt.

(„Auctoris incerti chronicon Tielense“, edit. J. D. van Leeuwen. S. 501.)

(Innerhalb der 8 Tage nach dem St. Martinstage, fast 7 Tage lang, war ein so starker Sturm, daß dadurch wiederum eine große Meeresflut entstand, so daß die Dämme bei Krimpen und an zahlreichen anderen Orten Hollands zerbrochen wurden und sich sehr viele Schäden ergaben.)

. . . / da ist im Frueling die Elbe gebrochen / und zu Stendal in S. Marienkirchen gelauffen / . . . Frühling 1425 Altmark Elbe-Überschwemmung
(Siehe Wassermarke am Pfeiler der Marienkirche.)

(Christ. Entzelt „Chronicon der Altmark", edid. 1925, S. 157.)
= Frühling 1426

Elbe. Der Deich bei Hämerten brach, so daß das Elbwasser die Stendaler Märsche und die Niederung der Uchte überflutete.

(E. Wollesen „Chronik der altmärkischen Stadt Werben etc." S. 50.)

Elbe-Dammbruch setzt ganz Stendal, das Uchtetal und Alandgebiet und die ganze Wische unter Wasser.

(A. W. Pohlmann u. A. Stöpel „Geschichte der Stadt Tangermünde". S. ?)

° (Lentz „Anweisung zu einer Chronick der Alt-Märk. Haupt-Stadt Stendal". S. 32.)

° (K. Dannemann „Stendal in Vergangenheit und Gegenwart". II, S. 24.)

Mense junio magna fuit inundatio aquarum, . . . Juni Toulouse Garonne-Überschwemmung

(M. Champion „Les inondations en France etc." IV, S. 206 aus „Chron. de Guill. Bardin" in „Dom. Vaisette" t. IV. Preuves. S. 41.)

(Im Monat Juni trat eine große Überschwemmung der Gewässer ein)

In vigilia Penthecostes crevit aqua in Wawchewitz in Jocz tam magna, quod distraxit unum molendinum funditus . . . 18. Mai 1426 Oder bei Glogau Überschwemmung

(„Annales Glogovienses" in „Scriptores rer. Silesiac." 10. Band, S. 18.)

(Am Tage vor Pfingsten wuchs das Wasser in Wauchwitz (?) so stark an, daß es eine Mühle von Grund aus fortriß.)

Aussy advint en celle meisme année que en Mets et ès pays joindans, les yawes des rivieres furent si grandes et hors de rive que la riviere de Muzelle se estendoit en jusques aux trois ormes qui alors estoient aupres et en allant à Sainct Martin devant Mets. Et tellement estoit grande, que on ne véoit point le pont Quinquoraille à cause qu'il estoit tout couvert d'icelle yawe. Et fut ce environ la sainct Jehan Baptiste [24. Juni], et aux plus grands jours d'esté. Et advint ainsy ycelle yawe soubdainement pour ce que en ce temps il pleut par l'espace de trente deux heures sans cesser. Et au chief de huit jours, furent encor aussy grandes comme elles avoient esté au par avant. Sommer Lothringen Überschwemmung der Flüsse, z. B. der Mosel

(J. F. Huguenin „Les chroniques de la ville de Metz". S. 147.)

la vegille de la nativité Saint-Johan-Baptiste (23. Juni), vindrent et deschendirent grosses eaues du pais de Bourgongne per orage de temps qui eu dit pais avoit esté et ariverent en la ville de Paris tant et si grandement que, à l'occasion de ce, le 23. Juni bis 11. Juli Seine Überschwemmung feu acoustumé estre fait à Saint-Jehan en Greve à Paris fu destaint: dont plusieurs gens furent mout esbahis, et non sans cause. Et, après ce, icellez eaues se continuerent et deschendirent par la rivière de Saine jusques à la mer, et entroirent jusques dedens les portes de Rouen, estantes sur Saine, et tant et en telle maniere que grant quantité de grains et de fains auprès de la dicte riviere de Saine furent gastés et destruis: dont fu grant pitié et dommage; et durerent icelles eaues jusques à la translation Saint-Beneet (11. Juli) après la dicte feste Saint-Jehan-Baptiste.

(„Chronique normande de Pierre Cochon", edid. Ch. de Robillard de Beaurepaire in „Soc. de l'hist. de Normandie". Bd. 1, S. 295/96.)

1426 Ende Juni Nordfrankreich Überschwemmungen der Flüsse

Item ou moys de juing ensuivant, furent les eaues si grandes par toute France que la propre nuyt de la Saint-Jehan (24. Juni), . . . , la riviere creut tant qu'elle vint destaindre le feu, . . . Mais avant qu'il fust IIII jours ou six après, elle fut si desmesurée qu'elle passa la croix, et furent les marays de Paris plains d'eaue; . . .

(„Journal d'un bourgeois de Paris 1405–1449", edid. A. Tuetey. S. 208.)

29. September Friesland Sturmflut

. . . liep het gehele Land weder onder.

(Okko van Scharl, Joh. Vlytarp und Andr. Cornelius Stavriensis. „Chronyk en waaragtige beschryvinge van Friesland etc." S. 180.)

Dithmarschen Sturmflut

do ginck de vloet . . . vp Sunte Michaelis dach

[Chronicon Eiderostadense vulgare]

(„Johann Russe's Sammlungen u. Vorarbeiten zur Chronik des Landes Dithmarschen", edid. Dr. A. L. J. Michelsen. S. 705.)

29. September Nordfriesland Sturmflut

III. Kal. Octob. exundatio Oceani Frisis Eydorensibus damnum dedit.

(Cornel. Hamsfort „Chronologia rer. Danicar. secunda 687–1448" in J. Langebek „Scriptor. rer. Danicar". I, S. 326.)

Vor 1. Oktober Lothringen Überschwemmung der Flüsse

Et pareillement ledit an, devant la sainct Remey, retournairent arriere grandes [= yawes] comme devant.

(J. F. Hugoenin „Les chroniques de la ville de Metz". S. 147.)

8. November Klosterneuburg i/Österreich Donau Eistreiben

darnach am freytag vor Martini (8. Nov.) ran die thonaw mit eyss bey 8 tag, das man in langer zeytt nit gedacht.

(„Die kleine Klosterneuburger Chronik", edid. Dr. G. J. Zeibig. S. 249.)

Winter 1427 Niederösterreich Donau: Eisdecke

da gestiess sich die thonaw und was fast khalt, das man in 6 Wochen darfor nit gedacht, und lag allweg ein grosser schne, . . .

(„Die kleine Klosterneuburger Chronik, edid. Dr. G. J. Zeibig. S. 250.)

do ginck dar eine grote vloet vp S. Stephanus dage. 26. Dezember 1426 Dithmarschen Sturmflut

[Chronicon Eiderostadense vulgare]

(„Johann Russe's Sammlungen und Vorarbeiten zur Chronik des Landes Dithmarschen", edid. Dr. A. L. J. Michelsen. S. 705.)

= 1421

Inondations. exercèrent encore de grands ravages. 1427 Doubs und Loue Überschwemmungen

(M. Champion „Les inondations en France etc." III, S. 201/02 aus Archiv. Besançon (Babey).)

umb mitfasten quam ein mechtiges wasser von Crackaw die Weichsel abe und war mit mechtigem eyse, unnd die themme es mechtig zerriß. 26. März Weichsel Eisgang u. Überschwemmung

(„Simon Grunau's preußische Chronik." Traktat 15. Kap. 13. edid. Dr. P. Wagner in „Die preußischen Geschichtsschreiber des 16. u. 17. Jahrhunderts". 2. Band, S. 70.)

Auff Mitfasten / kam ein mechtig Wasser mit Eiß die Weissel herunter / und zubrach mechtige Thämme und Mülen / that großen Schaden / . . .

(„Chronica oder Handbüchlein Danziger Geschichte" edid. Dr. F. Schwarz in „Heimatblätter des deutschen Heimatbundes". 3. Jahrgang, Heft 3/4, S. 7/8.

Am Pfingstabendt ist ein schrechlichs wetter gewesen / von Donnern / blitzen vnnd regen / dauon sich die Wasser gewaltiglich ergossen / vnd hat sonderlich die Saale viel Leute vnd Viehe erseufft im felde / auch etliche gebewde niedergeworffen , vnd ist das Wasser zu Halle in deutschen Born / vnd in den Meteritz getreten. 7. Juni Halle a./S. Überschwemmung der Saale

(M. Dresser „Sächsisch. Chronicon". S. 414.)

Auff den Pfingst Abend ist ein groß Ungewitter und Platzregen gewesen / davon die Sale sich ergossen / viel Leute und Vieh ersäufft / Gebäude niedergeworfen / auch in den deutschen Born und Metritz getreten.

(G. Olearius „Halygraphia etc." II, S. 183.)

Item, en cel an fut la rivière de Saine si tres grande, car à la Penthecoste, qui fut le VIIIe jour de juing, estoit ladicte riviere à la croix de Greve, et se tint en ce point jusques au bout des festes, . . . 8. Juni Paris Seine-Überschwemmung

(„Journal d'un bourgeois de Paris 1405–1449", edid. A. Tuetey. S. 215.)

Item, le jeudy ensuivant [nach Pfingsten], crut tant l'eaue que l'isle Nostre-Dame fut couverte, . . . 12. Juni Paris Seine-Überschwemmung

(„Journal d'un bourgeois de Paris 1405–1449", edid. A. Tuetey. S. 216.)

1427
13.—14. Juni
Paris
Seine-Überschwemmung

. . . , car elle crut tant le vendredi et le sabmedi ensuivant qu'elle s'espandit jusques devant l'ostel de la ville, . . .

(„Journal d'un bourgeois de Paris 1405–1449", edid. A. Tuetey. S. 217.)

Ende August
bis Winter
Nordostdeutschland
Überschwemmungen
der Flüsse

So erhub scih ein regen vonn Bartholomei (24. August) an unnd horte nit auf, biß es zufror, idoch die eine zeit me, wann die annder, in welchem regnen die themme brachen auß, und ertruncken das Seewerder bey Danntzke unnd ertrannckte das Stangenwaldische werder unnder Marienwerder und versaufſte Liechtenberg im Danntzker werder und Sommeraw unnd Lockelaw im cleinen werder, unnd sonnstwa vilen molen außbrachen, unnd geschach schadenn, alß man sagt, drey konige hetten es nicht bezalt.

(„Simon Grunau's preuß. Chronik" II. Tractat XV. Cap. XIII. § 3 in „Die preuß. Geschichtsschreiber des 16. u. 17. Jahrhunderts. Band II, S. 70/71.)

29. September
Dithmarschen
Sturmflut

do ginck de vloet . . . up Sunte Michaelis dach.
[Chronicon Eiderostad. vulg.]

(„Joh. Russe's Sammlungen u. Vorarbeiten zur Chronik des Landes Dithmarschen", edid. Dr. A. L. J. Michelsen. S. 705.)

° („Johann Adolfi's Chronik des Landes Dithmarschen." I, S. 403.)

Nordfriesische
Inseln
Sturmflut

Durch Flut schwerer Einbruch.

(„M. A. Heimreichs nordfresische Chronik", edid. Dr. N. Falck. I, S. 274.)

1428
Weichsel
Überschwemmung

brach die Weissel aus / und lieff in das kleine Werder / Auch lieff das Wasser in die Stadt Dantzigk.

(„Chronica oder Handbüchlein Danziger Geschichte" edid. Dr. F. Schwarz in „Heimatblätter des deutschen Heimatbundes". 3. Jahrg., Heft 3/4, S. 8.)

Tiber-Überschwemmung

Tiberis fluvius adeo excrevit Rome, ut totam urbem inundaret, multaque damna intulit civitati.

(Petrus Olaus „Annal. rer. Danicar. a Cimbr. exitu ad a. 1541" in J. Langebek „Scriptor. rer. Danicar." I, S. 194.)

(Der Tiber-Fluß stieg zu Rom so stark an, daß er die ganze Stadt unter Wasser setzte und der Bürgerschaft viele Schäden zufügte.)

Februar
Sachsen
Überschwemmung
der Flüsse,
z. B. der Elbe

Es war groß Gewässer / die Wasser lieffen hefftig an und traten aus / daß es an vielen Orten über Wiesen / Felder und Gärten anzusehen war / . . . / wie eine Sündfluth. Dieses geschach . . . erstlich im Februario / da gieng das Wasser zu Meissen 4 Tage über die Brücke weg / noch erhielt sie sich.

(J. Fiedler „Müglische Ehren- und Gedächtniß-Seule etc." S. 89.)

La Loire éprouva une forte crue par la fonte des neiges; les eaux furent plus hautes que jamais, et la ville en souffrit beaucoup d'incommodité ... 1428 Ende Februar Orléans Loire-Überschwemmung

(M. Champion „Les onondations en France etc." II, S. 210 aus J. L. Micquellus „Aureliae urbis memorabilis obsidio anno 1428.")

Bober-Überschwemmung. 19.—24. April Löwenberg i/Schles. Überschwemmung des Bobers

(B. G. Sutorius „Die Geschichte von Löwenberg". I, S. 85.)

° (J. G. Bergemann „Otto und Klara". S. 160.)

Veer wecken na Paeschen up den dinestach do was to Werle groet water und donner, dat uet den husen vloet der lude reetschop, er peerde ... verdrunken in den stellen, und dat water tebrak die muren und straten. Neen mensche wiste van solken were. 4. Mai Werle b/Dortmund Überschwemmung

(„Chronik d. Joh. Kerkhörde v. 1405–1465" in „Die Chroniken der deutschen Städte". 20. Band, S. 35/36.)

In diesem selvigen jaer was ein swinde nat sommer, ja ouch deil die wint und die water worden allenthalven seer groet; ... Sommer Westfalen Überschwemmungen der Flüsse

(„Chronik d. Dietrich Westhoff v. 750–1550" in „Die Chroniken der deutschen Städte". 20. Bd., S. 305.)

Huius anni aestas prodigiosis imbribus atque insolentibus aquarum exundationibus notata fuit, ... Niederrheingegend Überschwemmungen der Flüsse

(„Chronica manuscripta Aquensis", edid. E. Pauls. S. 144.)

(Der Sommer dieses Jahres war gekennzeichnet durch überreichliche Regengüsse und ungewöhnliche Überschwemmungen der Gewässer.)

Hernach im Julio kam das Gewässer wieder / da erhielt sich die Brücke wieder 4 Tage im Wasser / das allenthalben drüber schlug / am 5. Tage muste sie mit fort / ... Grosser Schaden ist damals allenthalben geschehen. Juli Meißen Elbe-Überschwemmung

(J. Fiedler „Müglische Ehren- u. Gedächtniß-Seule etc." S. 89.)

circa festum Lamberti, magna tempestas ventorum orta est, ita quod aggeres maris apud Vollenboe confracti sunt, et in palude apud Zwollis, quod Mastbroick dicitur, tria milia Jumentorum et amplius submersa sunt. Um 17. September Holland Sturmflut

(„Auctoris incerti chronicon Tielense", edid. J. D. van Leeuwen. S. 522.)

(Um das Lambert-Fest entstand ein großer Sturm, so daß die Meeresdeiche bei Vollenboe brachen und in dem Moore bei Zwolle, das Mastbroick heißt, 3000 und mehr Stück Zugvieh ertranken.)

1428
29. September
Dithmarschen
Sturmflut

die Michaelis maxima extitit inundatio.

(„Broderi Boissen chronic. Slesvicense" in J. B. Mencken „Scriptor. rer. Germanicar." Tom. III, S. 619.)

(Am Michaelistage entstand eine sehr starke Sturmflut.)

° („Joh. Adolfi's Chronik d. Land. Dithmarschen." I, S. 403.)

° (Dr. N. Falck „M. A. Heinreichs nordfresische Chronik". I, S. 274.)

4. Oktober
Friesland
Sturmflut

weder een grote Tempeest / Storm en Onweder / op Sinte Franciscusdag / . . . / zoo dat Friesland weder met Zoutwater bevloeid / en gants ondergelopen wierde.

(Okko van Scharl, Joh. Vlytarp und Andr. Cornelius Stavriensis. „Chronyk en waaragtige beschryvinge van Friesland etc." S. 180/81.)

28. Februar 1429
Orléans
Loire-Überschwemmung

Il y eut à Orléans un grand débordement de la Loire. Les eaux furent si hautes qu'elles s'élevaient à la hauteur des embrasures des forts . . .

(M. Champion „Les inondations en France etc." II, S. 210 aus Lottin „Recherch. hist. sur la ville d'Orléans". I, S. 221.)

1. April 1430
Weichsel
Überschwemmung

am tage [fehlt] Aprili do brach die Weissell aus und lif in das Werder und in die Mutlau und das wasser lif in die stadt.

(Konstant. Höhlbaum „Ein Fragment Danziger Annalen (1343–1458)." in „Hansische Geschichtsblätter". 3. Band. 1878, S. 177.)

A. D. 1430 in April brach dy Weissel aus in das kleyne Werder, das das Wasser liff bas in dy stat Dantczkke.

(„Bernt Stegmann's Hanseat. Chronik" in „Scriptores rer. Prussicar." 5. Band, S. 495.)

Anno 1430 prima die Aprilis Vistula perfracta ripa in Insulam [Werder] proruperat perueneratque usque in Mottlaw, Gedanum et horrea ibidem aquarum vi oppleuerat.

(„Die mittlere Chronik von Oliva" in „Scriptores rer. Prussicar.." 5. Band, S. 630.)

(Im Jahre 1430 am 1. April brach die Weichsel im Werder aus und drang bis nach Mottlau und Danzig hinein, wo sie die Speicher unter Wasser setzte.)

Oktober
Agen (Départem.
Lot-et-Garonne
Garonne-Überschwemmung

La Garonne se déborda tellement qu'elle entra dans la ville par la porte Sainct-George, . . .

(M. Champion „Les inondations en France etc." IV, S. 206 aus Jean Darnalt „Les Antiquitez de la ville d'Agen etc." in „Remonstrance ou harangue solemnelle". Paris 1606, S. 100.)

1431
Rhein bei Köln
Überschwemmung

et eodem anno aqua Rheni ita crevit et magna fuit, ut intraret ecclesiam monasterii in Seyne [Kloster Sayn oder Syon, in d. Nähe v. St. Severin] et omnia cooperiret altaria ibidem posita.

([Kölner] „Latein. Chronikenfragmente" in „Die Chroniken d. deutschen Städte". 13. Band, S. 199.)

(Im selben Jahre stieg das Wasser des Rheins so an und wurde so hoch, daß es in die Kirche des Klosters Sayn (oder Syon) eindrang und alle dort stehenden Altäre überflutete.)

Item was die Laine zu der zit also groiß, daz man uff der holzen brugken stunde unde wosche die hende uß der Lainen; und ging biß ane Kreucher borne. 1431 Limburg (Lahn) Lahn-Überschwemmung

(„Limburg. Annalen." Rec. A. in „M. G. H. Tom. IV, Pars. I. Deutsche Chroniken". S. 114.

Elbe: Überschwemmung. Dresden Elbe-Überschwemmung

. . . / und ist ein Schwibbogen an hiesiger Brücke beschädiget worden.

(A. Weck „Der etc. Residentz- u. Hauptfestung Dresden Beschreib- u. Vorstellung". S. 527.)

fuit hyemps maxima que solito asperior inhorruerat et coepit circa festum Martini et duravit usque ad Cathedram, ita quod homines communiter cum curribus et equis per fluvium Reni tamquam strata communi per dictum tempus ambularunt et tandem glacie ad ripam et presertino prope Buderick deducta XLVIII. pedum vel circa fuit in altitudine et altior XIIII pedum fuit prout communiter dicebatur. (Aus d. älter. Missale d. Schloßkapelle.) Winter 1432 Cleve Rhein: Eisdecke

(W. Harleß „Chronistisches aus Clevischen Handschriften" in „Zeitschrift d. Bergisch. Geschichtsvereins". 23. Bd., S. 232.)
= Winter 1431

(Es war ein sehr großer Winter, der strenger als gewöhnlich eingefallen war, und er begann um das Martinsfest (11. Nov.) und dauerte bis Petri Stuhlfeier (22. Febr.), so daß die Menschen allgemein mit Wagen und Pferden über den Rhein-Fluß wie auf einer öffentlichen Straße während der angegebenen Zeit fuhren und schließlich das Eis am Ufer und besonders das bei Buderick hingeführte ungefähr 48 Fuß hoch war, und 14 Fuß höher war, als allgemein gesagt wurde.)

Do was ein ussermaissen lank winter, dat der Rin zo ervroir. darna quam ein also groisse is vart: dat is brach der stat moelen ind de schiffinge, de groissen mit den cleinen, ind dede groissen verderflichen schaden up dem Rine. Rhein Eisdecke

(„Köln. Jahrbücher d. 14. u. 15. Jahrh." Rezension D. in „Die Chroniken d. deutschen Städte". 13. Band, S. 166.)

horribilis hyems et frigiditas magna fuit, ita ut Rhenus congelatus est et populus pertransibat.

(„Latein. Chronikenfragmente" in „Die Chroniken d. deutschen Städte". 13. Band. Köln. X. 199.)
= 11431

(Es war ein schrecklicher Winter und große Kälte, so daß der Rhein zufror und das Volk über das Eis ging.)

° („Chronik d. Dietrich Westhoff v. 750–1550" in „Die Chroniken der deutschen Städte". 20. Bd., S. 308.)

Winter 1431/32 Hessen Überschwemmung der Flüsse

. . . , wanne der winter was so hert gewesen, das nieman gedocht solichen grossen harten winter, und danne daz groß wasser darnoch.

(„Eberhart Windeckes Denkwürdigkeiten zur Geschichte des Zeitalters Kaiser Sigmunds", edid. Dr. W. Altmann. S. 331.)

Hessen Rhein: Eisdecke

Et fuit illo anno tunc hiems valde valida et frigida, ita quod Rhenus fuit congelatus per tres hebdomadas et per diem unum.

(„Cronica civitatis Wormatiensis" in „Quellen zur Geschichte der Stadt Worms". III. Teil, S. 84.)

(In jenem Jahre war der Winter sehr stark und kalt, so daß der Rhein 3 Wochen und 1 Tag zugefroren war.)

Bayern Überschwemmung der Flüsse

. . . , und ward darnach ain große güss . . .

(„Augsburger Anonyme Chronik von 991–1483" in „Die Chroniken d. deutschen Städte". 22. Band, S. 483.)

Regensburg Donau: Eisdecke

Dy tunaw waz hertlich überfrorn lenger dann ailff wochen pys czu sand Mathias abent (1432. 23. Febr.)

(Pergamenthandschrift der Regensburger Goldschmiede-Bruderschafts- und Innungs-Ordnung des 15. Jahrhunderts.)

° (Dr. Cornelius Will „Hochwasser und Eisgang zu Regensburg im Jahre 1432" in „Verhdlgen. d. histor. Vereins von Oberpfalz u. Regensburg". 53. Bd., 1901, S. 228.)

Nürnberg Pegnitz Eisdecke, darauf Überschwemmung

Item anno dom. 1400 und in dem 32 jar da was der keltz winter, der bey 100 jar gewesen ist, und gefiel auch der grost snee und was so kalt, das man zwischen der parfussen prucken und der fleischprucken ein hohczeit auf der Pegnicz het und man tanczet darauf, und dy hohczeit was eines satlers; und darnach ward das grost wasser das in langen jaren ye gewesen was, und dertrunken vil leut bey der fleischprucken, . . .

([Nürnberger] „Chronik aus Kaiser Sigmund's Zeit etc." in „Die Chroniken d. deutschen Städte". Bd. 1. Nürnberg. S. 384.)

Dänemark Ostsee: Eisdecke

fuit tam magnum frigus, qvod cursus factus fuit a Scania in Syalandiam cum curribus et eqvitibus.

(Petrus Olaus „Annal. rer. Danicar. a Cimbr. exitu ad a. Chr. 1541" in J. Langebek „Scriptor. rer. Danicar." I, S. 194.)

(„Franciscanermunken Peder Olsens collectanea" in E. Jorgensen „Annal. Danici med. aevi." S. 211.)

(Es herrschte eine so große Kälte, daß von Schweden nach Seeland ein Weg für Wagen und Pferde war.)

Werra (Thür.) Eisdecke

. . . , ita quod werra congelata fvit ad spissitvdinem vlnarum quasi Dvarum.

(Cyriacus Spangenberg „Hennebergische Chronica etc." S. 220.)

(. . . , so daß die Werra bis zu einer Stärke von ca. 2 Ellen zugefroren war.)

Wisela eciam extunc glacie fortissima clausa, stetit a festo sancte Catharine (25. Nov.) usque ad festum sancti Georgii (23. April) Winter 1431/32 Nordostdeutschland Weichsel: Eisdecke

(„Fortsetzung zu Peter von Dusburgs Chronik von Conrad Bitschin" in „Scriptor. rer. Prussic." III. Band, S. 497.)

(Auch die Weichsel war damals mit sehr starkem Eise bedeckt, das vom St. Katharinenfeste (25. Nov.) bis zum St. Georgsfeste (23. April) stand.)

Auch waz dy see, darynn venedig stet, so starck uberfrorn, daz man dar über dy swaren pallen czuch vnd vih traib; daz hat kain mensch pey vnsern czeiten mer gesehen. Meer bei Venedig gefroren

[Pergamenthandschrift der Regensburger Goldschmiede-Bruderschafts- und Innungs-Ordnung des 15. Jahrhunderts.]

(Dr. Cornel. Will „Hochwasser und Eisgang zu Regensburg im Jahre 1432", S. 229.)

sind in Thüringen 40 Dörfer mit Leuten und Vieh verdorben / was tief und bei den fließenden Wassern gelegen / hat unüberwindlichen Schaden gelitten. 1432 Thüringen Überschwemmung der Flüsse

(Math. Wille „Top-Hali-Graphia Sulzensis". S. 42.)

Zu dem haben sich die Wasser so starck ergossen / das erstlich die Elbe viel häuser und höfe mit den Menschen weg getrieben vnd ersäuft / darnach auch zu Dresden vnd Meissen die Brücke abgeworffen / vnd daselbst gleichfals grossen schaden an Menschen vnd Vieh gethan. Ebenmäßig ist auch die Sala bey Halle gewachsen / das sie nicht allein der Maur gleichgestanden / sondern auch vberher gangen / . . . In Thüringen sein allein in die viertzig Dörffer verdorben. Elbe, Saale, Thüringen Überschwemmungen

(A. Kantz „Wandalia", edid. u. ins Hochdtsche. übersetzt v. St. Macropius. S. 397.)

Größte Überschwemmung. Wittenberg Elbe-Überschwemmung

Am Elbtore dringt das Wasser 3 Ellen 1 Zoll hoch in die Stadt ein.

(A. M. Meyner „Geschichte der Stadt Wittenberg etc." S. 75.)

Pleiße: Großes Wasser. Werdau i/Sa. Hochwasser der Pleiße

(F. O. Stichert „Chronik der Stadt Werdau". S. 157.)

Starke Überschwemmung. Röhrsdorf (Schlesien) Überschwemmung

Mehrere Häuser fortgerissen. Sehr starker Schaden.

(J. G. Bergemann „Flinsberg etc.". S. 230.)

Et le XIII. jour de janvier; après l'allée du roy proprement, gela si asprement XVII jours ensuivans que (Saine), qui estoit tres grande, comme jusques dedans la Mortelerie, fut toute prinse de la gelée jusques à Corbeil, et si print en une maniere de admiracion, car le lundy dont elle print, le mardy tout le jour il pleut et Januar Nordfrankreich Seine: Eisdecke toute nuyt et cessa ung pou devant le jour et faisoit chault, et au point du jour celuy mardy, aussitost que la pluie fut cessée, celle tres mauvaise [et forte] gellée commença qui dura comme davant est dit, XVII jours.

(„Journal d'un bourgeois de Paris 1405–1449", edid A. Tuetey. S. 280.)

15. Januar 1432 Paris Seine: Eisgang

Et, après celle gelée que la riviere estoit ainsi prinse, le jour Sainct Paul il commença à degeler tant doulcement et de nuit et de jour, que la riviere fut toute degelée par pieces, sans faire quelque mal à pons ne à moulins, avant qu'il fust VI jours après. Et si disoient les mariniers qu'elle avoit plus de deux piez de espais, et bien y apparoit, car on alloit par dessus, om y charpantoit piex pour mettre au devant des moulins pour rompre la glace au degel, on y levoit engins pour frapper les piex, mais onques ne s'en desmantoit. Et pour vray, par la glace de Nostre Seigneur, elle fut ainsi doulcement des gellée, comme dit est, mais moult grant dommaige fist, etc. etc.

(„Journal d'un bourgeois de Paris 1405–1449", edid. A. Tuetey. S. 280.)

Februar Holland Überschwemmung d. Waals, des Rheins, der Yssel und der Maas

in hyeme, fuit nimia habundancia aquarum rivulorum et fluviorum, scilicet Walonis, Reni, Ysele, et Moze, et agger Walonis in superiori Betua in Loenen confractus est, et sic per fluxum aquarum multa sata blada hyamelia submersa et destructa sunt, specialiter in Betua et in Teysterbant, verum eciam aqueductus super longam aquam, que Lingen diciter, multum erat per dictum aquarum fluxum periclitatus, specialiter aqueductus Tylensis, . . .

(„Auctoris incerti chronicon Tielense", edit. J. D. van Leeuwen. S. 524/25.)

(Im Winter war ein sehr großes Hochwasser der Gewässer und Flüsse, z. B. des Waals, Rheins, der Yssel und Maas, und der Waal-Damm in der oberen Betuwe bei Loenen wurde durchbrochen, und so wurden durch die Wasserströmung viele Wintersaatfelder unter Wasser gesetzt und vernichtet, besonders in der Betuwe und in Teysterbant, aber auch die Wasserleitung über das lange Wasser, das Lingen heißt, war durch die besagte Wasserströmung gefährdet, besonders die Wasserleitung von Tiel, . . .)

Rhein Überschwemmung

. . . dat brach uis zu beiden siden und verderfde stede und dorper. mit den kirchen up dem Rin lanx, die an dem over stonden. it dede ouch grois schade an korn ind saet, ind dat verdarf sere. der Stat van Coellen moilen ein was gedreven an dat dorp Mauwenheim beneden Coellen [= Weiler Mauenheim] der Rin gink so hoe, dat he zo Sein in dem cloister binnen Coellen [= Brigittenkloster Sion im südl. Stadtteil] over die altair gink.

° („Koelhoff. Chronik" in „Die Chroniken d. deutschen Städte". 14. Band, S. 771.)

° („Köln. Jahrbücher d. 14. u. 15. Jahrhunderts." Rezension D. in „Die Chroniken d. deutschen Städte". 13. Band, S. 166.)

° (J. Trithemius „Chronicon Sponheimense". S. 353.)

([Kölner] „Latein. Reimchronik" in „Die Chroniken d. deutsch. Städte". 13. Band, S. 207.)

indes wart der Rin also groß, daz er ging in daz kaufhuß und ging vier staffeln hoch uf unser frouwen grete [= Maria ad gradus] gegen der vischporten uber, uf der andern siten für Henne Windeckes nefenhuß zü dem swarzen walde, . . . , und det grossen unsegelichen schaden an dorfern luten kinden und an viehe: küwe und schof sturbent gar sere, . . . Februar 1432 Mainz Rhein-Überschwemmung

(„Eberhart Windeckes Denkwürdigkeiten zur Geschichte des Zeitalters Kaiser Sigmunds", edid. Dr. Wilh. Altmann. S. 331.)

Albis hoc anno effluit. Primo VI. Cal. Martij, alueus ad ipsum pontem ascendit: durat inundatio quatriduum. 24. Februar Meißen i/Sa. Elbe-Überschwemmung

(G. Fabricius „Rer. Misnicar. libri VII". S. 146.)

(Die Elbe trat in diesem Jahre zweimal über ihre Ufer. Das erste Mal, am 24. Februar, stieg der Fluß bis an die Brücke. Diese Überschwemmung dauerte 4 Tage).

° (M. Grünewald „Die Meißner Chronik" S. 80.)

Furchtbare Elbeflut. Die Brücke wird beschädigt. Dresden Elbe-Überschwemmung

° (Dr. W. Schäfer „Chronik der Dresdner Elbbrücke". S. 23.)

Ist die Aar in vngewohnlicher Grösse außgelauffen. Solothurn Überschwemmung der Aare

(Fr. Haffner „Der kleine Solothurn. Schaw-Platz etc." II, S. 148.)

. . . ; und wurdent die wasser alss gross, das das uss der maussen war. Toggenburg Hochwasser der Flüsse

(„Chronik eines ungenannten Toggenburgers" in G. Scherrer „Kleine Toggenburger Chroniken". S. 9.)

Item eodem anno 25. die mensis Februarii feria 3. sexagesime inchoavit esse inundacio aquarum tam valida et immensa, ut ad omnia altaria nostre ecclesie in Oberaltach accederet exceptis tribus altaribus in ambitu, tamen ambitus alias plenus erat aquis. Eciam tanta erat multitudo et fortitudo glaciei in aqua, ut deiceret nobis murum circa cimiterium dominorum usque ad murum porte superioris. 25. Februar Oberaltaich i/Bayern Überschwemmung

(Andreas von Regensburg „Oberaltaichs Zusätze zur chron. pontif. et imperator. Romanor. und deren Fortsetzungen", edid. G. Leidinger. S. 706.)

(Gleichsfalls im selben Jahre am 25. Febr., am Dienstag der Woche Sexagesima, begann eine so große und maßlose Überschwemmung der Gewässer, daß [das Wasser] bis an alle Altäre unserer Kirche in Oberaltaich reichte, mit Ausnahme von 3 Altären am Rundgang, trotzdem andere Gänge voll von Wasser waren. Auch die Menge und Stärke des Eises im Wasser war so groß, daß es uns die Mauer um den Vorsteher-Kirchhof bis zur Mauer der oberen Pforte niederwarf.)

Eodem anno in die S. Mathie Danubius propter nivem a festo S. Elisabeth (19. November) precedente adhuc usque sepius cadentem et durantem, iam liquescentem cepit multum augmentari, ita quod aqua ascendit supra pontem in Straubing, Nach 24. Februar Donau Überschwemmung cuius modi quantitas Danubii nulli incolarum tunc temporis in dicto oppido degencium visa fuerat vel audita. Hec inundacio durat ultra 3 septimanas et magna pericula fecit in edificiis, hominibus et brutis et aliis degentibus in locis declivis et planiciebus circa aquas.

(Andreas von Regensburg „Oberaltaicher oder Straubinger Zusätze z. d. Fortsetzg. d. Chron. pont. et imperator. Romanor.", edid. G. Leidinger. S. 707/08.)

(Im selben Jahre am St. Mathias-Tage begann die Donau stark anzusteigen, da vom vorhergehenden Elisabeth-Feste (19. Nov. 1431) an bis jetzt häufiger und anhaltender Schnee gefallen war, der jetzt schmolz. So stieg das Wasser bis über die Brücke in Straubing, in welcher Höhe die Donau von keinem der Einwohner, die damals in genannter Stadt lebten, gesehen oder gehört worden war. Diese Überschwemmung dauerte über 3 Wochen und brachte in den Gebäuden sowohl den Menschen als auch den hilflosen und anderen Lebenden in den Orten in den Senken und Ebenen am Wasser großen Schaden.)

1432 26. Februar Regensburg Donau-Überschwemmung

Darnach (nach 23. Febr.) am nächsten eritag kam eyn vngestümes wasser mit praiten dicken eyse auf der tunaw mit eynem vngefügen gdreng vnd absties dy holczen pruck [= die Brücke, die die Stadt mit der unteren Wöhrd verbindet] vnd hinfurte dy walkmöl, sleifmöl vnd rantinger möl czenähst pey der staynern pruck czu Regenspurg. Vnd tat grosse verderpliche schäden in steten vnd in dörffern in vnd auf äckern pey der tunaw mer dann ich geschreiben mag.

(Pergamenthandschrift der Regensburger Goldschmiede-Bruderschafts- und Innungs-Ordnung des 15. Jahrhts.)

(Dr. Cornelius Will „Hochwasser und Eisgang zu Regensburg im Jahre 1432". S. 228/29.)

und furet zu Regenspurg die heuser und prucken hin das güß, zu Kelheim ein kirch, ertrank darinn vih, und vil schaden an der Tunaw.

[Nürnberger] „Jahrbücher des 15. Jahrhunderts" in „Die Chroniken d. dtsch. Städte". 10. Band, S. 149.)

Ende Februar Donau Überschwemmung

Et postmodum circa inicium veris multiplicate sunt aque, quod multe civitates et oppidi ex inondacione aquarum circa Danubium perierunt.

(„Notae Diessenses." M. G. H. Scriptores. XVII, S. 327.)

(Bald darauf um den Anfang des Frühlings wuchsen die Gewässer, daß viele Gemeinden und Städte infolge der Überschwemmung der Gewässer in der Donau-Gegend zugrunde gingen.)

März bis 8. April Paris Seine-Überschwemmung

Item. le moys de mars ensuivant, furent les eaues si grandes, car en Greve à Paris elles estoient devant l'Ostel de la Ville, en la place Maubert jusques à la moictié du marché au pain, et tous les marays depuis la porte Sainct-Martin jusques à my voye de la porte Sainct Anthoine tous plains jusques à VIII jours de moys d'avril; . . .

(„Journal d'un bourgeois de Paris 1405–1449", edid. A. Tuetey. S. 281.)

Item in eodem anno in principio mensis Marcii maxima invaluit innundacio aquarum, ita quod in memoria hoc tempore viventium consimilis inundacio non fuit. Hoc etiam tempore inter Wesel et Reys et deinceps fluvius Reni propter huius modi inundanciam et habundanciam aquarum novas vias fecit et insolitas et plures exitus fossata et campos incolarum ipsius patrie Clivensis dampnabiliter corrumpendo. Anfang März 1432 Niederrheingegend Überschwemmung der Flüsse, z. B. des Rheins

[Aus d. älter. Missale d. Schloßkapelle.]

(W. Harleß „Chronistisches aus Clevischen Handschriften" in „Zeitschrift des Berg. Geschichtsver." 23. Band, S. 232.)

(Im selben Jahre am Anfang des Monats März nahm die Überschwemmung der Gewässer sehr stark zu, so daß sich die jetzige Generation der Lebenden einer ähnlichen Überschwemmung nicht erinnern konnte. Zu dieser Zeit suchte sich der Rhein-Fluß zwischen Wesel und Rees und daran anschließend infolge dieser Art Überschwemmung einen neuen und ungewöhnlichen Lauf und mehrere ausgewühlte Auswege und richtete die Felder der Bewohner des Clevischen Landes gefährlich zugrunde.)

in una nocte in mense Aprili, cecidit nimia nix, unde orta habundans inundacio aquarum rivuloru, et fluviorum. April Holland Überschwemmung der Flüsse

(„Auctoris incerti chronicon Tielense", edit. J. D. van Leeuwen. S. 524.)

(In einer Nacht im Monat April fiel ein sehr starker Schnee, wodurch eine starke Überschwemmung der Kanäle und Flüsse entstand.)

à di 4. Jugnio venne una grande grandine e acqua, e li detti giazzoli erano grossi come noci, e duro tanto che allagò tutta santa Maria Rotonda con tutto lo Porticale, e gi in fino alla Matalena, e non fu mai veduta la simile, e fece de molto damno. 4. Juni Rom Tiber-Überschwemmung

(„Stephani infessurae senatus populique Romani scribae diarium urbis Romae" in J. G. Eccard „Corp. histor. med. aevi". II, Sp. 1876.)

Queis: starke Überschwemmung. 48 Häuser werden vom Wasser fortgerissen. Das Wasser geht über den Altar der Kirche. Der Queis schafft sich sein jetziges Bett. 8. Juni oder 8. Juli Marklissa Überschwemmung des Queis

(J. G. Gründer „Chronik der Stadt Lauban". S. 160.)

° (H. Buschbeck „Geschichte der Kirchgemeinde Steinkirch". S. 53.)

° (F. Bertram „Das Heimatbuch des Kreises Lauban". S. 451.)

Saale: ist das Wasser wieder überaus groß gewesen, und über den Saltzbrunnen, desgleichen über die Stadtmauer gegangen, so daß man mit Kähnen über die Stadtmaur fahren kömen, und hat dieses grosse Wasser auch anderen Orten grossen Schaden gethan, indem in Thüringen dadurch über 40 Dörffer verwüstet worden, desgleichen die Elbe die Brücke zu Dreßden und viele Dörffer, weggerissen, und Menschen und Vieh in grosser Anzahl umgekommen. Um 21. Juli Halle (Saale) Saale-Überschwemmung

(J. Chr. von Dreyhaupt „Pagus Neletic". I, S. 633.)

° (G. Olearius „Halygraphia etc." S. 184.)

21 Juli 1432
Sachsen
Elbe-Überschwemmung

Hic facta est magna inundatio aquarum, scilicet feria secunda post Margarete virginis seu die Praxedis virginis, scilicet quod Albea destruxit pontem Misnensem, pontem Dresnensem et Pragnensem et multas domos cum hominibus vivis in eis deportavit, et hoc in monasterio nostro pertranssiit aqua in horreum domini in sua curia, et multas molendinas hic et in omni terra transvexit.

(„Annales Veterocellenses." M. G. H. Scriptores. XVI, S. 47.)

(Hierauf ereignete sich eine große Überschwemmung der Gewässer, nämlich am Montag nach dem Tage der Jungfrau Margarete resp. am Tage der Jungfrau Praxedis, weil nämlich die Elbe die Meißner Brücke zerstörte, die Dresdner und Prager Brücke und viele Häuser mit den in ihnen lebenden Menschen davontrug, und hierzu in unserem Kloster das Wasser das Magazin des Vorstehers in seiner Curie durchfloß und viele Mühlen hier und in aller Gegend wegführte.)

inundacio aquarum. Pons in Dressen ruit, et pons Misnensis fractus est.

(„Cronica brevis de quibusdam novissimis temporibus actis in partibus Missne et Thuringie etc." in J. B. Mencken „Scriptor. rer. Germanicar." III, S. 57.)

(Die Überschwemmung der Gewässer riß die Brücke in Dresden ein und zerbrach die Meißner Brücke.)

Meißen i/Sa.
Elbe-Überschwemmung

Iterum Cal. August. catarrhacta coeli totum pontem euertit murosque meridiem versus dejicit; durauit ea vis aquae ad diem vsque quintum. Tanta autem fuit haec vltima, vt post curiam in vico Palatino homines cymbas ingrederentur, et supra muros nauigarent, vsque ad montem Zeilanum, ibidem egressi e lintribus aut nauigijs.

(G. Fabricius „Rer. Misnicar. libri VII", S. 146 u. 349.

(1. Aug. 1432)

(Gleichfalls wurde am 1. August infolge eines Wolkenbruchs die ganze Brücke fortgerissen und die Stadtmauern gegen S. umgeworfen. Es hielt diese Wasserflut bis zum 5. Tage an. So groß aber war diese letzte, daß hinter dem Rathause in der Burggasse die Menschen sich in Kähne setzten und über die Stadtmauern bis an den Tzscheilenberg (?) fuhren.)

Die durch einen Wolkenbruch angeschwollene Elbe riß die ganze Elbebrücke und der Treibischbach zwei Pfeiler fort.

(M. Grünewald „Die Meißner Chronik etc." S. 252.)

... / vom grossen Gewässer / welches sich von einer Wolckenbrust plötzlich ergossen / sind zwey fach von der Brücken weggeführet / die Stadtmawer gegen Mittag gar nider gewaschen / welche vbers wasser zu fahren hatten / musten in der Burggassen / hinterm Rhathausse einsitzen / vnd vber die Stadtmawren biß an Tzscheilenberg hinüber fahren.

(Laur. Faust „Geschicht-vnd Zeit-Büchlein der etc. Stadt Meissen etc." S. 58.
= 1442

Inundatio dirupit omnia molendina nostra in Grimme. 21. Juli 1432 Grimma i/Sa. Überschwemmung der Mulde

(„Chronicon Vetero-Cellense minus" in J. B. Mencken „Scriptor. rer. Germanicar." II, S. 446.)

(Die Überschwemmung zerriß alle unsere Mühlen in Grimma.)

Vor mächtigem Überfließen der Mulde merklich großen Schaden genommen, sonderlich an der Brücke, die das Wasser zerrissen und ganz hinweggeführt habe.

(Chr. G. Lorenz „Die Stadt Grimma etc." S. 245 u. 478 aus dem Stadtbuch.)

fuit maxima inundancia aquarum, cuius similem non meminerat omnis etas pro tunc vivencium. Congeries lignorum super natabant, muri civitatis Misnensis [rumpebantur] et aque impleverunt ecclesiam fratrum Minorum in Dres[d]en. Pons ibidem in uno arcu corrumpebatur per adhesionem unius salicis. Pontes vero in Rochelicz, in Kollicz, in Grymme omnes destruebantur. Et prope Thorgaw non solum blada ymmo et terram usque ad funda lapidea aque devastabant. Eodem tempore aqua pluens ante valvas s. Nicolai in Isenaco cooperiebat stratam lapideam et eius septa lapidea. Sachsen, Thüringen Überschwemmungen der Flüsse

„P. Mich. Bihl".

(„Chronica conventus ordinis fratr. Minor. ad s. Elisabeth prope Isenacum" in J. Kremer „Beiträge z. Gesch. d. klösterl. Niederlassungen Eisenachs etc." S. 172.)

(Es trat eine sehr starke Überschwemmung der Gewässer ein und von der jetzigen Generation konnte sich keiner einer ähnlichen erinnern. Holzstöße schwammen auf dem Wasser, die Mauern der Stadt Meißen wurden zerbrochen und die Wasser ergossen sich in die Kirche der Minoriten-Brüder in Dresden. Der eine Bogen der dortigen Brücke wurde durch das Festklemmen eines Weidenbaumes eingerissen. Die Brücken aber in Rochlitz, Colditz und Grimma wurden alle zerstört. Bei Torgau vernichteten die Gewässer nicht nur die Getreidefelder, sondern verwüsteten auch den Erdboden bis zum steinernen Grund. Zur selben Zeit bedeckte Regenwasser vor den Eingangspforten von St. Nicolai in Eisenach die gepflasterte Straße und deren Steinzäune.)

Neiße: starke Überschwemmung. Um 21. Juli Forst Neisse-Überschwemmung

(J. Chr. Schneider „Chronik der Stadt etc. Forst." S. 320.)

feria II in Vigilia Mariae Magdalenae fuit tanta inundatio Spreae quod abduxit pontem ante Spiritum S. den Scherffsteig [= Scharfensteg]. dy walgmol [= Walkmühle], dy mol under dem Slos, und dy mol under dem Weinberge, hewser und schewnen uff der Seide [= Seidau] und schleyffmol ane zwen und uff dem lande vil getreyde und hae, das by manchen ioren nicht gehort ist wurden. Bautzen i/Sa. Überschwemmung der Spree

(„Die Domstiftlichen Jahrbücher von 1388–1530", edid. Dr. R. Needon. S. 13.)

(Am Montag, am Tage vor dem Maria-Magdalenentage, fand eine so große Überschwemmung der Spree statt, daß sie die Brücke vor St. Spiritus etc. etc.)

1432 20.—21. Juli Görlitz Neisse-Überschwemmung der Neiße

circa horam quasi undecimam incipiebat magna pluvia guttatim cadere sine intermissione per totam diem et noctem, sic quod secunda feria sequenti ipso die Braxedis in prefesto beate Mar. Magd. c. XVIII. horam tanta veniebat inundacio aque Nisse que nostris temporibus vix tam magna est visa, et taliter crevit quod quasi irrecurabile dampnum intulit, plura edificia subvertebat, horrea prope Nissam situata cum Bladis et feno totaliter annichilavit et distruxit, pontem omnino rupit et Molendina specialiter cum quatuor rotis in Clephilswalde funditus fregit et secum deportavit, Stubam balneatoris prope Nissam et plures domos in platea Hottirgasse subvertebat eciam multi homines eodem tempore sunt submersi, . . .

(„Älteste Annalen von Görlitz." (Verfasser unbekannt) in „Neues Lausitz. Magazin". 28. Bd., S. 363.)

(Um die 11. Stunde fast begann ein starker Regen tropfenweise zu fallen, ohne Unterbrechung einen ganzen Tag und eine Nacht hindurch, so daß am Montag, dem darauffolgenden Tage Praxedis, am Vorfest des Tages der seligen Maria-Magdalena um die 18. Stunde eine so große Überschwemmung des Neißeflusses eintrat, wie sie zu unseren Zeiten kaum [jemals] so groß gesehen wurde, und [der Neiße-Fluß] stieg derartig hoch an, daß er fast nicht wiedergutzumachenden Schaden anrichtete, zahlreiche Gebäude einstürzte, die Scheuern in der Nähe der Neiße mit Getreide und Heu völlig vernichtete und zerstörte, die Brücke total zerbrach und die Mühlen, besonders die mit vier Schöpfrädern in Klephiswalde, zerstörte er von Grund auf und trug sie mit sich fort, die Hütte des Bademeisters an der Neiße und mehrere Häuser in der Hottergasse stürzte er ein, viele Menschen ertranken zu derselben Zeit.)

in profesto Mariae Magdalenae vel si mavis ipso die Braxedis Virginis, h. e. 21 Quintilis, quae erat feria II. Nissus auctus pluvia lenta et jugi, quae proximo die Dominico, h. e. 20 Quintilis ab hora XI. totum diem et noctem duraverat, hora decima octava in tantam excrevit altitudinem, quantam non viderat illa aetas, adeo ut Gorlicii pene irrecuperabile damnum daret, Nissi pontem rumperet, . . .

. . . et dimidia parte plateae Hoteranae subverteret . . ., ut ad tertiam in platea Nissense pertingeret. Submersi sunt multi mortales . . .

(Mart. Mylius „Mart. Meisteri annales Gorlicenses 1131/1651 etc." in Chr. G. Hoffmann „Scriptor. rer. Lusatic. etc." I, 2 S. 14.)

(Am Tage vor dem Maria Magdalenentage oder wenn du es lieber willst, am Tage der Jungfrau Praxedis, das ist der 21. Juli, der ein Montag war, stieg die Neiße, angeschwollen infolge eines anhaltenden und beständigen Regens, der am vorhergehenden Tage, einem Sonntag, und zwar dem 20. Juli von 9 Uhr an den ganzen Tag und die ganze Nacht gedauert hatte, um die 10. Stunde zu einer solchen Höhe an, wie sie noch keiner der damaligen Generation gesehen hatte. Dadurch erlitt Görlitz einen unersetzlichen Schaden, es stürzte die Neiße-Brücke ein, . . .

. . . und zerstörte die Hälfte der Hotter-Gasse . . ., daß sie sich bis zum dritten Hause der Neißer Straße erstreckte. Viele Sterbliche ertranken: . . .)

Eodem anno in die Praxedis facta est tanta inundatio aque ut pontem in Gorlicz destruxit et funditus diruit et tria molendinaria abduxit et multos domunculas pistorum et plateam dy hottergassen et hospitale pauperum ad S. Spiritum quasi funditus evertit et horreum plenum cum frumento deportavit. 1432 21. Juli Görlitz Überschwemmung der Neisse

(„Die Domstiftlichen Jahrbücher von 1388–1530", edid. Dr. R. Needon. S. 13.)

(Im selben Jahre am Praxedis-Tage ereignete sich eine so große Überschwemmung des Gewässers, daß sie die Brücke in Görlitz von Grund aus zerstörte und drei Mühlen wegführte und viele Behausungen der Müller und die Hottergasse und das Armen-Hospital zum heiligen Geist fast völlig zerstörte und eine mit Getreide gefüllte Scheune davontrug.)

Es ergoß sich vom zufälligen Regen die Neiße dermaßen, daß es die Brücken, Mühlen, das Wehr, den Galgen und Kapelle zerriß und weggeführet, den Leuten, so etwas nahe am Wasser gelegen, viel Schaden gethan, etc. etc.) Neisse Überschwemmung

(„Jahrbücher der Stadt Breslau von Nikolaus Pol", edid. Dr. J. G. Büsching. II, S. 181.)

. . ., et sic ferie 2., in vigilia S. Magdalenae (Montag, 21. Juli) in nocte, et feria 3 ipso die (Dienstag, 22. Juli) fuit tanta inundatio aquarum, sicque tantam veteres senes, et decrepiti homines utriusque sexus non recordabatur, sicque multas villas, oppida, molendina, faenum, frumenta messa, acervos bladorum et foeni aqua receperat, et de diversis rivis, rivulis, fluminibus in tantum aqua excrevit, sicque per nimiam obstructionem lignorum, domorum, foeni, bladorum, quasi Pragensi pontis de cursu aquarum fuit obstructus, sicque quasi per totam civitatem antiquam Pragensem praesertim in platea communi circa mediastinum, et per alios vicos et plateas grandis aqua fluebat, et magnum damnum in cellariis, in pontibus diversis fecit, et ultimo propter dictam obstructionem pontis quatuor tesdines, et tres stubae seu sustentacula pontis lapidei Pragensi sunt ruptae, ... et destruxit omnia molendina in civitate Pragensi, quae fluvium Moldavam adjacebant, praeter duo, quae etiam satis destructa fuerant, et sursum per aliquot milliaria, ..., et multi homines per Bohemiam tunc per nimiam inundationem diversarum aquarum sunt submersi. 21.—22. Juli Böhmen Überschwemmung der Moldau und der anderen Flüsse

(„Hist. Bartossek etc. de Drahonicz" in G. Dobner „Monum. hist. Boem." I, S. 176.)

(. . ., und so ereignete sich am Montag, am Tage vor dem St. Magdalenentage, in der Nacht und am Dienstag, dem St. Magdalenentage selbst, eine so große Überschwemmung der Gewässer, wie sie sich in einer solchen Größe die alten Greise und die alten Menschen beiden Geschlechts nicht erinnern konnten, und so hat das Wasser viele Dörfer, Städte, Mühlen, Heu, geerntetes Getreide, Bündel von

Getreide und Heu an sich gerissen, und in verschiedenen Bächen, Kanälen und Flüssen stieg das Wasser derart hoch an, daß durch den ungewöhnlich starken Zusammenhalt der [im Wasser schwimmenden] Hölzer, Häuser, des Heus und Getreides die Prager Brücke beinahe zerstört wurde, und strömte ein hohes Wasser fast durch die ganze Prager Altstadt, besonders durch die Hauptstraße beim Schandpfahl, und durch andere Stadtviertel und Straßen und verursachte großen Schaden in den Kellern und an verschiedenen Brücken, und zuletzt wurden infolge des genannten Zusammenhalts an der steinernen Brücke zu Prag 4 Wölbungen [?] und 3 Stuben [?] oder Stützen zerbrochen, ... und zerstörte alle Mühlen in der Stadt Prag, die am Moldauflusse lagen, außer zwei, die aber auch ziemlich beschädigt waren und einige Meilen oberhalb [lagen], ..., und viele Menschen in Böhmen ertranken infolge der ungewöhnlich starken Überschwemmung der verschiedenen Gewässer.)

21.–22. Juli 1432
1432
Böhmen
Überschwemmung der Moldau und anderer Flüsse

feria secunda ante Magdalene, et ipso die fuit inundacio magna in Regno Bohemie, ita quod elegantissimus pons Pragensis est ruptus, et multa blada sunt consumpta, et fena, ac hominum multorum, Civitatum, oppidorum, villarum subversio, et adnihilacio incomputabilis facta est, et ipso tempore aqua inundavit usque introitum majoris civitatis ferream plateam, et quasi caribdis maris per omnes plateas absorbens, in subversionem multarum domorum, ...

(„Chronica Bohemor. ab initio gent. ad a. 1438 in G. Dobner „Monum. hist. Boem.“ III, S. 60.)

(Am Montag vor dem Magdalenen-Tag und an diesem Tage selbst ereignete sich eine große Überschwemmung im Königreich Böhmen, so daß die sehr prächtige Prager Brücke beschädigt wurde, und viel Getreide ging verloren und Heu und viele Menschen; Stadtgebiete, Städte und Dörfer wurden umgestürzt und unberechenbarer Schaden trat ein, und zur selben Zeit drang die Überschwemmung bis zum Eingang der größeren Stadt auf der festen Straße vor und verschlang, wie die Charybdis des Meeres alle Straßen und stürzte viele Häuser ein ...)

feria secunda in vigilia S. Magdalenae fuit magnum diluvium ex habundantia pluviarum quod tunc eram in Chuatrub et respexi in aquam, modo infra ligna de Praga pertransierunt, molendina, fena bevo(boves?) similiter manipuli siliginis. Et narratur quod in civitate Pragensi multa aedificia ruerunt, primum de ponte lapideo quinque, omnia molendina praeter in parte minori. Se incepit pluere sabbato ante festum Mariae Magdalenae (19. Juli) et pluit duabus septimanis integre.

(„Chron. Boemiae“ (Cod. Univ. Prag H. H. 17) in „Geschichtschreiber d. husitisch. Bewegung in Böhmen“, edid. Dr. K. Höfler in „Font. rer. Austriacar.“ Scriptores. 6. Bd., S. 65.)

(Am Montag, am Vortage des St. Magdalenen-Tages, ereignete sich eine große Überschwemmung infolge des Übermaßes der Regengüsse, da ich damals gerade in Chuatrup [?] war und im Wasser, das eben erst durch die Hölzer von Prag hindurchgeflossen war, erblickte ich Mühlen, Heu, Bündel von Winterweizen. Es wurde erzählt, daß in der Stadt Prag viele Gebäude eingestürzt wären, besonders an der steinernen Brücke, und alle Mühlen, mit Ausnahme eines kleinen Teiles. Es begann am Sonnabend vor dem Maria-Magdalenen-Fest zu regnen, und es regnete 2 Wochen unvermindert.)

21. Juli 1432 Haindorf i/Isergebirge (Böhmen) Überschwemmung der Wittig

Furchtbare Überschwemmung.

(J. Bennesch „Ortsgeschichte von Haindorf". S. 407.)

Böhmen, Mähren, Österreich, Ungarn Überschwemmungen der Flüsse

Fuit diluvium maximum in Boemia, Moravia, Austria, Ungaria feria secunda ante Mariae Magdalenae et destruxit villas (et) civitates et in Praga destruxit pontem et molendinum.

(„Zusätze zur Rosenberger Chronik" in „Geschichtschreiber d. husitisch. Bewegung in Böhmen", edid. Dr. K. Höfler in „Font. rer. Austriacar. Scriptores". 6. Bd., S. 77.)

(Es war eine sehr große Überschwemmung in Böhmen, Mähren, Österreich, Ungarn am Montag vor dem Maria Magdalenen-Tag und zerstörte Dörfer und Städte, und in Prag zerstörte sie die Brücke und Mühle.)

° („Chronique d'Adrien de But, completée par les additions du même auteur" in „Chron. relat. à l'hist. de la Belgique etc." edid. Kervyn de Lettenhove in „Collect. de chron. belg. inédites". Band 13, Tom. I, S. 234.)

° (J. F. Hammerschmid „Prodromus gloriae Pragenae etc." S. 698.)

° (Alb. Krantz „Wandalia" Liber XI. Cap. 27.)

22. Juli Riesa i/Sa. Elbe-Überschwemmung

Elbe-Überschwemmung.

Alles wird bis weit in das flache Hinterland unter Wasser gesetzt.

(J. Thomas „Zeitereignisse aus der Vergangenheit etc. unserer Heimatstadt Riesa". S. 10.)

Dresden Elbe-Überschwemmung

Es hat sich von langwierigen Regen / abermals die Elbe ergossen / daß sie zu Neu-Dresden das Elb-Thor erreichet / ein großer Strom hinter und durch Alt-Dresden gangen / wordurch großer Schade an Häusern und Gebäuden geschehen / und hoben die starcken Klötzer und Bäume / so auf dem Waßer am Tage Mariä Magdalenä geschwommen kamen / abermahls an der steinernen Brücke einen Schwibbogen eingestoßen.

(A. Weck „Der etc. Residentz- u. Haupt-Festung Dresden Beschreib- u. Vorstellung". S. 527.)

Elbe: Überschwemmung. Das Wasser ging bis an den oberen Teil des Elbtores.

(F. W. Pohle „Chronik von Loschwitz". S. 72.)

22.—27. Juli Bodenbach (Elbe) Elbe: Hochwasser

Elbe: Hochwasser. (Wasserstandsmarke am Tetschner Schloßfelsen.)

(E. Mander „Chronik von Bodenbach". S. 167.)

1432 27. Juli Einbeck Überschwemmung

Nach langanhaltendem Regen entsteht große Wasserflut, daß das Wasser in alle Keller dringt.

(H. L. Harland „Geschichte der Stadt Einbeck". I, S. 260.)

Winter 1433 Seine Eisdecke

Item, en cellui temps gella si fort que Saine qui moult grande estoit, car elle passoit la Mortellerie en Greve, et pour certain y gella si fort que en deux jours et en une nuit, elle fut si fermement gellée qu'elle dura jusques après la Sainct Vincent (22. Januar).

(„Journal d'un bourgeois de Paris 1405–1449", edid. A. Tuetey. S. 291.)

Holland Waal, Maas: Eisdecke

. . .; tanta erat conglutinacio glaciei in fluviis et rivulis, quod erat quasi communis transitus per glaciem sicut per terram, quia a Venlo venerunt currus et bige cum equis per glaciem Walonis et Moze portantes venalia necessaria, scilicet carbones et similia in Tyela et alibi.

(„Auctoris incerti chronicon Tielense", edit. J. D. van Leeuwen". S. 526.)

(. . .; so groß war die Festigkeit des Eises auf den Flüssen und Kanälen, daß fast ein öffentlicher Übergang über das Eis wie auf der Erde war, weil von Venlo Wagen und Zweispänner mit Pferden über das Eis des Waals und der Maas kamen und käufliche Notwendigkeiten, wie z. B. Kohlen und ähnliches nach Tiel und anderswohin brachten.)

Deutschland Flüsse: Eisdecke

hiems frigida et gravissima aquis undique congelatis etiam Rheno et mari. Incepit statim post Martini, duravitque in mensem Aprilem per totum.

(„Duae diversae continuationes chronici Engelhusiani" in G. W. Leibniz „Scriptor. Brunsvicens. illustrant." II, S. 86.)

(Ein kalter und sehr schwerer Winter, und überall waren die Gewässer zugefroren, auch der Rhein und das Meer. Er begann sogleich nach Martini und dauerte bis in den Monat April überhaupt.)

Meißen i/Sa. Elbe: Eisdecke

Ist im Winter die Elbe bestanden von Martini [11. Nov.] biß auff Conuersionis Pauli [25. Januar.]

(L. Faust „Geschicht- und Zeit-Büchlein der etc. Stadt Meissen etc." S. 58.)

24. Dezember 1432 Böhmen Hochwasser der Flüsse

ante Nativitatem Domini in Mete [matutinum? nocte sacra] fuit etiam magna aqua in fluminibus, sed non tanta quanta erat prius.

(„Histor. Bartossek etc. de Drahonicz" in G. Dobner „Monum. hist. Boem." I, S. 178.)

(Vor der Geburt des Herrn . . . war auch Hochwasser in den Flüssen, aber nicht so stark wie früher.)

Schreckliche Überschwemmung, die besonders das Territorium von Arles verwüstet. 1433 Rhône Überschwemmung

* (M. Villard „Météorol. région." S. 512.)

was in Vlaenderen groet water, soe dat men niet en mochte sayen, ende verdronken velle lieden ende beesten, . . . Flandern Überschwemmung

(„Kronyk van Vlaenderen, van 580 tot 1467", edid. Blomme u. Serrure in „Maetsch. d. Vlaemsche Bibliophilen". Bd. 3, Deel. II, S. 25.)

doch so worden vil großer waßer und wetter in dem selben jare, dann der Rin ging manes hoch zu den isen dorlin [in Mainz] in und ging fur das kaufhaus bi fur den borne, der uf dem brand [= Brandplatz] stet, das nothin fur den burn fur. Mainz Rhein-Überschwemmung

(„Eberhart Windeckes Denkwürdigkeiten zur Geschichte des Zeitalters Kaiser Sigmunds", edid. Dr. Wilh. Altmann. S. 346.)

Ergoß sich auch die Werra dermaßen; großer Schaden an Leuten, Häusern und Vieh. Werra Überschwemmung

(J. S. Güth „Poligraphia Meining. etc." S. 136.)

Sehr starkes Hochwasser. Bernburg Hochwasser der Saale

(Dr. H. Peper „Geschichte der Stadt Bernburg". S. 56.)

Deichbrüche unterhalb Hämerten an mehreren Stellen. Altmark Überschwemmung der Flüsse

(Dr. E. Wollesen „Beiträge zur Geschichte des Kreises Osterburg". I, S. 94.)

(Mehrere Deichbrüche weiter unterhalb, wodurch Osterburg, Seehausen und Werben erheblich geschädigt wurden.)

(Dr. L. Götze „Urkundl. Geschichte der Stadt Stendal". S. 210.)

Der Deich der Elbe brach weiter unterhalb an mehreren Stellen. Sehr gefährliche Überschwemmung. Die Städte Osterburg, Werben und Seehausen wurden durch das Elbwasser erheblich geschädigt.

(E. Wollesen „Chronik der altmärkischen Stadt Werben etc." S. 50.)

Primo anno Sigismundi, domini vero 1433 in Bohemia catharacte celi aperte sunt et cathaclismus factus est maximus. Et descendit aquarum vehemencia per Albeam et ceteros rivos et fluenta et submersit primo in Bohemorum regno opida et villas quam plures propter perfidiam, ut creditur, habidancium in eo. Deinde transfluxit per Misnam regionem et destruxit in ea villas plures et pontem urbis Dreseden subvexit et removit. Per fluvium eciam Salam impetuose transiens muros urbis Hallensis prope salinam transcendit et salsuginem in dulcedinem vertit. Ceteri eciam rivuli mixti aque cataclismi, adiunctis eisdem aquis nirium et pluviarum, in tantum crescebant, quod suis impetuosis cursibus in regione Böhmen, Sachsen Überschwemmung der Flüsse

Thuringorum ultra XL villas cum pecudibus et iumentis et pecoribus absumpserunt, multis eciam hominibus suffocatis. In pluribus eciam aliis territoriis hoc anno inundancia aquarum ex cataclismis causata dampna incredibilia hominibus intulit.

(„Cronica novella de quarto opere bis 1435" Lüneburg. Handschrift in „Die chronica novella des Hermann Korner", edid. J. Schwalm. S. 518.)

(Im 1. Jahre Sigismunds, des Herrn aber 1433, öffneten sich in Böhmen die Himmelsschleusen, und es entstand eine sehr große Überschwemmung. Es ergoß sich das Hochwasser in die Elbe und die übrigen Flüsse und Rinnsale und setzte zuerst im Königreich Böhmen zahlreiche Städte und Dörfer unter Wasser, infolge der Untreue der Einwohner, wie geglaubt wird. Darauf durchfloß es die Meißnische Gegend und zerstörte in derselben mehrere Dörfer, und die Brücke der Stadt Dresden hob sie empor und führte sie fort. Infolge der heftigen Flut auch der Saale stieg es über die Mauern der Stadt Halle in der Nähe der Saline und verwandelte das Salzwasser in Süße. Auch die übrigen Flußläufe, vermischt mit dem Wasser der Überschwemmung, vermehrt durch das Schnee- und Regenwasser, stiegen so stark an, daß sie durch ihre heftigen Strömungen in der Gegend der Thüringer über 40 Dörfer mit Haus- und Lasttieren und Kleinvieh wegrissen und viele Menschen ertränkten. Auch in vielen anderen Ländern brachte das Hochwasser, das durch die Sintflut verursacht wurde, den Menschen unglaublichen Schaden.)

° („Düring. Chronik d. Joh. Rothe" in „Thüring. Geschichtsquellen". 3. Bd., S. 680.)

1. Januar 1433 Augsburg Hochwasser des Lech

Und an dem ewenweichtag was gar ain große güss, da vieng man an zu zelen 1433 jar.

(„(Ausgburger) anonyme Chronik von 991–1483" in „Die Chroniken d. dtsch. Städte". 22. Band, S. 483.)

4. Januar Bayern Überschwemmung der Flüsse

Die dominica in octava innocentum vel circa erat magna inundacio aquarum . . .

(Andreas von Regensburg. „Oberaltaich. Zusätze zur Chron. pontif. et imperat. Romanor." edid. G. Leidinger. S. 707.)

(Am Sonntag der Woche der Unschuldigen Kinder oder da herum war eine große Überschwemmung der Gewässer.)

° (Andreas von Regensburg „Fortsetzung der Chronica pontificum et imperatorum Romanor." edid. G. Leidinger. S. 480.)

° („Andreae Presbyt. Ratispon. chronic. de ducibus Bavariae etc." S. 120. Amberg. 1602.)

° (Andreas von Regensburg „Fortsetzung der Chronica de principibus terrae Bavaror." edid. G. Leidinger. S. 575.)

25. Januar Dresden Hochwasser der Elbe

abermahls ein groses Waßer gekommen / und am Tage Pauli Bekehrung zwey Joch an der Brücke / nechst Alt-Dresden / beschädiget.

(A. Weck „Der etc. Residentz- u. Haupt-Festung Dresden Beschreib- und Vorstellung". S. 527.)

feria quarta post festum sancte Agathe virginis, erat tanta crescencia et ascensio aquarum in rivulis, scilicet in Walone, in Reno, et in Moza, quod meatus aquarum ab infra erant obstructi per aggregacionem et accumulacionem glacierum, ita quod in Huessen binis locis rupti sunt aggeres, Et aque Reni intrantes fluendo demerserunt totam Betuam, Causa autem ingentorum dampnorum et lamentacionis flebilis fuit hec, In principio rupture aggerum et fluxus aquarum erat intensissima congelacio cum vehementi flatu frigidissimi orientalis venti, ita quod aque fluendo ubique congelate sunt, quamobrem in quam pluribus planiciebus agrorum domus et structure submerse sunt, Eciam homines ascenderunt in tectis domorum, ubi sederunt desolati absque adjutorio cujuscunque, quum alias fuissent submersi, quia propter nimiam congelacionem nullus poterat degentibus subvenire, quia navigio nemo poterat uti. 11. Februar 1433 Holland Überschwemmung von Rhein, Maas, Waal

(Der Schreiber hat selbst dieses Unglück erlebt.)

(„Auctoris incerti chronicon Tielense“, edid. J. D. van Leeuwen. S. 527.)

(Am Mittwoch nach dem Fest der heiligen Jungfrau Agathe war ein so großes Ansteigen der Wasser in den Flußläufen, wie z. B. im Waal, Rhein und in der Maas, daß die Strömung der Gewässer von unten her durch Beimischung und Anhäufung der Eismassen behindert war, so daß in Huessen an zwei Stellen die Dämme brachen und die Wasser des Rheins eindrangen und die ganze Betuwe überschwemmten. Die Ursache der ungeheuren Schäden und des kläglichen Wehgeschreis war folgende: Am Anfang, als die Deiche gebrochen waren, hatte die Strömung der Wassermassen sehr starke Eisbildung bei heftigem, sehr kaltem Ostwind, so daß die Wasser, wo sie gefroren waren, dadurch in zahlreichen tiefen Lagen der Äcker Häuser und Bauten versenkten. Auch die Menschen stiegen auf die Dächer der Häuser hinauf, wo sie verzweifelt saßen, ohne irgendwelche Hilfe, während andere im Wasser umkamen, da wegen der sehr starken Eisbildung niemand den Lebenden zu Hilfe kommen konnte, weil niemand ein Schiff benutzen konnte.)

In carnis brivio tanta inundatio aquarum facta fuit, ita eciam ut pavimenta nostri monasterii operiit; et duravit usque ad decem dies. Fastenzeit Bayern Überschwemmung der Flüsse

(„Notae Altahenses“. M. G. H. Scriptores. XVII, S. 424.)

(In der Fastenzeit ereignete sich eine so große Überschwemmung der Gewässer, daß sie auch die Estriche unseres Klosters bedeckte; sie dauerte bis zum 10. Tage.)

. . ., sicque ipso tempore a festo Mariae Magnae [a festo Annunciat. B. V. M.] usque festum sanctae Margarethae de anno 1433 erant sexies inundationes magnae aquarum, quae in blotis et segetibus et molendinis, et pratis magnum nocumentum fecerunt, prout etiam superius continetur. 25. März bis 13. Juli Böhmen Überschwemmungen der Flüsse

(„Histor. Bartossek seu Barthol. de Drahonicz“ in H. Dobner „Monum. hist. Boem.“ I, 180.)

(. . ., und so waren zu derselben Zeit, vom Feste Maria Verkündigung bis zum Feste der heiligen Margarete des Jahres 1433 sechsmal große Überschwemmungen der Gewässer, die am Mauerwerk, den Saaten, Mühlen und Wiesen großen Schaden taten, wie auch weiter oben festgehalten wurde.)

1433 Mai—Juni Weißenfels a/Saale Saale-Überschwemmung

Saale: anhaltend hohes Wasser. Überschwemmung, so daß Anfang Juni ein großer Teil der Stadt überflutet wurde.

(K. A. G. Sturm „Kleine Chronik von Weißenfels". S. 55.)

17. Juni Böhmen Überschwemmung der Flüsse

feria 4. post S. Viti quasi vigesima prima [hora] ... erant magnae inundationes aquarum, ...

(„Histor. Bartossek seu Bartholom. de Drahonicz" in H. Dobner „Monum. hist. Boem." I, S. 180.)

(Mittwoch nach dem St. Vitustage um 21 [Uhr] waren große Überschwemmungen der Gewässer.)

21.—24. Juni Bamberg Überschwemmung des Mains

Am nechsten suntag darnach hube es an zu regnen und regnet 3 tag und nacht. Do kamen solcher grosser güße zwen, das man nie gedacht solchs grossen schadens am getreide und an wisen.

(„Chronik d. Bamberger Immunitätenstreites von 1430–1435", edid. Anton Chroust. S. 100.)

Nürnberg Überschwemmung der Spegnitz

Item am suntag vor sant Johanns tag zu sunbenten hub es an zu regen umb vesperzeit, und reget einander tag und necht untz an sant Johanns tag zu sunbenten umb 11 ur gen nacht ... es prachen vil weier ab und ward ein groß wasser; es ging das wasser für all prucken, das man uber kein mecht, dann uber die lang prucken.

(„Endres Tucher's Memorial" in „Die Chroniken d. dtsch. Städte". 2. Band, S. 24.)

Darnach in dem pråchman am dene 17 tag ... und suntag darnach als dy verwandelung geschahe da hub es an zu vesperzeit zu regen und regent tag und nacht piß an sant Johanns tag zu sunbenden biß in dy 11 or, da verstiß es; da was das grost wasser, das man in vil jaren nie gehabt hat, und tet auch großen schaden.

([Nürnberger] „Chronik aus Kaiser Sigmunds' Zeit etc." in „Die Chronik. d. dtsch. Städte". 1. Bd., S. 388.)

22. Juni Thüringen Überschwemmung der Flüsse

Dornoch uf den montagk vor sente Johannes tage qwam sso groß reyn unde wassir, das is zu Erfforte bey manchem jare nye sso gross gesehin wart.

(„Düring. Chronik d. Joh. Rothe" in Thüring. Geschichtsquellen". 3. Bd. S. 681.)

23. Juni Grimma i/Sa. Überschwemmung der Mulde

in vigilia Johannis baptiste inundaverunt aque et omnia molendina nostra in Grimme funditus deduxerunt et omnes piscinas retro monasterium quasi funditus destruxerunt.

(„Annales Veterocellenses". M. G. H. Scriptores. XVI, S. 47.)

(Am Tage vor dem St. Johannes d. Täufer-Tag traten die Gewässer über ihre Ufer und führten alle unsere Mühlen in Grimma fort, nachdem sie sie von Grund aus zerstört hatten, und vernichteten alle Fischteiche hinter dem Kloster fast von Grund aus.)

in die sancti Johannis Baptiste Multawa murum opidi prope molendinum et monasterium elizabeth veteratum cum ponte nec non cum valva liptzensi et pappirtschensi cum ceteris pontibus et munimentis funditus subvertit. [manuscr.] 24. Juni 1433 Grimma i/Sa. Überschwemmung der Mulde

(Am Tage St. Johannes der Täufer stürzte die Mulde die Stadtmauer nahe der Mühle und dem Elisabeth-Kloster nicht nur mit der Brücke, sondern auch mit dem Leipziger und Pappischen Tore mit den übrigen Brücken und Bollwerken um.) Eine furchtbare Überschwemmung der Mulde riß die Stadtmauer von der Superintendentur aufwärts an der Ost- und Südseite der Stadt ein und zerstörte das Leipziger und Pappische Thor mit den Brücken und Bollwerken.

(Chr. G. Lorenz „Die Stadt Grimma etc." S. 28 u. S. 275 aus dem Stadtbuche.)

vmb Petri vnnd Pauli erhub sich eynn groß gewysser im lande zu Doringen ann der salenn vnnd anders wo ynn manchenn wasser vnnd nemlichen ynn denn teylen vmb roden do wort das wasser so groß daß es rode dye stadt, das merste teyll hynnweck furte heuser vnnd was darynne was deßhalben manch mensch auß der Stadt vnnd auff den dorffern. vnnd sunderlich an der salenn ertrangk vnnd ezliche ir gutte vnnd land musten vorlissen dasselbigen gleichen dy gera vnnd vnster [Unstrut] vill schadenn thatten an dorffern an eckern vnnd wiesen an leuthen vnnd auch ann vihe. um 29. Juni Thüringen Überschwemmung der Flüsse, z. B. der Saale, Unstrut u. Gera

(„Res Misnicae ab 1426 ad 1488 versioni Germanicae, chronici Vetero-Cellensis additae et Joh. Puchelero adscript. a C. S. Schurtzfleischio" in J. B. Mencken „Scriptor. rer. Germanic." II, Sp. 419.)
= um 29. Juni 1434

Roda: stark Wasserflut. Kloster bedeutender Schaden. 30. Juni Roda (Thüringen) Roda-Überschwemmung

(Dr. J. u. C. Löbe „Geschichte der Kirchen u. Schulen des Herzogth. Sachsen-Altenburg."III, S. 188/89.)

dornoch of den nehsten dyntag acht tage noch sente Johannestage wart gross gewesser obimwendigk Yhene, das das juncfrawen clostir genant Rode mer denn halp von wassers wegen vortarp, unde ouch vier dorffer die das wasser wegk furte. Thüringen Überschwemmung der Flüsse

(„Düring. Chronik d. Joh. Rothe" in „Thüring. Geschichtsquellen". 3. Bd., S. 681.)

. . ., et post duas hebdomada [nach Mitte Juni] erant magnae inundationes aquarum. Ende Juni Böhmen Überschwemmungen der Flüsse

(„Histor. Bartossek seu Bartholom. de Drahonicz" in G. Dobner „Monum. hist. Boem." I, S. 180.)

(. . ., und nach 2 Wochen ereigneten sich große Überschwemmungen der Gewässer.)

11. Juli 1433 Bamberg Überschwemmung

Item am sambstag nach Kiliani im 33. jar uber vesperzeit kom ein solcher grosser regen, das uber Altenburg ein solchs groß wasser darnider kam, das durch den thiergarten kam und fullet in einer uhre all die keller, die un ind uber dem pach waren, an were gehling; es thett großen schaden an wein in kellern und am pflaster in der statt.

(„Chronik des Bamberger Immunitätenstreites von 1430–1435", edid. Anton Chroust. S. 101.)

Um 13. Juli Südostdeutschland Sachsen Böhmen Überschwemmungen der Flüsse

Ouch wart ym lande zu Behemen gross gewessir umbe Margarethe, do von die stat zum Brode unde andir mer stete vortorben. unde das wasser furte das selbe mal die brucke zu Gorlitz, die ferbehusser an der Nysse enweg, der brucken zu Dressin alleyne eynen swebogen, unde sust die brucke zu Myssen unde zu Grymme furte is gantz enwegk.

(„Düring. Chronik d. Joh. Rothe" in „Thüring. Geschichtsquellen". 3. Bd., S. 680.)

22. Juli Glauchau Überschwemmung der Zwickauer Mulde

Große Überschwemmung. Die ganze Aue steht unter Wasser.

(E. Eckardt „Chronik von Glauchau". S. 426.)

24. Juli Meißen i/Sa. Überschwemmung der Triebisch

Trebisa VIII. Cal. Aug. ita excreuit, vt moeniorum et pomerij partem deijceret.

(G. Fabricius „Rer. Misnicar. libri VII". S. 349.)

(Die Triebisch wurde am 24. Juli so groß, daß sie einen Teil der Stadtmauern und des Mauerangers zerstörte.)

30. November Avignon, Arles Überschwemmung der Rhône, Durance u. Sorgue

Les eaux du Rhône, de la Durance et de la Sorgue se réunirent et couvrirent la plus grande partie du territoire d'Avignon; celui d'Arles eut aussi beaucoup â souffrir. Ce débordement fut occasionné par de fortes pluies et par la fonte des neiges. La hauteur des eaux à Avignon est evaluée à 6,77 m.

(M. Champion „Les inondations en France etc." III, S. 203/04 aus Rapport de M. Cleitz sur les travaux de défense pour la ville d'Avignon, du 23 avril 1857.)

Winter 1433/34 England Flüsse: Eisdecke

. . .; and the Thamise and othir grete rivers were so hard frosen that hors and cariage myzte passe ovir.

(J. Silvester Davies „An English Chronicle of the reigns of Richard II etc." in „Camden soc." Bd. 64, S. 55.)

Flandern Flüsse: Eisdecke

. . ., ende't duerde dat het ijs altijts dicke was, wel vijf vierendeelen dicke.

(„Memorieboek der Stad Ghent 1301–1737" I. Deel. in „Maatsch. d. Vlaemsche Bibliophil." 2. ser. Bd. 15, S. 199.)

1434 Nürnberg Überschwemmung

In demselben jar waren vil großer wasser, dy fast schaden prochten und besunder zu Nuremberg an gar guten keleren, dy verdurben mit wasser.

([Nürnberger] „Chronik aus Kaiser Sigmund's Zeit etc." in „D. Chronik. d. dtsch. Städte". 1. Bd. Nürnberg. S. 393.)

Et eodem tempore fuit aquarum que plura damna intulit. 1434 Berlin Überschwemmung der Spree

(„Der Berliner Annalist von 1434“ edid. Wilh. Meyer in „Nachrichten von der Kgl. Gesellsch. der Wissenschaften zu Göttingen“. Philol.-histor. Klasse. 1895, S. 262.)

(Zu derselben Zeit war ein Hochwasser, das viele Schäden brachte.)

Spreva sesqui cubitum, quam nuper, altius excrevit. Bautzen Überschwemmung der Spree

(„Christoph. Manlii, Gorlic. etc. commentar. rer. Lusatic. Libri VII etc.“ in Chr. G. Hoffmann „Scriptor. rer. Lusatic. etc.“ I, S. 357.)

(Die Spree stieg um $1^1/_2$ Ellen höher als unlängst.)

. . ., und wurden viel guß nach einander untz auf den herbst. 31. Mai bis in den Herbst Nordbayern Überschwemmungen der Flüsse

([Nürnberger] „Chronik aus Kaiser Sigmund's Zeit etc.“ in „Die Chronik. d. dtsch. Städte etc.“ 1. Bd., S. 393.) Nürnberg.

Item in dem jar da was ein groß wasser an sant Johanns naht sunnenwenden, das es untz zu dem von Ploben gieng, . . ., het lang geregent. 24. Juni Nürnberg Überschwemmung der Pegnitz

([Nürnberger] „Jahrbücher d. 15. Jahrhunderts“ in „Die Chronik. d. dtsch. Städte“. 10. Bd. Nürnberg. S. 151.)

Iterum ripa transcendit Albis VIII. Calend. Julij, . . . Meißen i/Sa. Elbe-Überschwemmung

(G. Fabricius „Rer. Misnicar. libri VII“. S. 146.)

(Abermals überschritt die Elbe ihre Ufer am 24. Juni, . . .)

auch war die Elbe dis jar umb Jacobi so gros, als in hundert jaren sie nicht gewesen war, und war veir allen hoher dan der zirkelringk an der kleinen brugken und ging uber all das landt und es vertrank viel kornes. Um 25. Juli Magdeburg Elbe-Überschwemmung

(„Die Magdeburg. Schöppenchronik III.“ in „Die Chroniken d. dtsch. Städte“. 7. Band, S. 380/81.)

Überschwemmung. 27. Juli Mulde Überschwemmung

(Chr. G. Lorenz „Die Stadt Grimma etc.“ S. 479 aus Simon „Eilenburger Chronik“ S. 540.)

Eodem anno feria 3. post festum S. Jacobi erat inundatio aquarum maxima in flumine Mysae sub castro Carlstein major tribus u'nis quam prior, videlicet quae erat in vigilia sanctae Mariae Magdalenae ante duos annos. Karlstein (südwestl. von Prag Überschwemmung der Beran

(„Histor. Bartossek seu Bartholom. de Drahonicz“ in G. Dobner „Monum. hist. Boem.“ I, S. 191.)

(Im folgenden Jahre am Dienstag nach dem St. Jakobs-Feste ereignete sich eine sehr große Überschwemmung des Flusses Mies [es handelt sich aber um den Fluß Beran] unterhalb der Burg Karlstein, 3 Ellen höher als früher, nämlich wie sie am Tage vor dem Maria Magdalenen-Tage vor 2 Jahren war.)

1434 Ende Juli Görlitz Neisse-Überschwemmung

Item post hoc, anno 1434 iterum . . ., pons, molendina quatuor rotarum et domos in plateahottirgasse per maxime fuerunt distructe in diluvione nisse.

(„Des Bereith von Geuterbog Görlitz. Annalen". Anmerkung zu S. 225/26 nach einer gleichzeitig. Chronik in „Scriptor. rer. Lusat." Band 1, S. 225/26.)

(Hierauf wurden im Jahre 1434 wiederum . . ., die Brücke, die Mühlen mit vier Schöpfrädern und die Häuser in der Hottergasse äußerst zugrunde gerichtet durch die gemeldete Überschwemmung.)

Octiduum post festum Mariae Magd. Nissus inundans pontem et aggerem denuo rupit moletrinam qvatuor rotarum et maximam partem domorum in platea Hoterana subvertit et abripuit.

(M. Mylius „Mart. Meisteri annales Gorlicens. 1131/1651 etc." in Chr. G. Hoffmann „Scriptores rer. Lusatic. etc." I, 2, S. 15.)

(Acht Tage nach dem Maria Magdalenenfeste (22. Juli) trat eine Überschwemmung der Neiße ein, zerstörte die Brücke und den Deich von neuem und stürzte die Mühle mit den vier Schöpfrädern und den größten Teil der Häuser in der Hottergasse um und riß sie mit fort.)

° („Christophori Manlii Gorlic. etc. commentar. rer. Lusaticar. Libri VII etc." in Chr. G. Hoffmann „Scriptor. rer. Lusaticar." I S. 357.)

16. Oktober Nordsee Sturmflut

Starke Sturmflut (1. St. Gallenflut).

(„M. A. Heimreichs nordfresische Chronik", edid. Dr. N. Falck. I, S. 274.)

° (Dr. R. Hansen „Beiträge zur Geschichte u. Geographie Nordfrieslands". S. 28.)

Winter 1435 Belgien Flüsse: Eisdecke Rhein: dto.

Int jaer 1435 doen wast eynen den groetsten, calsten wynter den ye mensche leven mochte oft geleeft hadt. Doen bevroren alle wateren te gronde, en der Ryn was soe bevroeren beneden en boven Collen en in allen landen hat men over den Ryn ginck en roet ende ve daerover dreef ende merkt daerop hielde ende dobbelde met quackbreden ende met anderen desschen gelyckerwijs oft nye water geweest en weer. Dat wonder stont vor Collen en anders, wael meer dan VIII weken; doe bevroren menich morgen bossche ende bomen ende menige morgen wyngarts.

(„Chronik van Maastricht en Omstreken", edid. J. Habets in „Publicat. de la soc. d'arch. dans le duché de Limbourg." Tom. I, S. 72/73.)

. . ., ende het ijs was vijff vierdendeel dick.

(„Chronijck der Stadt Antwerpen toegeschreven aan den Notaris Geeraard Bertrijn", edid. G. van Havre in „Nitgav. der Antwerp. Bibliophil. No. 5, S. 10.)

. . ., de sorte que la glace avois plus d'une aulne d'espaisseur.

(F. Vinchant „Annal. de la province etc. du Hainaut", edid. A. P. V. Descamps. Tom. IV, S. 159.)

De Zuidersee la zo vast, dat zekere Pieter Haringh, een Hoorns Burger, vier of vyf dagen voor Maria Ligtmisse (28. oder 29. Januar), een drift van twaald ossen van Staveren over 't ys naar Enkhuizen, voerde. Winter 1435 Zuydersee Eisdecke

(Veluis „Kronyk van Hoorn". I. Boek. bl. 30.)

(J. H. Hering „Tafereel van harde winters etc." S. 17.)

Dat volk gink over den gevroren Rin so dick ind mit fuifen, recht of enwere it niet wasser geweist of ensuldet nummer wasser werden. ind dat volk dreif wunder up dem Rin: dan was keute veil up dem isse, dan saessen scholepper ind lapden schoi, ... der holutzmart was zo Molenheim ind men voirte dat burnehoultz van Molenheim mit karren ind perden zwers over dat is bis vur die stat Coelne. Köln Rhein: Eisdecke

(„Koelhoff. Chronik" in „Die Chroniken d. dtsch. Städte". 14. Bd., S 774)

..., und it was int leste van dem vorste groet market op dem Rine. West-deutschland Rhein: Eisdecke

(„Chronik d. Johann Kerkhörde von 1405–1465." in „Die Chroniken der dtsch. Städte". 20. Bd., S. 52.)

..., ind der Rin bevroir zo beneden Coellen ind vur Coellen an allen landen, dat man over den Rin reit ind geink, dat vie darover leite ind dreif ind mart da up hielte, ind alle geladen gezogen darover voiren ... dat wonder stoint vur Coellen me dan 8 wechen. Köln Rhein: Eisdecke

(„Köln. Jahrbücher d. 14. u. 15. Jahrhunderts." Rezension D. in „Die Chroniken d. deutschen Städte". 13. Band, S. 170.)

do was der winter als kalt, dass der rin vberfror von basel bis gen durtrecht. Rhein Eisdecke

(„Die Klingenberger Chronik", edid. Dr. Anton Henne von Sargans. III. Abtlg. S. 220.)

Et estoient les rivieres de Saille et Muzelle si fort engellées que les chers et cherrettes passoient par dessus. Et le jour de la sainct (24. Febr.) Mathias, les glaices encommencerent à desrompre et à descheoir fort impetueusement, lesquelles glaices n'estoient encor point touttes fondues en les rues de Mets, le vingtiesme jour de mars, ... Lothringen Flüsse: Eisdecke Später starker Eisgang

(J. F. Huguenin „Les chroniques de la ville de Metz". S. 196.)

Als nu der grosze sne zerging, da wart grosz gewesszir, das alle grabin umb Erffurtte vol wurddin, davon die keller den luten vel unde gemynlich ouch voll wasszirs wurddin. Erfurt Bei der Schneeschmelze Überschwemmung

(„Die Chronik Hartung Cammermeisters", edid. Rob. Reiche. S. 40/41.)

Darnach ergos sich die Elbe noch einmal und wart wider so gros, als sie vor in gewesen war. Magdeburg Elbe-Überschwemmung

(„Die Magdeburg. Schöppenchronik III" in „Die Chroniken d. dtsch. Städte". 7. Band, S. 381.) = Winter 1433/34

Winter 1435 Rhein Eisdecke

Anno domini 1435 fuit hyems austerus et nimis frigidus ita ut Renus a Loufenberg usque in villam Ougst et ab oppido Nuwenburg usque ad Spiram et ultra, totaliter congelatus, a villa tamen Ougst usque ad Basileam, et inde usque ad Nuwenburg, propter ejus velocem cursum non ex toto, tamen ita, ut aliquis supersaltasset aquam visam.

(„Kurze Fortsetzung d. Größeren Basler Annalen" in „Basler Chronik." 5. Band, S. 43/44.)

(Im Jahre des Herrn 1435 war ein strenger und außerordentlich kalter Winter, so daß der Rhein von Laufenburg bis zum Dorf Augst und von der Stadt Neuenburg bis Speier und darüber hinaus, völlig zugefroren war, aber vom Dorfe Augst bis nach Basel und von da bis Neuenburg infolge seiner schnellen Strömung nicht völlig, aber so, daß jemand das sichtbare Wasser übersprang.)

Rhein, Bodensee Zürich. See Eisdecke

Darnach im 1435 jar was der winter so kalt, daß der Rin von Basel biß gen Durtriecht (Dordrecht) überfror und der Undersee ganz und gar, und alle wite, die zwüschen Lindow und Fůßach ligt. Dan unser burger ainer, hieß Hans im Holtz, der rait uf ainen tag salbandern mit zwai starken pferden von Lindow gen Fůßaich umverzagt. Man fůr ouch mit schlitten täglich darüber etc. etc. Also gedenkt kain man, daß der Bodensee ganz und gar überfroren si; . . . Also was ouch der Zürichsee mit anandern überfroren, also daß man zu Zürich durch die Schwirnen [= das Phahlwerk] inrait und gieng. . . .; dan die kelti ain lang zit weret.

(„Die größere Chronik der Äbte von St. Gallen" in Joachim v. Watt (Vadianus) „Deutsche histor. Schriften". 2. Band, S. 13.)

Bodensee, Zürich. See. Eisdecke

Dan im 1435 jar der winter so grim kalt was, daß es alles in allen landen erfrur und die see überfrurend, der Zürichsee gar und der Bodensee zwüschet Fůßach und Lindow.

(„Kleine Chronik der Äbte von St. Gallen" in Joachim v. Watt (Vadianus) „Deutsche histor. Schriften". 2. Band, S. 14.)

Konstanz Bodensee: Eisdecke

. . . und gefror der see heruff bis gen Lon.

(„Gebh. Dacher's Chronik" in Ph. Ruppert „Die Chronik. d. Stadt Konstanz". S. 182.)

Bodensee Eisdecke

der bodensew gefror, dass man von der langen argen bis gen arbon über den sew gieng, vnd man ze costentz in die statt vff dem see rait vnd gieng.

(„Die Klingenberger Chronik", edid. Dr. Anton Henne von Sargans. III. Abtlg. S. 220.)

(Tschudi fügt zu:

vnd man mit schlitten vnd rossen von fussach gen lindow fuor, vnd von lindow den nächsten an den Rorspitz über den witen See.)

1435 yar do was der Bodensew gefrorn, das man mit schlytten und mit rossen fuor von fussach gen lindow; und gieng man den nehsten von lindow ain den rorspytz über den wyt swe; . . . Winter 1435 Bodensee Eisdecke

(„Bruchstück von Meinrad's Chronik" in G. Scherrer „Kleine Toggenburger Chroniken" S. 84/85.)

Similiter der Bodensee pro majori parte congelatus fuit.

(„Kurze Fortsetzung d. Größeren Basler Annalen" in „Basler Chroniken" 5. Band, S. 43/44.)

(Ähnlich fror der Bodensee zum größeren Teile zu.)

Item dozumal ging ainer den allernechsten von Arbon gen Langenargen hinüber; der hat die schritt zält von Arbon gen Langenargen, waren 6323 gewesen. Zu denselben zite nwas auch der see und der Ryn zu Constanz überfroren bis an die Blaiche, das sy den Ryn täglich musten uffhowen, damit die schiff darüber möchten gehn. Das weret bis uff s. Mathysabend (23. Febr.)

(Ph. Ruppert „Die Chroniken d. Stadt Konstanz" S. 184 aus d. „Weingartner Handschrift" in d. kgl. Bibl. zu Stuttgart. H. B. v. hist. No. 54.)

Es überfror och der ganz Bodensee von Lindow gen Bregentz und von Wasserburg gen Rieneck, das man allenthalten daruff wandlet mit großen lasten; er überfror von Meersburg gen Stad, doch nit gar zu, und von Überlingen gen Dingelsdorf, von Bodman gen Sernatingen, das man mit lasten uff dem yß fuor, och von Münsterlingen untz gen Husen und ans Aichorn.

(Ph. Ruppert „Die Chronik. d. Stadt Konstanz" S. 183/84 aus D.L.M. 2.)

es was och der zürichsee mit ainander vberfroren bis gen zürich in die statt, dass man zuo den schwirn jn rait vnd gieng. Zürichsee Eisdecke

(„Die Klingenberger Chronik" edid. Dr. Anton Henne von Sargans. III. Abtlg. S. 220.)

° (Ph. Ruppert „Die Chroniken d. Stadt Konstanz". S. 183 aus D. L. M. 2.)

la Garonne se déborda tellement, qu'elle passa par dessus le pont, . . . Entrant par la porte de Garonne jusques aux Jacobins, alla sur l'autel des Cordeliers du Capitol, plus d'une cane de hauteur et sur l'autel des Augustins, jusques à la ceincture de l'image sainct Augustin, faisant largue et ceincture autour l'image nostre Dame, sans la toucher, aussi passa par dessus l'autel S. Fiari sans la toucher, couvrant les rues, la place d'Agen et les boucheries, montant jusques à la barre de la porte du Pin. 1435 Agen Garonne Überschwemmung

(M. Champion „Les inondations en France etc." IV, S. 206 aus Jean Darnalt „Les antiquitez de la ville d'Agen et pays d'Agenois" in „Remonstrance ou harangue solemnelle." S. 100.)

1435 Rochlitz i/Sa. Überschwemmung der Zwickauer Mulde

Die Mulde schwoll durch Gewitterregen derartig an, daß sie bis auf den Kirchhof der St. Kunigunden ging.

(H. F. Bellger „Histor. Beschreibung der Stadt Colditz". S. 168.)

Januar Paris Seine-Überschwemmung

Et fut abandonnée la place de Grève pour la porter à tumbereaux, . . .

(„Journal d'un bourgeois de Paris. 1405–1449", edid. A. Tuetey. S 302.)

30. Januar 1435 Köln Rhein: Eisdecke

ind der Rin bestoint des sundais vur sent Briden dach vur Colne des avens zo 5 uren in des maindais was sent Briden avent (31. Januar), also dat alman des selben maindais over Rin zo Duicze geink. ind stoint also 3 wechen ind einen dach, dat man darover reit ind voire mit wairen karssen geladen mit holucze ind mit hirrinch ind mit wine ind vort groisse eichen souimer die man darover sleifde. ind dat dede man wale $2^1/_2$ weche lank.

(„Köln. Jahrbücher d. 14. und 15. Jahrhunderts." Recension C. in „Die Chroniken d. deutschen Städte." 13. Band. S. 124.)

2. Februer Bodensee Eisdecke

uff unser frowen tag kertzwihe was der bodenswe überfroren, das man daruff gieng uff halben se gen buchorn und rait man uff dem se gen fussach.

(„Kurze St. Gallen Annalen" in G. Scherrer „Kleine Toggenburger Annalen." S. 91.)

uf unser frowen tag zů liechtmeß was der Bodensee überfroren, daß man daruf gieng uf halbem se biß gen Bůchhorn, und rat man uf dem se von Lindow bis gen Fůsach.

(„Die Chronik des Herrmann Miles", edid. T. Schieß. S. 280.)

5. Februar Gottlieben (Kant. Thurgau) Rhein: Eisdecke

was es so kalt, das der Rin zu Gottlieben [Einfluß des Rheins in den Untersee, gegenüber Konstanz] überfror.

(„Gebh. Dachers Chronik" in Ph. Ruppert „Die Chroniken der Stadt Konstanz." S. 183.)

6. Februar Bodensee Eisdecke

Anno 1435 an sant Dorotheentag (6. Febr.) do gefror der see von Husen über untz an die blaichi, . . .

(„Gebh. Dachers Chronik" in Ph. Ruppert „Die Chronik. d. Stadt Konstanz." S. 183.)

10. Februar Bodensee Eisdecke

Ao. 1435, ward den 10 tag Februari der Bodensee überfroren, da ging Joß Känzli und Joß Schneider, baid von Fussach, dem allernechsten gen Lindow um mittentag uff dem yß . . . Und da sy zu Lindow gnug gewesen und getrunken hetten, do gingen sy selbigen weg wider hinüber. Also ging man täglich hin und her.

(Ph. Ruppert „Die Chronik. d. Stadt Konstanz. S. 184 aus d. „Weingartner Handschrift in kgl. Biblioth. zu Stuttgart. H. B. v. hsst. No. 54.)

ind ouch so inwart der Rin darna neit grois, mer dat is vur Colne brach na midernacht zo zwen uren des morgens up sent Peters dach ad cadedra. ind dede groissen schaden an den molen, der moichte 5 come gans bliven, ind brach ouch den kranen an der Ringassen. Der Rin wart gemessen dat he vur Colne breit is 700 ellen. 22. Februar 1435 Köln Rhein: Eisaufgang

(„Köln. Jahrbücher d. 14. und 15. Jahrhunderts." Recension C. in „Die Chroniken d. deutsch. Städte." 13. Band, S. 124.)

° („Koelhoff. Chronik" in „Die Chroniken d. dtsch. Städte." 14. Bd., S. 774.)

... und uff s. Peterstag ritten irer zwen den allernechsten übern see gen Überlingen uff zwayen starken rossen, ... Bodensee Eisdecke

(Ph. Ruppert „Die Chronik. d. Stadt Konstanz." S. 184 aus d. „Weingartner Handschrift". in d. kgl. Biblioth. zu Stuttgart. H. B. v. hist. No. 54.) = 22. Februar

... s. Mathysabend (23. Febr.) dan um die nünte stund kam ain klainer regen und wind mit ainanderen, triben das yß ohne allen schaden von ainander uff, also das hernacher niemand mer uff dem yß wandlen kundt. 23. Februar Bodensee Eisaufgang

(Ph. Ruppert „Die Chronik. d. Stadt Konstanz." S. 184 aus d. „Weingartner Handschrift" in d. kgl. Biblioth. zu Stuttgart. H. B. v. hist. No. 54.)

Aber an sant Mathiestag do was das ys in Obersee so vast gefroren, das man daruff gieng, wer wolt. 24. Februar Bodensee Obersee noch Eisdecke

(„Gebh. Dachers Chronik" in Ph. Ruppert „Die Chronik. d. Stadt Konstanz". S. 182.)

Uff das jar an dem aylften tag im Mertzen giengent ze Zug unter 24 hüser, lüt und gut vom wasser. 11. März Zug Überschwemmung (durch Erdbruch ?)

(„J. Stetters Chronik und G. Dachers Chronik" in Ph. Ruppert „Die Chronik. d. Stadt Konstanz". S. 184.)

° („Konstanz. Chronik" 307–1466 in F. J. Mone „Quellensammlung etc." I, S. 349.)

Vigilia Pentecostes was so groten regen in dusser stat, dat men moste de Kockelke paerten opfluten, of de lude hedden groten schaden genommen, wante alle straten gangen even boerde van water und in vele huse; und so dane water en was hier nu geseen ... 4. Juni Dortmund Überschwemmung

(„Chronik d. Johann Kerkhörde von 1405–1465" in „Die Chroniken der deutschen Städte." 20. Bd., S. 54.)

..., et in rivulis ex utraque parte castri magna inundatio aquarum, ... 13. Juli 1436 um Karlstein (südwestl. v. Prag Überschwemmung

(„Histor. Bartossek seu Bartholom. de Drahonicz" in G. Dobner „Monum. histor. Boem." I, S. 194/95.)

(..., und in den Bächlein auf jeder Seite der Burg eine große Überschwemmung.)

1436 31. Oktober Schleswig-Hol. Sturmflut

in der anderen nacht vor alle gades hilghen, was groth donre vnde blixen, vnde ward eyn grod water vloet, to dat vele mynchen, huse, kerken, quick, vndes andere gudere vorghinghen in water noden.

(„Annales Slesvico-Holsatenses 1227–1546" in J. Langebek „Script. rer. Danic." V, S. 509.) = 1437

31. Oktober Dithmarschen Sturmflut

in alle Hilligen Gades Avende do was de grote Flote alse de Manndrencken was. (Excerpta ex libello autographo aurifabri Lundensis a 1319—1532.)

(„Jo. Russe Lundensis fragmenta XXXV. rer. Dithmarsicar. 1040 bis 1542" in E. J. von Westphalen „Monum. inedita rer. Germanic." IV, Sp. 1451.)

in aller gotshilligen auende in der middernacht do ginck de grote Mandrenke, do vordrenkeden tho Teten bül negen stige volckes, vnde dar schach auergrothe schade in allen spadelanden, ock was de storm so groth, dat he vele minschen in de drencke weiede. (Chronicon Eiderostadense vulgare.)

(„Johann Russes Sammlungen und Vorarbeiten zur Chronik des Landes Dithmarschen". S. 705.)

1. November Nordseeküste Sturmflut

Dar do to hant na vor aller hilgen dage stunt up eyn vil swarer storm, de warp torne umme unde vele hus unde bome unde dede greseliken groten schaden in den waterlanden. Dat water stegh so hoge, dat id over gink alle dike unde vordrenkede untelik quick unde lude unde vordrenkede al de saeth in den merschlanden. Do spreken sere olde lude, dat se des waters vloet gelik nicht en dachten, noch van eren olden des gelik gehoret hadden.

(„Die chronica novella des Hermann Korner" Deutsche Bearbeitung bis 1438. Hannov. Handschrift. edid. J. Schwalm. S. 564.)

tempestas circa omnium sanctorum saevissima qualis antea non audita arbores dejecit, fluminaque inflans aggeres ubique disrupit, pereunte infinita hominum jumentorumque multitudine (Wand. Lib. 1).

(Lamb. Alardus „Nordalbingia sive historia rer. praecipuar. in Nordalbingia etc." in E. J. von Westphalen „Monum. inedit. rer. Germanic." I, Sp. 1842.)

(Ein sehr heftiges Unwetter, wie man es vorher noch nicht beobachtet hatte, warf um den Aller Heiligen-Tag Bäume um, schwoll die Flüsse an, und wo es die Deiche durchbrach, kamen eine Unzahl von Menschen und Zugvieh ums Leben.)

Land Hadeln Sturmflut

hohe Flut durch den Seeband gegangen, wodurch die Brache beim Alten-Bruch vom Wasser eingerissen.

(D. W. Bilkau „Hadeleriologia historica etc." S. 65.)

In festo amnium Sanctorum hora tertia post mediam noctem, fuit ita magnum diluvium ut aquae tetigerint pedem muri cemiterii ecclesiae Lundensis in parte aquilonari. (Excerpta ex vetusto codice precum cantionumque ecclesiasticar. aedis sacrae oppidi Lundensis ab a. 1436—1492.) 1. Nov. 1436 Dithmarschen Sturmflut

(„Jo. Russe Lundensis fragmenta XXXV. rer. Dithmarsicar. ab a. 1040–1542“ in E. J. von Westphalen „Monum. inedita rer. Germanic. IV, Sp. 1454.)

(Am Feste Aller Heiligen in der 3. Stunde nach Mitternacht war eine so große Wasserflut, daß die Wasser den Fuß der Mauer der Klosterkirche von Lund auf der Nordseite bespülten.)

was da so grote Flote dat alle Dycke tobrocken de umme das Kerspell Lunden waren und giengen vort aver alle Feldmarck, und nehmen daraf untellicken Schaden an Menschen und Gude, dar was de Flot to aller Gades Hilligen Dage. Dithmarschen Sturmflut

(Excerpta ex libello Jo. Rodek Lubecensis descripta ab a. 1148—1500 in Moller „Isagoge“ IV, p. 28.)

(„Jo. Russe Lundensis fragmenta XXXV. rer. Dithmarsicar. 1040 bis 1542“ in E. J. von Westphalen „Monum. inedita rer. Germanic.“ IV, Sp. 1453.)

Mare rursus inundavit oras illas Frisicas exundatione maxima, quae die omnium sanctorum extitit in Tetenbull, 280 homines in nundis periere. Nordfriesland Sturmflut

(„Broderi Boissen chronicon Slesvicense etc.“ in J. B. Mencken „Scriptor. rer. Germanicar.“ III, Sp. 621.)

(Das Meer überströmte wieder jene friesischen Küsten mit einer sehr starken Wasserflut, die am Tage Aller Heiligen in Tetenbüll 280 Menschen in den Wellen umkommen ließ.)

° („Joh. Adolfis etc. Chronik d. Land. Dithmarschen.“ I, S. 405.)

° („Jo. Russe Lundensis fragmenta XXXV. rer. Dithmarsicar. ab a. 1040–1542“ in E. J. von Westphalen „Monum. inedita rer. Germanic.“ IV, Sp. 1445.)

Kal. Novemb. exundatio Oceani Frisiae Eydorensi ingentem dedit cladem; nam Tetenbuli C XX C homines submersi dicuntur.

(Cornel. Hamsfort „Chronolog. rer. Danicar. secunda 687–1448“ in J. Langebek „Scriptor. rer. Danicar.“ I, S. 329.)

(Am 1. November brachte eine Wasserflut dem friesischen Eidergebiet sehr großes Unheil. Zu Tetenbüll sollen 180 Menschen ertrunken sein.)

le XXVII jour de novembre, les eaues et les rivieres furent tres grandes es pais de Touraine, d'Anjou et du Maine et par especial la riviere de Maine; et tant que les plus anciens de la ville de Chasteau Gontier disoient que oncques n'avoit veue ladite riviere de Maine si haulte de plus de IIII piés; et tant fut grosse hativement 27. November Touraine, Anjou (Nordwest-Frankreich) Überschwemmung der Flüsse que plusieurs de Meuniers de dessus furent soubprins en leurs moulins et demourerent dedens, les uns par l'espace d'un jour, et puis les autres moins, jusques ad ce qui fussent alez querir en bateaulx; et aucuns desdiz moulins et aucunes des petites mesons de dessus ladite riviere s'en alerent au cours de l'eaue, et tant que par la pesanteure de l'eaue et des mesons et mesriens qui descendoient â bas, les pons dudit lieu de Chasteau Gontier et d'autres s'en alerent aval ladite riviere.

(„Chronique de Perceval de Cagny" 1239–1438 in „Chroniques de dto. edid. H. Moranvillé in „Soc. de l'hist. de France." Band 307, S. 229.)

1437 Nordfrankreich Überschwemmungen der Flüsse

. . ., des pluies continuelles, des débordements de rivières, qui couvrirent pendant plusieurs mois les prairies et les jardins des vallées.

(M. Champion „Les inondations en France etc." II, S. 160/61 aus Carlier „Hist. du duché de Valois." II, S. 477.)

Holland Waal-Überschwemmung

tanta fuit habundancia aquarum ex obstructione transitus aquarum Walonis per accumulacionem glaciei, quod agger Walonis in inferiori Betua inter opidum Tyel et villam de Ysendoeren confractus est in tribus locis a se invicem distantibus.

(„Auctoris incerti chronicon Tielense", edit. J. D. van Leeuwen. S. 532.)

(So groß war das Hochwasser aus der Einschließung des Durchflusses der Wasser des Waals infolge der Anhäufung des Eises, daß der Deich des Waals und der unteren Betuwe zwischen der Stadt Tiel und dem Dorfe Ysendoeren an drei Stellen mit wechselnden Zwischenräumen brach.)

Dresden Elbe: Hochwasser

Elbe: Starkes Hochwasser. Zwei Elbbrückbogen wurden beschädigt. Auch an Gebäuden, Vieh und Boden viel Schaden.

(Dr. G. Klemm „Chronik der etc. Residenzstadt Dresden." I, S. 126 bis 127.)

Polen Überschwemmung der Flüsse

diluvium circa Poznan.

(„Annales Posnanienses" II, edid. Dr. W. Katrzynski in A. Bielowski „Monum. Polon. histor." Tom. V, S. 883.)

(Eine Überschwemmung in der Gegend von Posen.)

26. März Gegend von Dessau Elbe-Hochwasser

Wiewohl das Wasser damals so groß war, daß die Pferde nicht über die Elbe kommen konnten.

(B. Heese „Die Desauer Chronik bis 1758". S. 360.)

15. November Seeland, Holland Sturmflut

wast een soo grooten storm / dat veel Polders ende die dycken in Zeelandt inbraecken / . . . / want het waeyde soo seer / ende het vloeyde soo hooge in't Landt van Walcheren / dat die dycken tot dertich steden in waren. Des gelyckx oock die dycken in Hollandt / waren tot veel steden deurbroocken, . . . Zuydtbeveland inundeerde.

(M. Z. van Boxhorn „Chroniick van Zeelandt etc. door H. Joh. Reygersbergen etc." II, S. 207 und I, S. 44.)

Überschwemmung mit Schäden in der Gegend von Durtail, usw. Dezember 1437 Rhone Überschwemmung

* (M. Villard „Météorol. région.“ S. 512.)

in quatuor temporibus post festum sancte Lucie, tanta fuit habundancia aquarum in nimia congelacione, . . ., . . . et elevate fuerunt ibidem aque, et eciam in quam pluribus aliis locis, ad altitudinem duorum pedum super aggeres alciores, . . . Tandem fractus fuit agger in oppositio ultra Walonem in Lewen, et sic modcum diminute fuerunt aque. Nach 13. Dez. Holland Waal-Überschwemmung

(„Auctoris incerti chronicon Tielense“, edit. J. D. van Leeuwen. S. 532/33.)

(Vier Tage nach dem St. Luciafeste (Luciatag 13. Dez.) war ein so großes Hochwasser bei starker Eisbildung, . . . und es waren dort auch an zahlreichen anderen Orten die Gewässer bis zu einer Höhe von 2 Fuß über die höheren Dämme gestiegen. Endlich brach der Deich jenseits des Waals in Lewen (?), und so fielen die Gewässer etwas.)

Cesluy an fut si grant habondance d'eaulx que les bateaulx parsoient par sur les ponts d'Angiers et dura ceste inondation l'espace de six semaines ou plus. 1438 Angers (Départem.-Maine-et-Loire) Maine-Überschwemmung

(Bourdigné. Tom. II, S. 187.)

(Célest. Port „Les phénomèn. phys.“ in „Questions Angevines.“ I, S. 106.)

Inn: Überschwemmung. Schärding (Oberösterreich) Inn-Überschwemmung

(J. E. Lamprecht „Histor.-topograph. und statist. Beschreibung der K. K. Gränzstadt Schärding etc.“ II, S. 256.)

uf den achtzehenden [13. Januar], der was uf den montag, in der nacht wart das gros wasser und eyss und das die stege und die mulen zurprach. 13. Januar Franken Überschwemmung und Eisgang der Flüsse

(„Die Aufzeichnungen des Heinrich Steinruck über Ereignisse aus den Jahren 1430–1462“, edid. Dr. A. Schäffler. S. 479.)

circa festum Ponciani, fuit iterum tanta habundancia aquarum, quod infra opidum Tyel et villam de Ysendoeren agger Walonis inferioris Betue confractus fuit in septem locis a se invicem distantibus, quorum quinque erant inter Tielam et Oyam. Um 14. Januar Holland Waal-Überschwemmung

(„Auctoris incerti chronicon Tielense“, edid. J. D. van Leeuwen. S. 534.)

(Um das Pontianus-Fest trat wiederum ein so großes Hochwasser ein, daß unterhalb der Stadt Tiel und des Dorfes Ysendoeren der Damm des Waals in der unteren Betuwe an 7 Stellen brach, mit wechselnden Zwischenräumen (von denen 5 zwischen Tiel und Oy lagen.)

1438
17. Januar
Rhein
Eisgang u. Überschwemmung

Op Antonii hadde een vaerst gewesen, und de Mosele und de Moene und de Rijn boven weren overstaen, und dat ijs wort gaende vor Collen nedder, dattet nu so groet geseen en was. Dat ijs stont baven dem Rijne aver al dat water 10 of 12 vote hoge und tobraek mollen, schepe ...

(„Chronik d. Johann Kerkhörde v. 1405–1465." in „Die Chroniken der deutschen Städte." 20. Band, S. 61.)

19. März
Kanton Bern
Hochwasser der Flüsse

Do kam ein grosser regen vnd ein wind vnd treib den schne gelichen ab vnd ward dass wasser gross, ...

(„Diebold Schillings Berner Chronik von 1424–1468", edid. Dr. Th. von Liebenau in „Archiv d. histor. Ver. d. Kantons Bern." 13. Bd., S. 466.)

° („Berner Chronik 1424–1470 von Bendicht Tschachtlan" in „Quellen z. Schweiz. Gesch." 1. Bd., S. 201.)

Um 24. Juni
Holland
Waal-Überschwemmung

circa festumnativitatis sancti Johannis baptiste ... Tunc ergo denno fluxerunt aque Walonis in tanta habundancia, quod aggerulus in parte una confractus fuit ex aquis Walonis. Et sic refluxerunt omnis aque Walonis illo estivo tempore per totam terram, unde indicibilia dampna evenerunt, quum semina viridia pulcherrima apparencia integre submersa sunt et annullata in multis locis, ...

(„Auctoris incerti chronicon Tielense", edit. J. D. van Leeuwen. S. 536/37.)

(Um das Fest der Geburt des S. Johannes des Täufers ..., damals also führte der Waal von neuem ein solches Hochwasser, daß der Damm in einem Teil zerstört wurde durch das Wasser des Waals, und so flossen alle Wasser des Waals zu jener Sommerzeit durch das ganze Land, wodurch unsägliche Schäden eintraten, da die Grünpflanzensaaten, die sich herrlich zeigten, völlig unter Wasser gesetzt und an vielen Stellen vernichtet wurden.)

° („Magnum chronic. Belgicum" edit. Pistorius. S. 374.)

24. Juni.
Paris
Seine-Überschwemmung

Item, Seine fust si grande à la Sainct Jehan qu'elle passoit assès la Croix de Greve.

(„Journal d'un bourgeois de Paris, 1405–1449", edid. A. Tuetey. S. 339.)

Um 25. Juli bis Michaelis
Elbe sehr niedriger Wasserstand

Darnach umb Jacobi war die Elbe so klein das die leut fast allenthalben durchwaten kunten, undt stundt also bis auf Michaelis.

(„Die Magdeburg. Schöppenchronik" in „Die Chroniken d. deutschen Städte" 7. Band, S. 382.)

1439
Rhein
Überschwemmung

It was do so vele waters, dat to Emmerik de mure und kerketoern umme dreven; ...

(„Chronik d. Joh. Kerkhörde von 1405–1465" in „Die Chroniken der deutschen Städte". 20. Band, S. 62.)

... inundacio aquarum. 1439 Mark Brandenburg Überschwemmung der Flüsse

(„Mathias Dörings Fortsetzung d. Chronik v. Dieterich Engelhusen". S. 215.)

(... eine Überschwemmung der Gewässer.)

Item de jenvier le IX. jour fut Mouse très – grant, car ilh alloit jusqu'a Juredrie par-devant le mere – Dieu ... 9. Januar Maas-Überschwemmung

(„Chronique de Jean de Stavelot" edid. A. Borgnet in „Collect. de chron. belg. inédit." Band 10, S. 428.)

Danubius fecit magnum dampnum in Austria in nocte carnisbrevii, quando homines dormierunt, ita quod ascendit ultra muros civitatum, sicut in Stayn, in Kremps, et multos submersit cum pueris et rebus, et hoc glacies fecit. 17. Februar Donau Eisgang und Überschwemmung

(„Annales Austriaci. Contin. Claustroneoburgensis. V." M. G. H. Scriptores. IX, S. 740.)

(Die Donau versuchte in Österreich in der Fastnachtsnacht großen Schaden; als die Menschen schliefen, stieg sie über die Mauern der Städte, wie z. B. in Stein, in Krems, und ertränkte viele mit Kindern und Hab und Gut, und das tat das Eis.)

Glaciale diluvium prope Krems peremit animas ferme septuaginta.

(„Annal. Mellicenses. Cont. Mell." M. G. H. Scriptores. IX," S. 519.)

(Eine Überschwemmung infolge Eisgangs brachte bei Krems fast 70 Menschen ums Leben.)

Eodem anno fuit inundatio aquarum maxima et ex crebris illisionibus eius corruit cenaculum cum stuba in monasterio Formbach Pataviensis Dioecesis, ... 3. April Vormbach Bayern Inn: Eisgang und Überschwemmung

(„Joa. Staindelii chronic. generale etc." in A. F. Oefele „Rer. Boicar. scriptor." I, S. 536.) = 1438

(Im selben Jahre war eine sehr große Überschwemmung der Gewässer, und durch das häufige Anstoßen derselben stürzte das Dachgeschoß mit der Dachstube im Kloster Formbach, Diöcese Passau, ein.)

Riesige Anschwellung des Inns durch den Eisstoß. In Vormbach wurde ein Teil des Klosters unterspült und weggerissen. Passau Inn: Eisgang und Überschwemmung

(Dr. W. M. Schmid „Illustr. Geschichte der Stadt Passau." S. 131.)

Sedert den 17. July, acht dagen lang geduerende, was eenen soo grooten regen gevallen, als men oyt gesien hadde: de wateren, de welcke alle de leege landen overdeckten, waeren oock vorsaecke, dat men geensints tusschen Brugge en Oudenburg met peerden ofte wagens passeren konde. 17.—25. Juli Flandern Überschwemmung

(Ch. Custis „Jaer- Boecken der stadt Brugge, etc." II, S. 92.)

1439
18. August
Hennegau
(Belgien)
Über-
schwemmung
der Flüsse

Et ledit XVIII. jour d'awoist, thomat [= tomba] en Hesbaingne très-grant aywe, et par especial à Riwechon et là atour, teilement que biestes, grengnes et maisons en alont, et fut bien une glaive d'aywe parfont.

(„Chronique de Jean de Stavelot" edid A. Borgnet in „Collect. de chron. belg. inédit." Band 10, S. 438.)

29. Oktober
Orléans
Loire-Über-
schwemmung

Loire. Il y eut une débâcle si violente, à Orléans, que plusieurs arches du pont furent emportées, du côté de la Belle-Croix.

(M. Champion „Les inondations en France etc." II, S. 211 aus Lottin „Recherch. hist. sur la ville d'Orléans." I, S. 288.)

Februar 1440
Westfalen
Über-
schwemmung
der Flüsse
infolge Schnee-
schmelze

. . .; und do der sne smalt, wordt daraus ein grois wasser, . . .

(„Zusätze Röchel's zu früheren Chronisten" in Dr. J. Janssen „Die münsterischen Chroniken von Röchell etc." S. 218.)

Um 8. Februar
Donau
Eisgang und
Über-
schwemmung

Item in demselben jar darnach umb fasnacht do warn große waßer hie und anderen enden. do was die Donaw als groß mit eis und waßer, daß do groß schad geschach. zu Eferding und zu Stain [= Efferding in Oberösterreich, oberhalb Linz, Stein in Unterösterreich] gieng es uber die stattmaur ein und man meint, daß wol 12 namhafter menschen da ertrunken. das geschach in der nacht in dem ersten schlaf und man meint, daß sie in vil jaren zu gedencken nie als groß gewesen sey.

([Nürnberger] „Chronik aus Kaiser Sigmunds Zeit etc." in „Die Chronik. d. dtsch. Städte". 1. Bd. Nürnberg, S. 407.)

1441
Montauban
(Départ.
Tarn-et-Ga-
ronne)
Tarn-Über-
schwemmung

L'an mil quatre cens quaranto un, dimècres, 31 del mes de jinier, crescec lo Tarn tan que montec sur la pilas del pont, e foc gran; e lo dimenje après tombec lo capitol de la gleia de Sant-Estephe e may la sacristia

(M. Champion „Les inondations en France etc." IV, S. 208 aus „Livre des serments, conservé aux archives de l'Hôtel-de-Ville". Fol. 146.)

Montauban
Tarn-Über-
schwemmung

les eaux du Tarn grossirent si fort, à Montauban, qu'elles passèrent au-dessus des arches du pont et qu'elles abattirent la salle des assemblées capitulaires, avec la sacristie de l'église de Saint-Estienne de Tescou.

(M. Champion „Les inondations en France etc." IV, S. 208 aus Perrin „Hist. de Montauban" manuscr.)

Frühling 1441
SO-Deutschland
Über-
schwemmung
der Flüsse

. . ., der bis nach dem halben April gelegen und erst aufgethauet und große Ergießung des Wassers verursachet.

(„Jahrbücher der Stadt Breslau von Nikol. Pol", edid. Dr. J. G. Büsching. I, S. 192.) = 1440

1442 Haindorf
i/Isergebirge
(Böhmen)
Hochwasser
der Wittig

Hochwasser mit großem Schaden.

(J. Bennesch „Ortsgeschichte von Haindorf". S. 407.)

Celle année, depuis la mi-mars jusqu'à la mi-avril, la riviere de Saine fut tellement desrivée que elle creut jusque pres de l'hostel de cette ville. 1442 Mitte März bis Mitte April Paris Seine-Überschwemmung

(„Journal parisien de Jean Maupoint", in „Mem. de la soc. de l'hist. de Paris et de l'Jle-de-France." Tom. IV, S. 29.)

Item, au moys d'avril après Pasques 1442, furent les eaues si grandes qu'ilz estoient le jour de Pasques, qui furent le premier jour d'avril celle année 1442, qu'ilz venoient jusques devant l'ostel de la ville, en la place de Greve et plus.

(„Journal d'un bourgeois de Paris 1405–1449", edid. A. Tuetey, S. 365.)

die ultima manesis Marcii et prima die Aprilis fuerunt coruscationes et pluvie magne etiam per totam noctem perseverando, similiter inundacio Rheni aliqualiter magna. 31. März bis 1. April Rhein-Main-Gegend Rhein-Überschwemmung

(„Chronicon Moguntinum" in „Die Chroniken d. deutschen Städte." 18. Band, S. 245.)

(Am letzten Tage des Monats März und am 1. Tage des Aprils waren Blitze und auch ein großer Regen, die die ganze Nacht hindurch anhielten, gleichfalls eine ziemlich große Überschwemmung des Rheins.)

. . ., à l'entrée de may, vint derechief aussi grande comme devant, qui moult fist de mal aux gangnaiges des bas pais sur riviere. Anfang Mai Seine-Überschwemmung

(„Journal d'un bourgeois de Paris 1405–1449", edid. A. Tuetey. S. 365.)

Item, entre le sabmedi et le dimenche devant l'Ascension, qui fut le VIe jour de may, . . . environ neuf heures de nuyt commença la plus grant pluye que oncques mais d'aage de homme, tant fust vieulx, eust esté veue, car depuys celle heure jusques au jour elle ne cessa et chut si tres habundamment que es plus larges places des grans rues de Paris elle alloit es moustiers, dedens les celiers, . . .; et avec ce tonnoit et espartissoit si terriblement que tout Paris en fut espovanté, et ceulx qui estoient allez à Sainct-Spire nous dirent qu'ilz n'en ouyrent rien ne de la pluye ne du tonnoire. 5.—6. Mai Paris Überschwemmung der Seine

(„Journal d'un Bourgeois de Paris 1405–1449" edid. A. Tuetey. S. 365 bis 366.)

Der Main beginnt plötzlich so sehr anzuschwellen, daß des Mittags die steinerne Brücke, einige Thürme, Häuser und ein Theil der Stadtmauer längs des Flusses von der Fluth weggerissen wurden. Auch auf dem Felde richtete die Überschwemmung große Verwüstungen an. 21. Juli Würzburg Main-Überschwemmung

(Lorenz Fries „Geschichte, Namen etc. der Bischöfe von Würzburg". I, S. 657)

Winter 1442/43 SO-Deutschland Flüsse. Eisdecke

circa festum Lucae intentissima frigora inceperunt cum nivibus, ita quod aquae tanto gelu fuerunt astrictae, . . .

(„Annales Glogovienses" in „Scriptores rer. Silesiac." Band 10, S. 18.)
= Um 18. Okt. 1443

(Um das St. Lucas-Fest begannen sehr starke Fröste mit Schneefällen, so daß die Gewässer durch die so große Kälte zufroren, . . .)

Elsaß Rhein: Eisdecke

Der Rein uberfror . . .

(„Straßburgische Archiv-Chronik" in „Code hist. et diplom. de la ville de Strasbourg." I, S. 157.)

4. Dez. 1442 bis 22. Februar 1443 Rhein Eisdecke

Rhenus fuit congelatus, ita quod currus onustos supportaret, a festo sancte. Barbare usque ad cathedra sancti Petri.

(„Limburg. Annalen" Rec. B. in „Mon. Germ. hist." Tom. IV. Pars. I, S. 117.)
= 4. Dez. 1443–22. Febr. 1444

(Der Rhein war zugefroren, so daß man beladene Wagen darüber fuhr, vom St. Barbara-Fest bis Petri Stuhlfeier.)

Winter 1442 bis 1443 Ausgburg Lech, Wertach, Donau: Eisdecke

. . . und gefror der Lech und die Wertach und die Tuna [= Donau] und der mertail waßer in dem land [doch so was die Sinkelt nit gefroren] und waren die waßer alle so hört, daß man hie in der stat in kainer müllin nit gemalen möcht, . . .

(„Chronik des Burkard Zink. Buch IV." in „Die Chroniken d. deutschen Städte." 5. Band, S. 179–81.)

Züricher See: Eisdecke

Der Zürichsee überfror, . . .

(„Die Klingenberger Chronik" III. Abt. edid. Dr. A. Henne von Sargans. S. 223.)

. . ., das der Zürichsee überfror, das man dar über gieng . . .

(„Heinrich Brennwalds Schweizerchronik" dedid. R. Luginbühl in „Quellen zur Schweizer Geschichte". Neue Folge. 1. Abtlg. S. 503.)
= Winter 1442

Aar: Eisdecke

Gefrore auff der Aaren das Eys so dick / daß man so wol zu Fuß darüber gehen als auch mit Lastwägen ohne Gefahr fahren mögen.

(F. Haffner „Der kleine Solothurn Schaw-Platz etc." II, S. 150.)

Venedig Adriat. Meer Eisdecke

. . . und ist auch ze wißen, daß zu Venedig das mör und der grab biß gen Margera [Malghera] gantz hört gefroren was, daß man ochsen, küe und kelber über das eise trib und was man wolt; ich bin selb über das eise hinein gegangen. und was also hört gefroren bei drei wuchen.

(„Chronik d. Burkard Zink. Buch IV." in „Die Chroniken d. dtschen Städte" 5. Band, S. 179.)

Albis inundatio duo iuga pontis tollit, et pontem ipsum aquis tegit, et flumen supra muros vrbem introit. 1443 Meißen i/Sa. Elbe-Überschwemmung

(G. Fabricius „Rer. Misnicar. libri VII". S. 149.)

(Eine Überschwemmung der Elbe nahm zwei Joche der Brücke mit, die Fluten reichten bis an die Brücke und das Wasser floß über die Stadtmauern in die Stadt.)

° („Die Meißner Chronik" edid. M. Grünewald. S. 85, 252.)

... / zu Meißen aber nahm es an der höltzernen Brücke zwey Fache mit / und gienge das Waßer über die Stadt Mauer.

(A. Weck „Der etc. Residentz- u. Haupt-Festung Dresden Beschreib- u. Vorstellung." S. 527.)

Elbe: Überschwemmung. Es ging das Wasser wieder über die Altäre in der Franziskanerkirche und wurden von der dasigen Brücke zwei Joche weggeführt.

(F. W. Pohle „Chronik von Loschwitz". S. 72.)

Es war abermahls eine hohe Elbe / die hier zwar an der Brücke keinen großen Schaden veruhrsachete. Dresden Elbe-Überschwemmung

(A. Weck „Der etc. Residentz- u. Haupt-Festung Dresden Beschreib- u. Vorstellung." S. 527.)

Es stieg die Elbe infolge Thauwetters und Eisgang zu solcher Höhe an, daß das Elbtal einem gewaltigen See glich. Sehr großer Schaden an Gebäuden, Äckern etc. Elbtal nördlich von Dresden Elbe-Überschwemmung

(M. Lilie „Chronik der Lößnitz-Ortschaften etc." S. 196.)

in profesto penthecostes et in die sacramenti, tanta cecidit pluvia habundantissime, quod in inferiori Betua et in locis circumquaque multa semina sata et pulcherrime viridia per pluviam submersa sunt et annulata. 8.—9. Juni Holland Stellenweise Überschwemmung, z. B. in der Betuwe

(„Auctoris incerti chronicon Tielense", edit. J. D. van Leeuwen. S. 540.)

(Am Tage vor dem Pfingstfest und am Tage des Sakramentes fiel ein solches Übermaß an Regen, daß in der unteren Betuwe und in den umliegenden Orten viele Saatfelder und Grünflächen durch den Regen unter Wasser gesetzt und vernichtet wurden.)

In autommo pluvia horribilis inundavit pluribus Angliae partibus, ... Herbst England Überschwemmung

(„Chronicon Minor Sancti Benedicti de Hulmo." in „Rer. Britannic. med. aev. scriptores." Band 13, S. 439.)

(Im Herbst verursachte schrecklicher Regen in vielen Gegenden Englands eine Überschwemmung.)

Winter 1444 Westfalen Überschwemmung der Lippe

Was ein weech winter, dat die Lippe van vil regen so groet wort, als sie in 50 jaern nicht gewest was und verharde bis an sant Agneten dag (21. Januar).

(„Chronik d. Dietrich Westhoff v. 750–1550" in „Die Chroniken der deutschen Städte". 20. Band, S. 316.)

Mai 1444 Lothringen Hochwasser der Flüsse

. . ., et furent les yawes grandes; . . .

(J. F. Huguenin „Les chroniques de la ville de Metz." S. 219.)

6. Juni Ratibor Oder-Überschwemmung

Erat tanta inundacio Odre et aquarum, ita quod multe piscine rumpebantur et fossata civitatis Rat. erant rupta. Et venit die dominica in aurora cum magno impetu, et duravit plus quam tribus septimanis.

(„Ratibor. Chronik", edid. A. Weltzel. S. 117.)

(Es ereignete sich eine so große Überschwemmung der Oder und der Gewässer, so daß viele Fischteiche durchbrochen und die Stadtgräben von Ratibor beschädigt wurden. Es kam [die Überschwemmung] am Sonntag bei Tagesanbruch mit großer Gewalt und dauerte über 3 Wochen.)

11. Juni Freiburg i/Uechtland (Schweiz) Überschwemmung der Saane

Item le jor de la festa Dieux fust ly Sarina si granta, que ly pont de Sain Johan rontist et ly mur de la villa.

(„Hans Greierz u. seine Annalen" in „Freiburg. Geschichtsblätter" 10. Jahrg., S. 26.)

1445 Weißeritz (Sachsen) Überschwemmung

Die Weiseritz ergoß sich dis Jahr auch / daß sie die gantze Aue überschwemmete / sich biß an Hahnenberg tämmete und im Dorfe Fischersdorff auch der Viehe-Weider-Gemeine an Häusern großen Schaden that.

(A. Weck „Der etc. Residentz- u. Haupt-Festung Dresden Beschreib- u. Vorstellung." S. 527.)

10. März Nürnberg Überschwemmung der Pegnitz

Item 1445 in der fasten am mitwochen vor sant Gregorien tag des babstes 4 tag im aprillen nach dem schein [für aprillen muß wohl mertzen gelesen werden] und zehen tag nach dem calender im mertzen do wart ein groß güß. da hub das waßer an zu wachsen umb complet zeit [gegen Abend] und wuchs die ganze nacht untz am pfinztag 4 ur auf den tag; darnach stund es by einer stund still und nam darnach ab und gefiel doch, und was so groß, daß kein mensch so alt was, daß es ie mehr so groß wer gewest als zu dem mal, und thett großen schaden. es warf den schwibpogen mit sampt dem gang nider auf dem Newenbaw, ernider bey dem großen thurn gegen sant Sebolt warts, und thett großen schaden an bruck und an stegen außerhalb der statt und in der statt, und man must ettlich brucken beschweren und raiteln und binden; und thett auch großen schaden an den mülen, . . . und das waßer stemmet so hoch, daß es zu dem newen spital zu den fenstern in die sutten hinein gieng und sunst auch do die siechen lagen, und in alle gemach, die dan in dem spital auf der erden sein, . . . und das waßer stemmet bey der flaischprucken untz zu dem gewanthaus an dem marckt, und bey der barfußen brucken vor der eich hin für an den marckt zu des Rummels haus hin für an das eck, und hinden bey dem spital für den kernter untz an die Ledergaßen ... das waßer gieng auch so weit auß in die heuser, daß auß vil heuseren die leut vor waßer nicht auß mochten kummen des pfinztags den halben tag und ertrencket den leuten gar vil und thett auch gar groß schaden in kellern, in den underen gemechen, und die kachelofen schwummen in den stuben, die auf der erden waren. das waßer was auch so groß, außgenummen 2 brucken in Nurnberg, sunst stemmet das waßer an all brucken unden an die joch, und was auch so tief mit waßer in etlichen gaßen, ...

([Nürnberger] „Chronik aus Kaiser Sigmunds Zeit etc." in „Die Chronik. d. dtsch. Städte". 1. Bd. Nürnberg. S. 412.)

Item 1445 jar an sant Gumprehts tag da gieng die Pegnitz für das tuchhaus, als gros was sie, und raiß zwen schoßgattern und den zwinger an dem schoßgattern der nider pei dem Irhersteg. 11. März 1445 Nürnberg Überschwemmung der Pegnitz

([Nürnberger] „Jahrbücher d. 15. Jahrhunderts" in „Die Chronik. d. deutschen Städte." 10. Bd., Nürnberg, S. 164/65.)

Die Elbe tritt plötzlich aus und verwüstet die Äcker. 30. April Meißen Elbe-Überschwemmung

(M. Grünewald „Die Meißner Chronik etc." S. 85.)

Albis subito inundans prid. Idus Maij agros perdit. 14. Mai Meißen i/Sa. Elbe-Überschwemmung

(G. Fabricius „Rer. Misnicar. libri VII". S. 150.)

(Die Elbe trat plötzlich über ihre Ufer und verwüstete die Äcker.)

regnete es etzliche Tage / und gienge ein Wolckenbruch oberhalb Dresden nieder / worvon sich die Stadt- oder Kaitzerbach dermassen ergoße / daß die Vorstadt bis an die Frauen Kirche unter Waßer stunde / auch solcher um die Stadt lieff / daß es fürm Wilsdorffer Thore in die See kahm / und solche nebenst dem Tamme an der Tamm-Mühle einriße / und die Mühle sehr beschädigte. Juni Gegend von Dresden Überschwemmung infolge eines Wolkenbruchs

(A. Weck „Der etc. Residentz- u. Haupt-Festung Dresden Beschreib- u. Vorstellung." S. 527.)

Vorher hatte solch Waßer zu Mockeritz / Leubnitz und Strehlen auch etliche Häuser eingerißen und viel Gebäude verderbet.

(A. Weck „Der etc. Residentz- u. Haupt-Festung Dresden Beschreib- u. Vorstellung." S. 527.)

In die sancti Barnabe [11. Juni] et diebus precedentibus atque sequentibis fuit magna inundatio aqaurum, ita quod Odera fluxit ultra portas usque ad festum sancti Jacobi [25. Juli] et ultra. Anfang Juni Breslau Oder-Überschwemmung

(„Sigism. Rosiczii chronica" in „Scriptores rer. Silesiac." 12. Band, S. 59.)

(Am St. Barnabas-Tage [11. Juni] und an den vorhergehenden und folgenden Tagen fand eine große Überschwemmung der Gewässer statt, so daß die Oder außerhalb der Tore floß, [und zwar] bis zum St. Jakobs-Tage und länger.)

1445 22. Juni Bei Königgrätz i/Böhmen Über-schwemmung der Flüsse

Es schwellten die Wässer bei Königgratz so sehr an von dem häufig gefallenen Regen, daß die Brücken und Mühlen hinweggerissen, in den Vorstädten aber ein sehr großer Schaden verursachet und das Getraid von vieler Feuchte auf dem Acker ausgewässert ist.

(C. J. von Bienenberg „Geschichte d. Stadt Königgratz" I, S. 324 aus Weleslaw.)

Um 24. Juni Böhmen Moldau-Über-schwemmung

ante Festum S. Joannis Baptistae continuis quatuor diebus pluit, ex quibus erat magna exundatio Moldavae, quam auxerunt aggeribus ruptis circa Dobrzigs, et alibi Piscinae. Aqua in domibus Vetero-Pragae magna damna causavit, quae postea corruerunt.
[Hagek.]

(J. F. Hammerschmid „Prodromus gloriae Pragenae etc." S. 698.)

(Vor dem St. Johannes d. Täufersfest regnete es 4 Tage ununterbrochen, wodurch eine große Überschwemmung der Moldau entstand, die noch die Fischteiche durch Dammbrüche bei Dobrzijs und anderwärts vergrößerten. Das Wasser richtete in den Häusern von Alt-Prag große Schäden an, so daß die Häuser später einstürzten.)

4. August Freiburg i/Uechtland (Schweiz) Hochwasser der Saane

4ª Augusti fractus fuit totaliter pons versus ecclesiam Sancti Johannis, etiam tertia pars murorum versus Saranam [Saane] de nocte ecciderunt causa Sarone, que sic creverat ratione pluviarum.

(„Hans Greierz und seine Annalen" in „Freiburg. Geschichtsblätter." 10. Jahrg., S. 30.)

(Am 4. August wurde die Brücke bei der St. Johannis-Kirche völlig zerstört, auch der 3. Teil der Mauern an der Saane stürzte nachts durch die Saane ein, die infolge der Regenmengen so gestiegen war.)

21. November Basel Rhein-Über-schwemmung

Am sonntag vor sant Catherinen tag vor sunnen uffgang was der Ryn grosz; fůr ein boum an ein Rinmüle und stiesz die mülin hinweg, und by merckt [Märkt, am rechten Rhein-Ufer, $1^1/_2$ St. unterhalb Basel] gieng das schiff mit der Müli under.

(„Die Chronik Heinrichs von Beinheim" in „Basl. Chroniken" 5. Bd., S. 386.)

Um 4. Dezember Rhein Über-schwemmung

... und um Barbare was der Rin als groiß me dann knies tieff in minem großen keller zum Nuwenhoff, und was groß gewynd die zyt.

(„Chronicon Moguntinum" in „Die Chroniken d. deutschen Städte." 18. Band, S. 245.)

1446 Dresden Elbe-Über-schwemmung

Es war die Elbe so groß / daß sie an der Dresdnischen Brücke gegen Alt-Dresden zu / 2 Joche beschädigte.

(A. Weck „Der etc. Residentz- u. Haupt-Festung Dresden Beschreib- u. Vorstellung." S. 527.) = 1447

Elbe: Durch Wasserflut Brücke auf dem Neustädter See sehr beschädigt.

(Dr. G. Klemm „Chronik der etc. Dresden.“ I, S. 128.)

Elbe: Wasserflut droht Brücke zu zerstören.

* (Ch. Ch. Hohlfeldt „Die Schicksale der Dresdner Elbbrücke.“ S. 10.)

Elbe-Brücke durch Überschwemmung beschädigt.

(M. B. Lindau „Geschichte der Haupt- u. Residentzstadt Dresden.“ I, S. 116, 269.)

(Spree so heftige Überschwemmung, daß sie am Ende des Dammes in der Nähe von Bahrensdorf großen Schaden anrichtet und den Damm durchbricht.) 1446 Beeskow Überschwemmung der Spree

(W. Ziethe „Chronik der Stadt Beeskow“, edid. E. O. Chr. Faulstich I, S. 30, 61.)

In dit selve jaer was al te grooten vloot, soo dat het water stont tot Antwerpen op Onsen Lieven Vrouwenkerckhof, op den Palmen Sondagh, welcken was den X april. 10. April Antwerpen Sturmflut

(„Chronikjck der Stadt Antwerpen toegeschreven aan den Notaris Geeraard Bertrijn“, edid. R. G. van Havre. in Uitgav. d. Antw. Biblioph Bd. 5, S. 12.) = 1445

Die Palmarum inundatio maris periculosa fuit. Belgien Sturmflut

(„Chronique d'Adrien de But, complétée par les additions du méme auteur“ in „Chron. relat. à l'hist. de la Belg. etc.“, edid K. de Lettenhove in „Collect. de chron. belg. inédit.“ Bd. 13, T. I, S. 287.) = 1447

(Am Palmsonntage ereignete sich eine gefährliche Meeresflut.)

Item de quade Palmevloet was, als men screff M CCCC ende X L VI. Holland Sturmflut

(„De Kroniek van Sicke Benninge I/II deel“, edid. J. A. Feith in „Werken van het Histor. Genootsch. gevest. te Utrecht“. N. S. Bd. 48, S. 128.)

° („Memorieboek der Stad Ghent 1301–1737“ I, Deel. in „Maetschapp. der Vlaemsche Bibliophilen.“ 2. ser. Band 15, S. 223.) Holland, Seeland, Friesland, Brabant, Flandern Sturmflut

do was de grote Vlote in Freslant, dare den armen luden grote jamer und vele quades uit erwassen, und de dike mit groter arbeide wedder hebben moten maken. Friesland Sturmflut

(„Auszüge aus friesischen Chroniken in Remmers von Seediek Annalen (1194–1507)“ in G. Sello „Studien zur Geschichte von Oestringen und Rüstringen.“ S. 107.) = 1447

Iß avermalß im April ein schrecklich grot Water unde hoge Flot gewesen, im April Ao. 1446 den 10. April up Palm-Sondach, Hagel, Wint, Regen, in Hollandt, Selandt, Freßlandt, Brabant, Vlandern; dede Schaden an Kerken, Tornen, Husen, Bomen, vel Minschen unnd Veh vordrunken. Nordsee Sturmflut

(„Joh. Adolfis Chronik des Landes Dithmarschen.“ I, S. 408.)

10. April 1446 Nordsee Sturmflut

17. [10.] Aprilis Ao 1446 in Hollandia prope Dordrecht maris inundatione rupto aggere 16 parochiae submersae; ultra 100.000 hominum eo diluvio periere.

(dto. I, S. 408.)

(Am 17. [10.] April gingen in Holland bei Dordrecht infolge einer Meeresflut, nachdem die Dämme gebrochen waren, 16 Kirchspiele im Wasser unter; über 100000 Menschen kamen infolge der Wasserflut um.)

° („Koelhoff. Chronik" in „Die Chroniken d. deutschen Städte." 14. Bd., S. 786.)

° („Chronik d. Dietrich Westhoff v. 750–1550." in „Die Chroniken der deutschen Städte". 20. Bd., S. 321.) = 17. April

° (G. Bucelinus „Germania etc." edid. S. 122.)

° (D. Corn. Gemma „De natura divinis characterismis etc." Liber I, S. 182.)

18. Juni Grimma i/Sa. Überschwemmung der Zwickauer Mulde

Zwickauer Mulde: Quarta post Viti . . . vf die teit was das wasser groß . . .

(Chr. G. Lorenz „Die Stadt Grimma etc." S. 478.) aus den Amtsrechnungen.)

28. Dezember Basel Überschwemmung des Birsigs

Anno 1446 am nechsten mitwůchen nach dem wiennechtag wasz der Birseck also grosz, das er 6 huser am Fischmarckt niderwarff.

(„Die späteren Aufzeichnungen bei Schnitt" in „Basler Chroniken" 6. Band, S. 299.)

2. März 1447 Mainz Main-Überschwemmung

secunda die mensis Marcii venit magna aqua importune horis XI et XII in meridie, crescens fere ad quatuor horas, de villis Brytzenheim et Zabelbach etc per fossas decrescendo. tam maxime crescebat quod omnis campus et agri cum vineis circa sanctum Petrum [Kirche St. Peter, außerhalb der Stadt im N.] pleni fuerunt aquis, et quia porta circa sanctum Laurencium fuit clausa, quod non potuit libere exire: quare propter reflexum et impetum per omnes portas aqua intravit cimiterium et consequenter ecclesiam et chorum usque ad inferiores sedes chori et ad tercium gradum summi altaris. et decrescebat aqua, quod altera die nichil videbatur nisi argilla in maxima quantitate et in fossa civitatis et ortulanis in agris maximum dampnum intulit.

(„Chronicon Moguntinum" in „Die Chroniken der deutschen Städte". 18. Band, S. 246.)

(Am 2. Tage des Monats März kam ein großes Wasser ungestüm um 11 und 12 Uhr mittags, das fast 4 Stunden anwuchs und von den Dörfern Brietzenheim und Zabelbach her durch die Gräben kleiner wurde. Es wuchs so stark an, daß alle Felder und Äcker mit den Weinbergen um St. Peter [Kirche St. Peter, außerhalb der Stadt im N.] herum voll von Wasser waren, und weil das Tor bei St. Laurenzius geschlossen war, konnte es nicht frei abfließen. Dadurch drang infolge des Rückflusses und Ungestüms das Wasser durch alle Tore in den Kirchhof und darauf in die Kirche und den Chor bis zu den unteren Chorsitzen und bis zur

3. Stufe des höchsten Altars ein. Das Wasser nahm ab, daß am anderen Tage nur Mergel in der größten Menge in den Stadtgräben zu sehen war. Den Gartenanlagen auf den Äckern wurde größter Schaden zugefügt.)

5. März 1447 Frankfurt a/M. Main-Überschwemmung

dominica reminiscere ward der Main so groß, daß er vor dem Römer ginge, daß man von den Frauenbrüdern bis zu dem Heiligen Geist in einem nachen fur.

(„Aufzeichnungen des Johann Heise." in „Quellen z. Frankfurt. Geschichte" II, S. 657.) edid. Dr. H. Grotefend

7. Mai Betuwe (Holland) Überschwemmung

dominica Jubilate, scilicet septima die Maji, tanta cecidit pluvia in Betua superiori et inferiori et in aliis locis circumvicinis, unde nimia excrevit festine habundancia aquarum in agris, quod in multis locis semina sata pro magna parte submersa interierunt.

(„Auctoris incerti chronicon Tielense", edid. J. D. van Leeuwen." S. 546.)

(Am Sonntag Jubilate, d. h. am 7. Mai, fielen sehr starke Regenmengen in der oberen und unteren Betuwe und in anderen benachbarten Gegenden, wodurch plötzlich ein solches Übermaß von Wasser auf den Äckern entstand, daß in vielen Gegenden die Saatfelder durch das Wasser vernichtet wurden.)

29. Juli Umgebung von Mainz Überschwemmung

vicesima nona die mensis Julii de sero circa horam quartam venit aqua nimis magna, destruens maximam partem ville in Hexheim, submergens et deducens ibidem XVI homines cum curiis domibus horreis et frumentis maximis; et eadem descendens ad Zalbach ibidem totam villam deduxit et devastavit, et submersi sunt ibi novem homines et ultra descendens destruxit omnia molendina et muros claustri in Dalen cum coquina stabulis et aliis multis habitaculis. et fuit tam magna aqua in claustro quod attigit chroum in magna copia et altitudine. et submersi sunt in claustro dominus Conradus de Eltvil confessor monialium et ancilla in coquina. eadem aqua destruxit curiam zu sanct Geleres, et ortum Hermanni Apotecarii cum suis muris et domibus totaliter destruxit et sic consequenter innumerabilem dampnum fecit ortulanis cum cadaveribus animalium, lignis de domibus fractis et frumentis quibus herbas et agros maculavit.

(„Chronicon Moguntinum" in „Die Chroniken d. deutschen Städte." 18. Band, S. 247.)

(Am 29. Tage des Monates Juli abends gegen die 4. Stunde kam ein außergewöhnlich großes Wasser, das den größten Teil des Dorfes Hechtsheim [?] unter Wasser setzte und dort 16 Menschen mit kirchlichen Häusern, Scheunen und großen Getreidemengen mit sich riß. Derselbe Sturzbach führte bei Zahlbach [?] das ganze Dorf fort und verwüstete es. Neun Menschen ertranken dort. Außerdem zerstörte [das Wasser] alle Mühlen und die Mauern des Klosters in Dalen [?] mit der Küche, Ställen und vielen anderen Gemächern. Es war ein so großes Gewässer im Kloster, daß es den Chor in starker Menge und Höhe erreichte. Es ertranken im Kloster der Herr Conrad von Eltvil, ein Bekenner der Klosterfrauen und eine Magd in der Küche. Dasselbe Wasser zerstörte die Kurie zu St. Geleres und den Garten des Apothekers Hermann mit seinen Mauern und Häusern völlig und verursachte den Gärtnern folgerichtig unzählbaren Schaden, infolge der Tierkadaver, Holzteile von Häusern und dem Getreide, mit welchen es Anger und Äcker beschmutzte.)

Winter 1448 Rhein Sehr niedriger Wasserstand

den gantzen Winter bis nach Ostern . . . was der Rhein also klein, das man yn hie zu lande obwendig Mentz uß und auch umwendig Mentz durch reit von eynem lande zum andern, und sagten etlich das man yn durchgangen hette.

(„Chronicon Moguntinum" in „Die Chroniken d. deutschen Städte." 18. Band, S. 247.)

1448 Passau Donau-Hochwasser

Hochwasser behindert den Schiffsverkehr.

(Dr. W. M. Schmid „Illustr. Geschichte der Stadt Passau." S. 131.)

Februar Freiburg i/Uechtland (Schweiz) Hochwasser der Saane

Und in demselben Monat war die Sanen so gross, das si das bollwerk bi der Magernow zerstört hatt.
(Aufzeichnungen von Joh. Greierz.)

(„Freiburger Aufzeichnungen über die Jahre 1435–52." edid Dr. Alb. Büchi. in „Freiburg. Geschichtsblätter." 8. Jahrg. S. 17.)

18. März Themse Überschwemmung

And this yere the watter of the Temse by excesse of floode the Monday in Ester weke came end incresid on the londe vn-to Populer, and drownyd many howsys and feldes and medeves, and moche of the pariche of Stepney, and Raynham and other placis in Essex.

(„Chronicon ab anno 1189 ad 1556, ex registro fratrum minorum Londoniae" in „Rer. Britann. med. aev. scriptores." Bd. 4, Vol. II, S. 172.)

22. März Themse Überschwemmung

the XXII day of marche the water brake in oute of Temmes be syde Lymeoste, and in a noper place in Temmes, and dide myche harme.

(„A short english chronicle" in J. Gairdner „Three fifteenth-century chronicles" S. 66.)

1449 Meißen i/Sa. Elbe-Überschwemmung

Inundatio Albis a die XXIII. Aprilis durauit vsque ad X. Maij.

(G. Fabricius „Rer. Misnicar. libri VII". S. 151.)

(Eine Überschwemmung der Elbe dauerte vom 23. April bis zum 10. Mai.)

° („Die Meißner Chronik" edid. M. Grünewald. S. 86.)

14.—15. Oktober Stralsund NO-Sturmflut

Dessuluigen jahres van dem dingestage an beth vp den middewecken vor St. Gallen dage, do was thom Sunde so groth ein wather, vnd weiede so sehr van dem norden vnd nordostem, dath alle de brügcken, de husecken alle mit einander enttwey brecken. Alle schepe, scuten, boete, zesekahn, de thoschlogen althomale, wente se dreuen an den dammen, vnd vele degelicken lude vordruncken an allen enden;

wente idt waß ein schwar vnbegriplick storm, dath vele ehrlicke lude hadden des stormes gelicken nicht gedacht by erem leuende.

(„Auszüge aus Stralsundischen Chroniken v. Jahre 1230–1521.“ in Dr. Mohnicke u. Dr. Zober „Stralsund. Chronik.“ I, S. 192.)

Anno 1449 vp St. Gallen nacht was hier en so grot storm van dem norden vnd nordosten, desgliken ken minsch gedacht hedde; denn he makede hir grot water, dat idt öuer den steendamm in de döhre floth beth in de straten, ock in etlicke keller. Kene brüggen bleuen vor der stadt hele; vele schepe, schuten vnd bote, item zesekahne zerstötten, dat se hernamals thor seewerts edder tho water nemande nutte wurden; ock vordruncken vele lüden. Vmd geschach solk schaden nicht allene hir, sondern ock an andern orten mehr; als tho Lübeck schlog idt in de soltkeller vnd in de boden by der Trauen; dar dede idt groten vnd grulicken schaden. Vor der Wesel (Weichsel) bleuen wol by de 60 schöne schepe, vnd wurden thor Oliue int kloster in de druddehalf hundert mann vp enem dag begrauen, vnd was der andern kene tall, de noch van dagen tho dagen gefunden vnd thor erden bestediget wurden. Disse storm eward twe dage. 14.–15. Oktober 1449 Stralsund NO-Sturmflut

(„Auszüge aus Stralsund. Chroniken v. Jahre 1230–1521“ in Dr. Mohnicke u. Dr. Zober „Stralsund. Chroniken“. I, S. 193.)

° (R. Baier „Zwei Stralsund. Chroniken d. 15. Jahrhunderts“ in „Stralsund. Chronik.“ B. Wien. Handschrift. S. 24.)

in der Wochen Vincenti ist der Schnee, Regen und Eis, ein so grosz Wasser worden, dasz es am Mainstrohm und sonsten in Franken etliche mal zerbrochen, und Schaden gethan, . . . Um 22. Januar 1451 Main Eisgang und Überschwemmung

(„Die alte Chronik von Schweinfurt“ in „Monum. Suinfurtens.“ edid. Fr. Stein, S. 461.)

in nocte S. Vincentii, circiter horam duodecimam, tanta inundatio, praecedentibus assiduis imbribus, secuta sit, quae, unacum permixta glacie, innumerabilia in pontibus et molendinis damna dedit. Bamber (Main) Main: Eisgang und Überschwemmung

(M. Hoffmann „Annal. Bamberg. episcop. ab origine ad a. 1609“ in J. P. Ludewig, „Scriptor. rer. episcop. Bamberg“. I, S. 236.)

(In der Nacht des St. Vincentiustages um die 12. Stunde erfolgte infolge der vorangegangenen anhaltenden Regengüsse eine so große Überschwemmung, die zugleich mit dem Eisgang unschätzbaren Schaden an den Brücken und Mühlen anrichtete.)

Anno 1451 am 23. januarii sambstag vor conversionis Pauli wuchs die Pegnitz in eim halben tag vom Riter bis an Schoppers haus und wart so groß vor dem Hanns von Ploben, das es uber ein hohen man schlug, so ging es auf der andern seiten des Marckts bis zum halben weg des portals zu unser frawen und ging am Zottenperg an die obserin. Das wasser raiß all prucken und alle steg hin, das man auf der statmawer uber die schwippogen auf der Schut must gen, wer hin oder her 23. Januar Nürnberg Überschwemmung der Pegnitz über wolt; auch riß es das fleischhaus der nider und warf die zwen schoßgattern der nider auf dem Newempaw bei dem Irhersteg und warf den zwingerturn ein, der aussen an dem weiger stet, und zuraiß die weigermawer an des Erckels garten und die newen maur herdisshalben auch am steg als man gegen sant Johanns get auf Hallers wisen; auch warf es die Weidenmül ein an der deutschen herren wisen und warf vil linden auf Hallers wisen der nider. das wasser gefil in zweien tagen, das iederman wider zu sein haus kunt gen und [man macht] steg auf flossen.

([Nürnberger] „Jahrbücher d. 15. Jahrhunderts" in „Die Chronik. d. dtsch. Städte." 10. Bd., Nürnberg, S. 180/81.)

° („Tuchersches Memorialbuch 1386–1454" in „Die Chronik, d. dtsch. Städte." 10. Bd., Nürnberg, S. 25/26.)
[dto.]

° ([Nürnberger] Jahrbücher d. 15. Jahrhunderts." in „Die Chronik. d. dtsch. Städte." 10. Bd., Nürnberg, S. 175.)

24. Juni 1451 Meißen i/Sa. Elbe-Überschwemmung

Albis ripas transcendit, . . .

(G. Fabricius „Rer. Misnicar. libri VII". S. 349/50.)

(Die Elbe trat über ihre Ufer, . . .)

Erntezeit Polen Überschwemmung

Anno eodem dominus Deus permisit pluvias tempore messis per unam integram septimanam et continuis quinque diebus et noctibus incessanter et destruxit fruges et prata inundatione magna, similiter hortos, . . .

(„Compilatoris veteris Trzemesznensis [Tremesnensis] fragmenta" edid. Dr. W. Katrzynski in A. Bielowski „Monum. Polon. histor." Tom. 5, S. 828.)

(Im selben Jahre ließ der Herrgott zur Erntezeit eine volle Woche lang und 5 Tage und Nächte unaufhörlich Regen zu und vernichtete die Früchte und Wiesen durch eine große Überschwemmung, ähnlich die Gärten, . . .)

13. August Oberrhein, Birsig Überschwemmung

Anno 1451 umb Sixti komen die grosten regen dry tag noch eynander; und ward der Ryn seer grosz, und fůrt die Birsz all hie mülinen, sägen und plünly, ouch brucken hinweg; so von Telsperg bisz an den Ryn woren. Und stund Ottmarszheim und Büssiszheim garnoch mitten im Ryn. Unc tetten die wasser grossen schaden in dörferen, acker und matten. Man můszt zu Louffen das thor uffhowen und die lüt uszlossen, das sy mit in dem stettlin ertruncken.
[Büssiszheim = Biesheim, am linken Rhein-Ufer, unterhalb Breisach].

(„Die Chronik Heinrichs von Beinheim" in „Basler Chroniken" 5. Bd., S. 427.)

Anno domini 1451 feria sexta ante assumptionis Marie wart der Rin snell so grossz das er zů Basel gieng zem Suftzin, und grosser schade beschach von brucken, die enweg runnet zů Seggingen und anderswo; zů Nuwenburg das wůre und husser enweg ran. Item samlicher grosser schad beschach von der Birsse, besunder zu Löffen.

(„Die Chronik Erhards von Appenwiler" in „Basler Chroniken" 4. Band, S. 308.)

Fastnacht. Vmb dise Zeit ist die Aaar dergestalt überloffen / daß sie vil Gütter vmb die Statt verderbt / vmb hat man dergleichen Wasser grösse in vilen Jahren nit erfahren.

Mitte Februar 1452 Aar Überschwemmung

(Franc. Haffner „Der kleine Solothurner Schaw-Platz etc." II, S. 154.)

... fuit magna invndacio aquarum post festum pasce.

Nach 9. April Polen Überschwemmung der Flüsse

(„Spominki Zakonnita Świetokrzyskiego" in A. Bielowski „Monum. Polon. hist." Tom. 3, S. 413.)

(Es ereignete sich eine große Überschwemmung der Gewässer nach dem Osterfeste.)

Fluß Lez. Inondation.

22. Juli Montségur SO-Frankreich) Fluß Lez: Überschwemmung

* (M. Villard „Météorol. région." S. 56.)

Von sant Catharinen (25. Nov.) biß auf Agnes (21. Januar) ware der Main zugefroren, da gienge er auf und tät der brücken grossen schaden [bei dem Eisgang].

Winter 1452/53 Frankfurt a/M. Main: Eisdecke

(„Bernhard Rorbachs Liber gestorum" in „Quellen zur Frankfurter Geschichte", edid. Dr. H. Grotefend. I, S. 187.)

° (Dr. J. Ziegler u. Dr. W. König „Das Klima von Frankfurt a/M." Tafel 9.)

Die Aar ist abermal wunderlich groß gewesen.

1453 Aar-Überschwemmung

(Franc. Haffner „Der kleine Solothurner Schaw-Platz etc." II, S. 156.)

Et le quinziesme jour dudit mois de may, les yawes estoient si grandes et hors de ryves, qu'elles couvroient toutte l'isle de devant les Ponts, et firent de gros domaiges. Et estoient oultre Saille et oultre Muzelle les yawes si grandes que les celliers estoient pleins, et convint bondeneir les tonnelz qui alloient par dessus l'yawe ez celliers: et enmenont les faigots, paixelz et bloquelz qui estoient sus la reviere de Muzelle.

15. Mai Metz und Umgegend Überschwemmung der Mosel

(J. F. Huguenin „Les chroniques de la ville de Metz." S. 282.)

In diesem Jahr waren auch allenthalben im Land grose und schädliche Wassergüsse, die den Leuthen an Häußern und Mühlen, Bruckhen und Güteren großen Schaden gethan.

Sommer Elsaß Überschwemmung der Flüsse

(M. Tschamser „Annales etc. zu Thann." I, S. 592.)

Hoc anno pluvie et inundacio ...

Thüringen Überschwemmung der Flüsse

(„Mathias Dörings Fortsetzung der Chronik von Dieterich Engelhusen". S. 226.)

(In diesem Jahre Regengüsse und Überschwemmungen ...)

... resoluta tamen fuit glacies ante festa Christi: ita quod sufficiens aqua fuit per hyemen.

Vor Weihnachten SO-Deutschland Eisaufgang der Flüsse

(„Sig. Rosiczii chron." in „Scriptores. rer. Silesiac." Band 12, S. 65.)

(... dennoch war das Eis vor dem Christfest geschmolzen, so daß genügend Wasser den Winter hindurch war.)

Mitte April 1454 Leitmeritz (Böhmen) Elbe: Eisgang und Hochwasser

Die hölzerne Elbebrücke wird durch den Eisstoß der Elbe zerstört und vom Hochwasser weggeschwemmt.

[Notizen aus dem Rechtsbuch No. III des Stadt-Archivs u. Memorabilien d. Johann Nozirz.]

(Dr. W. Katzerowsky „Meteorolog. Nachrichten aus den Archiven der Stadt Leitmeritz" S. 1.)

Um 10. August Breslau Oder-Überschwemmung

Circa festum sancti Laurentii fluvius Odere fluxit ultra pontem faciendo damna segetibus et pratis pluribus diebus.

(„Sigism. Rosiczii chron." in „Scriptor. rer. Silesiac." 12. Band, S. 67.)

(Um das St. Laurentius-Fest floß der Oder-Fluß über die Brücke und machte an den Saaten und Wiesen mehrere Tage lang Schaden.)

Winter 1455 Gegend von Danzig Ostsee: Eisdecke

So hart, daß man von Hela bis Danzig auf dem Eise fahren konnte bis Palmsonntag (21. März).

(F. u. E. Strehlke „Nachrichten etc." S. 655 aus Danzig. Archiv L. 1. 9. Fol. 8, p. 67.) = 1456

1455 Dransfeld (Hannover) Überschwemmung

Item idem anno fuit diluvium in Dransfelt, ita quod maxima pars de mure civitatis cecidit.

(„Hessische Chronik von 1455–60" in „Anzeiger f. Kunde d. dtsch. Mittelalters." 4. Jahrg. 1835, Spalte 282.)

(Im selben Jahre war eine Wasserflut in Dransfeld, so daß ein sehr großer Teil der Stadtmauer einfiel.)

Nach 2. Februar Ostsee bei Danzig Eisdecke

... ita ut etiam mare congelaretur usque Helam.

(„Die mittlere Chronik von Oliva" in „Scriptores rer. Prussic." 5. Band, S. 632.)

(..., so daß auch das Meer bis Hela gefror.)

Nach Lichtmeß war so ein harter Winter / daß man kund auff dem Eyß mit Schlitten fahren biß gen Heel.

(„Chronica oder Handbüchlein Danziger Geschichte", gedruckt durch Jacob Rhode 1594, edid. Dr. F. Schwarz in „Heimatblätter des deutschen Heimatbundes". Heft 3/4, 1. Jahrg., S. 9.) = 1456

Um 30. März bis 6. April Danzig Weichsel-Überschwemmung

Porro hebdomada sancta eruperat Vistula defluxeratque in hortos Gedanensium.

(„Die mittlere Chronik von Oliva" in „Scriptores rer. Prussic." 5. Bd., S. 632.)

(Ferner brach in der heiligen Woche die Weichsel aus und floß bis in die Gärten von Danzig.)

Und in der Marterwochen brach die Weissel aus und lieff vor Danzigk auff die Lange Garten.

1455 Um 30. März bis 6. April Danzig Weichsel-Überschwemmung

(„Chronica oder Handbüchlein Danziger Geschichte" gedruckt durch Jac. Rhode. 1594. edid. Dr. F. Schwarz in „Heimatblätter des deutschen Heimatbundes". 1. Jahrg. Heft 3/4, S. 9.) = 1456

Et hac eciam nimia aquarum inundancia non solum invertuntur fluminum ductus, ut circa Rostock Warnovia, et Rekenitza circa Damgarde et Sundium, quin eciam via regia et communis in multis locis facta est immeabilis tam per currus quam alias propter dissolucionem poncium et aggerum, et multa molendinorum edificia dissoluta sunt . . .

Et quantum dampnum in multis particularibus fundis predicta intulit inundacio, non est bene scribendum propter singula multa non tantum circa stagnales civitates, ymo verius in tota Alemannia bassa.

Nach 12. Juni 1455 bis 13. Januar 1456 Mecklenburg Überschwemmung der Flüsse

(„Die lateinische Chronik des Klosters Ribnitz" in „Mecklenburg. Geschichtsquellen" I, S. 46.)

(Durch diese sehr schlimme Überschwemmung der Gewässer wurde nicht nur der Lauf der Flüsse abgeändert, wie bei Rostock die Warnow, die Recknitz bei Damgarten und bei Stralsund (?), sondern auch die prächtige öffentliche Chaussee wurde an vielen Stellen unpassierbar sowohl für Wagen als auch für anderes, wegen des Verfalles der Brücken und Dämme, und viele Mühlengebäude wurden auseinandergerissen. Wie großen Schaden oben genannte Überschwemmung vielen Teil-Grundstücken brachte, läßt sich nicht gut schreiben wegen der vielen einzelnen in der Nähe der Seestädte, vielmehr richtiger in ganz Niederdeutschland.)

Van desseme groten regen unde upstowinge des waters, welker daghelyck schach vor Rostock in der Warnow unde in der Rekenysse by Damgarde, [schach yd], dat de ghemene wech tusken Rostock unde deme Sunde so dep wurt, dat men noch tho waghen noch tho perde dar konde henaver kamen, wente de bruggen unde hogen stege unde wege al dorch dat water vordorven weren unde vele molen gantz nichte gheworden. Wo vele unde wo grot de schade ys ghewest, de van deme regen unde sus waterflůt ys her ghekamen in den daghen, in dat sunderlyck ys nicht wol tho scrivende alle, wente nicht ys dyt unwedder allene ghewest hyr by seestrande, men ock aver [dat] gantze Dudeske lanth . . .

(Lambert Slaggert „Chronik des Klosters Ribnitz" in „Mecklenburg. Geschichtsquellen". I, S. 113/114.)

Ghète: Überschwemmung.

1456 Tirlemont (Brabant) Überschwemmung der Ghète

(P. v. Bets „Hist. de la ville etc. de Tirlemont". S. 88.)

. . . magnaque aqua . . .

Winter 1456/57 SO-Deutschland Hochwasser der Flüsse

(„Sigm. Rosiczii chron." in „Scriptor. rer. Silesiac." 12. Band, S. 71.)

(. . . . und großem wasser . . .)

1456 Oberschlesien Viele Überschwemmungen der Flüsse

erat humiditas, quod in centum annis talis non fuit. Eciam eodem anno erant XXIIII inundaciones aquarum.

(„Ratibor. Chronik" edid. A. Weltzel, S. 118.)

(Es herrschte eine Feuchtigkeit, wie sie in 100 Jahren nicht so groß war. Auch ereigneten sich im selben Jahre 24 Überschwemmungen der Gewässer.)

Österreich Überschwemmung der Flüsse

in der welt grosse wasser, . . .

(„Anonymi chronicon Austriacum ab a. 1454 usque ad. a. 1467" in H. Chr. Senckenberg „Selecta juris et histor. etc." Tom. V, S. 9.)

14. Februar Glogau Oder-Hochwasser

In die Valentini fuit magna aqua.

(„Annales Glogovienses" in „Scriptor. rer. Silesiac." 10. Band, S. 20.)

(Am Valentinstage war ein großes Wasser.)

Um 10. August Glogau Oder-Hochwasser

item eodem anno circa festum s. Laurencii [fuit magna aqua] major.

(„Annales Glogovienses" in „Scriptores rer. Silesiac." 10. Band, S. 20.)

(Gleichfalls war in diesem Jahre um den St. Laurentius-Tag ein noch größeres Wasser.)

30. November Gegend von Neapel (Italien) Überschwemmung

Item in eodem anno in regione regis Neapilis perierunt verdehalb hundert civitates villae et castrae et multae ecclesiae et monasteria in die S. Andreae apostoli a grandinibus et ab aquis pluviae cum hominibus et bestiis.

(„Hessische Chronik von 1455–1460" in „Anzeiger f. Kunde des deutschen Mittelalters." 4. Jahrg. 1835, S. 283.)

(Gleichfalls gingen im selben Jahre im Gebiete des Königs von Neapel viereinhalb hundert Städte, Dörfer und Burgen und viele Kirchen und Dörfer am St. Andreastage durch Hagelschläge und Regengüsse mit Menschen und Tieren zugrunde.)

17. Januar 1457 Nürnberg Pegnitz: Eisgang und Hochwasser

Und dessleben jars an sant Anthoni tag 3 or auf den tag kom ein groß güß mit eis und füret die spitelprucken hinweck und auch die Prucken hinter dem Wilpad und all steg in der stat, . . .

([Nürnberger] „Jahrbücher d. 15. Jahrhunderts." in „Die Chroniken d. dtsch. Städte." 10. Bd., Nürnberg, S. 221.)

14.–15. Februar Nürnberg Pegnitz: Hochwasser

Nach Christi gepurt 1457 jar an sant Valentin tag zu nacht do kom aber ain groß güß wasser und das wert nahent zwen tag, ee es geviel; zu dem selben vielen die newen flaischpenck auf dem Saumarck wol halbe nider in das wasser. also was es also groß.

([Nürnberg] „Jahrbücher d. 15. Jahrhunderts." in „Die Chroniken d. dtsch. Städte." 10. Bd. Nürnberg, S. 221.)

Und desselben jars nach Valentini kom ein groß güß, das man mit schiffen pei der eich über fur, und das wasser gieng für das Ulrich Rumels, ietzunt der von Ploben haus gerings umb und kom umb 4 stund in die nacht, da stieß es das flaischaus halbs nider auf dem Seumarkt und es wert zwen tag.

1457
14.–15. Februar
Nürnberg
Pegnitz
Hochwasser

([Nürnberger] „Jahrbücher d. 15. Jahrhunderts." in „Die Chronik. d. dtsch. Städte." 10. Bd., Nürnberg, S. 221.)

An S. Valentins Tag war ein grosser Regenguß bey schönem Wetter. Die Keller darinnen vor nie kein Wasser gesehen worden/waren voll Gewässer.

14. Februar
Memmingen
Überschwemmung

(Chr. Schorer „Memminger Chronik etc." S. 21.)

Ledit jour S. Thomas (21. Dez.), la riviere de Saine fut toute gellée à bout et demoura gelée jusqu'au quatriesme jour de febvier, auquel jour il commença à desgeler . . .

Winter 1457/58
Nordfrankreich
Seine:
Eisdecke

(„Journal parisien de Jean Maupoint" in „Mém. de la soc. de l'hist. de Paris et de l'Ile-de-France". Tom. IV, S. 38/39.)

. . . il gela sy fort que lon passoit la rivière d'Oise et plusieurs aultres rivieres a chariots et a cheval, et se flit en la fin moult grandes neiges, et sy grande multitude en queit, que quant il desgella il fit sy grande lavasse, qu'il n'estoit point mémoire d'homme que on les euist veu si grandes, et feirent moult dommaiges.

Nordfrankreich
Oise und andere
Flüsse:
Eisdecke und
Hochwasser

(J. du Clercq „Mémoires etc. 1448–1467". Liber III, Cap. 32, Tom. II, S. 274.)

. . . , si que les grosses rivières furent tant engelées qu'on charioit dessus en plusieurs lieux. Et enfin cheurent tant de neiges et tant de pluyes, que les eaux furent si grandes que on les vist oncques paravant et firent maint dommage en plusieurs lieux.

Belgien
Flüsse:
Eisdecke,
darauf
Hochwasser

(Fr. Vinchant „Annal. de la prov. et comté du Hainaut", edid. A. P. V. Descamps in „Soc. d. biblioph. de Mons." Bd. 16. IV, S. 249.)

Zo dat men allomme up ruveren reet met waeghens ende peerden. Ende viel int hende zoo veel sneuw ende waters, dat het water hogher was dan men noyt te vooren ghesien hadde „. . .

Flandern
Flüsse: Eisdecke, darauf
Hochwasser

(„Vlaamsche Kronyk" in „Chron. de Brabant et de Flandre", edid. Charl. Piot in „Collect. de chron. belg. inédit." Bd. 21, S. 215.)

. . . , et en furent les grosses rivieres engellées, si que on chairioit par dessus. Et en la fin, cheurent tant de neige et de grandes pluyes que les yawes furent si grandes . . . que on les vit, passé long temps, et firent plusieurs gros domaiges: . . .

Lothringen
Flüsse: Eisdecke, darauf
Hochwasser

(J. F. Huguenin „Les chroniques de la ville de Metz." S. 289.)

1457 uff den heiligen cristag (25. Dez.) bestunt der Meyn und was zu VIIII wochen.

Frankfurt a/M.
Main:
Eisdecke

(„Histor. Notizen aus den Aufzeichnungen des Heinrich vom Rhein." in „Quellen z. Frankfurter Geschichte." I, S. XLII.)

Winter 1457/58 Westl. Ostsee: Eisdecke

. . . , ita ut mare Danicum constrictum transirent homines per pedes et equos.

(„Mathias Dörings Fortsetzg. d. Chronik v. Dieterich Engelhusen." S. 231.)

(. . . , so daß das Dänische Meer zufror, und die Menschen es zu Fuß und zu Pferde passierten.)

23.—24. Februar 1458 Westdeutschland Überschwemmung der Flüsse

Item idem anno in vigilia et in die S. Matthiae apostoli venerunt magni tonitrui et fulgura et magna pluvia cum diluvio in omnibus aquis . . .)

(„Hessische Chronik von 1455–1460" in „Anzeiger für Kunde des deutschen Mittelalters." 4. Jahrg. 1835, S. 285.)

(Gleichfalls im selben Jahre am Tage vor und am St. Mathiastage kamen große Donner und Blitze und große Regengüsse mit einer Überschwemmung aller Gewässer . . .)

24. Februar Oberelsaß Überschwemmung der Flüsse

Umb S. Matthiaß Tag war ein solche grose Wasserfluth, daß Niemand bald sicher war in seinem eigenen Haus, das Wasser lief den Cathenbachern fast allenthalben zu den Fenstern hinein in die Häußer, und im gantzen Land war Jammer und Noth wegen Schaden und üblen Verderbnussen an Häußer, Gebäwen, Bruckhen und anderen Nothwendigkeiten.

(M. Tschamser „Annales etc. zu Thann." I, S. 606.)

26. Februar Frankfurt a/M. Main: Überschwemmung

dominica reminiscere was der Meyne so groß, das er der mittelsten Romerthore mit der spitzen glich ging.

(„Histor. Notizen aus d. Aufzeichn. d. Heinrich vom Rhein." in „Quellen z. Frankf. Geschichte", edid. Dr. H. Grotefend. I, S. XLII.)

Mogani exundatio magna, ita ut in Montem usque ad valvas curiae pertransiret in dominica reminiscere.

(„Bernhard Rorbachs Liber gestorum" in „Quellen z. Frankfurt. Geschichte". edid. Dr. H. Grotefend. I, S. 187.) = 13. März 1457

(Eine große Überschwemmung des Mains, so daß am Sonntag Reminiscere [das Wasser] auf dem Römerberg bis an die Pforten der Curie [Römer] vordrang.)

4. Juli Westdeutschland Überschwemmung der Flüsse

Idem anno feria III in octava visitationis beatae virg. Mariae fuerunt maximae diluviae per nimiam pluviam in omnibus aquis per totum mundum, ita quod multum foenum et fruges et agri perierunt, . . .

(„Hessische Chronik von 1455–1460" in „Anzeiger für Kunde des deutschen Mittelalters." 4. Jahrg. 1835, S. 286.)

(Im selben Jahre am Dienstag in der Woche nach Mariä Heimsuchung ereigneten sich sehr große Wasserfluten infolge außergewöhnlich starker Regengüsse in allen Gewässern der ganzen Welt, so daß viel Heu, Früchte und Äcker vernichtet wurden.)

Idem anno in die Mariae Magdalenae iterum fuerunt maximae diluviae, ita quod multum foenum et frumentum periit et multi pontes perierunt et multae viae perierunt et iumenta et agri et villae et domus. 1458 22. Juli Hessen Überschwemmung der Flüsse

(„Hessische Chronik von 1455–1460" in „Anzeiger für Kunde des deutschen Mittelalters." 4. Jahrg. 1835, S. 285.)

(Im selben Jahre am Maria Magdalenen Tage waren wiederum sehr starke Wasserfluten, so daß viel Heu und Getreide verloren ging und viele Brücken, viele Wege, Zugtiere, Äcker, Dörfer und Städte zugrunde gingen.)

Item feria tertia ante Thome apostoli nocte sequenti (19. Dez. 1458) fluvius Odere congelatus fuit nive et glacie per totum, stetitque glacies usque ad feriam tertiam post letare, ubi per ventum (6. März 1459) tempestatis glacies dissoluta fuit. Winter 1458/59 Breslau Oder: Eisdecke

(„Sigism. Rosiczii chronica" in „Scriptores rer. Silesiac." 12. Band, S. 73.)

(Ebenfalls fror in der auf den Dienstag vor dem Apostel Thomas-Tag folgenden Nacht (19. Dez. 1458) der Oder-Fluß zu ... und stand das Eis bis zum Dienstag nach Lätare (6. März), wo durch den Sturm das Eis schmolz.)

° („Jahrbücher der Stadt Breslau von Nikolaus Pol", edid. Dr. J. G. Büsching. II, S. 20.)

Überschwemmung der Vils. 1459 Amberg (Oberpfalz) Überschwemmung der Vils

(M. Schwaiger „Chronica etc. der Stadt Amberg in der oberen Pfalz", edid. F. J. Lipowsky, S. 66.)

Item 1459 an sant Anthoni in der nacht kom ein groß güß in der sechsten stund und am andern tag geviel es wider und gieng nit weiter denn pis unter Riters tur pei den flaischtrögen. 17. Januar Nürnberg Überschwemmung der Pegnitz

([Nürnberger] „Jahrbücher d. 15. Jahrhunderts. in „Die Chronik. d. dtsch. Städte." 10. Band, Nürnberg, S. 239.)

Groot watere ghevallen in april daer naer, zo datter veel coorens stont onder watere. April Flandern Überschwemmung

(„Vlaamsche Kronyk" in „Chron. de Brabant et de Flandre", edid. Ch. Piot in „Collect. de chron. belg. inédit." Bd. 21, S. 216.)

1459 ..., der gar kalt was von Weihnachten untz auf den 8. Tag Martii, wan alle Wasser und der Yßer was gefroren, ... Winter 1459/60 Bayern Isar und andere Flüsse: Eisdecke

(Landshuter Rathschronik" in „Die Chroniken der deutschen Städte." 15. Band, S. 308.)

... und weret 4 tag, das die Pegnitz überfros. Bayern Pegnitz: Eisdecke

([Nürnberger] „Jahrbücher d. 15. Jahrhunderts." in „Die Chronik. d. dtsch. Städte." 10. Bd. Nürnberg, S. 239.)

Winter 1459/60
Ostsee
Eisdecke

Nota quod 1460 die S. Valentini (14. Februar) martyris, tam intente fuit congelatum mare, quod ab illo die et ultra fere tres septimanas fuit communis via scil Herstraete tam equitantibus quam cum curru et plaustro venientibus trans mare balticum et alibi in proximo circumquoque.
Et ante octo dies vel quasi ante diem sancti Valentini (14. Febr.) usque ad dominicam proximam (9. März) ante festum S. Gregorii pape, trans mare balticum et alibi, communis pedestribus erat via.

(„Annotata chronologica ex variis codicibus in archivis Svecicis“ in J. Langebek „Scriptor. rer. Danicar.“ etc. Tom. 4, S. 621.)

(Nimm Kenntnis davon, daß 1460 am Tage des Märtyrers St. Valentin (14. Februar) das Meer so kräftig zugefroren war, daß von jenem Tage an fast über 3 Wochen ein öffentlicher Weg oder eine Heerstraße sowohl für Reiter als auch für Wagen und Lastwagen über das Baltische Meer und andere in der Umgebung war.
8 Tage oder fast so viele Tage vor dem St. Valentinstage bis zum nächsten Sonntag vor dem Fest des Pabstes St. Gregor (9. März) war über das Baltische Meer und andere ein öffentlicher Weg für Fußgänger.)

. . . , is en so stark frost gewesen, dat men hefft könen reisen vth Prüssen hier in alle seestede, mit schleden vnd perden.

(„Auszüge aus Stralsund. Chroniken v. Jahre 1230–1521.“ in Dr. Mohnicke u. Dr. Zober „Stralsund. Chroniken.“ I, S. 209.)

Fuisse huius temporis adeo asperam hiemen intensumque frigus chronologis memoratur, ut a Dania Lubecam pedites per glaciem mare transmiserint.

(„Historia rer. Danicar. qua res post excessum Christophori Bavari etc. autore Jo. Isacio Pontano“, edid. Fried. Rostgaard in E. J. von Westphalen „Monum. inedita rer. Germanic.“ IV, Sp. 774.)
= Winter 1459

(Es wird von Chronisten berichtet, es sei zu dieser Zeit ein so rauher und strenger Winter gewesen, daß von Dänemark nach Lübec Fußgänger über das Eis gegangen seien.)

1459 validissima yemps fuit, ita vt de Norwegia fieret iter pedestre ad Lubegk.

(„Chronicon terrae Misnensis“ in J. B. Mencken „Scriptor. rer. Germanicar.“ II, Sp. 360.) = Winter 1459

(Es war ein sehr strenger Winter, so daß er von Norwegen einen Fußweg nach Lübeck machte.)

In diesem jar war ein unglaublicher harter winter, wann man mit schlitten zu zween pferden von Danntzke gen Hela fur, dergleichen auch auß Schweden in Lifflanndt. Und vom tage an, alß die see oder das mer so bestundt von kelte, man sach nie ein wasser offen im ganntzen mer biß an den anderen tag Gertrudes.

(„Simon Grunaus preuß. Chronik.“ Cap. XI, Tractat XVII, § 4, II. Band, S. 252.)

Item von dem LIXsten jare in das LX jar was so ein herter winter so ye menschen gedencken mochte, das man von Danczke gen Heele uffm eise uber die gesalczene sehe gerichtet zčufür, und die von Heyl sprochen, das man vom thorme zcu Heel, so man forderst in die sehe sehen kunde, nicht andres dan eis sach und kein wasser nicht kunde erkennen.

Winter 1459/60 Danzig Ostsee: Eisdecke

(„Joh. Lindaus Geschichte des Dreizehnjährig. Krieges" in „Script. rer. Prussicar." 4. Band, S. 556.)

Donau: . . . ob quae et Danubii fluvius totus glacie sic obtegitur, ut fere ab octavis Epiphaniarum (13. Januar) usque ad profestum beati Gregorii (11. März) clausus, et gravibus oneratis curribus viabilem se cunctis exhiberet.

Österreich Donau: Eisdecke

(„Thom. Ebendorfferus de Haselbach „Chronicon Austriac. libr. V." in H. Pez „Scriptor. rer. Austriac." II, S. 900.)

(. . . deswegen auch der ganze Donau-Fluß so mit Eis bedeckt wurde, daß er von fast 8 Tage nach dem Epiphaniasfeste (13. Januar) bis zum Tage vor dem heiligen Gregors-Tag (11. März) geschlossen blieb und schweren Lastwagen allgemein einen Weg bot.)

En ladicte année furent les rivieres de Seine et Marne moult grandes, tellement que en une nuit ladicte reviere de Marne creut et devint si grande à l'environ de Saint-Mor des Fossez [Départem. de la Seine, Cant. de Charenton-le-Pont] comme de la haulteur d'un homme, et fist grans dommages en divers lieux. etc. etc.

1460 Nordfrankreich Überschwemmungen der Flüsse

(„Journal de Jean de Roye 1460–83", edid. Bern. de Mandrot. I, S. 12.)

Es war ein groß Gewässer in diesem Jahr / nahm alle Brucken hinweg an der Iler vnd Lech.

Iller, Lech Überschwemmung

(Chr. Schorer „Memminger Chronick etc." S. 26.)

Mulde: Hochwasser.

Die Brücke wurde gänzlich weggeschwemmt.

Colditz i/Sa. Hochwasser der Zwickauer Mulde

(H. F. Bellger „Histor. Beschreibung der Stadt Colditz etc." S. 40 und 169.)

. . . und den winter die Pegnitz zwir überfrorn, in eim winter.

2.—22. Februar Franken Pegnitz: Eisdecke

([Nürnberger] „Jahrbücher d. 15. Jahrhunderts." in „Die Chronik. d. dtsch. Städte." 10. Bd., S. 244. Nürnberg.)

14 Tage nach Liechtmeß war es so kalt / daß die Iler überfror / darüber man gehen konte.

Mitte Februar Iller Eisdecke

(Chr. Schorer „Memminger Chronik etc." S. 24.)

Winter 1459/60 11.—12. März Bodensee Eisdecke

Do ist der see ze Überlingen überfroren in vigilia et in die s. Jegorii martyris, daz man můst knechten lönen, die das ins [= Eis] uffschlüegent und uffbrechend, daz man möchti gevaren über see . . .

(„Jahrgeschichten des Landes" in F. J. Mone „Quellensammlung der badischen Landesgeschichte" 3. Band, S. 586.) = 11.–12. März 1461

do überfror hie der see zu mitten Mertzen.

(Lienh. Wintersulger „Ein Überlinger Chronist des 15. Jahrhunderts (1455–1498)" in Ph. Ruppert „Konstanzer Beiträge zur badisch. Gesch." S. 106.) = Mitte März

16. März 1460 Ostsee Eisdecke

Und am sontage oculi in der fasten, das was sant Gertruden abent, da fur man noch von Heele uber die sehe zcu eise gen Danczke, ouch zcogk man zcu pferde und zcu fusse aus Dennemarcken uber die see. zcu eyse in die Wendeschen stete also zcu Lubeck, Wiesmar, Rostock und zum Sunde, das nie kein mensche mehr gedocht hat. desgleichen aus Lifflant also von Revel und andern stetten zcu eisse uber in Schweden und in Dennemarcken und widder uber.

(„Joh. Lindaus Geschichte d. Dreizehnjährig. Krieges" in „Scriptores rer. Prussicar." 4. Band, S. 566.)

10. Juni Haute-Seine Überschwemmung

La vallée de la Haute-Seine fut inondée.

(Boutiot aus Archiv. municipal. de Troyes.)

(M. Champion „Les inondations en France etc." II, S. 15.)

Um 4. Juli St. Gallen (Schweiz) Überschwemmung

Derselben zit um S. Uolrichs tag kam hie um unser stat ain sölich ungestůem regen in der nacht, daß die Gyr [Inron] [Irabach] über den tam hin in Schibinergraben luf und hinden nider an den bletz, da das wasser großen schaden tet, und der mülibach so erschrockenlich groß ward, . . .

(Joachim v. Watt [Vadianus] „Die größere Chronik der Äbte des Klosters St. Gallen" in „Deutsche histor. Schriften", edid. E. Goetzinger. 1. Band, S. 177.)

6. Juli Augsburg Lech- und Wertach-Überschwemmung

Am 6. tag julii was der Lech als groß, das er allenthalben über die tůch auf der plaich gieng; und die Wertach was als groß, das sie an dem Rosenauperg gieng, und jenhalb des galgen drei ackerleng prait.

(„Chronik des Hector Mülich 1348–1487" in „Die Chroniken der deutschen Städte" 22. Band, S. 160.)

7. August Dinant (Belgien) Überschwemmung der Maas

septima die Augusti ecclesia beate Marie Lefflensis ex nimia collectione ymbrium totaliter vastata est, et ita ad nichilum redacta, quod quatuor parietes ecclesie solummodo remanserunt. Et in villa Dynantensi et aliis locis multi perierunt.

(„Annales Floreffienses" M. G. H. Scriptores. XVI, S. 630.)

(Am 7. Tage des August wurde die Kirche der heiligen Maria Lefflensis durch die starken Wassermengen der Regengüsse völlig verwüstet, und sie wurde so zunichte gemacht, daß nur 4 Mauern lediglich übrigblieben. In der Stadt Dinant und anderen Orten kamen viele um.)

En ce temps aussi au pays de Liege, en la ville de Dynan, queyerent si grandes eauwes, qu'une partie d'une abbaye estant en icelle ville et plusieurs edifices furent abbatus, . . .

(J. du Clercq „Memoires de J. du Clercq 1448–1467" Liber IV. Cap. XIII. edid. de Reiffenberg. Tom. III, S. 55/56.)

. . . sant Laurenzen tag am sunnentag, und davor am donstag ze nacht (7. August), do vieng es an regnen, und regnet unz an samstag ze nacht jemerdar streng und vast, das es der zitt nie ufhort als lang, das einer möcht ein ey han gessen. Jnd wurden die wasser als groß, das all bruggen und steg in allem land anweg runnen und enkeiner in allem land nit bestůnd, anders denn die brugg zů Swanden [über die Lint bei Schwanden, Kanton Glarus] bestůnd mit not, (und so man) der nit vast gehulfen hett, so wer si ouch hingerunnen. Und die Enge Bruk [die Engibrücke unterhalb des Dorfes Engi im Sernftal] und der Sol-Steg [Solersteg zwischen Schwanden und Engi] bestůnden gar kumerlich. Und was der Lönitsch [der Löntsch, der bei Netstal in die Lint einmündende Abfluß des Klöntalersees] als groß, das er gädmer mit höw hinweg trug; und die Lint was als groß, das si under der kilchen zů Glarus in der kilchmatt gieng an den kilchhof und enmitten in des Kapplers hofstat. etc. etc. Es beschach ouch den lütten großer schad an ir achern und gütern von großen runsen und wůkischen, so dozemal giengent, und besunder in Lintal tet es den grösten schaden in achern und an gůt. Und warent lüt in Lintal der hüser nit sicher, das si forchten, die Lint wölt si nemen und hinwegfüren. Die Lint da was als groß und gieng umb und umb über, das si in kilchhof in Lintal gieng, daz ein man wůt unz an sine knü an ettlichen enden im kilchhof, das kein man nie mocht verdenken, das die Lint vor nie so vast über wer gangen. Es tat ouch ze Näffels und daselbs umb großen schaden, und warent die wasser zů Näffels als groß, das im dorf ze Näffels niemand zů dem andern mocht komen, denn mit eim flotz.

7.—9. August 1460 Schweiz Überschwemmungen der Flüsse

(„Chronik der Stadt Zürich. III. Züricher u. Glarner Fortsetzung. 1425–33, 1460–78." edid. J. Dierauer in „Quellen z. Schweiz. Geschichte". 18. Bd., S. 233/34.)

Das Land hat eine merkwürdige Überschwemmung der Wasser erlidten.

Kanton Glarus Überschwemmung der Flüsse

(Ch. Trümpi „Neuere Glarner Chronick). S. 215

III die et IIII ante festum Sancte Katarine, tanta inundancia aquarum effluxit in comitatibus Huntyndom et Cantebr' et Northefolchie et in Insula Eliensi atque Sauctum Neotem quod quasi nunquam talis visa erat per prius; nam prostravit pontem cum magna parte hospicii et Fratrum apud Thetford in Northfolch et pontes apud Cantebrigiam, currendo ultra et super rotas molendinarum aquaticorum ibidem, destruendo plures domos, intrando per fenestras earundem, apud Cantebrigiam, Cleyhethe, et Upwere et alibi, in tantum quod potuerunt navigare homines supra omnia calceta de Stunteney et Soham; et urbancia et quasi per totum regnum Anglie.

21.—22. November England Überschwemmungen der Flüsse

(„Brief notes of occurrences under Henry VI and Edward IV" in J. Gairdner „Three fifteenth-century chronicles." S. 153/54.)

(Am 3. und 4. Tage vor dem St. Katharinenfeste flutete eine so große Überschwemmung der Gewässer in den Grafschaften Huntingdon, Cambridge, Norfolk und Ely und St. Neots, wie sie fast niemals früher so groß gesehen worden ist. [Das Wasser] warf nämlich die Brücke mit einem großen Teile des Brüder-Hospizes bei Thetford in Norfolk und die Brücken bei Cambridge um, und es lief außerhalb und über die Wassermühlen dort, zerstörte mehrere Häuser, drang durch die Fenster derselben ein, bei Cambridge, Cleyhethe (?) und Upwell und anderswo; so stark, daß die Menschen über alle Chausseen von Stunteney (?) und Soham mit Schiffen fahren konnten; auch in Kent und fast im ganzen Königreiche England.)

8. Februar 1461 Ulm Überschwemmung der Donau und der Blau

vff suntag nach vnser frawen lichtmeß, da kam ain groß wasser In die blaw, vnd ward die blaw als groß das si ging biß oben an die schwybögen, vnd das ybrig wasser gieng danocht In den graben, gen der thonaw yber die wur auß, vnd stieß die maur hinweg in den graben gen der thonaw . . . , darnach am gutentag zunacht ward die thona so groß, das sy gieng vnda an die bruck, vnd fiert die blaw ettwa manig hauß hinweg, das sy gantz In die blaw fielen vnd hinweg flussen, deren waren bey XI heüser yberal die zerbrachen, vnd erzert wurden.

(„Sebastian Fischers Chronik, besonders von Ulmischen Sachen", edid. Dr. K. G. Veesenmeyer, S. 41.)

Do ward die Bläw ze Ulm so groß, das sie hin zartt die stainy bruck und die ain bruck by dem bad und des zatmans huß bi der bruck ganz und gra und mer ganzer und vil halben heuser och hin.

(„Annales Variorum. Ulm 1307–1487" in „Anzeiger für Kunde des deutschen Mittelalters." 3. Jahrg. 1834, S. 230.)

Memmingen Überschwemmung der Aach

Am Sonntag nach vnser Frawen Liechtmeß kamen grosse Güß / dergleichen zuvor in Memmingen nie gesehen. Bey dem Wasser-Thurn zerrt es den Zwingwolff nider / . . . Es stieß an der Nidergassen die Maur die zwischen dem Bach vnd Graben ist / bey dem Abfallen / gantz vmb. Es war in der Statt alles voll Wasser / . . .

(Chr. Schorer „Memminger Chronick etc." S. 27.)

° (F. Döderlein „Memminger Chronik d. Friedrich Clauß etc." S. 2 aus Chronik v. Schorer. 1660, S. 27.)

Nürnberg Überschwemmung der Pegnitz

Und desselben jars was ein groß güß, als lang ie gewesen was, und kam am suntag nach Dorothea, das gieng pis an die krem unterm Rieter am Markt und füret 3 heuser hinwek zu der Weidenmül mit allem hausrat, und geschah nicht groß schadens in der stat.

([Nürnberger] „Jahrbücher d. 15. Jahrhunderts". in „Die Chroniken d. dtsch. Städte". 10. Bd., Nürnberg, S. 259/60.)

17.—18. Febr. Nürnberg Überschwemmung der Pegnitz

Und in der wochen [darnach] komen grosser güß zwai an der vasnacht eins und an der aschermitwoch eins, das man pei keiner pruken über kunt.

([Nürnberger] „Jahrbücher d. 15. Jahrhunderts" in „Die Chroniken d. dtsch. Städte". 10. Bd. Nürnberg. S. 260.)

Caeterum ver hoc et pluviosissimum et ubique inundans fuit. 1461 Frühling Bayern (Schwaben) Überschwemmung der Flüsse

(A. P. Gasser „Annal. Augstburg" in J. B. Mencken „Scriptor. rer. Germanic." I, Sp. 1637.)

(Im übrigen war dieser Frühling sowohl sehr regnerisch als auch traten allenthalben Überschwemmungen ein.)

Im selben Jahre / war die Werra zu Eschewe so groß / auff den Donnerstag nach aller Heiligen / daß sie zum Heiligen Geist auff den Altar gieng / und thet allenthalben viel Schaden. 5. November Eschwege Überschwemmung der Werra

(Joh. Becherer „Newe Thüring. Chronica etc." S. 415.)

Anmerkung: Es war so kalt, daß d. Markgraf seine Einfälle in Bayern über die gefrorne Donau machen konnte. (Siehe Würdiger II, S. 41.) Januar 1462 Bayern Donau: Eisdecke

(„Fr. Joh. Franks Augsburg. Annalen etc." in „Die Chronik. d. dtsch. Städte" 25. Bd., S. 325.)

und Timotei was der Rin zů nacht gar noche überfroren, das zů nacht alle Zimberlutt und knecht můstend der brucken zů Basel hutten und wercken, das das ysz nit die brucke enweg stiesz, als man ein nuwe joch machte. mörndes worend nit me denne zwei joch am Rintor ledig, das das wasser sin oweweg hatt zů gond vor dem yssz. was der Rin zů Ongest und zů Rinfelden überfroren, das man mit karren dorüber fůr do mans brach. 24. Januar Basel Rhein: Eisgang und Überschwemmung

(„Die Chronik Erhards von Appenwiler" in „Basl. Chroniken". 4. Bd., S. 339.)

Rhein . . . , in crastinum puriffcationis, was das yssz 6 scůche dicke. 3. Februar Basel Rhein: Eisdecke

(„Die Chronik Erhards von Appenwiler" in „Basl. Chronik." 4. Bd., S. 339.)

Item quarta post puriffcationis Marie anno predicto hattend die von Basel 30 knecht, die das yssz uffhuwend; . . . was das yssz eins halben mans dicke; . . . Item der Rin zwuschend Basel und Waltzhůt was an dri enden überfroren.

(„Die Chronik Erhards von Appenwiler" in „Basl. Chroniken". 4. Bd., S. 339.)

Eodem anno fuit inundatio aquarum circa festum sancte Margarethe usque ad festum sancti Petri et ultra. Um 13. Juli bis 1. August SO-Deutschland Überschwemmung der Flüsse

(„Sigm. Rosiczii chron." in „Scriptor. rer. Silesiac." 12. Bd., S. 79.)

(Im selben Jahre ereignete sich eine Überschwemmung der Gewässer ungefähr vom St. Margarethen-Fest bis zum St. Petri-Fest und darüberhinaus.)

Vom häufigen Regen schwillt der Bach, der auf der Nordseite der Stadt von Görrisseifen vorbeifließt, so heftig an, daß das alte Spital umstürzt. Löwenberg i/Schles. Überschwemmung

(B. G. Sutorius „Die Gesch. v. Löwenberg etc." I, S. 109.)

Winter 1462 bis 1463 Regensburg Donau: Eisdecke

Donau: Die Tunau gestieß bald vor Nicolai (6. Dezember), wann sie was kleiner, denn jemant gedacht oder gesehen hat, ... Doch so gieng der Stoß vor Weihnachten hin, daß man Wassers genug gewann; und ward mehr ein Stoß oben und nieden in der Tunau, der gieng am dritten Tag vor Valentini (11. Febr.) wiederumb aller hin. (Städt. Akten).

(C. Th. Gemeiner „Der Reichsst. Regensburg Chronik". III, S. 371.)

München Isar: Hochwasser

... ist die Iser vast gros gewesen. An LXII ad LXIII um Sant Peters Kirchtag.

(„Anonymi Monacensis breve chronicon Bavariae ab a. 1487 ad a. 1506" in A. F. Oefele „Rer. Boicar. scriptores" I, S. 48.)

5. Dezember 1462 Ulm Blau: Eisdecke

an sant niclaus aubent da was die blaw yberfroren, vnd was also klain, ...

(„Sebastian Fischers Chronik, besonders von Ulmischen Sachen", edid. Dr. K. G. Veesenmeyer. S. 41.)

1463 Rom Tiber-Überschwemmung

excrevit adeo Tyberis Romae, ut alicui apud gradus S. Petri, et in aede rotundae Mariae submersi dicantur.

.(„Anonymi Mellicensis breve chronicon Austriae." in H. Pez „Scriptor. rer. Austriac." II, S. 465.)

(Der Tiber-Fluß stieg zu Rom so sehr an, daß manche an den Stufen von St. Peter und an der Kapelle Santa Maria La Rotonde ertrunken sein sollen.)

18.—19. Februar Lünen Überschwemmung der Lippe

des vrydages ind des saterdages vor groten vastauede, was dat water so groyt als dat bynnen hundert Jaren Jv was gewest, Ind stont op dem kerchoue vor der kerkdoer vp dey zuet syd, so dat it dey lude dreff vt dem hilligen geste.

[aus dem rothen Buch der Stadt Lünen]

(„Nachrichten zur Geschichte der Stadt Lünen" in „Archiv f. Gesch. u. Altertumskunde Westphalens". 7. Bd., S. 263.)

22. Februar Westfalen Überschwemmung der Flüsse

Op Petri ... Nu weren de water alle groet, de bruggen op der Ruer vloten meest en wech, de Lippe genk to Lunen in de kerke.

(„Chronik d. Johann Kerkhörde v. 1405–1465" in „Die Chroniken der deutschen Städte". 20. Band, S. 141.)

Mitte März N.-Schweiz Thur: Eisdecke

ze mittem merzen fiel ain großer schnee und ward so kalt, daß die Tur überfror.

(„Fridolin Sichers Chronik", edid. Ernst Götzinger. S. 15.)

Zwischen 13. und 20. März Nogat Überschwemmung

It in der wochen fur letare do brach der Nogat aus, bei der Halbenstat [= Halbstadt, ca. $1^1/_2$ Meilen unterhalb Marienburg] und vortrenckte vil nach das gancze Fischowsche Werder und thate grossen schaden, und bei XIIII tagen darnach fingk es sich selber widder.

(„Joh. Lindau's Gesch. d. dreizehnjährig. Krieges" in „Scriptor. rer. Prussicar." 4. Bd., S. 598.)

Im tag Letare brach auß der tham am wasser Noyte gem dorff Halberstatt [Halbstadt] im großen Werder und ertrankte wol 4 schonne dorffer.

(„Simon Grunau's Preuß. Chronik". II. Bd., S. 275. Tractat XVII. Cap. XV.) = 20. März

propter continuas pluvias Pragae circa Festum S. Joannis Baptistae magna exundatio Moldavae exorta est, ita ut multi existimaverint, quod tota Praga submergeretur.

Um 24. Juni 1463 Prag Moldau-Überschwemmung

(J. F. Hammerschmid „Prodromus gloriae Praaenae etc." S. 698.)

(Infolge der anhaltenden Regengüsse entstand zu Prag um das Fest Johannis des Täufers eine große Überschwemmung der Moldau, so daß viele umkamen, weil ganz Prag unter Wasser kam.)

25. Juli . . . Dix jours plus tard, des amas de nuages s'abattirent entre Ans et Lantin sur un endroit ou postérieurement les Liègeois furent tuès; une partie des eaux pénêtrèrent dans la cité par la porte Sainte-Marguerite et remplirent de la boue qu'elles entraînaient toute l'église de Saint-Séverin jusqu'au dessus du maître-autel et toutes les rues jusque Saint-Barthélemy en causant de grands dommages. On ne vit jamais rien de semblable à Liège. Une autre partie tomba de mème sur les rives du Geer et y exerça aussi de grands ravages.

4. August Liège und Umgebung Überschwemmung

(Adrien d'Oudenbosch „Hist. de Liége sous le regne des eveques Jean de Heinsberg et Louis de Bourbon" Traduct. franc. de J. Alexandre in „Publ. de la soc. d. biblioph. Liègeois". No. 36, S. 101.)

An vnser Frawen Tag im Herbst war ein so grosses Gewässer / . . . Das Wasser gieng im Graben durch das Krugs-thor / da ist ein Loch / da gieng es in die Stadt vnd in die Keller / darum vor nie kein Wasser war / wie groß es auch zu andern Zeiten gewesen.

8. September Memmingen Überschwemmung

(Chr. Schorer „Memminger Chronick etc." S. 31.)

° (F. Döderlein „Memminger Chronik d. Friedrich Clauß etc." S. 2 aus Schorer's Chronik. S. 31.)

Freitag Nacht vor dem St. Katharinentag. heft sick een groot Storm und regen erhaven, war door in Oostfreeslant groten schaden geschehen, und in Westfreeslant een Zyhl by Sneeck, . . . , Offenweister Zyhl, genoemt, gantz weg gedreven, . .

25. November Friesland Sturmflut

(E. Beninga „Volledige Chronyk van Oostfrieslant", edid. E. F. Harkenroht. S. 363.)

14. August hub es an trefflich sehr zu regnen, währete drei Nacht und drei Tage ohne Unterlaß nacheinander, davon so große Gewässer sich versammlet, daß man zu Breslau auf den Gassen nicht gehen konnte. Zur Lissa ging es 3 Elen hoch über die Brücke. Zum Neumarkt konnte man mit Schiffen über die Ziemen (?) auf den Brücken fahren. Zur Schweidnitz zerriß es die steinerne Brücke, zu Striegan das Spital, zu Bolkenhain ersoffen viel Laute. Zur Liegnitz warfs ein groß Stücke von der Stadtmauer nieder. Wolau stand wegen der Wasserfluth in großer Noth und

14.—16. August 1464 SO-Deutschland Überschwemmung der Flüsse

Gefahr; die Pölsnitze, die Olau und alle umliegenden Flüsse und Bäche wurden so groß, daß sie aus den Dörfern Häuser und Mühlen wegführten. alle Teiche im Lande rissen aus; viele Leute verdarben und viel mehr Viehes. Die Oder, darein doch alle diese Flüsse gehen, war nicht sonderlich groß.

(„Jahrbücher der Stadt Breslau von Nikol. Pol", edid. Dr. J. G. Büsching. II, S. 49.)

1464 Um 14. August SO-Deutschland Überschwemmung der Flüsse

In vigilia assumtionis Marie et aliquibus diebus precedentibus ac sequentibus fuit maxima pluvia, cuius inundatio multa damna intulit piscinis, pratis, edificiis, pontibus et molendinis, multis hominibus et pecoribus submersis.

(„Sigism. Rosiczii chron." in „Script. rer. Silesiac." 12. Bd., S. 80.)

(Am Tage vor der Himmelfahrt Mariä und einigen vorhergehenden Tagen waren sehr starke Regengüsse, wodurch eine Überschwemmung entstand, mit vielen Schäden an Fischteichen, Wiesen, Gebäuden, Brücken und Mühlen und wobei viele Menschen und Tiere im Wasser umkamen.)

Unser lieben Frauen Himmelfahrt die Nacht zuvor kamen so große Regen, die da wereten die ganze Vigilien (14. August), den ganzen Tag Assumptionis Mariä (15. August) und den andern und dritten Tag (16. August), Tag und Nacht, daß die Leute nit vol uf den Gassen gehen mochten. Es war ein ander Sündflut.
. . . , auch die Wasser sich sehr schwer schrecklichen erhuben, daß niemanden größern Fluten gedencken mochten. Zur Lisse ginge das Wasser drei Ellen hoch über die Brucke, die Pelcze, die Olaw und alle umliegende Flüsse und Bäche wurden so groß, daß sie aus den Dörfern Heuser und Mülen wegfüreten; alle Teiche im Lande rissen aus, viel Leute verdorben und vil mehr Vihes. Zum Neumarkte mochte man ufschiffen, über die Zimmer uf der Brücken faren. Zu Schweinitz zurisse das Wasser die steinerne Brücke, zu Strige zurisse es den Spital, zu Bolkenhain ersoffen vil Menschen, zur Lignitz warf das Wasser an der Statmauer ein groß Stück darnider, und wiewol alle Flüsse überschwenglichen groß waren, so war doch die Oder, dorein solche Flüsse komen, nit dornach so groß als die Flüsse, daß sich alle Leute verwundern musten.

(„Peter Eschenloer's Geschichten der Stadt Breslau etc. 1440/79" edid. Dr. J. G. Kunisch. I, S. 253.)

14.—16. August SO-Deutschland Überschwemmung der Flüsse

Hic volui connotare pluviam et ymbrem maximum, qui invaluit et inundavit in vigilia Assumpcionis Marie Virginis in tantum, ut nemo retroactis temporibus maioris memorabatur. Bene equari poterat diluviali inundacioni; continuavit sine mora per totam vigiliam noctemque usque in crastinum eiusdem festi (16. August). Fetida fuit pluvia, que illinc pestem adduxit in Wratislavia, que in iuvenibus puellulis et eciam masculis incepit ferire. Fuit tanta subito inundacio, ut ripe et parva flumina ita excreverant, precipue Lissa, qui supra pontem ibidem a tres ulnas profunditate visus est; omnia molendina domuncule intergre abrapuit et fregit. Sic eciam Pelecz fluvius Olavia quoque Widavia et alie ripe in dominio ducis Albi domini

Olsnensis tantum habundaverunt, ut nulle piscine remanserant. Domus cum hominibus perierunt, iumenta pecudes pecoraque innumera submers sunt. Attamen Odra non ita magnus fuit, sed absque periculo defluxit. In Swidniz lapidens pons disruptus; in Stregow hospitale ante urbem cum hominibus infirnis per aquam disrutum est. In Bolkenhayn multi homines perierunt; in Legnicz fortalicium prope valvam Wratislaviensem corruit.

(Peter Eschenloer „Historia Wratislaviensis". in „Scriptor. rer. Silesiac." 7. Bd., S. 103/4.)

(An dieser Stelle will ich von dem sehr starken Regen und Gewitterguß berichten, der zunahm und am Tage vor Mariä Himmelfahrt eine so große Überschwemmung brachte, daß sich niemand in den vergangenen Zeiten einer größeren erinnern konnte. Er konnte wohl mit einer Sintflut verglichen werden. Er dauerte ohne Unterbrechung den ganzen Tag und die Nacht vor [Mariä Himmelfahrt] bis zum Tage nach diesem Feste. Der Regen war stinkend und führte von dieser Zeit an eine Seuche in Breslau herbei, die junge Männer und Mädchen und auch Mannspersonen zu treffen begann. Es trat plötzlich eine so starke Überschwemmung ein, daß die Flüßchen und kleinen Flüsse sehr anstiegen, besonders zu Lissa, wo oberhalb der Brücke dort eine Tiefe von 3 Ellen beobachtet wurde. Alle Mühlen und Häuschen wurden fortgerissen und zerstört. So traten auch der Fluß Lohe, die Ohle, die Weide und andere Flüßchen im Gebiete des Herzogs Albus (?), des Gebieters von Öls, so sehr über ihre Ufer, daß keine Fischteiche übrigblieben. Die Häuser mit ihren Menschen gingen zu Grunde, unzählige Lasttiere, Viehherden und Kleinvieh ertranken. Aber dennoch war die Oder nicht so groß, sondern floß gefahrlos ab. In Schweidnitz wurde die steinerne Brücke zerbrochen, in Striegau das Hospital vor der Stadt mit den kranken Menschen durch das Wasser fortgerissen. In Bolkenhain kamen viele Menschen um; in Liegnitz stürzte ein Befestigungswerk nahe dem Breslauer Tore ein.)

Um 15. August 1464 Südostdeutschland Überschwemmung der Flüsse

Item, anno eodem circa festum assumpcionis b. virginis magne et continue pluvie fuerunt plus quam per triduum sine cessacione, et presertim in ipsa nocte assumpcionis b. virginis tempestas gravissima cum pluvia maxima ad multas horas fuit in qua tempestate per tonitruum et fulmen ecclesia monasterii Trebniczensis succensa fuit tectum. Quas pluvias maxime inundancie aquarum subsecute sunt, que innumeras piscinas hinc in Slesia ruperunt, prata et frumenta in locis declivioribus et prope flumina sitis submerserunt et destruxerunt, et nichilominus innumerabilia quasi peccora et alia animalia maiora et minora, equi, boves, porci et oves etc. ex violencia et vehemencia aquarum subito viencium in campis submersa sunt. Tanta fuit inundancia et violencia aquarum prope Wolauiam [Wohlau] in die assumpcionis [15. August], quod ipse dux cum omnibus curialibus suis et populo civitatis, quasi tota die extreme laboraverunt, quod vix civitatem ab subversione conservaverunt, ut ipse dux postea met est testatus.

(„Chronica abbatum Beatae Mariae Virginis in Arena" in „Scriptores rerum Silesiac." 2. Bd. S. 249.)

(Gleichfalls im selben Jahre um das Fest Mariä Himmelfahrt ereigneten sich große und anhaltende Regengüsse von über 3 Tage Dauer ohne Unterbrechung, und besonders in der Nacht Mariä Himmelfahrt hielt ein sehr schweres Gewitter mit sehr starken Regengüssen viele Stunden lang an, bei welchem Gewitter durch Donner und Blitz das Dach der Kirche des Klosters Trebnitz verbrannt wurde. Diesen Regengüssen folgten sehr schwere Überschwemmungen der Gewässer, die zahllose Fischteiche in dieser Gegend in Schlesien zerbrachen, Wiesen und Getreidefelder, die abschüssig und an Flüssen gelegen waren, unter Wasser setzten und vernichteten, und nichtsdestoweniger unzähliges Kleinvieh und andere größere und kleinere Tiere, Pferde, Rinder, Schweine und Schafe etc. durch die Heftigkeit und Gewaltsamkeit der plötzlich kommenden Fluten auf den Feldern ertranken. So groß war das Hochwasser und die Heftigkeit der Fluten bei Wohlau am Tage der Himmelfahrt (Mariä), daß selbst der Vorsteher mit allen seinen Mitgliedern der Kurie und der Bevölkerung der Stadt fast den ganzen Tag aufs äußerste arbeitete, daß sie kaum die Stadt vor der Vernichtung bewahrten, wie der Vorsteher später selbst bekundet hat.)

1464
um 15. August
SO Deutschland
Überschwemmung
der Flüsse

... diluuiales pluuie et ymbres ... totamque noctem et diem festum eiusdem Assumpcionis et per totam crastinam fuerunt continuate; non fuit tectum in urbe, quod non fuisset transfusum cessante pluuia ista, subito omnes ripe et flumina in tota Slesia valde creuerunt, ut nemo antea maioris recordabatur inundacionis, Lissa ibidem supra pontem v. vlnarum excreuatur, omnia molendina integre secum abstulit, innumera animalia atque homines absorbuit in villam vsque sancte Margarethe prope ecclesiam fluxit. Item in Swidnicz idem flumen lapideum pontem fregit, in Stregonia hospitale cum infirmis rupit et secum abstulit, in Legnicz fortalicium et partem muri Ciuitatis circa valuam Wratislauiensem destruxit in Nouoforo supra menia pontis nauigatum fuit.
Sic Pelcz consimiliter maxima inundacione excreuetur prius non uisa. Item in Nissa valde et parue ripe, ac Widauia in ducatu ducis Albi, et vndique in Slesia maxima dampna intulerunt, omnes piscine disrupte, multi quoque homines pericrunt et pecudes atque pecora sine numero, vix opidum Wolauiense ab incolis pre aquarum potencia et impetu fuit conseruatum, mirum tamen, quia maius flumen scilicet Odra propterea tamen non inconsuete excreuit, quem ante duos annos quasi duarum vlnarum visi maiorem. (Nachricht auf der Innenseite des Pergamentumschlages um das Stadtbuch (liber excessum et signaturarum in Breslau).

(Dr. A. Schultz u. Dr. Grünhagen „Annalistische Nachlese“. (Fortsetzung) S. 376.)

(Sintflutartige Regen und Gewittergüsse hielten die ganze Nacht und am Tage des Festes (Mariä) Himmelfahrt und den ganzen folgenden Tag an. Es gab kein Dach in der Stadt, daß nicht von jenen Regengüssen durchdrungen wurde. Plötzlich stiegen alle Flüßchen und Flüsse in ganz Schlesien so stark an, daß sich niemand einer größeren früheren Überschwemmung erinnerte.
Bei Lissa (Deutsch-Lissa) stieg (der Fluß Weistritz) oberhalb der Brücke 5 Ellen, führte alle Brücken völlig mit sich fort, verschlang unzählige Tiere und Menschen

und floß bis in das Dorf St. Margarethen nahe der Kirche. Eenbso zerstörte in Schweidnitz derselbe Fluß (Weistritz) die steinerne Brücke, in Striegau riß er (Striegauer Wasser, Nebenfluß der Weistritz) das Hospital mit den Kranken ein und führte es mit sich fort, in Liegnitz zerstörte er (der Katzbach-Fluß) ein Befestigungswerk und einen Teil der Stadtmauer beim Breslauer Tor, in Neumarkt wurde über die Mauern der Brücke mit Kähnen gefahren.

So stieg auch in ähnlicher Weise die Lohe zu einem sehr starken Hochwasser an, wie es früher nicht beobachtet wurde. Ebenso verursachten im Neißischen große und kleine Flüsse und die Weide im Herzogtum des Herzogs Albus [?] und überall in Schlesien größte Schäden. Alle Fischteiche wurden zerstört, auch viele Menschen und unzähliges Kleinvieh und Viehherden kamen um, kaum konnte die Stadt Wohlau von den Einwohnern gegen die Gewalt und den Ansturm der Fluten gehalten werden. Dennoch ein Wunder, daß ein größerer Fluß, wie die Oder, trotzdem nicht ungewöhnlich anwuchs, da ich sie vor 2 Jahren fast 2 Ellen höher sah.)

facte sunt magne aquarum inundaciones, de quibus Monasterium Kamencz in frumentis et piscibus prochdolor dampna non modica suscepit. 15. August 1464 Kamenz i/Schlesien Überschwemmung

(Dr. Wattenbach „Nekrologium des Stifts Kamenz" S. 308.)

(Es ereigneten sich große Überschwemmungen der Gewässer, durch die das Kloster Kamenz an Getreide und an Fischteichen, welch ein Schmerz, nicht geringe Schäden erlitten.)

(Es wird die bei Koblitz [am unteren Ende des jetzigen Dorfes Krotenpfuhl] noch im Bau begriffene steinerne Brücke durch ein Hochwasser hinweggerissen.) Mitte August Habelschwerdt Überschwemmung der Glatzer Neiße

(„Excerpte aus der handschriftl. Chronik eines Habelschwerdters vom Jahre 1618." edid. A. Skalitzky in „Vierteljahrrschrift f. Geschichte u. Heimatskunde d. Grafschaft Glatz". VII, S. 84.)

... sant Othmers tag, ... Und kam der fönn und regen und treib den schnew ganz wider ab, ... Und ward dozemal das wasser als groß, als es des sumers ie ward, und beleib do âber unz an sant Thomes tag (21. Dez.) 16. November Kanton Zürich Hochwasser der Flüsse

(„Chronik der Stadt Zürich. III. Zürcher u. Glarner Fortsetzg. 1425/33. 1460/78." edid. J. Dierauer in „Quell. z. Schweiz. Gesch." 18. Bd., S. 245.)

iniuria aquae inundatio in multis locis fuit, ita quod sedes inferiores chori nostri sub aqua fuerint. [Diarium, ad Praedicatores.] 19. November Liège Überschwemmung der Maas

(J. Molanus „Histor. Lovanensium" Liber XIV., edid. P. F. X. de Ram in „Public. de la comm. roy. d'hist. de Belgique". No. 9, S. 859.)

(An vielen Orten war Schaden infolge einer Überschwemmung, so daß die unteren Sitze unseres Chors unter Wasser standen.)

23. November 1464 Friesland Sturmflut

des Vrydags voor Sinte Catharina, was't zo een groten Storm / en Onweder van Wind en Regen / dat Offingawierster-zyl by Sneck weg dreef / . . .

(Okko van Scharl, Johannes Vlytarp und Andreas Cornelius Stavriensis. „Chronyk en waaragtige beschryvinge van Friesland etc." S. 206.)

Winter 1464/65 Nordfrankreich Flüsse: Eisdecke

la riviere Doise et de Senne et aultres feurent engellées, et carioit on sups comme en pleins camps.

(J. du Clerq „Mémoires 1448/1467" Liber V. Cap. XVIII. edid. de Reiffenberg. Tom. IV, S. 90.)

Belgien Flüsse: Eisdecke

Les principales rivières furent aussi tellement engelées que l'on menoit au travers d'icelles les chariots bien chargés de marchandises.

(F. Vinchant „Annales de la prov. et comté du Hainaut etc." Tom. IV. edid. A. P. V. Descamps. S. 251.)

Flandern Schelde. Eisdecke

doen wast't soo souwen winter, dat men tot Antwerpen ginck een maent lanck over Schelt.

(N. de Weert „Chronycke van Nederlant etc." 1097/1565 in „Chron. de Brabant et de Flandre", edid. Ch. Piot in „Collect. de chron. belg. inédit." Bd. 21, S. 279.) = 1464

Liber temporum, apud Advocatum Nys, adeo regidam facit huius anni hiemem, ut „Scaldis, integro mense, steterit gelu constrictus, et pedibus permeabilis.

(Dan. Papebroek „Annales Antverpienses etc.", edid. F. H. Mertens u. E. Buschmann. Tom. II, S. 65.) = 1464

(Das „Liber temporum", bei dem Advokaten Nys, schreibt über den strengen Winter dieses Jahres, daß die Schelde einen ganzen Monat lang so stark zugefroren war, daß das Eis passierbar war.)

Cleve Eisgang mit Überschwemmung

cum hyems aspera, glacie dissoluta, maximum ditioni Clivensi inundationem adferret, in hac quoque urbe turris ac porta Hanzelerina aquarum impetu dejectae sunt.

(W. Teschenmacher „Annales Cliviae etc." edid. J. Chr. Dithmar. S. 147.) = 1464

(Da der Winter streng [war], brachte das Schmelzen des Eises Kleve eine sehr starke Überschwemmung, bei der auch in der Stadt der Hanzeler Turm und das Tor durch den Anprall der Wogen umgeworfen wurden.)

Bodensee Eisdecke

A. 1465 do was der Bodensee überfroren, das man von Bodmann gieng uff dem see bis gen Überlingen, von Iberlingen biß gen Dingelsdorf, und das zů ainen warzaichen, das der schlitt noch zů Iberlingen uff dem rauthůß lit, do man haut holz zů den selben ziten uff dem see gefiert.
(Handschrift von St. Georgen Nr. 71 zu Karlsruhe.)

(„Jahrgeschichten d. Landes" in F. J. Mone „Quellensammlung etc." 1. Band, S. 226.)

Des vorgenanten jars uff s. Agatha aubend [4. Febr.] do entfror und gieng uff der undersee und darnach an dem dritten tag, do ward es also kalt, das der undersee wider überfror und belaib also biß uff sant Mathiastag [24. Febr.] ...

Winter 1464/65
4. Februar
Bodensee
Eisdecke

(„Gebh. Dacher's Chronik" in Ruppert „Die Chroniken d. Stadt Konstanz". S. 256.)

1465 do überfror der Bodensew ze Überlingen gen Dingelstorf, wert an önser frowen tag zů der liechtmiss (2. Febr.), daz man där über rait und giengent zů dem win über see.

... und hett man einen tanz ze Überlingen uff dem see.

(„Jahrgeschichten des Landes" in F. J. Mone „Quellensammlung der badischen Landesgeschichte" 3. Band, S. 587.)

überfror der see nach weihnachten so hart, das ainer von Rüedlingen herüber ritt. Man sprang ainen rayen druff vor der statt bruck; man stieß ouch daruff den stain etc. etc.

(„Ein Überlinger Chronist des 15. Jahrhunderts, Lienhard Wintersulger". edid. Ph. Ruppert in „Konstanz. Beiträge zur badisch. Gesch." S. 109.)

° („Konstanz. Chronik. 307–1466" in F. J. Mone „Quellensammlung etc." I, S. 347.)

° („Annales Variorum" in „Anzeiger für Kunde des deutschen Mittelalters" 3. Jahrg. 1834. S. 230.)

Und gefror der Zurichsew unz gan Mänidorf nider, und gieng das is nit darus unz nach mitterfasten [7. März].

Züricher See
Eisdecke

(„Chronik der Stadt Zürich. III. Zürcher u. Glarner Fortsetzung. 1425/33. 1460/78" in „Quellen z. Schweizer. Geschichte". 18. Bd., S. 242.)

Item an sant Anthonientag [17. Januar], do gefror der Zürichse unz gan Zürich an die Swiren, und was also gefroren unz an donstag nach mittervasten [28. März 1465.]

(„Chronik der Stadt Zürich. III. Zürcher u. Glarner Fortsetzung. 1425/33. 1460/78." edid. J. Dierauer in „Quell. z. Schweiz. Gesch." 18. Bd., S. 247.)

Großes Wasser bis an unser lieben Frauen Altar.
[Zeichen am Turm in der Neustadt.]

1465
Bernburg
(Anhalt)
Überschwemmung
der Saale

(Dr. H. Suhle „Ältere Nachrichten des Kirchenbuchs der Marienkirche zu Bernburg" in „Mitteilungen d. Vereins für Anhalt. Gesch. u. Alterthumsk." 6. Bd., S. 260.)

Melk (Donau) Donau-Überschwemmung

Danubius tam magnus erat, ut operiret cunctum insulam octo fere diebus; ut arbores sublimiores per medium vix cernerentur.

(„Annales Mellicenses. Contin. Mellicensis." M. G. H. Scriptores. IX, S. 521.)

(Die Donau war so groß, daß sie die ganze Insel fast 8 Tage lang bedeckte, so daß die höheren Bäume kaum zur Hälfte gesichtet wurden.)

20.—21. Januar 1465 Bodensee Eisdecke

Als man von der geburt Christi zalt 1465 jare an sant Agnesentag und aubend [20. und 21. Januar] ward es vast kalt, das der Bodensee von dem Aichorn bis gen Regikoven überfror als sechs vinger dick yß und das man doruff gieng och von Überlingen gen Dingelsdorf und Walhusen. Man gieng und rait über das yß . . .

(„Gebh. Dacher's Chronik" in Ph. Ruppert „Die Chronik. d. Stadt Konstanz". S. 252.)

° („Joh. Stetter's Chronik 82" in Ph. Ruppert „Die Chronik. d. Stadt Konstanz". S. 252.)

12. Februar Bodensee Eisdecke

. . . und bin ich Gebhard Dacher von Dingelsdorf gen Überlingen uff dem yß und see gegangen uff dem nechsten zinstag vor sant Valentinstag [12. Febr.] in dem jar, als obstat.

(„Gebh. Dacher's Chronik" in Ph. Ruppert „Die Chronik. d. Stadt Konstanz". S. 252.)

16. November Danzig Sturmflut mit Weichsel-Überschwemmung

. . . do wehete so gros wint also in LXX ader LXXX jaren zcuvor gewehet hatte, es schlug und furte das bolwerck fur den Munden hin wegk, . . ., und das wasser wart so gros, das den tham achter sant Barbaren umbewusch umb die gartten das meiste teil wegk, und das wasser gingk uber den Weisseltham, das der tham ausbrach wol an dreien oder vier enden, das das wasser in den garten stunt bis an den lantwegk und warff die pasteie im Werderschen thore nidder.

(„Joh. Lindau's Gesch. d. dreizehnjährig. Krieges" in „Scriptor. rer. Prussic." 4. Bd., S. 626/27.)

° („Simon Grunau's preuß. Chronik." Tractat XVII. Cap. XVII. § 9. Band 2, S. 293)

Winter 1465/66 Lothringen Hochwasser der Flüsse

et furent les yawe très grande en tout l'iver.

(L. Larchy „Journal de Jehan Aubrion". S. 16.)

Thorn Weichsel-Überschwemmung

In dem jare umb weinachten und sonderlich umb Purificationis Marie [2. Febr.] hatt sich die Weissel gewaldiglichen ergossen, so das bei menschengedechtnus nie grosser wasser alhier gewesen, und hatt gestanden bis zu osteren. Es flos zum vherthor ein in die badstuben an der Weissel, in das jungfrawenkloster, in ire kuchen unnd keller, auch in die ofengruben, und ging gleichwol mit eysze etliche wochen; hatt grossen schaden gethan an den kanen, gebeuden und an der stadtmaur. Die fiel umb hinder dem spittal zum heiligen geiste. Der kottelhoff wart gantz umbgeworffen. Die vischerpostei fuerte das eysz hinweg und reis sie aus.

Zu Diebaw musten alle leute aus der stat weichen. Die brucke vor dem schlosse und alle zeun reisz es gar umb. Auch in der stat bei 24 heuser umbfielen. Die wassermulen wurden gar zubrochen und thet das wasser grossen schaden, . . .

(„Die älteste Thorner Stadtchronik", edid. Max Töppen. S. 154.)

In diesem Jahre umb Weynachten und sonderlich circa Festum purificat. S. Mariae [2. Febr.] bis auf ostern hat sich die weichsel ergossen; das wasser lief zum Fehrthor mit dem Eyse, in alle badt Stuben an der Weichsel und in die Kirche, in das Jungfern Kloster wie auch in alle Keller; an Schiffen und Gebauden hat es großen Schaden gethan, die Stadtmauer hinter dem Spital zum heiligen Geist fiel umb, der Kuttelhof wurde gantz umbgeworfen. Zu Dibow musten alle Leute aus der Stadt weichen, die brucke vor dem Schlosse gantz zerrissen und theils davon weggeschwommen, in der Stadt fielen durch das wasser XXIIII Hauser ein und that daselbst uberaus großen Schaden.

(A. Voigt „Thorner Denkwürdigkeiten von 1345–1547". S. 104.)

Starke Überschwemmung. 1466 Oise Überschwemmung

(Dr. Boursier „Hist. de la ville etc. de Creil (Oise)". S. 27/28.)

. . . vnnd wuchsen die Wasser trefflich sehre / . . . Mitteldeutschland Hochwasser der Flüsse

(M. Dresser „Sächsisch. Chronicon." S. 460.)

In einem Jahr erlitt die Stadt Namslau großen Schaden. Erstlich thaten ihnen die Wasserfluthen großen Schaden, rissen aus alle Dämme und Graben. Namslau (Schlesien) Überschwemmung der Weida

(„Jahrbücher der Stadt Breslau von Nikol. Pol" edid. Dr. J. G. Büsching. II, S. 54.)

. . . et circa festum purificacionis Marie aqua in Wisla tanta inundacione excrevit, quod fluxit in urbem Thorun per valvam Fertor [jetzt Brückentor] pene 20 passus, quod bestie adaquabantur, in urbe naves sunt conquassate, cloaca generalis pro maiori parte demollita [= demolita] et domus carnificum Cöttelhoff penitus eversa. Sanctimonialibus in ecclesia et habitacionibus et vinea multa intulit aqua damna. In Marienburg castro omnia fossata et cellaria fuerunt plena ex inundacione fluvii Nogath et in Insula amnes vix cum magna vigilancia hominum die noctuque conservabantur, et ita aqua exaltavit, quod de ponte ante castrum homines aquam hauserant. Non fuit in memoria hominum senum tanta inundacio unquam visa aut audita. Um 2. Februar Weichsel, Nogat Überschwemmung

(„Die Aufzeichnungen des Thorner Pfarrers Hieronymus Waldau", edid. Dr. Günther in „Zeitschrift des westpreußisch. Geschichtsvereins". Heft 49, S. 239/40.)

(. . . und um das Fest Mariä Reinigung entstand in der Weichsel eine so starke Überschwemmung, daß sie in der Stadt Thorn durch das Fertor [späteres Brückentor] fast 20 Schritte floß, so daß die Tiere dort zur Tränke gingen, in der Stadt

Schiffe aufliefen, der allgemeine Abzugskanal größtenteils beschädigt wurde, und das Haus der Fleischer, Kuttelhof, fast umgerissen wurde. Den Nonnen in der Kirche, den Wohnungen und dem Weinberg fügte das Wasser vielen Schaden zu. In der Burg Marienburg waren alle Gräben und Keller infolge der Überschwemmung des Flusses Nogat voll [Wasser] und auf der Insel [Werder?] wurde das Wasser durch die große Wachsamkeit der Menschen Tag und Nacht kaum aufgehalten, und so stark erhob sich das Wasser, daß die Menschen von der Brücke vor der Burg aus Wasser schöpfen konnten. Die alten Leute konnten sich nicht erinnern, eine so große Überschwemmung jemals gesehen oder davon gehört zu haben.)

2. Februar 1466
Weichsel-Überschwemmung

Am Tage Mariae Reinigung hat sich die Weichsel dergestalt ergossen, daß das Wasser zum Brücken-Thor einfloß, in die Badstube und in das Jungfern-Kloster: Bei diesem grossen Wasser gieng das Eiß etliche Wochen starck und that grossen Schaden an Kahnen und Gebäuden, ja an der Stadt-Mauer, die ist hinter dem Hospital zum H. Geist umgefallen, der Kuttelhoff war gantz umgeworffen, die Fischerey-Pastey führete das Eiß hinweg: zu Dibau musten alle Einwohner weichen, die Brücke vor dem Schloß und alle Zäune daselbst riß es aus; Um die hiesige Stadt sind auf die 24 Höuser umgefallen, die Wassermühle ward gar zerbrochen, und diß grosse Wasser hat bis Ostern gestanden: Man rechnete den hiesigen Schaden auf ein grosses.

(J. H. Zernecke „Thornische Chronica etc." S. 77 aus Rathsmann Conrad Möllers Manuscript.) = 1465

° („Die älteste Thorner Stadtchronik", edid. Max Töppen. S. 154.)

1. April
Danzig
Weichsel- und Nogat-Überschwemmung

It. am Dienstage nach palmarum da brach die Weissel aus bei Zätkow [= Zatkau] in das kleine Werder und flos in die Mottlow noch Danczke und that grossen jemerlichen schaden den dorffern gemeinlich im selben Werder und sunderlich den burgern zcu Danczke, den das wasser ir holcz von den wesen hinweg treib etc. etc. It. so brach auch der Nagoth aus in das grosse Werder und treib ein gancz dorff wegk an die kirche und that och grossen mechtigen schaden doselbest, desgleichen och uff der Nerung und im Fischauschen Werder.

(„Joh. Lindau's Geschichte des dreizehnjährigen Krieges" in „Scriptor. rer. Prussicar." 4. Bd.)

° („Simon Grunau's preuß. Chronik". Tractat XVII. Cap. XVII, II. Band, S. 295.)

1466
2. Hälfte April bis 8. Mai
Lothringen
Hochwasser der Flüsse

. . .; mais le reste du mois d'apvril en jusques au huitiesme jour de may, fist ung tres pouvre temps et chéoit pluye aussi froyde comme â noel, et pleuvoit fort et furent les yawes grandes comme elles avoient esté en hyveir.

(J. F. Huguenin „Les chroniques de la ville de Metz". S. 352.)

° („Journal de Jehan Aubrion" edid. L. Larchey. S. 16.)

Le cinquiesme, sixiesme et septiesme jour de jullet, en ces trois jours durant, fist ung terrible temps deux heures chescun jour seullement; car il ventoit si fort qu'il sembloit que tout deust estre fondu en l'abisme; il tonnoit et enlaudoit terriblement; apres pleuvoit asprement et si drument qu'il sembloit proprement que touttes les nues deussent tombeir à l'avallée, et tellement qu'il n'y avoit si boin tilz ne si bien raiconaité en Mets, qui ne fust desrompu et trespassé de vent et de la pluye qui chéoit.

1466 5.—7. Juli Lothringen Überschwemmung der Flüsse

(J. F. Huguenin „Les chroniques de la ville de Metz". S. 353.)
° („Journal de Jehan Aubrion" edid. L. Larchey. S. 18.)

Am Montag nach Bartholomaei ist die kleine Syra so gross gewesen, dass sich die Steige und Bäume vor das Thor geleget, das Wasser also geschwellet, dass es die Schaaf über die Stadtmauer hinein geführet hat.
[Plauische Chronik 1214/1663.]

25. August Plauen i/V. Überschwemmung des Syrabaches

(Curt von Raab „Zwei vogtländ. Chroniken". S. 62.)
° (H. Fiedler „Beiträge zur Geschichte der Stadt Plauen". S. 159 aus Bericht aus d. Geutebrück'schen chronikal. Sammlung.)

Magna fuit aquarum alluvies in Flandria, pluente circiter VI vel VII hebdomadas integras, in hyeme, eodem anno.

Winter 1467 Flandern Überschwemmung der Flüsse

(„Chronicon Evershamense" edid. Gerard de Meestere. S. 25.)

(Es ereignete sich eine große Überschwemmung der Gewässer in Flandern, [weil] es ungefähr 6 oder 7 Wochen ununterbrochen regnete, im Winter, im selben Jahre.)

Nordlingae tanti ceciderunt in nundinis imbres: vt multi institorum tabernae [cadurca vocantur] impetu aquarum aufferrentur.

1467 Nördlingen Überschwemmung

(M. Crusius „Annal. Suevicor." Dodek. III, S. 421.)

(Zu Nördlingen fielen am Markttage Regengüsse, daß viele Buden der Krämer, Kadurken [?] genannt, durch den Anprall der Wassermassen litten.)

Großes Wasser.

Krossen Hochwasser der Oder

(G. A. Matthias „Chronica der Stadt Krossen", edid. Rauge. S. 111.)

Sabato in vigilia conuersionis pauli jn der nacht [24./25. nachts] ergoisz sich eyn grosz wasszer, zcu Stalberg vnd werethe bysz vff den Sontag zcu abent; dasz wasz szo grosz, dasz esz vber die fleischbrucke jn der scherenn lieff vnd grosszen schaden taidt jn der stadt. jm kaldentaill brach der teich vsz, warff dasz thor vnd ein grosz stucke der maurn vmb; jn der eszellgassze zcubrach esz alle wege, desz gleichen jm thale thet esz grosszen schaden den hutten, furte vill kolenn vmd scheffernn enwegk.
[Siehe Zeitfuchs S. 333.]

25. Januar Stolberg i/Harz Überschwemmung der Tyra

(„Geschichtliche Aufzeichnungen, die Harzgegenden betreffend" in „Zeitschrift des Harz-Vereins für Geschichte u. Alterthumskunde". 2. Jahrg. 1869. 2. Heft, S. 107.)

1467 28. Januar Stralsund Ostsee: Sturmflut

unde des mydewekens vor lichtmyssen van deme mydweken uppe den donredach weyde so grot enen storm, dat nicht ene hele brugghe blef ok nicht en heel huzeken, unde vele schoner schepe tosloghen, unde dat water stunt wente under de reperboden, unde de wusschen neddene uth, so dat dar grot unvorwynlik schade schach, unde sodanen wint uppe sodane tiid nicht gheweset hadde de wyle, dat de Sunth ghestan hadde; unde so swarliken, dat to Rostok, tor Wysmer unde to Lubke unde to Dantzke grot schade schach.

(R. Baier „Zwei Stralsund. Chroniken d. 15. Jahrhunderts". B. S. 39/40.)

29. Januar Pommern Ostsee: Sturmflut

Anno domini 1467, feria quinta post octavam Agnetis, invaluit tanta aquarum inundantia circa civitates quas vocant maritimas, ex vehementi vento septentrionali, ut non solum naves, fractis pontibus, ante civitates periclitarentur, verum etiam pagi multum distantes ruerent, hominibus multis cum pecoribus submersis. Seniores se nunquam talia vidisse dicebant. At non duravit diluvum in alterum diem.

(„Johannes Bugenhagens Pomerania." Buch IV in „Quellen z. Pommerschen Geschichte". Band IV, S. 164.)

(Im Jahre des Herrn 1467, am Donnerstag nach der Oktave des Agnes-Tages nahm die Meeresflut bei den Städten, die Seestädte hießen, infolge des heftigen Nordwindes so zu, daß nicht nur Schiffe, nachdem die Brücken zerbrochen waren, vor den Städten in Gefahr kamen, sondern auch weit abliegende Gemeinden zugrunde gingen, und viele Menschen mit den Haustieren umkamen. Die ältesten Leute sagten, daß sie niemals etwas derartiges gesehen hätten. Die Meeresflut dauerte nicht bis zum nächsten Tage.)

(„Auszüge aus Stralsund. Chroniken v. Jahre 1230–1521." in Dr. Mohnicke u. Dr. Zober „Stralsund. Chroniken". I, S. 210.) = 1466

° („Annalen der Universität aus den Jahren 1456/1487 von Johann Parleberch in J. G. L. Kosegarten „Gesch. d. Univ. Greifswald". 2. Teil, S. 183.) = 1466

4.—6. Mai Cham i/Bayern Überschwemmung der Cham

in diebus rogacıonum fuerunt inundaciones aquarum non tamen magne circa civitatem Camb [Cham], et in die ascensionis domini.

(„Des Johannes Chrafft, Predigers zu Cham, Zusätze z. seiner Abschrift d. Chron. pontif. et imperat. Roman. v. Andreas von Regensburg, edid. G. Leidinger. S. 711.)

(In den Tagen Rogate waren Überschwemmungen der Gewässer, wenn auch keine großen, bei der Stadt Cham, und am Tage der Himmelfahrt des Herrn.)

Sommer Mitteldeutschland Hochwasser der Flüsse

nasser Sommer / das die Wasser gros wurden.

(M. Dresser „Sächsisch. Chronicon". S. 461.)

in vigilia process. Mariae war schön Wetter bis an den Mittag, da ward ein greulich Unwetter von Blitz, Donner und grossen scharffen Schlossen, dergleichen nie gesehen noch gehöret worden, das Wasser floß im Felde allenthalben . . .

1467
1. Juli
Aschersleben
Überschwemmung

(„Chronicon Ascaniense“ in C. Abel „Sammlung Etlicher noch nicht gedruckten Alten Chronicken“. S. 578.)

Hoc quoque anno circiter festum Sancti Michaelis, et diu post, facta est gravis valde inundacio pluviarum impediens agricolas, itinerantes magnis periculis aggravans, etc.
Venti etiam tunc horrendi acciderunt, submergentes naves, arbores et domos evertentes.

Um 29. Sept.
England
Überschwemmung der Flüsse

(„A brief latin chronicle, being the concluding portion of a work entitled „Compilatio de gestis Britonum et Anglorum“ in J. Gairdner „Three fifteenth-century chronicles“. S. 181.)

(Auch in diesem Jahre um das St. Michaelsfest und lange nachher ereignete sich eine sehr schwere Überschwemmung infolge von Regengüssen, behinderte die Landleute, brachte den Reisenden große Gefahren usw. Sehr starke Winde nahmen damals auch stark mit, versenkten Schiffe und stürzten Bäume und Häuser um.)

29. di Settembre in die sancti Angeli crescè lo Tevere tanto, che inundò tanta la parte di Pontemolle, e venne fin'alla Porta del Popolo, e ad Arco di Tripoli, e fece di molto damno.

Rom
Tiber-Überschwemmung

(„Stephani infessurae senatus populique Romani scribae diarium urbis Romae“ in J. G. Eccard „Corp. hist. med. aevi“ Tom. II, Sp. 1893.).

Darauf erfolget ein große Trückhne, daß fast alles Erdgewächs verdorrete; . . ., und endlich an vilen Orthen grausame grose Wassergüss und Überschwemmungen der Feldern, welche alles Getraid verderbten und fortschwemmten.

1468
Elsaß
Überschwemmungen der Flüsse

(M. Tschamser „Annales etc. zu Thann“. I, S. 626.)

Große Überschwemmung.

Lähn (Schle.)
Überschwemmung des Bobers

(C. Th. E. Heinze „Geograph.-statist.-geschichtl. Übersicht des Löwenberger Kreises“. S. 149.)

Großes Wasser, nachdem es 1 Monat anhaltend geregnet hatte.

Fastenzeit
Langensalza/Thür.
Überschwemmung der Salza

(C. F. Goeschel „Chronik der Stadt Langensalza“. II, S. 66.)

(G. u. H. Schütz „Chronik der Stadt Langensalza etc.“ I, S. 194.)

In primis diebus Augusti incepit pluvia continuare ad vigiliam Bartholomei [23. August], cepit igitur Odra crescere successive usque in noctem festi decollacionis s. Johannis baptiste [29. August], in qua Odra subito excrevit in una nocte quasi duarum ulnarum altitudine. Nemo recordabatur tante subitanee inundacionis, fenum undique submersum, agri cum frumentis suffocati sunt; ante

Sommer
SO-Deutschland
Oder-Überschwemmung

XXIIII annos vel citra maior fuit Odra et alias maioris nemo recordabatur pontes ad s. Vincensium supremam eorum superficiem tetigit.

(„Peter Eschenloer „Historia Wratislav.“ in „Scriptores rer. Silesiacar.“ 7. Bd., S. 188/89.)

(In den ersten Tagen des August begann Regen, der bis zum Tage vor Bartholomäus [23. August] anhielt, wodurch die Oder folglich allmählich zu wachsen begann bis zur Nacht des Festes Johannis Enthauptung [29. August], wo die Oder plötzlich in einer Nacht fast 2 Ellen stieg. Niemand erinnerte sich einer so starken plötzlichen Überschwemmung, das Heu wurde überall vernichtet und die Äcker mit dem Getreide wurden erstickt. Vor 24 Jahren oder länger war die Oder größer, und niemand erinnerte sich anderer größerer. Die Brücken von St. Vincenz [in Breslau] bedeckte [das Wasser] bis zur höchsten Oberfläche.)

Erntezeit 1468 Mitteldeutschland Überschwemmung der Oker

In der erndte war sehr viel regens / . . . von dem vielen regen / wurden die Wasser so gros / das sie zu S. Jost in Braunschweig die todten vom kirchhofe trieb.

(M. Dresser „Sächsisch. Chronicon“. S. 462.)

Herbst Kanton Zürich Hochwasser der Flüsse

. . . und wurden die wasser als groß, das nieman zů dem andern mocht gefarn.

(„Chronik der Stadt Zürich. Zürcher u. Glarner Fortsetzung. 1425/33. 1460/78“. edid. J. Dierauer. S. 254)

21. September bis 24. Oktober Bodensee Hochwasser

Des vorgeschriben jaurs von s. Matheustag bis acht tag nach s. Gallen (21. Sep. bis 24. Oktob.) was kain statt schön wetter, dan das es für sich hie regnet und vast waut und der win an den reben nit wol zittig ward . . .
Uff die vorgenant zit ward der Bodensee als groß, als es desselben sumers umb s. Johannstag ye gewesen was.

(„Gebh. Dacher's Chronik“ in Ph. Ruppert „Die Chronik. d. Stadt Konstanz“. S. 263.)

Oktober Eisenach Überschwemmung

. . . vnd das wasser wart vor Isenach also gros, das es gienge ober brucken vnd steynwege vnd viel fruchte blieben auff dem felde, das man den haffern kaume vor weynachten einbrachte.

(„Adami Ursini chronicon Thuringiae vernacul. usque ad annum 1500“ in J. B. Mencken „Scriptor. rer. Germanicar.“ III, Sp. 1339.)

Oktober 1468 Erfurt Überschwemmung

. . . fyel ein schnee grosser, dan vor in dem winter jhe gefallen was, darvon ward ein gros wasser, . . .

(„Die Chronik Hartung Cammermeisters“, edid. R. Reiche. S. 221.)

Um 16. Oktober Bodensee Hochwasser

. . . und mocht man so alt lüt nit vinden, die dan ye gesenhen noch gedaucht hetten, den see und wasser der zit des jars, als umb s. Gallentag (16. Oktob.) so groß sin.

(„Gebh. Dacher's Chronik.“ in Ph. Ruppert „Die Chroniken der Stadt Konstanz“. S. 263.)

Item in dem herbest war 11000 junkfern storm, und do kwam groß wasser in die Welinge [Mündung der Wester-Schelde, heißt heute noch t'Wielinge] das es floß uber die teiche. 1468 21. Oktober Wester-Scheld Sturmflut

(„Caspar Weinreichs Danziger Chronik" in „Scriptor. rer. Prussicar." 4. Bd, S. 731.)

De zee die brocht de landen verlies, als alle de maeghden feeste wies.
Mare provinciis grande damnum intulit,
Cum Virginum omnium festum se extulit.

(Dan. Papebroek „Annales Antverpienses etc." edid. F. H. Mertens u. E. Buschmann. Tom. II, S. 102 aus „Registrum Falcontinum".)

(Das Meer brachte den Landschaften großen Schaden,
Als es sich am Feste aller Jungfrauen erhob.)

op Sinte Urselen dach was eenen grooten storm uyten Noordt Westen / waer deur't Zeewater seer hooge vloeyde / soo datter groote schade gheschiede aen die dacken in Zeelandt ende Hollant. Seeland Holland Sturmflut

(M. Z. van Boxhorn „Chroniick van Zeelandt etc. door H. Joh. Reygersbergen etc." II, S. 249.)

Le premier jour de mars subitement les eaues devindrent si grandes que venoient elles en Mets aussy abondamment elles avoient fait en grant temps et courroient si rudement par la grandeur qui estoit, que les glaiçons hutront à ung pont de bois en droit les nueufz mollins, et fut rompu. 1. März 1469 Metz Mosel-Überschwemmung

(J. F. Huguenin „Les chroniques de la ville de Metz". S. 375.)

Das Gewässer hier so groß, daß es überall über die Wendewehr ging, und war alles ein Wasserweg daselbst. 13. März Mühlhausen i/Thür. Überschwemmung

(Dr. Jordan „Chronik der Stadt Mühlhausen i/Thür." I, S. 136.)

Waren die Wasser hier zu Land sehr groß, sonderlich aber ist die Werra sehr außgetreten. 17. März Thüringen Flüsse, besonders Werra Überschwemmung

(J. S. Güth „Poligraphia Meining. etc." S. 142.)

uff fritag Gertrudis was die Sale vor Halle so grosz, das sie zu senth Konigunden eyne hande breit hoch uber den homessen althar gingk und werff die mure, die umb den kerchoff zu senth Konigungen gingk, al umb, das men die darnach von nuwens machen mochste, und that jn den dorffern, dar die Sale jn der auwe und an andirn enden anreichen konde, an husern und andirn gebuwden grossen schaden und machte den von Halle im tale vil grose arbeit. Halle (Saale) Saale-Überschwemmung

(„Chronicalische Aufzeichnungen zur Geschichte der Stadt Halle vom Jahre 1464–1512", edid. Dr. Wachter. S. 97.)

ist die Saale so groß gewesen, daß sie zu S. Cunigund eine Handbreit über den hohen Altar gegangen, die Mauren um den Kirchhoff umgeworffen, im Thal grosse Arbeit verursachet, viel Schaden gethan, und bis vor S. Nicolaus Capelle bei U. L. Frauen Kirche gegangen.

* (J. Chr. von Dreyhaupt „Pagus Neletici etc." I, S. 633.)

Ende Juni 1469 Lothringen Überschwemmung der Flüsse

Maix, on moix de jung, il pluite à la fin bien V jour et V nuit sans cesser, et à grant force, tellement que les yawe furent sy grandes qu'elle furent toute fuers de rive; et firent grant dopmaige . . .

(„Journal de Jehan Aubrion" edid. L. Larchey. S. 36.)

7. August Rhône Überschwemmung

die 7. augusti, fluvius Roddanus in tantum crevit et adeo inclementer tumultavit, ut ferme omnes Roddani pontes tolleret ac incolis vici Brigensis pulcherrimas possessiones funditus devastaret.

(Briganorum historiae aliquot, ex libro quodam pervestuto.)

(„Ein Reisebericht des Chronisten Johannes Stumpf aus dem Jahre 1544" edid. Dr. Herm. Escher in „Quellen zur Schweiz. Geschichte". 6. Bd., S. 250.)

(Am 7. August stieg der Rhone-Fluß derartig stark an und tobte derartig schonungslos, daß er fast alle Rhone-Brücken vernichtete und den Einwohnern des Dorfes Brig [Kanton Wallis] die herrlichsten Besitzungen von Grund aus verwüstete.)

° (M. Tschamser „Annales etc. zu Thann." I, S. 627.)

Walliser Land Überschwemmung der Flüsse

Es wurde das Walliserland durch Überschwemmungen verwüstet und ruiniert, nämlich in Brig, Visp und anderwärts.

[Nachricht v. Notar u. Priester Johannes Molitor von Reckingen.]

(„Ein Chronicon zu Münster". Wortgetreue Übersetzung d. latein. Originals. in „Blätter aus der Walliser Geschichte". 1. Bd. 1. Jahrg. S. 7.)

Aare Überschwemmung

Es laufft die Aar abermal mächtig an, vnd that beyderseits anstossenden Herrschaften nit geringen schaden.

(F. Haffner „Der kleine Solothurn. Schaw-Platz ect." II, S. 176.)

8. August Grenoble Isère-Überschwemmung

ripperia Isere, a meridie usque circa decimam horam ante mediam noctem, veniens a monte Senisio, prata inferiora et gerbena destruxit et submersit. (Cette note se trouve dans un calendrier manuscrit du XV siècle, qui servait aux secrétaires de la chambre des comptes de Grenoble.)

(M. Champion „Les inondations en France etc." III, S. 205/06 aus Pilot. S. 14.)

(Der Fluß Isère, vom Monte Cenis kommend, vernichtete vom Mittage an bis ungefähr zur 10. Stunde vor Mitternacht die niederen Auen usw. und setzte sie unter Wasser.)

Des jar was gar ain herter winter und gefror der Undersee das yeß daruff dicke von aines mannes fuß biß an das knye und was also beschlossen by fünfzehen wochen darob und nit darunder. Winter 1470 Untersee (Bodensee) Eisdecke

(„Gebh. Dacher's Chronik" in Ph. Ruppert „Die Chroniken d. Stadt Konstanz". S. 266.)

Et eodem anno sub intrante 70 fuit continua glacies super Oderam, incipiente a festo s. Barbarae [6. Dez.] usque ad festum translationis s. Wentzeslai [4. März 1470], ita quod cum curribus quottidie multa innumerosa ligna ducebantur de silvis et paludibus . . . Gegend von Glogau Oder: Eisdecke

(„Annales Glogovienses" in „Scriptor. rer. Silesiac." 10. Band. S. 18.)

(Im selben Jahre, als man in [das Jahr] 1470 eintrat, war die Oder anhaltend mit Eis bedeckt, vom St. Barbara-Fest [6. Dez.] bis zum Fest der Überführung des heiligen Wenceslaus [4. März], so daß täglich unzählige Hölzer aus Wäldern und Sümpfen mit Wagen darüber gefahren wurden.)

Odra in pluribus locis ad fundum congelata. Südostdeutschland Oder: Eisdecke

(Peter Eschenloer „Historia Wratislaviensis" in „Scriptor. rer. Silesiac." 7. Band, S. 220 u. 223.)

(Die Oder war in verschiedenen Gegenden bis zum Grunde gefroren.)

° („Nicolai Henelius ab Hennenfeld etc. annales Silesiae" in F. W. von Sommersberg „Silesiac. rer. scriptor." II, S. 350.)

Und was der aller kaltest winter unz zů mittervasten [28. März], und gefror der Zürichsew vor wienacht und was gefroren unz an zistag vor sant Jörgen tag [17. April]. Zürich Zürichsee: Eisdecke

(„Chronik der Stadt Zürich. Zürcher u. Glarner Fortsetzg." 1425/33. 1460/78. edid. J. Dierauer in „Quell. z. Schweiz. Gesch." 18. Bd., S. 255.)

Der Eisgang der Mulde beschädigte die Brücke stark, riß nämlich 4 Joche ganz weg. 1470 Grimma i/Sa. Eisgang der Zwickauer Mulde

(Chr. G. Lorenz „Die Stadt Grimma etc." S. 275.)

Item, le lendemain du novel ans, le temps se defaixoit. Il vint ung groz moucel de glaice à la vallée dever Longeville; et vint hurter à Waldrinove tellement qu'il y fist ung tel xay qui estoit IX piedz de large. Et ne venoit goute d'eawe en Metz, et tant qu'il fallit faire moudre des mollin à chevaulx qui estoient en Francourue. 13. Januar Gegend von Metz Eisgang

(„Journal de Jehan Aubrion", edid. L. Larchey. S. 37.)

Desbordement. Februar Nordfrankreich Überschwemmung der Flüsse

(„Mémoires de Oudard Coquault etc.", edid. Ch. Loriquet. II, S. 360 aus Mémoires de Jehan Fouquart.)

1470
1. März
Metz
Über-
schwemmung
der Mosel

Item, le premier jour de mars, tout à cop les yawe rederinvent sy grande que elle venoit en Metz, aussy habondamment comme elle avoit fait en grant temps . . . que le dit pont fuit rompu.

(„Journal de Jehan Aubrion“ edid. L. Larchey. S. 38.)

Sommer
Lothringen
Über-
schwemmung
der Flüsse

Item, il fist ung poure temps depuis le premier jour de jung jusquez au dairien jour d'awost; et pluit fort mervilleusement parmi fenal et moison, et tellement qu l'iawe devint sy grande qu'elle enmenit plusieurs des foin et sus la rivière de Niedz.

(„Journal de Jehan Aubrion“ edid. L. Larchey. S. 40.)

Sommer 1470
Südost-
deutschland
Über-
schwemmungen
der Flüsse

A die Margarete usque ad Nativitatis Marie [8. Sept.] magne fuerunt pluvie. Odra et omnia flumina hucusque a festo s. Jacobi [25. Juli] magna fuerunt, ut eo tempore nullum cellarium in Wratislavia aqua caruit et fenum submersum et agricultura impedita usque in diem s. Hedvigis [15. Oktober]. Cepit aura aliqualiter serena fieri et aque minuere et seminabant rustici.

(„Peter Eschenloer „Historia Wratislav.“ in „Scriptor. rer. Silesiac.“ 7. Bd., S. 229/30.)

(Vom Margarethentage [13. Juli] an bis zum Tage der Geburt Mariä traten starke Regengüsse ein. Die Oder und die anderen Flüsse in dieser Gegend waren vom St. Jakobs-Feste [25. Juli] an groß, so daß zu jener Zeit kein Keller in Breslau ohne Wasser war und das Heu durch das Wasser vernichtet wurde und die Landarbeit bis zum St. Hedwigstage [17. Oktober] verhindert wurde. Da begann die Witterung etwas heiter zu werden, die Gewässer zu fallen, und die Bauern nahmen die Saat vor.)

15. August
Mühlhausen/
Elsaß
Über-
schwemmung
der Ill

Durch langes Regenwetter Illfluß so angeschwollen, daß das Wasser über alle Stadtgräben zusammenlief und das Ortsfeld überschwemmte.

(M. Mieg „Der Stadt Mülhausen Geschichte“. II. Teil S. 5.)

8. September
Südost-
deutschland
Oder-Hoch-
wasser

Pro festo s. Marie Nativitatis fuit Odra magnus et maior quam in quindecium annis preteritis et duravit.

(Peter Eschenloer „Hist. Wratislav.“ in „Script. rer. Silesiac.“ 7. Bd., S. 230.)

(Vor dem Feste der Geburt Mariä war die Oder groß und größer als in den letzten 15 Jahren und blieb so.)

Winter 1470/71
Südost-
deutschland
Flüsse: Eisdecke
und Eisgang

Ista hiems a principio circa festum s. Elisabet [19. Nov.] maxime frigida fuit usque ad festum s. Thome [21. Dez.] apostoli. Aque et Odra spissa coagulacione vix haberi poterant, et mutata aura per dies Christi nativitatis per caliditatem et caliditas pluvias omnium resolucio facta fuit, . . .

(Peter Eschenloer „Historia Wratislaviensis“ in „Scriptores rer. Silesiac.“ 7. Band, S. 238/39.)

(Jener Winter war vom Anfang, um das St. Elisabeth-Fest [19. Nov.], an bis zum St. Thomas-Fest [21. Dez.] sehr kalt. Kaum konnten die Gewässer und die Oder eine feste Eisdecke haben, als am Weihnachtsfeste durch die Wärme und warme Regengüsse völlige Eisschmelze eintrat, . . .)

In diebus Decembris fuit magnum frigus, ut Odra graviter coagularetur. Dezember 1470 Südost-deutschland Oder: Eisdecke

(Peter Eschenloer „Hist. Wratislav.“ in „Scriptor. rer. Silesiac.“ 7. Bd., S. 236.)

(In den Dezembertagen war starke Kälte, so daß die Oder fest zufror.)

le Drac, imparfaitement retenu entre les deux rochers de Brion, rompit la chaussée qui le dirigeait vers ce point, se répandit dans la plaine de Grenoble, et ses eaux s'étant accrues à la suite de fortes pluies, inondèrent une partie de la ville. etc. (Pilot Recherch. sur les inondations etc. S. 15 aus Archiv. de Grenoble.) 1471 Südost-frankreich Überschwemmung der Flüsse

(M. Champion „Les inondations en France etc.“ III, S. 207.)

Hochwasser mit großem Schaden. Haindorf i/Isergebirge (Böhmen) Hochwasser der Wittig

(J. Bennesch „Ortsgeschichte von Haindorf“. S. 407.)

was yn der hyllygen dre konyoge nacht so grot storm vnd wynt, dat dat water ene ele hoger was alse sunte Cecylien flot to Hamborch. 6. Januar Hamburg Sturmflut

(„Hamburger Chronik vom Jahre 799/1559“ in J. M. Lappenberg „Hamburg. Chroniken etc.“ S. 410.) = 6. Januar 1470

in der hilligen dre koninge nacht was so grot stormwynt vnde water, dat it wol eyne elen hoger was, den sunte Cecilien floet vorhen [1412].

(„Eyn kort vttoch der Wendeschen cronicon van etliken scheften diser lande vnde stede“ in Dr. J. M. Lappenberg „Hamburg. Chroniken etc.“ S. 258.) = 6. Januar 1470

do ginck eine grothe vloet in der hilligen dre koninge Dage; doch bleef de Dyk by der Eyder heel, men Offenbül, de wol nye gemaket Anno 70, de brack uth [Chron. Eyderst.] Nord-friesland Sturmflut

(Dr. R. Hansen „Beiträge z. Gesch. u. Geographie Nordfrieslands etc.“ S. 23 u. 28.) = 6. Januar 1470

(„Joh. Russe's Sammlungen u. Vorarbeiten zur Chronik des Landes Dithmarschen.“ S. 711 edid. Dr. A. L. J. Michelsen.)

Zu Offenbull in Eiderstedt bricht das Meer ein.

(„Mag. A. Heimreichs etc. nordfresische Chronick.“ edid. Dr. N. Falck. I, S. 277.) = 6. Januar 1470

an h. dre Koning-Dage aver allle Spad-Land. Dithmarschen Sturmflut

(„Joh. Adolfi's etc. Chronik des Landes Dithmarschen.“ I, S. 410.) = 6. Januar 1470

6. Januar 1471 Nordfriesland Sturmflut

inundatio fuit Storae circa Epiphanias.

(Lamb. Alardus „Nordalbingia sive historia rer. etc." in E. J. von Westphalen „Monum. inedita rer. Germanicar." I, Sp. 1851.)

(Um Epiphanias fand eine Überschwemmung der Stör statt.)

6. Januar 1471 Dithmarschen Sturmflut

Grote Vlot.
Ao. 1471 up hilge dre Konings-Dage breken gemenlich de Dike up Norden in Dit-merschen.

(„Johann Adolfi's etc. Chronik d. Land. Dithmarschen" I, S. 414.)

up der hilligen drier koninge Dach, do was so grot water, dat menlicken in Dithmarschen inbreck ere lant in dat norden.

(Dr. R. Hansen „Beiträge zur Geschichte und Geographie Nordfrieslands etc." S. 23, 27, u. 28.)

(„Joh. Russe's Sammlungen u. Vorarbeiten zur Chronik des Landes Dithmarschen." edid. Dr. A. L. J. Michelsen. S. 711.)

Nordfriesland, Dithmarschen Sturmflut

die Trium Regum mare inundavit maxime Frisiam et Dithmarsiam, ruptis aggeribus, in Dithmarsia ad Aquilonem maximum damnum datum est.

(„Broderie Boissen chronic Slesvicense" in J. B. Mencken „Script. rer. Germanic." III, Sp. 622.)

(Am 3. Königstage überschwemmte das Meer Friesland und Dithmarschen sehr, zerbrach die Deiche und brachte N. Dithmarschen größten Schaden.)

Ingens per idem hoc tempus Eidorae oras inundatio pervasit, ruptis aggeribus, praesertim illis, quibus Ovenhubae [lies: Ofenbulae] districtus defendebatur, quique annos iam ultra septuaginta infractus constiterat, . . .

(Pontanus „Histor. Christiani I" in E. J. von Westphalen „Monum. inedita rer. Germanic.") II, Sp. 820. = 1472

(Eine sehr starke Flut drang in das Küstenland von Eiderstedt ein, zerbrach die Deiche, besonders jene, die die Gegend von Offenbüll schützten und die schon über 70 Jahre unbeschädigt standgehalten hatten.)

23. März Langensalza Überschwemmung der Salza

[Es] überschwemmete die Stadt Langen-Saltze eine solche Fluth, . . .

(A. Toppius „Historie des Ambts und Stadt Langensaltze". S. 181.) = 25. März 1471

Grausame Wasserflut.

(C. F. Goeschel „Chronik der Stadt Langensalza". II, S. 66 und 307.)

23. Mai Mühlhausen/Thüringen Überschwemmung der Unstrut

ahm tage himmelfarth Christi ist ein sehr großer Regen vndt wasser komen, . . .

(Dr. R. Jordan „Chronik der Stadt Mülhausen i/Thür." I, S. 138.)

..., Misna riuulus IX Calendas Septembris, ita excrescit, vt lapides raperet e fundamentis nuper positis, ... Excreuit ex altera vrbis parte torrens Trebisa, ... 1471 24. August Meißen i/Sa. Über-schwemmung der Triebisch

(G. Fabricius „Rer. Misnicar. libri VII‘.‘ S. 156/57.)

..., zu Meißen stieg das Bächlein am 24. August derartig an, daß es aus den kürzlich errichteten Fundamenten Steine herausbrach, ... Im anderen Teile der Stadt wuchs der Wildbach Triebisch ...)

Le Rhône s'éleva à une hauteur extraordinaire. ... une si forte inondation par le débordement du Rhône, occasionnée par l'abondance des pluies, que deux arches du pont et une partie des murailles de la ville en ont été abattues. 23. September Avignon Rhône-Überschwemmung
(Brief von Pabst Sixtus IX an den Conseil de ville. Regist. des délibérations du Conseil de la ville d'Avignon.)

(M. Champion „Les inondations en France etc.“ III, S. 206.)

Rhone. Les eaux dépassèrent de 5 pouces le niveau qu'atteignit l'inondation de 1755 et 80 maisons de cette ville furent renversées de 8^h du matin à 3 h. de l'aprèsmidi. Caderousse Südost-Frankreich Rhône-Überschwemmung

(M. Champion „Les inondations en France etc.“ III, S. 206.)

Große Überschwemmung. 1472 (Lähn (Schlesien Über-schwemmung des Bobers

(C. Th. E. Heinze „Geograph.-statist.-geschichtl. Übersicht des Löwenberger Kreises“. S. 149.)

war eine große Wasserfluth, daß auch zu St. Vinzenz, hinter dem Altar, ein weites Loch in die Mauer gerissen. 3. Februar Breslau Oder-Überschwemmung

(„Jahrbücher der Stadt Breslau“ von Nikol. Pol. edid. Dr. J. G. Büsching. II, S. 87.)

Gegenüber Sommerau 5 Ausbrüche in das große Werder. 10. Februar(?) Weichsel-Niederungen Weichsel-Überschwemmung

(E. J. Dormann „Topographie u. Statistik des Kreises Marienburg“. S. 40.)

1./2. nachts unerhört große Wasserflut infolge plötzlicher starker und anhaltender Regengüsse. Die Wassermassen dringen durch das südliche Tor herein und überschwemmen die Stadt hoch. [Siehe Wasserstandsmarken am Rathaus und in der Kirche.] 1. bis 2. Juli Ziegenhals Schlesien Über-schwemmung der Freiwaldauer Biele
2. Juli. Das Wasser geht zurück.
[Aus Pfarr-Akten und steinerne Votiv-Tafel in der Kirche.]

(„Rübezahl. Die schlesischen Provinzialblätter.“ 72. Jahrg. 1868. S. 359/60.)

Uf St. Thomastag ward die Fulda so flutig und groß, daß sie in der neuen Stadt zu Cassel an die Rost des Kirchhoffs und die Treppen an dem Räthhauß gangen ist; vor Reinbolts Hause bie dem Borne fuhr man mit Schiffen. 21. Dezember Kassel Fulda-Überschwemmung

(„Die hessische Congeries“ neu herausgeg. v. Nebelthau in ‚Zeitschrift des Vereins f. hessische Geschichte u. Landeskunde“. 7. Band, S. 344.)

1473 Glogau Oder: sehr niedriger Wasserstand

Die Uder [Oder] was so klein als sy in 100 jaren nicht gewest ist, denn ein kyndt wudt dadurch, das in 10 jaren war, hinder dem schloss, noch gieng es im nicht an die knie, das doch nie gehort ist.

(„Annales Glogovienses" in „Scriptor. rer. Silesiac." 10. Band. S. 28/29.)

23. April bis 11. November Südost-Deutschland Flüsse teilweise ausgetrocknet, z. B. die Ohle Lohe

So große Hitze war, daß alle Flüsse in Slesien, one die Oder, Neiße und Bober, ganz ausdorreten. Die Olau ein Virteljare und länger nicht einen Tropfen Wasser hatte, desgleichen die Lisse, Pelze, Lohe, von der Schweidnitz, Jauer, Striga, Lignitz kein Wasser war.

(„Peter Eschenloer's Geschichten der Stadt Breslau etc. 1440/79", edid. Dr. J. G. Kunisch. II, S. 299.)

° („Jahrbücher der Stadt Breslau von Nikol. Pol" edid. Dr. J. G. Büsching. S. 92/93.)

23. Juni Luzern Überschwemmung des Krienbaches

Item vff sant Johans abent jm Summer jm 1473 jar kam der gross bach, den man nempt den Krienbach von pilatus berg herab, vnd truog spicher, Kind vnd bruggen vnd anders enweg, vnd wand man, die statt wolt vndergan vnd beschach der sechsten stund nach mittag.

(Bemerkung auf einem Brief, datiert vom 19. 3. 1476, jedenfalls um 1476 von Johann Schilling, dem Vater Diebolds gemacht, verzeichnet in den Burgunder Kriegsakten des Staatsarchivs Luzern.)

(B. Amberg „Beiträge zur Chronik der Witterung etc." II, S. 33.)

(F. Bell u. Jos. Schneller „Zur Geschichte der Burgunderkriege". S. 57 Anmerkung.)

1. August Frielands Sturmflut

. . ., do was bose vinkel-vloet, de alle koren verdorf und grote jamer in Freslant schaffede, . . .

(„Auszüge aus friesischen Chroniken in Remmers von Seediek Annalen" in Georg Sello „Studien zur Geschichte von Oestringen und Rüstringen". S. 108.)

15. August bei Bitterfeld Überschwemmung der Mulde

Die Mulde that sehr großen Schaden.

(Chr. G. Lorenz „Die Stadt Grimma etc." S. 478 aus Lehmann „Chronik von Delitzsch". S. 62.)

1474 Nevers (Départem. Nièvre) Loire-Überschwemmung

Loire: Inondation.

(H. Crozet aus Archives de la mairie de Nevers.)

(M. Champion „Les inondations en France etc." II, S. 211.)

Halle (Saale) Saale-Überschwemmung

Saale so gewachsen / daß sie über die Saltz-Brunnen gangen / auch von Fastnacht bis Palmarum in gleicher Weise gestanden.

(G. Olearius „Halygraphia etc." II, S. 204.)

Per mensem maii erat pluvia in illis partibus Alsacie et in Athasie circa montem Arle multa nix ita ut nullus ibidem pertransire posset sine periculo, et multi eciam perierunt; nives enim liquefacta magna dampna in domibus et edificiis fecerunt.

1474 Mai
Elsaß, Alpen
Überschwemmungen der Flüsse

(Joh. Knebel „Diarium" in „Basler Chroniken". Band 2, S. 94.)

(Den Monat Mai hindurch ereigneten sich in jenen Teilen vom Elsaß Regengüsse und im Etschland beim Arlberg viele Schneefälle, so daß keiner ohne Gefahr hindurchkommen konnte, und auch viele umkamen. Alle die Schneemassen schmolzen, wurde viel Schaden an Häusern und Gebäuden angerichtet.)

Morgens erhebt sich sehr starkes Gewitter und heftiger Regen. Der Queis und Alt-Lauban-Fluß ergießen sich mächtig.

26. Juni
Lauban
Queis- und Alt-Lauban- Fluß-Überschwemmung

(J. G. Gründer „Chronik d. Stadt Lauban." S. 174.)

due waes dat onversyenlycke inde ser groette waetter tot Bylssen, des saturdachs snachts, nae ons lyeve Vrouwe opvartsdach, dat daer alte ser groet jamer inde schade dede. Inde daer verdroncken twe alde begynen vanden begynenhoeff, inde andere groette schaede; want die burger inde guede luyden van Bylssen en meynden anders nyet daen die werlt vergaen solde, inde dat sy alle verdryncken solden, also groet inde ongestuyr waes die vloet inde dat waetter bennen die staet Bylssen. Inde twaes eyn onversynlicke Hemelborst van water.

20. August
Bilsen (Limbourg i/Belgien)
Überschwemmung infolge eines Wolkenbruchs

(„Chronijk der landen van Overmaas etc.", edid. J. Habets in „Public. de la soc. hist. et archéol. dans le duché de Limbourg". Tom. VII, S. 35.)

2. Gallenflut.

16. Oktober
Nordfriesland
Sturmflut

(„Mag. A. Heimreichs nordfresische Chronik" edid. Dr. N. Falck. I, S. 277.)

Große Überschwemmung. Die Minoritenkirche vor der steinernen Brücke zu Glatz unter Wasser gesetzt. Man fuhr mit Flößen in ihr herum. Alle Wehre fortgerissen.

1475 Glatz
Überschwemmung der Glatzer Neiße

(Dr. Volkmer „Geschichte der bedeutendsten Überschwemmungen in der Grafschaft Glatz". S. 124.)

Die Helme sich gewaltig vom Regenwetter ergossen und im Rieth nicht geringen Schaden gethan.

Im Mansfelder Land
Überschwemmung der Helme

(Cyr. Spangenberg „Mansfeld. Chronica." 4. Teil. S. 497.)

In diesem Sommer waren viel Regen, große Wasser, . . .

Sommer
SO-Deutschland
Hochwasser der Flüsse

(„Jahrbücher der Stadt Breslau von Nikol. Pol" edid. Dr. J. G. Büsching. II, S. 110.)

Item, il fist ung terrible temps de pluve an dit moix de jullet, car, bien 12 et 13 jours, il ne finait de pluvoir, et furent les yawe aussy grande comme elles avoient estés en l'iver ne en 3 ans devant; dont plusieurs en furent esbahis.

Juli
Lothringen
Hochwasser der Flüsse

(„Journal de Jehan Aubrion", edid. L. Larchey. S. 77.)

22. Juli 1475 Habelschwerdt Neiße-Überschwemmung

So großes Wasser, daß die Neiße bei Peschken zu Grafenort bis an den hintern Berg gegangen ist.

(A. Skalitzky „Excerpte aus der handschriftl. Chronik eines Habelschwerdters vom Jahre 1618“. S. 84.)

Winter 1476 Bayern Donau: Eisdecke

Des jars was ain kalter winter das die Tuenaw gefries, ...

(„Georgi Schamdocher breve chronicon rer. quarund. 1440/79“ in A. F. Oefele „Rer. Boicar. scriptores.“ I, S. 318.)

Südost-Deutschland Flüsse: Eisdecke

Alle Wasser waren überfroren, deßgleichen alle Teiche, ... 3 Ellen dicke fande man Eis, bis uf Georgii waren noch die Wasser geschlossen.

(„Peter Eschenloer's Geschichten der Stadt Breslau etc.“, edid. Dr. J. G. Kunisch. II, S. 338.)

1476 Weichsel-Niederungen Überschwemmung der Nogat

Ausbruch der Nogat in das kleine Werder.

(E. J. Dormann „Topogr. u. Statist. d. Kreises Marienburg“. S. 40.)

März Lothringen Überschwemmung der Flüsse

et quant le temps se deffist, toutes les maison furent plenne d'eawe, de force de nège et de glace qu'estoient sur les tey et en les chenal.

(„Le journal de Jehan Aubrion“, edid. L. Larchey. S. 81.)

Valence Rhône-Überschwemmung

..., contenant que ledit bourg, à la part du soleil couchant, se confine tout au long de la rivière du Rosne, et tellement que, à l'occasion de ces inundacions et accroissement d'icelle, il a, dès longtemps et a par cy-devant, démoly et mis en ruyne et décadence plusieurs maisons et édiffices dudit bourg, ...

[Donné à Valence, au mois de mars 1475 [1476]. Registres consulaires de Valence.]

(M. Villard „Météorolog. région“. S. 513/14.)

23. März Lyon Rhône-Überschwemmung

..., parce qu'une des arches du pont était écroulée par la rapidité du fleuve qui était alors débordé.

[Poullin de Lumina „Abrégé chronolog. de l/hist. de Lyon.“ S. 162.]

(M. Champion „Les inondations en France etc.“ III, S. 210.)

16. Oktober Schleswig-Holstein Sturmflut

Item in deme herveste des sulven jares weyede en heftich storm uth deme westsudwesten unde dede groten schaden ost unde westwert tho water unde to lande. in der Krempermersch uth twen kerspelen en del huse gyngen spasseren de Elve dale mit mannen, wyven, kynderen unde queke, unde was so grod upwater, dat it de dike entweg brak unde brochte dat landeken in grote nod.

(„Die Ratschronik von 1438–1482“ (3. Fortsetzung d. Detmar-Chronik 2. Teil) in „Die Chroniken der deutschen Städte“. 31. Band, Lübeck. S. 169/70.)

Do ginck de vloet in Sunte Gallen dage, do ginck de vloet also hoge, dat alle vthlande vndergingen, ock ginck Dithmarsche lant vnder. Barekemorkoch brack ock in, vnde alle de koge in alle vthlande, sunder Oldenswort dat bleff droge. 16. Oktober 1476 Dithmarschen Sturmflut

(Chronicon Eiderostad. vulgare.)

(„Johann Russe's Sammlungen und Vorarbeiten zur Chronik des Landes Dithmarschen", edid. Dr. A. L. J. Michelsen. S. 713.)

4. Gallus Flut. Nordfriesland Sturmflut

(„Mag. A. Heimreichs nordfresische Chronik", edid. Dr. N. Falck. I, S. 277.) = 1477

Stora inundavit die S. Galli in Stormaria eamque salsa aqua corrupit et infoecundam fecit. Stormarn Sturmflut

(Lamb. Alardus „Nordalbingia sive histor. rer. praecip. in Nordalbingia etc." in E. J. von Westphalen „Monum. inedita rer. Germanicar." I, S. 1854.)

(Die Stör überschwemmte am St. Gallentage Stormarn und richtete durch das Salzwasser Schaden an und machte [das Land] unfruchtbar.)

° („Incerti auctoris chronica Schlavica" in E. Lindenbrog „Scriptor. rer. Germanicar. septentr." I, S. 236.)

° („Karsten Schröder's Ditmarsische Chronik", edid. W. H. Kolster. S. 213.)

Ista hyeme et usqua ad festum sancte Scolastice [10. Febr.] in Rinfelden tercia vice congelatus fuit Renus infra pontem, ita quod onuste veherentur quadrige, quod nullus in Rinfelden ita senex fuit, quod eo tempore prius factum recordabatur. Winter 1476/77 Basel und Umgegend Rhein: Eisdecke

(Joh. Knebel „Diarium" in „Basler Chroniken" 3. Band.)

(In diesem Winter und bis zum Feste der St. Scholastica [10. Febr.] fror der Rhein bei Rheinfelden unterhalb der Brücke dreimal zu, so daß [das Eis] beladene vierspännige Wagen trug, und es keinen Greis in Rheinfelden gab, der sich erinnerte, daß sich so etwas vor dieser Zeit ereignet hätte.)

. . . und ward ain kalti winecht, das der Zürichsee überfror, das man daruff schlittet biss gen Zürch. Züricher See Eisdecke

(„Aus Heinrich Forer's Chronik" in G. Scherrer „Kleine Toggenburger Chroniken". S. 60.)

° („Fridolin Sichers Chronik", edid. E. Götzinger. S. 20.)

1477 was der Zürchsee überfroren biß an den hailgen tag ze osteren [6. April].

(„Fridolin Sichers Chronik", edid. E. Götzinger. S. 21.)

Den laatsten December in't voorschreben Jaar / begon het uit den Noorden en Noordwesten zo vrezelyk te waayen; zo dat door het stadig aanstaan de Dyken 31. Dezember 1476 Friesland Sturmflut doorbraken / alzo dat het Zeewater over't gehele Land liep. En daar verdronken omtrent twee-en't zeventig menschen.

(Okko van Scharl, Johannes Vlytarp und Andreas Cornelius Staviensis. „Chronÿk en waaragtige beschryvinge van Friesland etc." S. 218.)

1477 Münstereifel Überschwemmung der Erft

Starke Überschwemmung. Großer Schaden.

(J. Katzfey „Geschichte der Stadt Münstereifel". I, S. 367.)

Halle a/S. Saale-Überschwemmung

groß Wasser gewesen / und die Sale auff dem Marckt gestanden.

(G. Olearius „Halygraphia etc." II, S. 203.)

9. Februar Bodensee Eisdecke

ist der Boden-See überfroren von Roschach biß gen Langenargen / doch war das Eis nicht so dick / daß es einen Menschen hätte tragen mögen.

(B. Bischoffberger „Appenzell. Chronic etc." S. 516.)

7. April Danzig Weichsel: Eisgang

It. das eys auf der Weissel das trieb weg auff den montag ihn den paszchen, das war der montag nach s. Ambrosiustag a⁰ 77 jahre.

(„Jakob Lubbe's Familienchronik" in „Script. rer. Prussicar." 4. Bd., S. 714.)

Um 23. April (?) Schweiz Eisaufgang der Seen

Circa festum sancti Jeorgii adhuc omnes laci susperiores, videlicet Thuricensis, Constanciensis, Sursensis, Bielensis, Zugensis adhuc fuerunt congelati adeo quod nulla navis potuit transfretari neque pisces poterant alicubi illorum locorum prendi. omnia eciam vivaria fuerant congelata.

(Joh. Knebel „Diarium" in „Basl. Chronik". 3. Bd., S. 148.)

(Bis um das St. Georgsfest waren alle höher gelegenen Seen, wie der Züricher, der Bodensee, der See von Sursee (Sempacher See), der Bieler, der Zuger noch so zugefroren, daß kein Schiff hinüberfahren konnte und keine Fische irgendwo in jenen Gegenden gefangen werden konnten. Auch waren alle Fischteiche zugefroren.)

Herbst München Isar-Hochwasser

Item XIIII. Jar darvor [vor 1491] ist die Iser [= Isar] auch gros gewesen anno 77 um Sant Peters Kirchtag am Herbst.

(„Anonymi Monacensis breve chronicon Bavariae 1487/1506" in A. F. Oefele „Rer. Boicar. scriptor." I, S. 48.)

27. September Flandern Sturmflut

In't selve jaer, op St. Cosmas en Damiaensdagh, was't seer grooten vloot, soo datter veel schaeden geschiedden, ende den storm van wint duerde 8 uren lanck.

(„Chronijck der Stadt Antwerpen toegeschreven aan den Notaris Geerard Bertrijn" edid. Ridder Gust. van Havre in Uitgav. d. Antwerp. Biblioph. No. 5, S. 31.)

wast soo grooten storm van winde / ende het en duerde maer acht uyren / binnen den welcken tydt'twater soo hoghe vloeyde / ... Want't water stont t'Antwerpen aen die Burchkerke / de schepen vloteden op den Werf / 't Bierhooft / ende ander Kayen. ... ende die oude Stadt van Oostende in Vlaenderen verginck / ende vederf ter selver tydt. Westcapelle in Zeelandt / met veele diversche Polders by Brouwershaven overvloeyden / ... In Vlaenderen overvloeyden veel schoone Polders ter selver tydt. In Noordtbevelandt overvloeyden het meeste deel van Campens Niewelandt / tegen over der Veere in Walcheren / ... Ontrent Welsinghe / Kammekens / ende Aremuyen / werden oock veel kleyne Polders buyten ghedyckt. Dierghelijcke in Zuydtbevelandt ontrent den Hont ende Stuvesande / ende Barlandt / werden oock ter selver tijdt sommighe Polders / ende vel landts buyten ghedyckt. In't Landt van Schouwen ontrent Zuydtkercke ende Borrendamme / werdt oock veel landts buyten ghediickt. Luttel Eylanden van Zeelandt ginghen up ter selver tijdt / ofte sy overvloeyden / oft leden schade van dien storm aen hare dijcken ende Zeebaecken. 27. Sept. 1477 Flandern, Seeland Sturmflut

(M. Z. van Boxhorn „Chronick van Zeelandt etc. door H. Joh. Reygersbergen etc." II, S. 281/82.)

desen storm duerde acht uren lang, soo dat'er geen weeren aen en was: maer alle menschelycke hulpe faillieerde, soo dat de oude Stadt van van Oostende moeste verdrincken benevens vele Polders als S. Salvators en S. Clemens Polder, en noch meer andere in Vlaenderen en Zeelandt: maer in Aerdenburg, Ambacht verdroncken dese Dorpen: H. Cruys, S. Laureynt, onser Vrouwen Besuyden, onsver Vrouwe Benoorden, Hennebenne, Heyle, Chaterinne of Casant, nu weder in wesen ende vers gemaeckt. S. Baeß, Trabeten, onser Vrouwen by Sluys. In Oostkercke Ambacht verdroncken oock dese naervolgende, Oostkercke, Lapschuere, S. Catharine buyten Damme ende Westencapelle. Flandern Sturmflut

(Ch. Custis „Jaer-Boecken der stadt Brugge, etc." II, S. 189 aus Vaernewyck lib. 4. cap. 35.)

Op den 27. September was-'er eenen soo grooten overvloedt van wateren, dat, vele dycken doorgebroken zynde, het water binnen de oude Kercke van Oostende wel acht voeten hooge stondt. Tot Nieuport waeren de schepen op de kneye gesmeten.

(Char. Custis „Jaer-Boecken der stadt Brugge, etc." II, S. 188.)

Magna fuit aquarum alluvies in maritimis occid. Flandrensis 1477 in sept.

(„Chronicon Evershamense" v. Gerard de Meestere in „Rec. de chron. etc. concernant l'hist. etc. de la Flandre-Occid". publ. p. la soc. d'émulat. de Bruges. I. sér. Chron. d. monast. de Flandre. S. 26.)

(Im September 1477 ereignete sich eine große Meeresflut in den Küstengegenden Westflanderns.)

1477 Ende September bis Oktober Flandern, Seeland, Holland, Friesland Sturmflut

... à la fin de septembre et en octobre, le vent du Nord souffla, agita la mer et le sable; les digues se rompirent autour d'Anvers, en Flandre, en Zélande, en Hollande entre Amsterdam et Utrecht, et en Frise: il y eut très grands dégâts en beaucoup d'endroits. On rapporta que l'eau s'élèva à la hauteur de deux pieds dans l'église de Notre-Dame à Anvers.

(„Chronique d'Adrien d'Oudenbosch", Traduction franç. de J. Alexandre in „Public. de la soc. d. biblioph. Liègeois." No. 36, S. 284.)

1478 Nevers (Départem. Nièvre) Loire-Überschwemmung

Loire: Inondation.

(H. Crozet aus Archives de la mairie de Nevers)

(M. Champion „Les inondations en France etc." II, S. 211.)

23. Mai St. Gallen Überschwemmung der Steinach

Namlich kam samstags vor S. Urbans tag zů Tal ab ungewonlichem ort ain sölich groß wasser, daß si etlich hüser und städel ab dem grond fůert mit lüt und väch durch die ow nider gegen dem Rin zů, ...

(Joachim v. Watt (Vadianus) „Die größere Chronik der Äbte von St. Gallen", edid. E. Götzinger in „Dtsch. histor. Schriften". 2. Bd., S. 276.)

Sommer 1479 Kanton St. Gallen Überschwemmungen der Flüsse z. B. im Kanton St. Gallen

„... und geschach aller welt merklicher schad an wasser.

(Joachim v. Watt (Vadianus) „Die größere Chronik der Äbte von St. Gallen", edid. E. Götzinger in „Deutsche histor. Schriften", 2. Bd., S. 276.) edid. E. Götzinger.

Juni Elsaß Überschwemmung der Flüsse

Den 20. Jun war ein solche ungeheure Wassergüsse, daß fast alle Wiesen und Äcker im gantzen Land, von Thann bis unter Straßburg, unter Wasser gestanden.

(M. Tschamser „Annales etc. zu Thann." I, S. 650.)

21. Juli Rhein, Thur Hochwasser

Desglich im nünundsibenzigosten jar um Sant Marie Madalenen abend [geschach], daß die Tur großer ward, dan man si in mans gedachtnuss ie gesechen hatt; und der Rin desglichen, der tet merklichen schaden an korn, werch, boumen, wisen und matten ...

(Joachim von Watt (Vadianus) „Die größere Chronik der Äbte von St. Gallen", edid. E. Götzinger in „Deutsche histor. Schriften". 2. Bd., S. 276.)

1479 Eisack Hochwasser

Hochwasser, welches die Frigensteiner Brücke oberhalb Bozen fortreißt.

(Karl Sonklar Edler von Innstaedten „Von den Überschwemmungen". S. 73 aus Codex 112. Fol. 174 im Statthalterei-Archiv zu Innsbruck.)

in Sunte Barbaren nachte do ginck de vloet twe vpstaende vot hoger alse se Anno 76 dede, wente dar was nicht ein dykes vack vmme alle dit lant sunder de vloet hadde dar vp gewesen. Noch bleff Oster-Offenbül vnde Barnkemorkoch droge. 4. Dezember 1479 Dithmarschen Sturmflut

(Chronic. Eiderostad. vulg.)

(„Joh. Russe's Sammlungen und Vorarbeiten zur Chronik des Landes Dithmarschen" edid. Dr. A. L. J. Michelsen. S. 713.)

nachts Flut. Nordfriesische Inseln Sturmflut

(„Mag. A. Heimreichs nordfresische Chronik". edid. Dr. N. Falck. I, S. 277.)

sind die wasser an vielen orten, als die Tyber, die Tohnaw, der Rhein, der Main, die Saal sowol andere sehr aufgelofen, daß sie unseglichen schaden gethun und vil leut und vieh verderbet haben. 1480 Tiber, Donau, Rhein, Main, Saale Überschwemmungen

(„Enoch Widmann's Chronik der Stadt Hof" in „Quellen zur Geschichte der Stadt Hof." I, S. 77. edit. Christian Meyer.)

Auf die verschiedenen zehen dürre und truckene Jahre, sind heuer schreckliche Ungewitter mit Donner und Blitzen, grausame Regen, und starke Wasserfluthen entstanden, welche an der Saale, Mulda, und Elbe fast alle Brücken und Mühlen zerbrochen und hinweggeschwemmet, auch viele Menschen und Vieh ersäuffet. Thüringen, Sachsen Überschwemmungen der Flüsse

(„Eilenburg. Chronik" in „Die Neustädter Chronik" I. v. H. Besser u. R. Herrmann, S. 6.)

Eodem anno fuit inundatio aquarum in Salina, quae fecit damma naxima in deportandis lignis et aliis. Salzburg Überschwemmung der Salzach

(„Chronicon Salisburganse" in H. Pez „Script. rer. Austr." II, S. 438.)

(Im selben Jahre war eine Überschwemmung der Gewässer in Salzburg, die sehr schwere Schäden durch Wegführen von Hölzern und anderen Sachen anrichtete.)

Salzach: außerordentliche Überschwemmung mit großem Schaden. Hallein Überschwemmung der Salzach

(J. Th. Zauner „Chronik von Salzburg". II, S. 173.)

Verheerende Überschwemmung. Rheintal (Schweiz) Überschwemmung
[Hungerbühler Denkschrift]

(Ph. Krapf „Die Geschichte des Rheins zwischen d. Bodensee u. Ragaz". S. 131.)

In diesem Jahr ist ein Wolkenborst, Freytags nach Urbani, bey Immenhausen am Reinhardswald gefallen, hat das Wasser einen großen Theil an der Stadtmauren zu Immenhausen niedergworffen, . . . 26. Mai 1480 Bei Immenhausen (Hessen) Überschwemmung infolge eines Wolkenbruchs
Dieß Wasser hat zu Grebenstein auch ein Stück Mauren umbgebrochen, Vieh und Leute verderbt.

(„Die hessische Congeries", edid. Nebelthau in „Zeitschrift d. Vereins f. hessische Geschichte u. Landesk." 7. Bd., S. 349.)

1480 Sommer Elsaß Überschwemmungen der Flüsse

zu summerzyten, ging an ein regenwetter, dass wert nün wochen lang unnd wurden alle wasser so gross an Marie Magdalene abent (21. Juli) dass die garben auf dem veldt darvon furen. Der Rhyn und Ill wurden auch so gross dass zwischen Basel und Strassburg kein müle uf dem wasser blibe und uf dem landt ertrunken vil lüt. Vil hüser und doerffer wurden verderbet und musten sich die leut uf den boumen enthalten, . . .

(Jean-Jaques Meyer „La chronique Strasburgeoise", edid. R. Reuß. S. 122.)

° („Annales der Barfüßer zu Straßburg de anno 1507–1510" in „Mitteilungen d. Gesellschaft f. Erhaltung d. geschichtl. Denkmäler im Elsaß". II. Folge. 18. Bd., S. 306.) = 1482

Juli—August Rheingegend Lothringen Überschwemmungen der Flüsse

Item, on moix de jullet, pluit tosiours, et, on moix d'awost, il pluit tant que les yawe plux grande qu'elle n'avoient estès, passés 11 ans . . . Et y olt plusieurs maxon périe an long des rivières, et fist les revièrs grant dopmaige en bealcop de lieu . . . Et vint novelle à Mets que, depuis Baille jusquez à Colloigne tout an long du Rin, le Rin avoit emmené bealcop de maxon des villaige par sus le Rin, et fist grant dopmaige en la muraille et en les tour de Strasbourg et de Cowelance.

(„Le journal de Jehan Aubrion" edid. L. Larchey. S. 112.)

Au mois de jullet et d'acoust, audit an, il plut fort et tant que les yawes furent plus grandes qu'elles n'avoient esté, passé quarante ans. Et fut Muzelle si demesureement grande qu'elle couvroit dedans Mets le Saulois, et au au long de la riviere y eult plusieurs maisons peries; et firent les yawes et revieres en beaulcopt de lieux de gros domaiges et furent perdus aux champs la plus part des bleids, pois et feves par force de pluye. Et furent les nouvelles apportées à Mets que depuis Baisle, pres de Suisse, jusques à Colloigne, au long du Rhin, les yawes avoient amené beaulcopt de maisons des villaiges au long du Rhin et estoient plusieurs personnes peries: et y avoit grans domaiges enz murailles et tours de Strasbourg et de Couvellance.

(J. F. Huguenin „Les chron. de la ville de Metz." S. 437.)

Um 10. Juli Lothringen Überschwemmung der Flüsse

Item, on moix de jullet, environ le yawe devinrent sy grande qu'elle n'avoient estes sy haltes passés long temps; dont il y olt plusieurs villes, au long de la rivière, plenne d'iawe; et furent les foin, sus rivière, tout perdu. Et pluit encore plusieurs journée par le dit moix.

(„Le journal de Jehan Aubrion" edid. L. Larchey. S. 111.)

Um 22. Juli Rhein Überschwemmung

Item up die selve zit was der Rin sere grois, dat hie an vil enden in die stat Coellen gink, des umb die zit niet viel gesien enwas, ind hadde in overlant groissen verderflichen schaden gedain an fruchten ind anders.

(„Koelhoffsche Chronik. 1499" in „Die Chroniken der deutschen Städte" 14. Band, S. 851.)

. . . , want der rein was to Coln sere groet, dat hie an vil enden in die stat genk, derhalven die overlendischen wie ouch die weistphelischen volker groten schaden an iren vruchten erlidden.

1480 um 22. Juli Köln Rhein-Überschwemmung

(„Chronik d. Dietrich Westhoff v. 750–1550“ in „Die Chroniken der deutschen Städte“. 20. Bd., S. 343.)

im monat julio war der Rein so groß, daß er zue Meinz umb die statt ging bis an die drapfen vor unserer liben Frawen kirchen.

Mainz Rhein-Überschwemmung

(„Aufzeichnungen des Johann Heise“ in „Quellen z. Frankf. Geschichte“. edid. Dr. H. Grotefend. I, S. 225.)

Le courant entrait dans Strasbourg par les portes de l'Est et sortait par celles de l'Ouest, avec une telle violence, qu'il n'était pas praticable pour les barques. Des Parties de murs de la ville s'ècroulèrent; des ponts, des moulins et des maisons furent enlevés. L'inondation s'étendait autour de Strasbourg sur un rayon de 30 kilomètres et elle dura 8 jours avec ses ravages. Mais ce ne fut que'après un mois que les eaux rentrèrent entièrement dans leur lit, . . .

Straßburg (Elsaß) Überschwemmung

(M. Champion „Les inondations en France etc.“ V, S. 25 aus Baquol „L'Alsace ancienne et moderne“. S. 176.)

Die Dreisam schwoll nach vorausgegangenem starken Regen am Magdalenen-Tag auf eine früher nie erlebte Weise an, riß beide Brücken und 17 Wohngebäude und Scheuern an derselben weg, und verursachte an Wein, Getreide und Futter einen außerordentlichen Schaden.
[Aus einer Handschrift „Ursprung der Stadt Freiburg]

22. Juli Freiburg i/Br. Überschwemmung der Dreisam

(K. Walchner „Kleine Chronik denkwürdiger Begebenheiten der Stadt Freiburg“. S. 41.)

circa festum Mariae Magdalenae, quod incidit in sabbatum (22. Juli), fuit pluvia magna ad duos dies et ad duas noctes et facta est talis superabundantia aquarum super Renum, qualis prius nunquam audita fuit a diluvio, ita quod multae villae et habitacula evertit. et perierunt et submersi sunt in quibusdam locis multi homines et aqua, quae dicitur Ara, transscendit supra pontem in oppido Brugg, ita quod transvexisset faselum vel etiam navim ante portam inferiorem et in praeurbio et destructae sunt omnes pontes ab oppida Berne usque ad Argentinam in parte vel in toto.

Rhein, Aare Überschwemmungen

(„Jahrgeschichten des Landes“ in F. J. Mone „Quellensammlung der badischen Landesgeschichte“. 3. Band, S. 589.)

(Um das Maria-Magdalenen-Fest, das auf einen Sonnabend fiel (22. Juli), waren 2 Tage und 2 Nächte lang große Regengüsse, und es trat ein so großes Rhein-Hochwasser ein, wie man es seit der Sindflut nicht gehört hat, so daß es viele Dörfer und Wohnstätten umwarf. Es kamen in zahlreichen Orten viele Menschen im Wasser um, und das Gewässer, das die Aare genannt wird, lief über die Brücke von Brugg (Kanton Aargau), so daß man in einem kleinen Schiff hinüberfuhr oder auch in einem Schiff vor dem unteren Tor und in der Vorstadt fuhr, und es wurden alle Brücken von der Stadt Bern an bis Straßburg teilweise oder ganz zerstört.)

22. Juli 1480 Frankfurt a/M. Main-Hochwasser

Item noch ein groß gewesser uff Marie Madalene.

(„Aus der Chronik d. Schuhmacherhandwerks." in „Quellen z. Frankf. Geschichte", edid. Dr. H. Grotefend. II, S. 22.)

Kürnhalden (Baden) Überschwemmung

Mariae Magdalenae [22. Juli] erat magna inundancia aquarum, ita quod muros ceciderunt.
[Nekrolog von Kürnhalden im Karlsruher Archiv.]

(„Jahrgeschichten d. Landes". in F. J. Mone „Quellensammlung etc." 1. Bd., S. 227.)

(Am Maria Magdalenentage [22. Juli] war eine große Überschwemmung der Gewässer, so daß Mauern einfielen.)

Breisgau Überschwemmung der Flüsse, z. B. des Rheins

Im Breyßgaw entstund auch ein entsetzliche Ergießung der Wässer, welche an S. Mariae Magdalenae Tag mit großem Gestanckh, wie ein Pest aus dem Boden herfür qualten, also, daß sie bey Freyburg alle Bruckhen und Zollhäußlein, auch vile Mühlen hinwegführten ... Damahls hat der Rhein, welcher 1295 auf der Breysgawer Seithen hat angefangen herunder zu fließen, wiederumb seinen alten Lauf genommen, wie man gänzlich und glaubwürdig darfür halt und Breysach wiederumb auf die Braysgawer Seithen gelassen.

(M. Tschamser „Annales etc. zu Thann." I, S. 652.)

Breisgau Rhein-Überschwemmung

in festo S. Mariae Magdalenae, in Brisgovia et alibi inaudita erat aquarum inundatio. Ob continuas per aliquot dies pluvias Rhenus extra ripas defluxit ... Moniales de Güntersthal periculum vitae vix effugerunt per minimam claustri fenestram ...

(... Annal. mon. S. Petri", edid. Pat. Baumeister. I, S. 270.)

(J. Bader „Die Schicksale des ehemalig. Frauenstiftes Güntersthal bei Freiburg i/Br.".S. 165.)

(Am St. Maria Magdalenentage (22. Juli) ereignete sich im Breisgau und anderswo eine unerhörte Überschwemmung der Gewässer. Infolge der verschiedene Tage anhaltenden Regengüsse trat der Rhein über seine Ufer ... Nonnen aus Güntersthal entronnen kaum der Lebensgefahr durch das sehr kleine Zellenfenster.) ...

Freiburg i./Breisgau Überschwemmung der Dreisam

..., und bei Freiburg war ein solcher Zusammenfluß der Gewässer, daß es beide Brücken gänzlich hinwegführte, auch beide Zollhäuser, die Teiche, die Mühlen und Schleifen, wie sogar das Gerberthor zerstörte. Die Vorstadt in der Wühre ward völlig überschwemmt, ... Weitere Schäden in Güntersthal.

(Dr. J. Bader „Geschichte der Stadt Freiburg im Breisgau". II, S. 61.)

Rhein Überschwemmung

in dem monat julii kam ein ungestim wetter und regnet IIII tag aneinander, dar durch dye wasser also grosz wurden das die menschen vermeinten das erdrich under ze gan. Der Rhein ward also grosz das man zu Basel uff der bruck die hend ausz dem Rhein weschen mocht, desz glichen ouch zu Brisach. Ouch lieff der Rheyn uber alle muren hin nyn der kleinen statt und zu den fensteren hyn nyn der schifflutt stub. Die Ill und der Rheyn lieffen undereinander, also das man von Ruffach in einem weidling oder nachen gon Brysach faren mocht. Desselben glich von Enszheim gon Brysach. Es furt ouch edliche stett gelegen uff dem Rheyn und darzu dorffer garnach gantz hinweg, und ertrunken vil menschen in hussern und uff dem feld . . .

In dem jar, als man zalt von der geburt unseres herren tusend vierhundert und achtzig jor, uf sant Maria Magdalenen tag, was uf den samstag und der 22. tag des monetz July, do was ein grosser Wasserfluss ze Sliengen (Schliengen i/Breisgau) auch allenthalben, des glichen vor nie kein mensch gedocht hat, und tet grossen schaden in der summerfrucht, und wurden by drissig keller under wasser und ertrancken vil süw und . . . verdarb in den kelren und fieng an sant Maria Magdalen aubend (21. Juli) an und wert bij [bis] an suntag ze nacht. Des glichen der Rin ward so größ, davon nie kein man gehört, den er fürt vil bruggen anweg ze Loffenberg, ze Seckingen, ze Basel drü joch, ze Brisach und Strausburg, und tet der stat Nüwenburg (Neuenburg) grossen schaden an iren hüsern und uf dem land zů beiden siten an hüsern und an korn. 22. Juli 1480 Breisgau, Rhein Überschwemmung

(Aus dem Anniversarienbuch der Pfarrei Schliengen im Breisgau).

(„Jahrgeschichten des Landes" in F. J. Mone „Quellensammlung der badischen Landesgeschichte". 3. Band, S. 589.)

(„Chronik von Maternus Berler" in „Code histor. et diplom. de la ville de Strasbourg". Tom. I, S. 98.)

A. D. 1480 uff Mariä Magdalenä (22. Juli) waz so vil wassers ze nacht, daz es gieng uber die brugg ze Andelfingen, und wart mit grossen nöten behept. Die rinbrugg ze Eglisöw, Kaiserstůl, Louffenberg, Seckingen fůrt daz wasser in weg, zů Rinfelden 2 joch am weg und gieng uber die brugg ze Basel. Rhein Überschwemmung

(Handschrift zu Rheinau Nr. 239 (58)

(„Jahrgeschichten d. Landes" in F. J. Mone „Quellensammlung etc." 1. Bd., S. 227.)

ergab sich am Rheinstrom' der sorglichst Wasserfluß, dessen man gedenken konnt', durch den vielen Regen, weil nach der großen Dürre des Vorjahres das Erdreich alles Wasser aufsog und sich damit überschwängerte. Dieses Wasser richtete großen Schaden an, . . . Im Kirchgarter Thal' brachte es viel' starker Gebäude an Häusern und Scheuern zum Falle, . . .

(Dr. J. Bader „Geschichte der Stadt Freiburg i/Breisgau". II, S. 61.)

Anno 1480 circa Magdalenae ingens fuit aquarum inundatio. Rhenus in tantum crevit, quod ad lateres usque inferioris muri Minoris Basileae circa litus ascendit. Etiam homines in ponte stantes facile in Reno manus lavare poterant. Basel Rhein-Überschwemmung

(„Die Aufzeichnungen des Kaplan Hieronymus Brilinger" in „Basler Chroniken". 7. Band, S. 210.)

(Im Jahre 1480 um den Magdalenentag [22. Juli] ereignete sich eine ungeheure Überschwemmung der Gewässer. Der Rhein wuchs so stark an, daß er bis an die Ziegelsteine der niedriger gelegenen Mauer von Klein-Basel am Ufer anstieg. Auch die Menschen, die auf der Brücke standen, konnten leicht die Hände im Rhein waschen.)

22. Juli 1480 Rhein Überschwemmung

hatt ein überschwall / gussz / unnd außlauff des Rheyns vil gebeüw darnider geworffen / am tag Magdalene und zu Etlingen die maur darnider gerissen.

(Sebast. Franck „Chronica etc." 1531, S. 211.)

° („Ein Ueberlinger Chronist des 15. Jahrhunderts. (Lienhard Wintersulger u. Conradt Zedtler)" in Ph. Ruppert „Konstanzer Beiträge zur badisch. Geschichte". S. 125/26.)

° (X. Moßmann „Chronique des Dominicains de Guebwiller". S. 87/88.)

° (M. Tschamser „Annales etc. zu Thann." I, S. 651.)

° (Christ. Wurstisen „Baßler-Chronick" 1772. II, S. 494.)

Aare, Rhein Überschwemmung

° („Annalistisches aus St. Urban 1255–1480". edid. Dr. Th. v. Liebenau in „Anzeiger f. Schweiz. Gesch." Neue Folge. 4. Bd., S. 58.)

Schweiz Flüsse: Überschwemmungen

In disem jar sind die wasser groß xin, sonder die Töß und die Eulachen, derglichen die Tur und Rhin. Man wůsch ze Andelfingen uff der brugg die hend uß der Thur.

(„Die Chronik des Laurencius Boßhart von Winterthur 1185–1532". edid. K. Hauser in „Quellen zur Schweiz. Reformationsgeschichte". III. Bd., S. 58.)

Nordschweiz Überschwemmung der Flüsse

an Sant Maria Magdalena tag wurdend die wasser also groß, daß man desglichen nie mer hatt gesehen. Es blaib under Schafhusen uf dem Rein kain brugg ganz.

(„Fridolin Sichers Chronik" edid. E. Götzinger. S. 22.)

Wiedikon Überschwemmung der Sihl

Sihl: starke Überschwemmung. Das Wasser steht $1^1/_2$ F. hoch in der St. Jacobskapelle.

(Dr. C. Escher „Chronik der ehemaligen Gemeinden Wiedikon und Außersihl". S. 155.)

Weinfelden (Thurgau) Überschwemmung der Thur

Die Thur verwandelt die ganze Tal-Ebene in einen See. Wühre, Stege und Brücken werden fortgerissen.

(J. U. Keller „Chronik von Weinfelden" edid. F. W. Neuenschwander. S. 55.)

° (Joh. Stumpff „Schwytzer Chronica". S. 236.)

Thun (Kant. Bern) Überschwemmung

Starke Wassergrößen, viel Schaden an Gütern und Brücken.

(K. F. L. Lohner „Chronik der Stadt Thun." edid. G. Züricher. S. 129.)

Furchtbare Gewässer. Brücken, Mühlen, Scheunen, Speicher Häuser werden fortgerissen. 22. Juli 1480 Simmental (Kant. Bern) Überschwemmung der Flüsse

(D. Gempeler-Schletti „Heimatkunde des Simmentals" S. 452.)

Do man zalt 1480 an sant Apollinaris tag do wart der Rin so grosz, das er in der Kleinen stat Basel in der Ringassen gieng, und in der Nideren Clingenthalgassen mocht nieman gon vor wasser. 23. Juli Basel Rhein-Überschwemmung

(„Die Zusätze zur Chronik Appenwilers." in „Basl. Chroniken". 5. Bd., S. 531.)

was der Rin so groß, das er XI joch der brugg hin fürt und in die statt ging für das kloster by dem münster und an alle gassen der statt, und uff s. Jacobi aben (24. Juli) was er im grösten und uff s. Jacobstag schwien der Rin, ... Um 24. Juli Säckingen Rhein-Überschwemmung

(„Jahrgeschichten von Säckingen" in F. J. Mone „Quellensammlung der badischen Landesgeschichte" 3. Bd., S. 655.)

Item uf mentag vor sant Jocoptag im 80 jor ist der Rin so grosz gesin, das man het die hend uf der Rinbruck gewesten. Basel Rhein-Überschwemmung

(„Die Chronik in Ludwig Kilchmanns Schuldbuch 1468–1518" in „Basl. Chroniken". 6. Bd., S. 445.)

Uff sant Jacobs abent fůren 2 joch hinweg, uff die 8. stund vor mittag; aber uff die 10. stund fůr das dritt hinweg. Den selben tag fůr die bruck zu Seckingen mit 11 jochen hinweg; und die brucken zu Keyserstůl Louffenberg, Rinfelden fůrend all hinweg. Und gieng das wasser über den brunntrog am Fischmerckt. Und fůr man mit weydlingen bisz gon Clingenthal zu der Wyden, und gieng in das refenthal und bisz zu des hubenschmids husz, und bisz für die segen, und gieng zu Böcken huss hin in. Und fieng der Ryn an ny dem husz genant Brandecke, gegen dem Roten Hus; und fůr man mit weydlingen bisz zu dem Oberen Ziegelhoff die Ringassen uff, und das Silbergeszlin bisz zu dem husz zem Bömlin. Und worend die keller alle vol wassers bisz zu sant Claren, und zu dem Kiel was ouch wasser in dem keller.

Der Ryn lüff ouch am salzhusz hinden zu den fenstern yn, in die saltzkasten, das man bisz zu den waden im saltzwasser gieng. Und můst man von zünfften bieten, das saltz uffhin ze tragen; dann das husz und die undern saltzkasten alles vol wasser was.

(„Die Zusätze zur Chronik Appenwilers" in „Basl. Chroniken". 5. Bd., S. 531/32.)

Darnach im sommer ward der Rin so groß, daß er zu Straßburg an der Stainstraß ainen hochen turn underfraß und umstieß und allenthalb vil schadens tet mit güsinen (Überschwemmungen); ... 25. Juli Rhein-Überschwemmung

(Joachim v. Watt (Vadianus) „Die größere Chronik der Äbte von St. Gallen", edid. E. Götzinger in „Deutsche histor. Schriften". 2. Bd., S. 288.)

25. Juli 1480 Straßburg i/Elsaß Rhein-Überschwemmung

uff S. Jacobi tag wass dass gross wasser.

(„Annales der Barfüßer zu Straßburg de anno 1507–1510" in „Mittheilungen d. Gesellsch. f. Erhaltung d. geschichtl. Denkmäler im Elsaß". II. Folge, 18. Bd., S. 308.)

Elsaß Überschwemmung der Flüsse

auff sant Jacobs tag, do kam also ein grosz waszer gohn Straszburg unnd ins Elsas, und regnet in dem oberlandt und in dem gebirg so vast, und do wardt der Rein, die Ill und die Breisch so grosz, unnd alle andere wasser, das es auff die staden ging, unnd lieff in die heüser, . . .
Das waszer was also grosz und that vil schaden im oberlandt und im niderlandt allenthalben, . . . und weret das wasser wol 8 tag das es so grosz wasz.

(„Straßburg. Archiv-Chronik" in „Code histor. et diplom. de la ville de Strasbourg." Tom. II, S. 213/14.)

Rhein, Aare Überschwemmung

do wart der Rin also groß uff sant Jacobs tag, daz er die brug zů Loffenberg hinweg fürt zwüschen der arch und der grösern statt, und daz der Rin die mur vom köffhus uncz an daz louffentürly gancz uff den boden hinweg fürt; und waz also gros, daz er unden uffher an den nidern mergtbrunnen gieng, und sust fürt er vil brugen hinweg und öch die Ar ouch vil brugen; und sust detten alle wasser grossen schaden an lütte . . .

(„Laufenburger Jahrgeschichten von 1156–1673" in „Zeitschrift f. d. Geschichte des Oberrheins". 3. Bd., S. 172.)

Basel Rhein-Überschwemmung

Anno ec. 80 umb sant Jacobs tag in der ernne ward der Rin so grosz, das er drü joch an der Rinbruck hinweg fůrt. Und fůr man mit weidlingen am Vischmerckt, und [uber Rin] die Ringassen uff, von sannt Niclaus bisz zum oberen Ziegelhoff.

(„Die anonyme Chronik bei Cosmas Ertzberg etc." in „Basl. Chronik". 6. Bd., S. 324.)

Tusent fierhundert und achtzig jor, / Wasz ich sag, das ist war, / Uff sant Jacobsztag, wie wir lesen, / Der Rin am grösten ist gwesen.

(„Die Chronik des Fridolin Ryff 1514–1541, et." in „Basl. Chronik". I. Band, S. 19.)

° („Die Anonyme Chronik bei Schnitt etc." in „Basl. Chronik". 6. Band. S. 231/32.)

° („Bernhard Rorbach's Liber gestorum" in „Quellen z. Frankf. Geschichte", edid. Dr. H. Grotefend. I, S. 219.)

6. August Aare-Überschwemmung

Uf den 6. tag Ougst ist ein semlicher erschroklicher wasserfluss kommen, dass ein stat Bern mit dem sacrament und allem heiltum gon Marsilien an die Aren gangen, crüzgang und selentag verordnet. Hat gwäret fier tag, an allem Rin hinab, mit unsäglichem schaden an gebüwen, bruggen, erdrich und früchten.

(„Die Berner Chronik des Valer. Anshelm." 1. Bd., S. 167.)

Lieffen die flüß / Tyber / Padus / Thonau / Rein / und andere also auß / in Novembri / das es sovil thier und menschen hinnam / . . .

1480 November Tiber, Po, Donau, Rhein und andere Flüsse Überschwemmungen

(Sebast. Franck „Chronica etc.“ 1531, S. 211.)

Et furent les rivieres de Seine, Marne, Yonne et toutes autres rivieres affluans enladicte reviere de Seine, prises et gelées si très fort que tous charrois, gens et bestes passoient par dessus la glace. Et au desgel desdictes rivieres, en advint pluseurs grans maulx et dommages à cause desdictes glaces qui en emporterent plusieurs pontz estans sur lesdictes rivieres. Et les glaces firent de grans dommaiges, car ilz rompirent et emporterent grant quantité de basteaulx, dont partie s'en alerent frapper contre les ponts Nostre-Dame, Sainct-Michel, d'icelle ville de Paris; lesquelz basteaulx sauverent plusieurs grans heurs que eussent fait lesdiz glaçons contre lesdiz ponts, qui furent en bien grant dangier d'estre abatus. Et lesquelz glaces rompirent sept des pieux de moulin du Temple.

Winter 1481 Nordfrankreich Flüsse: Eisdecke und Eisgang

(„Journal de Jehan de Roye 1460/83“, edid. Bern. de Mandrot. II, S. 104/05.)

Les rivierès de la Meuse, Rhin, Escaut, Seine et autres furent gelées si fort que tous charrois, gens et bestes passoient dessus, mesme la mer fut en aucun endroits engelée pae l'espace de trois lieues, qui occasionna le seigneur Salazar, comte de Saint-Martin, de conduire son armée, son charroy et tout son train sur la mer pour aller de Nartre assièger la ville d'Oustre, environnée en tous endroits de la mer.

Westeuropa Flüsse: Eisdecke und Meeresküste stellenweise Eisdecke

(François Vinchant „Annales de la prov. et comté du Hainaut etc.“ edid. A. P. V. Descamps. in „Soc. des biblioph. de Mons.“ Bd. 16, Tome V, S. 37.)

Sesquimensis spatio adeo saeviit praegelidus Jupiter ut Sequana, Matrona, Yonna, aliaque magna flumina gelu acutissimo constiterint, et, resoluta demum glacie, varii pontes rupti sint atque disjecti.

Flüsse: Eisdecke und Eisgang

(„Annalium Flandiae post Jacobum Meyerum continuatio auctore Philippo Meyero, Atrebatio, Jacobi Pronepote“ in „Chron. relat. à l'hist. de la Belgique etc.“ edid. K. de Lettenhove in „Coll. de chron. belg. inédit.“ Band 13, Tom. III, S. 504.) = 1480

($1^1/_2$ Monate lang wütete der sehr kalte Jupiter derartig, daß die Seine, die Marne, die Yonne und andere große Flüsse infolge des sehr strengen Frostes fest stehenblieben, und als später das Eis schmolz, verschiedene Brücken zerbrachen und auseinandergetrieben wurden.)

Visique sunt illo anno currus onusti qui cum equis pertransirent glacies.

Belgien Flüsse: Eisdecke

(„Chronique de Gilles Jamsin 1468/1492“. edid. Chestret de Haneffe in „Compt. rend. des seanc. de la comm. roy. d'hist.“ Acad. roy. de Belgique. Tome 68, 5. sér. tom. IX, S. 603.)

(Es wurden in jenem Jahre beladene Wagen gesehen, die mit Pferden das Eis passierten.)

Winter 1480/81 Dithmarschen Eider: Eisdecke

was so en winter, dat [man] mochte aver de Eider gan von Worlossem na Tonninge.

(„Karsten Schröder's Ditmarsische Chronik", edid. W. G. Kolster. S. 216.)

1481 England Überschwemmungen der Flüsse

Fuerunt aquarum inundationes maximae, anno Christi 1481.

(„Eulogium (historiarum sive temporis) etc." in „Rer. Britannic. med. aev. scriptores". Bd. 9, Vol. I, S. 294.)

(Im Jahre Christi 1481 waren sehr starke Überschwemmungen.)

Süd- u. Südwest-Deutschland Überschwemmung der Flüsse

was so grosz gewesser das es die muren und thürn in den stetten umb stiesz.

(„Straßburg. Archiv-Chronik" in „Code histor. et diplomat." II, S. 214.)

Passau Inn-Überschwemmung

Inn: Hochwasser. Die Brücke wird stark beschädigt.

(Dr. W. M. Schmid „Illustrierte Geschichte der Stadt Passau". S. 131.)

Werra Überschwemmung

Sehr starke Überschwemmung.

(J. S. Güth „Poligraph. Meining." S. 144.)

Elbe-Überschwemmung

. . . , und war die Elbe sehr gros und thete grossen schaden.

(„Die Magdeburger Schöppenchronik" III in „Die Chroniken der deutschen Städte". 7. Bd., S. 417.)

13. Januar – 12. Februar Schelde bei Antwerpen Eisdecke

Den winter was dit jaer soo fel dat men over de Schelde voor Antweroen van op den 13. January tot den 12 February soo te voet als te peerde konde reydende passeren.

(„Chronique de Franc.-Jos. de Castro", edid. Fél van Naemen. S. 382 aus „Oudhed van Gendt. manuscr.")

12. März Kaisheim b/Donauwörth Überschwemmung

montag nach herrenfaßnacht kam ein solich groß wasser zu Kaißham im closter, daß daß vieh in stellen umschwam.

(Joh. Knebel „Die Chronik des Klosters Kaisheim" 1531. edid. Fr. Hüttner. S. 334.)

20. Mai Freiburg (Schweiz) Überschwemmung der Saane

In dem jar, do man zalt 1481, was úf den 20. tag Meyens, do kam aber ein wassergrössi inmassen, dass die Sanen so gross ward, dass sy die mittel brugken zú Frybúrg wol hinwäg fůrt, und ward so gross, dass die gärten in der Nüwenstatt allenthalben voll wassers warend. Und tät aber sehr grossen schaden, und verflösst vil gärten und matten.

(„Freiburger Wassernot vom Jahr 1481 (in der Chronik v. Ludwig Sterner und nachher in der Chronik von Fruyo. Fortsetzung des Freiburger Schilling bei Sterner) edid. A. Büchi in „Jahrbuch f. Schweiz. Geschichte" 30. Bd. S. 321/22.)

pluvia per triduum fortiter continuata, subito supervenit inundatio aquarum maxima, nunquam a memoria hominum visa talis que intrabat urbem Bituricam in porta Ultrionis [La porte d'Auron, im S. der Stadt] per jactum lapidis, cujus pontem lapideum, fortem et materialem subvertit funditus, et per portam Sancti Privati, toto burgo inundato [le faubourg St.-Privé, im N. d. Stadt, zwischen l'Yèvre und la Voiselle], introivit usque ad domum Capelli rubei, et in vico bilote lavabantur [les piliers de bois des maisons étaient baignés par l'eau]; pratum Fiscale [le pré Fichaud, im N. W. von Bourges] et burgus Sancti Ambrosii pariter inundati fuerunt. 1481 23. Mai Bourges (Dép. Cher.) Überschwemmung der Yèvre

(„Chronique de Bourges par Jean Batereau", edit. Jul. Havet. S. 451.)

(Nachdem 3 Tage lang Regengüsse stark angehalten hatten, entstand plötzlich eine sehr starke Überschwemmung der Gewässer, wie sie seit Menschengedenken niemals beobachtet wurde. Die Überschwemmung drang in die Stadt Bourges durch die Porte d'Auron [im S. der Stadt] ein, deren steinerne Brücke, die fest und aus Erde war, zerstörte sie von Grund aus, . . . und durch das Tor von St. Privé drang es ein bis zum Hause der roten Kapelle und überschwemmte die ganze Vorstadt (St. Privé, im N. der Stadt] und wusch die Holzpfosten der Häuser aus. Le pré Fichaud, [im N. W. d. Stadt] und die Vorstadt St. Ambrosius wurden gleichfalls überschwemmt.)

Moldava superato alveo, in Pragam decurrit; ad Ecclesiam S. Crucis navibus Cives, ivisse notatur. (Manuscr.) 25. Mai Moldau Prag Moldau-Überschwemmung

(J. F. Hammerschmid „Prodromus gloriae Pragenae etc." S. 698.)

(Die Moldau trat über ihre Ufer und floß nach Prag hinein; es wurde beobachtet, daß die Bürger bis zur „Heiligen Kreuz-Kirche" in Kähnen fuhren.)

Mittwochens für Pfingsten ist zur Wismar so grosser Blitz, Donner und Regen gewesen, daß daselbst in die 14 Mühlen ausgetrieben, und der Dam fürm alten Wismarischen Thor ausgetrieben ist. 6. Juni Wismar Überschwemmung

(„M. Bernhardi Latomi Genealochronicon Megapolitanum omnis aevi" in E. J. von Westphalen „Monum. inedita rer. Germanic." IV, Sp. 407.)

. . . , penetravitque aqua usque ad summam aram Ecclesiae S. Annae Vetero-Pragae. (Hagek.) 8. Juni Prag Moldau-Überschwemmung

(J. F. Hammerschmid „Prodromus gloriae Pragenae etc." S. 698.)

(. . . , und das Wasser drang bis zum höchsten Altar der St. Annen-Kirche in Alt-Prag vor.)

In feriis Pentecostes facta inundatio vehemens, quae durauit triduum. um 10. Juni Meißen i/Sa. Elbe-Überschwemmung

(G. Fabricius „Rer. Misnicar. libri VII". S. 159.)

(In den Pfingsfeiertagen trat eine heftige Überschwemmung ein, die 3 Tage andauerte.)

° (M. Grünewald „Die Meißner Chronik". S. 100.)

1481 13. Juli Troyes Haute-Seine-Überschwemmung

Haute-Seine: Inondation, suite de pluies abondantes.

(M. Champion „Les inondations en France etc.“ II, S. 17 aus Courtalon-Delaistre „Topograph. histor. de la ville etc. de Troyes“ I, S. 95 und Grosley „Mém. hist. et critiques pour l'hist. de Troyes“. II, S. 497.)

Juli Bodensee Hochwasser

do was der see als groß, als sie nie dhainer gedacht.

(Es wird im Verlauf der Überschwemmung der Dienstag vor sant Margaretentag (10. Juli) genannt.)

(„Ein Überlinger Chronist des 15. Jahrhunderts [Conradt Zedtler]“ in Ph. Ruppert „Konstanz. Beiträge zur badischen Geschichte“. S. 128.)

Lothringen III. Dekade Dezember 1481 Hochwasser der Flüsse

..., et furent les yawes merveilleusement grandes la sepmainme devant Noel.

(„Le journal de Jehan Aubrion“, edid. L. Larchey.) S. 130.

1482 Donautal in Bayern Donau-Überschwemmung

Überschwemmungen.

(J. Bader „Geschichte des Frauenklosters Nieder-Schönenfeld“ in A. Steichele „Archiv f. die Geschichte des Bistums Augsburg“. I, S. 216.)

24. Juni St. Gallen (Schweiz) Überschwemmung

Derglichen weter und wasser was uf S. Johans tag vergangen ouch gsin, ...

(J. von Watt (Vadianus) „Die größere Chronik der Äbte von St. Gallen“ in „Deutsche histor. Schriften“. 2. Bd. S. 306.)

8. Juli Danzig Überschwemmung

..., und vil so vil wassers, das man in den strossen mit botes mochte faren.

(„Caspar Weinreichs Danzig. Chronik“ in „Scriptor. rer. Prussicar.“ 4. Band, S. 745.)

10. September Danzig Überschwemmung

den Dingstag auf Marien geburt in der Nacht war in Preußen ein grausam ungewitter, donner und platzregen, ... und der regen lief schier in alle keller und thete großen schaden in Danczike.

(„Christoph Beyers d. älteren Danzig. Chronik.“ in „Scriptor. rer. Prussic.“ 5. Bd. S. 443.)

1483 Toulouse Garonn-Überschwemmung

la Garonne crut fort, non de l'eau des pluyes, mais de celle qui sortoit des veines de la terre. Le pont vieux, tout de bois et à neuf, tomba entièrement.

(Annales de Toulouse. Manuscr. de l'hotel-de-ville de Toulouse.)

(M. Champion „Les inondations en France etc.“ IV, S. 208.)

10. Februar Nordfriesland Sturmflut

In dussem 1483. jare ginck noch eins de vloet des mandages in deme vastellavende unde dat gantze Lant wart vorvullet mit water, so dat de vloet ginck dremal in eineme jare.

(Chronic. Eiderostad. vulg.)

(„Joh. Russes Sammlungen und Vorarbeiten zur Chronik des Landes Dithmarschen“. edid. Dr. A. L. J. Michelsen. S. 714.)

il pluit sy fort en Metz que les yawes par les rues estoient sy grandes qu'elles couroient en les celliez par les fenestres. 1483 27. Juli Metz Über-schwemmung

(„Journal de Jehan Aubrion", edid. L. Larchey. S. 155.)

Grote Flott. Diß Jar waß de ander St. Gallen-Flott, souven Jar na der ersten, welche avermalß groten Schaden uthrichtede unnd dat vette Krup in de Köcken jagede unde brak in, aver gantz Eiderstede. 16. Oktober Dithmarschen Sturmflut

(„Joh. Adolfi's etc. Chronik des Landes Dithmarschen." I, S. 417 aus Carst. Schr. Script. 4.)

Donredags vp Sunte Gallen dach brack in de Nyekoch, vnde wart vloet auer alle dit gantze Lant.

(Chronic. Eiderostad. vul.)

[Nyekoch-Adenbüll-Kog.]

(„Joh. Russe's Sammlungen u. Vorarbeiten zur Chronik des Landes Dithmarschen", edid. Dr. A. L. J. Michelsen. S. 714.)

5. Gallen-Flut. In Tetenbüll d. Adenbullerkog eingebrochen. Nord-friesische Inseln Sturmflut

(„M. A. Heimreichs etc. nordfresische Chronik", edid. Dr. N. Falck. I, S. 277.)

° („Jo. Russe fragmenta XXXV rer. Dithmarsicar. 1040–1542" in E. J. von Westphalen. „Monum. inedita rer. Germanic." IV. Sp. 1443.) = 1482

Et pluvoit tousiours; et furent les yawes sy grandes que toute l'iste du Pont des Morts [Metz] et tant le grand saucis du Pont des Morts estoient tous plains d'eawe. um 20. Novem. Lothringen Über-schwemmung, der Flüsse z. B. Metz

(„Journal de Jehan Aubrion etc.", edid. L. Larchey. S. 157.)

Wasserflut. Einbruch. 22. November Dithmarschen Sturmflut

(„Joh. Adolfi's etc. Chronik des Landes Dithmarschen". I, S. 417 aus Carst. Schr. Script. 4.)

Sonnavend vp S. Cicilien Dach da ginck de vloet noch ein auer alle Lant.

(Chronic. Eiderostad. vulg.)

(„Joh. Russe's Sammlungen und Vorarbeiten zur Chronik des Landes Dithmarschen", edid. Dr. A. L. J. Michelsen. S. 714.)

Flut. In Walthusen eine große Wehte oder Tief eingerissen. Nord-friesische Inseln Sturmflut

(Dr. N. Falck „M. A. Heimreichs etc. nordfresische Chronik." I, S. 277.) = 13. Dezember 1483

Überschwemmung. 1484 Osnabrück Über-schwemmung der Haase

(Chronici Osnaburg. libelli duo.]

(H. Hamelmann „Opera genealog.-histor. de Westphal. et. Saxonia infer. etc.", edid. E. C. Wasserbach. S. 614.)

1484 Mosel Überschwemmung

En icelle année, à cause que les yawes avoient esté hors de rive, . . .

(J. F. Huguenin „Les chroniques de la ville de Metz etc." S. 463.)

Januar Paris Überschwemmung der Seine

Seine: Das Wasser steigt bis zum Kreuze des Grève-Platzes.

(Fr. Arago „Sämtl. Werke", edid. Dr. W. G. Hankel. 16. Band, S. 430 aus Sauval.)

Mai Augsburg Lech-Überschwemmung

Mox post ista Lechus tanta inundatione Majo mense intumuit, ut non solum hortis civium, dealbatoriis pratis, ac piscinis in fossa extra civitatem damna dederit, verum etiam totum Jacobaeum suburbium, lacum effecerit, . . .

(A. P. Gasser „Annal. Augstburg." in J. B. Mencken „Scriptor. rer. Germanic." I, Sp. 1697.)

(Bald darauf stieg dieser Lech infolge einer sehr großen Überschwemmung derartig an, daß nicht nur die Gärten der Bürger, die Bleicher-Wiesen und die Fischteiche in der Grube außerhalb der Stadt Schäden erlitten, sondern auch die ganze Jakobs-Vorstadt zu einem See gemacht wurde.)

4. Juli Erfurt Überschwemmung

Dominica post visitationem Marie inundatio Erffordie magnum.

(„Erphurdian. antiquitat. variloquus incerti auctoris" Annales. edid. Dr. Rich. Thiele. S. 140.)

(Am Sonntag nach Mariä Heimsuchung ereignete sich eine große Überschwemmung zu Erfurt.)

26. Novemb. Wien Donau: Eisdecke

. . . danubium congelatum.

(„Tagebuch des Wiener Arztes Johannes Tichtel 1477–95" in „Front. rer. Austriac." 1. Abtlg. 1. Bd. S. 27.)

(. . . Donau zugefroren.)

Winter 1484/85 Österreich Donau: Eisdecke

Im November überschreitet König Mathias von Ungarn mit einem Teil seines Heeres zwischen Korneuburg und Klosterneuburg die gefrorene Donau, die sein Heer auch am 4. Dez. bei Wien zweimal passierte; 20. Dez. beginnt der Eisgang auf der Donau.

(Anmerkungen in „Die Chroniken der deutschen Städte." 31. Band, 1. Teil, S. 313.)

4. Dezember 1484 Frankfurt a/M. Main: Eisdecke

Main: hart zugefroren.

(A. A. von Lersner „Der weit-berühmten freyen Reichs-etc. Stadt Franckfurt am Mayn chronica." S. 533.)

Anfang Dez. Thann i/Els. Überschwemmung der Thur

Zu End dieses Jahrs war allhier umb Nicolai ein solche Wassergüsse, daß vil Leuth und Vieh ertruncken, vil Brückhen und Bawholtz hinweggepflötzt, und fast alle Matten an der Thur und andere Wässer liegende, beschädigt worden.

(M. Tschamser „Annales etc. zu Thann". I, S. 660.)

Danubius fortissime et diu congelatus soluiter in vigilia Thome Apostoli. 20. Dezember 1484 Wien Donau: Eisaufgang

(„In Joannis Tichtelii Austriaci Greinensis Diarium res Viennae potissimum aetate sua gestas enarrans et ab anno 1477 usque ad annum 1494 deductum" in A. Rauch „Rerum Austriacarum scriptores etc." II.)

(Nachdem die Donau sehr stark und lange zugefroren war, ging sie am Tage vor dem Apostel Thomastage auf.)

Opten jairdach ende sdaichs dairna was een groot tempeest ende storm van winde, ooc durende al de maent Januarius: vele dijcken braken in, tlant lach verdroncken ovt een see hadde geweest; dair bedorven vele schepen ende dair verdranc veel volc. 1.—2. Januar 1485 Holland Sturmflut

(P. N. van Dorminck „Geldersche Kronieken." I, S. 61.)

1484 in Nyejars nachte do ginck de vloet auer alle Nordstrande vnde in Dithmarschen, vnde alle de koge bey der geest lanck, de brecken ock vth, men Eiderstede dat bleff droge. 1. Januar Dithmarschen Sturmflut

[Chronic. Eiderostad. vulg.]

(„Joh. Russe's Sammlungen u. Vorarbeiten zur Chronik des Landes Dithmarschen", edid. A. L. J. Michelsen. S. 714.)

Vor Fastnachten hat sich die Mulda ergossen. vor 15. Februar Mulde Überschwemmung

(Christ. Meltzer „Histor. Schneebergens. renovata etc." S. 1202.)

. . . , ubi magna fuit aquarum inundacio, graminum et segetum deperdicio per pluviam. Sommer Mitteldeutschland Überschwemmung der Flüsse

(„Cronica brevis de quibusdam novissimis temporibus actis in partibus Missne et Thuringie 1301/1497." in J. B. Mencken „Scriptor. rer. Germanic." III, Sp. 55.)

. . . , wo eine große Überschwemmung der Gewässer und Vernichtung der Weiden und Saatfelder durch den Regen war.)

. . . und komend große wasser, . . . , die vil schadens tatend. Nordschweiz Hochwasser der Flüsse

(J. von Watt (Vadianus) „Die größere Chronik der Äbte von St. Gallen" in „Deutsche histor. Schriften" edid. E. Götzinger. 2. Bd, S. 367.)

In diesem jar sind zů Augspurg 4 groß gissen mit wasser gewessen. Die 2 ersten giß sind in junio gewessen, und hat ir jedliche gewert 2 tag und nächt. Juni Augsburg Lech-Überschwemmungen

(„Die Chronik von Clemens Sender" in „Die Chroniken der deutschen Städte." 23. Band, S. 46.)

umb Sant Joannes Tag. 1491. Item VI, Jar darvor ist die Isar auch gros gewesen. um 24. Juni Isar Hochwasser

(„Anonymi Monacensis breve chronicon Bavariae 1487–1506" in A. F. Oefele „Rer. Boicar. scriptores" I, S. 48.)

1485 nach 24. Juni West-Deutschland Mittel-Deutschland, Mark Brandenburg Überschwemmung der Flüsse

Et deinde post festum Johannis Baptiste per multos dies subsecuta ets magna humiditas et pluvia per mensem et ultra, ymmo per Julium et Augustum etc., ita quod magna aquarum inundacio facts fuit in multis locis, scilicet in Reno, Mißna, Marchia etc., que inundacio aquarum maxima dampna in edificiis, pontibus, feno et aliis frumentis fecit.

(„Mathias Dörings Fortsetzung der Chronik des Dieterich Engelhusen," S. 246.)

(Darauf nach dem Feste Johannes des Täufers folgten viele Tage hindurch große Feuchtigkeit und Regengüsse, einen Monat lang und länger, ja vielmehr den Juli und August hindurch, so daß an vielen Orten eine große Überschwemmung der Gewässer eintrat, wie am Rhein, in Meißen, in der Mark usw. Diese Überschwemmung der Gewässer richtete an Gebäuden, Brücken, Heu und den anderen Saaten größten Schaden an.)

3. Juli Erfurt Überschwemmung der Gewässer, z. B. der Gera

. . . unnd an deme noch tage unser lieben frowen tage visitacionis, do hub es an zu regende den tagk. unnd die gancze nacht also sere in aller forme, als man mit schuffen [Schöpfeimer] gusse. Do er goss sich das wasser zu erffort so sere, . . . unnd gingk vor deme nuwen thore hinder den karthusen uff deme acker allen enden. Dy stad graben dye worn ouch allen enden fol, das sy uber lieffen in dy felt vor deme lower thore, vor deme smedesteten thore, vor deme krampfen thore unnd vor sente johans thore, gingk das wasser uber al uff deme acker, unnd reiß den stad graben bye der Karthuser thorme en czwey unnd warff dy hulczern brucken umme hinder den karthusern unnd liff in den wilden graben biß in dye wilden gere do selbest, . . . Item das wasser er goß sich so balde . . . Item hinder deme nuwen wercke uff deme borgkstege [= überdachte Fußgängerbrücke, sog. „Vogelsbrücke", über die „Wilde Gera"] do konde man das waßer ouch gelange mit den henden, unnd bedackte das gerynne mittenander, unnd warff fele husere umme unnd furte sy enwegk unnd fele hußrotes, unnd warff fele wende nedder. Dy dorffer eilferssgehofen [Jlversgehofen, Dorf vor Erfurt], gisperssleuben unnd dye andern dorffer an der gere, dy swummen in dem wasser, als eyn and uff deme see. Von deme wasser wart gesaget, das kein mensche lebete, der solch gross wasser mee gedechte.

(Konrad Stolle „Memoriale-thüringisch-erfurt. Chronik", edid. Dr. R. Thiele in „Geschichtsquellen der Prov. Sachsen" 39. Band, S. 436/37.)

2.—3. Juli Thüringen Überschwemmung der Flüsse, z. B. der Werra

Vnd ynn demselben Jare was es auch, das sich vmb vnd auff Visitacionis Mariae ein solch gros gewisser erhub, das es grossen mechtigen schaden thett ynn allen Deudschen landen. Es gienge zu Creutzburgk gar nahe vber die brucken, vnd gieng ynn die Stadt, das man von eynem thore zu dem andern ynn schiffen faren muste, vmd warff viel heuser vmb, vnd furte den hausrath hinwegk an manches ende, da man sich keynes wassers hette versehen. So ertrunken viel leutte, vnd auch viel Viehes.

(„Adami Ursini chronicon Thuring. vernacul. usque ad. a. 1500 etc." in J. B. Mencken „Scriptor. rer. Germanic." III, Sp. 1348.)

° („Erphurdian. antiquitat. variloquus etc.“ in J. B. Mencken „Scriptor. rer. Germanicar.“ II, Sp. 510.) = 4. Juli 1484

° („Chronicon ecclesiastic. Nicolai de Siegen“. in „Thüring. Geschichtsquellen“. 2. Bd. S. 419.) = 4. Juli

Inundationes praeterea maximae, per Jacobaeum suburbium, et in dealbatoriis pratis, in festo S. Ulrychi, et sub initia Septembris, hic damna civibus haud minora superioris anni dederunt. 1485 4. Juli und Anfang September Augsburg Lech-Überschwemmungen

(A. P. Gassar „Annal. Augstburg.“ in I. B. Mencken „Scriptor. rer. Germanic.“ I, Sp. 1699.)

(Außerdem fügten die sehr großen Überschwemmungen in der Jakober-Vorstadt und auf den Bleicherwiesen am 4. Juli und Anfang September hier den Bürgern nicht kleinere Schäden zu als im vorigen Jahre.)

Den 4. Julij, an S. Ulrichs Tag, haben wir abermahl ein grose Güsse gehabt, welche in dem Ober-Elsaß, Breyßgaw, auch im Schwabenland gespührt worden und großen Schaden gethan. 4. Juli Ober-Elsaß Breisgau Schwaben Überschwemmungen

(M. Tschamser „Annales etc. zu Thann“. I, S. 662.)

Magna postea die S. Ulrici, aquarum inundatio [circa Nordlingam quidem] secuta est. Bei Nördlingen Überschwemmung

(M. Crusius „Annal. Suevicar.“ Dodek. III, S. 471.)

(Darauf folgte am St. Ulrichstage eine große Überschwemmung der Gewässer bei Nördlingen.)

In dem 85. jar Kiliani, der was 5 tag vor sant Margretentag, da was so ein groß wasser, das in 50 jaren nie gesehen ward, wann es regent gar ser. und es gieng und stieß oben pei des Schramen turn an den nehsten nidersten pogen an der stainen prucken, das das wasser kaum hin durch gieng, . . . 8. Juli Nürnberg Überschwemmung der Pegnitz

(„Nürnberger Jahrbücher d. 15. Jahrhdts.“ in „Die Chroniken d. deutschen Städte“. 10. Bd., S. 374.)

Weser: Hochwasser mit Deichbruch und schädlichen Überschwemmungen. Bremen Weser-Überschwemmung

(C. Miesegaes „Chronik der freyen Hansestadt Bremen“, S. 200.)

Die 3. giß ist gewest an sant Felitzen tag, die hat geweret 1 tag und 2 nächt. dise gissen haben fast grosen schaden than und abgemeids graß auff den engern und wissen wegk gefiert. 29. Juli Augsburg Lech-Überschwemmung

(„Die Chronik von Clemens Sender“ in „Die Chroniken der deutschen Städte.“ 23. Band, S. 46.)

Die 4. giß hat angefangen am 17. tag augusti, und nach 2 tagen in der nacht hat sie also zů und überhandt genomen, daß der Lech allenthalb das erdreich bedeckt hat, und der stadtbau in schidte an dem Lech oberhalb Haustetten zerrissen [ist], 17.—19. August Augsburg Lech-Überschwemmung und ist der gantz Lech mit gantzem fluß in den arm des Lechs, der durch die vorstat laufft, gelauffen und [hat] an sant Jacobs tag [25. Juli??] die statmaur zerprochen und hat in den häusern, gärten und andern orten grosen schaden than. ... in der vorstat haben die menschen auf schiffen zů ainander miessen faren. in menschen gedechtnus ist nie gehört noch gesechen worden solichs groß wasser zů Augspurg gewessen sein.

(„Die Chronik von Clemens Sender", in „Die Chroniken der deutschen Städte." 23. Band, S. 46.)

1485 September Bremen Weser-Überschwemmung

Weser: Hochwasser mit Deichbrüchen und schädlicher Überschwemmung nach 18 Tage anhaltendem Regen.

(C. Miesegaes „Chronik der freyen Hansestadt Bremen." III, S. 200.)

1486 Nevers (Départem. Nièvre) Loire-Hochwasser

Loire: des crues considérables se montrèrent.

(Partrimoines de la ville de Nevers. Archives municipales.)

(M. Champion „Les inondations en France etc." II, S. 211.)

Münstereifel Überschwemmung der Erft

Überschwemmung mit großem Schaden.

(J. Katzfey „Geschichte der Stadt Münstereifel". I, S. 367.)

Januar Rhein, Yssel, Waal, Maas Überschwemmungen

Insuper fuerunt magne et insolite invndationes fluuiorum Reni sc. et yssule, wali et mose. Ita quod multos aggeres interruperunt et ad insolita loca inopinate aque decurrentes quosdam homines et multa animalia et iumenta submerserunt et nisi ipsis per naues a vicinis opidis et locis subuentum fuisset.

(„Chronicon monast. Campensis ordin. Cisterc. ex originali edid. manuscr. Hermann Keussen" in Dr. G. Eckertz „Fontes adhuc inediti rer. Rhenanar." 2. Band, S. 410.)

(Überdies traten große und ungewöhnliche Überschwemmungen der Flüsse ein, z. B. des Rheins und der Yssel, des Waals und der Maas, so daß sie viele Dämme zerbrachen und die Gewässer unvermutet bis zu ungewöhnlichen Orten flossen, wo Menschen und viele Tiere und Lasttiere ertrunken wären, wenn man ihnen nicht mit Schiffen aus den benachbarten Städten und Gegenden zu Hilfe gekommen wäre.)

Rhein Überschwemmung

Item, pour le temps devinrent [les yawes] sy grandes que le Rin enmenoit le chastel de Maiance; et disoit que l'yawe avoit enmenés ung chastel delà Romme que le cardinal de Rowans avoit fait faire.

(L. Larchey „Journal de Jehan Aubrion etc." S. 182.)

17. Januar Bei Braunschweig Überschwemmung

fuit inundatio aquarum magna ipsa die Antonii.

(„Chronicon Riddagshusanum ad annum usque 1508 continuatum." in G. W. Leibniz „Scriptor. Brunsvicens. illustrant." II, S. 83.)

(Am Antoniustage ereignete sich eine große Überschwemmung der Gewässer.)

. . ., so daß es, nachdem kurz vor Fastnacht großen Schaden durch heftiges Thauwetter geschehen war, . . .

1486 Anfang Februar Sachsen Überschwemmung der Flüsse

(C. Lehmann „Chronik der Stadt Chemnitz etc.“ S. 96.)

Starke Überschwemmung mit Schaden.

um Fastnacht Mulde Überschwemmung

(Tob. Schmidt „Zwickau. Chronik“ II, S. 237.)

(E. Eckardt „Chronik von Glauchau.“ S. 428.)

Des dinstages unde middewekens vor sunte Bartholomei was van regens wegen / dat water up dem Damme ütermaten grot. et gingk in sunte Johannis kerken unde ringenerde dar wunderliken under den lyksteinen unde der dope, ok up dem kerkhove gingk so wente an de singelen unde de berchbrugge unde se vort, Umme unde umme her was ein water, dat alle olde lude seden, so en dechtens nu so grot. Dat mochte wol mede orsake syn, alse it do veide was unde de welve mit den watervloten vor der karthuse gedammet weren.

22.—23. Augus Hildesheim Überschwemmung

(„Henning Brandis’ Diarium“, edit. Ludw. Haenselmann. S. 88.)

Große Wassermassen dringen durch das Tiedexer Tor in die Stadt. Großer Schaden stellenweise, z. B. am Markt und Tiedexerstraße.

22. August Einbeck Überschwemmung

(H. L. Harland „Geschichte der Stadt Einbeck“ I, S. 261.)

war gros Wasser von vielen regen / vnd kam ein gros Wasser zu Braunschweig an S. Bartholomei abendt / vnnd stunden die strassen so voll Wassers, . . .

23.—24. August Braunschweig Überschwemmung der Oker

(M. Dresser „Sächsisch Chronicon“. S. 476.)

Die anhaltenden Regengüsse schwellen die Flüsse so an, daß am 23. August die Ocker austrat und mehrere Straßen überschwemmte. Auf dem Hagenmarkt sehr hoher Wasserstand.

(Dr. H. Dürre „Geschichte der Stadt Braunschweig im Mittelalter“. S. 245 aus Botho in Leibniz III, S. 421.)

Überschwemmung. Großer Schaden.

1488 Münstereifel Überschwemmung der Erft

(J. Katzfey „Geschichte der Stadt Münstereifel“. I, S. 307.)

Les moulins furent détruits par une inondation; l’eau vint jusqu’ à l’église Saint-Thomas.

12. Januar Beauvais (Départem. Oise) Avelon- u. Thérain-Überschwemmung

* (Rottée „Météorologie du département de l’Oise.“ S. 140.)

l’eau monta jusqu’ à moitié des remparts.

13. Januar Beauvais (Départem. Oise.) Avelon- u. Thérani-Überschwemmung

* (Rottée „Météorologie du département de l’Oise.“ S. 140.)

1488 18. Januar Beauvais (Départem. Oise.) Avelon- u. Thérain- Überschwemmung

L'eau s'élevait jusqu' à 8 pieds au-dessus du chemin de Bretagne.

* (Rottée „Météorologie du départem. de l'Oise." S. 140.)

19. bis Mitte III. Dekade Februar Gegend von Magdeburg Überschwemmung der Schrode zu Diesdorf

mitwochen in der fasnacht [19. Februar] schneiete es sehr, und darnach die erste wochen in der fasten dawete es eilendts. Davon kam im felde so gros gewesser das es zu Destorf und in anderen dorfern viel heuser und scheunen umbwarf und wegtriebe.

(„Die Magdeburger Schöppenchronik". III, in „Die Chroniken de deutschen Städte." 7. Band, S. 418.)

24. Februar Magdeburg Elbe und andere Flüsse Überschwemmungen

2. feria post Invocavit was eyn snel dow unde quam so vele waters in de Scrode, dat id IX schunen unde I hus umme dreff to Destorp. unde dat water was so grot, dat de lude nicht konden to hus komen, de de hyr to marckede weren in dem koppsalighen mandage. unde de Elve was ok grot unde was vele yses ynne unde vordruncken vele lude, item dat sulve water stunt wol VIII weken, er et veel, . . .

(„Chronikal. Aufzeichnungen aus Magdeburg", edid. Dr. Schmidt, Halberstadt. S. 338.)

Ende Februar Grimma i/Sa. Eisgang und Überschwemmung der Mulde

in der woche Dominica Invocavit [23. Februar—1. März] . . . weil das Eyse vnd wasser die Brucke hyn weck gefuret.

(Chr. G. Lorenz „Die Stadt Grimma etc." S. 478 aus den Amtsrechnungen.)

24. Mai Gegend von Friedeberg (Queis) Überschwemmung des Queis

Sehr starkes Gewitter und Wolkenbruch.

Queis: große Überschwemmung und Verwüstung

z. B. Egelsdorf 3
Röhrdorf 2
Friedeberg 2 } Häuser von den Fluten weggerissen.

(J. G. Bergemann „Beschreibung und Geschichte der Stadt Friedeberg etc." S. 99/100.)

25. Mai Bunzlau Überschwemmung des Bobers

Schreckliche Wasserflut durch Wolkenbruch im Gebirge. Das Wasser reißt mehrere Brücken und Häuser ein. Viel Schaden.

(J. G. Bergemann „Chronik d. Stadt Bunzlau". II, S. 55.)

26. Juni Winterthur Überschwemmung der Eulach

am abend Johannis et Pauli ze mitternach sturmpt man ze Winterthur uber das wasser; dann es vast groß was und tett grossen schaden an korn, haber und reben.

Hetlingersche Chronik.

Manuskript: da ist die Eülach so groß gsein, dz, welcher stund in dem gerbhauß, dem war daß waßer gangen biß an den gürtel und fůrt den gerweren ein hauß halb hinweg und fůrt dz wur vor dem Underthor ouch hinweg und die bruggen vor dem Niderthor und wunder vil garn auff den Bleickenen, . . . und ist daß beschähen an dem kleinen S. Johanes abend und stürmpt man zů Winterthur über daß waßer.

(„Die Chronik des Laurencius Boßhart 1185–1532", edid. K. Hauser in „Quellen u. Schweizer. Reformationsgeschichte." III, Band, S. 63.)

Eodem tempore erat magnus algor, ita quod transierunt in glacie cum equis et curribus per Oderam undique, et algor novum pontem quem exercitus regis fecit totaliter destruxit, et hujus-modi algor illo tempore non fuit in memoria hominum. November 1488 Glogau Oder: Eisdecke

(„Annales Glogovienses." in „Scriptores rer. Silesiac." Band 10, S. 57.)

(Zur selben Zeit herrschte eine große Kälte, daß man das Eis der Oder von allen Seiten mit Pferden und Wagen passierte, ..., und der Frost zerstörte die neue Brücke, die das Heer des Königs errichtete, völlig, und kein Mensch konnte sich einer solchen Kälte zu dieser Zeit erinnern.)

op den 16^{en} dagh van december, was't t'Antwerpen ende elders eenen hooghen vloet ende grooten wint die groote schaede dede in West-Vlaenderen, tot Axsel, daer 9 prochien verdroncken. 16. Dezember Antwerpen u. a. O. Sturmflut

(„Chronijck der Stadt Antwerpen toegeschreven aan den Notaris Geeraard Bertrijn." edid. G. van Havre in „Uitgaven der Antwerp. Bibliophilen." No. 5, S. 53.)

Mensis januarii die decima, que fuit dies sabbati, ex nive de ante et pluvia immediate subsequente, incepit crescere Mosa taliter quod crevit usque ad medietatem secundi gradus ecclesie beati Bartholomei quo intratur chorus; et crevit semper usque ad diem lune inclusive, et de nocte incepit diminuere, et taliter quod die jovis de mane fuit iterum in suo cursu et loco. Et tunc temporis Hoyoul rivulus in Huyo in tantum crevit, tam ex pluvia quam uno vivario disrupto, ..., ita ut ex illa inundatione plus quam 50 domus et 3 persone perierint maximaque damna intulerit civibus in bonis mobilibus. 10. Januar 1489 Lüttich, Huy (Belgien) Maas- und Hoyoux-Überschwemmung

(„Chronique de Gilles Jamsin (1468–1492)" edid. Chestret de Haneffe in „Compt. rend. des séanc. de la comm. roy. d'hist. Acad. roy. de Belg. 5. sér. tom. IX. Tom. 68, S. 608.)

(Am 10. Tage des Monats Januar, der ein Sonnabend war, fing infolge des vorausgegangenen Schnees und des sogleich darauffolgenden Regens die Maas derartig an zu wachsen, daß sie bis zur Mitte der zweiten Stufe der St. Bartholomäuskirche stieg und dadurch in den Chor eindrang. Sie wuchs dauernd bis einschließlich Montag, und in der Nacht begann sie zu fallen, und zwar so stark, daß sie am Dienstag von morgens an wieder in ihrem alten Bette war. Zu derselben Zeit stieg das Flüßchen Hoyoux in Huy derartig stark an, sowohl durch den Regen, als auch durch den Bruch eines Fischteiches, so daß infolge dieser Überschwemmung mehr als 50 Häuser zugrunde gingen und drei Personen umkamen, und die Einwohner größten Schaden an beweglichem Besitz erlitten.)

1489 Siegen Überschwemmung der Alche

Alche: große Wasserflut.

(Dr. H. von Achenbach „Geschichte der Stadt Siegen." I, S. 36.)

Frankfurt Main-Überschwemmung

Großes Gewässer mit Schaden durch sehr großen Schnee.

(A. A. von Lersner „Der weit-berühmten freyen Reichs-etc. Stadt Franckfurt a/M. chronica". I, S. 533.)

11. Januar Lüttich, Huy (Belgien) Maas- u. Hoyoux-Überschwemmung

mensis januarii die undecima, creverunt aque, tam ex degelatione quam ex pluviarum continua inundatione quod a media nocte usque ad octavam horam mane sequentis quaturordecim pedibus in altum elevarentur. Unde in oppido Huyensi diluvium adeo inhorruit per Huyolum fluvium qui oppido illabitur, ut domos evelleret, pontes obrueret, homines et iumenta necaret, adeoque excrevit ut in foro Huyensi fontem penitus cooperiret.

(„Chronique de régne de Jean de Horne" in „Chron. liègeoises", Tom. I. edid. S. Balau in „Public. de la comm. roy. d'hist. d. Belg." No. 54. Tom. I, S. 376/7.)

(Am 10. Tage des Monats Januar stiegen die Gewässer sowohl infolge des Tauwetters, als auch der Regengüsse zu einer anhaltenden Überschwemmung an, daß sie von Mitternacht bis zur 8. Stunde morgens des folgenden Tages 14 Fuß hoch wuchsen. Dadurch entstand in der Stadt Huy eine solche Wasserflut durch den Fluß Hoyoux, der in die Stadt hineinfließt, daß er Häuser wegriß, Brücken einstürzte, Menschen und Lasttiere ums Leben brachte und so stark anstieg, daß er auf dem Marktplatz zu Huy den Brunnen völlig bedeckte.)

Mitte Mai Lothringen Hochwasser der Flüsse

Item, le 9. jour de may, la pluie vint et duret jusque au 15. jour du dit mois, qu'il plut fort tous les jours, et furent les yawe grande merveilleusement.

(„Journal de Jehan Aubrion etc." edid. L. Larchey. S. 211.)

25. Juli Dithmarschen Überschwemmung

Tho S. Jacobs dage do leep dat water auer alle wege, vnde alle ackere waren wol halff bedauen.

[Chronic. Eiderostad. vulgare.]

(„Joh. Russes Sammlungen und Vorarbeiten zur Chronik des Landes Dithmarschen", edid. Dr. A. L. J. Michelsen. S. 715.)

14.—16. Nov. Lothringen Hochwasser der Flüsse

Item, le 14., le 15. et le 16. jour de novembre, pleut tant et sy fort, que lez yawes furent sy grandes, et plus qu'elles n'avoient esteit, passés 30 ans.

(„Journal de Jehan Aubrion etc." edid. L. Larchey. S. 222.)

28. November Wien Überschwemmung der Donau

Eo die danubii inundacio maxima.

(„Tagebuch des Wiener Arztes Johannes Tichtel 1477–95" in „Fontes rer. Austriac." 1. Abtlg. 1. Bd., S. 50.)

(An diesem Tage [ereignete sich] eine sehr starke Überschwemmung der Donau.)

Verheerende Überschwemmung. 1490 Inntal Überschwemmung

(J. E. Lamprecht „Histor.-topograph. u. statist. Beschreibung der etc. Gränzstadt Schärding.“ I, S. 135.)

Hoc anno Danubius evagans alveos suos, et narracio antiquorum hoc protulit, quod in 56 annis preteritis talis inundacio Danubii non extiterat. Donau Überschwemmung

(„Annales Mellicenses. Contin. Mellicensis.“ M. G. H. Scriptores. IX, S. 525.)

(In diesem Jahr überschritt die Donau ihre Ufer und die Erzählung der Alten erwähnte, daß eine so große Überschwemmung der Donau in den verflossenen 56 Jahren sich nicht gezeigt hatte.)

Am 24 Mai um vesperzit kaim so ain großer regen mit stainen und waßer, das er müllina und schliflina und hüser in Appazel und S. Gallen hin nam; ... 24. Mai Appenzell, St. Gallen Überschwemmung

(„Die Chronik des Hermann Miles“, edid. T. Schieß. S. 291.)

... soe dat die Mase [Maas] overvroer dat men daer over voer met waghen ende reet, dat duurde wys licht avont, ende lichtdage brack dat ys op ende was seer groet water dat beneden alten groeten schade dede, ende die meulen tot Udecoven dreef eweck. Winter 1491 Belgien Maas: Eisdecke und Eisgang

(„Chronijck van Maastricht en Omstreken“ edid. J. Habets in „Publicat. de la soc. d'archéol. dans le duché de Limbourg“ Tom. I, S. 85.)

Westfalen, Niederrheingegend Flüsse: Eisdecke und Eisgang

Lippe, Emscher, Rhin und Rhûr
stîf gevroren wû [= wie] ein mûr;
dan [= denn] dô ging men, of [= wenn] men solde,
van Molheim to Cöln, wû men wolde;
van wunders halven over den Rhîn
wol dusend menschen gegangen sîn [= sind].
Sunt Paul [25. Januar] die [= der] entband [= das Wasser löste das Eis auf]
des [= infolge dessen] wird manche brügge geschant [= schwer verletzen]
Campen, Deventer, Sütphen leden [= leiden] nôd
an bruggen und wellen [= Wällen] van ises vlôd [= Eisgang];
rhûr-is die Heidebrugge vordrêf [= wegführen],
de molle [= Mühle] dârbî nicht tân blêf;
karen [= Karren], sledden, perde und wagen
kunde de Rhûr to Langensche dragen.
Hôrt nun vord [= weiter] all, wat geschach!
To Lünen, up Sunt Blasius dag [= 3. Febr.]
up die brugge all umb versweren
leipen de burger dat îs to weren.
Rustlik [= rüstig] brak dat îs de brugge, ...

(„Renoldi Kerkhoerdi Presbyteri Tremoniensis Rhytmi.“ Kerkhoerdes Dortmunder Reimchronik“ in „Zeitschrift des bergischen Geschichtsvereins.“ 10. Band, S. 3/4).

° („Chronik d. Dietrich Westhoff etc.“ in „Die Chroniken der deutschen Städte.“ 20. Bd. S. 356.)

Winter 1490/91 Köln Rhein: Eisdecke

In dem vurß jair was ein kalt winter, so dat der Rin gevroir des neisten dages nan sent Paulus dach conversionis [= 26. Januar] ind stonde umbtrint acht dage, ind dat was in vil jairen nie meir geschiet. ind des anderen dages lief dat volk sere over dat is wail an drien platzen.

(„Koelhoffsche Chronik. 1499“ in „Die Chroniken der deutschen Städte“. 14. Band, S. 879.)

Rhein Eisdecke und Überschwemmung

post festum circumcisionis fuit hyemps asperrima et longa. Item quod Rhenus duabus vicibus fuit constrictus glacie. Qui eciam in vltima degelatione et resolutione sua cum maxima invndatione plurima dampna fecit excedendo ripas et terminos suos. destruendo aggeres. euellendo arbores et arbusta. euertendo domos. submergendo homines et iumenta.

(„Chronicon monasterii Campensis ordin. Cisterciensis ex originali edidit manuscr. Herrmannus Keussen“ in G. Eckertz „Fontes adhuc inediti rer. Rhenanar.“ 2. Band, S. 414.)

(nach dem Tag der Beschneidung [1. Januar] herrschte ein sehr strenger und langer Winter. Der Rhein war zweimal abwechselnd mit Eis bedeckt. Bei seinem letzten Auftauen und Eisgang richtete er durch eine sehr starke Überschwemmung zahlreiche Schäden an, als er über seine Ufer trat. Er zerstörte Dämme, riß Bäume und Buschwerk heraus, stürzte Häuser ein und ertränkte Menschen und Lasttiere.)

Bayern Isar: Eisdecke

. . ., ut Yserus congelaretur usque ad prata Frisingensia.

(Veit Arnpeck „Chronica Baioariorum“ in „Sämtl. Chroniken“, edid. G. Leidunger. S. 392.)

(. . ., daß die Isar zufror bis zu den Freisinger Wiesen.)

Franken Pegnitz: Eisdecke

. . ., und es was das eis auf der Pegnitz wol ains knies dick.

(„Heinrich Deichslers Chronik“ in „Die Chroniken d. deutsch. Städte.“ 11. Bd. S. 561/62.)

NW-Deutschland Elbe: Eisdecke

. . . vnde men yßede de Elue van der vulenhorne bet vor dat Eykholt [= Eichholz].

(„Eyn kort vttoch der Wendeschen cronica etc.“ in Dr. J. M. Lappenberg „Hamburg. Chroniken etc.“ S. 261.) = 1490

Dithmarschen Eider: Eisdecke

do was de winter so groth, dat me aver de Eider ginck thor Halengroff vnd Nesserdick.

(„Karsten Schröders Ditmarsische Chronik“, edid. W. H. Kolster in „Zeitschrift d. Gesellsch. f. schlesw.-holst.-lauenburg. Geschichte.“ 8. Bd., S. 217.)

° („Joh. Adolfi's etc. Chronik d. Land. Dithmarschen etc.“ I, S. 417.)

Albea ubique jacebat totum glaciata.

(„Annales Anhaltini", edit. Dr. H. Wäschke. S. 14.)

(Die Elbe lag überall völlig in Eis verwandelt da . . .)

Winter 1490/91 Anhalt Elbe: Eisdecke

. . . vnd überfror der zürichse . . .

(„Gerold Edlibachs Chronik" S. 207.)

Züricher See: Eisdecke

In disem jar überfror der zürichse III mallen.

(„Gerold Edlibachs Chronik etc." S. 207.)

° (Joh. Stumpff „Schwytzer Chronica". S. 240.)

° (M. Crusius „Annal. Suevicar". Dodek. III, S. 493.)

Item nach dem schnee ward die Birs als gros, das sy die gerwerhusser enweg runne, und ertruncken lut darin.

Basel Birs: Überschwemmung

(„Die Röteler Chronik." Spätere Aufzeichnungen aus der Klingentaler Handschrift." in „Basl. Chroniken". 5. Band, S. 196.)

Item zu Venedig was das waßer so gar vberfroren, von den teutschen land werz hinein von Margero biß gen Venedig in die statt, Also daß ein Wolff eines tags zu morgensfrüe auf dem Eiß kam gar in statt geloffen, . . ., es was auch so hartt gefroren, daß man gar an die statt hatt fahren vnd reitten mögen.

Bei Venedig Meer: Eisdecke

(„Bayrische Chronik eines Ungenannten" in M. Freiherr v. Freyberg „Sammlung histor. Schriften etc." 1. Bd., S. 183.) = 1490

Circa festum Thome apostoli cepit ningere et fluvius Isarus congelare ex Danubio usque ad Frisingam. Que nix et congelacio, vulgariter steus [= Stoß, Eisstoß], circa purificacionis [2. Febr.] liquebantur.

Um 21. Dezember 1490 Bayern Isar: Eisdecke

(Veit Arnpeck „Chronica Baioariorum" in „Sämtl. Chroniken", edid. G. Leidinger. S. 425/26.)

(Um das Apostel Thomasfest [21. Dez.] begann es zu schneien und der Isar-Fluß von der Donau bis Freising zuzufrieren. Der Schnee und das Eis wurden um [Mariä] Reinigung [2. Febr.] bei dem Eisstoß geschmolzen.)

° (Veit Arnpeck „Bayerische Chronik" in „Sämtl. Chroniken", herausgeg. v. G. Leidinger. S. 641.)

. . . aquarum inundatione, quae frequens erat ipso anno, agger ruptus est, tantaque damna et nobis et aliis intulit, . . .

1491 Fichtelgebirge Überschwemmungen der Flüsse

(„Ottonis chronicon Waldsassense" in A. F. Oefele „Rer. Boicar. scriptores." Tom. I, S. 81.) = 1490

(Durch Überschwemmungen der Gewässer, die in diesem Jahre häufig vorkamen, wurde der Damm zerstört und sehr große Schäden uns und anderen zugefügt.)

1491 Altmark Elbe-Über-schwemmung

Elbe bei Kökelitz ausgelaufen und die ganze Werbensche und Seehausensche Wische überschwemmt.

(J. Chr. Bekmann „Histor. Beschreibung der Chur u. Mark Brandenburg etc." I, S. 953.)

Bernburg Saale-Über-schwemmung

Saale: sehr starkes Hochwasser.

(Dr. H. Peper „Geschichte der Stadt Bernburg". S. 56.)

Dessau Mulde-Über-schwemmung

Mulde: starke Überschwemmung.

(L. Würdig „Chronik der Stadt Dessau". S. 198.)

(B. Heese „Die Dessauer Chronik bis 1758". S. 339.)

Elbtal bei Dresden Elbe-Über-schwemmung

Wasserfluten.

(P. G. Hilscher „Der Sammler etc. im Elbthale". I, S. 600.)

20. Januar Basel Rhein: Eisdecke

Item do man zalt 1491 jor uff san Basstians tag do was der Rin überfroren ob der bruck, bis zu der Pfaltzs uffhin und an die bruck abher. Und brach das is selber und fůr hinweg in der nacht alssamen.

(„Spätere Aufzeichnungen aus der Klingenthaler Handschrift." „Die Röteler Chronik" in „Basl. Chroniken". 5. Band, S. 196.)

° („Fortsetzung des Königshofen. Basler Zusätze" in F. J. Mone „Quellensammlung etc." I, S. 300.)

Um 21. Januar Zuydersee Eisdecke

omtrent Agnetis, kwam Ygo Galama heimelyk van Hoorn / over Ys te Bolsward / . . .

(Okko van Scharl, Joh. Vlytarp und Andr. Cornelius Stavriensis „Chronyk en waaragtige beschryvinge van Friesland etc." S. 259.)

22. Januar Niederrhein-gegend Rhein: Eisdecke

Des saterstages da bevorns hadde men to Duytz van Collen over den Ryn gegangen.

(„Auszüge aus den Soestern Stadtbüchern" in „Die Chroniken der deutschen Städte." 24. Band, S. 81.)

° („Koelhoffsche Chronik. 1499" in „Die Chroniken der deutschen Städte." 14. Band, S. 879.) = 25.–29. Januar

Ende Januar Rhein: Eisgang

Item it geschiede dairnae, dat das is brach . . .

(„Koelhoffsche Chronik 1499". in „Die Chroniken der deutschen Stödte." 14. Band, S. 879.)

25. Januar Unterrhein, Yssel Über-schwemmung

Als dut weder uf sanct Pauli bekerunge dag umsloeg, dede it mechtigen schaden uf villen orten to Kampen, Deventer, Sutphen und andern ordern meer an mollen und bruggen. Die Herdecker brugge mit sampt der bijliggenden mollen henweg gedreven.

(„Chronik d. Dietrich Westhoff v. 750–1550." in „Die Chroniken der deutschen Städte." 20. Bd., S. 356.)

Dair na des fridages ante festum Purificacionis virginis gloriose ensatz sich dat weder, dat overmitz dem gruntise und gevallende sne dey water so groiß und gaende worden, dat gemeyntlike alle hulten bruggen tusschen hijr und Collen affdreven und vorgenclick worden. 28. Januar 1491 Westfalen Überschwemmung der Flüsse

(„Auszüge aus den Soestern Stadtbüchern" in „Die Chroniken der deutschen Städte." 24. Band, S. 81.)

Item, le dairien jour de janvier, le temps se deffist et comensit la nège à fondre, par sy grant fesson que toutes les mainsons furent plenne d'eawe. Et, quant les glaisse se rompirent, les yawe furent sy grande que les mollins du Pont à Mousson s'en vinrent à la vallee, presque à Joiey. 31. Januar Mosel Überschwemmung

(„Journal de Jehan Aubrion", edid. L. Larchey. S. 269.)

Et quant les glaces se rompirent, les yaues furent si grandes que les mollins du Pont à Mousson en vinrent à l'avallée jusques à Joiey: et y eult beaulcopt de maisons qui s'en allont aval l'yaue, des villaiges sur la riviere; ... Et disoit on qu'il y avoit soixante ans que les yaues n'avoient esté si grandes, car Muzelle alloit tout parmei Longeville et jusques à Sainct Martin et Woippey. Anfang Februar Mosel Überschwemmung

(J. F. Huguenin „Les chroniques de la ville de Metz." S. 560.)

An unser lieben frowen abende lichte wehe, do brach das wetter unnd towete wedder, unnd wart groß waßer ... unnd thet fele schaden. 1. Februar Thüringen Überschwemmung

(Konrad Stolle „Memoriale-thüring.-erfurt. Chronik", edid. Dr. R. Thiele in „Geschichtsquellen der Prov. Sachsen." 39. Band, S. 444.)

up dach Blasii waren de van Luynen in groten noden yseshaluen up der Lyppbruggen 3. Februar Lünen Lippe: Eisgang

[Aus dem roten Buch der Stadt Lünen]

(„Nachrichten zur Geschichte der Stadt Lünen" in „Archiv f. Gesch. u. Altertumskunde Westphalens." 7. Band, S. 263.)

Am dage Blasii waern die van Lunen weldig uet gegangen uf die brugge der Lippen, umb dat ijs darvan to keren, aver dat ijs wort to kreftig und toschoerde die brugge.

(„Chronik d. Dietrich Westhoff etc." in „Die Chroniken der dtsch. Städte." 20. Bd. S. 356.)

Et tunc in nocte beati Blasii cecidit ... pons magnus Wesere ante civitatem Mynden et omnes pontes majores a deorsum usque Bremis propter nimietatem glaciei. Weser Eisgang

(Dr. Grotefend „Die Chronik des Stifts S. S. Mauritii et Simeonis zu Minden". in „Zeitschrift des histor. Ver. f. Niedersachsen." Jahrg. 1873, S. 156.)

(Darauf stürzten in der Nacht des St. Blasiustages die große Weserbrücke vor der Stadt Minden und alle größeren Brücken flußabwärts bis Bremen infolge des Übermaßes des Eises ein.)

1491 3. Februar Zerbst Überschwemmung der Nuthe

Eodem anno in die beati Blasii maxima inundatio Nute exorta est, ut in antiquo ponte steterant aque usque ad viculum, qui ducit ad balneum, ... steterat autem die ac nocte.

(„Annales Anhaltini“, edit. Dr. H. Wäschke. S. 14.)

(Im selben Jahre am St. Blasiustage trat eine sehr starke Überschwemmung der Nute ein, so daß an der alten Brücke das Wasser bis an das kleine Dorf stand, das zum Bad führte, ... [das Wasser] stand aber Tag und Nacht.

5. Februar Zwickau Zwickauer Mulde: Eisgang

ist allhier eine grosse schreckliche Eisfahrt gewesen / daß das Eis bey der Mittel-Mühl zwo Ellen über der Erden ist gangen.

(Tob. Schmidt „Zwickau. Chronik.“ II, S. 241.)

24. Februar bis 2. März Nürnberg Überschwemmung der Pegnitz

24. Febr. Hat das groß Wasser angefangen. Den andern Merzen wieder vergangen. hat sich die Pegnitz nach Fastnacht [= 15. Febr.] unerhörter Weise ergossen, aber nicht lange gewähret.

(G. A. Will „Von der neulichen größten Überschwemmung etc.“ S. 11 und 66.)

Frühling Ober-Elsaß Überschwemmung der Flüsse, z. B. der Thur und Doller

..., und als der Schnee hernach aufgieng, war ein solch Gewässer, daß es an vilen Orthen den Leuthen, so an der Thur, Doldern und andern Wassern wohnten, zu den Fenstern einlief; zue Massmünster lief die Doldern zurückh zum Thor wider in die Stadt hinein.

(M. Tschamser „Annales etc. zu Thann.“ I, S. 675.)

Salzburg Salzach: Überschwemmung

Durch schnelles Tauwetter der großen Schneemassen große Überschwemmung. Sehr starker Schaden.

(J. Th. Zauner „Chronik von Salzburg.“ III, S. 223.)

(F. V. Zillner „Geschichte der Stadt Salzburg.“ I, S. 140.)

Sommer Westdeutschland Überschwemmungen der Flüsse

Et ex multis pluuis et invndatione riuorum plurima frumenta et pascua fuerunt submersa.

(„Chronicon monasterii Campensis ordin. Cisterciensis ex origin. edidit manuscr. Hermannus Keussen in G. Eckertz „Fontes adhuc inediti rer. Rhenanar.“ 2. Band, S. 414.)

(Infolge der vielen Regengüsse und Überschwemmung der Flüsse wurde das meiste Getreidesaat- und Weideland unter Wasser gesetzt.)

Sommer 1491 bis Anfang Januar 1492 Westfalen Hochwasser der Flüsse

Alle water weren so swunden
dat die mollen nitt gân kunden;
die kellers ôst, west, suden und nôrden
weren alle vischedike wôrden.
Dit dûrde also lang
bit in des nîen jârs angang,
...

(„Renoldi Kerkhoerdi Presbyteri Tremoniensis Rhytmi“, edid. Fr. Woeste. in „Zeitschrift des Bergischen Geschichtsvereins“ 10. Bd, S. 4.)

. . ., in tantum enim habundavit cotidie pene per totam estatem pluvia, ut pene ubique submergerentur omnia frumenta et pre nimia aquarum habundancia hominibus ambulantibus vix pateret via regia . . . et nimiam aquarum habundanciam. Sommer 1491 Mitteldeutschland Überschwemmungen der Flüsse

(„Annal. d. Rektors Peter Dieppurch und deren Fortsetzung", edid. Dr. R. Doebner in „Quellen u. Darstellungen zur Geschichte Niedersachsens". Band 9, S. 122 u. 127.)

(. . ., so sehr hatte man nämlich, täglich fast den ganzen Sommer hindurch Regengüsse, daß fast überall alle Getreidefelder unter Wasser gesetzt wurden und infolge des sehr starken Hochwassers den wandernden Menschen kaum ein öffentlicher Weg offen blieb . . .)

sed exinde inundatio fuit Albee, Sale, Milde [= Mulde] multum dampnose in Breidenhagen [= Breitenhagen a/Saale] et Rosenburgk [Groß- u. Klein-Rosenburg]. gramina depravata propter excursum Sale. sic pariter in Rodensehe [Rothensee, nördl. Magdeburg, an der Elbe], villa propter Magdeburg, vel artius fecit idem fluvius ingens dampnum. in Hallis sed et Gera in Erfordia prepeti fluvii cursu laceravit et diruit magnam partem murorum. Elbe-, Saale- und Mulde-Überschwemmung und Überschwemmung der Gera

(„Annales Anhaltini" edid. Dr. H. Wäschke. S. 15.)

(Aber infolgedessen trat eine Überschwemmung der Elbe, Saale, Mulde ein, sehr nachteilig für Breitenhagen [an der Saale], und zu Rosenburg wurden die Wiesen durch das Hochwasser der Saale verdorben. Zu der gleichen Zeit machte der Fluß bei Rothensee, einem Dorfe bei Magdeburg [nördlich von Magdeburg, an der Elbe] durch die Einengung ungeheuren Schaden. In Halle aber, und die Gera in Erfurt, zerrissen und zerstörten die schnellen Strömungen des Flusses einen großen Teil der Mauern.)

In diesem jar hat es im Behmerland grosz wasser gehabt. und sonderlich zu Trautnaw da ist uber dem Risengepirge im sommer ein wolkenbruch im mitage gefallen, das do das wasser zu Trautnaw getempt hat so hoch bis neun schritte von fleischbenken und bis uber die dritte stuffe am honaltar, bis an weissen streifen an Patzelts gestaine. es ist aber in einer halben stunden alles verschossen es ist einer vorher gerant und hat das volk gewarnet etc. Trautenau i/Böhmen Überschwemmung infolge eines Wolkenbruchs

(„Simon Hüttels Chronik der Stadt Trautenau". in Dr. L. Schlesinger „Deutsche Chroniken aus Böhmen." 2. Band, S. 12.)

ist die Iser vast gros gewesen. 24. Juni Isar Hochwasser

(„Anonymi Monacensis breve chronicon Bavariae 1487–1506" in A. F. Oefele „Rer. Boicar. scriptor." I, S. 48.)

Item Anno eodem hat das Wasser ze ringß umb die Papiermill brochen, ist vor Wißmat gewesen. 26. Juni Landshut i/Bayern Überschwemmung der Isar
(Anmerkung: Am Tag St. Johannes und Paul, berichtet Arnpeck, erreichte das Gewässer den höchsten Stand.)

Item Anno eodem ist ain so groß Wasser geweßen, das sein kain Mensch hie so groß gedacht hat, denn etwas vor 30 Jarn solt auch ain groß, aber ain Span oder mehr niderer gewest sein.

(„Landshuter Rathschronik 1439–1504". in „Die Chronik d. deutschen Städte." 15. Bd. S. 330.)

1491 Sachsen Überschwemmungen der Flüsse

. . ., Rursus VI. Cal. Jul. fluminum inundatio per totem regionem.

(G. Fabricius „Rer. Misnicar. libri VII". S. 164.)

(. . ., am 26. Juni wiederum eine Überschwemmung in der ganzen Gegend.)

Zwickau i/Sa., Penig i/Sa. Überschwemmung der Zwickauer Mulde

ist das Wasser in der Langenlungwitz so groß gewesen / daß es viel Häusser und die Mühlen weggeführt / und sind 36 [nach Fabricius 44] Menschen umbkommen. So ist auch bey dieser Stadt / ingleichen zu Penig / grosser Schade ergangen. Die Mulda hat die Schalhöltzer an der Brücken empor gehoben / und 28 Personen dahin geführt bracht / sie ist hinein gangen biß an beyde Ecken der Brückengassen.

(Tob. Schmidt „Zwickau. Chronik." II, S. 241.)

Langenlungwitz, Zwickau i/Sa. Überschwemmung der Zwickauer Mulde

In pago Langolunguitio, et urbe Zuiccauia quatuor et quadraginta homines aquis improuisis pereunt.

(G. Fabricius „Rer. Misnicar. libri VII". S. 164.)

(Im Dorfe Langenlungwitz und in der Stadt Zwickau kamen 44 Menschen in den unvorhergesehenen Fluten um.)

Zwickauer Mulde Überschwemmung

Die Mulda hat sich abermahls starck ergossen / nachdem man zuvor eine grosse Eißfahrt gehabt.

(Chr. Meltzer „Historia Schneeberg. renovata". S. 1204.)

Meißen i/Sa. Elbe-Überschwemmung

Es hat die Stadt einen großen Wasserschaden erlitten.

(L. Faust „Geschicht-vnd Zeit-Büchlein der etc. Stadt Meissen etc." S. 59.)

26.—27. Juni Freising (Bayern) Überschwemmung

Eodem anno in die Johannis et Pauli martyrum, que tunc in dominica fuit, et die lune sequenti tanta inundatio erupit aquarum, ut inter alia multa damna, que terre Bavarie intulit, eciam Frisinge imbrium aqua, que de foresto et de fornace vel loco, ubi fiunt lateres, vi sua destruxit.

(Veit Arnpeck „Chronica Baioariorum" in „Sämtl. Werke", edid. G. Leidinger. S. 393/94.)

(Im selben Jahre am Johannes und Paulustage, der damals ein Sonntag war [26. Juni] und am folgenden Montag [27. Juni] trat eine so große Überschwemmung der Gewässer ein, daß unter anderen vielen Schäden, die das Land Bayern betrafen, auch zu Freising das Wasser der Regengüsse am Wald und am Ofen oder dem Ort, wo sie die Ziegelsteine machen, durch seine Gewalt Zerstörungen anrichtete.)

dat hauw flot van den wischen, de dike breken ut, . . . 1491 Erntezeit Gegend von Braunschweig Überschwemmung

([Braunschweiger] „Stadtfehde 1492/93 nach der Wolfenbüttler Handschrift Helmstad 652“ in „Die Chroniken der deutschen Städte.“ 35. Band, 1. Teil, S. 80, Braunschweig.)

Mensis julii decima nona, cepit aer incalescere, fulmina, tonitrua atque inundationes aquarum invalescere, nedum in patria Leodiensi, sed circa Rhenum potissime, ita ut, aquis decrescentibus, remanerent prata, agri et pascua ad cubiti et amplius altitudinem arena cooperta. Nach 19. Juli Westdeutschland Belgien Überschwemmungen der Flüsse

(„Chronique du règne de Jean de Horne 1484–1505“ in „Chron. liègeois.“ Tom. I. edid. S. Balau in „Public. de la comm. roy. d'hist. de Belgique“ No. 54. Tom. I, S. 465.)

(Am 19. Juli begann die Luft sich zu erwärmen, die Blitze, Donner und Überschwemmungen der Flüsse zuzunehmen, noch vielmehr im Lütticher Land, aber hauptsächlich am Rhein, so daß, als das Wasser abnahm, die Wiesen, Äcker und Weiden 1 Elle hoch und höher mit Sand bedeckt waren.)

Prima et secunda die augusti, cecidit maxima pluvia ex qua crevit aqua in tanta multitudine quod a viventibus nunquam visa fuit, tempore illo, que magnum damnum intulit in locis aque vicinis. 1.–2. August Belgien Überschwemmung der Flüsse

(„Chronique du règne de Jean de Horne 1484–1505“ in „Chron. liègeoises“ Tom. I. edid. S. Balau in „Publicat. de la comm. roy. d'hist. de Belgique.“ No. 54. Tom. I, S. 467.)

(Am 1. und 2. Tage des August traten sehr starke Regengüsse ein, wodurch das Gewässer zu dieser Zeit so hoch anstieg, wie es von der jetzigen Generation niemals beobachtet wurde, und den Orten, die am Wasser lagen, wurde großer Schaden zugefügt.)

tegen de arne waß eyn groth regen im stichte to Hildensem, unde warde dre dage unde nacht; unde darvan wart grot deipe unde vloith, unde hyr to Rutenberge [Rautenberg] uppe dem broke waß de anger unde graß alle bevlotenn wente an de veltgraven, unde de stege na Sosserenn vloten enwech, . . ., unde de regen unde vloth kam drye over vor Michaelis, unde regende alle dage scher wente tho dem anderen jare unde waß nath, . . . 2. August Gegend von Hildesheim Überschwemmung

[Auszug aus dem Rautenbergischen Kirchen-Missalbuch.]

(Dr. C. L. Grotefend „Die Braunschweiger Fehde von 1492–1493.“ S. 269.)

Darna in sunte Steffens dage pape van middernacht an beging ein heftich regen an underlaet den ganzen dag darna wente to der andern middernacht. Hirvan wart so vele waters, dat ummeher in velen landen grote dieke utbreken und mit groter floet dat water groten schaden dede, so hirnegest berort wert. Braunschweig Überschwemmung

([Braunschweiger] „Stadtfehde 1492/93 nach der Wolfenbüttler Handschrift Helmstad 652“ in „Die Chroniken der deutschen Städte“. 35. Band (Braunschweig) 1. Teil. S. 79.)

5. August 1491 Danzig Überschwemmung

inne Domenick do war der grose regen, das dy meisten keller in Danczke vol wasser liffen.

(„Bernt Stegmanns Hanseat. Chronik" in „Scriptor. rer. Prussic." 5. Bd. S. 497.)

6.—8. August Erfurt Überschwemmung der Gera

Von eynem grossen wasser.

Item anno 1491 hub es an zu regen, czwo nacht unnd eyn tagk, vor sente celiax tage [also in der Nacht vom 6./7. August], unnd regente gantcz sere, das es ny uff gehorte biß uff sente Celiax tagk [8. August]; unnd jn der selben nacht sente Celiax do begunde das wasser zu wachsene; es was zu Ordorff [Ohrdruf] unnd vor den welden er nedder gelouffen, als dy kubeln, so sere hattes uff den welden geregent, unnd liff zu Erffort zu, unnd was underwegen was uff den wesen uff dem felde, das es er lange konde, das forte es alles en wegk, es zu reiß das weer, under sente Celiax borgk gancz unnd gar unnd gingk by den dryen born uber al unnd jn deme espich [Esbach] hocher, dann eyn man langk ist, es lieff vor deme nuwen tore uber al uff dem acker, unnd liff jn den stad graben by der Kartuser torme unnd zu reiß do den stadgraben unnd dy muren do selbest unnd warff do dy brucken reyne nedder unnd liff jn den wilden graben biß jn dy wilden Gere, . . . Der Stad grabe do selbest was fol das her uber liff; es liff zu deme ussern lower thore jn uber dy brocken unnd zu den bochsen lochern zu eynen jn, zu dem andern wedder uß unnd ouch zu deme tore jn vor sente Tomas kerchen hen, unnd machte dy Gere under den czechenern so groß, das es den luten do selbest jn dy husere ge wolde; sy mosten were; das geschach er dannes mittagk wart an sente Celiax tage, do stunden alle husere fol wassers, es gingk ouch vor deme selben krommen ußersten lower thore ubir dy brocken, also hoch das uber dy lenen ging, die uff beide syten uff der brucken sint, unnd uff deme acker uber al biß an das Spelberger thor, do liff es ouch jn biß jn dy wilden Gera, unnd liff vor deme krampfen tore uff deme nuwen erbe uber al jn der mergenknechten kloster biß an dy kerchen. Wer do selbest uff deme kerchhofe stunt, der konde das wasser mit syner hant gelange. Es gingk ouch in den grossen spetal uber al, das sy flee musten mit deme vee, pferden, kuwen, swinen, schoffen . . . Item by deme nuwen mercke warff es den borgk stegk umme unnd furte on vor das gerynne, do dy kerßlache jn louffet,... Es liff ouch zu der borgk stege pfosten jn unnd zu den lochern an der muren do selbest, unde zu dem thore do selbest uß unnd jn, unnd liff zu der stad pforten jn, dy do steed by des nuwen wergks kerchoffe, . . . Es gingk ouch jn sente Mertins kerchen an dem ho altar eynen an synen gortel, . . . Es worn ouch alle keller fol gemeiniclichen, als wid als dy stad was, alleyne umme den bergk [Petersberg], unnd liff dy strosse hen, das do nymant gewandere konde. Es gingk zu allen heilgen [Allerheiligenkirche] an dy ubersten stuffen an der kerchen, . . . das wasser breite sich als wid, als dy stad was, der roßmart, der heilgeborn, dy nuwe stad stund alles jn dem wasser unnd weichte fele wende nedder unnd husere unnd steynende muren unnd gewelbe. Der stegk by deme grosen spetal zu brach halb. Item das waßer quam alles zusamen vor sente Moritcz thor; . . . Do sach ich, das das waßer vele husere unnd holcz brochte, das stees muren unnd gewelbe en czwey unnd thed großen schaden hen unnd her an der stad Erffort, an den graben, an muren, an tormen unnd an gewelben unnd husern, ... Item umme vesper czid satzcte sich das wasser eine halbe elle tiff, unnd ummer dar mee unnd mee; noch was fele wassers wol by achte tagen.

(Konrad Stolle „Memoriale-thüring.-erfurt. Chronik", edid. Dr. R. Thiele in „Geschichtsquellen der Prov. Sachsen." 39. Band, S. 447 bis 449.)

In die S. Ciriaci Erfordie fuit maxima habundancia aquarum, ita ut nullus hominum talia se rememoraretur talia vidisse aut audisse; fecit multa damna in feno pratis atque frumentis. 8. August 1491 Erfurt Überschwemmung der Gera

(„Chronicon Ecclesiasticum Nicolai de Siegen" in „Thüring. Geschichtsquellen." 2. Band, S. 485.)

(Am Tage St. Cyriacus war zu Erfurt ein sehr starkes Hochwasser, so daß kein Mensch sich erinnern konnte, derartiges gesehen oder davon gehört zu haben. Es verursachte viele Schäden am Heu auf den Wiesen und an den Getreidefeldern.)

auff S. Ciliax tag, da was also gros wasser zu Erffurdt, das es grossen schaden thet, vnd warff ettlich enden die Stadt mauren nyder vnd zubrach dye brucken, hinder den Cartheusern warff es eynen thurm vmb. Bey Sanct Mauritij eynem wahll vnd mauren vnd auch eynen thurm, zu dem neuen mercke gieng es Mannes hoch vber die brucken. Es gieng auch an die drytten stuffen vor den Greden.

(„Adami Ursini chronicon Thuringiae vernaculum usque ad. a. 1500 etc." in J. B. Mencken „Scriptor. rer. Germanicar." III, Sp. 1350, Anmerkung.)

° („Erphurdianus antiquitat. variloquus etc." in J. B. Mencken „Scriptor. rer. Germanicar." II, S. 510.)

Im dage Timothei regende it vorschreckliken sere al ut, dat beide mal [2. u. 19. August] grote vlote weren. 19. August Hildesheim Überschwemmung

(„Henning Brandis' Diarium" edit. L. Haenselmann. S. 102.)

Dar-na in des hillygen crutzes dage vor Michaelis was so grot stormwynt vnde water, dat alle merßklande inbreken vnde dat, ßo do ghemeiget was, dref enwech. dat quik vordrank. 14. September Marschen Sturmflut

(„Eyn kort vttoch der Wendeschen cronicon etc." in Dr. J. M. Lappenberg „Hamburg. Chroniken." S. 262.)

Storae perniciosa inundatio fuit die S. Crucis ante Michaelis, ... 14. September Nordfriesland Sturmflut

(Lamb. Alardus „Nordalbingia etc." in E. J. von Westphalen „Monum. inedita rer. Germanic." I, Sp. 1860.)

(Eine verderbliche Überschwemmung der Stör trat am Heiligen Kreuztage vor Michaelis ein.)

Schwere Sturmflut, besonders Kirchspiel Wevelsfleth sehr schwer betroffen. Wilster-Marsch Sturmflut

(Dr. D. Detleffen „Geschichte d. holstein. Elbmarschen." II, S. 13.)

1491
14. September
Nordfriesische Inseln
Sturmflut

Hohe Flut.

(Dr. N. Falck „M. A. Heimreichs etc. nordfres. Chronik". I, S. 278.)
= 23. September

Kremper Marsch
Sturmflut

in des hilligen K. Auende vor Michaelis do was de vloet in der kremper March.
[Chronic. Eiderostad. vulg.]

(„Joh. Russes Sammlungen und Vorarbeiten zur Chronik des Landes Dithmarschen", edid. A. L. J. Michelsen. S. 715.)
= 13. September 1492

Ende November
Lothringen
Überschwemmung der Flüsse

. . . devinrent les yawes si tres grandes et hors de rive, . . .

(J. F. Huguenin „Les chronique de la ville de Metz." S. 565.)

le jour de la S. André [30. Nov.] les yawes estoient grandes merveilleusement et tout hors de rive.

(„Journal de Jehan Aubrion", edid. L. Larchey. S. 276.)

Winter 1492
Eider:
Eisdecke

Hyems praeterea salva Storam glacie constrictam pedestrem fecit usque ad D. Gregorii [12. März].

(Lamb. Alardus „Nordalbingia etc." in E. J. von Westphalen „Monum. inedita rer. Germanicar." I, Sp. 1860.)

(Der im übrigen gesunde Winter belegte die Stör mit Eis und machte sie bis zum Gregorstag passierbar für Fußgänger.)

28. März
Stuttgart
Überschwemmung infolge eines Wolkenbruchs

Schrecklich. Ungewitter mit Wolkenbruch. Einige Häuser fortgeschwemmt, einige Menschen ertrunken.

(Dr. K. Pfaff „Geschichte der Stadt Stuttgart." I, S. 240.)

Mai
Frankfurt a/M.
Main: sehr niedriger Wasserstand

Main durch starke Dürre so klein, daß man bis Sachsenhausen darin gehen konnte.

(A. A. von Lersner „Der . . . Stadt Franckfurt am Mayn chronica." I, S. 533.)

Mitte November bis 15. Dezember
Lothringen
Hochwasser der Flüsse

Item, il fit ung merveilleux temps de plue, dez que le roy dez Romains vint en Mets [Mitte Nov.] jusques an 15. jour de décembre; et furent les yawes merveilleusement grandes.

(„Journal de Jehan Aubrion", edid. L. Larchey. S. 318.)

1493
Nevers
(Départem. Nièvre)
Überschwemmung der Loire

Loire: Inondation.
(H. Crozet)

(M. Champion „Les inondations en France etc." S. 211 aus Archiv. de la mairie de Nevers.)

Siegen
Überschwemmung der Alche

Alche: große Wasserflut.

(Dr. H. von Achenbach „Geschichte der Stadt Siegen". I, S. 36, 41.)

il y eut une grande inondation du Doubs; Besançon fut en partie submergée; les villages de Chalèze et de Chalezeule, près de cette ville, furent sous les eaux. Januar Le Doubs Überschwemmung

[Babey aus Archiv. de Besançon.]

(M. Champion „Les inondations en France etc." II, S. 210/11.)

Circa festa pentecostes ante et post fuerunt tam maxime pluvie, ita quod aque in tantum creverunt, quod eciam in multis locis piscine destructe nobilibus, et aque magna dampna fecit hominibus in edificiis et aliis rebus, eciam quod in multis locis, ubi nunquam aqua fuerat nociva, ibi illo tempore magna fuit. Um 26. Mai SO-Deutschland Überschwemmung der Flüsse

(„Schweidnitzer Chronisten des 16. Jahrhunderts. Wenceslaus Thommendorff." in „Scriptores rer. Silesiac." 11. Band, S. 7.)

(Um das Pfingstfest [26. Mai], vorher und nachher, traten starke Regengüsse ein, so daß die Gewässer so stark anstiegen, daß auch in vielen Gegenden den Adligen die Fischteiche zerstört wurden und das Hochwasser den Menschen an Gebäuden und andern Sachen große Schäden zufügte; auch an vielen Orten, wo niemals schadenbringendes Wasser vorgekommen war, stand es zu dieser Zeit hoch.)

fuit tanta humiditas in estate, ut fluvius Wislok IX vehementer inundavit ita, quod non modicum dampnum in frugibus et in pratis fecit, quod vix ab annis multis auditum erat. Sommer Polen Überschwemmungen der Wislok

(„Spominki Pilznienskie" in A. Bielowski „Monum. Polon. histor." Tom. III, S. 247.)

(Es war eine große Feuchtigkeit im Sommer, so daß der Fluß Wislok [Nebenfluß des San] 9 mal heftig über seine Ufer trat und nicht mäßigen Schaden an Feldfrüchten und auf den Wiesen verursachte, wie es kaum in vielen [= früheren] Jahren gehört wurde.)

Et Albea ceteri rivi excrescebant non modicum. Juni—Juli Mitteldeutschland Überschwemmungen der Flüsse

(„Annales Anhaltini" edid. Dr. H. Wäschke. S. 17.)

(Die Elbe und die anderen Flüsse wuchsen ziemlich stark an.)

Tandem sub octava assumpcionis Marie excrevit Visla in tanta inundacione, quod nullus tanti ewi fuit, qui tantam excrescentiam aque tali tempore recoluisset, et stetit ultra unam septimanam et magna hominibus vicinis intulit damna. 22. August Thorn, Weichsel-Überschwemmung

(„Die Aufzeichnungen des Thorner Pfarrers Hieronymus Waldau", edid. Dr. Günther in „Zeitschrift d. westpreuß. Geschichtsvereins." Heft 48, S. 245.)

(Endlich 8 Tage nach Mariä Himmelfahrt trat die Weichsel so sehr über ihre Ufer, daß niemand eines so hohen Alters war, der sich ein so mächtiges Hochwasser zu einer solchen Zeit ins Gedächtnis rufen konnte, und stand es über 1 Woche und brachte den in der Nähe wohnenden Menschen große Schäden.)

Oktober 1493 Tiber, Lombardei Überschwemmung

Et istis temporibus fuit inundatio Tiberis, et multae pluviae, ita ut in multis locis fecerit maximum damnum in campis, in vineis. Et vineae omnes, quae sunt in pratis, fuerunt inundatae. Et in Burgo Suturio fuit talis alluvio, ut a fundamentis asportaverit circa triginta domos ibi existentes, ... Et decem et octo homines inter mares et faeminas, magnos et parvos, suffocati et asportati fuerunt vi dictae alluvionis. Et duravit multis diebus. In partibus Lombardiae etiam aliquae villae et Castra suffocata fuerunt, et item ibi multa millia hominum.

(„Stephani infessurae senatus populique Romani scribae diarium urbis Romae" in J. G. Eccard „Corp. hist. med. aevi." II, Sp. 2015.)

(Zu jener Zeit war eine Überschwemmung des Tiber und viele Regengüsse, so daß an vielen Orten größter Schaden auf den Feldern und in den Weinbergen angerichtet wurde. Alle Weingärten, die in den Auen waren, standen unter Wasser. In Burgo Suturio [?] war eine solche Wasserflut, daß ca. 30 Häuser, die dort standen, von Grund aus fortgerissen wurden. 18 Menschen, Männer und Frauen, große und kleine ertranken und wurden durch besagte Wasserflut fortgeschwemmt. Sie dauerte viele Tage. Auch in Teilen der Lombardei wurden einige Dörfer und feste Plätze unter Wasser gesetzt, und es kamen dort gleichfalls viele 1000 Menschen um.)

4. Oktober Tirol Überschwemmung der Flüsse

ist das Wasser so gros gewesen das es die Hewser hingefürt hat im Pramer, und das hat sich angefangen zu Morgens um die drit stund, nach sag, so hat es mer dan acht tausend Menschen hingefürt und ertrenckt. Auch zu Potzen ist es vast groß gewesen, das man sich gar hart besorgt hat.

(„Anonymi Monacensis breve chronicon Bavariae 1487–1506" in A. F. Oefele „Rer. Boicar. scriptor." I, S. 48.)

25. Oktober Tirol, Italien, Salzburg, Görz Überschwemmung der Flüsse

Vermerckt den Schaden am Freytag vor Simon und Jude nachmittag zwischen XI und XII im 93. Jar.

Item im Pramer LVI Hewser, zwo Kirchen. Item zw Sperfal ain gantze Stadt und achthundert Menschen. Item zu Klemau zwo Vorstet, pey tausend Menschen. Item zu Tereffis all Müll hingefurt und tausend Menschen. Item zwischen Nyferenz und Padaw zwei tausend menschen. Item in der von Ferrar Land wol halbe Welt. Item in des von Gortz land grossen Schaden. Item einen Marckt ganz verderbt. Item zu Rawchris alles Pley und alt Schmelzhütten uber vierzigtausend Gulden Schaden geton.

(Rauris in Salzburg)

(„Anonymi Monacensis breve chronicon Bavariae 1487–1506" in A. F. Oefele „Rer. Boicar. scriptor." I, S. 48.)

Gastein Überschwemmung

Außerordentliche Überschwemmung. Häuser wurden weggerissen und viele Menschen ertranken. Starke Schäden.

(J. Th. Zauner „Chronik von Salzburg". III, S. 236.)

Item, la pluye vint le 14. jour de novembre, et duret jusques an 5. jour de décembre, que touiours pluyvoit nuyt et jour. Et fures les yawes grandes. 1493 2. Hälfte Nov. bis Anfang Dez. Lothringen Hochwasser der Flüsse

(„Journal de Jehan Aubrion." edid. L. Larchey. S. 338.)

Item, on mois de jung, fit grant plue en plusieurs lieux, et pluit tellement sur la rivière de Laire en Poitou, que la dite rivière fut hors de rive plux de dix piedz de hault, plux qu'elle n'avoit de longtemps esteit, et tellement qu'elle enmenait maixons et graniges et gens. Item, on dit, moit, il pluit sy fort a St. Avolt, qu'il y avoit tant d'yawe en la ville. Item, à Offainbach, en Allemaingne, pluit sy fort que l'yawe enmenit les vignes . . . Juni 1494 Poitou W-Frankreich, Lothringen, Offenbach (Hessen) Überschwemmungen der Flüsse

(„Journal de Jehan Aubrion", edid. L. Larchey. S. 345.)

Große Überschwemmung. Im Etschlande werden viele Brücken und Stege fortgerissen, und sonnderlich hat d. Etsch zu Parn [Verona] dismals ain grosse gewölbte stainene pruggen mit gewalt zerissen unnd hingefiert. 24. Oktober Etsch Überschwemmung

(Karl Sonklar Edler von Innstaedten „Von den Überschwemmungen". S. 73 u. 126 aus „Boz. Chronik. Handschr. 173. Innsbr. Statth. Archiv.)

Item diß 95 yor war es ein hart winter, das das eiß lag biß nach fastelobent, das man recht aus dem polwerk mit geladenen slitten grad noch Heel zu und auf die reide wider faren kundt, und niemandt wußte, wie fern die sehe gefroren war. Winter 1495 Danziger Bucht Eisdecke

(„Kaspar Weinreichs Danzig. Chronik." in „Script. rer. Prussicar.") 4. Bd. S. 799.)

Mulde, Elbe: starke Überschwemmung. 1495 Gegend von Dessau Mulde- u. Elbe-Überschwemmung

(B. Heese „Die Dessau. Chronik." S. 339.)

(L. Würdig „Chronik der Stadt Dessau." S. 198.)

jour des Ygnoscent [28. Dezember], que le temps se deffit, et encommencit à pluvoir; et plus très fort 8 jours, et tellement, que les yawes furent merveilleusement grandes. Anfang Januar Lothringen Hochwasser der Flüsse

(L. Larchey „Journal de Jehan Aubrion etc." S. 352.)

Oder: Große Überschwemmung mit starkem Schaden. Juli Grünberger Gegend Oder-Überschwemmung

(H. Schmidt „Geschichte der Stadt Grünberg i/Schl." S. 26.)

Dienstag vor Margaretha war groß Wasser, als in 30 Jahren nie gewesen; währete bei 3 Tagen und 3 Nächten. 7. Juli Breslau Oder-Hochwasser

(„Jahrbücher der Stadt Breslau von Nikol. Pol." edid. Dr. J. G. Büsching. II, S. 165.)

Sur la fin du mois de juillet s'esleva en l'air une horrible et espouvantable tempeste de tonnerre en Flandres, Brabant, Haynaut, Artois et Cambrésis. Les eaux procédant desdits orages, fondres, tempestes et tonnerres furent si grandes qu'elles emportèrent les stables des maisons et hangars etc. etc. Ende Juli Nord-Frankreich Belgien Überschwemmung der Flüsse

(F. Vinchant „Annales de la province et comté du Hainaut" edid. in „Soc. des bibliophil. de Mons." Bd. 16. Tom. V, S. 143.)

1495 August Böhmen Überschwemmungen besonders der Moldau

Tanta fuit fluviorum a praecique Muldavae fluminis exundatio, ut firmissimus Pons Pragensis rumperetur.

(B. Balbinus „Epitome historia rer. Bohemicar." I, S. 568.)

(So groß war eine Überschwemmung der Flüsse, besonders der Moldau, daß die sehr feste Brücke zu Prag stark beschädigt wurde.)

Um 15. August Elbe Überschwemmung und bei Gernrode Überschwemmung infolge eines Wolkenbruchs

Circa festum Assumptionis Marie dei matris et virginis inundatio grandis Albee perdidit multam partem graminum et feni cum quindenam fuerunt venti validi, qui magnas arbores cum earum radicibus e fundo corrui fecerunt. Circa Gerenrode [Gernrode, westlich von Ballenstedt] kataracta domos undis coacervatis destituit.

(„Annales Anhaltini" edid. Dr. H. Wäschke. S. 21.)

(Um das Fest der Himmelfahrt der Gottesmutter und Jungfrau Mariä vernichtete eine bedeutende Überschwemmung der Elbe einen großen Teil der Gräser und des Heus, als 15 Tage lang starke Winde herrschten, die große Bäume mit ihren Wurzeln aus der Erde rissen. Bei Gernrode [westlich von Ballenstedt] vernichtete ein Wolkenbruch Häuser durch die aufgehäuften Wogen.)

Um 28. Oktober Schweden Sturmflut

Item eodem anno circa Festum Sanctorum Apostolorum Symonis et Jude tanta erat tempestas et aquarum inundacio Holmis, quod multe naves circa murum jacentes periere.

(„Diarium Fratrum Minor. Stockholmens." in E. M. Fant „Scriptor. rer. Suecicar." I, S. 68.)

(Gleichfalls im selben Jahre um das Fest der Apostel Simon und Juda herrschte ein so starker Sturm und eine Meeresflut zu Stockholm, daß viele Schiffe gegen die Mauer geschleudert wurden und untergingen.)

Winter 1496 Danziger Bucht Eisdecke

A^{0} 1496 da war so groß winter, das man uber eiß von Heel fur bis gen Danczke nach Lichtmeß Marie [2. Febr.]

(„Christoph Beyers des Älteren Danzig. Chronik". in „Scriptor. rer. Prussicar." 5. Band, S. 447.)

Westliche Ostsee Eisdecke

Auch furen sie auß Pomern in Denmarken mit hantslitten zu Gesso [an der S.-Küste der Insel Falster] und zu Mone [Insel Möen.]

(„Kaspar Weinreichs Danzig. Chronik" in „Script. rer. Prussicar." 4. Bd., S. 799.)

4. Dezember 1495 Rom Tiber-Überschwemmung

Tiber-Überschwemmung.

(Dr. G. Hellmann, „Beiträge zur Geschichte der Meteorologie" III. S. 67 aus italienischen Flugschriften.)

1496 Le Doubs Überschwemmung

une grande inondation.

(Babey aus Archiv. de Besançon.)

(M. Champion „Les inondation en France etc." II S. 211.)

les eaux du Rhône s'élevèrent a une telle hauteur qu'elles pouvaient à peine passer sous les arches du pont. 1496 Rhône Hochwasser

(M. Champion ,,Les inondations en France etc.“ S. 211 aus Pilot ,,Recherches sur les inondations etc.“ S. 67.)

Ist die Ane das Wasser so groß worden, daß es das Anaberger Porthauß niedergeworffen, gerissen und hinweg geführet hat. Gegend von Kassel Überschwemmung der Ahna

(,,Die hessische Congeries. Auszug etc. etlicher Geschicht etc. so sich in Hessen und sonderlich zu und umb Cassel begeben etc.“ in Zeitschrift d. Vereins f. hessische Geschichte u. Landeskunde“. 7. Band S. 353.)

Deichbrüche bei Käcklitz und zwischen Werben und Seehausen. Altmark Überschwemmung der Flüsse

(Dr. E. Wollesen ,,Beiträge zur Geschichte des Kreises Osterburg“. I S. 94.)

Wassergüsse. Sachsen Überschwemmungen der Flüsse

(,,Zusätze zu dem Pirnischen Mönche“ in Chr. Schöttgen u. G. Chr. Kreyßig ,,Diplomat. u. cur. Nachlese etc.“ I S. 276.)

Mulde: Sehr großes Wasser durch Gewitterregen. Colditz i/Sa. Überschwemmung der Zwickauer Mulde

(H. F. Bellger ,,Histor. Beschreibung der Stadt Golditz etc.“ S. 170.)

Sind die Oder und andere Wasser ungewöhnlicher Weise angelaufen und haben sich grausam ergossen. Mark Brandenburg Überschwemmung der Oder und anderer Flüsse

(P. Hafftitius ,,Microcronicon Marchicum.“ in Riedel ,,Cod. diplom. Brandenburg“. 4. Hauptheil. 1. Band. S. 78.)

Eodem anno Gorlicii quoque magnam Nissi inundationem. Görlitz Neiße-Überschwemmung

(,,Christophori Manlii Gorlicensis patricii commentariorum rerum Lusaticarum Libri VII hactenus inediti etc.“ Liber I. Cap. XXXIII in Chr. Godofr. Hoffmann ,,Scriptores rerum Lusaticarum etc.“ I S. 411.)

(Im selben Jahre trat auch zu Görlitz eine große Überschwemmung der Neiße ein.)

Die wasser wurdend gar groß. Darumb thett d'Rheyn allenthalb grossen schaden. Schweiz Überschwemmung z. B. Rhein

(J. Stumpff ,,Schwytzer Chronica“. S. 242.)

Große Wasser. Zürich Hochwasser

(Guggenbühl ,,Wyn Rechnung der stadt Zürich“. S. 410.)

Item des jars [kom] ein groß güß zu Nurmberg, das gieng zum Vischmarck und in den spitalhof, und was kain eis. geschah am freitag vor Epifanin. 1. Januar Nürnberg Überschwemmung der Pegnitz

(,,Heinrich Deichler's Chronik“ in ,,Die Chroniken der deutschen Städte“. 11. Bd. S. 586.)

1496 3. Januar Saumur (Départem. Maine-et-Loire. Loire-Überschwemmung

une onindation fit beaucoup de mal à Saumur; les levées rompirent et les deux ponts en pierre, l'un proche de la ville et l'autre du faubourg des ponts, furent ruinés.

(M. Champion „Les inondations en France etc." S. 211/12 aus Bourneau „Le déluge de Saumur". 1618.)

Februar Rhein Eisdecke und Überschwemmung

mense Februario suboritur ingens gelu, triduo solum perdurans, quo Rhenus spacio XXIV horarum solidatus se meabilem redidit, quarto die rursum solvitur, et sub sequitur inaudita aquarum inundatio, quae a Colonia usque mare omnes Rheno adjacentes provincias perfudit, effractis aggeribus.

(W. Heda „Histor. episc. Ultraject." in J. de Beka u. W. Heda „De episcop. Ultraject." S. 306.)

(Im Monat Februar entstand ein starker Frost, der nur 3 Tage anhielt, durch den der Rhein innerhalb 24 Stunden fest und passierbar wurde, am 4. Tage aber löste sich (das Eis) wieder auf. Hierauf folgte eine ungeheure Überschwemmung der Gewässer, die von Köln bis zum Meere alle Landschaften, die am Rhein lagen, überströmte und die Dämme zerbrach.)

Antwerpen Schelde: Eisdecke

. . . , den 7 february, begonst het weder te vriesen soo sterck, dat op den 11 der selve maent meer dan I j menschen over het Schelt gingen, maer ten deurde maer een getijde.

(„Chronijck der Stadt Antwerpen toegeschreven aan den Notaris Geerard Bertrijn" edid. Gust. van Havre in „Uitgaven der Antwerp. Bibliophilen". No. 5, S. 57.)

Fastenzeit Altmark Elbe-Überschwemmung

In der Fastenzeit brach die Elbe bei Käklitz, ferner zwischen Werben und Seehausen und an der andern Seite der Elbe an vielen Stellen durch. Durch das sich aufstauende Eis war die Burg zu Sandau so gefährdet.

(E. Wollesen „Chronik der altmärkischen Stadt Werben etc." S. 50.)

6. März Danziger Bucht Eisdecke

. . . wars so lange kaldt und war so sehr gefroren, das man dem 6 tag im Martio fur mit 4 pferden mit einem slitten mit dorsche geladen recht zu von Heel biß hir in die elbe (Weissel).

(„Kasp. Weinreichs Danzig. Chronik." in „Script. rer. Prussicar." 4. Bd., S. 799.)

23. April Hall (Württemberg) Überschwemmung des Kochers

Anno domini 1496 an St. Georgen tag war ein groß gewäßer, daß drey pfähle zue Hall am Kochen zwischen dem Underwerth undt werckhauß angehenckth zurbrachen, und den (siedern) für etlich 100 fl. hallblöckh uf dem waßer der Kocher genandt hinweg gefloßen.

(„Widmans Chronica" in „Württemberg. Geschichtsquellen". 6. Band, S. 115.)

Anno domini 1496 (22. April) da brach das ober wehr bey dem Underwerth an sant Jorgen abent, drey stund vor mittag; da giengen gemeiner statt, den siedern unnd baurn bey 6 hundert stuckh holtz hinweg.

1496 23. April Hall (Württemberg) Überschwemmung des Kochers

(„Joh. Herolts Chronica" in „Württ. Geschichtsquellen". 1. Bd., S. 148.) = 22. April

° (M. Crusius „Schwäbische Chronick", edid. J. J. Moser. S. 148.)

Fuit ingens inundantia . . .

Mai Flandern Überschwemmung der Flüsse

(Gerard de Meestere „Chronicon Evershamense" in „Rec. de chron. etc. concernant l'hist. et les antiquit de la Flandre-Occid". publ. p. la soc. d'émulat. de Bruges. I, ser., S. 27.)

(Es ereignete sich eine große Überschwemmung.)

Et eodem anno circa mensem Maii multe invndationes aquarum fuerunt in partibus Reni. vnde agri per interruptiones aggerum in multis locis cum bladis et multis edificiis maxima dampna increuerunt.

Mai Rhein-Gegend Überschwemmungen der Flüsse

(„Chronicon monast. Campensis ordin. Cisterc. ex origin. edid. manuscr. Hermanus Keussen" in Dr. G. Eckertz „Fontes adhuc inediti rer. Rhenan." 2. Band, S. 416.)

(Im selben Jahre um den Monat Mai ereigneten sich viele Überschwemmungen der Gewässer in den Rheingegenden. Daher erlitten die Äcker infolge der Dammbrüche in vielen Gegenden mit dem Getreide und vielen Gebäuden größten Schaden.)

Illo etiam tempore Moganus et Renus adeo excreverunt, ut ajebant homines se eo tempore anni non meminisse equalem illorum fluminum abundantiam. Manavit Moganus durch die Farport et per plures alias portas.

Gegend von Frankfurt a/M. Rhein- und Main-Überschwemmung

(„Job Rorbachs Tagebuch" in „Quell. z. Frankf. Geschichte", edid. Dr. H. Grotefend I, S. 266.)

(Zu jener Zeit stiegen auch der Main und Rhein so stark an, daß die Menschen versicherten, daß sie sich eines ähnlichen Hochwassers der Flüsse zu dieser Jahreszeit nicht erinnern könnten. Der Main strömte durch das Farport und mehrere andere Tore.)

. . , unnd das wasser wart sere groß allen enden.

1. Mai Thüringen Hochwasser der Flüsse

(Konrad Stolle „Memoriale-thüring.-erfurt. Chronik", edid. Dr. R. Thiele in „Geschichtsquellen d. Prov. Sachsen". 39. Bd., S. 462.)

Inundatio aquarum facta est memorabilis nocte praecedente imber validus, coruscatio, tonitru . . .

23. Mai Böhmen Überschwemmung der Flüsse

(P. Lupacius „Rer. Boemicar. ephemeris etc." ohne Seitenzahl.)

(Es trat eine denkwürdige Überschwemmung der Gewässer ein, nach einem sehr starken Regenguß, Blitz und Donner . . . in der vorhergehenden Nacht.)

1496 Sommer Meiningen Über- schwemmung der Werra

Groß Gewässer im Toden-Feld, welches die Brücken unter dem Siech-Hauß zerrissen. Weil es auch die hültzerne Brücken unter der Stadt sehr verwüstet. Nichts weniger hat es auch die Ober-Brücken also zerrissen, . . .

(J. S. Güth „Poligraphia Meining. etc.“ S. 147.)

Juli—August SO-Deutschland Über- schwemmungen der Flüsse, z. B. der Oder

Viadri et caeterorum Amnium insolitae et prodigiosae hoc anno extiterunt Inundationes, magno cum agrorum Damno.

(„Nicolai Henelius ab Hennenfeld etc. annales Silesiae“ in F. W. von Sommersberg „Silesiacar. rer. scriptor.“ II, S. 371.)

(In diesem Jahre traten ungewöhnliche und seltsame Überschwemmungen der Oder und der anderen Flüsse ein, mit großem Schaden für die Äcker.)

Breslau Oder-Über- schwemmung

Im Sommer ist die Oder und andere Wasser gewaltig angelaufen. Die Häuser, nahe an der Oder gelegen, liefen voll Wassers. Auf der Schmiedebrücke und Odergasse mußte man warten und auf Schiffen fahren bis gar in Ring hinein; that unvermeidlichen großen Schaden an Menschen und Vieh. Um Schweidnitz, Liegnitz, Lauban, Bunzel, Lissa rissen viel Teiche aus.

(„Jahrbücher der Stadt Breslau von Nikol. Pol“, edid. Dr. J. G. Büsching. II, S. 166.)

Juli—August Gegend von Grünberg i/Schlesien Oder-Über- schwemmung

Sehr große u. unerhörte Oder-Überschwemmung. Ganz Sawade stand im Wasser. Man fuhr von dort auf Kähnen durch den Wald bis Tschicherzig.

(A. Förster „Aus Grünbergs Vergangenheit“. S. 111.)

° (H. Schmidt „Geschichte der Stadt Grünberg i/Schl.“ S. 26.)

° (A. Förster „Geschichtliches von den Dörfern des Grünberg. Kreises“. S. 43.)

Um 13. Juli Brieg (Oder) Oder-Über- schwemmung

um Margarethe ist die Oder so groß gewachsen, daß man das Wasser hat mögen mit Händen schöpfen auf der Brücke und zwischen der Stadt und Leubusch ist nichts anderes gesehen, denn Woge und Wasser und den Schreibendorffern, Michelvitzern viel Getreide dertränkt, ausgenommen die Dämme gegen Schreibendorf, darüber ist das Wasser nicht gegangen.

(K. F. Schönwälder „Die Piasten zum Briege“. I, S. 304.)

Um 10. August Lauban Über- schwemmung des Queis

circa ferias divi Laurentii, Laubae magna accidit Quissi eluvio, . . .

(„Christophori Manlii Gorlicensis patricii commentariorum rerum Lusaticarum Libri VII. hactenus inediti etc.“ Liber I. Cap. XXXIII in Chr. Godofr. Hoffmann „Scriptores rerum Lusaticarum etc.“ I, S. 411.)

(Um das St. Laurentiusfest trat zu Lauban eine große Überschwemmung des Queiß ein.)

2.—16. August 1 Schweidnitz i/Schles. Über- schwemmung der Weistritz

A 1496 am freitag vor vnser liben frawen tag worczeweih vmb XVII, hoth es anghaben czw regen alzo sehr vnd hoth gewerth dy nacht vnd den sonobent dy nacht, auch den sontag, desgleichen dy nacht folgende vnd den montag vnßer liben frawen tag auch den ganczen tag vnd dy nacht dorczw, vnd ist solch gros wasser worden, das nyhmands auß noch eyn mochte, vnd hoth grossen schaden gtohen, heußer den gerbern vnd andern wegk gefurth vnd gertte, schewn, mohln, mohlgraben, brogken, vnd ander grosse mergliche schade gtohen, vnd ist alzo gros gwest als vor 32 Jorn; item auff den dorffern auch grossen schaden, das gtrede vortorben.

(„Schweidnitz. Chronisten des 16. Jahrhunderts. Wenceslaus Thommendorf" in „Scriptor. rer. Silesiac." 11. Bd., S. 7/8.)

Bober, Katzbach: Große Wasserfluten. Viel Schaden. — 1496 Mitte August Überschwemmung des Bobers und der Katzbach

(B. G. Sutorius „Die Geschichte von Löwenberg". I, S. 145.)

Große Überschwemmung. — Lähn a/Bober Überschwemmung des Bobers

(C. Th. E. Heinze „Geograph.-statist.-geschichtl. Übersicht des Löwenberger Kreises". S. 150.)

Queis: Große Überschwemmung mit viel Schaden. — Greiffenberg i/Schl. Überschwemmung des Queis

(J. G. Luge „Chronik der Stadt Greiffenberg i/Schl." S. 12.)

° (C. Th. E. Heinze „Geograph.-statist.-geschichtl. Übersicht des Löwenberger Kreises". S. 120.)

Große Regengüsse und Wolkenbrüche. Große Überschwemmungen. Sehr viel Schaden. — Friedeberg a/Queis Überschwemmung des Queis

(J. G. Bergemann „Beschreibung u. Geschichte der Stadt Friedeberg a/Queis". S. 102.)

° (C. Th. E. Heinze „Geograph.-statistisch.-geschichtl. Übersicht d. Löwenberger Kreises". S. 105.)

Große Regengüsse und Wolkenbrüche. Große Überschwemmungen. Sehr großer Schaden. — Bunzlau Überschwemmung des Bobers

(J. G. Bergemann „Chronik der Stadt Bunzlau". II, S. 56.)

Elbe, Mulde: starke Überschwemmung. — 15. August Gegend v. Dessau Elbe-Mulde-Überschwemmung

(L. Würdig „Chronik der Stadt Dessau". S. 198.) = 1497

erat magna inundacio aquarum, non tamen tam ingens sicut prior. — Kamenz i/Schlesien Überschwemmung der Gewässer

(Dr. Wattenbach „Nekrologium des Stifts Kamenz". S. 308.)

(Es trat eine große Überschwemmung der Gewässer ein, dennoch nicht so riesig wie früher.)

Consimilis etsi non maior et generalior, omnia enim flumina tunc generaliter inundacionem passa, gravissima hominibus intulerunt nocumenta, anno namque 1496, altera die post assumpcionis Marie virginis, Bobera velocissime crevit, supergrediebatur sepes in orto Schilling ex oposito monasterii, ita quod navigio sine obstaculo — 16. August Sagan Überschwemmung des Bobers sepem pertransire potuerunt. Abduxit horreas plenas frumentis eciam de novo constructas, in montis capelle pede sitas sepesque quasi omnes ibidem in ortis dejecit, ortos et campos ac agros circumquaque arena sterili longe lateque obtexit, omnia molendina super Boberam constructa distruxit, etc. etc.

(„Catalogus abbatum Saganensium" in „Scriptores rer. Silesiac." 1. Bd., S. 418.)

(Ähnlich, wenn auch nicht größer und allgemeiner, erlitten nämlich alle Flüsse dann allgemein eine Überschwemmung, die den Menschen sehr schwere Schäden zufügte; nämlich im Jahre 1496, am Tage nach der Himmelfahrt der Jungfrau Maria, schwoll der Bober sehr schnell an, überstieg die Zäune des Schilling gegenüber dem Kloster, so daß wir mit einem Kahne ohne Hindernis über den Zaun fahren konnten. (Der Bober) führte die vollen Getreide-Scheunen weg, auch die neuerbauten, die am Fuße des Kapellenberges lagen, und warf fast alle Zäune ebendaselbst in den Gärten um, bedeckte die Gärten und die Felder und die Äcker ringsumher mit unfruchtbarem Sand, zerstörte alle am Bober gelegenen Mühlen, usw.)

16. August 1496 Striegau, Schweidnitz, Goldberg, Löwenberg. Lauban, Bautzen i/Sa. Überschwemmungen des Striegauer Wassers, der Weistritz, der Katzbach, des Bobers, des Queis und der Spree

sequenti die post Assumptionis fuit tanta inundatio aquae in Strigovia [Striegau], Schweidnitz und Goldberg, Lemberg [Löwenberg] und Lauban ac Budissin quae prius nunquam audita ac visa est in tam multis locis simul et semel venisse. Ita quod, destruxit molendinos domos hortos ac pontes et abduxit animalia homines et frumenta et submersit quam plures, . . .

(„Die Domstiftlichen Jahrbücher von 1388—1530, die älteste bekannte erzählende Geschichtsquelle Bautzens", edid. Dr. R. Needon. S. 25.)

(Am Tage nach der Himmelfahrt (Mariä) ereignete sich eine so große Überschwemmung des Gewässers in Striegau, Schwenitzid und Goldberg, Löwenberg und Lauban und Bautzen, wie man früher niemals beobachtet hat, daß [eine Überschwemmung] an so vielen Orten auf einmal und gleichzeitig eingetreten ist. So zerstörte sie Mühlen, Häuser, Gärten und Brücken, führte Tiere, Menschen und Getreide hinweg und ertränkte zahlreiche, . . .)

Um 24. August (?) Elbe Überschwemmung

circa festum S. Bartholomei Albea superexcrescens alveum transscendit ripam. catharacte fuerunt in Misna.

(„Annales Anhaltini" edid. Dr. H. Wäschke. S. 22.)

(Um das Bartholomäusfest schwoll die Elbe an und trat über ihr Ufer. Im Meißnerland ereigneten sich Wolkenbrüche.)

Herbst 1496 bis Winter 1496/97 SO-Deutschland Überschwemmungen der Flüsse

Fuit autumpnus sequens una cum yeme magne humiditatis assiduaque excrescencia aquarum unum diluvium aliud insequebatur.

(„Catalogus abbatum Saganensium" in „Scriptor. rer. Silesiacar." I. S. 418/19.)

(Es herrschte im folgenden Herbst und zugleich auch im Winter große Feuchtigkeit und beständiges Hochwasser der Gewässer, es folgte eine Wasserflut der anderen.)

a festo Omnium Sanctorum usque ad Pasca viguit pluvia taliter continuata quod nunquam fuerunt vise tante inundationes aquarum . . .

Anfang November 1496 bis Ende März 1497 Inner-Frankreich Überschwemmungen der Flüsse

(„Chronique de Bourges par Jean Batereau", edit. Jul. Havet. S. 454

(Vom Feste Allerheiligen (1. Nov.) bis Ostern (26. März) herrschten derartig anhaltende Regengüsse, daß niemals so große Überschwemmungen der Gewässer beobachtet wurden . . .)

a festo Nativitatis Christi (25. Dez.] usque post festum Sancti Anthonii [17. Jan.] aque inundaverunt quotidie et continue ex pluviis et nivibus.

Winter 1496/97 Belgien Überschwemmungen der Flüsse

(„Chronique du règne de Jean de Horne 1484–1505" in „Chron. liègeoises", edid. S. Balau in „Publicat. de la comm. roy. d'hist. de Belgique". Bd. 54, Tom. I, S. 517.)

Vom Feste der Geburt Christi [25. Dez.] an bis nach dem St. Antoniusfeste [17. Januar] waren die Gewässer täglich und anhaltend über ihre Ufer getreten, [und zwar] infolge der Regengüsse und Schneefälle.)

Niederrheingegend, Westfalen Überschwemmungen des Rheins, der Ruhr und der Lippe

De winter was so vucht [= feucht] und warm,
dat water makte manchen riken arm.
God mochte [mußte] uns behoden, [= behüten]
it weren grote vloden! [Fluten]
de Rhîn was gerade [= der Rhein füllte sein Bett]
und dede untellig [unzählig] schade,
hie ging in die Niggegassen bit vor die Stern,
dat sagen [sahen] die Cölner nitt gern.
It is wâr und ungelogen,
he bedeckede in der Drankgasse porten en bogen.
Langs den Rhîn verdrunken [den Rhein entlang ertranken] alle müse,
die lüde rumeden [räumten] ût den hüsen,
men moste to Dütz und Molhem boven wonen
van waternôd all up [= ganz auf] den bonen; [= Bodenräumen]
in Holland, moge-gi schaden merken,
verdrunken [wurden mit Wasser bedeckt] wol acht und
twintig kerspelskerken, [Kirchspielskirchen]
die demme [= Dämme] breken dore, [= durch]
dâr en was gein halden vore.
Die Rhûr dede schaden grôt
und brachte mennigen in grote nôd;
si was so grôt und so vlugge, [flügge]
sie drêf to Hêrdicke over die brugge
die Zesage und Lippe, moge-gi merken
[Seseke]

gingen inein to Lünen in die kerken. [vereinigten sich in den Kirchen]
Sie worden mundeselig up dem dische [sie küßten sich auf dem Tische]
in den kôstellen [Kuhställen] vingen sie vische.

(„Renoldi Kerkhoerde Presbyteri Tremoniensis Rhytmi", edid. Fr. Woeste in „Zeitschrift des Bergisch. Geschichtsvereins". 10. Bd. S. 11/12.)

Winter 1496/97 Franken Überschwemmungen der Flüsse

... und vil schnee und vil regens und vil grosse wasser.

(„Heinr. Deichsler's Chronik' in „Die Chroniken der deutschen Städte". 11. Bd., S. 592.)

SO-Deutschland Hochwasser der Flüsse

Die Gewässer blieben während des ganzen regnerischen Winters so groß.

(H. Schmidt „Geschichte der Stadt Grünberg i/Schl." S. 26.)

7. Dezember 1496 Goldberg i/Schl. Hochwasser der Katzbach

Sehr großes Wasser.

(L. Sturm „Geschichte der Stadt Goldberg" S. 67.)

Mitte Dezember Lothringen Hochwasser der Flüsse

Item, le 14. jour de décembre, le temps se deffit sy gracieusement que toute la neige fondit sans plue par 3 jours et furent les yawes bien grandes.

(L. Larchey „Journal de Jehan Aubrion etc." S. 370.)

Weihnachten 1496 bis Mitte Januar 1497 Elsaß Rhein-, Breusch- und Ill-Überschwemmung

kam aber ein gross wasser in wynachfurtagen, das werte wol dry wuchen, das der Ryn, die Brusch und Jll so gross wurden, alss jemols zuvor.

(Jean-Jacques Meyer „La chron. Strasbourg." edid. Rod. Reuß. S. 123.)

26. Dezember 1496—10. Januar 1497 Lothringen Überschwemmung der Flüsse

et pluit depuis le 26. jour de décembre, tous les jours et toutes les nuit, jusque an 10. jour de janvier, et tellement que les yawesfurent sy grandes que le Sacy en la cité estoit tout plain d'iawe de la rivière.

(„Journal de Jehan Aubrion", edid. L. Larchey. S. 381.)

Weihnachten 1496—6. Januar 1497 Franken Überschwemmung der Flüsse

hat man die 12 nächt der weihenachtenfeyertag bis uf des heiligen 3 könig tag große verenderung und wunderliche verwandlung des wetters gespuret, da es balt sehr geschneiet, wiederumb heftig geregnet, daß die waßer groß ausgelaufen, ...

(„Enoch Widmann's Chronik der Stadt Hof" in „Quellen z. Geschichte d. Stadt Hof", edit. Christ. Meyer. I S. 88.)

1497 Villeneuve Lot-Überschwemmung

un débordement du Lot causa de graves dommages au pont de Villeneuve.

(M. Champion „Les inondations en France etc." IV S. 208 aus Cassany-Mazet „Annal. de Villeneuve-sur-Lot". S. 170.)

Villingen Überschwemmung der Brigach

do kham so ein groß Waßergüße, das es eins mans hoch über das wuohr gieng ahn dem weyher zue Pfaffenweiller [südwestl. v. Villingen].

(„Heinrich Hugs Villinger Chronik von 1495–1533", edid. Dr. Christ. Roder. S. 3.)

sequenti anno mense Januario maior aquae inflatio, etiam altissimos transcendens aggeres, Fresiam, provincias Rhenanas, et Flandriam vastans, innumerabilemque hominum ac pecorum multitudinem absorbens, abstinuit tamen a territorio Trajectanorum. Januar 1497 Nordsee Sturmflut

(W. Heda „Histor. episcop. Ultrajectens." in J. de Beka u. W. Heda „De episcop. Ultrajectin". S. 306.)

(Im folgenden Jahre, im Monat Januar, [ereignete sich] ein noch größeres Anschwellen des Wassers, so daß es die höchsten Dämme überflutete, Friesland, die rheinischen Landschaften und Flandern verwüstete und eine unzählige Menge Menschen und Vieh mit sich fortriß, verschonte jedoch das Gebiet von Utrecht.)

dis jaers verdrunken 28 kerspelkerken in Holland durch grote water vloet. Holland Sturmflut

(„Chronik des Dietrich Westhoff etc." in „Die Chroniken der deutschen Städte". 20. Band, S. 367.)

Die Ruer genk to Herdeke aver die brugge, die Lippe und Seseke gengen in einander to Lunen in der kerken, also dat man darselvest in koestellen vische venk. West-deutschland Ruhr-, Lippe- u. Seseke-Überschwemmung

(„Chronik des Dietrich Westhoff etc." in „Die Chroniken der deutschen Städte". 20. Band, S. 367.)

. . . , increscentia Albea per VI ebdomadas computato die Jovis vigilia Epiphanie domini. fuit enim multis et in multis prejuditialis. 5. Januar bis 1. Hälfte Februar Elbe Hochwasser

(„Annales Anhaltini,, edid. Dr. H. Wäschke". S. 22.)

(. . . , das Hochwasser der Elbe, 6 Wochen lang, gerechnet von Freitag, 5. Januar, an dem Tage vor Epiphanias des Herrn, war nämlich für viele und in vielen ein schlimmes Vorzeichen.)

Au commencement de la feste des Roix ensuivant, l'eaue de Saine exit hors de son canel per telle maniere que elle estoit sur la chauchée de Martainville trois piedz en haulteur et venoit dedens la ville jusques au bout de la rue de la Vigne . . . Et continua lad. eau sans diminuer jusques au jour Sainct Vincent [22. Januar], mais elle ne fut point en son canel jusques au XIIe jour fevrier. Et de rechef retourna, saillit et entra dedens la ville, non pas en si grant haulteur que par devant, et puis s'en alla en son canel. Elle feist grands maulx comme rompre maisons, gaster labours, . . . 6. Januar bis 12. Februar Rouen Seine-Überschwemmung

(„Chronique de Rouen des origins à 1544" in „Deux chron. de Rouen", edid. A. Héron. S. 106/08.)

In dem selven jair umbtrint 13 missen was der Rin sere grois, desgelichen in langen ziden nie gesien enwas, ind he was bi Wesselich uisgebrochen zo Gurdop [Wesseling und Godorf, oberhalb Cöln] zo ind dede dair groissen schaden, ind bi Roderkirchen beneden Melaten was hei ouch uisgebrochen ind lief in der stat uisserste graven. bi Polle lief hei in dat lant van dem Berge. beneden Coellen intgain Mulheim brach hei uis zo velde, dat Niel gantz in dem wasser lach, ind dede dair- 6.—17. Januar Rhein-Überschwemmung beneden groissen verderflichen schaden. dat wasser gink zo Seine [Brigittenkloster St. Maria zu Sayn oder Sion am südl. Ende der Stadt, dicht am Rhein] in die kirche bis overhalf des hogen altair, ind in den Viltzengraven bis intgain den plais, ind dede vil schadens binnen Coellen an kelre ind an anderen gebuwe, ind bleif so grois stain umbtrint sent Anthonis dage sonder weinich vallen [17. Januar].

(„Koelhoffsche Chronik. 1499" in „Die Chroniken der deutschen Städte". 14. Band, S. 900/01.)

1497 Nach 6. Januar Rhein und andere Flüsse Über-schwemmungen

inchoante post festum Epyphanie Domini fuerunt magne ventorum tempestates et maxime invndationes Rheni et aliorum fluuiorum ac riuorum ita quod ex impetu ipsorum euersa fuerunt edificia domorum et homines submersi et diuersi aggeres ab aquis multipliciter interrupti ex quorum interruptione multi egregii agri arena perfusi sunt.

(„Chronicon monast. Campensis ordin. Cisterc. ex origin. edidit manuscr. Hermannus Keussen" in Dr. G. Eckertz „Fontes adhuc inediti rer. Rhenan". 2. Band, S. 417.)

(Nach dem Epiphaniasfeste des Herrn [6. Januar] traten starke Stürme und sehr große Überschwemmungen des Rheins und der anderen Flüsse und Bäche ein, so daß durch ihr ungestümes Vordringen Gebäude eingestürzt wurden, Menschen ertranken und verschiedene Dämme durch die Fluten vielfach durchbrochen wurden und infolge dieser Durchbrüche viele vorzügliche Äcker mit Sand überschüttet wurden.)

7. Januar Paris Seine-Über-schwemmung

la Seine inonda les bras quartiers situés sur les bords; des témoignages contemporains nous apprennent qu'elle arriva à la Grève jusqu'au Saint-Esprit, à la croix des Carmes sur la Place Maubert et dans la rue St.-André-des-Arts; la Vallée de Misère fut couverte d'eau.

Inschrift an einer Statue:

Mil quatre cens IIII vingt seize
Le VII jour de janvier,
Seine fut icy à son aise
Battant le siège du pillier.

(M. Champion „Les inondations en France etc." I, S. 54/55 aus Corrozet „Les antiquitez histoires et singularitez excellentes de la ville etc." Paris. cot. 8112 II, S. 92.)

8. Januar Frankfurt a/M. Rhein- und Main-Über-schwemmung

octava januarii alluvio Mogani excrevit ita ut ascendit ultra Schonstein usque ad domum Ruperti Mones, adeo quod aliquibus diebus intravit per omnes portas, claudebanturque hiis diebus porte omnes preter portam sancti Spiritus, que nocte una non claudebatur. et ob ejus crescentiam dimissa sunt divina in ecclesia divi Leonhardi usque in duodecimam januarii, nec poterant naves a Maguntia ascendere per dies aliquot. duodecima porte reserabantur, nec hiis diebus operari poterant mollitores. celaria varia ac plura repleta aquis. rursusque excreverunt et Moganus et Renus ac omnia flumina in hac nostra regione effecta majora quam antea, adeo ut retro in sedecim annis non fuere flumina abundantiora. [Bezieht sich wohl auf die große Überschwemmung v. 1480.]

(„Job Rorbachs Tagebuch" in „Quellen z. Frankf. Geschichte", edid. Dr. H. Grotefend. I, S. 276.)

(Am 8. Januar stieg die Wasserflut des Mains so stark an, daß sie über Schonstein hinaus bis an das Haus des Rupert Mones reichte und an einigen Tagen durch alle Tore eindrang, und es wurden an diesen Tagen alle Tore geschlossen, mit Ausnahme des Heiligen Geisttores, das in einer Nacht nicht geschlossen wurde. Infolge dieses Hochwassers unterließ man den Gottesdienst in der Kirche des himmlischen Leonhard bis zum 12. Januar, und es konnten die Schiffe von Mainz aus mehrere Tage lang nicht hinauffahren. Am 12. wurden die Tore geöffnet, und an diesen Tagen konnten die Müller nicht arbeiten. Zahlreiche Keller waren voll Wasser. Wieder stiegen Main und Rhein und alle Flüsse in unserer Gegend noch höher als vorher an, daß 16 Jahre rückwärts (gerechnet) die Flüsse nicht wasserreicher waren.)

10.—14. Januar Elbe Überschwemmung

pons ruptus est circa Pecho post biduum ... et per plateas in Barby fluit, crescebat adhuc sabbato Felicis in pincis.

(„Annales Anhaltini", edid. Dr. H. Wäschke. S. 23.)

(Bei Pechau [zwischen Gommern und Magdeburg] wurde die Brücke nach 2 Tagen zerbrochen ... und durch die Straßen von Barby floß die Elbe, und sie stieg am Sonnabend, 14. Januar noch weiter.)

10. Januar Elbe-Überschwemmung

dilacerabat aggeres circa Klus [Ortschaft bei Pechau], nam feria tertia post Epiphanie anno eodem scilicet XCVII venturus in Magdeburg quum circa Gummer [Gommern, zwischen Zerbst und Magdeburg] fueram, ultro Loburg venit quidam dicens aggerem magnis viribus undique diruptum, ...

(„Annales Anhaltini" edit. Dr. H. Wäschke. S. 22/23.)

(Sie zerriß die Dämme bei Klus [Ortschaft bei Pechau], denn am Dienstag nach Epiphanias [Dienstag, 10. Januar] im selben Jahre, d.h. (14)97, gelangten ich nach Magdeburg, nachdem ich bei Gommern [zwischen Zerbst und Magdeburg] war, und bei Loburg kam überdies jemand und erzählte, daß der Damm überall stark zerstört sei, ...)

14.—25. Januar Mitteldeutschland Überschwemmung der Flüsse

ab isto die usque ad Conversionem S. Pauli perseverabat damnosa aque congeries.

(„Annales Anhaltini" edid. Dr. H. Wäschke. S. 23.)

(Von jenem Tage [14. Januar] an bis zur Bekehrung von St. Paul [25. Januar] dauerte das verderbliche Wasser-Chaos an.)

18. Januar Frankfurt a/M. Main-Überschwemmung

XVIII januarii Moganus se extendebat plene usque ad ecclesie introitum ubi per gradus ingreditur. denuo etiam divina obmissa die XV. januarii usque ad 22 ejusdem mensis.

(„Job Rorbachs Tagebuch" in „Quell. z. Frankf. Geschichte", edid. Dr. H. Grotefend. I, S. 276.)

(Am 18. Januar dehnte sich der Main völlig bis zum Eingang zur Kirche [des St. Leonhard] aus, wo er über die Stufen eindrang [westl. Eingang]. Auch wurden die Gottesdienste von neuem vom 15.–22. Januar eingestellt.)

Februar Elbe-Überschwemmung

tanta fuit inundatio aquarum, ut versus Magdeburgum nec equitandi, nec vehendi, nec eundi pateret via.

(Dr. W. Schäfer „Chronik der Dresdener Elbbrücke etc.“ S. 24 aus „Antiquitates Plocenses“, edid. Thorschmidt. S. 37.)

(So groß war die Ergießung der Gewässer, daß nach Magdeburg weder zum Reiten, noch zum Fahren, noch zum Gehen ein Weg offen stand.)

Meißen i/Sa. Elbe-Überschwemmung

Albis exundans tribus portis vrbem introit.

(G. Fabricius „Rer. Misnicar. libri VII“. S. 165.)

(Die Elbe trat über ihre Ufer und drang durch 3 Tore in die Stadt ein.)

° („Die Meißner Chronik“ edid. M. Grünewald. S. 108.)

15. September Ostsee Sturmflut

ist ein grosser grewlicher Sturm auffgestiegen, darin eine statliche Flotte der Lübischen Schiffen geblieben, und viele theurbare Wahren an die Preußische, Pommerische und Meckelnburgische Seiten angeschlagen. Dieser Sturm hat unter andern Schaden die Statt Colberg bei nahe in Wasser erseuffet, . . . Die von Rostock sind auch in Mühe gestanden, den ohn das, daß sie des Wassers zu viel hatten, ist ein Werder die Warnow niedergetrieben, . . .

(„Bernh. Latomus Genealochronic. Megapolitan“ in E. J. von Westphalen „Monum. ined. rer. German.“ IV, S. 433.) = 29. August

Stralsund Sturmflut

Anno 1497 vridages vor sunte Mattheus dag, do waß so groth ein storm . . . „dat water was so grot, dath de vehrbote stunden in der vehrstraten. (Greifsw. Handschr.)

(„Auszüge aus Stralsund. Chroniken v. Jahre 1230–1521“ in Dr. Mohnicke u. Dr. Zober „Stralsund. Chroniken“. I, S. 213.)

Wismar Sturmflut

Sturmflut.

(Dr. F. Techen „Geschichte der Seestadt Wismar“. S. 377.)

Kolberg Sturmflut

des fridages na exaltationem sancte crucis, dat is des achten dages unser leven frowen erer borth, vor sunte Michele was disse stad von unwedere, winde unde water in groter noth, so dat de stad umme un umme was mit water beflaten, dat water scoth heth in de stad vor den nigen bastaven [Badestube] in der olden visscirstrate unde vloth in vele huse unde kelre unde boden, dat ze ere gud mosten up de bane bringen un sik darsulvest up entholden, un varden mit boten und kanen vor de hakeboden [Krämerbuden] hen un uth den boden un halden beer uth der stad. Ok de sulve vluth was groth up der reghe [Colberg. Deep], dat dor wechtvloten koye, perde, swine un scape, de vordrünken, un weygede zo sere, dat dar vele ghevele in der stad van den husen weygeden, alze van deme radhuse en pard

un de ghevel van Drewes Putkumers huse, ... De dam tusscen sunte Jurien unde tusscen den raden [Radenwiese?] unde der Selnow in tween steden was groth uthe braken, ... De nighe brugge droff wech unde tusscen hir unde Cosslin dreuen uthe alle molen, un weyr eden dal alle kerktorne unde de klokken entwey unde de kerke to deme Kurdeshagen to der erde, ...
[Colberg. Stadtbuch]

(Heinr. A. Riemann „Geschichte der Stadt Colberg". S. 260/62.)

Rügenwaldermünde: Wasserstand so hoch wie der Altar. Großer Schadden. 15. September 1497 Rügenwalde, Rügenwaldermünde Sturmflut

Rügenwalde: Von den Wogen überschwemmt mit großem Schaden.

(A. Stoebbe „Chronik der Stadtgemeinde Schlawe i/P." S. 309.)

Am tage der H. Drey Könige [richtig: auf Lamperti oder dem Tag des heiligen Kreuzes Erhöhung = 17. Sept.] erhub sich ein großer sturm aus dem Norden / und werete vier tage lang / da brach die Nerung aus / und da ward das Newe Tieff zu Königsberg. Danzig, Nehrung Sturmflut

(„Chronica oder Handbüchlein Danziger Geschichte gedruckt durch Jacob Rhode." 1594. edid. Dr. F. Schwarz. S. 12/13.) = 6. Januar

° („Bernt Stegmann's Hanseat. Chronik" in „Scriptor. rer. Prussicar". 5. Bd., S. 501.)

Im tage Epiphanie [vielmehr in der Nacht vom Freitag auf Sonnabend vor Lamperti] und 4 tage darnach in disem jar war ein sturm und windt von dem norden, in wolchem sturm die Neringe, das ist das landt, das da scheidet das frisch hab unnd die see, brach auß, unnd wart da ein new tieff von 3 fadenn, wiewol es unbestenndig plib umb eintreibung des sanndes; idoch den von Konsberg war es etlich jar seer ein gut tieff, und ist eine meile von dem erfilten unnd alten tieff neher der stat, sonnder gantz sorgclich darein zu kommen. Item da auch zerriß das bolwerk am tieffe von Danntzke, etc. etc. Item zum Elbing zerbrach ir bolwerckh etc. etc. Item das tieff in der Passerin vor dem Braunsberg ganntz vergieng etc. etc. [Balgasche Tief] Item die wesserung wart so groß, damit viele molen weck triben am wasser Alle, Drewanntz, Frischinck unnd Passerige, und dieselbigen fliesser auch außrissen unnd erfilten und weck triben dorffer, unnd der viele, unnd quam alles ins hab, und die kinder und alte mentschen umbtriben so tot. NO-Deutschland Sturmflut

(„Simon Grunau's preußisch. Chronik" Tractat 18. Kap. 14. § 1 in „Die preußisch. Geschichtsschreiber des 16. u. 17. Jahrhunderts". Bd. II, S. 377/78.)

Das wasser hat sich czu Konigsbergk schir in allen gassen gestanden. Auch hat der sturm an der Dantzker Nerie grosse berge ausgeriessen und ausgewasschen. 15. September NO-Deutschland Sturmflut

(„Paul Pole's Preuß. Chronik" in „Script rer Prussicar" 5 Bd, S 210)

A⁰1497 den 14. und 15. Septembris vom freitagk [Freitag = 15. Sept.] auff den sonnobend [Sonnabd. 16. Sept.] vor sanct Lamperti des nachts do wehete so ein Danzig Sturmflut gewaltiger stormwindt [24. stunde langk], das er zu Dantzick das pollwerck bey der sehe zubrach und grundlich von bynnen und baussen der Weissel alle kasten weg nam, das nicht ein holtz bleib liegen, nor ein kiste lang des haupts vom polwerck nach ostenwerts. Die Nerung schlug das wasser das meiste theil zu . . . Darnach auch in derselbigen nacht am freitag nach exaltationis crucis brach die außbruch aus auff dem tamme under dem Werderschen thore und war bey drei faden lang und tiefer dan ein elle under dem Weisseltham. Die garten bey s. Barbaren stunden alle unter dem wasser. Das bolwerck vor der Münde zu Danczig zuschluge er das meiste theil alles zumahle das me solch schade an den kasten geschehen war, so lange die stadt Danczke gestanden hatte, das die kasten gar weggetrieben waren. Da brach von grausamen storme die Nehrung durch mit einem Pruge der darauf stund und rieße das erdreich weg, ward eine tief von 7 ellen, das man noch heutigen tages das neue Tief heißet. Das wasser stauete sich aus der see die Weissel auf, das das wasser so groß ward, das er den weisseltam ausbrache zwischen der schleuß und dem eussersten Werderischen thore, das die garten bei s. Barbarae alle unter waßer waren; es liefe über die steinbrücken.

(„Christ. Beyers des älteren Danzig. Chronik" in „Script. rer. Prussicar". 5. Bd., S. 447/48.)

° („Memoriale domini Lucae episcopi Warmiensis" in „Monumenta Historiae Warmiensis". VIII, S. 110.)

15. September 1497 Bei Stettin Sturmflut

Starke Überschwemmung. Stellenweise Verwüstung.

(Dr. H. Berghaus „Geschichte der Stadt Stettin". I, S. 221.)
= 17. September

Winter 1497/98 Rhein Eisdecke

Item der Rein was gefrorn, das man darüber gieng und fur.

(„Heinr. Deichsler's Chronik" in „Die Chroniken der deutschen Städte". 11. Bd., S. 596.)

1498 Frankfurt a/M. Main: Eisgang und Überschwemmung

tanta fuit inundacio Mogani, ut altitudo glaciei jaceret in campo Piscatorum altitudine duarum lancearum.

(J. Latomus „Acta etc." in „Quellen zur Frankf. Geschichte". edid. Dr. H. Grotefend. I, S. 103.)

(So stark war der Eisgang auf dem Main, daß er Eismassen in Höhe von 2 Speeren auf das Fischerfeld warf.)

Meißen i/Sa. Elbe-Überschwemmung

Magna fuit vis aquae, . . .

(G. Fabricius „Rer. Misnicar. libri VII". S. 166.)

(Groß war die Gewalt der Fluten, . . .)

Elbe: anhaltend großes Wasser.

(M. Grünewald „Die Meißner Chronik". S. 108.)

La vigille de la chandelleur, par nuyt, les glaices de la riviere de Muzelle se rompirdnt et vinrent ? l'avallée par si grant habondance devant les baires du moyen pont . . . 1498 1. Februar Metz Mosel: Eisgang

(J. F. Huguenin „Les chroniques de la ville de Metz". S. 621.)

Item la vigille de la Chandellour, par nuit. les glasses de Moxelle vinrent à la vallée par sy grant habondance . . .

(„Journal de Jehan Aubrion", edid. L. Larchey. S. 396.)

in festis Paschalibus Albea erat grandis . . . 15. April Elbe-Über-schwemmung

(„Annales Anhaltini" edid. Dr. H. Wäschke. S. 24.)

(Am Osterfeste war die Elbe hoch . . .)

Dieses jar war der sommer anfangs sehr heiß, das mittel, ober und end desselben stets nas, also daß durch den vielfeldigen regen und anlaufen der waßer . . . Sommer Franken Hochwasser der Flüsse

(„Enoch Widmann's Chronik der Stadt Hof" in „Quellen z. Geschichte der Stadt Hof", edit. Christ. Meyer. I, S. 90.)

Am Abende der Sieben Schläffer / ergoß sich alhier die Elbe und Weiseritz / dergl. man sich in Dreyßig Jahren nicht gedachte / wordurch großer Schade in der Heu-Erndte geschahe. 27. Juni 1498 Dresden Elbe- und Weiseritz-Über-schwemmung

(A. Weck „Der etc. Residentz- und Haupt-Festung Dresden Beschreib- und Vorstellung". S. 527/28.)

Sed intempestive pluvie circa festum Visitationis gloriose virginis anno eodem et multe cataracte. eis Gene [wohl Jena] mu.te ville periere et pueri et senes absorpti. Um 2. Juli Mittel-deutschland Über-schwemmungen der Flüsse

(„Annales Anhaltini", edid. Dr. H. Wäschke. S. 25.)

(Aber [es traten] ungelegene Regengüsse um das Fest der Heimsuchung der glorreichen Jungfrau [2. Juli] im selben Jahre [ein] und viele Wolkenbrüche. Hierdurch gingen viele Dörfer zu Grunde und Kinder und Greise wurden mit fortgerissen.)

. . . , do quam eyn regen eynen halben tagk. Uff sente Kylianus tagk fru in der nacht do quam das aller groste wasser zu Erffort, das man meynte, dy wile Erfforte gestanden had, so were noch ny grosßer wasser gewest. etc. etc. Es was mee, danne eyner elle hoch, grosßer, danne das wasßer, das vor VII jaren waß hye vor. Es gingk jn sente Mertins kerchen jn dem brule an den alter steyn in dem kore. Dy lute musten or fel uff dy boddeme brenge. Es gingk uff dy lower brocken unnd jn der czechener hußere uber al, unnd warff alle stege nedder jn der stad unnd ussewendigk. etc. etc. Es had fele husere umme geworffen unnd umme geweicht alle wende unde fele muren umme geworfen. Item alle kellere in der stad dy worn fulle wasßer, en teil biß oben an. Adder hy hat es fele grossern schaden gethan, der nicht steed uß zu sprechen. 8. Juli Erfurt Über-schwemmung

(Konrad Stolle „Memoriale-thür.-erfurt. Chronik", edid. Dr. R. Thiele in „Geschichtsquellen der Prov. Sachsen". 39. Bd., S. 468/69.)

1498 8. Juli Erfurt Über-schwemmung

Dominica ipso die Kiliani maxima inundatio aquarum Erfurt, ita quod in memoria hominum non talis fuit.

(„Erphurdianus antiquitat. variloquus etc." in J. B. Mencken „Scriptor. rer. German." II, S. 510.)

(Am Sonntag, am Tage Kilian, ereignete sich zu Erfurt eine sehr große Überschwemmung der Gewässer, so daß sich die Menschen einer solchen nicht erinnern konnten.)

8. September Villingen Über-schwemmung der Brigach

uff unsser frowentag in der haberern do kam ain so grosze wassergisze her, das man zů ratt lutt, und fur in waidlingen [= Nachen] vom obertor hinumb bis in spitals mille . . . ; und tett das wasser me dan umb 5 hundert guldin an emd und hanff und andern dingen.

(„Heinrich Hugs Villinger Chronik von 1495–1533", edid. Dr. Christ. Roder. S. 16.)

Dezember Loire Über-schwemmung

Une inondation générale.

(M. Champion „Les inondations en France etc." II, S. 212 aus Raynal „Hist. du Berry". tom. III, S. 212.)

17. Dezember Rom Tiber-Über-schwemmung

Feria secunda decima septima Decembris flumen Tiberis crevit quasi usque ad pavimentum Ecclesiae Sanctae Mariae Transpontinae.

(„Johannis Burchardi Cremoniar. magistri diarium curiae Roman. etc." in J. G. Eccard „Corp. hist. med. aevi." II, Sp. 2097.)

(Am Montag, 17. Dezember, stieg der Tiber-Fluß fast bis zum Estrich der Kirche der heiligen Maria Transpontina.)

1499 Le Doubs Über-schwemmung

une grande inondation.

[Babey aus Archiv. de Besançon]

(M. Champion „Les inondations en France etc." II, S. 211.)

Oberpfalz (Bayern) Über-schwemmungen der Flüsse

Inundationes aquarum multae et frequentes eo anno fuere tempestas terrificae.

(„Ottonis chronicon Waldsassense" in A. F. Oefele „Boicar. scriptor. rer." I, S. 81.)

(Viele und heftige Überschwemmungen der Gewässer machten in diesem Jahre eine schreckliche Witterung.)

Calbe Saale-Über-schwemmung

Es ist die Saale so hoch auffgelauffen / daß die Wasser-Thor fast über die Helffte bedecket worden.

[siehe Wasserstandszeichen am Wasser-Thor.]

(J. H. Häveker „Chronica und Beschreibung der Städte Calbe, Acken etc." S. 391.)

Donau: ungewöhnliche Überschwemmung. Mehrere Ortschaften im Tullnerfeld wurden völlig zerstört.

Tulln (Niederösterreich Donau-Überschwemmung

(Dr. A. Kerschbaumer „Geschichte der Stadt Tulln". S. 73.)

Fluß Bormida: grossie par les pluies . . . , sur les dix ou onze heures de nuyt commença la pluye si forte, qu'en moings de deux heures les tranchèes furent tant plaines d'eau, . . . , et dura la pluye jusquez au matin.

25. August bei Allessandria (Oberitalien) Überschwemmung des Tanaro und der Bormida

Anmerkung: unten: le Tanaro et la Bormida grossis per de fortes pluies, . . .

(Jean d'Auton „Chronique de Louis XII", edid. R. de Moulde La Clavière". I, S. 38 u. 51/52.)

Eodem anno fluvius Radun effracto aggere defluxerat multaque damna praecipue vero muro civitatis Gedanensis intulit.

1500 Radaune Überschwemmung

(„Chronica Olivensis" in A. Bielowski „Monum. Polon. historica". Tom. VI, S. 375.)

(Im selben Jahre trat der Radaune-Fluß, nachdem er den Damm zerstört hatte, über seine Ufer und richtete viele Schäden, besonders an der Stadtmauer von Danzig an.)

Durch Überschwemmung der Marsch in den Vorstädten viel Schaden.

Olmütz i/Mähr. Überschwemmung der March

(J. Wl. Fischer „Geschichte der kgl. Hauptstadt etc., Olmütz im Markgrafthum Mähren". I, S. 186.)

Hat sich zu Walburgis die Mulda sehr ergossen / daß sie weiter hinunter Floß-Holtz weggeschwemmt und Brücken eingerissen.

1. Mai Zwickauer Mulde Überschwemmung

(Chr. Meltzer „Historia Schneebergens. renovata etc." S. 1209.)

Hier zu Zwickau hat sich am Tage Philippi Jacobi die Mulda so sehr ergossen / . . . / und hat die Brücken dar zu mit genommen.

Zwickau i/Sa. Überschwemmung der Zwickauer Mulde

(Tob. Schmidt „Zwickau. Chronick." II, S. 246.)

. . . et tunc [= nach Pfingsten] in pluvia periit et fuit maxima aquarum inundatio, . . .

Sommer Oldenburg Überschwemmung der Flüsse

(„Joannis Schiphoweri chronicon archicomit. Oldenburgensis" in H. Meibom „Rer. Germanicar." II, S. 190.) = oder 1500

(. . . und darauf [nach Pfingsten] verging [alles] im Regen, und es ereignete sich eine sehr starke Überschwemmung der Gewässer.)

Feria tertia, tertia Novembris, fuit excrescentia Tiberis, . . . , et crevit usque ad mediam noctem, et per totum diem Jovis. (4. Nov.)

3.—4. November Rom Tiber-Überschwemmung

(„Johannis Burchardi Cremon. magistri diarium curiae Romanae etc." in J. G. Eccard „Corp. hist. med. aev." II, Sp. 2125.)

(Dienstag, 3. November, ereignete sich ein Hochwasser des Tibers, . . . , und er wuchs bis Mitternacht und den ganzen Mittwoch (4. Nov.).

1500 5.—9. November Rom Tiber-Überschwemmung

Quinta ejusdem non potuit via palatii equitari, sed oportuit ire in barcis, ... In nocte sequenti die lunae nona Novembris, ceciderunt quinque domus inter pontem Sancti Angeli et Turim Nonae, et ceciderunt etiam plures aliae in insula Sancti Bartholomei.

(„Johannis Burchardi Cremon. magistri diarium curiae Roman.“ in J. G. Eccard „Corp. hist. med. aevi.“ II, Sp. 2125.)

(Am 5. desselben [= Monat November] konnte man nicht auf dem palatinischen Wege reiten, aber es stand einem frei, Barken zu benutzen, ... In der folgenden Nacht des Montag, 9. Nov. stürzten 5 Häuser zwischen der Brücke des heiligen Engels [Ponte St. Angelo] und dem Turm der None, und es fielen auch mehrere andere auf der St. Bartholomäus-Insel [S. Bartolomeo] ein.)

Geographischer Index

C

D

R

S

Alphabetisches Quellenverzeichnis

A

Sancti *Abbonis* abbatis Floriacensis excerptum de gestis Romanorum pontificum. In: J.-P. Migne „Patrologiae cursus completus etc.“ Tom. 139. Paris 1853. Spalte 535–570.

v. Achenbach, Dr. Heinrich. „Geschichte der Stadt Siegen“. Siegen 1894. 2 Bände.

Adami Murimuthensis chronica sui temporis, nunc primum per decem annos aucta (MCCC III–MCCC XL VI) etc., edidit et rec. Thom. Hog. London 1846. [Adam Murimuthensis: geb. ca. 1286, gest. ca. 1370].

Annales *Admuntenses*. (–1139). „M. G. H.“ Scriptores. IX. S. 569–579.

Annales *Admuntenses*. Continuatio Admuntensis. (1140–1250). „M. G. H.“ Script. IX. S. 579–593.

Johann *Adolfis*, genannt Neocorus, Chronik des Landes Dithmarschen, edidit F. C. Dahlmann. Kiel 1827. 2 Bände.

Chronique d'*Adrien* de But, completée par les additions de mème auteur (1431–1488). In: „Collect. de chron. belg. inédites“ Bd. 13, Tom. I. Brüssel 1870. S. 211–717. [Adrien de But: gest. 1488.]

„Chronique d'*Adrien* d'Oudenbosch“. Traduction francaise (1429/83) de J. Alexandre. Liège 1903. (Publications de la société des bibliophiles Liègeois. Nr. 36.)

Aegidii Aureaevallensis gesta episc. Leodiensium (–1247) [Orval] „M. G. H.,‘ Script. XXV. S. 1–129.

Chronicon *Aegidii* Li Muisis alterum (1349–1352). In: „Collect. de chron. belges inédites.“ Band 3. Tom. II. Brüssel 1841. S. 295–448.

Annales *Agrippinenses* (1092–1383) [Köln] „M. G. H.“ Script. XVI. S. 736–738.

Annales *Alamannici* I. Teil. (703–768). „M. G. H.“ Script. I. S. 22–30. [St. Gallen].

Alardus, Lambertus. „Nordalbingia sive historia rerum praecipuarum in Nordalbingia a temporibus Caroli Magni ad annum praesentem 1643 etc.“ In: E. J. von Westphalen „Monum. inedita rer. Germanic. etc.“ I. Leipzig 1739. Spalte 1749–2006.

Chronicon Angliae, ab a. D. 1328 usque ad. a. 1388, auctore monacho quodam sancti *Albani*, edid. Edward Maunde Thompson. London 1874. („Rer. Britannic. med. aev. script.“) Bd. 64.

Chronica *Alberici* Monachi trium fontium a monacho novi monasterii Hoisenses (–1241). „M. G. H.“ Script. XXIII. S. 674–950.

Gesta *Alberonis* archiepiscopi Trevir. Gesta metrica auctore anonymo (1132–1145). „M. G. H.“ Script. VIII. S. 236–243.

Alberti Milioli liber de temporibus et aetatibus. (–1286) [Reggio nell'Emilia]. „M. G. H.“ Script. XXXI. S. 353–572.

„Historiographia *Alberti* abbatis Stadensis, a condito orbe usque ad auctoris aetatem, id est a. J. Chr. 1256 deducta et nunc primum evulgata. (Chronicon Alberti Stadensis.) Wittenberg 1608. [gest. ca. 1264.]

Annales, ab anonymo circa *Albiam*, ad a. usque 1265 constcripti. In: J. Langebeck „Script. rer. Danicar“ I. Hafniae 1772. S. 197–212.

Annales Altahenses maiores. I. Teil. auctore Wolfherio Hildesheimensi. (708–1032). In: „Scriptores rer. Germanicar." Kleine Ausgabe. Bd. 3. Hann. 1891. S. 1–18.

Annales *Altahenses* maiores. II. Teil. auctore monache Altahensi. (1033–1073). „Script. rer. Germanicar". Kleine Ausgabe. Band 3. Hannover 1891. S. 19–86.

Notae *Altahenses.* (765–1585). [Niederaltaich i/Bay.] „M. G. H." Script. XVII. S. 421–27.

Annalium sancti *Amandi.* pars II. (792–810). [Noyon, Tournai] „M. G. H." Script. I. S. 14.

Amberg, Bernard. „Beiträge zur Chronik der Witterung und verwandter Naturerscheinungen mit besonderer Rücksicht auf das Gebiet der Reuß und der angrenzenden Gebiete der Aare und des Rheins". I. Teil Luzern 1890. II. Teil Luzern 1892.

„*Andreae* Presbyteri Ratisponensis chronicon. de ducibus Bavariae etc." Amberg 1602.

Andreas von Regensburg. „Chronica pontificum et imperatorum Romanorum". (–1422) In: Andreas von Regensburg „Sämtl. Werke" edid. G. Leidinger. München 1903. S. 1–158.

dto. „Diarium sexennale (1422–1427) In: dto. S. 303–342.

dto. „Fortsetzung der Chronica pontificum et imperatorum Romanorum" (1422–1438). In: dto. S. 463–501.

dto. „Chronica de principibus terrae Bavarorum" (–1427) Fortsetzung: (1426–1436). In: dto. S. 505–563, 567–587.

dto. „Oberaltaicher Zusätze zur „Chron. pontif. et imperator. Romanorum". (1313–1441). In: dto. S. 704–709.

Andresen, Ludwig. „Geschichte der Stadt Tondern bis zum 30jährigen Krieg (1627)". Flensburg 1939.

Annales *Angliae* excerpta. (780–1290). „M. G. H." Script. XVI. S. 482–84.

Annales *Anglosaxonici* breves auctt. monachis ecclesiae Christi Cantuariensis; cum contin. Latina". (925–1202). In: F. Liebermann „Ungedruckte Anglo-Normannische Geschichtsquellen". Straßburg 1879. S. 1–8.

Annales *Anhaltini,* edid. Dr. H. Wäschke. Dessau 1911.

Annales ab *anonymo* quodam circiter a. D. 1288 conscripti. (–1265). In: Erp. Lindenbrog. „Script. rer. Germanic. septentrional." Hamburg 1706. S. 251–261.

Annales variorum. (1232–ca. 1590). In: „Anzeiger für Kunde des deutschen Mittelalters". 3. Jahrg. 1834. Nürnberg. Sp. 228–250.

Annotata chronologica ex variis codicibus in archivis Svecicis". In: Jakob Langebek „Script. rer. Danicar". IV. Kopenhagen 1776. S. 618–23.

Annalen eines *Anonymus.* (774–1507). In: „Quellen z. Frankfurter Geschichte" edid. Dr. H. Grotefend. I. Teil. Frankfurt a. M. 1884. S. 136–148.

Anselmi Gemblacensis contin. (1112–1135). [Gembloux, Lüttich]. „M. G. H." Script. VI. S. 375–385.

Anshelm, Valerius. „Die Berner Chronik des Valerius Anshelm". 1. Bd. Bern 1884. [Valerius Rüd, genannt Anshelm, gest. 1540].

Die Chronik Erhards von *Appenwiler* 1439–1471 mit ihren Fortsetzungen 1472–1474. In: „Basler Chroniken". 4. Bd. Leipzig 1890. S. 249–361. [Erhard von Appenwiler: gest. 1472.]

Die Zusätze zur Chronik *Appenwilers.* (1476–1487). In: „Basler Chroniken". 5. Bd. Leipzig 1895. S. 528–535.

Auctarii *Aquincinctini* fragmentum. [Anchin] (–1288). In: „Collect. de chron. belg. inédit". Bd. 5. Tom. VII Brüssel 1847. S. 215–229.

Arago, François. „Sämtliche Werke". Deutsche Original-Ausgabe edid. Dr. W. G. Hankel. 9. Bd. Leipzig 1859, u. 16. Bd. Leipzig 1860.

Arends, Friedrich. „Gemählde der Sturmfluten vom 3.–5. Februar 1825". Bremen 1826.
– „Physische Geschichte der Nordsee-Küste und deren Veränderungen durch Sturmfluthen seit der Cymbrischen Fluth bis jetzt". 2 Bände. Emden 1833.
– „Natuurkundige Geschiedenis van de kusten der Noordzee etc." II. u. III. Teil. Groningen 1835–1837.
Arnholdi chronica „Slavorum". „M. G. H." Kleine Ausgabe Bd. 17e. Hannover 1868.
Arnpeck, Veit. „Chronica Baioariorum" (–1495). In: Sämtl. Chroniken", edid. G. Leidinger. In: „Quellen und Erörterungen zur Bayerischen und Deutschen Geschichte". Neue Folge. 3. Bd. München 1915. S. 1–443. [gest. ca. 1465.]
Chronicon *Ascaniense* (–1730). In: Caspar Abel „Sammlung Etlicher noch nicht gedruckten Alten Chroniken, etc." Braunschweig 1732. S. 524–688.
Journal de Jehan *Aubrion* bourgeois de Metz avec sa continuation par Pierre Aubrion 1465 bis 1512. Publ. par Lorédon Larchey. Metz 1857.
Anonyme (*Augsburger*) Chronik von 991–1483. In: „Die Chroniken d. deutschen Städte vom 14. bis ins 16. Jahrhundert". 22. Bd. Leipzig 1892. S. 445–529.
Augsburger Chronik von 1368 bis 1406 mit Fortsetzung bis 1447. Von einer späteren Hand Aufzeichnungen aus den Jahren 1473, 1476 u. 1488. In: „Die Chroniken der deutschen Städte" 4. Bd. Leipzig 1865. S. 1–125.
Annales *Augustani*. (973–1104). [Augsburg]. „M. G. H." Script. III. S. 124–36.
Chronicon *aulae regiae*. (bis 1338). In: „Fontes rer. Bohemicar." Tom. IV. Prag 1884. S. 1–337.
Aungier, George James. „Chroniques de London depuis l'an 44 Henry III. jusqu' à l'an 17 Edward III." London 1844. (Camden Soc. Bd. 28).
Notae *Aureaevallenses*. (549–1192). „M. G. H." Script. XVI. S. 681–83.
Sextus *Aurelius* Victor „Liber de Caesaribus etc." Rec. F. Pichlmayr. Leipzig 1911. (Bibliotheca script. Graec. et Roman. Teubner.)
Annales *Austriaci*. Contin. Vindobonensis. (1267–1327). „M. G. H." Script. IX. S. 698 bis 722.
dto. Contin. Praedicat. Vindobonens. (1025–1283). dto. S. 724–32.
Anonymi chronicon *Austriacum*. (973–1322). In: Adrian Rauch „Rer. Austrica. script. etc." Vol. II. Wien 1793. S. 213–312.
dto. ab a. 1454 usque ad a. 1467. In: H. Chr. Senckenberg „Selecta jur. et historiar." Tom. V. Frankfurt a. M. 1739. S. 1–346.
Anonymi Viennensis breve chronicon *Austriacum* ab a. 1402–1443. In: G. Pez. „Script. rer. Austriac." Tom. II. Leipzig 1725. S. 547–50.
Annales *Austriae*. Contin Claustroneoburgensis. I. (1075–1139). „M. G. H." Script. IX IX. S. 607–13.
dto. II. (1141–1224). dto S. 613–24.
dto. III. (1142–1233). dto. S. 628–37.
Annales *Austriae* Claustroneoburgensis. IV. (1267–1279) dto. S. 647–48.
dto. V. (1307–1455) dto. S. 735–42.
Annales *Austriae* Contin. Sancrucensis I. (1225–1233) und II (1234–1266). „M. G. H." Script. IX. S. 626–28 u. 637–46.
Annales *Austriae* Contin. Scotorum. (1225–1233). „M. G. H." Script. IX. S. 624–26).
Anonymi Mellicensis breve chronic. *Austriae*. (1438–63). In: Hieron. Pez. „Script. rer. Austriac." Tom. II. Leipzig 1725. Sp. 461–66.
Excerpta *Aventini* ex annalibus Juvavensibus antiquis derivati. (748–939). [Salzburg]. „M. G. H." Script. XXX, 2, Facs. I. Leipzig 1926. S. 743/44.

B

Bacha, Eugène. „La chronique Liègoise de 1402". Brüssel 1900.

Jahrgeschichten des Landes (*Baden*). (495–1573). In: F. J. Mone „Quellensammlung der badischen Landesgeschichte". 1. Bd. Karlsruhe 1848. S. 214–231.

dto. (1012–1697). In: dto. 3. Bd. Karlsruhe 1863. S. 581–94.

Bader, Dr. J. „Geschichte der Stadt Freiburg im Breisgau". 2 Bände. Freiburg i/Br. 1883.

Bader, Jopseh. „Die Schicksale des ehemaligen Frsuenstiftes Güntersthal bei Freiburg i. Br." in „Freiburg. Diöcesen-Archiv". 5. Bd. Freiburg i. Br. 1870. S. 119–206.

Bader, J. „Geschichte des Frauenklosters Nieder. Schönenfeld, Cistercienser Ordens". In: „Archiv für die Geschichte des Bistums Augsburg". I. Jahrgang. Augsburg 1856. S. 173 bis 460.

Manual-Chronik Andreas *Baiers*. (1179–1594). In: „Deutsche Chroniken aus Böhmen". IV. Band Prag 1884. S. 73–177. [Andreas Baier: geb. ca. 1528, gest. 1598.]

Baier, Rudolf. „Zwei Stralsundische Chroniken des 15. Jahrhunderts". Stralsund 1893.

Balbinus, Bohuslaus. „Epitome historica rer. Bohemicar. etc." I. u. II. Teil Prag 1673/77).

Balduini Ninovensis chronicon. (–1294). [Ninove, Cambrai] „M. G. H." Script. XXV. S. 515–46.

Baluzius, Stephan. „Vitae paparum Avenionensium etc." Nouvelle édition d'après les manuscripts par G. Mollat. Tom. I. Paris 1914.

I. Vita Clementis V auctore Joanne canonico sancti Victoris Parisiensis. 1305–1314. S. 1–23.

II. Vita Clemens V. auctore Ptolemaeo Lucensi ordinis Praedicatorum (excerpta ex Historia acclesiastica) 1305–1314. S. 24–53.

IV. Vita Clementis V (excerpta ex chronicis qui nuncupantur Flores chronicorum seu Cathalogus pontificum romanorum) auctore Bernardo Guidonis episcopo Lodovensi. 1305–1316. S. 59–80.

I. Vita Innocentii VI. 1352–1362. S. 309–330.

II. Vita Innocentii VI auctore Wernero canonico ecclesiae Bunnensis in dioecesi Coloniensi. 1352–1362. S. 331–342.

I. Vita Urbani V. 1362–1370. S. 349–382.

II. Vita Urbani V auctore Wernero, canonico ecclesiae Bunnensis. 13621370. S. 382 bis 393.

III. Vita Urbani V ex coninuatore Werneri canonici Bunnensis. 1362–1364. S. 394 bis 397.

IV. Vita Urbani V ex continuatore Werneri, canonici Bunnensis, desumpta. 1362–1370. S. 398–402.

V. Vita (IV. apud Baluzium) Urbani V auctore Aymerico de Peyraco abbate Moyssiacensi. 1362–1370. S. 405–414.

Vita Clementis VI auctore Wernero, canonico Bunnensi. 1342–1352. S. 543–550.

VI. Vita Clementis VI excerpta ex opere anonymo quod Breviarium historiale vocatur. 1342–1352. (1378). S. 304–308.

Chronik des *Bamberger* Immunitätrnstreites von 1430–1435, edit. A. Chroust Leipzig 1907. (Veröffentlichungen der Gesellschaft f. Fränkische Geschichte. I. Reihe. Fränk. Chroniken I. Bd. Chroniken der Stadt Bamberg.)

Barlandus, Adrian. „Hollandiae comitum historia et icones". Frankfurt a/M. 1585.

Bärsch, Georg. „Eiflia illustrata oder geograph. u. histor. Beschreibung der Eifel von Johann Friedrich Schannat. Aus dem latein. Manuskripte übersetzt von Georg Bärsch. 3 Bände Köln etc. 1824–55.

Bartels. „Fragmente zur Geschichte des Dollart". In: „Jahrbuch der Gesellschaft f. bildende Kunst u. vaterl. Alterthümer zu Emden". 2. Bd. 1. Heft. Emden 1875. S. 1–48.

Bartholomaei de Cotton monachi Norwicensis historia Anglicana. (449–1298). Edid. Henry Richards Luard. „Rer. Britannic. med. aev. script. Bd. 16. (gest. ca. 1298).

Historia *Bartossek* seu Bartholomaei de Drahonicz. (1419–1443). In: G. Dobner „Monum. histor. Boem." Tom. I. Prag 1764. S. 143–209. Appendix. (1310–1464) S. 210–218.

Annales *Basileenses* (1266–1277). [Basel]. „M. G. H." Script. XVII. S. 193–202.

Die größeren *Basler* Annalen (238–1416). In: „Basler Chroniken" 5. Bd. Leipzig 1895. S. 1–41.

Kurze Fortsetzung der Größeren *Basler* Annalen. (1351–1475). In: dto." 5. Bd. S. 43/44.

Die kleineren *Basler* Annalen (1308–1415). In: „dto." 5. Bd. S. 55–67.

Die größeren *Basler* Annalen nach Schnitts Handschrift. (238–1416). In: „dto." 6. Bd. Basel 1902. S. 237–290.

Die späteren *Basler* Annalen. (1421–1480). In: „dto." 6. Bd. S. 279–86.

Batereau, Jean. „Chronique de Bourges 1467–1506". edit. Jul. Havet. In: „Le cabinet historique Nouv. série. Tom. I. (28 ann. 1882) Paris 1882 S. 450–57.

Anonymi Monacensis breve chronic. *Bavariae* ab a. Chr. 1487 ad a. 1506. (1462–1506). In: A. F. Oefele. „Rer. Boicar. script. etc." I. Augsburg 1763. S. 47/48.

Anonymi monachi *Bavari* compilatio chronologica ab a. Chr. 1000 ad a. 1388. In: A. F. Oefele „Rer. Biocar. script. nusquam adhuc editi". Tom. II. Augsburg 1763. S. 332–344.

Annales *Bavarici* (–1347). „M. G. H." Script. XXV. S. 637/38.

Chronic. sancti *Bavonis* scriptum sub finem seculi XV. (–1153). Edid. J. J. de Smet. In: „Collect. de chroniques Belges inédits". Bd. 3. Brüssel 1837. S. 453–588.

Bayrische Chronik eines Ungenannten. (–1493). In: M. Freiherr v. Freyberg „Sammlung historischer Schriften und Urkunden". 1. Bd. Stuttgart u. Tübingen 1827. S. 1–198.

Becherer, Johann. „Newe Thüringische Chronica". Mülhausen 1601.

Petri *Bechini* Sergianae contin. Cont. V. (1165–1180). In: Louis Halphen „Recueil d'annales Angevines et Vendômoises". Paris 1903. S. 103–05.

Bedae chron. maiora ad a. D. CCXXV eiusdem. chronica minora ad a. D. CCIII „M. G. H." Auctores antiquissimi. XIII. S. 223–354. Berlin 1898.

Die Chroniken Heinrichs von *Beinheim* (1365–1452) samt Fortsetzung 1465–1473. In: „Basler Chroniken" 5. Bd. Leipzig 1895. S. 329–441. [geb. ca. 1400, gest. 1460].

Chronicon Johannis de *Beka,* canonici Ultrajectini, continens res gestas episcoporum sedis Ultrajectinae et comitum Hollandiae a Christo nato usque ad a. 1345, ... appendice, deducta ad a. Christi 1574. Auctore Suffrido Petri. Franeker 1611.

de Beka, Johannes u. Heda, Wilhelm. „De episcopis Ultraiectinis". Ultraject. 1643.

Bekmann, Joh. Christ. „Historische Beschreibung der Chur und Mark Brandenburg etc." Ergänzt, fortgesetzt und herausgegeben von Bernh. Ludw. Bekmann. I./II. Theil. Berlin 1751–53.

Belgien. „Compte-rendu des séances de la commission royale d'histoire ou recueil de ses bulletins". tome X. 1. série. Brüssel 1845.

Magnum chronicon *Belgicum.* (–1474). In „Rer. familiarumque Belgicarum chronicon magnum", edit. Joh. Pistorius. Frkf. a/M. 1654. S. 1–420.

Bell, F. u. Schneller, Joseph. „Zur Geschichte der Burgunderkriege". In: „Der Geschichtsfreund". 23. Bd. Einsiedeln 1868. S. 54–106.

Bellaguet, M. L. „Chronique du religieux de Saint-Denys, contenant le règne de Charles VI, de 1380–1422". I./V. tome. Paris 1839–44. [Verfasser war Angehöriger des Klosters St.-Denys].

Bellger, H. F. „Historische Beschreibung der Stadt Colditz und des dasigen königlichen Schlosses in älterer und neuerer Zeit". Leipzig 1832.

Chronica Minor Sancti *Benedicti* de Hulmo. (–1503). [St. Benet Holme]. In: „Rerum Britannicar. med. aev. script." Bd. 13. London 1859. S. 412–439.

Chronicon *Benessii* de Weitmil (1283–1374). In: „Fontes rerum Bohemicarum" Tom. IV. Prag 1884. S. 459–548.

Annales *Beneventani* (788–1130) [Benevent]. „M. G. H." Script. III. S. 173–185.

Beninga, Eggerik. „Volledige Chronyk van Oostfrieslant". Emden 1723. [gest. 1562.]

Bennesch, *Joseph*. „Ortsgeschichte von Haindorf". Haindorf 1924.

Benninge, Sicke. „De Kroniek van Sicke Benninge 1 e en 2 e deel" (kroniek van van Lemego), edid. Mr. J. A. Feith. (Werken van het Historisch Genootschap, gevestigd te Utrecht. Nieuwe Serie No. 48). Utrecht 1887.

Johann *Berckmanns* Stralsundische Chronik und die noch vorhandenen Auszüge aus alten verlorengegangenen Stralsundischen Chroniken. Aus den Handschriften herausgegeben von Dr. G. Chr. F. Mohnicke u. Dr. E. H. Zober. Stralsund 1833. (Stralsundische Chroniken. 1. Theil.)

Des *Bereith* von Geuterbog Görlitzer Annalen (1436–1440). In: „Script. rer. Lusaticarum". Neuere Folge. 1. Bd. Görlitz 1839. S. 217–226.

Bergemann, Joh. G. „Chronik der Stadt Bunzlau". 3 Abtlgen. Bunzlau 1829/30.

– „Flinsberg und seine Heilquellen". Liegnitz u. Löwenberg 1827.

– „Beschreibung und Geschichte der Stadt Friedeberg a/Queis". Hirschberg 1829.

– „Beschreibung und Geschichte der alten Burgveste Gröditzberg". Löwenberg 1827.

– „Otto und Clara etc." Löwenberg 1832.

Berghaus, Dr. Heinrich Carl. „Geschichte der Stadt Stettin, der Hauptstadt von Pommern". 2 Bände. Berlin u. Wriezen 1875/76.

Annales *Bergomates*. breves (1117–1207). [Bergamo]. „M. G..H" Script. XXXI. S. 327–30.

Chronik von Maternus *Berler*. [(668) 960–1517]. In: „Code histor. et diplom. de la ville de Strasbourg". Tom. I. Straßburg 1843. S. 1–130.

Annales monasterii de *Bermundeseia*. (1042–1432). [Bermondsey]. In: „Rer. Britannicarum med. aev. script." Bd. 36, III. London 1866. S. 421–87.

Bernoldi chronicon. I. u. II. Teil. (–1100) [Schaffhausen]. „M. G. H." Script. V. S. 400 bis 467.

Bertholdi Annales (1054–1080) [Reichenau]. „M. G. H." Script. V. S. 267–326. [gest. 1088.]

Annales *Bertiniani*. I. Teil. (–835). In: Script. rer. Germanicar. Kleine Ausgabe, Bd. 4. Hannover 1883. S. 1–11.

dto. II. Teil. auctore Prudentio Trecensi episcopo. (835–861). In: Scriptores rerum Germanicarum. Kleine Ausgabe. Bd. 4. Hannover 1883. S. 11–54.

Bertram, Fritz. „Das Heimatbuch des Kreises Lauban". Marklissa 1928.

Bertrijn, Geeraard. „Chronijck der Stadt Antwerpen toegeschreven aan den Notaris Geeraard Bertrijn". (1041–1717). Edid. Gust. van Havre. Antwerpen 1879. (Uitgaven der Antwerpsche Bibilophilen No. 5.) [geb. 1648, gest· 1722.]

v. Bets, P. „Histoire de la ville et des institutions de Tirlemont etc." Tom. I. u. II. Louvain 1860/61.

Christoph *Beyers* d. älteren Danziger Chronik. (1468–1518). In: „Script. rerum Prussicarum". 5. Bd., Leipzig 1874. S. 440–491. [geb. 1458, gest. 1518.]

v. Bienenberg, C. Jos. „Geschichte der Stadt Königgratz". 1. Theil. Prag 1780.

Bilkau, D. W. „Hadeleriologia historica". Hamburg 1722.

Bischoffberger, B. „Appenzeller Chronic / das ist / Beschreibung deß löblichen Lands / vnd Eidgenössischen Orts Appenzell / der Inneren / vnd Vsseren Roden etc." St. Gallen 1682.

Bitschin, Conrad. „Fortsetzung zu Peter von Dusburgs Chronik". Edid. E. Strehlke, In: „Script. rer. Prussicarum". 3. Bd. Leipzig 1866. S. 472–518.

Annales *Blandinienses*. (–1292). [St.-Pierre-au-mont Blandin de Gand]. „M. G. H." Script. V. S. 21–34.

Chronicae *Boemiae*. (1126–1432). edid. Dr. K. Höfler). In: „Fontes rer. Austriacarum". 1. Abtlg. Script. VI. Bd. Wien 1865. S. 64–73.

Gesta *Boemundi* archiepiscopi Treverensis. (1286–1300). „M. G. H." Script. XXIV. S. 463 bis 488.

Boetius, M. „Drei Bücher über Denkwürdigkeiten von Sturmfluten, welche Nordstrand betroffen haben". S. A. aus „Jahrbuch des nordfriesischen Vereins für Heimatkunde und Heimatliebe". Bd. 18. Husum 1931. S. 1–30 und Band 19. S. 74–104. [Anfang d. 17. Jahrhunderts Pastor in Hersbüll u. Evensbüttel].

Annales *Bohemiae*. In: „Fontes rer. Bohemicarum". Tom. II, Prag 1874.

Chronica *Bohemorum* ab initio gentis ad a. 1438. In: G. Dobner „Monum. histor. Boem". Tom. III. Prag 1774. S. 43–62.

Broderi *Boissen* chronicon Slesvicense ab initio christianae religionis in provinciam invectae usque ad a. 1530. In: J. B. Mencken „Scriptores rerum Germanicar. praec. Saxonicarum etc." Tom. III. Leipzig 1730. Sp. 563–630.

Boomkamp, Gysbert. „Alkmaer en deszelfs geschiedenissen uit de nagelatene papieren van Simon Eikelenberg, en veele andere echte stukken en bescheiden". Rotterdam 1747.

Börensen, Heinr. „Pellworm, wie es ist und war". Pellworm 1908.

Die Chronik des Laurencius *Boßhart* von Winterthur. (1185–1532). Edid. Kaspar Hauser. Basel 1906. In: „Quellen zur Schweizerischen Reformationsgeschichte". 3. Band [Laurenz Boßhart: geb. ca. 1490, gest. 1532].

Boursier, Dr. „Histoire de la ville et chatellenie de Creil (Oise) Paris u. Creil 1883.

van Boxhorn, Marcus Zuerius. „Chroniick van Zeelandt eertijdts beschreven door d'Heer Johan Reygersbergen, nu verbetert, ende vermeerdert. I./II. Deel. Middelburgh 1644.

Henning *Brandis'* Diarium. Hildesheimische Geschichten aus den Jahren 1471–1528. Edid. Ludwig Haenselmann. Hildesheim 1896. [geb. 1454, gest. 1529.]

Chronique de Jean *Brandon* avec les additions d'Adrien de But. In: „Collect. de chron. belg. inêdites". Bd. 13. Tom. I. Brüssel 1870. S. 1–166. [gest. 1428.]

[*Braunschweiger*] Stadtfehde 1492/93 nach der Wolfenbüttler Handschrift Helmstad 652. (1488–1493). In: Die Chroniken der deutschen Städte. 35. Bd. 1. Teil. Stuttgart u. Gotha 1928. S. 71–134.

Heinrich *Brennwalds* Schweizerchronik. 2. Bd. Edid. Rud. Luginbühl. Basel 1908 u. 1910. In: „Quellen zur Schweizer Geschichte", Neue Folge. I. Abtlg. Chroniken, Bd. 1. [geb. 1478, gest. 1551.]

Chronica abbatum Beatae Mariae Virginis in Arena. (Chronik der Chorherren im Kloster der Jungfrau Maria auf dem Sande bei *Breslau*). (–1779). In: „Scriptores rer. Silesiacar". 2. Bd. Breslau 1839. S. 156–286.

Die Aufzeichnungen des Kaplans Hieronymus *Brilinger*. 1474–1525. In: „Basler Chroniken". 7. Bd. Leipzig 1915. S. 206–231. [geb. 1469.]

Annales *Brixienses* (1014–1273). [Brescia]. „M. G. H." Script. XVIII. S. 811–20.

Chronica S. Aegidii in *Brunswig*. (–1474). In: G. W. Leibniz „Scriptor. Brunswic. illust." Tom. III. Hannover 1711. S. 558–600.

Annales *Brunwilarenses*. (1000–1125). [Brauweiler, Köln.] „M. G. H.", Script. I. S. 99 bis 101.

Annales *Brunwilarenses*. (1000–1179). „M. G. H." Script. XVI. S. 724–28.

Chronicon *Brunwylrense*. (–1525). In: Dr. Gottfried Eckertz „Fontes adhuc inediti rerum Rhenanarum". 2. Bd. Köln 1870. S. 139–328.

Chronicon *Brunwylrense* (–1467). Edid. G. Eckertz. In: „Annalen des historischen Vereins für den Niederrhein". 18. Heft. Köln 1867. S. 95–159.

Bucelinus, Gabriel. „Germania topo-chrono-stemmatographica sacra et prophana". 1. Bd. Augsburg 1655.

Büchi, Dr. Albert. „Freiburger Aufzeichnungen über die Jahre 1435–52". In: „Freiburger Geschichtsblätter". 8. Jahrg. Freiburg i/Ue. 1901. S. 1–31.

– „Freiburger Wassernot vom Jahre 1481". In: „Jahrbuch f. Schweiz. Geschichte". 30. Bd. Zürich 1905. S. 321/22.

Johannes *Bugenhagens* Pomerania. edid. Dr. O. Heinemann. In: „Quellen zur Pommerschen Geschichte". Bd. IV. Stettin 1900. [geb. 1485.]

Bünting, Heinr. „Braunschweig.-Lüneburgische Chronica". Edid. Philipp Jul. Rehtmeier. Tom. I–III. Braunschweig 1722.

Burchardi praepositi Urspergensis chronicon. In: „Scriptores rerum Germanicarum". Kleine Ausgabe. Bd. 10a. Leipzig 1916. [Probst Burchard von Ursberg: geb. ca. 1177, gest. ca. 1231.]

Johannis *Burchardi* Cremoniarum magistri diarium curiae Romanae sub Alexandro VI. Papa. J. G. Eccard „Corpus histor. med. aev. „Tom. II. Leipzig 1723. Sp. 2017–2160.

Annales *Burghausenses*. (1100–1322). [Burghausen i/Oberbay.] „M. G. H." Script. XXIV. S. 61/62.

Annales monasterii de *Burton*. (1004–1263). [Burton-upon-Trent in Staffordshire]. In: „Rerum Britannicar. med. aev. script." Band 36, I. London 1864. S. 181–500.

C

Caesarii Heisterbacensis monachi ordinis Cisterciensis dialogus miraculorum. Edid. Joseph Strange. Vol. I u. II. Köln, Bonn u. Brüssel 1851.

Die Chronik Hartung *Cammermeisters*. (1375–1468). Edid. Robert Reiche. In: „Geschichtsquellen der Provinz Sachsen", Bd. 35. Halle a/S. 1896. [Hartung Cammermeister: gest. 1467.]

Chronicon monasterii *Campensis* ordin. Cisterciensis ex originali editit manuscripto Hermannus Keussen. (–1733). In: Dr. Gottfr. Eckertz „Fontes adhuc inediti rerum Rhenanarum". 2. Bd. Köln 1870. S. 329–436.

The chronicle of England by John *Capgrave*. Edid. Francis Charles Hingeston. In: „Rerum Britannicarum med. aev. scriptores". Bd. 1. London 1858. [John Capgrave: geb. 1393, gest. 1464.]

Capgrave, Johannis. „Liber de illustribus Henricis". (918–1340). Edid. Francis Charles Hingeston. In: „Rerum Britannicarum med. aev. scriptores". Bd. 7. London 1858.

Carpzow, Joh. B. „Analecta Fastorum Zittaviensium". Zittau 1716.

Chronicon *Casinense*. (568–867). „M. G. H.". Script. III. S. 222–230. [Monte Cassino.]

„Chronique de François-Joseph de *Castro*" (660–1497), edid. Fél. van Naemen. In: „Annales du cercle archéologique du Pays de Waes". Tom. IX. St. Nicolas 1882.

Catalogus regum Langobardorum et ducum Beneventanorum. „M. G. H." Scriptores rerum Langobard. et Italicar. Saec. VI–IX. Hannover 1878. S. 490–97.

Annales *Ceccanenses.* (–1217) „M. G. H." Script. XIX. S. 275–302.

Champion, Maurice, „Les inondations en France depuis le VIe siècle jusqu'à nos jours". Tom. I–VI. Paris 1858–1864.

Chapeavillus, Joh. (Chapeauville). „Gesta qui pontificum Leodiensium scripserunt auctores praecipui etc." Tom. II u. III. Lüttich 1613–16.

Chladenius, C. G. T. „Materialien zur Großenhayner Stadtchronik etc." Pirna 1789.

Passio S. *Cholomanni.* „M. G. H." Script. IV. S. 675–677.

Des Johannes *Chrafft,* Predigers zu Cham, Zusätze zu seiner [= Andreas von Regensburg]. Abschrift der Chronica pontific. et imperator. Romanor. (1453–1490). In: Andreas von Regensburg „Sämtl. Werke", edid. G. Leidinger. Mümchen 1903. S. 710–711.

A brief latin *Chronicle,* being the concluding portion of a work entitled „Compilatio de gestis Britonum et Anglorum". (–1471). In: J. Gairdner „Three fifteenth-century chronicles etc." London 1880. S. 164–185.

Chronicon excerptum de diversis chronicis summorum pontif. et imperator., ab initio mundi usque ad a. D. 1474. In: J. Pistorius „Rer. Germanic. scriptores". Bd. I. Regensburg 1726. S. 1056–1115.

Varia *chronicorum* fragmenta ab a. 1348 ad a. 1568. In: „Chroniques de Saint-Martial de Limoges", edid. H. Duplès-Agier, in „Soc. de l'hist. de France". Bd. 167. Paris 1874. S. 186–216.

Chronicon universale bis 741. „M. G. H." Script. XIII. S. 1–19.

Chronologia rerum memorabilium ab a. 1020 usque ad a. 1323. In: J. Langebek „Scriptor. rer. Danicar. med. aev." Tom. II. Kopenhagen 1773. S. 520–29.

Chronologia ab a. 266 ad 1430. In: E. M. Fant „Scriptor. rer. Suecicar." Tom. I. Upsala 1818. S. 22–32.

Chronologia anonymi veteris ab a. 826 ad a. 1415. In: dto. S. 50–60.

Chronologia vetusta ab a. 1298 ad a. 1473. In: dto. S. 92–99.

Chronicon *Claustro-Neoburgense* ab a. aerae christianae 218 ad a. ejusdem 1348 etc. In: Hieron. Pez „Scriptor. rer. Austriac." Tom. I. Leipzig 1721. Sp. 433–494.

Memmimger Chronik des Friedrich *Clauß,* umfassend die Jahre 1826–1892. Edid. Friedrich Döderlein. Memmingen 1894.

Mémoires de J. du *Clercq,* sur le règne de Philippe Le Bon, duc de Bourgogne (1448–1467). Edid. de Reiffenberg. Tom. I–IV. Brüssel 1835/36. [Jacobus Clerius oder du Clercq: gest. 1465.]

Clouzot, Etienne. „Les innodations à Paris du VI au XX siècle". In: „La Géographie". Tom. XXIII. Paris 1911. S. 81–100.

Chronique normande de Pierre *Cochon,* notaire apostolique à Rouen. (1108–1430). Edid. de Robillard de Beaurepaire. In: „Soc. de l'hist. de Normandie." Band 1. Rouen 1870. [Pierre Cochon: geb. ca. 1380.]

Cochon, Pierre. „Chronique Rouennaise" (1371–1434). In: Pierre Cochon „Chronique normande de Pierre Cochon", edid. dto. S. 316–356.

Johannis Codagnelli annales Placentini. Edid. O. Holder-Egger. In: „Scriptor. rer. Germanicar". Kleine Ausgabe. Bd. 13.

Annales *Colbazienses* (–1568). „M. G. H." Script. XIX. S. 710–719. [Colbatz, Cammin.]

Annales *Colecestrenses* (–1193) [Colchester in Essex]. In: F. Liebermann „Ungedruckte Anglo-Normannische Geschichtsquellen". Straßburg 1879. S. 156–165.

Chronica regia *Coloniensis.* In: „Scriptores rer. Germanicar." Kleine Ausgabe. Bd. 12. Hannover 1880.

Annales *Colonienses* maiores anon. (776–1028) [Köln]. „M. G. H." Script. I. S. 97–99.

Annales *Colonienses* maximi (–1237). „M. G. H." Script. XVII. S. 723–847.

Annales *Colmarienses* maiores. (1278–1305) [Colmar i/Els.] „M. G. H." Script. XVII. S. 202–31.

Annales *Colmarienses* minores. (1211–1300). „M. G. H." Script. XVII. S. 189–93.

„Mémoires de Oudard *Coquault*, bourgeois de Reims (1649–1668)", edid. Ch. Loriquet. Tom. II. Reims 1875. S. 267–702. (Documents inédits publ. par l'académie de Reims. VIII. 2.)

Annales *Corbeienses* (658–1148) [Corvey, Paderborn]. „M. G. H." Script. III. S. 1–18.

Anonymi monachi annales *Corbeienses* succincti, a prima fundatione ad A. C. 1471. In: Chr. Fr. Paulinus „Rer. et entiquitat. German. syntagma". Frankf. a. M. 1698. S. 365 bis 420.

M. Hermanni *Corneri*, ord. Praedicator., chronica novella usque ad a. 1435 deducta. (–1435). In: J. G. Eccardus „Corpus histor. med. aev. etc." Tom. II. Leipzig 1723. Sp. 431–1344.

Cosmae Pragensis chronica Boemorum. „M. G.H. " Scriptores rerum Germanicarum. Nova series. Tom. II. Edid. Bertold Bretholz. Berlin 1923. [Cosmas: geb. 1045, gest. 1125.]

Annales *Cracovienses* compliati (966–1291) [Krakau]. „M. G. H." Script. XIX. S. 585 bis 606.

– (955–1291). In: „Scriptor. rer. Germanic". Kleine Ausgabe. Bd. 14. S. 36–43. Hannover 1866.

Annales capituli *Cracovienses* (–1331). „M. G. H." Script. XIX. S. 582–607.

Annales *Cremonenses* (1096–1233). [Cremona]. „M. G. H." Script. XVIII. S. 800–807.

– (1096–1270). „M. G. H." XXXI S. 1–21.

Crusius, G. F. Ed. „Geschichte der vormals Kaiserlichen freien Reichsstadt Goslar am Harze." Osterode a/H. 1842.

Crusius, Martin. „Annales Svevici siue chronica etc." 3 Bände. Frankf. a/M. 1595/96.

– „Schwäbische Chronik etc.", edid. J. J. Moser. 2 Bände. Frankf. a/M. 1733. [geb. 1526, gest. 1607.]

D

Chronicon *Danicum* ab a. 1074 usque ad 1219. In: Jak. Langebeek „Scriptor. rer. Danicar. med. aev. etc." Tom. III. Kopenhagen 1774. S. 259–265.

Anonymi chronicon *Danicum* ab a. 1130–1300. In: dto. Tom. IV. Kopenhagen 1776. S. 225 bis 230.

Chronicon *Danicum* ab a. 1214 usque ad 1252. In: dto. Tom. V. Kopenhagen 1783. S. 497 bis 499.

Chronicon *Danicum* ab a. 1241 ad 1410. In: dto. Tom. V. Kopenhagen 1783. S. 528–34.

Incerti auctoris chronicon *Danicum* ab a. 1268 ad a. 1523. In: dto. Tom. VI. Kopenhagen 1786. S. 219–247.

Dannemann, Karl. „Stendal in Vergangenheit und Gegenwart". 1.–2. Teil. Stendal 1931 bis 1932.

Incerti auctoris chronicon *Danorum* ab a. 936 ad a. 1317. In: Jak. Langebek „Scriptor. rer. Danicar. med. aev." Tom. II. Kopenhagen 1773. S. 169–176.

Continuata appendix ad incerti autoris annales *Danorum* et praecipue Sialandorum ab a. 1308 ad a. 1363 ex codicibus Stephanianis scripta. In: E. J. von Westphalen. „Monum. inedita rer. German. praecipue Cimbricar". Tom. I. Leipzig 1739. Sp. 1389–1404.

Continuatio chronici *Danorum* et praecipue Sialandiae ab a. 1308 ad a. 1357. In: J. Langebek. „Scriptor. rer. Danicar." Tom. VI. Kopenhagen. 1786 S. 519–531.

Dürre, Dr. H. „Geschichte der Stadt Braunschweig im Mittelalter". Wolfenbüttel 1875.

von Dusburg, Peter. „Chronicon terrae Prusiae", edid. Dr. M. Toeppen. In: „Scriptores rerum Prussicarum". I. Bd. Lpz. 1861. S. 1–269.

Duval, L. „Phénomènes météorologiques et variations atmosphériques. Sécheresse, pluies, orages, glaces etc., observées en Normandie principalement dans l'Orne d'après les chroniques locales, les archives du département et des communes". (1073–1632). In: „Bulletin de la société histor. et archéolog. de l'orne." Tom. XII. Alencon 1893, S. 385–396 und Tom. XIII. Alencon 1894, S. 337–351.

E

Easton, C. „Les hivers dans l'Europe occidentale". Leyden 1928.

Thomae *Ebendorfferi* de Haselbach chronicon Austriacum libris V. comprehensum (–1463). In: H. Pez. „Scriptor. rer. Austriac." Tom. II. Lpz. 1725. S. 682–986. [Thomas Ebendorf: geb. um 1400.]

Eckardt, E. „Chronik von Glauchau". Glauchau 1882.

Gerold *Edlibachs* Chronik (1436–1530), edid. J. M. Usterj. Zürich 1847. [geb. 1454, gest. 1530.]

Annales S. *Edmundi* (–1212) [Bury S. Edmunds]. In: F. Liebermann „Ungedruckte Anglo-Normannische Geschichtsquellen". Straßburg 1879. S. 97–155.

Annales *Egmundani* (875–1315) [Egmond, Holland]. „M. G. H." Script. XVI. S. 442–79.

von Eickstet, Valentin. „Epitome annalium Pomeraniae (–1549). Edid. Jac. Henr. Balthasar. Greifswald. 1728.

Annales *Einhardi* (741–829). „M. G. H." Script. I. S. 135–218. [gest. 844.]

Annales qui dicuntur *Einhardi* (741–801. In: Scriptores rerum Germanicarum. Kleine Ausgabe. Bd. 9. Hannover 1895. S. 3–115.

Ekkehardi chronicon universale I. Teil. (–1106) u. II. Teil (1106–1125) „M. G. H." Script VI. S. 33–264. [Ekkehardus I zu Urach].

Chronici *Ekkehardi* continuatio brevis (1125–1169). In: Scriptores rer. Germanicarum Kleine Ausgabe. Bd. 22. Hann. u. Leipz. 1899. S. 68–71.

Chronicon *Elvacense* (–1477). In: „Württemberg. Geschichtsquellen" II. Stuttgart 1888. S. 33–55. [Ellwangen.]

d'Elvert, Christian. „Geschichte und Beschreibung der königlichen Kreis- und Bergstadt Iglau in Mähren". Brünn 1850.

Chronicon *Elwacense* (–1477). „M. G. H." Script. X. S. 34–51.

Annales S. *Emmerani* Ratisponenses (–1167). [Regensburg]. „M. G. H." Script. XVII. S. 577–588.

Emmius, Ubbo. In: „Rerum Frisicarum historiae libri X". Decas I–VI. Franeker etc. 1596 bis 1616.

Emonis chronicon (1204–1234) [Bloemkamp, Friesland]. „M. G. H." Script. XXIII. S. 465 bis 523.

Cronicae Erfordenses *Engelhusianae*. I. u. II. S. 1351–1422. In: „Scriptores rer. Germanicarum". Kleine Ausgabe. Bd. 22. Hann. u. Leipzig 1899. S. 784–806.

Duae diversae continuationes chronici *Engelhusiani* (1425–1433). In: G. W. Leibniz „Scriptor. Brunsvicensia illustrant." Tom. II. Hann. 1710. S. 84–87.

Engelhusius, Th. „Chronicon M. Theodorici Engelhusii, continens res. ecclesiae et reipublicae, ab orbe condito ad a. Christi circiter 1520. Edid. J. J. Maderus. Helmstedt 1671.

A short *englisch* chronicle (–4. Reg. Jahr Eduards IV.) In: J. Gairdner „Three fifteenth-century chronicles etc." London 1880. S. 1–80.

Annales *Ensdorfenses* (1184–1368). „M. G. H.“ Script. X. S. 4–8. [Ensdorf (Regensburg)].

Magister Christ. Entgelts Chronicon der Altmark. Stendal 1925. [geb. 1517.]

Cronica S. Petri *Erfordensis* moderna. (–1335) I.–VIII. Teil. S. 335–455.

Contin. I.–III. Teil. „M. G. H.“ Script. XXX, 1. S. 457–472.[Erfurt].

– (1072–1335). Pars I–VIII. Cont. I–III. In: „Scriptores rerum Germanicarum.“ Kleine Ausgabe. Bd. 22. Hann. u. Leipz. 1899. S. 153–364 u. 364–398.

Cronica minor Minoritae *Erphordensis* (–1265). In: „Scriptor. rer. Germanicar.“ Kleine Ausgabe. Bd. 22. S. 486–671.

Annales S. Petri *Erphesfurtenses* antiqui (1038–1163). In: „Scriptores rerum Germanicarum.“ Kleine Ausgabe. Bd. 22. Hann. u. Leipz. 1899. S. 1–20.

Annales S. Petri *Erphesfurtenses* breves (1078–1155). In: dto. S. 45–56.

Annales S. Petri *Erphesfurtenses* maiores (1078–1181). In: dto. S. 45–67.

Annales *Erphordenses* (1220–1254). „M. G. H.“ Script. XVI. S. 26–40.

Annales *Erphordenses* fratrum Praedicatorum (1220–1253). In: „Scriptores rerum Germanicarum.“ Kleine Ausgabe. Bd. 22. Hann. u. Leipz. 1899. S. 72–116.

Erphurdianus antiquitatum varioloquus ab initio fundationis eiusdem civitatis sumens exordium (438–1517). In: J. B. Mencken „Scriptores rer. Germanic.“ Tom. II. Leipz. 1728. Sp. 461–560.

Ertwini *Ertmanni* Cronica sive catalogus episcoporum Osnaburgensium. Edid. Dr. H. Forst. In: „Osnabrück. Geschichtsquellen.“ Bd. I. Osnabrück 1891. S. 19/174.

Die Anonyme Chronik bei Cosmas *Ertzberg*, sammt dessen eigenen Aufzeichnungen (1431 bis 1532). In: Basl. Chronik.“ 6. Bd. Leipz. 1902. S. 323–341. [Ertzberg: geb. vor 1470, gest. 1550.]

Peter *Eschenloers* Geschichten der Stadt Breslau. Edid. Dr. J. G. Kunisch 2 Bde. (1440 –1479). Breslau 1827/28.

Eschenloer, Peter. Historia Wratislaviensis et que post mortem regis Ladislai sub electo Georgio de Podiebrat Bohemorum rege illi acciderant etc. (1438–1472). edid. Dr. Hermann Markgraf. In: „Scriptor. rer. Silesiac.“ 7. Bd. Breslau 1872.

Escher, Dr. Conrad. „Chronik der ehemaligen Gemeinden Wiedikon und Außersihl.“ Zürich 1911.

Annales *Essenbecenses* (1020–1323) [Essenbaek, Aarhus]. „M. G. H.“ Script. XXIX. S. 221–228.

Eulogium (historiarum sive temporis): Chronicon ab orbe condito usque ad a. D. 1366, a monacho quodam Malmesburiensi exaratum. Edid. Franc Scott Haydon. Vol. I./III. London 1858/63. In: „Rerum Britannicarum med. aev. scriptores.“ Bd. 9.

Continuatio *Eulogii* (1364–1413). In: „Eulogium (hist. sive tempor.)“ edid. F. S. Haydon In: dto., Vol. III. London 1863.

Eyssenhardt, F. „Historia Miscella.“ Berlin 1868.

Fratris Felicis *Fabri* descriptio Sueviae. In: „Quellen zur Schweizer Geschichte.“ 6. Bd. Basel 1884.

F

Fabricius, Georg. „Rerum Misnicarum libri VII.“ Leipzig 1569.

Faust, Laurentius. „Geschicht- und Zeit-Büchlein der weitberühmeten Churfürstlichen Stadt Meißen. Dresden 1588.

Febran, E. Exposé sommaire des phénomènes météorologiques survenus, aux XVIIe siècles, dans les anciens diocèses de Pamiers etc. (Départem. Ariège) (1606–1795). In: „Comptes rendus du congrès des sciences savantes de Paris et des départements tenu à Paris en 1900." Section des sciences. Paris 1900. S. 51–86.

Fiedler, H. „Beiträge zur Geschichte der Stadt Plauen." Plauen 1876.

Fiedler, Johann. „Müglische Ehren- und Gedächtniß-Seule." Leipzig 1709.

Fischer, Joseph Wladilaw. „Geschichte der königl. Hauptstadt und Gränzfestung Olmütz im Markgrafthum Mähren." 2 Bände, Olmütz und Brünn 1808.

„Sebastian *Fischers* Chronik, besonders von Ulmischen Sachen", edid. Dr. K. G. Veesenmeyer. Ulm 1896. („Mitteilungen des Vereins für Kunst und Alterthum in Ulm und Oberschwaben." Heft 5–8.)

Joannis *Fistenport* continuatio chronici ab Hermanno Januensi scripti ab a. 1352 ad a. 1421. In: Simon Friedrich Hahnius „Collectio monumentorum veterum et recentium, ineditor, etc." Tom. I. Braunschweig 1724. S. 397–405.

Chronicon comitum *Flandrensium* (792–1428). In: „Corp. chron. Flandr." edid. J. J. de Smet in „Collect. de chron. belg. inédites". Bd. 3. Tom. I. S. 34–257.

Breve chronicon *Flandriae* clerici anonymi (1333–1356). In: dto. Tom. 3. S. 1–30.

Chronique de *Flandres*, ècrite an XIV. siècle en patois Rouchy (langue de Valenciennes) (–1375). In: J. A. C. Buchon „Choix de chroniques et mémoires sur l'histoire de France etc." Tom. V. Paris 1838. S. 601–673.

Annales *Flaviniacenses* (382–853). „M. G. H." Script. III. S. 150–152.

Flodoardi annales (919–966) [Reims]. „M. G. H." Script. III. S. 363–407.

Chronique de l'abbaye de *Floreffe*, de l'ordre des Prémontrés, dans l'ancien comté de Namur (1120–1463). In: „Monuments pour servir à l'hist. des provinces de Namur, de Hainaut et de Luxembourg", in „Collection de chron. belg. inédites". Bd. 5. Tom. VIII. Brüssel 1848. S. 63–188.

Annales *Floreffienses* (–1482). „M. G. H." Script. XVI. S. 618–631. [Floreffe bei Namur.]

Ex *Florentii* Wigorniensis historia (1113–1160) [Worcester]. „M. G. H." Script. V. S 564 bis 568.

Annales Sancti *Florentii* Salmurensis (700–1236 [Saumur]. In: Louis Halphen „Recueil d'annales Angevines et Vendômoises". Paris 1903. S. 111–126.

Annales *Florentini* (1288–1431). In: J. F. Boehmer „Fontes rerum Germanicarum". 4. Bd. Stuttgart 1868. S. 672–686.

Flores historiarum, edit. H. R. Luard. In: „Rerum Britannicarum med. aev. scriptores." Bd. 95. London 1890. Vol. I–III.

Flores temporum auctore fratre ord. Minorum (–1292). „M. G. H." Script. XXIV. S. 226 bis 250.

Annales *Floriacenses* (626–1060). [St. Benoit-sur-Loire, Orléans.] „M. G. H." Script. II. S. 254–255.

Fragmentum chronici *Fontanellensis* (841–859). [St. Wandrille, Rouen.] „M. G. H." Script. II. S. 301–304.

Aus Heinrich *Forers* Chronik (1425–1504). In: Gustav Scherrer „Kleine Toggenburger Chroniken". St. Gallen 1874. S. 42–68.

Annales *Formoselenses* (–1136). [Voormezeele, Formicelle, Thérouanne.] „M. G. H." Script. V. S. 34–36.

Annales *Foroiulienses* (1252–1331) [Cividale, Venezien]. „M. G. H." Script. XIX. S. 194 bis 222.

Förster, A. „Aus Grünbergs Vergangenheit." Grünberg 1900.

– „Geschichtliches von den Dörfern des Grünberger Kreises." Grünberg 1905.

Annales *Fossenses* (1123–1389) [Fosses, Lüttich.] „M. G. H." Script. IV. S. 30–35.

Fragmens de l'histoire des Francais, de l'avénement de Hugues-Capet à la mort de Philippe (987–1110). In: „Collection des mémoires relatifs à l'histoire de France." Edid. Guizot. Bd. 7. Paris 1825. S. 29–58.

Chronicon *Francisci* Pragensis (–1353). In: „Fontes rerum Bohemicarum." Tom. IV. Prag 1884. S. 347–456.

Franck, Seb. „Chronica, Zeytbuch vnd geschycht bibel etc." s. l. 1531.

Annales *Francofurtani* (1306–1364). In: „Quellen zur Frankfurter Geschichte", edid. Dr. H. Grotefend. I. Teil. Frankf. a/M. 1884. S. 1–3.

Annales regni *Francorum* et annales Q. D. Einhardi, edid. Friedrich Kurze. In: „Scriptores rerum Germanicarum." = Kleine Ausgabe. Bd. 9. Hann. 1895.

Fr. Johannes *Franks* Augsburger Annalen v. Jahre 1430 bis z. Jahre 1462. In: „Die Chronik. d. dtsch. Städte etc." 25. Bd. Leipz. 1896. S. 285–340. [gest. 1472.]

Aus der Chronik des Frankfurter Schuhmacherhandwerks 1504–1546, Frankfurt a/M. In: „Quellen zur Frankfurt. Geschichte", edit. Dr. H. Grotefend. 2. Bd. Frankf. a/M. 1888. S. 10–26.

Chronicarum quae dicuntur *Fredegarii* scholastici libri IV cum continuationibus (–768). „M. G. H." Scriptor. rer. Merovingicar. Tom. II. Hannover 1888. S. 1–193.

Anonymus *Friburgensis* (1386–1388). In: Dr. G. Studer „Die Berner-Chronik d. Conrad Justinger". Bern 1871. S. 467–477.

Frick, H. „Quellen zur Geschichte von Bad Neuenahr etc." Bad Neuenahr 1933.

Fries, Lorenz. „Geschichte, Namen, Geschlecht, Leben, Thaten und Absterben der Bischöfe von Würzburg etc." (–1495). 1. Bd. Würzburg 1924 (Würzburger Chronik 1. Bd.) [geb. 1491, gest. 1550].

Anonymi memorabilia *Frisiaca* 1554 (1218–1554). In: G. Sello „Studien zur Geschichte von Oestringen u. Rüstringen". Varel 1898. S. 113–114.

Annalium *Fuldensium* continuatio Ratisbonensis (882–897). In: Script. rer. Germanicarum etc. Kleine Ausgabe. 5. Bd. Hannover 1891. S. 107–131.

G

Gassarus, A. P. „Annales Augstburgenses." In: J. B. Mencken. „Scriptor. rer. Germanicar. etc." Tom. I. Leipz. 1728. Sp. 1317–1954.

Gemeiner, C. Th. „Reichsstadt Regensburgische Chronik." Bd. I–III. Regensburg 1800 bis 1821.

Gemma, Dr. Corn. „De naturae divinis characterismis etc." Liber I und II. Antwerpen 1575.

Gempeler-Schletti, D. „Heimatkunde des Simmentals." Bern 1904.

Gerardi de Francheto chronici (1268–1285). In: Richard Loscot „Chronique etc." Edid. Jean Lemoine, Paris 1896. S. 179–202. Soc. de l'hist. de France. Bd. 278.

Des Kaplans Niklaus *Gerung* genannt Blauenstein Fortsetzung der Flores Temporum. 1417–1475. In: „Basler Chroniken." Bd. 7. Leipz. 1915. S. 38–92. [Nikolaus Gerung: geb. ca. 1410, gest. ca. 1478.]

Chronica *Gervasii*. Gesta regum continuata (1207–1328). In: „The historical works of Gervase of Canterbury." Vol. II. London 1880. S. 106–324. Rerum Britannicar. med. aev. scriptores. Band 73.

Maetschappy der Vlaemsche Bibliophilen 2. série. No. 15. „Memorieboek der Stad *Ghent* van't J. 1301 tot 1737." I. Deel 1301–1500. Gent 1852.

Gillert, Dr. K. „Lateinische Handschriften in St. Petersburg." (1310–1399). In: „Neues Archiv der Gesellschaft für ältere deutsche Geschichtskunde." 5. Bd. Hann. 1880. S. 599–617.

Chronique et annales de *Gilles* le Muisit, abbé de Saint-Martin de Tournai (1272–1352), edid. Henri Lemaître. Paris 1906. (Société de l'histoire de France Bd. Nr. 322.) [Gilles le Muisit: geb. 1272, gest. 1352.]

Chronique de *Gilles* de Roye avec les additions d'Adrien de But. (1415–1430). In: „Chron. relativ, à l'hist. de la Belgique", edid. K. de Lettenhove in „Collect. de chron. belg. inédites". Bd. 13, Tom. I. Brüssel 1870. S. 167–210.

Ex chronico *Girardi* de Fracheto (1230–1264) [Limoges]. „M. G. H." Script. XXVI. S. 587–589.

Giselbert. „Aus dem Tagebuche des Schreibers Giselbert" (1376–1378). In: „Basler Jahrbuch" 1886. Basel 1886. S. 13–51.

„Nicholas *Glassberger* and his works etc." edid. Walter Seton. Manchester 1923. (British Society of Franciscon Studies. Vol. XI.)

Annales *Glogovienses* ([1051] 1467–1493). In: „Scriptores rerum Silesiacar." 10. Bd. Breslau 1877. S. 1–66.

Glycas, M. „Corpus scriptorum historiae Byzantinae." edid. B. G. Niebur. Bonn 1836.

Goldast, M. H. „Suevicarum rerum scriptores aliquot veteres, partim primum editi etc." Frkf. a/M. [1604].

Älteste Annalen von *Görlitz* (1432–1433). In: „Neues Lausitzisch. Magazin." 28. Bd. Görlitz 1851. S. 362–366.

Goeschel, C. F. „Chronik der Stadt Langensalza in Thüringen." 2 Bände. Langensalza 1818.

Goswin, P. „Chronik des Stiftes Marienberg." Edid. P. Basilius Schwitzer. Innsbruck 1880 (Tirolische Geschichtsquellen II) [gest. 1388].

Annales *Gotwicenses* (1068–1230). „M. G. H." Script. IX. S. 600–604. [Göttweig, Passau].

Götze, Dr. L. „Urkundliche Geschichte der Stadt Stendal." Mit einer Ergänzung von Prof. Dr. Kupka. Stendal 1929.

Annales *Gradicenses* et Opatovicenses. In: „Fontes rer. Bohemicar." Tom. II. Prag 1874.

Grebel, Alexander. „Geschichte der Stadt St. Goar." St. Goar 1848.

Gregorii episcopi Turonensis historia Francorum, edid. W. Arndt u. B. Krusch. Hann. 1885. „M. G. H." „Scriptor. rer. Meroving. Tom. I. Pars. I. [Gregor von Tours: gest. 594.]

Hans *Greierz* und seine Annalen (1441–1447 u. 1450–1455). In: „Freiburger Geschichtsblätter". 10. Jahrg. Freiburg i/Ue. 1903. S. 1–54 [geb. ca. 1403, gest. 1465].

Annalen der Universität *Greifswald* aus den Jahren 1456–1487. In: J. G. L. Kosegarten, „Geschichte der Universität Greifswald etc." 2. Teil. Greifswald 1856. S. 157–247.

Groß, J. „Kurtze Baßler Chronick." Basel 1624.

Grotefend, Dr. C. L. „Die Braunschweiger Fehde von 1492–1493." In: „Zeitschrift des historischen Vereins für Niedersachsen." Jahrg. 1863. Hann. 1864. S. 179–270.

Simon *Grunaus* preußische Chronik. In: „Die preußischen Geschichtsschreiber des 16. u. 17. Jahrhunderts." Bd. II. Leipz. 1889.

Gründer, J. G. „Chronik der Stadt Lauban." Lauban 1846.

Grünewald, M. „Die Meißner Chronik von Erbauung der Stadt bis zum Jahre 1588." 1. Teil Hayn 1829.

Guggenbühl. „Wyn Rechnung der statt Zürich von Ano 1421 Jahrs biss auff disse gegenwärtige Ziet." Auszug von R. Wolf. In: „Vierteljahrsschrift d. Naturforschend. Gesellsch. in Zürich." 1. Jahrg. Zürich 1856. S. 407–410.

Guignies, V. J. „Histoire de la ville de Lessines." In: „Mémoires rt publications de la société des sciences, des arts et des lettres du Hainaut." 5. série. tome 5. S. 1–358.

Guilelmus Amoricus. „Gesta Philippi Augusti“ (–1220). In: H.-Francois Delaborde „Oeuvres de Rigord et de Guillaume Le Breton histor. de Philippe-Auguste.“ 1. Bd. Paris 1882. S. 168–320 [geb. zwischen 1159 und 1169].

Guillelmus de Nangiaco. „Chronique latine de Guillaume de Nangis de 1113 a 1300 avec les continuations de cette chronique de 1300 a 1368.“ edit. H. Géraud. Tom. I./II. Paris 1843. (Soc. de l'hist. de France. Bd. 33 u. 35.)

Chronicon *Guillelmi* de Nangiaco (1113–1303). In: dto. Tom I: S. 1–326.

Continuationis chronici *Guillelmi* de Nangiaco (1301–1316). In: dto. Tom. I. S. 327–436.

– Pars II (1317–1340). In: dto. Tom. II. S. 1–178.

– Pars III (1340–1368). In: dto. S. 179–378.

Chronique de *Guillaume* de Nangis. Paris 1825. „Collection des mémoires relatifs à l'hist. de France“, edid. Guizot. Bd. 13.

Gumpelzhaimer, Chr. G. „Regensburg's Geschichte, Sagen und Merkwürdigkeiten etc.“ 1. Abtlg. u. 2. Abtlg. Regensburg 1830–1837.

Güth, J. S. „Poligraphia Meiningensis“, edid. Dr. Eduard Schaubach. Meiningen 1861.

Bernd *Gysekes* Hamburger Chronik vom Jahre 810 bis 1542. In: Dr. J. M. Lappenberg „Hamburgische Chroniken in niederdeutscher Sprache“. Hamburg 1861. S. 1–192.

H

Haffner, F. „Der kleine Solothurner Allgemeine Schaw-Platz etc.“ I. u. II. Teil. Solothurn 1666 [geb. ca. 1609, gest. 1617].

Hafftitius, P. „Microcronicon Marchicum“ 1599 (1388–1598). In: Riedels „Codex diplomatic. Brandenburgensis“ IV. 1. Bd. Berlin 1862. S. 46–167.

Annales *Halesbrunnenses* maiores. Additio (1336) [Heilsbronn, Eichstätt]. „M. G. H.“ Script. XXIV. S. 48/49.

Annales *Hamburgenses* (–1265). In: „Quellensammlung der Gesellschaft f. Schleswig-Holstein. Geschichte.“ 4. Bd. Kiel 1875. S. 399–430.

Hamburger Chronik vom Jahre 799 bis 1559 In: Dr. J. M. Lappenberg „Hamburgische Chroniken in niedersächsisch. Sprache“. Hambg. 1861. S. 377–478.

Hamburgische Jahrbücher vom Jahre 1457 für die Jahre 1388–1413. In: dto. S. 227–228.

Hamelmann, H. „Oldenburgische Chronik“, edid. Gustav Rüthning. Oldenburg u. Berlin 1940 (Oldenburg. Geschichtsquellen. Bd. 1.) [Hermann Hamelmann: geb. 1526, gest. 1595.]

– „Opera genealogico-historica, de Westphalia et Saxonia inferiori etc.“ edid. Ernst Casimir Wasserbach. Lemgo 1711.

Hammerschmid, J. F. „Prodromus gloriae Pragenae etc.“ Prag 1723.

Chronologia rerum Danicarum secunda, autore Cornelio *Hamsfortio* Cimbro ab a. Chr. 678 ad a. 1448. In: J. Langebek „Scriptor. rer. Danicar. med. aev. etc.“ Tom. I. Hafniae 1772. S. 266–334.

Mårkvårdigå *Håndelser* i Sverige ifran 1220 till 1552. In: E. M. Fant „Scriptor. rer. Suecicar“. Tom. I. Upsala 1818. S. 90/91.

Hanquet, K. „La chronique de Saint-Hubert dite cantatorum“ (–1106). Brüssel 1906.

Hansen, Heinr. „Pellwormer Chronik.“ Schleswig 1917.

Hansen, Dr. Joseph. „Chronik der Pseudorektoren der Benediktskapelle zu Dortmund“ (–1391). In: „Neues Archiv der Gesellschaft für ältere deutsche Geschichtskunde etc.“ 11. Bd. Hann. 1886. S. 491–550.

Hansen, Knud Melf. „Chronikblätter etc.“ 1. Bd. Detroid 1908–1913.

Hansen, Dr. Reimer. „Beiträge zur Geschichte und Geographie Nordfrieslands im Mittelalter." In: „Zeitschrift der Gesellschaft für Schleswig-Holstein.-Lauenburgische Geschichte." 24. Bd. Kiel 1894. S. 1–92.

– „Die eiderstedtischen Chronisten vor Peter Sax." In: dto. 25. Band. Kiel 1895. S. 163 bis 215.

Harland, H. L. „Geschichte der Stadt Einbeck etc." 2 Bände. Einbeck 1854–1859.

Harless, W. „Chronistisches aus Clevischen Handschriften." In: „Zeitschrift des Bergischen Geschichtsvereins." 23. Bd. Bonn 1887. S. 223–236.

„Geschichtliche Aufzeichnungen, die *Harzgegend* betreffend" (1303–1527). In: „Zeitschrift des Harz-Vereins für Geschichte u. Alterthumskunde." 2. Jahrg. 1869. 2. Heft. Wernigerode 1869. S. 101–110.

Hauser, K. „Geschichte der Stadt, Herrschaft und Gemeinde Elgg." Elgg 1895.

Häveker, J. H. „Chronica und Beschreibung der Städte Calbe, Acken und Wantzleben etc." Halberstadt 1720.

Heese, B. „Die Dessauer Chronik bis 1758." Dessau 1924–1925.

Die *Heilsberger* Chronik (573. 1225–1585). In: „Monumenta historiae Warmiensis." Band VIII. II. Abtlg. Bd. II. edid. Dr. C. P. Woelky. Braunsberg 1889. S. 220–496.

Mag. Anton *Heimreichs* nordfresische Chronik. edid. Dr. H. Falck. 1. und 2. Theil. Tondern 1819. [Anton Heimreich: geb. 1626, gest. 1685.]

Heinrich von Balsees Chronik (1323–1385). edid. Dr. Crull. In: „Jahrbücher d. Vereins für mecklenburgische Geschichte u. Alterthumskunde." 43. Jahrg. Schwerin 1878. S. 165–186.

Historische Notizen aus den Aufzeichnungen des *Heinrich* vom Rhein (1306–1472). In: „Quellen zur Frankfurter Geschichte." 1. Teil. edid. Dr. R. Grotefend. Frankf. a/M. 1884. Einleitg. S. XLI/XLII.

Annales Cisterciensium in *Heinrichow* (971–1317). dto. Continuatio (1315–1326). dto. Notae ex Cod. 1 (1386–1410). „M. G. H." Script. XIX. S. 543–547. [Heinrichau i/Schl.]

Heinrici chronicon Lyvoniae (1186–1227). [Livland.] „M. G. H." Script. XXIII. S. 231 bis 332.

Heinricus Dapifer de Diessenhoven (1316–1361). In: J. F. Boehmer „Fontes rerum Germanicarum". 4. Bd. S. 16–126 [gest. 1376].

Heinze, C. T. E. „Geographisch-statistische-geschichtliche Übersicht des Löwenbergschen Kreises in Schlesien." Löwenberg 1825.

Aufzeichnungen des Johann *Heise* (1475–1501). In: „Quellen z. Frankfurt. Geschichte." edid. Dr. H. Grotefend. Frkf. a/M. 1884. I. u. II. Teil S. 224–236 u. S. 656–658 [gest. 1495].

Hellmann, Dr. G. „Beiträge zur Geschichte der Meteorologie." 3. Bd. Berlin 1922.

Helmoldi presbyteri Bozoviensis cronica Slavorum. (2. Hälfte d. 9. Jahrhdts –1171.) Edid. Bernh. Schmeidler. Hann. u. Leipz. 1909. In: „Scriptores rerum Germanicorum." Kleine Ausgabe. Band 17a.

Nicolai *Henelius* ab Hennenfeld Annales Silesiae. In: F. W. von Sommersberg „Silesiacarum rerum scriptores" II. Leipz. 1730. S. 197–484.

Henne von Sargans, Dr. Anton. „Die Klingenberger Chronik" (–1460). Gotha 1861.

Chronicon *Henrici* Knighton, vel Cnithon, monachi Leycestrensis Edid. Joseph Rawson Lumby. Vol. I (–1335). Vol. II (1337–1395). London 1889–1895. In: „Rerum Britannicarum med. aev. scriptores. Bd. 92,"

Henrici, praepositi Oettingani, chronicon Bavariae ab a. Chr. 1273 ad a. 1313. In: A. F. Oefele. „Rer. Boicar. scriptores nusquam antehuc editi etc." Tom. I. Augsburg 1763. S. 685–695.

Henrici Stereonis annales (1266–1300). In: Marqu. Freher „Rerum Germanic. scriptores etc.“ Tom. I. Straßburg 1717. S. 555–596.

Annales *Heremi* Einsiedlenses (–965). „M. G. H.“ Script. III. S. 138–142.

Herimanni Augiensis chronicon (–1054). [Reichenau.] „M. G. H.“ Script. V. S. 74–133. [Hermannus Contractus oder Herimannus Augiensis: gest. 1054.]

Hering, J. H. „Tafereel van harde winters etc.“ Amsterdam 1784.

Hermann von Lerbeck „Catalogus episcoporum Mindensium“ (–1379, mit Fortsetzungen bis 1542). In: „Mindener Geschichtsquellen.“ Bd. I. Münster 1917. S. 19–90.

Hermanni Althahensis annales (1137–1272). „M. G. H.“ Script. XVII. S. 381–407.

Hermanni de Lerbeke chronicon episcoporum Mindensium (–1473). In: G. W. Leibniz „Scriptorum Brunsvicensia illustrant.“ Tom. II. Hann. 1710. S. 157–211.

Hermanni de Wartberge chronicon Livoniae. In: „Scriptor. rer. Prussicarum.“ 2. Bd. Leipz. 1863.

Herolt, J. „Chronica zeit- unnd jarbuch vonn der statt Hall ursprung etc.“ In: „Württemberg. Geschichtsquellen.“ 1. Bd. Stuttgart 1894. S. 1–270.

Collectanea fratris Petri *Herp* Dominicani (1306–1506). In: „Quellen zur Frankfurter Geschichte“, edid. Dr. H. Grotefend. I. Teil. Frkf. a/M. 1884. S. 58–66.

Hertzberg, G. F. „Geschichte der Stadt Halle an der Saale von den Anfängen bis zur Neuzeit.“ 3 Bände, Halle 1889–1893.

Hessische Chronik von 1455–1460. In: „Anzeiger f. Kunde des deutschen Mittelalters.“ 4. Jahrg. Karlsruhe 1835. Sp. 282–287.

Die *hessische* Congeries (703–1587 (1661). Edid. Nebelthau. In: „Zeitschrift des Vereins für hessische Geschichte und Landeskunde.“ 7. Bd. Kassel 1858. S. 309–384.

Annales *Hildesheimenses* (–994). In: Scriptores rerum Germanicarum etc. Kleine Ausgabe. 6. Bd. Hann. 1878. S. 1–26.

Annales *Hildesheimenses* IV. Teil ex annalibus Patherbrunnensibus sumta (1077–1137). In: Scriptores rerum Germanicarum. Kleine Ausgabe. 6. Bd. Hann. 1878. S. 59–69.

Hilscher, P. G. „Der Sammler für Geschichte und Alterthum, Kunst und Natur im Elbthale.“ I. Band. Dresden 1837.

Chronica insignis monasterii *Hirsavgiensis*. In: Joh. Trithemius „Opera historica etc.“ Frkf. a/M. 1601.

Historia annorum 1264–1279. „M. G. H.“ Script. IX. S. 649–654.

Hoffmann, Chr. G. „Scriptores rerum Lusaticarum etc.“ Tom. I–IV. Leipz. u. Bautzen 1719.

Hoffmann, Martin. „Annales Bambergensis episcopatus origine ad a. 1609.“ In: J. P. Ludewig „Scriptor rer. episcopatus Bambergensis“. Vol. I. Frkf. a/M. und Leipzig 1718. S. 1–256.

Christophori *Hoffmanni* Benedictini Emmerammensis Ratisbonae chronicon Bohemiae, a gentis Bohemicae primordiis usque ad a. Chr. 1320 perductum. In: G. Pez „Scriptor. rer. Austriac.“ Tom. II. Leipz. 1725. S. 1041–1111 [geb. Ende d. 15. Jahrhunderts, gest. 1534].

Höfler, K. „Geschichtsschreiber der husitischen Bewegung in Böhmen.“ Teil II. Wien 1865. „Fontes rerum Austriacarum.“ 1. Abt. Scriptores VI. Band.

Höhlbaum, K. „Ein Fragment Danziger Annalen“ (1343–1458). In: „Hansische Geschichtsblätter.“ 3. Bd. 1878. Leipz. 1879. S. 175.

Hohlfeldt, Ch. Ch. „Die Schicksale der Dresdener Elbbrücke seit vier Jahrhunderten etc.“ Dresden u. Leipz. 1844.

v. Hößle, Fr. „Geschichte der alten Papiermühlen im ehemaligen Stift Kempten und in der Reichsstadt Kempten." In: „Allgäuer Geschichtsfreund." 12. Jahrg. 1899, Kempten. S. 25–37, 51–68, 71–84.

Hottinger, J. H. „Antiquitates Germanico-Thuricenses etc." Zürich 1737.

Heinrich *Hugs* Villinger Chronik von 1495–1533. Edid. Dr. Christ. Roder. Tübingen 1883. (Litterarischer Verein in Stuttgart. Publikation Nr. 164 [geb. ca. 1465/70].

Huguenin, J. F. „Les chroniques de la ville de Metz etc." (900–1552). Metz 1838.

Hunger, Dr. Felix. „Geschichte der Stadt Aarberg." Aarberg 1930.

Simon *Hüttels* Chronik der Stadt Trautenau (1484–1601). In: „Deutsche Chroniken aus Böhmen." II. Bd. Prag 1881 [geb. 1530, gest. ca. 1601].

I

Chronicon *Imperatorum* et Pontificum Bavaricum. „M. G. H." Script. XXIV. S. 220–225.

Chronicon *Imperii* (757–1298). In: Coelest. Leutner „Historia monaster. Wessofantani". II. Teil. Nürnberg u. Freiburg 1753. S. 16–35. [Wessebrunn, Oberbayern.]

Annales *Isenacenses* (–1691). In: Chr. Fr. Paulinus „Rer. et antiquitat. Germanic. syntagma etc." Frkf. a/M. 1698. S. 1–274.

Chronica conventus ordinis fratrum Minorum ad s. Elisabeth prope *Isenacum*. Pars I und II (1322–1445). Edid. P. Mich. Bihl. In: Joseph Kremer „Beiträge zur Geschichte der klösterlichen Niederlassungen Eisenachs im Mittelalter". Fulde 1905. S. 167–177.

Annales *Isingrimi* maiores (1121–1168). [Ottobeuren, Augsburg.] „M. G. H." script. XVII. S. 312–315.

Annales *Islandorum* Regii (–1341). In: Jak. Langebek, „Scriptor. rer. Danicar. med. aev." Tom. III. Kopenhagen 1774. S. 1–139.

Chronicon Bernardi *Iterii* armarii monasterii s. Marcialis et continuatum (–1298). In: H. Duplès-Agier „Chroniques de Saint-Martial de Limoges" in „Soc. de l'hist. de France". Bd. 167. Paris 1874. S. 28–129. [Bernard Itier: geb. 1163, gest. 1225.]

J

Jacobi de Susato al. de Sweve chronicon episcoporum Coloniensium 1420 (–1420). In: J. S. Seibertz „Quellen der westfäl. Geschichte". 1. Bd. Arnsberg 1857. S. 161–215.

Jahn, H. Chr. W. „Chronik der Stadt Marienwerder i/Westpreußen." Marienwerder 1844.

Chronique de Gilles *Jamsin* 1468–1492. Edid. le baron de Chestret de Haneffe. In: „Académie roy. de Belgique. Compr. rend. des séances de la commission roy. d'hist. etc." Tom. 68 (5. sér. tom. IX). Brüssel 1899. S. 597–610.

Laetste deel der Kronyk van *Jan* van Dixmude (1419–1440). In: „Corp. chron. Flandriae", edid. J. J. de Smet in „Collect. de chron. belg. inédit". Bd. 3, Tom. III. Brüssel 1856. S. 31–109.

Jansen, Dr. Max. „Cosmidromius Gobelini Person etc. Münster i/W. 1900. (Veröffentl. d. Histor. Kommission f. Westfalen. 4. Bd.)

Jean d'Auton. „Chronique de Louis XII." Edid. R. de Maulde La Clavière. Tom. I. Paris 1889. (Société de l'histoire de France. Band 245.)

Chronique du règne de *Jean* de Bavière (1387–1423). In: „Chron. liègeoises." edid. S. Balau in „Public. de la comm. roy. d'hist. de Belgique" No. 54. Tom. I. Brüssel 1913. S. 143 bis 214.

La chronique de *Jean* de Hocsem (1246—1348). Edid. Godefroid Kurth. Brüssel 1927. [Johannis aus Hocsem: geb. 1279, gest. 1348.]

Chronique du règne de *Jean* de Horne (1484–1505). In: „Chroniques liègeoises", edid. S. Balau in „Publicat. de la comm. roy. d'hist. de Belgique". Acad. roy. de Belg. No. 54. Tom. I. Brüssel 1913. S. 339–569.

Jean de Klerk, „Les gestes des ducs de Brabant. (De Brabantsche Yeesten of Rymkronyk van Brabant door Jan de Klerk, van Antwerpen) " Edid. J. F. Willems u. J. H. Bormans. Brüssel 1839. (Collect. de chron. belges inédites. Bd. 4. Tom. I–III.)

Chronique abrégée de *Jean* d'Outremeuse. 1341–1400. In: „Chroniques liègeoises", edid. S. Balau. In: „Public. de la comm. roy. d'hist. de Belgique." Bd. 54. Tom. II. Brüssel 1931. S. 144–236.

Ly myreur des histors, chronique de *Jean* des Preis dit d'Outremeuse. (Fortsetzung.) Edid. Ad. Borgnet. In: „Collection de chroniques belges inédites." Bd. 11, 2. Brüssel 1869 bis 1877. Tom. II–V.

— edid. dto. In: dto. Tom. VI, Brüssel 1880.

Journal de *Jean* de Roye connu sous le nom de „Chronique scandaleuse 1460–1483", edid. Bernard de Mandrot. Tom. I u. II. Paris 1894–1896. (Société de l'histoire de France. Bd. 270 u. 279.)

La chronique de *Jean* de Sivry (1174–1318). In: „Annales du cercle archéologique de Mons." Tom. XXIV. Mons 1895. S. 143–153.

Chronique latine de *Jean* de Stavelot (1364–1428). In: „Chron. liègeoises", edid. S. Balau in „Public. de la comm. roy d'hist. de Belg." No. 54, Tom. I. Brüssel 1913. S. 67–143.

Chronique de *Jean* de Stavelot, edid. Ad. Borgnet (1400–1449). In: „Collection de chroniques belges inédites. Bd. 10. Brüssel 1861. [Jean de Stavelot: geb. 1388, gest. 1449.]

Fragments de *Jean* de Warnant (1247–1313). In: „Chroniques liègeoises." Tom. I. edid. Sylv. Balau. Public. de la comm. roy d'hist. de Belg. No. 54. I. S. 28–66.

Chronicon *Joannis* Marignolae Florentini, episcopi Bisinianensis (–1283). In: G. Dobner, „Monum. histor. Boemiae". Tom. II. Prag 1768. S. 68–282.

Georg Christian *Joannis* „Rerum Moguntiacarum etc." libri V. Tom. I–III. Frankf. a/M. 1722–1727.

Chronica monast. S. Bertini auctore *Johanne* Longo de Ipra (–1294). „M. G. H." Script. XXV. S. 736–866.

Jahrbücher d. Zittauischen Stadtschreibers *Johannes* von Guben (11. Jahrhundert –1499 u. 1531). In: „Scriptor. rerum Lusaticarum." Neue Folge. 1. Bd. Görlitz 1839. S. 1–104.

Johannis abbatis Victoriensis liber certarum historiarum. Edit. Fedor Schneider. In: „Scriptores rer. Germanicar." Kleine Ausgabe, Bd. 18a u. b. Hann. u. Leipz. 1909 bis 1910. [Johann von Viktring in Kärnthen: gest. zwischen 1345 u. 1347.]

Johannis diaconi chronicon Venetum (–1028). „M. G. H." Script. VII. S. 4–38. [Venedig.)

Johannis de Fordun. „Chronica gentis Scotorum." Edid. William F. Skene. In: „The historians of Scotland." Vol. I. Edinburgh 1871.

Johannis de Marignola chronicon (–1283). In: „Fontes rerum Bohemicarum." Tom. III. Prag 1882. S. 487–604.

Chronica *Johannis* de Oxenedes. Edid. Sir Henry Ellis (–1292). In: „Rerum Britannicarum med. aev. scriptores.; Bd. 13. London 1859.

Johannis de Polda chronicon ecclesiae Hamelensis suppletum. In: G. W. Leibniz „Scriptor. Brunsvic. illustrant." Tom. II. Hann. 1710. S. 508–516.

Chronica *Johannis* Vitodurani. „Die Chronik Johanns von Winterthur" in Verbindung mit C. Brun, edid. Friedrich Baethgen. In: „Monumenta Germaniae historica" Scriptores rerum Germanicarum, Nova series. Tom. III. Berlin 1924. [geb. Anfang d. 14. Jahrh.].

Jordan, Dr. R. „Chronik der Stadt Mühlhausen i/Thüringen." 1. Bd. (bis 1525). Mühlhausen 1900.

Custis, Charles. „Jaer-Boecken der stadt Brugge, behelsende de gedenckweerdigste geschiedenissen de welcke soo binnen de selve Stadt, als daer ontrent, voorgevallen zyn, etc." I., II. u. III. Deel. Brügge 1765.

Davies, J. S. „An english chronicle of the reigns of Richard II, Henry IV, Henry V and Henry VI (1377–1408). London 1856. (Camden society Bd. 64.)

Heinrich *Deichslers* Chronik (1488–1506). In: „Die Chroniken der deutschen Städte". 11. Bd. Leipzig 1874. S. 536–706. [geb. 1430. gest. 1506 oder 1507.[

Delachenal, R. „Chronique des règnes de Jean II et de Charles V." Tom. I. Paris 1910, Tom. I./II. Paris 1910–16. Soc. de l'hist. de France. Band 375.

Detlefsen, Dr. Detlef. „Geschichte der holsteinischen Elbmarschen". 2 Bände. Glückstadt 1891–92.

Dettmar-Chronik von 1105–1276. In: „Die Chronik. d. dtsch. Städte etc." 19. Band. Leipzig 1884. S. 1–114.

– von 1101–1395 mit der Fortsetzung von 1395–1400. In: „dto." 19. Bd. Leipzig 1884. S. 187–597.

1. Fortsetzung der *Detmar*-Chronik von 1395–1399. In: „Die Chroniken der deutschen Städte etc." 26. Bd. Leipzig 1899. S. 73–116.

2. Fortsetzung der *Dettmar*-Chronik von 1400–1413. In: „Die Chroniken d. dtsch. Städte etc." 26. Bd. Leipzig 1899. S. 119–174.

Deutsche Annalen von 1306–1343. In: „Quellen zur Frankfurter Geschichte", edid. Dr. H. Grotefend. I. Teil. Frankfurt a/M. 1884. S. 4–6.

Eine *deutsche* Weltchronik. (–1410). In: „Die Chroniken der deutschen Städte". 3. Bd. Leipzig 1864. S. 257–305.

Die Metzer Chronik des Jaique *Dex* (Jacques d'Esch) (14. Jahrhundert–1434), edid. Dr. G. Wolfram. In: „Quellen zur lothringischen Geschichte". Bd. 4. Metz 1906. [Jaique Dex: geb. 1371, gest. 1455.]

Annalen des Rektors Peter *Dieppurch* und deren Fortsetzung (1440–1568). In: „Quellen und Darstellungen zur Geschichte Niedersachsens". Bd. 9. Hann. u. Lpz. 1903. S. 1 bis 143.

Notae *Diessenses* (1122–1432) [Diessen, Augsburg]. „M. G. H." Script. XVII. S. 324–27.

Diete, Wilhelm. „Orts-Chronik von Geisleden". Nach archivalischen, literarischen und anderen Quellen bearbeitet. Heiligenstadt 1924.

Dio, Cassius „Römische Geschichte". Übersetzt von Dr. Leonh. Tafel. Bd. 1–15. Stuttgart 1831–44.

Annales Sancti *Disibodi* (891–1147). dto. Continuatio. (1148–1204) [Disibodenberg, Mainz]. „M. G. H." Script. XVII. Hann. 1861. S. 4–30.

van Doorninck, P. N. „Geldersche Kroniken. I. u. II. aflering. Arnheim 1904–08. (Werken uitgegeven door Gelre (Geldern) Vereeniging tot beoefening van Geldersche geschiedenis, outheitkunde en recht. No. 5.)

Annales *Dorenses* (687–1362). [Dore, Hereford, England]. „M. G. H." Script. XXVII. S. 514–531.

Mathias *Dörings* Fortsetzung der Chronik von Dieterich Engelhusen. In: „Riedels Codex diplomaticus Brandenburgensis" IV. 1. Bd. Berlin 1862. S. 209–256.

Dormann, Edm. J. „Topographie und Statistik des Kreises Marienburg". Marienburg 1847.

Dresser, M. „Sächsisch Chronicon". Wittenberg 1596.

von Dreyhaupt, J. Chr. „Pagus Neletici et Nudzici". 1. Theil. Halle 1755.

Annales de *Dunstaplia* (–1297). [Dunstable]. In: „Rerum Britannicar. med. aev. scriptores". Bd. 36, III. London 1866. S. 1–420.

Jordanis Getica. „M. G. H. Auct. antiquissimi." Tom. V, 1. Berlin 1882. S. 53–138.

Junghans, F. W. „Versuch einer Geschichte der freien Reichsstadt Gelnhausen." In: „Zeitschrift des Vereins für hessische Geschichte und Landeskunde." Neue Folge. 12. Bd. Kassel 1886. S. 102–463.

Die Berner Chronik des Conrad *Justinger* (1152–1421). Edid. Dr. G. Studer. Bern 1871.

Jean *Juvenal* des Ursines. „Histoire de Charles VI, roy de France" (1380–1422). In: J. A. C. Buchon „Choix de chroniques et mémoires sur l'histoire de France". Tom. V. Paris 1838. S. 323–573. [Jean Juveal des Ursines: geb. 1388, gest. 1473.]

K

Des Thomas *Kantzow* Chronik von Pommern in niederdeutscher Mundart. Edid. Georg Gaebel. Stettin. 1929. („Veröffentlichungen der historischen Kommission für Pommern." Heft 4.)

Chronicon *Karoli* VI In: „Chron. du rélig. de Saint-Denys etc." Tom. II. Paris 1840.

Katzerowsky, Dr. Wenzel. „Meteorologische Nachrichten aus den Archiven der Stadt Leitmeritz" (1454–1865). Leitmeritz 1895.

Katzfey, J. „Geschichte der Stadt Münstereifel und der nachbarlichen Ortschaften." 1. u. 2. Theil. Köln 1854–1855.

Keller, J. U. „Chronik von Weinfelden." Ergänzt von F. W. Neuenschwander. Weinfelden 1931.

Chronik des Johann *Kerkhörde* von 1405–1465. In: „Die Chroniken der deutschen Städte." 20. Bd. Leipz. 1887. S. 1–146.

Renoldi *Kerkhoerdi* Presbyteri Tremoniensis Rhytmi (1491–1499). (Kerkhoerde's Dortmund. Reimchronik.) Edid. Fr. Woeste. In: „Zeitschrift des Bergischen Geschichtsvereins." 10. Bd. Bonn 1874. S. 1–26.

Kerschbaumer, Dr. A. „Geschichte der Stadt Tulln." Krems 1874. (Tulln a/d. Donau, Niederösterreich.)

– „Geschichte der Stadt Krems." Krems 1885.

Die Chronik in Ludwig *Kilchmanns* Schuldbuch (1468–1518). In: „Basler Chroniken." 6. Bd. Leipz. 1902 [geb. ca. 1450, gest. 1518.] S. 445–460.

Charles Lethbridge *Kingsford*. „Chronicles of London", edid. Ch. L. Kingsford. Oxford 1905.

Kleber, Julius. „Chronik der Stadt Strehla und Umgegend. Borna und Leipzig 1909.

Klemm, Dr. G. „Chronik der Königlich Sächsischen Residenzstadt Dresden", edid. P. G. Hilscher. 2 Bände. Dresden 1837.

Die Kleine *Klosterneuburger* Chronik (1322–1428). edid. Dr. H. J. Zeibig. In: „Archiv für Kunde österreich. Geschichtsquellen." 7. Bd. S. 227–252.

Die Chronik des Klosters Kaisheim, verfaßt vom Cistercienser Johann *Knebel*. Edid. Franz Hüttner. Tübingen 1902. (Bibliothek des literarischen Vereins in Stuttgart.) Bd. 226.

Johannis *Knebel* capellani ecclesiae basiliensis Diarium. September 1473–Juli 1479. In: „Basler Chroniken." 2. Bd. S. 1–436 und 3. Bd. S. 1–271. Leipzig 1880–1887. [gest. 1481 oder 1482.]

v. Koch-Sternfeld, J. E. „Die Tauern, insbesondere das Gasteiner Thal und seine Heilquellen." 2. Auflage. München 1820.

Koelhoffsche Chronik 1499 (–1499). In: „Die Chroniken der deutschen Städte." 13. Bd. S. 209–638 und 14. Bd. S. 641–918. Leipzig 1876–1877.

Kölner Chronik (–1399). Edid. Dr. Ennen. In: „Annalen des historischen Vereins für den Niederrhein etc." 23. Heft. Köln 1871. S. 46–59.

Kölnische Chronik (1087–1378). edid. Dr. Floß. In: dto. 15. Heft. 1864.

Latein. Chronikenfragmente (von *Köln*) 1332–1488. In: „Die Chroniken der deutschen Städte.“ 13. Bd. Leipzig 1876. S. 193–203.

Kölner Jahrbücher des 14. u. 15. Jahrhunderts. Rec. A–D. (–1480). In: „Die Chroniken der deutschen Städte.“ Bd. 13. Leipzig 1876. S. 18–192.

(*Kölner*) Lateinische Reimchronik 1081–1472. In: dto. S. 203–208.

Anonyme Zusätze und Fortsetzungen zu *Königshofen*, nach der Abschrift Erhards von Appenwiler 1120–1454. In: „Basler Chroniken.“ 4. Bd. Leipz. 1890. S. 422–459.

Fortsetzungen des *Königshofen*. Zusätze der Straßburger Handschrift Nr. 844. 1400–1474. Röttler und Basler Zusätze. 1376–1428. Basler Zusätze. 1466–1492. In: F. J. Mone „Quellensammlung der badischen Landesgeschichte.“ 1. Bd. Karlsruhe 1848. S. 265 bis 300.

Konstanzer Chronik. (–1466). In: dto. S. 309–349.

Korner, Hermann. „Chronica novella bis 1420. Danziger Handschrift. und Entwurf der Chronik bis 1416. Wolfenbütteler Handschrift.“ In: Jakob Schwalm „Die chronica novella des Hermann Korner.“ Göttingen 1895. S. 1–134.

– „Cronica novella de quarto opere bis 1435. Lünebürger Handschrift. und Chronica novella de secundo opere bis 1423. Linköpinger Handschrift.“ (1201–1435). In: dto. S. 137 bis 532.

Die chronica novella des Hermann *Korner*. Deutsche Bearbeitung bis 1438. Hannov. Handschrift. In: dto. S. 535–572.

Die Chronica des Hermann *Korner*. Auszüge aus den lateinischen Fassungen vor 1200 (–1196) In: dto. S. 575–599.

Krantz, Albert. „Saxonica.“ Köln 1520.

– „Wandalia etc.“ in Hochteutsch transferiret und übersetzet durch M. Stephan Macropus. Lübeck 1636. [gest. 1517. Prof. in Rostock.]

Krapf, Ph. „Die Geschichte des Rheins zwischen dem Bodensee und Ragaz.“ In: „Schriften des Vereins für Geschichte des Bodensees.“ 30. Heft. Lindau 1901. S. 119–222.

Küch, Fr. „Eine Abtschronik von Altenberg“ (–1517). In: „Zeitschrift des Bergischen Geschichtsvereins.“ 29. Bd. Elberfeld. 1893. S. 171–191.

Kuhn, P. Raph. „Meteorologische Bemerkungen, ausgezogen aus alten Tagebüchern des Klosters Einsiedeln (912–1759). In: „Vierteljahrsschrift der naturforschenden Gesellschaft in Zürich.“ 11. Jahrg. Zürich 1866. S. 111–112, 197–200, 297–300, 386–390.

L

Lamberti parvi annales (988–1193). „M. G. H.“ Script. XVI. S. 645–650. [Lüttich.]

Lamperti Hersfeldensis annales (–1077). In: „Scriptores rerum Germanicarum.“ Kleine Ausgabe. Bd. 20 Hann. u. Leipz. 1894. S. 1–304.

Lamprecht, J. E. „Historisch-topographische und statistische Beschreibung der Gränzstadt Schärding am Inn.“ 1. u. 2. Teil. Schärding 1887.

Landshuter Rathschronik 1439–1504. In: „Die Chroniken der deutschen Städte etc.“ 15. Bd. Leipzig 1878.

Laspeyres, Dr. E. A. Th. „Chronicon Slavicum, quod vulgo dicitur parochi Suselensis.“ Lübeck 1865. [9. Jahrhundert–1485.]

M. Bernhardi *Latomi*, Wismariensis Megapolitani, Genealochronicon Megapolitanum omnis aevi.“ 1610 (–1609). In: E. J. von Westphalen „Monum. inedita rer. Germanic.“ Tom. IV. Leipz. 1745. Sp. 1–530.

Latomus, Joannes. „Acta aliquot vetustiora in civitate Francofurtensi etc." (774–1525). In: „Quellen zur Frankfurt. Geschichte", edid. Dr. H. Grotefend. I. Teil. Frkf. a/M. 1884. S. 67–112.

– „Antiquitates quaedam civitatis et potissimum ecclesiae Francofordensis". (774–1576). In: dto. S. 67–136.

Annales *Laubienses* –(1054). [Lobbes, Cambrai]. „M. G. H." Script. IV. S. 9–20.

– Continuatio (1056–1505). Dto. S. 20–28.

Ex chronico universali anonymi *Laudunensis* (1066–1219). „M. G. H." Script. XXVI. S. 442–457.

Laufenburger Jahrgeschichten von 1156–1673. In: „Zeitschrift für die Geschichte des Oberrheins". 3. Bd. Karlsruhe 1852. S. 171–173.

Laurentii de Leodio gesta episcoporum Virdunensium et abbatum S. Vitoni" (1047–1144). „M. G. H. „Script. X. S. 486–516.

Annales *Laureshamenses.* I. Teil (703–768). (Lorsch) „M. G. H." Script. I. Bd. S. 22–30.

– II. Teil (768–803). dto. Tom. I. S. 30–39.

Annales *Laurissenses* (741–788) (Lorsch, Mainz). In: dto. I. S. 134–74.

Annales regni Francorum inde ab a. 741 usque ad a. 829 qui dicuntur annles *Laurissenses* maiores. In: Scriptores rerum Germanicarum. Kleine Ausgabe. Bd. 9. Hannover 1895. S. 1–178.

van *Leeuwen*, J. D. „Auctoris incerti chronicon Tielense". Traject. ad Rhen. 1789.

Lehmann, Carl. „Chronik der Stadt Chemnitz nach Urkunden und gedruckten Schriftwerken. Schneeberg 1843.

Leidinger, G. „Fundationes monasteriorum Bavariae". In: „Neues Archiv der Gesellschaft für ältere deutsche Geschichtskunde". 24. Bd. Hann. u. Leipz. 1899. S. 671–717.

Lentz, S. „Anweisung zu einer Chronicke der Alt-Märckischen Haupt-Stadt Stendal etc." Halle 1747.

Anonymi *Leobiensis* chronicon libris sex comprehensum, a. Chr. nato usque ad a. ejusdem 1343. Accessit brevis continuatio ab a. 1345 ad 1347. In: H. Pez. „Scriptor. rer. Austriac." Tom. I. Leipzig 1721. Sp. 751–972.

Anonymi *Leobiensis* Chronicon. edid. J. Zahn. Grätz 1865.

Canonici *Leodiensis* chronicon rythmicum (1115–1119). „M. G. H." Script. XII. S. 416 bis 421. [Lüttich].

Annales S. Jacobi *Leodiensis* minores II (1056–1174) [Lüttich]. „M. G. H." Script. XVI. S. 638–642.

Annales S. Jacobi *Leodiensis.* Contin. (1164–1393). Dto. S. 642–645.

v. Lersner, A. A. „Der weit-berühmten freyen Reichs- Wahl- und Handels-Stadt Franckfurt am Mayn chronica oder ordentliche Beschreibung der Stadt Franckfurt etc." 1. u. 2. Buch. Frankfurt a/M. 1706.

de Lettenhove, Kervyn. „Récits d'un bourgeois de Valenciennes (XIV), Louvain 1877. (Académie de Belgique. Grands écrivains No. 16.)

Leuckfeld, J. G. „Antiquitates Michaelsteinenses et Amelunxbornenses". Wolfenbüttel 1710.

Libri pontificalis pars prior. Edid. Th. Mommsen. Berlin 1898. „M. G. H" „Gestorum pontificum Romanorum". Vol. I.

v. Liebenau, Dr. Th. „Murbacher Annalen" (631–1439). In: „Anzeiger f. Schweizer Geschichte". Neue Folge. 4. Bd. Solothurn 1882–1885. S. 167–176.

– „Die Stadt Mellingen". In: „Argovia" Jahresschrift d. histor. Gesellschaft d. Kant. Aargau. 14. Bd. Aarau 1884.

Lilie, Moritz. „Chronik der Lößnitz-Ortschaften Kötzschenbroda, Niederlößnitz, Radebeul, Oberlößnitz und Hoflößnitz, Serkowitz, Naundorf, Zitzschewig und Lindenau mit besonderer Berücksichtigung von Coswig und der übrigen Nachbarorte". Niederlößnitz bei Dresden 1893.

Limburger Annalen. Edid. Arth. Wyß. Rec. A. (1058–1497). Rec. B. (1289–1511). In: „Monum. Germ. Histor." Tom. IV, Pars I. Deutsche Chronik. Leipz. 1883. S. 111–118.

Kleine *Limburger* Annalen (1255–1419). Edid. dto. In: dto. Hann. 1883. S. 118.

Die *Limburger* Chronik (1336–1398). Edid. dto. In: dto. S. 1–95. (Verfasser: Tilemann, Elhen von Wolfhagen, Stadtschreiber zu Limburg: geb. ca. 1347, gest. 1402.)

Chroniques de Saint-Martial de *Limoges*. Edid. H. Duplès-Agier. Paris 1874. (Soc. de l'hist. de France Bd. 167.)

Lindau, M. B. „Geschichte der Haupt- und Residenzstadt Dresden etc." 2 Bände. Dresden 1859–1862.

Johann *Lindaus* Geschichte des dreizehnjährigen Krieges" (1454–1466). In: „Scriptor. rer. Prussicar". 4. Bd. Leipz. 1870. S. 490–637.

Löbe, Dr. J. und E. „Geschichte der Kirchen und Schulen des Herzogthums Sachsen-Altenburg mit besonderer Berücksichtigung der Ortsgeschichte". 1. und 3. Bd. Altenburg 1886 bis 1891.

The annals of *Loch Cé*. A. chronicle of Irish affairs from A. D. 1014 to A. D. 1590. Edid. William M. Hennessy. Vol. I. 1014–1348, Vol. II, 1349–1590 (–1636). London 1871.

Lohner, K. F. L. „Chronik der Stadt Thun", edid. Gertrud Züricher. Bern-Leipz. 1935.

Chronicon ab anno 1189 ad 1556, ex registro fratrum Minorum *Londoniae*. In: „Rer. Britann. med. aev. scriptores". 4. Bd. Vol. II. London 1882. S. 141–260.

Cronica maiorum et vicecomitum *Londoniarum* et quedam, que contingebant temporibus illis ab a. 1178 ad a. 1274, cum appendice. Edid. Thoma Stapleton. London 1846. (Societ. Camdenensis. Bd. 34.)

Lorenz, Chr. G. „Die Stadt Grimma im Königsreiche Sachsen historisch beschrieben". Leipzig 1856–1870.

Lowe, E. J. „Natural phenomena and chronology of the deasons etc." London 1870.

Jakob *Lubbes* Familienchronik (1465–1487). In: „Scriptor. rer. Prussicar". 4. Bd. Leipz. 1870. S. 692–721.

Die Ratschronik von 1438–1482 (von *Lübeck*). (3. Fortsetzung der Detmar-Chronik 2. Teil) II. (1466–1482). In: „Die Chroniken der deutschen Städte". 31. Bd. Leipz. 1911. S. 1 bis 269.

Annales *Lubicenses* (1264–1324) (Lübeck). „M. G. H." Script. XVI. S. 411–429.

„Memoriale domini *Lucae*, episcopi Warmiensis". (1489, 1512). In: „Quellensammlung zur Geschichte Ermlands. Band 8. II. Abtlg. 2. Band. Braunsberg 1889. S. 1–171.

De origine et abbatibus monasterii *Luccensis*. In: G. W. Leibnitz „Scriptores Brunswic. illustr." Tom. III. Hann. 1711. S. 690–696. [Kloster Loccum, südl. Hannover.]

Luce, S. „Chronique des quatre premiers Valois" (1327–1393). Paris 1862. (Soc. de l'hist. de France. Bd. 109.)

Luge, J. G. „Chronik der Stadt Greiffenberg in Schlesien". Greiffenberg 1861.

Chronicon *Luneburgicum* vernacula lingua conscriptum etc. (–Anf. d. 13. Jahrhunderts). In: J. G. Eccard „Corpus histor. med. aev." Tom. I. Leipz. 1723. Sp. 1315–1412.

Nachrichten zur Geschichte der Stadt *Lünen*. (Aus dem rothen Buche der Stadt Lünen.) (1336–1598). In: „Archiv für Geschichte und Alterthumskunde Westphalens", edid. Dr. Paul Wigand. 7. Bd. Lemgo 1838. S. 261–267.

Lupacius, P. „Rerum Boemicarum ephemeris etc." Prag 1584.

de *Lurbe*, Gabriel. „Chronique Bordeloise, corrigée et augmentée depuis l'année 1671 jusque'au etc. l'année 1701.“ Bordeaux 1703.

M

Chronijk van *Maastricht* en Omstreken, edid. J. Habets (1266–1517). In: „Publications de la société d'archéologie dans le duché de Limbourg“. Tom. I. Maastricht 1864. S. 70–93.

Annales *Magdeburgenses* (–1460). „M. G. H.“ Script. XVI. S. 105–196.

Gesta archiepiscoporum *Magdeburgensium*. Continuatio. I. (1152–1464). dto. Continuatio II. (1372–1513). „M. G. H.“ Script. XIV. S. 416–448 u. 448–484.

Anonymi chronicon archiepiscopatus *Magdeburgensis* (–1513). In: Heinr. Meibom „Rer. Germanicar“. Tom. II. Helmstedt 1688. S. 267–371.

Die *Magdeburger* Schöppenchronik (–1516). In: „Die Chroniken der deutschen Städte vom 14. bis ins 16. Jahrhundert“. 7. Bd. Leipz. 1869.

Magnus, F. „Geschichte der Stadt Schönebeck an der Elbe“. Berlin 1880.

Cronica de episcopus *Maguntinus* (–1504). In: „Fontes rer. Nassiocarum“. Teil IV. Wiesbaden 1884. S. 138–146.

Mander, Emil. „Chronik von Bodenbach“. Bodenbach 1930.

„Christophori *Manlii* Gorlicensis patricii commentariorum rer. Lusaticor. Libri VII hactenus inediti etc.“ In: Chr. G. Hoffmann „Scriptores rer. Lusaticor.“ Tom. I, 1. Leipz. u. Bautzen 1719. S. 99–468.

Annales *Mantuani* (1183–1299) [Mantua]. „M. G. H.“ Script. XIX. S. 19–31.

Annales *Marbacenses* qui dicuntur [631-1238, 1262]. Edid. Hermannus Bloch. Hann. u. Leipz. 1907. In: „Scriptores rerum Germanicarum etc.“ Kleine Ausgabe. Band 7.

Ammiani *Marcellini* rerum gestarum libri qui supersunt. Recensuit Carolus U. Clark. Vol I. u. II., Libri XIV–XXXI. Berlin 1910–1915.

Marcellini V. C. comitis chronicon (–548). „M. G. H.“ Auctor. antiquissimi Tom. XI. Chronica minora. Saec. IV.–VII. Vol. II. Berlin 1894. S. 37–108.

Annales de *Margan* sive chronica abbreviata a tempore sancti Edwardi, regis ultimi de progenie Anglorum (1066–1252). [Kloster Margan in Glamorganshire]. In: „Rer. Britannicar. med. aev. scriptores“. Bd. 36, I. London 1864. S. 1–40.

Marii episcopi Aventicensis chronica. (455–581). „M. G. H.“ Auctor. antiquissimi. Tom. XI. Chronica minora Saec. IV.–VII. Vol. II. Berlin 1894. S. 225–239.

Anonymum S. *Martialis* chronicon ab a. 1274 ad a. 1315. In: „Chroniques de Saint-Martial de Limoges“, edid. H. Duplex-Agier in „Soc. de l'hist. de France“. Bd. 167. Paris 1874. S. 172–183.

– ab a. 1207 ad a. 1320. In: dto. S. 130–148.

Ex *Mathei* Parisiensis cronicis maioribus (–1259). [St. Albans, England]. „M. G. H.“ Script. XXVIII. S. 107–389.

Chronica *Mathiae* de Nuwenburg („Die Chronik des Mathias von Neuenburg“) (1245–1378). Berlin 1936. S. 313–558. „M. G. H. Scriptores rerum Germanicarum“. Nova series. Tom. IV. Fasc. II.

Matthaei Parisiensis, monachi sancti Albani, historia Anglorum etc. edid. Fred. Madden. Vol. I. u. II. (1067–1245). London 1866. Rer. Britannic. med. aevi scriptores. Bd. 44.

Mathias, G. A. „Chronica der Stadt Crossen“, edid. Carl Rauge. Crossen u. Zielenzig 1849.

Continuationes cronice *Matthie* Nuewenburgensis (1350–1378). In: J. F. Boehmer „Fontes rerum Germanicarum“. 4. Bd. Stuttgart 1868. S. 276–297.

Journal parisien de Jean *Maupoint*, prieur de Sainte-Catherine-de-la-Couture (1437–1469). In: „Mémoires de la société de l'histoire de Paris et de l'Jle-de-France". Tom. IV. Paris 1878. S. 1–114.

Annales *Maurimonasterienses* (814–1288). In: „Scriptores rerum Germanicarum etc." Kleine Ausgabe. Bd. 7. Hann. u. Leipz. 1907. S. 104–109. [Maursmünster, Straßburg].

Chronicon sancti *Maxentii* Pictavensis (–1140). In: P. Marchegay u. E. Mabille „Chroniques des églises d'Anjou". Paris 1869. S. 351–433.

Mazegger, Dr. Bernhard. „Chronik von Mais, seiner Edelsitze, Schlösser und Kirchen. Obermais-Meran [1905].

Die Limburg. Chronik des Johannes *Mechtel*. Edid. Karl Knetsch. Wiesbaden 1909. (Veröffentlichungen der historischen Commission für Nassau. 6. Bd.) [geb. 1562, gest. 1653].

Annales *Mediolanenses* (–1230). [Mailand]. „M. G. H." Script. XVIII. S. 359–382.

– (–1280) dto. S. 392–399.

Gesta Frederici I Imperatoris in Lombardia auct. cive Mediolanensi (Annales *Mediolanenses* maiores) (1154–1177). Edid. O. Holder–Egger. In: „Scriptores rerum Germanicarum etc." Kleine Ausgabe. Bd. 17.

A principium chronicon monasterii Evershamensis, conscriptum per Gerardum de *Meestere* etc. (1091–1635). Brügge 1852. (Recueil de chroniques, chartes et autres documents concernant l'histoire et les antiquités de la Flandre-Occidentale, publ. par la soc. d'émulation de Bruges. I. série. Chroniques des monastères de Flandres.)

Annalium Fuldensium III. Teil (Mogontiacensis) auctore *Meginhardo* (864–887). In: „Scriptores rer. Germanicar". Kleine Ausgabe. 5. Bd. Hannover 1891. S. 62–107.

Meichelbeck, C. „Chronicon Benedicto-Buranum etc.", edid. Alphons Haidenfeld. Teil I u. Teil II. Benediktbeuren 1751–1753.

Ein Bruchstück von *Meinrads* Chronik. In: G. Scherrer „Kleine Toggenburger Chroniken". St. Gallen 1874. S. 81.

Sigmund *Meisterlins* Chronik der Reichsstadt Nürnberg 1488 (–1488). In: „Die Chroniken der deutschen Städte". 3. Bd. Leipz. 1864. S. 1–178.

Mart. *Meisterus* „Annales Gorlicenses" ab a. P. C. N. 1131 continuati usque ad a. 1651 etc. Edid. M. Mylius. In: Christ. Godefr. Hoffmann „Scriptores rer. Lusaticar. antiqui et recentiores etc." Tom. I. Pars II. Leipz. u. Bautzen 1719. S. 1–94.

Additions au texte de *Melart* extraites des manuscrits No. 37 et 39. [12.–16. Jahrhundert]. In: „Chron. liègeoises", edit. S. Balau u. E. Fairon in „Publicat. de la comm. roy d'hist. de Belgique". Bd. 54, Tom. II. Brüssel 1931. S. 607–667.

Annales *Mellicenses*. Continuatio Mellicensis (1104–1560) [Melk a/Donau] „M. G. H." Script. IX. S. 501–535.

Annales *Mellicenses*. Continuatio Cremifanensis (1122–1216). „M. G. H." Script. IX. S. 544 bis 549.

Annales *Mellicenses*. Continuatio Garstensis (1182–1257). Dto. S. 593–600.

– Continuatio Lambacensis (1197–1348). dto. S. 556–561.

Annales *Mellicenses* et Zwetlenses. Contin. Novimontensis (1329–1396). dto. S. 669–677.

Annales *Mellicenses*. Continuatio Zwetlensis. III. (1241–1330). dto. S. 654–669.

– dto. IV. (1348–1360). dto. S. 684–689.

Meltzer, Chr. „Historia Schneebergensis renovata". Schneeberg 1716.

Menconis chronicon (1234–1273) [Bloemkamp, Friesland). „M. G. H." XXIII. S. 523 bis 561.

– Continuatio (1276–1296). dto. S. 561–572.

Annales *Mettenses* priores (678–831), edid. B. de Simon. Hann. u. Leipz. 1905. In: „Scriptores rerum Germanicarum". Kleine Ausgabe, Bd. 8. [Metz].

Annales S. Vincentii *Mettensis* (1159–1280) [Metz]. „M. G. H." Script. III. S. 158–160.

Chronica universalis *Mettensis* (–1274). dto. Continuatio (1153–1509) „M. G. H." Script. XXIV. S. 502–526.

Gesta episcoporum *Mettensium*. Contin. III. (1261–1296). „M. G. H." Script. X. S. 551.

Meyer, Jean-Jacques. „La chronique Strasbourgeoise", edid. Rodolphe Reuß. Straßburg 1873.

Meyer, Wilhelm. „Der Berliner Annalist von 1434". In: „Nachrichten von der Kgl. Gesellschaft der Wissenschaften zu Göttingen. Philol.-histor. Klasse aus dem Jahre 1895". Göttingen 1895. S. 256–271.

Annalium Flandriae post Jacobum *Meyerum* continuatio auctore Philippo Meyero (1477 bis 1482). In: „Collection de chron. beldes inédites". Bd. 13. Tom. III. Brüssel 1876. S. 491–507.

Meyner, A. M. „Geschichte der Stadt Wittenberg etc." Dessau 1845.

Michaelis de Leone Canonici Herbipolensis annotata historica (–1354). In: J. F. Boehmer „Fontes rerum Germanicarum". I. Stuttgart 1843. S. 451–479.

Mieg, M. „Der Stadt Mülhausen Geschichte bis zum Jahre 1816". 1. u. 2. Theil. Mülhausen 1816–1817.

Miesegaes, C. „Chronik der freyen Hansestadt Bremen". 1., 2. u. 3. Theil. Bremen 1828–33.

Die Chronik des Hermann *Miles*, edid. T. Schieß (–1533). In: „Mitteilungen zur vaterländischen Geschichte". Herausgegeb. v. Histor. Ver. in St. Gallen. 3. Folge. Band XXVIII. St. Gallen 1902. S. 275–385. [geb. 1463, gest. 1533.]

Mindener Geschichtsquellen. Band I. Die Bischofschroniken des Mittelalters (Hermanns v. Lerbeck Catalogus episcoporum Mindensium und seine Ableitungen), edid. Dr. Cl. Löffler. Münster 1917. (Veröffentlichungen der historischen Kommission für die Prov. Westfalen. Bd. 16.)

Die jüngere (*Mindener*) Bischofschronik (–1473). In: „Mindener Geschichtsquellen" I. Münster 1917. S. 91–263.

Chronicon *Mindense* incerti auctoris (1280–1474). In: Heinr. Meibom „Rer. Germanic. etc." Tom. I. Helmstedt 1688. S. 549–574.

Successio episcoporum *Mindensium* (–1451). In: „Mindener Geschichtsquellen". Bd. I. Münster 1917. S. 265–285.

Chronicon episcoporum *Mindensium* etc. (780–1599). In: „Rerum familiarumque Belgicar. chronic. magnum", edit. Pistorius. Frkf. a/M. 1654. S. 723–733.

Chronicon terrae *Misnensis* (–1486). In: J. B. Mencken „Scriptores rer. Germanicar., praecipue Saxonicar." Tom. II. Leipz. 1728. Sp. 313–376.

Chronicon parvum vernaculum rerum in *Misnia* ab a. 1175 ad a. 1349. In: dto. Tom. III. Leipz. 1730. Sp. 345–350.

Cronica brevis, de quibusdam novissimis temporibus actis in partibus *Missne* et Thuringie etc. (1301–1497). In: dto. dto. Sp. 55–64.

Chronicon *Moguntinum* 1347–1406 und Fortsetzung bis 1478. In: „Die Chroniken der deutschen Städte". 18. Bd. Leipz. 1882. S. 129–250.

Chronicon *Moissiacense* (–840). „M. G. H." Script. I. S. 280–313. [Moissac (Frankreich).]

Les 14 livres sur l'histoire de la ville de Louvain de Dr. et prof. en théologie Jean *Molanus*. (Histor. Lovanensium Libri 14.) Edid. P. F. X. Ram. I. u. II. Teil. Brüssel 1861. (Collection de chron. belg. inédit. Bd. 9.)

Annales *Monasterienses*. II. (1065–1194). [Münster im Gregoriental, Straßburg]. „M. G. H.“ Script. III. S. 154–155.

La chronique d'Enguerran de *Monstrelet* en deux livres avec pièces justificatives 1400–1444. Edid. L'Douët-d'Arcq. Tom. I. Paris 1857. (Soc. de l'hist. de France. Band 91). [gest. 1453.]

Parva chronica monasterii S. Petri in *Monte Crucis* ad Werram, compilatore Johanne Craemer (–1514). In: Christ. Fr. Paulinus „Rer. et antiquitat. Germanic. syntagma“. Frankf. a/M. 1698. S. 289–324. [Kreuzburg a/d. Werra.]

Chronicon *Montis Sereni* (1124—1225). [Lauterberg, jetzt Peterberg, Merseburg]. „M. G. H.“ Script. XXIII. S. 130–226.

Annales *Mosellani* (704–797). „M. G. H.“ Script. XVI. S. 494–499.

Annales *Mosomagenses* (972–1452) [Mouzon, Reims]. „M. G. H.“ Script. III. S. 161–166.

Moßmann, X. „Chronique des Dominicains de Guebwiller“. (1124–1723). Guebwiller, Colmar, Straßburg 1844.

Chronik des Hector *Mülich* (1348–1487). In: „Die Chroniken der deutschen Städte vom 14. bis ins 16. Jahrhundert“. 22. Bd. Leipz. 1892. S. 1–273. [geb. ca. 1410–1420.]

Jahrbuch des Ritters u. Schultheißen von Zürich, Herrn Eberhard *Müllers* von 1336–1364, nebst Fortsetzung eines Andern bis 1386. In: „Mittheilungen d. antiquarisch. Gesellschaft in Zürich“. 2. Bd. Zürich 1844. S. 74–96. [gest. 1364.]

Ein Chronicon zu *Münster*. In: „Blätter aus der Walliser Geschichte“. 1. Bd. 1. Jahrgang. S. 7–8, 15–16, 19–32, 48, 62–64, 79–80. Sitten 1889.

Münstereifeler Chronik. 1270–1450. edid. Dr. Floß. In: „Annal. d. histor. Ver. d. f. Niederrhein etc.“ 15. Heft. 1864.

N

Annales *Nazariani* I. Teil (708–768). „M. G. H.“ Script. I. S. 23–31.

Korte chronijcke van *Nederland* van den jaere 1285 tot 1496. In: „Chroniques de Brabant et de Flandre“, edid. Ch. Piot in „Collect. de chron. belg. inédit.“ Bd. 21. Brüssel 1879. S. 63–70.

Chronijcke van *Nederlant* van den jaere 1027 tot den jaere 1525. In: dto. S. 1–48.

Needon, Dr. R. „Die domstiftlichen Jahrbücher von 1388—1530, die älteste bekannte erzählende Geschichtsquelle Bautzens“. In: „Bautzener Geschichts-Blätter“. 1. Jahrg. 1909. S. 9–11, 13–14, 21–23, 25–26.

Chronicon Bohemiae ab eius gentis origine usque ad tempora Caroli IV. imp. auctore *Neplachone* (–1348). In: G. Pez „Scriptor. rer. Austriac“. Tom. II. Leipzig 1725. S. 1005 bis 1042.

Die *Neustädter* Chronik. I. Edid. H. Lesser und R. Herrmann (1409–1739). Neustadt (Orla) 1910. In: „Bausteine zur Geschichte Neustadts“. Heft I.

Nicolai archiepiscopi Lundensis chronica episcoporum Lundensium. (1104–1497). In: J. Langebek „Scriptor. rer. Danicar“. Tom. VI. Hafn. 1786. S. 621–639.

Nicolai papae I vita. In: J.-P. Migne „Patrologiae cursus completus etc.“ Tom. 119. Paris 1852. Sp. 753–768.

Chronicon Ecclesiasticum *Nicolai* de Siegen (–1495). In: „Thüringische Geschichtsquellen“. 2. Bd. Jena 1855. [Nikolaus von Siegen: gest. 1494.]

Journal de *Nicolas* de Baye, greffier du parlement de Paris, 1400–1417. Edid. Alex. Tuetey. Tom. I u. II. Paris 1885–1888. (Soc. de l'hist. de France Bd. 222 u. 239). [geb. ca. 1364, gest. 1419.]

Regesten zur Geschichte des *Niederrheingaus*. Edid. F. W. E. Roth, Teil I. Wiesbaden 1880. In: „Fontes rerum Nassoicarum". Band I.

Die Chroniken der *niedersächsischen* Städte. Lübeck. In: „Die Chroniken der deutschen Städte vom 14. bis ins 16. Jahrhundert". 31. Bd. 1. Teil. Leipz. 1911.

Nithardi historiarum libri IIII. Edid. Ernestus Müller. In: „Scriptores rerum Germanicarum etc." Kleine Ausgabe, Bd. 23. Hann. u. Leipz. 1907.

Normanniae nova chronica ab a. Chr. 473 ad a. 1378, edid. A. Chéruel. In: „Mémoires de la société des antiquaires de Normandie", 2. sér. 8. vol. Paris 1851. S. 1–34.

Brief *notes* of occurrences under Henry VI and Edward IV. (1307–1462). In: J. Gairdner „Three fifteenth-century chronicles etc." London 1880. S. 148–163.

Chronikalische Notizen aus den Jahren 1407–1414 (*Nürnberg*). In: „Die Chroniken der deutschen Städte". 1. Bd. Leipz. 1862. S. 470–472.

(*Nürnberger*) Jahrbücher des 15. Jahrhunderts (730–1487). In: „Die Chroniken der deutschen Städte". 10. Bd. Leipz. 1872. S. 47–386.

(*Nürnberger*) Chronik aus Kaiser Sigmunds Zeit bis 1434 mit Fortsetzung bis 1441 (1126 bis 1441). In: „Die Chroniken der deutschen Städte". 1. Bd. Leipz. 1862. S. 315–410.

Nijhoff, Js. An. „Gedenkwaardigheden uit de Geschiedenis van Gelderland, door onuitgegevene orkonden. Arnheim 1830. 3. Bd.

O

Weitere Aufzeichnungen Christoff *Offenburgs* und seiner Vorgänger. (1339–1532). In: „Basler Chroniken". 5. Bd. Leipzig 1895. S. 315–325. [geb. 1509, gest. 1552.]

Okko van Scharl, Vlytarp, Johannes und Cornelius Stavriensis, Andreas. „Chronyk en waaragtige beschryvinge van Friesland, etc., eindigende na de Geboorte Christi, met den Jare 1565 etc." Leeuwarden 1742.

Petri *Olai* Minoritae Roskildensis chronica regum Danorum a Dano ad obitum Johannis regis (–1521). In: J. Langebek „Scriptor. rer. Danicar." Tom. I. Hafniae 1772. S. 68 bis 148.

Petri *Olai* Minoritae Roskildensis annales rer. Danicar., a Cimbrorum exitu ad a. Chr. 1541. In: dto. S. 171–197.

Olearius, G. „Halygraphia". I. und II. Theil. Leipz. 1667.

Olearius, J. Chr. „Rerum Thuringiacarum syntagma etc." Frankf. a/M. und Leipz. 1703.

Die mittlere Chronik von *Oliva* (1356–1545). In: „Scriptor. rer. Prussicar." 5. Bd. Leipz. 1874. S. 624–644.

Annales *Olivenses* (1356–1545). In: A. Bielowski „Monumenta Poloniae historica", Tom. VI. Krakau 1893. S. 360–382.

Chronica *Olivensis*. In: A. Bielowski „Monumenta Polon. histor." Tom. VI, Lwow 1893.

Franciscanermunken Peder *Olsens* collectanae (1104–1497). In: Ellen Jorgensen „Annales Danici medii aevi". Kopenhagen 1920. S. 203–211.

Udalrici *Onsorgii*, veteris capellae Ratisp. canonoci, chronicon Bavariae a temporibus Phocae Imp. Aug. ad a. Chr. 1422. In: A. F. Oefele „Rer. Boicar. scriptores nusquam antehac editi etc." Tom. I. Augsburg 1763. S. 354–369.

Orderic Vitalis „Histoire de Normandie" I–IV. Band. Paris 1815–1827. (Collection des mémoires relatifs à l'histoire de France", edid. Guizot. Band 25–28). [geb. 1075, gest. 1141.]

Ex *Orderici* Vitalis historia ecclesiastica (1016–1134). „M. G. H." Script. XXVI. S. 11 bis 28.

Annales monasterii de *Oseneai* (1016–1347). [Osney bei Oxford]. In: „Rer. Britannicar. med. aev. scriptores". Bd. 36, Vol. IV. London 1869. S. 1–352.

Niektóre *Osobliwości* (992–1384). In: A. Bielowski „Monumenta Polon. histor." Tom. III. Lwow 1878. S. 740–745.

Osterhammer, Dr. J. G. „Topographie und Geschichte der Kgl. Baierischen Salinenstadt Reichenhall". Landshut 1825.

Annales *Ottenburani* (727–1111). [Ottobeuren, Augsburg]. „M. G. H." Script. V. S. 1–10.

Ottonis episcopi Frisingensis chronica sive historia de duabus civitatibus. Edid. Adolfus Hofmeister. Hann. u. Leipz. 1912. (Scriptores rerum Garmanicarum etc. Kleine Ausgabe. Bd. 25a.) (–1146).

Ottonis, prioris Waldsassensis, chronicon Waldsassense (–1507). In: A. F. Oefelius „Rer. Boicar. scriptores nusquam antehac editi etc." Tom. I. Augsburg 1763. S. 49–82. [geb. 1477.]

Chronijk der landen van *Overmaas* en der aangrenzende gewesten door eenen inwoner van Beek bij Maastricht (1275–1507). edid. Jos. Habets. In: „Publications de la société histor. et archéolog. dans le duché de Limbourg." Tom. VII. 1870. Roermond 1870. S. 5–196.

P

Annales *Palidenses* (–1390 u. 1421). „M. G. H." Script. XVI. S. 48–98. [Pöhlde]

Paltrami seu Vatzonis, consulis Viennensis, chronicon Austriacum etc. In: Hoerin. Pez „Scriptor. rer. Austriac." Tom. I. Leipz. 1721. Sp. 703–738.

Papebroek, Daniel. „Annales Antwerpienses ab urbe condita ad annum 1700". Edid. F. H. Mertens u. E. Buschmann. Tom. I/II. Antwerpen 1845.

Annales *Parchenses* (–1316). „M. G. H." Script. XVI. S. 598–608. [Parc, Belgien.]

Chronique *parisienne* du XIII siècle. In: „Notes sur quelques manuscrits du Musée Britannique" in „Mémoires de la société de l'histoire de Paris et de l'Jle-de-France". Tom. IV. 1877. Paris 1878. S. 183–238.

Notae Parmenses (1147–1180) [Parma]. „M. G. H." Script. XVIII. S. 664.

Annales *Parmenses* maiores (1165–1335). dto. S. 664–790.

Chronicon *Paschale*. edid. Ludw. Dindorf. Vol. I u. II. Bonn 1832. (Corpus scriptorum historiae Byzantinae.)

Pauli historia Langobardorum. edit. L. Bethmann u. G. Waitz. „M. G. H." Scriptores rerum Langobardicarum et Italicarum. Saec. VI–IX. S. 12–187. Hannover 1878.

Emil *Pauls* „Chronica manuscripta Aquensis" (vor 1200–1706). In: „Zeitschrift des Aachener Geschichtsvereins". 35. Bd. Aachen 1913. S. 126–153.

Chronique des *Pays-Bas*, de France d'Angletterre et de Tournai (1294–1466). In: „Corpus chronicorum Flandriae", edid. J. J. de Smet in „Collect. de chron. belges inédites". Bd. 3. Tom. III. Brüssel 1856. S. 111–570.

Annales *Pegavienses* et Bosovienses (1000–1149). dto. Continuatio I. (1140–1181). dto. Continuatio II. (1182–1190). [Pegau b/Merseburg und Bosau b/Zeitz]. „M. G. H." Script. XVI. S. 232–267.

Chronici *Pegaviensis* (quod sub tit. „Historia de vita et rebus gestis Viperti etc.) collationes et continuatio usque ad a. 1236 (1125–1236). In: J. B. Mencken „Scriptores rer. Germanicar." Tom. III. Leipzig 1730. Sp. 127–156.

Die *pehemische* Cronica dewcz I. u. II. Buch (–1346). In: „Fontes rerum Bohemicarum". Tom. III. Prag 1882. S. 257–297 u. 396–417.

Peper, Dr. H. „Geschichte der Stadt Bernburg". Bernburg 1938.

Perceval de Cagny „Chroniques de Pereval de Cagny“ (1239–1438). Edid. H. Moranvillé. Paris 1902. (Soc. de l'hist. de France, Bd. 307) [geb. ca. 1375].

Annales *Petaviani* I. (687–740). „M. G. H.“ Script. I. S. 7 u. 9.

Petersen, Johann (Petreus) „Chronica oder Zeitbuch der Lande zu Holsten/Stormarn/Ditmarschen vnd Wagern etc.“ Lübeck 1599.

Pfaff, Dr. K. „Geschichte der Stadt Stuttgart“. 1. Teil. Stuttgart 1845.

Piderit, Dr. F. C. Th. „Geschichte der Haupt- und Residenzstadt Kassel“. Kassel 1844.

Spominki *Pilznienskie* (1434–1548). In: A. Bielowski „Monum. Polon. histor.“ Tom. III. Lwow 1878.

Zusätze zu dem *Pirnischen* Mönche. In: Christ. Schöttgen und Georg Christ. Kreyssig, „Diplomat. und curieuse Nachlese der Historie von Ober-Sachsen etc.“ 1. Theil. Dresden u. Leipz. 1730. S. 226–287.

Annales *Pisani* (1004–1175) [Pisa]. „M. G. H.“ Script. XIX. S. 236–266.

Annales *Placentini* Guelfi (1012–1235). dto. Script. XVIII. S. 411–457.

C. *Plinius* Caecilius II „Epistolarum libri X“. Recens. Elmer Truesdeli Merril. Leipz. 1922.

Poetae Saxonis annalium de gestis Caroli Magni Imperatoris libri V (771–814). „M. G. H.“ Script. I. S. 225–279.

Pohle, Friedrich Wilhelm. „Chronik von Loschwitz“. Dresden 1886.

Pohlmann, A. W. u. Stöpel, A. „Geschichte der Stadt Tangermünde etc.“ Stendal 1829.

Jahrbücher der Stadt Breslau von Nikolaus *Pol*. Bd. I und II (965–1515). „Zeitbücher der Schlesier“, edid. Dr. Joh. Gust. Büsching. Bd. I [geb. 1564, gest. 1632].

Paul *Poles* Preußische Chronik (1422–1532 u. 1190–1498). In: „Script. rer. Prussicar.“ 5. Bd. Leipz. 1874. S. 173–288.

Annales *Polonorum* I–IV (899–1378). Continuatio (1330–1415). „M. G. H.“ Script. XIX. S. 614–656, 612–654, 613–656, 656–663.

Annales *Polonorum* I (965–1325). „Scriptores rerum Germanicar“. Kleine Ausgabe, Bd. 14. Hannover 1866. S. 44–74.

Pontanus, Jo. J. „Historia rerum Danicarum qua res post excessum Christophori Bavari etc.“, edid. F. Rostgaard. In: E. J. von Westphalen „Monumenta inedita rer. Germanicar etc.“ Tom. II. Leipz. 1740. Sp. 714–1230.

Port; Célestin. „Les phénomènes physiques“. Inondations en Anjou (579–1799). In: Célest. Port „Questions Angevines“. I. série. Angers et Paris 1884. S. 99–216.

Johann's von *Posilge* Chronik d. Landes Preußen (v. 1360 an, fortgesetzt bis 1419). Edid. Ernst Strehlke. In: „Scriptor. rer. Prussicar“. 3. Bd. Leipzig 1866. S. 13–464.

Annales Capituli *Posnaniensis* (965–1341). „M. G. H.“ Script. XXIX. S. 431–470 [Posen].

Annales *Posnanienses* II (1291–1501). Edid. Dr. Wojciech Katrzynski. In: A. Bielowski Monumenta Polon. histor.“ Tom. 5. Lwow 1888. S. 882–884.

Potthast, A. „Liber de rebus memorabilioribus sive chronicon Henrici de Hervordia“. Göttingen 1859. [Heinrich von Herford: geb. Ende d. 13. Jahrhdts., gest. 1370.]

Canonicarum *Pragensium* continuatio Cosmae. Annales Pragenses I. u. II. Teil (1196–1281). „M. G. H.“ Script. IX. S. 169–181 u. 194–198.

Chronica de gestis *principum* a tempore Rudolfi regis usque ad tempora imperatoris Ludwici. In: „Scriptores rerum Germanicarum etc.“ Kleine Ausgabe, Bd. 12a. „Chronica Bavariae saeculi XIV“. Hann. u. Leipz. 1918. S. 27–104.

Przibiconis, dicti Pulkavae chronicon ab initio gentis ad a. 1330. In: G. Dobner „Monum. histor. Boem.“ Tom. III. Prag 1774. S. 72--290.

Q

Annales *Quedlinburgenses* I. (702–829). [Quedlinburg.] „M. G. H.“ Script. III. S. 33–44.

– II (830–993). dto. S. 44–69.

– Continuatio (994–1025). dto. S. 72–90.

R

v. Raab, C. „Zwei vogtländische Chroniken“ (Plauische Chronik 1214–1663) in: „Mitteilungen des Altertumsvereins zu Plauen i. V.“ 9. Jahresschrift. 1892/93. Plauen 1893. S. 58–63.

Radulphi de Coggeshall chronicon Anglicanum (1066–1223). In: „Rerum Britannicarum med. aev. scriptores“. Bd. 66. London 1875. S. 1–208.

Radulfus de Diceto. „Ymagines Historiarum“ (1148–1202). In: dto. Bd. 68. Vol. I: S. 289 bis 440. Vol. II: S. 1–174. London 1876.

Rathmann, H. „Geschichte der Stadt Magdeburg etc.“ 3 Bände. Magdeburg 1800–1803.

Anonymi breve chronicon *Ratisponense* ab a. Chr. 471 ad a. 1343. In: A. F. Oefele, „Rer. Boicar. scriptores nusquam adhuc editi“. Tom. I. Augsburg 1763. S. 696–697.

Regionis chronicon (–906). In: „Scriptores rerum Germanicarum“. Kleine Ausgabe. Bd. 26. Hann. 1890. S. 1–153.

= *Reineri* annales (1066–1230) [Lüttich]. „M. G. H.“ Script. XVI. S. 651–680 [geb. 1155, gest. 1230.]

Cronica *Reinhardsbrunnensis* (527–1338) [Reinhardsbrunn i/Thür.]. „M. G. H.“ Script. XXX, 1. S. 490–656.

Annales *Remenses* et Colonienses (961–1150). „M. G. H.“ Script. XVI. S. 731–733 [Reims u. Köln].

Auszüge aus friesischen Chroniken in *Remmers* von Seediek Annalen (1194–1507). In: G. Sello, „Studien zur Geschichte von Oestringen u. Rüstringen“. Varel 1898. S. 105 bis 108.

Das Zeitbuch des Eike von *Repgow* in ursprünglich niederdeutscher Sprache und in früher lateinischer Übersetzung. Edid. H. F. Maßmann. Stuttgart 1857. (Bibliothek des litterarischen Vereins in Stuttgart. Bd. 42.)

Das große histor. Sammelwerk von *Reutlinger* in der Leopold-Sophien-Bibliothek in Ueberlingen. In: „Zeitschrift für die Geschichte des Oberrheins“. 34. Bd. Karlsruhe 1882. S. 31–65 u. 342/92.

Die lateinische Chronik des Klosters *Ribnitz*. In: „Mecklenburg. Geschichtsquellen“. Bd. I. Schwerin 1909.

Annales *Ricardi* II, regis Angliae (1392–1406). In: „Rerum Britannicarum med. aev. scriptores“. Bd. 28, 3. London 1866. S. 153–420.

Richardi Scoti chronicon (1328–1344). In: „Chronique de Richard Lescot 1328–1364“, edid. J. Lemoine. Paris 1896. S. 1–64 [geb. ca. 1310/20].

– scoti chronici continuatio (1347–1364). In: dto. S. 65–172.

Chronicon *Riddagshusanum* ad a. usque 1508 continuatum. In: G. W. Leibniz „Scriptor. Brunsvic. illustr.“ Tom. II. Hann. 1710. S. 68–84.

Riemann, Fr. W. „Die Chronica Jeuerensis (1148–1576). Geschreuen tho Varel dorch Eilerdt Springer Anno 1592“. Jever 1896.

Riemann, Heinr. A. „Geschichte der Stadt Colberg“. Colberg 1873.

Rigordus. „Gesta Philippi Augusti“ (1175–1208). In: H.-François Delaborde „Oeuvres de Rigord et de Guillaume Le Breton hist. de Philippe Auguste“. 1. Bd. Paris 1882. S. 1 bis 167 [geb. ca. 1145–1150, gest. ca. 1209.]

Annales *Ripenses* (936–1324). In: Ellen Jorgensen „Annales Danici med. aev." Kopenhagen 1920. S. 149/56.

Willelmi *Rishanger*, monachi S. Albani, chronica (1259–1306). In: „Rerum Britannicarum med. aev. scriptores". Bd. 28, 2. London 1865. S. 1–230 [geb. ca. 1250, gest. ca. 1312].

Roberti de Monte cronica (1101–1186). „M. G. H." Script. VI. S. 480–535.

Chronica *Roberti* de Torigneio, abbatis monasterii sancti Michaelis in periculo Maris (–1186). In: „Rer. Britann. med. aev. scriptores". Bd. 82. Vol. IV. London 1889. S. 1–315 [geb. ca. 1110, gest. 1186].

– Continuatio Beccensis (1157–1160). In: dto. S. 317–327.

Roberti canonici S. Mariani Autissiodorensis chronicon (–1211). [Auxerre.] „M. G. H." Script. XXVI. S. 219/76.

– Continuatio I u. II u. Additamentum (1214–1223). In: dto. S. 276–286.

Zusätze *Röchells* zu frühern Chronisten. In: Dr. Joh. Janssen, „Die münsterisch. Chroniken von Röchell, Stevermann und Corfey". Münster 1856. S. 179–243. (Die Geschichtsquellen des Bisthums Münster. 3. Bd.)

Chronica magistri *Rogeri* de Houedene. In: „Rerum Britannicarum med. aev. scriptores". Bd. 51. Edid. Wilh. Stubbs. Vol. I–IV. London 1868/71 [gest. ca. 1201].

Bernhard *Rorbachs* Liber gestorum (1338–1482). In: „Quellen z. Frankf. Geschichte", edid. Dr. H. Grotefend. Teil I. Frkf. a/M. 1884. S. 181–223 [geb. 1446, gest. 1482].

Job *Rorbachs* Tagebuch (1493–1501). In: dto. S. 237–313 [geb. 1469, gest. 1502].

Sigismundi *Rosiczii* chronica etc. Ab a. C. 1051 usque 1470. In: „Scriptor. rer. Silesiac." 12. Bd. Breslau 1883. S. 29–86 [gest. ca. 1470].

Die *Röteler* Chronik (1376–1428). In: „Basler Chroniken". 5. Bd. Leipzig 1895. S. 105–189.

Röteler Chronik. Spätere Aufzeichnungen aus der Klingenthaler Handschrift (1444, 1466, 1468, 1487–1494). In: dto. S. 190–198.

Düringische Chronik des Johann *Rothe* (–15. Jahrhundert). Edid. R. v. Liliencron. In: „Thüring. Geschichtsquellen". 3. Bd. Jena 1859 [gest. 1434].

Annales *Rotomagenses* Wigorniae Roffae Belli adaucti et continuati (–1184). [Rouen.] In: F. Liebermann, „Ungedruckte Anglo-Normannische Geschichtsquellen". Straßburg 1879. S. 31–49.

Ex annalibus *Rotomagensibus* (754–1073) dto. Continuatio (1095–1342). [Rouen.] „M.G.H." Script. XXVI. S. 488–506.

Rottée. „Tableau chronologique des phénomènes météorologiques observations dans le pays qui forme aujourd' hui le département de l'Oise" (66–1852). In: „Annuaire de la Société Météorol. de France". 1858. VI. Tom. II. Part. Paris. S. 136–192.

Chronique de *Rouen* des origines à 1544. In: A. Héron „Deux chron. de Rouen" in: „Ouvrages de la soc. de l'hist. de Normandie". Bd. 40. Rouen u. Paris 1900. S. 1–172.

Rübezahl. Der schlesischen Provinzialblätter 72. Jahrgang. 1868. Breslau.

Annales S. *Rudberti*. Continuatio monachor. S. Petri (1375–1398). „M. G. H." Script. IX. S. 837–843.

Der sog. *Rufus*-Chronik I. Teil von 1105–1395. In: „Die Chroniken der deutschen Städte etc." 26. Bd. Leipz. 1899. S. 177–276.

Der sogenannten *Rufus*-Chronik 2. Teil von 1395–1430. In: „Die Chroniken der deutschen Städte etc.". 28. Bd. Leipzig 1902. S. 1–342.

Annalium Fuldensium II. Teil (Fuldensis) auctore *Ruodolfo* (838–863). In: „Scriptor. rer. Germanicar." Kleine Ausgabe. 5. Bd. Hannover 1891. S. 29–61.

Ruppert, Ph. „Konstanzer Beiträge zur badischen Geschichte". Altes und Neues. 1. u. 2. Heft. Konstanz 1888–1890.

Ruppert, Ph. „Die Chroniken der Stadt Konstanz". Konstanz 1891.

Johann *Russe's* achtundvierzigers aus Lunden, Sammlungen und Vorarbeiten zur Chronik des Landes Dithmarschen. Aus der Urschrift mitgeteilt von Dr. A. L. J. Michelsen. (Chronicon Eiderostadense vulgare.) (1103–1547.) In: „Staatsbürgerl. Magazin". 9. Bd. Schleswig 1829. S. 695–723.

Jo. *Russe* Lundensis fragmenta XXXV. Rerum Dithmarsicarum ab a. 1040–1542 etc. In: E. J. von Westphalen „Monum. inedita rer. Germanicar." Tom. IV. Leipz. 1745. Sp. 1439–1484.

Melker *Russen* des Jüngeren, Ritters und Gerichtschreibers zu Lucern, Eidgenössische Kronik (–1411). Edid. Joseph Schneller. In: „Der Schweizerische Geschichtforscher". 10. Bd. Berlin 1838. S. 1–272. [Melchior Ruß: geb. 2. Hälfte d. 15. Jahrh., gest. ca. 1499.]

Ryccardus de S. Germano notarii chronica (1189–1243). „M. G. H." Script. XIX. S. 321 bis 386.

Die Chronik des Fridolin *Ryff* 1514–1541 etc. In: „Basler Chroniken". 1. Bd. Leipz. 1872. S. 1–189. [Fridolin Ryff: geb. ca. 1488, gest. ca. 1554.]

Die Bremische Chronik des Gerhard *Rynesberch* und des Herbord Schene (788–1430). In: M. Lappenberg, „Geschichtsquellen d. Erzstift. u. d. Stadt Bremen". Bremen 1841. S. 55–158. [Gerhard Rynesberch: geb. ca. 1315, gest. 1406. Herbord Schene: gest. zwischen 1411 u. 1422.]

S

Sächsische Weltchronik (–129). Edid. L. Weiland. „M. G. H." Scriptorum qui vernacula lingua usi sunt. Tom. II. Hann. 1877. S. 1–279.

Jahrgeschichten von *Säckingen* (1378–1494). In: F. J. Mone, „Quellensammlung der badischen Landesgeschichte". 3. Bd. Karlsruhe 1863. S. 655–656.

Catalogus abbatum *Saganensium*, In: „Scriptor. rer. Silesiacar." 1. Bd. Breslau 1835.

Cronica fratris *Salimbene* de Adam ordinis Minorum (1168–1287). „M. G. H." Script. XXXII. S. 1–652.

Annales *Salisburgenses* (499–1049) [Salzburg]. „M. G. H." Script. I. S. 89–90.

– Additamentum. Auctarium codicis Monacensis (508–1183). dto. Script. XIII. S. 237 bis 238.

– Continuatio codicis Monacensis (1187–1322). dto. S. 238–241.

Annales S. Rudberti *Salisburgenses* (–1286). dto. Script. IX. S. 758–810.

Annales S. Rudberti *Salisburg.* Contin. canonicar. (–1327). „M. G. H." Script. IX. S. 758 –823.

Canonici *Sambiensis* annales (–1338) [Samland]. dto. Script. XIX. S. 696–708.

Canonici *Sambiensis* epitome gestorum Prussie. In: „Scriptor. rer. Prussicatum". I. Bd.

Kurze *St. Gallen* Annalen. In: G. Scherrer, „Kleine Toggenburger Chroniken". St. Gallen 1874. S. 89–92.

Chronik der Äbte des Klosters *St. Gallen*. Die größere Chronik der Äbte (1200–1491) mit der kleineren Chronik als Ergänzung (1199–1530). In: Joachim v. Watt (Vadianus) „Deutsche histor. Schriften". 2 Bände. St. Gallen 1875–1877.

Annalistisches aus *St. Urban* (1255–1480). Edid. Dr. Th. v. Liebenau. In: „Anzeiger f. Schweiz. Geschichte". Neue Folge. 4. Bd. 1882–1885. Solothurn. S. 53–58.

Annales *Sancti Georgii* in Nigra Silva. Continuatio (1154–1308) [St. Georgen i/Schwarzwald]. „M. G. H." Script. XVII. S. 296–298.

Annales *Sandivogii* (965–1360) [Polen]. „M. G. H." Script. XXIX. S. 424–430.

Annales *Sangallenses* Maiores I. u. II. Teil (709–1056) [St. Gallen]. „M. G. H." Script. I. S. 73–85.

Eugène Paul Marie *Sauvage*. „Chronique du froid en Normandie et dans le nord de la France du Ier au XVIII siècle " Rouen 1892.

Chronicon *Savigniacense* (1112–1378). In: Steph. Baluzius „Miscellaneorum vel Monum. veter. collect." II. Buch. S. 310–323.

Annalista *Saxo* (741–1139). „M. G. H." Script. VI. S. 553–777.

Chronici *Saxonini* continuatio (Thuringica) Erfordensis (1227–1353). In: „Scriptores rer. Germanicar." Kleine Ausgabe. 22. Bd. S. 443–485.

Monachi *Sazavensis* cont. Cosmae (932–1162). In: „M. G. H." Script. IX.

Schäfer, Dr. W., „Chronik der Dresdener Elbbrücke, nebst den Annalen der größten Elbfluthen von der frühesten bis auf die neueste Zeit". Dresden 1848.

Schaidler, M. „Chronik des ehemaligen Reichsstiftes Kaisersheim (Kaisheim) etc." Nördlingen 1867.

Georgii *Schamdocher* breve chronicon rerum quarundum sub Friderico III Aug. ab a. Chr. 1440 ad a. 1479 gestarum. In: A. F. Oefele, „Rer. Boicar. scriptores". Tom. I. Augsburg 1763. S. 315–321.

Scheffer-Boichorst, P. „Annales Patherbrunnenses" (794–1144). Innsbruck 1870.

Annales *Scheftlarienses* maiores (1092–1247) [Scheftlarn, Freising]. „M. G. H." Script. XVII. S. 334–343.

Diebold *Schillings* Berner-Chronik von 1424–1468, edid. Dr. Th. von Liebenau. In: „Archiv des historischen Vereins des Kantons Bern". 13. Bd. Bern 1893. S. 465–539 [gest. 1485].

Joannis *Schiphoweri* chronicon archicomitum Oldenburgensium (–1505). In: Heinrich Maibom, „Rer, Germanicar. scriptores". Tom. II. Helmstedt 1688. S. 121–191.

Incerti auctoris chronica *Schlavica* (606–1487). In: E. Lindenbrogius, „Scriptor. rer. Germanicar. septentrional." Hamburg 1706. S. 189–247.

Schmid, Dr. Wolfg. M. „Illustrierte Geschichte der Stadt Passau". Passau 1927.

Schmidt, Dr. „Chronikal. Aufzeichnungen aus Magdeburg. 1487–1488". In: „Geschichts-Blätter für Stadt u. Land Magdeburg". 10. Jahrg. 1875. Magdeburg. S. 337–341.

Schmidt, Hugo. „Geschichte der Stadt Grünberg i/Schl.". Grünberg 1922.

Schmidt, Tobias. „Chronica Cygnea (Zwickau. Chronick)". 2 Bände. Zwickau 1656.

Schneider, H. Chr. „Chronik der Stadt und Standesherrschaft Forst etc." Guben 1846.

Schneller, J. „Jahreszeitbücher des Mittelalters". Cisterciensersstift St. Urban (Kanton Luzern) (1386–1723). In: „Der Geschichtfreund". 16. Bd. Einsiedeln 1860. S. 1–47.

Die späteren Aufzeichnungen bei *Schnitt*. 1400–1487. In: „Basler Chroniken". 6. Bd. Leipzig 1902. S. 291–310.

Die anonyme Chronik bei *Schnitt* sammt Fortsetzung. 1495–1541. In: „Basler Chroniken". 6. Bd. Leipz. 1902. S. 191–235.

Die Lüneburger Chronik des Propstes Jakob *Schomaker*. Edid. Th. Meyer. Lüneberg 1904 (–1561) [geb. 1499, gest. 1563.]

Schönwälder, G. F. „Die Piasten zum Briege oder Geschichte der Stadt und des Fürstenthums Brieg" (–1521). 1 Bd. Brieg 1855.

Schorer, Christoph. „Memminger Chronick / oder kurze Erzehlung vieler denckwürdigen Sachen / die sich allda nicht allein vor alten / sondern auch zu jetzigen Zeiten / bevorab in verwichenem dreyssigjährigen Krieg begeben vnd zugetragen / von Ao. 369 biß 1660". Ulm 1660.

Karsten *Schröders* Ditmarsische Chronik (1040–1616). Edid. W. G. Kolster. In: „Zeitschrift der Gesellschaft für Schleswig-Holstein.-Lauenburg. Geschichte". 8. Bd. Kiel 1878. S. 177–274 [geb. 1531, gest. 1615.]

Schultz, Dr. A. und Grünhagen, Prof. „Annalistische Nachlese" Fortsetzung 1449–1500. In: „Zeitschrift d. Ver. f. Gesch. u. Alterth. Schlesiens". 9. Bd. Breslau 1868–1869. S. 373–388.

Notizen über Frankfurter Begebenheiten im 14. Jahrhundert, aus d. Liber I d. Colletaneen d. Phil. *Schurg* (1306–1389). In: „Quellen z. Frankf. Geschichte", edid. Dr. H. Grotefend. Teil I. Frankf. a/M. 1884. S. 148–156.

Res Misnicae ab 1426 ad 1488 versioni Germanicae, chronici Vetero-Cellensis additae et Joh. Puchelero adscriptae a C. S. *Schurtzfleischio* (1426–1488). In: J. B. Mencken, „Scriptores rerum Germanicarum, praecipue Saxonicarum etc." Tom. II. Leipz. 1728. Sp. 417–434.

Schütz, G. u. H. „Chronik der Stadt Langensalza etc." 1. Bd. Langensalza 1900.

Schwaiger, Michael. „Chronica oder kurze Beschreibung der churfürstlichen Stadt Amberg in der obern Pfalz". Neu herausgegeben und mit Erläuterungen über magistratische Verfassung mit Anmerkungen etc. von Felix Joseph Lipowsky. München 1818.

Schwarz, Dr. F. „Chronica oder Handbüchlein Danziger Geschichte, gedruckt durch Jacob Rhode. Danzig 1594" (1205–1591). Danzig 1926. („Heimatblätter des deutschen Heimatbundes". 3. Jahrgang, Heft 3–4.)

Die alte Chronik von *Schweinfurt* (–1599). In: Friedr. Stein, „Monumenta Suinfurtensia historica etc." Schweinfurt 1875. S. 427–494.

Rocznik *Sedziwoja*. In: August Bielowski, „Monum. Polon. histor." Tom. II. Lwow 1872. S. 871–880.

Sello, G. „Studien zur Geschichte von Oestringen und Rüstringen". Varel 1898.

Chroniques de *Sempringham* (1280–1326). In: „Rerum Britannicar. med. aev. scriptores". Bd. 42. S. 322–354.

Die Chronik von Clemens *Sender* von den ältesten Zeiten der Stadt bis zum Jahre 1536. In: „Die Chroniken der deutschen Städte vom 14. bis ins 16. Jahrhundert". 23. Bd. Leipz. 1894. S. 1–404 [geb. 1475, gest. 1536].

Short, Th. „General chronological history of the air, weather, seasons, meteors, in sundry places and different times etc." Vol. I u. II. London 1479.

Sicardi episcopi Cremonensis cronica (–1213). [Cremona.] „M. G. H." Script. XXXI. S. 22–183.

– Continuatio (1213–1218). dto. S. 181–182.

Fridolin *Sichers* Chronik (1427–1531), edid. Ernst Götzinger. In: „St. Gallen. Mittheilungen zur vaterländischen Geschichte". Neue Folge. 10. Heft. St. Gallen 1885 [geb. 1490, gest. 1540.]

Chronica *Sigeberti* Gemblacensis (–1111) [Gembloux]. „M. G. H." Script. VI. S. 300–374 [geb. 1030, gest. 1112].

Sigeberti chronographiae auctarium Aquicinense (651–1166). dto. S. 392–398.

Sigeberti chronographiae auctarium Affligemense (–1163). dto. S. 398–405.

Sigeberti chronographiae continuatio Aquicinctina (1149–1237). dto. S. 405–438.

Sigeberti chronographiae continuatio Tornacensis (1114–1334). dto. S. 443–444.

Sigeberti chronographiae auctarium Laudunense (928 u. 1052–1145). dto. S. 445–447.

Sigeberti chronographiae continuatio Praemonstratensis (1114–1155). dto. S. 447–456.

Sigeberti chronographiae continuatio Burburgensis (1114–1164). dto. S. 456–458.

Simeonis Dunelmensis historia de gestis regum Anglorum (616–957). In: „Monum. hist. Britannica“. Vol. I, 2. London 1848. S. 645–688.

Skalitzky, A. „Excerpta aus der handschriftlichen Chronik eines Habelschwerdters vom Jahre 1618“. In: „Vierteljahrsschrift für Geschichte und Heimatskunde der Grafschaft Glatz“. VII. Jahrgang 1887/88. Habelschwerdt. S. 82–98, 179–187, 274–283, 344–352.

Slaggert, L. „Chronik d. Klosters Ribnitz“ (1206–1532). In: „Mecklenburg. Geschichtsquellen“ I. Schwerin 1909. S. 63–171.

Die Fortsetzung des Flores temporum von Reinbold *Slecht*, Cantor von Jung Sankt Peter in Straßburg, 1366–1444. Edid. Richard Fester. In: „Zeitschrift für die Geschichte des Oberrheins“. Neue Folge. 9. Bd. Karlsruhe 1894. S. 79–145.

Annales *Slesvico-Holsatenses* 1227–1546. In: J. Langebek, „Scriptores rerum Danicarum med. aev.“ Tom. V. Kopenhagen 1783. S. 505–510.

Auszüge aus den *Soestern* Stadtbüchern (1414–1532). In: „Die Chroniken der deutschen Städte vom 14. bis ins 16. Jahrhundert“. 24. Bd. Leipz. 1895. S. 1–155.

Karl *Sonklar* Edler von Innstaedten. „Von den Überschwemmungen“. Wien, Pest, Leipz. 1883.

Spangenberg, Cyriacus. „Hennebergische Chronica. Der Vralten Löblichen Graffen vnd Fürsten zu Henneberg / Genealogia / Stammbaum vnd Historia / etc.“ Straßburg 1599.

Spangenberg, C. „Mansfeldische Chronica“. Der vierte Teil. Edid. Carl Rühlemann. Eisleben 1913. („Mansfelder Blätter“ 27. u. 28. Jahrg. 1913/14.)

Specklini collectanea in usum chronici Argentinensis (–1329). In: „Bulletin de la société pour la conservation des monuments historiques d'Alsace“. II. série. 13. Vol. Straßburg 1888. S. 179–360.

Specklini collectanea (1330–1589). In: „Mitteilungen d. Gesellschaft f. Erhaltung d. geschichtl. Denkmäler im Elsaß“. Tom. I und II. 2. Folge. 14. Bd. Straßburg 1889. S. 1 bis 178 u. 273–404. [Daniel Specklin: geb. 1536, gest. 1589.]

Specklini collectanea in usum chronici Argentinensis (–1589). In: „Fragments des anciennes chroniques d'Alsace“. II. Bd. Edid. R. Reuß. Straßburg 1890 [geb. 1536, gest. 1589].

Speerschneider, C. J. H. „Om Isforholdene i Danske Farvande i aeldre og nyere Tid aarene 690–1860“. Kopenhagen 1915.

Chronicon *Sponheimense*. In: Joh. Trithemius „Opera historica, quotquot hactenus reperiri, potuerunt omnia etc.“ Frankf. a. M. 1601.

Annales *Stabulenses* (–1087). „M. G. H.“ Script. XIII. [Stablo, Stavelot (Belgien)].

Annales *Stadenses* (–1256). dto. Script. XVI, S. 271–374. [Stade].

Auszug aus der *Stades*-Chronik. Fragment von 1315–1349. In: „Die Chroniken der deutschen Städte etc.“ 26. Bd. Leipz. 1899. S. 279–284.

Staindel, J. „Joannis Staindelii, presbyteri Pataviensis, chronicon generale ab O. C. ad A. C. 1508 quod ab a. Chr. 700 etc.“ In: A. F. Oefele, „Rer. Boicar. scriptores nusquam antehac editi etc.“ Tom. I. Augsburg 1763. S. 417–542.

Stampfer, P. Coelestin. „Chronik von Meran, der alten Hauptstadt des Landes Tirol“. 2. verb. Ausgabe. Innsbruck 1867.

Annales *Stederburgenses* (1000–1195). „M. G. H.“ Script. XVI. S. 197–231. [Stederburg b/Wolfenbüttel.]

Bernt *Stegmanns* Hanseatische Chronik (1216–1525). In: „Scriptor. rer. Prussicar.“ 5. Bd. Leipzig 1874. S. 492–528.

Die Aufzeichnungen des Heinrich *Steinruck* über Ereignisse aus den Jahren 1430–1462. Edid. Dr. August Schäffler. In: „Archiv des historischen Vereines von Unterfranken und Aschaffenburg“. 23. Bd. Würzburg 1876. S. 475–488.

Stephani infessurae senatus populique Romani scribae diarium urbis Romae (1294–1494). In: J. G. Eccard „Corpus histor. med. aev." Tom. II. Leipz. 1723. Sp. 1863–2016.

Stichert, Franz Otto. „Chronik der Stadt Werdau". Leipzig 1841.

Diarium Fratrum Minorum *Stockholmensium* ab a. 1008 ad a. 1502. In: E. M. Fant „Scriptor. rer. Suecicar". Tom. I. Upsala 1818. S. 67–82.

Stoebbe, A. „Chronik der Stadtgemeinde Schlawe in Pommern etc." Schlawe 1898.

Rymkroniek van Melis *Stoke*. Edid. Dr. W. G. Brill: (Werken van het Histor. Genootschap, gevestiged te Utrecht.) 1. und 2. Deel. Utrecht 1885. Nieume serie No. 40 u. 42.

Stolle, K. „Memoriale-thüringisch-erfurtische Chronik (–1502). Edid. Dr. Richard Thiele. Halle a/S. 1900. („Geschichtsquellen der Provinz Sachsen und angrenzender Gebiete". 39. Bd.) [geb. ca. 1430].

Laurentii *Stralii* annales Danici ab a. 1084 ad. a. usque 1314. In: J. Langebek, „Scriptor. rer. Danicar. med. aev. etc." Tom. III. Kopenhagen 1774. S. 302–316.

Auszüge aus *Stralsunder* Chroniken vom Jahre 1230–1521. In: „Stralsunder Chroniken", edid. Dr. Mohnicke und Dr. Zober. I. Teil. Stralsund 1833. S. 159–224 und 310–326.

Annales der Barfüßer zu *Straßburg* de anno 1507–1510. In: „Mittheilungen der Gesellschaft für Erhaltung der geschichtl. Denkmäler im Elsaß". 2. Folge. 18. Bd. Straßburg 1897. S. 298–314.

Straßburgische Archiv-Chronik (1373–1569). In: „Code historique et diplomatique de la ville de Strasbourg". Tom. I. Straßburg 1843. S. 131–220.

Strehlke, F. und E. „Nachrichten über besondere Witterungs-Erscheinungen in Preußen während des 14., 15., 16. und 17. Jahrhunderts". In: „Altpreußische Monatsschrift". Neue Folge (4. Folge). 10. Bd. Königsberg 1873. S. 650–660.

Ulman *Stromers* Püchel von meim geslechet und von abentewer (1349–1407). In: „Die Chroniken der deutschen Städte". 1. Bd. Leipz. 1862. S. 1–106 [geb. 1329, gest. 1407].

Chronik des Nicolaus *Stulmann* vom Jahre 1407. Edid. Jos. Würdiger. In: „32. Jahresbericht d. histor. Kreis-Vereins im Regierungsbezirke von Schwaben und Neuburg f. d. Jahr 1866". Augsburg 1867. S. 9–32.

Ein Reisebericht des Chronisten Johannes *Stumpf* aus dem Jahre 1544. Edid. Dr. Herm. Escher. In: „Quellen zur Schweiz. Geschichte". 6. Bd. Basel 1884. S. 231–310 [geb. 1500, gest. 1566].

Stumpff, Johannes, „Schwytzer Chronica etc. biß auff das jar Christi 1546". Zürich 1554.

Sturm, K. A. G. „Kleine Chronik der Stadt Weißenfels". Weißenfels 1869.

Sturm, L. „Geschichte der Stadt Goldberg in Schlesien". Goldberg 1888.

Sturtevant, *E*. „Chronik der Stadt Jüterbog". Jüterbog (1935).

Annales *Stutgardini* (1265–1422). In: „Anzeiger für Kunde des deutschen Mittelalters". 3. Jahrg. 1834. Nürnberg. Sp. 137–140.

Suhle, Dr. H. „Ältere Nachrichten des Kirchenbuchs der Marienkirche zu Bernburg" (992–1617). In: „Mitteilungen des Vereins für anhalt. Geschichte u. Altertumskunde". 6. Bd. Dessau 1893. S. 258–277.

Sutorius, B. G. „Die Geschichte von Löwenberg". 1. u. 2. Theil. Bunzlau 1784–1787.

Spominki Zakonnika *Swietokrzynskiego* [1434] – 1451–1454]. In: A. Bielowski, „Monumenta Polon. histor." Tom. III. Lwow 1878.

Symeonis monachi historia regum (616–1129). In: „Rerum Britannicarum med. aev. scriptores". Bd. 75. Vol. II. S. 1–283.

Ex miraculis Sancti *Symeonis*. „M. G. H." Script. VIII. S. 209–211.

T

P. Cornelii *Taciti* historiarum libri qui supersunt. 1. Heft, Buch I–II. Edid. Eduard Wolff. 2. Band, Buch III–V. Edid. Georg Andresen. Berlin 1914–1926.

Des P. Cornelius *Tacitus* Annalen I–III. Edid. Dr. Rud. Lange. Bielefeld u. Leipz. 1896.

Die Chronik Heinrichs *Taube* von Selbach mit den von ihm verfaßten Biographien Eichstätter Bischöfe (1292–1369). Edid. Harry Breßlau. Berlin 1922. („M. G. H." Scriptor. rer. Germanicar. Nova series. Tom. I.)

Techen, Dr. F. „Geschichte der Seestadt Wismar". Wismar 1929.

Teschenmacher, W. „Annales Cliviae, Juliae, Montium, etc." Edid. Chr. Dithmarus. Frankf. a/M. u. Leipz. 1721.

Theoderici de Niem vitae pontificum Romanorum a Nicolao IV usque ad Urbanum V etc. (1284–1430). In: J. G. Eccard „Corp. hist. med. aev." Tom. I. Leipz. 1723. Sp. 1461 bis 1550.

Vita *Theoderici* abbatis Andaginensis (–1087). „M. G. H." Script. XII. S. 36–57.

Annales monsaterii de *Theokesberia* (1066–1263) [Kloster Tewkesbury]. In: „Rerum Britannicar. med. aev. scriptores". Bd. 36, I. London 1864. S. 41–180.

Theophanis chronographia. Vol. II. Edit. Carolus de Boor. Leipz. 1885.

Thiele, Dr. R. „Erphurdianus antiquitatum variloquus incerti auctoris, etc." (–1512). Halle a/S. 1906. (Geschichtsquellen der Prov. Sachsen etc. 22. Bd.)

Thietmari Merseburgensis episcopi chronicon (892–1018). Edid. Friederic. Kurze. In: „Scriptores rerum Germanicarum etc." Kleine Ausgabe. Bd. 29. Hannover 1889.

Chronica monasterii de Melsa, a fundatione usque ad a. 1396, auctore *Thoma* de Burton etc. Edid. Edward A. Bond. Vol. I–III. London 1866–1868. In: „Rerum Britannicarum med. aev. scriptores". Bd. 43.

Chronicon vulgo dictum *Thomae* Wykes (1066–1289). In: „Rerum Britannic. med. aev. script." Bd. 36, IV. London 1869. S. 6–319.

Thomas, J. „Zeitereignisse aus der Vergangenheit und dem Leben unserer Heimatstadt Riesa etc." Riesa 1927.

Schweidnitz. Chronik des Wenceslaus *Thommendorf*. In: „Scriptor. rer. Silesiac." 11. Bd. Breslau 1878. S. 1–14.

Die älteste *Thorner* Stadtchronik (1222–1528 [1546]). Edid. M. Töppen. In: „Zeitschrift des Westpreußischen Geschichtsvereins". Heft 42. Danzig 1900. S. 119–181.

Tagebuch des Wiener Arztes Johannes *Tichtel* aus den Jahren 1477–1495. In: „Fontes rer. Austriacar." 1. Abtlg. 1. Bd. Wien 1855. S. 1–61.

In Joannis *Tichtelii* Austriaci Greinensis Diarium res Viennae potissimum aetate sua gestas enarrans, et ab a. 1477 usque ad a. 1494 deductum. In: Adrian Rauch „Rerum Austriacarum scriptores etc." Vol. II. Wien 1793. S. 531–563.

Annales *Tielenses* (696–1345). „M. G. H." Script. XXIV. S. 21–27. [Tiel a/Waal.]

Toeppen, Dr. „Die Elbinger Geschichtsschreiber und Geschichtsforscher in kritischer Übersicht vorgeführt". In: „Zeitschrift des westpreußischen Geschichtsvereins". Heft 32. Danzig 1893. S. 1–200.

Chronik eines ungenannten *Toggenburgers* (1314–1446). In: Gustav Scherrer, „Kleine Toggenburger Chroniken". St. Gallen 1874. S. 1–34.

Toppius, Andreas. „Historie des Ambts und Stadt Langensaltze". In: G. Chr. Kreysig, „Beyträge zur Historie derer Chur- und Fürstlichen Sächsischen Lande". 4. Band. Altenburg 1758. S. 134–221.

Torfs, Louis. „Fastes des calamités publiques survenues dans les Pays-Bas et particulièrement en Belgique, depuis les temps les plus reculés jusqu' à nos jours". 2 Bände. Paris u. Tournai 1859 u. 1862.

Tratziger, A. „Der alten weitberümbten Stadt Hamburg Cronica oder Jahr-Bücher etc." In: E. J. von Westphalen, „Monum. inedita rer. Germanic. praecip. Cimbricar. etc." Tom. II. Leipz. 1740. Sp. 1259–1408.

Gesta *Treverorum*. Cont. I. „M. G. H." Script. VIII. S. 175–260.

Gesta *Trevirorum* etc. Edid. J. H. Wyttenbach u. M. F. J. Müller. Vol. I u. II. Trier 1836 bis 1838.

Trümpi, Chr. „Neuere Glarner Chronick etc." Winterthur 1774.

Descriptio de origine conventus, postea abbatiae *Trunchiniensis*, ordinis Praemonstratensis (Chronicon Trunchiniense) (571–1640). In: „Corp. chron. Flandriae", edid. J. J. de Smet in: „Collect. de chron. belg. inédit. Bd. 3. Tom. I. Brüssel 1837. S. 589–700. [Dronchen oder Droengsen oder Tronchen.]

Compilatoris veteris *Trzemesznensis* (Tremesnensis) fragmenta. (11. Jahrhundert –1526.) Edid. Dr. W. Ketrzynski. In: A. Bielowski, „Monumenta Polon. histor." Tom. V. Lwow 1888. S. 818–840.

Berner Chronik 1424–1470 von Bendicht *Tschachtlan* nebst den Zusätzen d. Diebold Schilling. In: „Quellen zur Schweiz. Geschichte". 1. Bd. Basel 1877. S. 189–298.

Tschamser, M. „Annales oder Jahrs-Geschichten der Baarfüseren oder Minderen Brüdern S. Franc. ord. insgemein Conventualen genannt, zu Thann. 1724. 1. Bd [1182–1516]. Colmar 1864.

Aegidii *Tschudii* Chronicon Helveticum etc. Edid. Rudolff Iselin. 1. u. 2. Theil. Basel 1734 bis 1736.

Tucher'sches Memorialbuch 1386–1454. In: „Die Chroniken d. deutschen Städte vom 14.–16. Jahrhundert". 10. Bd Leipz. 1872 S. 1–26.

Endres *Tuchers* Memorial (1421–1440). In: dto. 2. Bd. Leipz. 1864. S. 1–30.

Tuetey, A. „Journal d'un bourgeois de Paris 1405–1449". Paris 1881.

U

Aufzeichnungen eines *Unbekannten* vom Jahre 1320. In: „Die Chroniken der deutschen Städte etc." 26. Bd. Leipz. 1899. S. 335–336.

Adami *Ursini*. Molybergensis, chronicon Thuringiae vernaculum usque ad a. 1500 etc. In: J. B. Mencken, „Scriptores rerum Germanicarum praecip. Saxonicar." Tom. III. Leipz. 1730. Sp. 1239–1360.

V

Annales *Vedastini* (873–900). In: „Scriptores rerum Germanicarum". Kleine Ausgabe. Bd. 9a. S. 40–82.

Veldenaer, J. „Chronyck van Hollandt, Zeelandt ende Westvrieslandt över omtrent twee hondert jaeren geschreven. Edid. Marcus Z. van Boxhorn. Leyden 1650.

Annales *Veronenses* (1117–1277). „M. G. H." Script. XIX. S. 2–18.

Chronicon *Vetero-Cellense* minus (801–1484). In: J. B. Mencken, „Scriptor. rer. Germanicar. praecrip. Saxonicar. etc." Tom. II. Leipz. 1728. Sp. 435–446. [Altenzelle a/d. Mulde.]

Annales *Veterocellenses* (1105–1484). „M. G. H." Script. XVI. S. 41–47.

Viard, J. „Les grandes chroniques de France". Tom. 6–8. Paris 1930–1934. (Soc. de l'hist. de France. Bd. 435.)

Villard, M. „Météorologie régionale". (–1578). In: „Bulletin de la société départementale d'archéologie et de statistique de la Drôme". Tom. 21. Valence 1887. S. 46–61.

Vinchant, F. „Annales de la province et comté du Hainaut etc." Edid. A.-P.-V. Descamps. Tim. I–V. Brüssel u. Mons 1848–1852. (Soc. des bibliophiles de Mons. Bd. 16.) [geb. 1580, gest. 1635.]

Annales *Vindocinenses* (678–1346). [Vendome]. In: Louis Halphen „Recueil d'annales Angevines et Vendômoises". Paris 1903. S. 50–79.

Ex annalibus *Vitescolensibus* (1130–1219) [Dänemark]. „M. G. H." Script. XXIX. S. 177 bis 181.

Vlaamsche Kronyk (1416–1598). In: „Chroniques de Brabant et de Flandre", edid. Ch. Piot. in: „Collect. de chron. belg. inédit." Bd. 21. Brüssel 1879. S. 173–858.

Kronyk van *Vlaenderen* van 580 tot 1467. Edid. Blomme u. Serrure. I. und II. deel. Gent 1839–1840. (Maetschappy de Vlaemsche Bibliophil. No. 3.)

Voigt, Albert. „Thorner Denkwürdigkeiten von 1345–1547". In: „Mitteilungen d. Coppernicus-Vereins f. Wissensch. u. Kunst zu Thorn". 13. Heft.

Voigt, Joh. „Geschichte Marienburgs etc." Königsberg i/Pr. 1824.

Volkmer, Dr. „Geschichte der bedeutendsten Überschwemmungen in der Grafschaft Glatz". In: „Vierteljahrsschrift für Geschichte und Heimatskunde der Grafschaft Glatz". 4. Jahrgang 1884–1885. Habelschwerdt. S. 123–135.

W

Wachter, Dr. „Chronicalische Aufzeichnungen zur Geschichte der Stadt Halle vom Jahre 1464–1512". In: „Neue Mittheilungen aus dem Gebiet histor.-antiquar. Forschungen etc." Bd. 15. Halle 1880–1882. S. 84–151.

Walchner, K. „Kleine Chronik denkwürdiger Begebenheiten der Stadt Freiburg". Freiburg i/Br. 1826.

Die Aufzeichnungen des Thorner Pfarrers Hieronymus *Waldau* (1190–1495). Edid. Prof. Dr. Günther, Danzig. In: „Zeitschrift des westpreußisch. Geschichtsvereins". Heft 49. Danzig 1907. S. 221–251. [geb. 1427, gest. ca. 1495.]

Ex annalibus *Waldemarianis* (1130–1219) [Dänemark]. „M. G. H." „Script. XXIX. S. 176–181.

Walser, G. „Neue Appenzeller Chronik etc." 2. Auflage. I. u. 2. Teil. Ebnat 1825–1828.

Thomae *Walsingham*, quondam monachi S. Albani, historia Anglicana. (Chronica monasterii S. Albani). Edid. Thomas Riley. Vol. I und II. London 1863–1864. In: „Rerum Britannicarum med. aev. scriptores". Bd. 28. 1. Teil.

Memoriale fratis *Walteri* de Coventria. Edid. William Stubbs. Vol. I und II (–1226). London, 1872. In: „Rerum Britannicarum med. aev. scriptores." Bd. 58.

Bussonis *Watenstedii*, canonici Hamelensis, chronicon Mindense (–1435) In: Christ. Fr. Paulinus „Rerum et antiquitat. Germanicar. syntagma". Frankf. a/M. 1698. S. 1–43.

Wattenbach, Dr. „Nekrologium des Stifts Kamenz". In: „Zeitschrift d. Vereins f. Geschichte u. Alterthum. Schlesiens". 4. Bd. S. 307–337.

Annales monasterii de *Waverleia* (–1291). In: „Rerum Britannicarum med. aev. scriptores". Bd. 36, II. London 1865. S. 127–411.

Weck, A. „Der etc. Residentz- und Haupt-Festung Dresden Beschreib- und Vorstellung etc." Nürnberg 1679.

Chronycke van Nederlant, besonderlyck der Stadt Antwerpen, sedert den jaere 1097 tot den jaere 1565. door N: de „*Weert*. In: „Chroniques de Brabant et de Flandre", edid. Ch. Piot. In: „Collect. de chron. belg. inédites". Bd. 21. Brüssel 1879. S. 71–172.

Weidemann, Chr. E. „Geschichte des Klosters Loccum", edid. Dr. Friedr. Burchard Köster. Göttingen 1822.

Caspar *Weinreichs* Danziger Chronik (1461–1496). In: „Scriptor. rer. Prussicar". 4. Bd. Leipz. 1870. S. 725–800.

Weiß, Dr. J.. „Elementarereignisse im Gebiete Deutschlands". I. Die Elementarereignisse vom Beginn unserer Zeitrechnung bis zum Jahre 900. Wien 1914.

Annales *Weißenburgenses* (534–1087, 1147) In: „Scriptores rer. Germanicarum". Kleine Ausgabe No. 20. Hann. u. Leipzig 1894. S. 9–57.

Weltzel, A. „Ratiborer Chronik". In: „Zeitschrift d. Vereins f. Geschichte und Alterthum Schlesiens". 4. Bd. S. 114–126.

Eyn kort vttoch der *Wendeschen* cronicon van etliken scheften disser lande vnde stede (–1534). In: Dr. J. M. Lappenberg „Hamburg. Chroniken in niedersächsischer Sprache". Hamburg 1861. S. 229–299.

Chronik des Dietrich *Westhoff* von 750–1550. In: „Die Chroniken der deutschen Städte". 20. Bd. Leipz. 1887. S. 147–462. [geb. 1509, gest. 1551.]

Wichmann, M. „Auszug aus den Annalibus Bardensibus". [1147–1533]. In: J. C. Dähnert „Pommersche Bibliothek". 1. Bd. Greifswald 1752. S. 169–175.

Widmann, Dr. „Die Eberbacher Chronik der Mainzer Erzbischöfe". In: „Neues Archiv der Gesellschaft für ältere deutsche Geschichtskunde". 13. Bd. Hannover 1888. S. 119 bis 143.

Widman, Georg. „Widmans Chronica" (–1550). In: „Württemberg. Geschichtsquellen". 6. Bd. Stuttgart 1904. S. 1–237. [geb. 1486, gest. 1560.]

Enoch *Widmann's* Chronik der Stadt Hof. In: „Quellen zur Geschichte der Stadt Hof", edit. Christ. Meyer. 1. Bd. Hof 1894. S. 1–326. [geb. 1551, gest. 1615.]

Widukindi monachi Corbeiensis rerum gestarum Saxonicarum libri tres. (–936). Edid. K. A. Kehr. Hann. u. Leipz. 1904. In: „Scriptores rerum Germanicarum etc." Kleine Ausgabe. Bd. 32.

Rocznik *Wielkopolski* (1192–1309). In: August Bielowski „Monum. Polon. histor." Tom. III. Lwow 1878. S. 1–42.

Wiener Annalen von 1384–1404. In: „M. G. H." VI. „Deutsche Chroniken u. and. Geschichtsbücher d. Mittelalters". Anhang II. Hann. u. Leipz. 1909. S. 231–242.

Annales Prioratus de *Wigornia* (–1377). [Priory of Worcester]. In: „Rerum Britannicarum med. aev. scriptores". Bd. 36. IV. London 1869. S. 353–564.

Wilhemi Parvi, canonici de Novoburgo, historia rerum Anglicarum (1066–1198). In: „Rer. Britann. med. aev. scriptores". Bd. 82. Vol. I u. II. London 1884–1885. [geb. 1136, gest. ca. 1198.]

Will, Dr. C. „Hochwasser und Eisgang zu Regensburg im Jahre 1432". In: „Verhandlungen des historischen Vereins von Oberpfalz und Regensburg". 45. Bd. d. neuen Folge. Regensburg 1901. S. 225–229.

Will, G. A. „Von der neulichen größten Überschwemmung und Wassersnoth, welche die Stadt Nürnberg erlitten". Nürnberg 1784.

Wille, M. „Top-Hali-Graphia Sulzensis". Eine alte Sulzaer Chronik aus dem Jahre 1670 etc. Bad Sulza 1938.

Willelmi Malmesbiriensis monachi de gestis regum Anglorum libri V. Historiae novellae, Libri III. Edit. William Stubbs. Vol. I. London 1887.

Willelmi capellani in Brederode postae monachi et procuratoris Egmondensis chronicon (1206–1332). Edid. Mr. C. Pijnacker Hordijk. Amsterdam 1904. (Hist. Genootsch. te Utrecht. Werken. 3. serie. 20. Bd.)

Annales *Windbergenses* (1196–1393 u. 1407). [Windberg, Regensburg]. „M. G. H." Script. XVII. S. 565–566.

Eberhard *Windeckes* Denkwürdigkeiten zur Geschichte des Zeitalters Kaiser Sigmunds. Edid. Dr. Wilh. Altmann. Berlin 1893. [geb. ca. 1380, gest. ca. 1442.]

Winsemius, Pierius. „Chronique oste Historische geschiedenisse van Vrieslant beginnende van den Jaere nae des werelis scheppinghe 3635 ende, loopende tot den Jaere nae de gheboorte Christi 1622". Franeker 1622.

Ein Überlinger Chronist des 15. Jahrhunderts (Lienhard *Wintersulger*) (1455–1479) (–1498). In: Ph. Ruppert „Konstanzer Beiträge zur badischen Geschichte". Konstanz 1888. S. 96–132.

Annales monasterii de *Wintonia* (519–1277). [Winchester]. In: „Rerum Britannicarum med. aev. scriptores". Bd. 36, II. London 1865. S. 1–125.

Annales *Wintonienses* in monasterio de Waverley adaucti (1201–1260). In: F. Liebermann „Ungedruckte Anglo-Normannische Geschichtsquellen". Straßburg 1879. S. 173–202.

Kurtzes *Wirzburgisches* Chronicon (–1430). In: Chr. G. Buder „Nützl. Sammlung etc." Frkf. u. Leipz. 1735. S. 455–473.

Diarium Minoritarum *Wisbyensium* ab a. 686 ad a. 1525. In: E. M. Fant „Scriptor. rer. Suecicar." Tom. I. Upsala 1818. S. 32–39.

Canonici *Wissegradensis* continuatio Cosmae (1126–1142). „M. G. H." IX. S. 132–148.

Wolf, R. „Auszüge aus verschiedenen handschriftlichen Chroniken der Stadtbibliothek in Winterthur". (1093–1611). In: „Vierteljahrsschrift der naturforschenden Gesellschaft in Zürich". 10. Jahrgang. Zürich 1865. S. 84–96.

Wollesen, E. „Chrobik der altmärkischen Stadt Werben und ihrer ehemaligen Johanniter-Komturei". Werben 1898.

Wollesen, Dr. E. „Beiträge zur Geschichte des Kreises Osterburg". 1. und 2. Teil. Osterburg 1937–1938.

Henrici *Wolteri*, canonici S. Anscharii Bremensis, archiepiscopatus Bremensis chronicon (788–1463). In: H. Meibom „Rerum Germanicarum" Tom. II. Helmstedt 1688. S. 17 bis 82.

Annales *Wormatienses* (873–1366). „M. G. H." XVII. S. 34–73.

Cronica civitatis *Wormatiensis* per monachum quendam Kirsgartensem descripta (–1501). In: „Quellen zur Geschichte der Stadt Worms". III. Teil. Berlin 1893. S. 1–95.

Quellen zur Geschichte der Stadt *Worms*. III. Teil. Annalen und Chroniken. Edid. Heinrich Boos. Berlin 1893.

Würdig, L. „Chronik der Stadt Dessau von den frühesten Zeiten bis Ende 1875". Dessau 1876.

Wurstisen, Chr. „Baßler Chronik". Basel 1580.

dto. 2 Bände. Basel 1765–1772.

X

Annales *Xantenses* qui dicunter (790–873). In: „Scriptores rerum Germanicarum". Kleine Ausgabe. Bd. 9a. Hann. u. Leipz. 1909. S. 1–33. [Xanten a/Rh.]

Y

Annales *Yburgenses* (817–841 u. 1072–1085). „M. G. H." XVI. S. 435–438. [Yburg i/Westf.]

Z

Zauner, J. Th. „Chronik von Salzburg" 1.–11. Theil. Salzburg 1796–1826.

Excerpta-Boica ex Burckardi *Zengii*, Memmingani senatoris Aug., chronico Augustano anecdoto ab a. Chr. 1369 ad a. 1469. In: A. F. Oefele „Rer. Boicar. scriptores nusquam antehac editi etc." Tom. I. Augsburg 1763. S. 243–300. [geb. 1396.]

Zernecke, J. H. „Thornische Chronica etc." 2. vermehrte Auflage. Berlin 1727.

Ziegler, Dr. J. und König, Dr. W. „Das Klima von Frankfurt a/M." Frankf. a/M. 1896 bis 1901.

Ziethe, W. „Chronik der Stadt Beeskow etc. Edid. E. O. Chr. Faulstich. 1. u. 2. Theil. Beeskow 1884.

Zillner, F. V. „Geschichte der Stadt Salzburg". 1. Buch. Salzburg 1885.

Chronik des Burkard *Zink* (1368–1468). In: „Die Chroniken der deutschen Städte". Bd. 5. Leipz. 1866. S. 1–330. [geb. 1396.]

Zober, D. Ernst. „Eine alte Stralsunder Chronik" (1224–1482). Stralsund 1842.

Chronik der Stadt *Zürich*. Edid. Johannes Dierauer. Basel 1900. In: „Quellen zur Schweizer Geschichte". 18. Band.

Chronik der Stadt *Zürich*. I. Züricher Fortsetzung (1420–1477). In: Chronik der Stadt Zürich". Edid. dto. In: dto. 18. Bd. Basel 1900. S. 185–311.

Züricher) Jahrbuch eines Ungenannten von den ersten Anfängen der Stadt bis zum Jahr 1336, nebst Fortsetzung eines andern bis 1446. Edid. Dr. Ludw. Ettmüller. In: „Mittheilungen der antiquarisch. Gesellschaft in Zürich". 2. Bd. Zürich 1844. S. 41–73.

Chronicon *Zwetlense* (1286–1386). In: A. Rauch „Rer. Austriac. scriptores". Vol. II. Wien 1793. S. 313–334. (Zwettl.)

Kalendarium *Zwetlense* (1243–1458). „M. G. H." Script. IX. S. 689–698.

Annales *Zwetlenses* (–1349). dto. S. 677–684.

Anonymi coenobitae *Zwetlensis* chronicon ab a. Chr. 928 ad 1386. In: Hier. Pez „Scriptores rer. Austriac." Tom. I. Leipz. 1721. Sp. 971–1001.